Límites y potencialidades de la gobernanza

CIENCIAS SOCIALES EN ABIERTO

Editada por

DAVID CALDEVILLA DOMÍNGUEZ
ALMUDENA BARRIENTOS-BÁEZ

Vol. 7

PETER LANG

Berlin - Bruxelles - Chennai - Lausanne - New York - Oxford

José Luis Corona Lisboa /
Encarnación Ruiz Callejón /
Alba María Martínez Sala (eds.)

Límites y potencialidades de la gobernanza

PETER LANG

Berlin - Bruxelles - Chennai - Lausanne - New York - Oxford

Información bibliográfica publicada por la Deutsche Nationalbibliothek
La Deutsche Nationalbibliothek recoge esta publicación en la Deutsche Nationalbibliografie; los datos bibliográficos detallados están disponibles en Internet en http://dnb.d-nb.d.

Catalogación en publicación de la Biblioteca del Congreso
Para este libro ha sido solicitado un registro en el catálogo CIP de la Biblioteca del Congreso.

ISSN 2944-4276
ISBN 978-3-631-91593-6 (Print)
E-ISBN 978-3-631-93261-2 (E-PDF)
E-ISBN 978-3-631-93262-9 (EPUB)
DOI 10.3726/b22636

Publicado por Peter Lang GmbH, Berlín, Alemania
info@peterlang.com - www.peterlang.com

PREFACIO

El presente libro, *Límites y Potencialidades de la Gobernanza*, incluido en la colección '*Ciencias sociales en abierto*' de la editorial PETER LANG reúne textos que sirven de puente entre el ayer y el hoy y lanzan sus redes al mañana.

Todos los capítulos que conforman las presentes páginas suponen una apuesta comprometida con la Academia, la ciencia y sus investigadores por parte de unos autores que quieren exponer sus experiencias profesionales en las aulas y en los laboratorios, transmitiendo y compartiendo sus logros. Los campos del saber en los que se centra la colección '*Ciencias sociales en abierto*' compendian lo que damos en llamar Ciencias Sociales, Docencia y Humanismo pues en ellas encontramos el verdadero centro del universo: el hombre, ya que sin él nada tendría sentido.

La Academia halla su esencia y motivo de ser en esfuerzos como el que aquí se presenta, fruto de años, si no de carreras docentes completas, llenos de labores concienzudas, vocacionales y reiteradas, las más de las veces calladas, pero con gran predicamento social pues la imagen de la Ciencia y los científicos es socialmente siempre muy valorada, aunque sea más citada que comprendida por el gran público.

Los autores de los capítulos conformantes de este volumen son profesores investigadores con años de desempeño en Universidades de muchos países, en especial los de la Lengua y los de los países hermanos lusófonos, a los que se unen algunos europeos que trabajan en idioma italiano, francés e inglés.

Su valía, su profesionalidad y su buen hacer revierten en la sociedad el esfuerzo que ésta realiza para que los centros de investigación y docencia mejoren y la hagan avanzar; es un camino de doble sentido que busca una simbiosis perfecta. Acompasar necesidades y aportaciones de una y de otra, Academia y sociedad, deben ser el motor de esta relación nuclear para el desarrollo del hombre.

El compromiso de calidad, exigido y exigible en todo producto científico se halla respaldado por la inestimable, y pocas veces valorada en su justa medida, labor del conspicuo Comité Editorial conformado por más de 200 doctores de más de 40 universidades internacionales, y cuyas filiaciones encabezan cada libro. Así podemos asegurar que los resultados aquí expuestos responden a los cánones de excelencia científica irrenunciable en el trabajo académico; es decir, todos los capítulos han superado la llamada revisión por doble par ciego (*peer review*). Este método, apriorístico y secular en la Universidad avala que la evaluación es llevada a cabo por académicos de igual categoría (pares), que desconocen la autoría de los textos arbitrados (ciegos) y al menos en número de dos (doble).

Deontológica e inconcusamente, todos los firmantes se han comprometido a salvaguardar las exigencias propias de la ética investigadora: renunciar al plagio, veracidad en la obtención de datos, presentación de conclusiones pertinentes y desinteresadas, planteamiento de resultados que supongan un avance académico-científico, eludir la autoalabanza y la colusión académica, las autocitas o las de favor a terceros, evitar la parcialidad en la selección de las fuentes epistemológicas y teóricas, remitirse a todos los datos procedentes, adecuados, relevantes y actuales y no omitir informaciones que puedan colisionar con los postulados o pretensiones del texto o directamente los refuten.

Por ello, está garantizado el total cumplimiento de todos los requisitos imprescindibles y la observancia rigurosa de lo anteriormente descrito. Todo ello supone la marca identitaria de la colección '*Ciencias sociales en abierto*' y que este título cumple plenamente. Por ello, la editorial, los coordinadores y los autores coinciden al manifestar:

- El consentimiento en la publicación de su trabajo y, de existir, de sus entidades financiadoras (tácita o explícitamente).
- La originalidad del texto como fruto de un trabajo, análisis y/o reflexión personales.
- Las citas empleadas no obedecen a criterios de favor.
- La bibliografía es actualizada y pertinente.
- Trabajo de revisión a cargo de revisores externos a la editorial PETER LANG y pertenecientes a la Comunidad Universitaria Internacional.
- Coherencia y calidad de los resultados, aportaciones, objetivos y conclusiones.

Por ello, supone un honor poder afirmar que, gracias a su esfuerzo editorial y a sus autores, en ideal simbiosis, la colección 'Ciencias sociales en abierto' se posiciona a la altura de las mejores y más grandes recopilatorios de literatura científica mundial, logrando que PETER LANG sea una de las editoriales más señeras, según el índice referencial SPI (2022).

Rogamos al lector marque estas iniciales páginas como si de un *albo lapillo notare diem* se tratase ya que podrá dumir dulces frutos del árbol de la ciencia.

David Caldevilla-Domínguez

I. P. Grupo Complutense de Investigación en Comunicación ***Concilium*** (nº 931.791)
Universidad Complutense de Madrid (España)
Coordinador adjunto en la colección 'Ciencias sociales en abierto'

COMITÉ EDITORIAL

Nazaret Martínez Heredia
Universidad de Granada (España)
Soledad María Martínez María-Dolores
Universidad Politécnica de Cartagena (España)
Alba María Martínez Sala
Universidad de Alicante (España)
Xabier Martínez Rolán
Universidade de Vigo (España)
Sendy Meléndez Chávez
Universidad Veracruzana (México)
María Isabel Míguez González
Universidade de Vigo (España)
Olga Moreno Fernández
Universidad de Sevilla (España)
Louisa Mortimore
Universidad Internacional de La Rioja (España)
Daniel Muñoz Sastre
Universidad de Valladolid (España)
Sara Navarro Lalanda
Universidad Internacional de La Rioja (España)
Daniel Navas Carrillo
Universidad de Málaga (España)
Marta Oria De Rueda
Universidad Isabel I (España)
Inmaculada Concepción Orozco Almario
Universitat Jaume I de Castellón (España)
Delfín Ortega Sánchez
Universidad de Burgos (España)
Enrique Ortiz Aguirre
Universidad Complutense de Madrid (España)
Graciela Padilla Castillo
Universidad Complutense de Madrid (España)

Carmen Paradinas Márquez

ESIC University (España)

Concepción Parra Meroño

Universidad Católica San Antonio de Murcia (España)

María Josefa Peralta González

Universidad Central 'Marta Abreu' de las Villas (Cuba)

Victoriano José Pérez Mancilla

Universidad de Granada (España)

Hugo Pérez Sordo

Universidad de La Rioja (España)

Teresa Piñeiro Otero

Universidade da Coruña (España)

José Carlos Piñero Charlo

Universidad de Cádiz (España)

Carolina Patricia Porras Florido

Universidad de Málaga (España)

Mercedes Querol Julián

Universidad Internacional de La Rioja (España)

Vanessa Quintanar Cabello

Universidad Complutense de Madrid (España)

Diana Ramahí García

Universidade de Vigo (España)

Dolores Rando Cueto

Universidad de Málaga (España)

Rocío Recio Jiménez

Universidad de Sevilla (España)

Natalia Reyes Ruiz de Peralta

Universidad de Granada (España)

Isabel Cristina Rincón Rodríguez

Universidad de Santander (Colombia)

Paola Eunice Rivera Salas

Benemérita Universidad Autónoma de Puebla (México)

Blanca Tejero Claver

Universidad Internacional de La Rioja (España)

Ricardo Teodoro Alejandre

Universidad Veracruzana (México)

Raúl Terol Bolinches

Universitat Politècnica de València (España)

Ana Tomás López

Universidad Nacional de Educación a Distancia (España)

Rocío Torres Mancera

Universidad de Málaga (España)

Karen Cesibel Valdiviezo Abad

Universidad Técnica Particular de Loja (Ecuador)

Carmen Vázquez Domínguez

Universidad de Cádiz (España)

Enric Vidal Rodá

Universitat Internacional de Catalunya (España)

Mónica Viñarás Abad

Universidad Complutense de Madrid (España)

Óscar Javier Zambrano Valdivieso

Corporación Universitaria Minuto de Dios (Colombia)

Jessica Zorogastua Camacho

Universidad Rey Juan Carlos (España)

ÍNDICE

PRÓLOGO

José Luis Corona, Encarnación Ruiz Callejón, Alba-María Martínez-Sala 21

REFORMAS LEGISLATIVAS EN AMÉRICA LATINA IMPULSADAS POR LA META 3 DEL OBJETIVO 5 DE LA AGENDA 2030 PARA ERRADICAR LOS MATRIMONIOS INFANTILES

Diego Aboi Rubio, Ana M. Vega Gutiérrez 23

GOBERNANZA Y GESTIÓN UNIVERSITARIA, CONTEXTO DE REPÚBLICA DOMINICANA

Julissa Altagracia Pichardo De Salcedo 37

THE COLLECTIVE ACTION OF OLDER PEOPLE: THE CASE OF SOCIO-POLITICAL ORGANISATIONAL STRUCTURES IN DEMOCRATIC SPAIN

Raúl Álvarez Pérez 49

EMPLEABILIDAD E INVERSION EN LA UNIVERSIDAD PÚBLICA EN PERÚ: UNA VISION DE LOS FUTUROS EGRESADOS

Pedro Miguel Barrientos - Felipa 63

RESPONSABILIDADE SOCIAL UNIVERSITÁRIA: UMA CONTRIBUIÇÃO PARA A TRANSFORMAÇÃO SOCIAL NA AMÉRICA LATINA

Elizabeth Borelli 77

LA CONTRATACIÓN PÚBLICA COMO ACELERADOR DE LA INNOVACIÓN Y DEL DESARROLLO: ANÁLISIS DE CUMPLIMIENTO Y MEDIDA EN CASTILLA Y LEÓN

Virginia Bragado López , Noelia Muñoz del Nogal, Vicente Luis Enciso de Yzaguirre 89

POLÍTICAS EDUCATIVAS EUROPEAS EN TORNO A UNA EDUCACIÓN PARA LA EDUCACIÓN PARA LA CIUDADANÍA GLOBAL

Laura Calatayud Requena 99

LAS IDENTIDADES LOCALES COMO EJE ARTICULADOR DE LA CIENCIA PARA LA PAZ

Angela Camargo Rodríguez 111

POLÍTICA ECONÓMICA MUNICIPAL Y OBJETIVOS DE DESARROLLO SOSTENIBLE: ESTRATEGIAS ESG EN LOS AYUNTAMIENTOS

Fernando Castelló-Sirvent, Marta Peris-Ortiz, Eduard Farran-Teixidó 121

LAS SEMÁNTICAS SOBRE LO INDÍGENA EN LA PROPUESTA DE NUEVA CONSTITUCIÓN CHILENA (2022)

Cleyton Cortés Ferreira 133

SOSTENIBILIDAD CURRICULAR: APROXIMACIÓN BIOÉTICA Y BIOJURÍDICA

Ana Belén Cruz Valiño 145

COMPETITIVIDAD ELECTORAL EN LAS ELECCIONES DEL ESTADO DE MÉXICO: UN ANÁLISIS DE 1993 A 2023

José Luis Estrada Rodríguez, Angélica Mendieta Ramírez 157

CONSTRUCCIÓN DE PAZ Y CIUDADANÍA EN INSTITUCIONES EDUCATIVAS DE BOGOTÁ - COLOMBIA

Luis García-Noguera, Evert Silva Aliaga 169

RECURSOS INTANGIBLES CONSIDERADOS PARA FORTALECER LA CULTURA UNIVERSITARIA

Yolanda López Lara 179

FIDELIZACIÓN Y COMPROMISO ORGANIZACIONAL EN SUBOFICIALES Y MANDOS DEL NIVEL EJECUTIVO DE LA POLICÍA NACIONAL

Doris Edith Manosalva Pinto, Juan José García Sarria, Camilo Ramírez Motoa, Fabián Steven Garay Rairan, Armando González Cortes 191

LOS PRINCIPIOS INFORMADORES DE LA MEDIACIÓN DIGITAL ESPAÑOLA Y LA FORMACIÓN DEL MEDIADOR EN ESPAÑA COMO EJEMPLO PARA LA MEDIACIÓN EN LOS PAÍSES DEL ESTE

Pablo J. Miró Colmenárez, Francisco J. Aranda Serna 205

SISTEMA INTERNO DE ASEGURAMIENTO DE LA CALIDAD, SIAC, EN COLOMBIA: CASO UNIVALLE

Claudia Milena Muñoz-Patiño, Claudia María Payán-Villamizar 213

EUROVALUES: REAVALIANDO EDUCAÇÃO, ARTE E CIDADANIA EUROPEIA

Sérgio Neto, Clara Isabel Serrano 227

PROTECCIÓN DE DATOS PERSONALES EN CHILE Y SU INSUFICIENCIA REGULATORIA: DESAFIOS Y EXPERIENCIA EN EL DERECHO COMPARADO

Carolina Olivares González, Mauricio Figueroa Mendoza 237

EL ROSTRO OCULTO DE LA PROSPERIDAD: DESENTRAÑANDO LA AYUDA ALIMENTARIA EN EL ESTADO DE BIENESTAR

Rosa Ortega Navarro, Rosa María García Navarro 251

GESTIÓN POR COMPETENCIAS. CASO DE ESTUDIO DE UNA ENTIDAD PÚBLICA DE ADMINISTRACIÓN DE JUSTICIA PERUANA

Gerardo Ortiz Castro, Yolanda Pelayo Díaz, Rosario Socorro Tandazo Delgado, Henry Alejandro Silva Marchan 263

COMPRENSIONES Y TENSIONES EN TORNO A LA CONSTRUCCIÓN DE UNA CIUDADANÍA DEMOCRÁTICA EN LA ESCUELA: UN ESTUDIO DE CASO

Cinthia Peña Hurtado 277

ANALISIS DE LA PERTINENCIA DE LOS PROTOCOLOS DEL MINISTERIO DE TRABAJO DEL SECTOR EDUCATIVO EN COLOMBIA EN RELACIÓN A LA EDUCACIÓN SUPERIOR

Gilma Rocio Peña-Meneses 291

LOS PLANES ANDALUCES DE AGRICULTURA ECOLÓGICA (2016-2022): ¿HACIA UNA VISIÓN PRODUCTIVISTA-TECNOCRÁTICA O ECOLOGISTA?

Francisco Javier Peña Rodríguez 299

EL PAPEL DE LA CIENCIA DE LA INFORMACIÓN EN LA INNOVACIÓN ORGANIZACIONAL: UN ANÁLISIS CIENCIOMÉTRICO

Joel G. Perozo-Vasquez, Ana T. Depizzolatti 313

REFORMAS EDUCATIVAS: EFECTOS EN ESCUELAS RURALES

Marta Quiroga-Lobos 327

BLOCKCHAIN Y ADMINISTRACIONES EUROPEAS

Rosa María Ricoy Casas 341

MODELO FACTORIAL EXPLORATORIO DE LA GOBERNANZA CORPORATIVA EN TORNO A LA FORMACIÓN PROFESIONAL

Jorge E. Chaparro Medina, Isabel Cristina Rincón Rodríguez 355

IMPACTO DEL PRESUPUESTO PARTICIPATIVO EN EL VALOR PÚBLICO: RELACIÓN ENTRE PARTICIPACIÓN CIUDADANA Y EJECUCIÓN PRESUPUESTARIA

Jackelin Corayma Condori Centeno, Dominga Micaela Cano Ccoa 361

INTERPELACIONES PARLAMENTARIAS SOBRE EDUCACIÓN: ANÁLISIS TEMÁTICO

Juan Patricio Sánchez-Claros 373

ZONAS SOCIALMENTE VULNERABLES: ENTRE LA EXCLUSIÓN SOCIAL Y LA SEGREGACIÓN

Jose Antonio Sánchez Martí 387

TRANSFORMACIÓN DIGITAL PARA LAS ORGANIZACIONES EDUCATIVAS DEL SIGLO XXI

Omar Téllez Barrientos, Moramay Ramírez Hernández 397

LOS FUTUROS DE LA EDUCACIÓN SUPERIOR EN MÉXICO: ESCENARIOS ALTERNATIVOS

María del Carmen Trejo Cázares, Juan Manuel Ramos Quiroz, Claudia Hernández González 409

POLÍTICAS DE GESTIÓN ORGANIZACIONAL COMO GARANTÍA DEL DESARROLLO SOSTENIBLE Y EL BIENESTAR HUMANO PARA UNA EMPRESA VENEZOLANA

Liliana Vaudo Godina........ 421

ABORDANDO LAS LIMITACIONES DEL CONCEPTO DE VULNERABILIDAD URBANA DESDE UN ENFOQUE PSICOSOCIAL

María Belén Vázquez Brage........ 433

MODELO DE HEXÁGONO DE LA INNOVACIÓN PÚBLICA COMO MEJORA Y EFICIENCIA DE LAS INSTITUCIONES EDUCATIVAS

Rocío Vila Soriano, Laura Monsalve Lorente 447

COOPERACIÓN INTERNACIONAL Y VÍNCULOS PARA FOMENTAR LA EQUIDAD DE GÉNERO EN ECUADOR

María del Carmen Zenck Huerta, María Isabel Flores Montiel 459

PRÓLOGO

La gobernanza invita a reflexionar sobre cómo se ejerce el poder y se toman decisiones en la sociedad. La gobernanza es más que un concepto, se trata de una disciplina en constante evolución que requiere de estudios e investigaciones orientados a proporcionar las herramientas necesarias para enfrentar los desafíos actuales que el buen gobierno requiere.

En un mundo cada vez más interconectado y complejo, es crucial cuestionarse acerca de la eficiencia y eficacia de las estructuras de gobernanza. En este sentido, se observa que las soluciones efectivas para los desafíos globales y locales a los que nos enfrentamos requieren de un profundo entendimiento de los mecanismos de gobernanza que rigen nuestra sociedad. Por ello la gobernanza se ha convertido en un término recurrente en todo tipo de discusiones que abarcan desde cuestiones políticas o económicas hasta otras relativas con el cambio climático, así como a todo tipo de cuestiones de índole social.

La investigación sobre la gobernanza brinda la oportunidad de profundizar en las reflexiones resultantes y permite examinar de cerca las prácticas y políticas al respecto, en diferentes contextos con el fin de aprender de las experiencias pasadas. A través de la investigación se identifican las áreas donde la gobernanza puede ser fortalecida proponiendo soluciones innovadoras. Esta reflexión crítica es esencial para construir una sociedad más justa, eficiente y equitativa, y anima a la participación colectiva en los procesos de toma de decisiones y de configuración del futuro.

Es precisamente en este contexto que nace esta obra sobre los *Límites y Potencialidades de la Gobernanza* a partir de los estudios, investigaciones y reflexiones de un grupo diverso de expertos, académicos y profesionales para analizar a fondo las complejidades de la gobernanza en el siglo XXI.

El presente volumen tiene como objetivo ofrecer un diagnóstico plural y actualizado sobre la gobernanza, además de plantear algo valioso más allá de la radiografía de un fenómeno: la visualización de su nueva complejidad, la indagación de sus posibilidades y las propuestas para su mejor desarrollo. Esta obra aúna investigaciones rigurosas, originales y de vanguardia sobre qué entendemos hoy por gobernanza, cómo se implementa y cómo se agencia, cuáles son sus nuevos retos y qué nuevos protagonistas y factores están presentes. Se trata de una publicación de carácter internacional que recoge más de una treintena de capítulos sobre cuestiones actuales tan complejas y vitales como, como la sostenibilidad, la paz, la innovación, la transformación digital, la mediación y la vulnerabilidad; cuestiones medulares, como la participación ciudadana y la ciudadanía global, etc.

A lo largo de estas páginas podrán, en consecuencia, explorar sobre cuestiones cruciales, desde la gobernanza como proceso de paz territorial en zonas de conflicto armado, la formación profesional y/o académica de la gobernanza, así como, el compromiso institucional y ciudadano que todos tenemos de manera implícita en un mundo altamente globalizado donde la toma de decisiones asertivas y la capacidad para establecer políticas socio-económicas son fundamentales para mantener un modelo social equitativo y plural. A través de este danzar multifactorial, la gobernanza se presenta como una herramienta metodológica donde no existe una receta única para ella, ya que cada circunstancia es diversa y dinámica, con matices propias de la historia en la cual ha sido encarnada y embebida, siendo ésta la característica determinante de la gobernanza. Por medio del análisis profundo y ejemplos concretos se ofrece una comprensión más completa de los desafíos y las oportunidades que la gobernanza plantea a nivel local y regional en el contexto latinoamericano y panamericano.

El lector podrá, por lo tanto, encontrar en este libro información precisa y actualizada, análisis críticos y minuciosos, enfoques teóricos y prácticos y nuevos conocimientos y perspectivas, así como la apertura de nuevas líneas de trabajo con relación a la gobernanza desde la mirada crítica de un conjunto de acreditados investigadores y profesionales.

En última instancia, esta obra sobre los *Límites y Potencialidades de la Gobernanza* representa un llamado a la reflexión y un valioso recurso para quienes buscan comprender y mejorar la gobernanza en el siglo XXI. La gobernanza, en todas sus complejidades, debe ser un faro que ilumina el camino hacia un mundo más equitativo, eficiente y participativo. En este sentido, la obra final constituye una significativa contribución transversal y profunda al estudio de esta disciplina que dibuja un mapa de su evolución y situación actual ayudando a una comprensión más completa de los desafíos y las oportunidades que plantea.

Así, esta obra no solo nos ofrece una radiografía detallada de la gobernanza en la actualidad, sino que también nos impulsa a seguir investigando, reflexionando y participando activamente en la configuración de un futuro más justo y sostenible. La gobernanza es una herramienta esencial para enfrentar los desafíos globales y locales, y esta obra nos invita a ser agentes de cambio en la búsqueda de una sociedad mejor, de un futuro más prometedor.

José Luis Corona
Encarnación Ruiz Callejón
Alba-María Martínez-Sala
Universidad Nacional Experimental Francisco de Miranda (Venezuela)
Universidad de Granada (España)
Universidad de Alicante (España)

REFORMAS LEGISLATIVAS EN AMÉRICA LATINA IMPULSADAS POR LA META 3 DEL OBJETIVO 5 DE LA AGENDA 2030 PARA ERRADICAR LOS MATRIMONIOS INFANTILES

Diego Aboi Rubio[1], *Ana M. Vega Gutiérrez* [2]

La investigación es resultado del Proyecto PID2020-114400GB-I00 "Igualdad de género y creencias en el marco de la Agenda 2030", financiado por MCIN/ AEI/10.13039/5011000110331. *INTRODUCCIÓN*

La Agenda 2030 para el Desarrollo Sostenible de las Naciones Unidas, aprobada en el 2015, aspira a hacer realidad los derechos humanos. Desde esta perspectiva, la meta 3 del Objetivo 5 conmina a los Estados a eliminar todas las prácticas nocivas, como el matrimonio infantil, precoz y forzado (...)[2.] Se propone prohibir que los menores de 18 años puedan contraer matrimonio legalmente.

Fruto de esta iniciativa, desde el 2015 se han reformado muchos de los Códigos Civiles o de Familia de los países de América[1]. De tal modo que en 12 países está prohibido el matrimonio de los menores de 18 años[2]. En 6 países se permite, a partir de los 16 años, con una dispensa de los padres o del juez[3]. En Haití, la mujer desde los 15 años y los varones desde los 18 años pueden contraer matrimonio con el permiso presidencial. En Argentina y Colombia es posible casarse, por motivos calificados y con permiso de los padres o dispensa judicial, desde los 14 años. En América y el Caribe los menores de 18 no pueden casarse legalmente en 10 de los 21 países, por lo que se ha conseguido, en parte, la meta 3 del Objetivo 5 de los ODS.

En cuanto al ámbito canónico, el 21 de febrero de 2019, el Papa Francisco, en el encuentro sobre "La Protección de los menores en la Iglesia", propuso a las conferencias episcopales: "elevar la edad mínima para contraer matrimonio a 16 años". Pero todavía no se ha modificado el c. 1083 que establece como edad canónica para contraer a los 14 años para las mujeres y 16 para los varones. A su vez, no todas las conferencias episcopales de

1. Este trabajo se enmarca territoralmente en Latinoamérica. Se excluye la zona del Caribe y las Antillas, por su complejidad: hay 13 naciones independientes, tres departamentos Franceses, y dos colonias que pertenecen a Países Bajos, seis a Reino Unido y una depende de USA. Su particularidad exigiría un estudio específico.
2. Los países que no permiten el matrimonio de menores son: Chile, Costa Rica, Cuba, Ecuador, El Salvador, Guatemala, Honduras, México, Panamá, Perú, Puerto Rico y República Dominicana; en todos ellos se establece la edad mínima de 18 años para el varón y la mujer para contraer matrimonio, no se prevé ninguna excepción.
3. Se permite contraer matrimonio desde los 16 años con autorización a los menores en: Bolivia, Brasil, Nicaragua, Paraguay, Uruguay y Venezuela.

América han elevado la edad canónica del matrimonio. Por lo que hay discordancia entre la edad civil, que ha sido elevada, y los límites etarios para el matrimonio canónico.

2. OBJETIVOS

En este trabajo se quiere exponer cual es la edad civil y la canónica para contraer matrimonio en los distintos países de América, y en qué medida se está consiguiendo este aspecto de la meta 3 del Objetivo 5 de la Agenda 2030.

3. METODOLOGÍA

Se van a analizar y sistematizar los artículos de los Códigos Civiles o de Familia en cuanto a la edad para contraer tras las reformas impulsadas desde el 2015 por lla Agenda 2030.

La principal fuente es la página web *Observatorio de Igualdad de Género de América Latina y el Caribe* [4]que depende de la Comisión Económica para América Latina (CEPAL) una de las 5 comisiones regionales de las Naciones Unidas. El Observatorio de Igualdad de Género de América Latina y el Caribe es una herramienta creada por la CEPAL en respuesta al acuerdo de los gobiernos en la X Conferencia Regional sobre la Mujer de América Latina y el Caribe (Consenso de Quito, 2007), donde se solicita al Sistema de las Naciones Unidas la creación de este Observatorio.

En esta página web se recogen las leyes que han reformado los códigos civiles o los códigos de familia de los países de América. Después de consultar sus legislaciones nacionales -tras su reforma- se han sistematizado los países en dos bloques: los que han establecido los 18 años tanto para el varón como para la mujer como límite absoluto para contraer matrimonio y en un segundo bloque los que permiten excepciones a partir de los 16 años con el consentimiento paterno o judicial. En cuanto a las fuentes canónicas se ha recurrido a la compilación del profesor Martín de Agar [5].

4. CEPAL Leyes | Observatorio de Igualdad de Género (https://oig.cepal.org/es/laws/9) (última consulta 22 de junio de 2023).

5. Los decretos de las conferencias episcopales están publicados en sus respectivos boletines. La *recognitio* es la respuesta de la Congregación Obispos, estos "actos administrativos" no están publicados. El profesor Martín de Agar acudió a la secretaría de cada una de las conferencias episcopales para recapitular estos datos.

4. DESARROLLO DE LA INVESTIGACIÓN

4.1. Países donde los menores pueden contraer matrimonio

En **Argentina** la Ley 26.994, modificó en el 2014 el Código Civil y Comercial. El art. 403 f establece como impedimento «no tener 18 años». Pero el art. 404 admite dos excepciones: por una parte, los menores de 16 años necesitan el permiso del juez que debe entrevistarse con los futuros cónyuges, la decisión debe tener en cuenta el grado de madurez; y la segunda excepción establece que los menores de 16 a 18 años pueden contraer matrimonio con autorización de sus representantes legales. A falta de ésta, puede hacerlo previa dispensa judicial.

El matrimonio civil es obligatorio, por lo que el matrimonio canónico no tiene efectos civiles. La Conferencia Episcopal ha establecido la edad de 18 para el varón y 16 para la mujer. Para la licitud del matrimonio de menores de esta edad se debe pedir permiso al ordinario (Martín de Agar, 2009, 84)[6].

Bolivia equipara la unión libre con el matrimonio. En el año 2014, con la Ley 603, se aprobó el Código de las Familias y del Proceso Familiar. El artículo 139 no. 2 establece que «de manera excepcional, se podrá constituir matrimonio o unión libre a los 16 años de edad cumplidos, siempre que se cuente con la autorización escrita de quienes ejercen la autoridad parental, o quien tenga la tutela o la guarda, o a falta de éstos la Defensoría de la Niñez y Adolescencia». Según el art. 42 sólo tendrá validez legal y producirá efectos jurídicos el matrimonio civil.

La edad canónica para contraer se ha establecido en los 18 años para el varón y 16 para la mujer. Los menores necesitan la autorización de los padres (Martín de Agar, 2009, 160)[7].

Aunque hay un acuerdo con la Santa Sede, en él no se abordan las cuestiones matrimoniales. En 2009 se firmó un convenio Marco de Cooperación Interinstitucional para atender las necesidades educativas, de salud y servicios sociales.

En **Brasil,** la mayoría de edad se alcanza a los 18 años. En el año 2019 se reformó el art. 1.517 del Código Civil: «O homem e a mulher com dezesseis anos podem casar, exigindo-se autorização de ambos os pais, ou de seus representantes legais, enquanto não atingida a maioridade civil». Se suprimen las excepciones de la Lei no 10.406, del 2002 que preveía la dispensa de la edad por las causas que establecía el art. 1.520. La nueva redacción de este artículo según la Lei no 13.811 establece una prohibición absoluta del matrimonio a los que no han alcanzado la edad núbil. La autorización de los matrimonios de menores depende de los padres y en última instancia del juez.

El art. 12 del Acuerdo entre la Santa Sede y Brasil reconoce el matrimonio canónico celebrado de conformidad con el derecho canónico. Los efectos civiles del matrimonio se reconocen mediante la inscripción en el registro civil. Según el art. 1.515 del Código civil, «segundo o qual o casamento religioso, que atender às exigências da lei para a validade do casamento civil, equipara-se a este». Los efectos civiles del matrimonio canónico son desde la celebración (art 226.2). Las sentencias de los tribunales canónicos son reconocidas como las decisiones extranjeras.

6. La C.E.A. aprobó el Decreto General en octubre de 1988. La *recognitio* se recibió el 12 de noviembre de 1988.

7. La C.E.B. aprobó el Decreto General en mayo de 1984. La *recognitio* se recibió el 17 de septiembre de 1985.

La Conferencia Episcopal establece la edad de 18 para el varón y 16 para la mujer para los menores se exige a los párrocos dispensa escrita del obispo (Martín de Agar, 2009, 187)[8].

Chile con Ley 255-15 de 2022 se modifica la legislación sobre el matrimonio de los menores de 18. En el art. 5 no. 3 se dice «No podrán contraer matrimonio: 3º Los menores de dieciséis años». Por lo que se permite a los menores de 18 años contraer matrimonio.

Para los efectos civiles de los matrimonios se requiere que la entidad tenga personalidad jurídica, la inscripción en los ocho días posteriores –bajo pena de no surtir efectos civiles- y debe ser ratificado el consentimiento ante el registro civil[9].

En cuanto al ordenamiento canónico se establece que son los padres los que deben autorizar a aquellos que entre los 16 años hasta los 18 años deseen contraer. El párroco debe solicitar por escrito la licencia después de examinarlos (Martín de Agar, 2009, 24)[10].

Colombia con la Ley 57 de 2020, actualizó el art. 117 del Código Civil que establece que los menores de 18 años podrán contraer matrimonio con permiso expreso, por escrito, de sus padres legítimos o naturales. El artículo 140 no. 2 consagra como causal de nulidad del matrimonio que cualquiera de los contrayentes, hombre o mujer, sea menor de 14 años.

El matrimonio canónico está reconocido en el Acuerdo con la Santa Sede en el art VI. El Estado reconoce plenos efectos civiles al matrimonio celebrado de conformidad con las normas del derecho canónico. Para los efectos civiles basta con la comunicación del acta al funcionario que debe inscribirla en el Registro Civil. La Iglesia Católica recuerda a los conyugues que contraigan matrimonio canónico no deben recurrir a la facultad civil de pedir el divorcio. Se reconoce la validez de las sentencias de nulidad y la dispensa del matrimonio rato y no consumado.

La Conferencia Episcopal ha elevado la edad para contraer a los 18 años, equiparándola a la legislación civil (Martín de Agar, 2009, 298)[11].

En **Haití,** el art. 133 de su Código Civil establece que es necesario el permiso paterno para contraer matrimonio a los menores de 25 años para los varones y 21 años para las mujeres. Para contraer antes de los 18 años para los varones y de los 15 años en las mujeres es necesario el permiso del presidente de Haití.

Haití reconoce el matrimonio de los católicos, pudiendo incluso dispensar al tenor de las propias leyes de la publicidad previa que exige el Código Civil (art. 63).

La Conferencia Episcopal no ha elevado la edad núbil, por lo que se mantiene lo establecido en el canon 1086.

---

8. La C.N.BB: aprobó el Decreto el 30 de septiembre de 1986. Comunicado mensal no. 405, con la *recognitio* de la Sede Apostólica (S.A.) con fecha del 13 de octubre de 1986..

9. Hasta el 18 de noviembre de 2004 el matrimonio civil era obligatorio, la nueva legislación es un primer paso como afirman las profesoras Celis y Domínguez (2006, 32): «si el Estado confía en una organización religiosa para reconocer el matrimonio celebrado ante ella, no parece coherente poner trabas a la manifestación del consentimiento a través de una exigencia de esta naturaleza». De hecho, resulta tan oneroso que apenas se han celebrado matrimonios religiosos.

10. La C.E.CH las aprobó en la Plenaria de en mayo de1986. La *recognitio* se recibió el 4 de septiembre de 1984.

11. La C.E.C. aprobó la *Legislación canónica. Normas complementarias para Colombia*, 1986. Reconocidas por la S.A. el 11 de enero de 1986.

En Nicaragua, la mayoría de edad se establecía en los 21 años para el varón y 18 para la mujer a tenor del art 100 de su Código Civil[12]. El art. 101 consideraba «hábiles para contraer matrimonio el varón que ha cumplido quince años y la mujer que ha cumplido catorce» (derogado). A partir del año 2014, mediante la Ley nº 870 de aprobó un Código de Familia, y se elevó la edad mínima para contraer matrimonio «El artículo 54 de la presente ley establece que son aptos legalmente para contraer matrimonio, el hombre y la mujer que hayan cumplido 18 años de edad. Sin embargo, los representantes legales de los adolescentes podrán otorgar autorización para contraer matrimonio, a los adolescentes entre 16 y 18 años de edad».

La Conferencia Episcopal de Nicaragua establece que «considerando la necesidad de la madurez psicológica para contraer el Sacramento del matrimonio se decide que la edad mínima sea 18 cumplidos para el varón y 16 años para la mujer, conforme a las facultades otorgadas por el c. 1083. parr.2» (Martín de Agar, 2009, 810)[13].

Paraguay, la Ley 5.491 de 2015 se cambiaron los artículos 17 y 20 del código civil. Según el art. 17 «no pueden contraer matrimonio: 1) las personas que no hayan cumplido dieciocho años de edad, con la excepción establecida en el Artículo 20». Este artículo establece que, a partir de los 16 años, se puede contraer con el permiso de los padres o el juez de la niñez.

El matrimonio canónico no tiene efectos civiles. La Conferencia Episcopal fijó la edad de 18 años para el varón y 16 para la mujer. Los párrocos para que les sea lícito proceder al matrimonio canónico deben pedir permiso. (Martín de Agar, 2009, p.952)[14].

Perú en el año 2020, por el Decreto Legislativo 295, elevó la edad para contraer a los 16 años para la mujer, y la equiparó a la del varón. El art. 241 permite el matrimonio de menores, «el juez puede dispensar el impedimento de la impubertad de los contrayentes, por motivos justificados. Siempre que estos tengan, como mínimo, dieciséis años cumplidos y manifiesten expresamente su voluntad de casarse». El asentimiento paterno debe ser expreso sin que sea necesario justificarlo, y no admite recurso (art. 244-245), en cambio el juez debe fundamentar la autorización, que es recurrible.

El matrimonio civil es obligatorio, pero el alcalde puede delegar. El art. 260 permite que el alcalde delegue, por escrito, la facultad de celebrar el matrimonio a otros regidores: a los funcionarios municipales, directores o jefes de hospitales o establecimientos análogos. La Conferencia Episcopal determinó que antes los 18 años se debe pedir la dispensa, aunque no dice nada sobre quién la debe otorgar, es de suponer que le corresponde al Ordinario del lugar. (Martín de Agar, 2009, p.971)[15].

Puerto Rico ha aprobado un nuevo Código Civil mediante la Ley nº 55 de 1 de junio de 2020. Como impedimento para el matrimonio, el artículo 380 letra b, determina: «no pueden contraer matrimonio las personas que no han cumplido 18 años de edad». El art. 381: «el menor que ha cumplido los dieciocho (18) años necesita la autorización

12. Según del art. 100, «El varón de veintiún años o el declarado mayor, y la mujer de diez y ocho años cumplidos o declarada mayor, pueden contraer matrimonio libremente».

13. La *recognitio* se recibió el 31 de junio de 1986

14. La C.E.P. aprobó la *Legislación complementaria al Código de Derecho Canónico*, Paraguay, 1994. La *recognitio* se recibió el 23 de septiembre de 1993

15. La C.E.P. aprobó las *Normas particulares complementarias*. 1987. La *recognitio* se recibió el 9 de octubre de 1985.

de las personas que ejercen sobre él la patria potestad o la tutela. Si estas se niegan a consentir al matrimonio, el tribunal puede autorizarlo luego de celebrar una vista para conocer las causas de la negativa y determinar si el menor tiene discernimiento para entender la naturaleza del matrimonio y las obligaciones que conlleva». El art. 392 reconoce a los ministros de culto la capacidad para celebrar el matrimonio, deben examinar la declaración jurada de los contrayentes y han de enviarla al registro demográfico. Los efectos civiles se producen desde su celebración (art. 395). La Conferencia Episcopal -establece la edad canónica en los 18 años. (Martín de Agar, 2009, 1040)[16].

En el caso de **Uruguay** en el año 2013, con Ley 19.075 del Matrimonio Igualitario, se modificó el art. 91 no. 1 del Código Civil, estableciendo que es un impedimento dirimente para el matrimonio: ser -cualquiera de los contrayentes- menor de 16 años de edad (art. 26). El art. 91 de su Código Civil «Son impedimentos dirimentes para el matrimonio: 1º. La falta de edad requerida por las leyes de la República; esto es, 16 años cumplidos en el varón y 16 cumplidos en la mujer». La edad es un impedimento que hace nulo el matrimonio. No se exige la intervención de los padres ni del juez para autorizar el matrimonio de los menores de 18 años.

La Conferencia Episcopal no ha elevado la edad canónica de 16 años para el varón y 14 para la mujer para contraer matrimonio canónico quizás por no tener efectos civiles este. (Martín de Agar, 2009, p.1321-27)[17].

Venezuela en el año 2014, se equiparó la edad del varón y de la mujer a los 16 años con la Sentencia 1353 de su Tribunal Supremo de Justicia. El fallo del alto tribunal derogó el art. 46 del Código Civil, por atentar este al principio de igualdad del art 21 de la nueva constitución. Por lo que, a partir de los 16 años se puede contraer matrimonio tanto los varones como las mujeres, no es necesario el permiso de los padres ni del juez.

Antes del matrimonio canónico se pide que celebre por lo civil. La Conferencia Episcopal estableció el límite de 18 años de edad. Para los menores por justa causa se requiere autorización previa de los padres (Martín de Agar, 2009, p.1340)[18].

4.2. Países en los que está prohibido el matrimonio a menores de edad

En **Costa Rica** la Ley 9.406 de 2016 reforma el Código Penal, el Código Familia, la Ley Orgánica TSE y Registro Civil y el Código Civil dice «es legalmente imposible el matrimonio: 7) De la persona menor de dieciocho años». Esta prohibición alcanza al

16. La C.E.PR aprobó, mediante Decreto del 13 de mayo de 1987, las Normas complementarias al código de Derecho Canónico. La recognitio se recibió el 31 de mayo de 1986

17. La C.E.P.R. aprobó, mediante Decreto del 13 de mayo de 1987, las Normas complementarias al código de Derecho Canónico, . La recognitio se recibió el 31 de mayo de 1986.

18. La C.E.V aprobó las *Normas aprobadas por la C.E.V. reconocidas por la Santa Sede*, (Boletín Oficial de la Arquidiócesis de Valencia -Venezuela 1985). La *recognitio* se recibió el 2 de marzo de 1986. El Salvador el art.83 del código civil no admite ninguna excepción para contraer matrimonio a los menores de 18 años . El matrimonio canónico no tiene efectos civiles, es más constitucionalmente el art. 25 establece «no servirá para establecer el estado civil de las personas ningún acto religioso». La Conferencia Episcopal elevó la edad para contraer a los 18 años, y no prevé la posibilidad de licencia. En el ámbito canónico la edad se ha establecido en 18 años para el varón y 16 para la mujer. La licencia la otorga el ordinario .

registro Civil. En el art. 64 establece que «(...) el Registro Civil no inscribirá el matrimonio de las personas menores de dieciocho» y declara la nulidad del matrimonio de oficio». Continúa así el proceso de reformas iniciado en 2007, que elevó a los 15 años la edad para contraer matrimonio mediante la resolución de la Sala Constitucional n°2129 del 14 de febrero de 2008.

Su Código de Familia reconoce los efectos civiles del matrimonio católico en el art. 23: «El matrimonio que celebre la iglesia católica, apostólica y romana con sujeción a las disposiciones de este código, surtirá efectos civiles. Los ministros que lo celebren quedan sujetos a las disposiciones del Capítulo IV de este Título en lo aplicable, para lo cual serán considerados funcionarios públicos».

En febrero de 1998, la Conferencia Episcopal equiparó la edad canónica con la edad civil, es decir los 18 años (Martín de Agar, 2009, 1340)[19].

Cuba era el único país que no había elevado la edad conyugal hasta el año 2022[20]. En el art 3 del Código derogado se establecía la edad para contraer a los 18 años (Martín de Agar, 2009)[21], pero en el segundo párrafo se permitía «excepcionalmente y por causas justificadas» contraer con 16 años para los varones y a las 14 a las hembras (sic), con el permiso de los padres, tutores, abuelos». Con la reforma del año 2022, el Código Civil Cubano establece en su art 204 que para ejercer la capacidad matrimonial hay que alcanzar a la edad de dieciocho años. El art. 205 c) incluye como prohibición absoluta para formalizar el matrimonio: las personas menores de dieciocho (18) años.

El matrimonio canónico no tiene efectos civiles. Según las profesoras Celis y Domínguez, el art. 18 y el art 19 del Código de Familia Cubano equiparan la unión con el matrimonio formalizado, «aparentemente el Estado podría considerar un matrimonio canónico, como sustrato suficiente para ser reconocido civilmente, aunque la situación de la libertad religiosa en el país, hace poco probable recurrir a este sistema».

La Conferencia Episcopal no ha ejecutado la potestad que le permite el c. 1085, por lo que se mantiene los límites etarios del código de derecho canónico.

Chile: La Ley 255-15 de diciembre de 2022, modifica la legislación sobre el matrimonio. El art. 44 prohíbe a los menores de 18 años contraer matrimonio y no admite excepciones. La nulidad podrá ser demanda por cualquiera de los cónyuges o por cualquier persona fundándose en el interés superior de los niños, niñas o adolescente, pero alcanzados los diez ocho años de los contrayentes, la acción se radicará única mente en él, o en los que contrajeron a esa edad (art. 46). Para los efectos Civiles de los matrimonios se requiere que la entidad tenga personalidad jurídica, la inscripción en los ocho días posteriores -bajo pena de no surtir efectos Civiles- y debe ser ratificado el consentimiento ante el registro Civil. El ordenamiento canónico elevó la edad a los 18 años para ambos cónyuges, en el caso de los menores debe solicitarse la licencia a

19. La recognitio se recibió el 24 de abril de 2012.

20. La C.E.E. aprobó las Normas complementarias del Código de Derecho Canónico en la Asamblea Plenaria del 24 de marzo de 1996. La recognitio se recibió el 16 se recibió el 24 de abril de 2012. La anterior modificación en el Código de familia se hizo a través de la Ley No. 9 de 22 de agosto de 1977), que establecía en el art. 3 que no están autorizados para formalizar el matrimonio los menores de 18 años, pero excepcionalmente podrá otorgarse a los menores de 18 años la autorización para formalizar el matrimonio siempre que la mujer tenga, por lo menos, 14 años cumplidos y el hombre de 16 años, también cumplidos.

21. La recognitio se recibió el 24 de abril de 2012.

de solicitarse al superior eclesiástico con el informe del párroco que debe examinarlos a los menores (Martín de Agar, 2009, 24)[22].

En **Ecuador** en el año 2015, el art. 3 de la Ley Reformatoria al Código Civil de 2015, modificó el art. 83 del código civil, estableciendo que las personas que no hubieren cumplido 18 años no podrán casarse.

La edad canónica para contraer es de 18 años para el varón y 16 años para la mujer. Por otra parte, antes del matrimonio canónico se exige que le preceda el matrimonio civil, bajo pena de sanción para el ministro (Martín de Agar, 2009, 332)[23].

En el **Salvador,** el Decreto Legislativo no. 677 de 1993 modifica el art.83 del Código Civil y no admite ninguna excepción para contraer matrimonio a los menores de 18 años. «las personas que no hubieren cumplido dieciocho años no podrán casarse»

El matrimonio canónico no tiene efectos civiles; es más, constitucionalmente el art. 25 establece que «no servirá para establecer el estado civil de las personas ningún acto religioso». La Conferencia Episcopal elevó la edad para contraer a los 18 años, y no prevé la posibilidad de licencia. (Martín de Agar, 2009, 1076)[24].

En **Guatemala,** el art.2 del Decreto 13-2017 modificó el art. 83 del Código Civil, estableciendo que no podrán contraer matrimonio ni autorizarse de manera alguna, el matrimonio de menores de 18 años de edad. Se eliminó, así, la excepción que permitía el art.81: «la mayoría de edad determina la libre aptitud para contraer matrimonio. Sin embargo, pueden contraerlo: el varón mayor de dieciséis años y la mujer mayor de catorce, siempre que medie la autorización que determinan los artículos siguientes» (derogado).

En Guatemala hay un sistema matrimonial civil obligatorio, así lo establece el art. 92.2: «también podrá autorizarlo el ministro de cualquier culto que tenga esa facultad, otorgada por la autoridad administrativa que corresponde».

En cuanto al matrimonio canónico, se mantienen la edad de 16 y 14 del c. 1083. El Obispo diocesano puede elevar la edad para contraer, pero a de disuadir a los menores. El embarazo no es causa suficiente. De este modo, es posible celebrar matrimonios canónicos de menores, algo que el código civil prohíbe expresamente (Martín de Agar, 2009, 244)[25].

Honduras el Decreto 44-2017 derogó el párrafo tercero del art. 16 del Código de Familia, a su vez, reformado mediante el Decreto no.35-2013. Ambas normas permitían, excepcionalmente, el matrimonio de menores de 18 años. Este decreto prohíbe de forma absoluta el matrimonio de menores. El art. 16 del Código de Familia establece la mayoría de edad en los 21 años, a partir de la cual se puede contraer matrimonio libremente. El art. 17 permite que los mayores de 18 años puedan contraer matrimonio con el permiso de los padres y del juez.

---

22. La C.E.CH las aprobó en la Plenaria de en mayo de1986. La recognitio se recibió el 4 de septiembre de 1984

23. La C.E.E. aprobó las Normas complementarias del Código de Derecho Canónico en la Asamblea Plenaria del 24 de marzo de 1996. La recognitio se recibió el 16 de mayo de 1986.

24. La C.E.D.S. aprobó las Normativas eclesiásticas y civiles concernientes a la Iglesia católica del Salvador. La recognitio se recibió el 24 de mayo de 1986

25. La recognitio se recibió el 29 de octubre de 1986.

La edad canónica para contraer se ha establecido en 18 años tanto para el varón como para la mujer, pero se puede pedir dispensa al Ordinario del lugar (Martín de Agar, 2009, 555)[26].

El matrimonio canónico no tiene efectos civiles; el art. 13 del Código de Familia de Honduras dice: «El ministro de cualquier culto que autorizare un matrimonio religioso sin que se le presente previamente la certificación de haberse celebrado el civil, incurrirá en responsabilidad penal».

En **México**, por el Decreto DOF: 03/06/2019 se reforma el art. 148 del Código Civil, quedando así: «Para contraer matrimonio es necesario haber cumplido dieciocho años de edad». De este modo, se derogó la excepción que permitía al jefe del departamento del distrito federal o los delegados según el caso, conceder dispensas de edad por causas graves y justificadas. Por otra parte, en el art. 130 de su constitución establece: «Los actos del estado civil de las personas son de la exclusiva competencia de las autoridades administrativas en los términos que establezcan las leyes».

En cuanto al matrimonio canónico se pide que se haya celebrado el matrimonio civil previamente. La edad para contraer es de 18 años para el varón y 16 años para la mujer. El obispo, teniendo en cuenta las condiciones culturales y prudente juicio, puede autorizar el matrimonio canónico. La preñez no debe considerarse una causa (Martín de Agar, 2009, 774)[27].

En la **República Dominicana** la Ley 1-21 modificó y derogó varias disposiciones del art. 144 del código civil y de la Ley no.659 del año1944, sobre actos del estado civil. La redacción vigente del art. 144 dice: «Las personas menores de dieciocho años no podrán contraer matrimonio en ninguna circunstancia».

La Ley 1-21 justifica el cambio legislativo con varias consideraciones. La no. 4 hace mención expresa de los ODS y en la no.5 señala: «las uniones tempranas constituyen un mecanismo de violación de los derechos humanos de las niñas y adolescentes».

La edad canónica son los 20 años para el varón y 18 para la mujer. El art. XV del Concordato con la Santa Sede reconoce los efectos civiles a todos los matrimonios celebrados según las normas del Derecho Canónico. Se acuerda que el foro de estos matrimonios serán los tribunales eclesiásticos, en los que no se tramita la ruptura del vínculo. (Martín de Agar, 2009, 1053)[28].

Panamá con la ley 30 de 2015 eliminó la excepción que estaba prevista en el art. 35 del Código de Familia, -que permitía el matrimonio al menor de dieciocho (18) años, con el consentimiento previo y expreso de quien ejerza en relación a él, la patria potestad o la tutela en su caso.

Perú, el 25 de noviembre de 2023, mediante la ley no. 31945 elevó la edad para contraer a los 18 para ambos contrayentes. El art. 241 prohíbe contraer a los menores de 18 años. La edad fijada se establece como impedimento absoluto, sin excepciones. Así mismo, no se permite el matrimonio del tutor o del curador con el menor de dieciocho años de edad (art. 243). El matrimonio civil es obligatorio. El art. 260 permite que el alcalde delegue, por escrito, la facultad de celebrar el matrimonio a otros regidores: a los funcionarios municipales, directores o jefes de hospitales o establecimientos

---

26. La recognitio se recibió el 24 de junio de 1986
27. La C.E.M aprobó las Normativas complementaria conforme al nuevo Código de Derecho canónico. La recognitio se recibió el 6 de julio de 1985.
28. La recognitio se recibió el 31 de mayo de 1986

análogos. La Conferencia Episcopal determinó que antes los 18 años se debe pedir la dispensa, aunque no dice nada sobre quién la debe otorgar, es de suponer que le corresponde al Ordinario del lugar. (Martín de Agar, 2009, 971).

La Conferencia Episcopal ha establecido la edad de 18 años para el varón y 16 para la mujer, para que les sea lícito a los párrocos proceder al matrimonio canónico (Martín de Agar, 2009, 907).

País	Varón / mujer	Dispensable por	Edad canónica	Dispensable por el	Eficacia civil del matrimonio Canónico
Argentina	18/18	El Juez para los menores de 16 Representantes legales de los 16 a 18	18 y 16	Ordinario	No
Bolivia	16/16	Autorización escrita de la autoridad Paternal/ Juez	18 y 16		No
Brasil	16/16	Los padres/ El juez	18/16	Obispo	Si
Colombia	18/18	Permiso por escrito de los padres desde los 16	18/18		Si
Chile	18/18	Sin excepciones	18/18	Al superior eclesiástico previo informe del párroco	Si
Costa Rica	18/18	Sin excepciones	18/18	Ordinario del lugar	Si
Cuba	18/18	Sin excepciones	16/14-		No
Ecuador	18/18	Sin excepciones	18/16		No
El Salvador	18/18	Sin excepciones	18/18	Sin licencia	No
Guatemala	18/18	Sin excepciones	16/14	Obispo puede elevarla	No
Haití	25/21	Permiso: De los 25 a 18 años: los padres Antes de los 18/15: el presidente	16/14		Si
Honduras	21/21	Desde los 18 con permiso padres/ juez	18/18	Ordinario	No
México	18/18	Sin excepciones	18/16	Ordinario	No

Nicaragua	18/18	Permiso de sus padres desde los 16	18/16		NO
Paraguay	18/18	Permiso de los padres/juez	18/16	Párroco	Si
Panamá	18/18	Sin Excepciones	16/14	Ordinario	No
Perú	18/18	Sin Excepciones	18/18	No dice nada	Si
Puerto Rico	18/18	Con 18 cumplidos necesitan autorización de las personas que ejercen sobre ellos la patria potestad o la tutela, subsidiariamente autorización judicial	18/16		No
República Dominicana	18/18	Sin Excepciones	20/18	Permiso escrito del Ordinario	Si
Uruguay	16/16	Desde los 16 no se necesita permiso	16/14	Padres	No
Venezuela	16/16	Desde los 16 no se necesita permiso	18/18	Ordinario con la autorización expresa de los padres	Si

Tabla 1. Comparativa la edad civil/canónica para contraer matrimonio en América. **Fuente:** Elaboración propia.

5. CONCLUSIONES

En este artículo se han expuesto las fuentes legislativas de los 21 países de América latina sobre la edad para contraer matrimonio. En el movimiento para erradicación del matrimonio infantil intervienen no solo los gobiernos o las organizaciones internacionales, sino que es un movimiento transversal (Vilán, 2022). Uno de sus hitos fue su inclusión entre los Objetivos de la Agenda 2030. El objetivo no.5, meta 3 no se ha quedado en una mera declaración. Tal como hemos expuesto, ha conllevado cambios legislativos que afectan al derecho fundamental del *ius connubi*. La Meta 3 considera el matrimonio infantil como una práctica tradicional contraria a los Derechos Humanos, por lo que se sitúa en el mismo plano que el matrimonio forzado y la mutilación genital femenina.

Al menos en 12 países está prohibido el matrimonio de los menores de 18 años. En el resto de los países el límite se ha establecido en los 16 años, y en la mayoría de los casos es necesario el permiso paternal o judicial. Sólo Argentina, Haití y Colombia permiten el matrimonio a los menores de 16 años, pero con el permiso judicial o presidencial.

En cuanto a la edad canónica, la mayoría de las Conferencias Episcopales han elevado la edad parar contraer; menos en Cuba, Panamá y Uruguay, quizás porque el matrimonio canónico no tiene efectos civiles. Guatemala mantiene el límite canónico de 16 y de 14 años, pero para que tenga efectos civiles deben seguirse las disposiciones del Capítulo IV, en el que no se permite el matrimonio de los menores.

Elevar la edad canónica para contraer matrimonio es sólo una propuesta del legislador. El Papa Francisco en el año 2019, en la primera sesión de la cumbre antipederastia celebrada en el Vaticano planteó reflexionar acerca de la posibilidad de modificar dicho impedimento para adaptarlo a las nuevas demandas y consideraciones sociales hacia las que se orienta la comunidad internacional y que sirven de guía a las políticas de los principales gobiernos del mundo.

Por lo que podemos decir que, legalmente, en América la meta 3 del ODS 5 ha supuesto la reforma de todos los códigos civiles o de familia. La legislación canónica no ha sido reformada según la propuesta de la meta 3 objetivo 5 ODS. El Derecho canónico considera como un derecho natural el matrimonio y depende de la capacidad de las personas, y a la progresión de los derechos de los menores, más que fijar una prohibición absoluta y legalista del matrimonio infantil. El permiso de los padres, o del párroco- necesario para que los menores pueden contraer- pretende que estos puedan ejercer el *ius connubi* - un derecho fundamental- con la maduración suficiente y con la ponderación debida.

6. REFERENCIAS

CELIS, A.M. y DOMÍNGUEZ, C. (2006) Celebración del matrimonio en Latinoamérica, desde la perspectiva de la libertad religiosa. En VVAA, *Investigaciones en para que nuestros pueblos tengan vida* (pp. 95-131) Pontificia Universidad Católica de Chile.

VILÁN, A. (2022). The evolution of the global movement to end child marriage. *Journal of Human Rights*, 21(2), 227-244.

Fuentes Canónicas:

MARTÍN DE AGAR, J.T. (2009) *Legislazione delle Conferenze Episcopali complementare.* Coletti a San Pietro.

Fuentes Civiles:

Argentina: Ley 26.994, de 1 de octubre, Código Civil y Comercial de la Nación, Boletín Oficial, núm. 32985, de 8 de octubre de 2014. http://servicios.infoleg.gob.ar/infolegInternet/verNorma.do?id=235975.

Bolivia: Ley 603, de 19 de noviembre, Código de las familias y del proceso familiar, *Gaceta oficial Estado plurinacional de Bolivia*, edición 702NEC, de 24 de noviembre de 2014. https://onx.la/33a07

Brasil: Lei no 10.406, de 10 de janeiro de 2002. https://www.jusbrasil.com.br/legislacao/91577/codigo- civil-lei-10406-02

Chile: Ley 255-15 de diciembre de 2022, *Que modifica diversos cuerpos legales para establecer la mayoría de edad como requisito esencial para la celebración del matrimonio* https://www.bcn.cl/leychile/navegar?idNorma=1187063

Colombia: Ley 84, de 26 de mayo de 1873, Código Civil de los Estados Unidos de Colombia, Diario Oficial, núm. 2.867, de 31 de mayo de 1873. 5ª edición 2000. http://www.secretariasenado.gov.co/senado/ basedoc/codigo_civil.html

Costa Rica: Ley número XXX, de 19 de abril de 1885, *Código Civil, Diario Oficial, La gaceta de Costa Rica*, reformado el 4 de abril de 2019 https://www.imprentanacional.go.cr/gaceta/

Cuba: Ley 156/2022, de 17 de agosto 2022, Gaceta oficial de la república de cuba, núm. 99 de 27 de septiembre de 2022. https://onx.la/ebb27
El Salvador: D.O. no 236, de 14 abril 1860, *Código Civil, La Gaceta Oficial no. 85, tomo 8*, última reforma de 17 de diciembre de 2004. https://www.refworld.org.es/docid/57f7945016
Ecuador: Código Civil de Ecuador, *Registro Oficial Suplemento*, 46, de 24-junio de 2005, última modificación de 08-julio de2019. https://bde.fin.ec/wp content/uploads/2021/02/CODIGOCIVILultmodif08jul2019.pdf
Guatemala: Decreto Ley no.106, de 3 de diciembre 2022, Diario Oficial La Gaceta, no.24, 394. https:// www.oas.org/dil/esp/codigo_civil_guatemala.pdf Código Civil
Honduras: Decreto no.76-84, Código de Familia, de16 de agosto 1984. Diario Oficial La Gaceta, no.24, 394. https://www.oas.org/dil/esp/codigo_civil_honduras.pdf
Nicaragua: Ley no. 870, de 24 de junio de 2014, Código Familia, La Gaceta no. 190, del 8 de octubre de 2014. https://onx.la/c87b8
Panamá: Ley no.3, de 17 de mayo de 1994, Código de Familia, Gaceta Oficial XCI, no. 22.591, 1 de agosto de 1994. https://onx.la/41eee
Paraguay: Ley no. 118/85, de 23 de diciembre de 1985, Código Civil, https://www.oas.org/dil/esp/ codigo_civil_paraguay.pdf
Perú: Decreto Legislativo no. 319945, de 25 de noviembre de 2023, Ley que modifica el código civil, Decreto legislativo 295, a fin de Prohibir el matrimonio de personas menores de edad. *Diario oficial*, Edición: 2023-1102. https://busquedas.elperuano.pe/dispositivo/NL/2238699-3
Puerto Rico: Ley no.55, de 1 de junio de 2020Código Civil, 1 de junio de 2020. https://onx.la/95ac3
Uruguayo: Ley no 16.603, de 19 de diciembre de 2015, Código Civil, *publicado* 21 de noviembre de 1994, https://derechouruguayo.com/codigo-civil-uruguayo/
Venezuela: G.O.E no. 2.990 del 26 de Julio de 1982. Código Civil, *Gaceta, extraordinaria.* https:// www.oas.org/dil/esp/codigo_civil_venezuela.pdf

GOBERNANZA Y GESTIÓN UNIVERSITARIA, CONTEXTO DE REPÚBLICA DOMINICANA

Julissa Altagracia Pichardo De Salcedo[1]

Este trabajo es un extracto de la memoria de investigación sobre la gobernanza corporativa en las organizaciones sin fines de lucro. Caso República Dominicana. Realizada en el marco de la Maestría en Ciencias de la Gestión de la PUCMM con la Universidad de Bordeaux, Francia (2018).

1. INTRODUCCIÓN

La gobernanza es un tema ampliamente abordado en el área de conocimiento de gestión, tanto en las empresas, como en las organizaciones sin fines de lucro, aunque en este último renglón, existen contradicciones sobre el alcance, profundidad y brechas de la literatura existente. En lo que concierne a las universidades, por su impacto como instituciones que contribuyen al desarrollo de la sociedad y por la complejidad de sus sistemas administrativos representan un sector relevante para enfocar el estudio de la gobernanza.

Desde el punto de vista económico, las universidades tienen un gran impacto. A partir de los años ochenta se convirtió en un sector cuya inversión se traducía en una alta rentabilidad, y cuyas ganancias, para el 2006, ascendían a 400.000 millones de dólares en todo el mundo, con perspectivas de continuar creciendo (UNESCO – IESALC, 2014).

En el caso específico de la República Dominicana, las universidades privadas se constituyen en el 98% de las instituciones que conforman el sistema de educación superior, contando con aproximadamente cincuenta entidades y más de medio millón de estudiantes. Aunque surgieron en diferentes momentos y circunstancias, la evolución de cada una ha dependido de factores internos y externos entre los que también se incluyen sus modelos de gobernanza.

La gobernanza determina el funcionamiento de las organizaciones a corto, mediano y largo plazo, por lo que se hace relevante analizar su implementación en las universidades, identificando los temas más abordados y los vacíos de información que aún persisten en su estudio.

Para profundizar en este tema se presenta un levantamiento del estado del arte de la gobernanza universitaria, haciendo un recorrido de la literatura científica, teorías y evidencias empíricas existentes a partir de los trabajos de autores reconocidos en el estudio de la gobernanza. Inicialmente se detallan los objetivos y metodología aplicada,

1. Escuela de Negocios de la Pontificia Universidad Católica Madre y Maestra (República Dominicana)

luego se presenta las conceptualizaciones relacionadas a la gobernanza, incluyendo la gobernanza corporativa y luego la gobernanza universitaria. En la sección posterior se desglosan los resultados del levantamiento, cuyos insumos sirven para explicar los hallazgos en la discusión del tema y cerrar con las conclusiones.

2. OBJETIVOS

Por los aportes de las instituciones de educación superior en términos sociales y económicos, y vista la administración educativa desde una perspectiva empresarial, se plantea como objetivo general de este trabajo presentar el estado del arte de la gobernanza corporativa en las universidades, con énfasis en República Dominicana. Mediante los objetivos específicos se busca:

a) 1. 1. Conocer los modelos de gobernanza y su impacto en la gestión universitaria.

b) 2. 2. Determinar las características de la gobernanza universitaria en el sistema de educación superior dominicano.

3. MARCO TEÓRICO

Para comprender la gobernanza universitaria, es necesario tener una visión general de su fundamentación, orígenes y evolución del concepto mismo como se detalla a continuación.

3.1. Orígenes de la gobernanza corporativa

La gobernanza se ha convertido en uno de los tópicos de interés en la investigación en ciencias sociales y políticas (Kooinman et al, 2008), cuyo término proviene de la palabra latina gubernare que significa guiar una nave, así como también el manejo de los asuntos públicos, mientras que el concepto *gouvernance*, de origen francés fue utilizado por primera vez por Carlos de Órleans en el siglo XV para describir "el arte de gobernar" (Launay, 2005).

Los cimientos históricos de la gobernanza corporativa surgen a inicios del siglo XX, con la segunda Revolución Industrial, momento que motivó que, a raíz de la evolución económica y el desarrollo del sector productivo, las empresas pasaran la dirección y el control a ejecutivos con conocimientos y experiencia en la gestión, delegando en ellos el poder de decisión de los accionistas (Belloco, 2014). En este mismo orden, se destacan los aportes de Berle y Means (1932), en cuyos trabajos sobre la empresa y la propiedad privada, también enfocan cómo en las grandes empresas públicas, la propiedad y el control están separados, según los intereses de los directivos y el de los accionistas.

Otra contribución importante en las fundamentaciones de la gobernanza corporativa es el artículo "La Naturaleza de la empresa" (Coase, 1937) que hace referencia a la razón de existencia de las empresas y el compromiso e implicaciones de operar una empresa a largo plazo.

La Teoría de la Agencia es otro de los trabajos que más se vincula a los fundamentos de la gobernanza corporativa, donde se concibe la empresa como "cajas negras" que transforman un conjunto de insumos en productos y donde la relación entre directivos y accionistas se da a modo de contrato para maximizar el beneficio según la cooperación de los participantes (Jensen y Meckling, 1976).

Los aportes de Berle y Means (1932) y Coase (1937), junto a la Teoría de la Agencia (Jensen y Meckling, 1976) representan el punto de partida del estudio de la gobernanza corporativa.

3.2. Conceptualización de gobernanza corporativa y gobernanza universitaria

El concepto de gobernanza se define según el idioma, la naturaleza de las organizaciones o el contexto social, político, económico, legal u otro, en que se aplique. En español antiguo o en portugués, el término gobernanza significaba "gobierno", mientras que en el español moderno aún no se fijó el término y en América Latina algunas instituciones internacionales traducen el término como "gobernabilidad" (Hufty, 2008).

Existen múltiples definiciones de gobernanza, en su mayoría orientadas a la Teoría de la Agencia, aunque no hay una consensuada y uniforme (Bjork y Johansson, 2001, citado en Hufty, 2008), mientras que algunas teorías y autores la asocian a gobierno corporativo, estrategia, comportamiento organizacional, toma de decisiones, entre otras (McGrath y Whitty, 2015).

Desde un enfoque amplio se considera la gobernanza como "los patrones y estructuras que emergen en un sistema sociopolítico, como el resultado común de los esfuerzos de intervención interactiva de todos los actores" (Kooinman (1993, citado en Meléndez, Solís, y Gómez, 2010, p. 214).

La conceptualización de la gobernanza puede agruparse bajos estos enfoques: a) como sinónimo de gobierno, de acuerdo a su significado, tratamiento y traducción en distintos idiomas; b) como un marco normativo, en que se ejerce el poder en la gestión en los recursos económicos y sociales para el desarrollo de los países, siendo esta una herramienta política de transformación de las sociedades (Banco Mundial, 1992); y c) como un marco analítico para los sistemas de coordinación no jerárquicos (Hufty, 2008).

La gobernanza se aplica también a las universidades por ser uno de los sectores más importantes en el ámbito de organizaciones que tienen un alto impacto social. Así mismo, por sus estructuras, procesos, operaciones y recursos que consumen y generan en el marco de la actividad económica, pueden ser abordadas desde un enfoque empresarial, aunque algunos se opongan a esta visión por considerar que la educación no se debe comercializar (Meyer, 2002).

La gobernanza universitaria se refiere a la forma en que se organizan y funcionan internamente las instituciones de educación superior (Harvey, 2004, citado en Florez Parra et al, 2013). Incluye la división de recursos entre los diferentes mecanismos que conforman el gobierno universitario, sin limitarse únicamente a lo que hacen los consejos directivos, abarcando también, una relación compleja entre los distintos entes que forman el sistema de gobernanza, y con un abordaje diferente según la naturaleza de las universidades, es decir públicas o privadas (Carnegie y Tuck, 2010).

La gestión de las universidades y su gobernanza es cada día más compleja debido a los cambios en el entorno que afectan estas instituciones, por el ambiente competitivo y por sus modelos de gestión (Martínez Nogueira, 2000). En este mismo orden, también la gobernanza universitaria se considera un tema difícil de medir en términos investigativos, cuyo alcance, además de los sistemas, procesos y estructuras, puede incluir también la articulación, gestión contable y autonomía institucional (Banco Mundial, 2017).

4. METODOLOGÍA

Los objetivos se midieron a través del estudio de las distintas teorías generadas sobre la gobernanza universitaria y la práctica concreta en República Dominicana, concibiéndose como un estado del arte acerca del tema.

El estado del arte es una investigación basada en otras investigaciones, que busca mejorar, indagar o encontrar la relación entre los temas estudiados, y cuyos productos puede generar resultados nuevos, de interés o utilidad sobre un área de conocimiento o tema específico (Londoño et al, 2014). Esta investigación es de tipo documental al utilizar como principales insumos fuentes secundarias generadas en distintos momentos con temáticas relativas al tema y en diversos contextos.

Se implementa el método de la hermenéutica que consiste en entender y explicar los fenómenos estudiados desde un punto de vista filosófico al reflexionar sobre su valor, pero también desde una visión realista, donde se aplica la teoría a la práctica (Londoño et al, 2014).

Los principales criterios con los que se clasificaron las fuentes utilizadas fueron:

- Teorías e investigaciones generadas desde los inicios del siglo XX hasta el 2018.
- Principales trabajos y autores reconocidos en el área, específicamente vinculados a las áreas de conocimiento de gestión, educación superior o ambas.
- Publicaciones científicas, de organismos o instituciones renombradas en el tema.
- Informaciones y documentos oficiales y/o de dominio público del sistema de educación superior dominicano.

Dados los propósitos de esta investigación, la metodología se enfoca en generar resultados partiendo de la teoría, así como también de la evidencia empírica generada en los estudios y otras fuentes consultadas.

5. RESULTADOS

Aunque en los años setenta el estudio de la gobernanza universitaria aún apenas estaba en ciernes, su estudio se ha desarrollado rápidamente (Ordorika, 2014) y empezó a tomar mayor relevancia al abordar el funcionamiento y las estructuras del gobierno corporativo de las universidades junto a los procesos de gestión académica y administrativa, desde una perspectiva teórica y práctica (Casanova y Rodríguez, 2014), así como también por su importancia a partir de la observación de su desempeño, como un elemento clave en la gestión, sus resultados y el manejo de los recursos financieros en las instituciones de educación superior (Carnegie y Tuck, 2010).

Al igual que el sector productivo, el sistema de educación superior también se ha visto afectado por cambios en su entorno que a su vez han incidido en la gobernanza universitaria, tales como: la globalización, el desarrollo tecnológico la marketización y la orientación al cliente, aunado a otras tendencias del contexto educativo como, la masificación de la educación, la diversificación de la oferta académica, las políticas de financiamiento, las necesidades de programas más innovadores, el incremento de instituciones de educación superior, entre otras (Sultana, 2012; Findikli, 2017).

5.1. Modelos de gobernanza universitaria

Los modelos de gobernanza se asocian a las estructuras de gobierno que implementan las universidades, según su origen, contexto y evolución. Los órganos de gobierno pueden variar en función del sistema universitario de cada país, así como la naturaleza y características de las instituciones.

Definir modelos de gobierno les permite a las universidades ser más efectivas en el logro de sus objetivos y adaptarse a los cambios (Brunner, 2011), sin embargo, su análisis, debe visualizarse desde la perspectiva y contexto en que se encuentran estas organizaciones (Trakman, 2008).

El estudio de los modelos de gobierno universitario tiene diferentes abordajes y marcos analíticos, incluyendo el enfoque de gestión (Casanova, 1999), la estructura organizacional y quiénes la conforman (Hancock, 2007; Trakman, 2008), la relación con el entorno (Findikli, 2017), la naturaleza pública o privada de la institución (Brunner 2011), los principios y aplicación de la buena gobernanza (Fielden, 2008; Trakman, 2008; Sánchez Moreno y López Yáñez, 2013), los desafíos de estos modelos (Rodríguez Espinar, 2014; Ras, 2016, Brunner 2011), las localidades en que se implementan, como Europa (Finet y Mpasinas, 2006; Boer, Huisman y Meister, 2010; Kehm, 2012; Vidal y Vieira, 2014;), Estados Unidos (Peterson, 2009; Eckel y King, 2014; Williams, 2015), América Latina y El Caribe (Brunner y Pedraja), entre otros.

Mientras que algunos estudios se han centrado en cuatro modelos de gobierno: el burocrático, el colegiado, el político, y el de anarquía organizada (Casanova, 1999), otros señalan las ventajas y desventajas de delegar en grupos específicos el liderazgo de los órganos de gobierno, como se indica en la tabla No.1. Según este esquema la cadena de mando puede estar a cargo de académicos, de ejecutivos con experiencia, de una fiduciaria, o combinada por los entes anteriores (Trakman, 2008).

Sobre el perfil de los directivos, existe contradicción acerca de si su perfil y experiencia deberían ser de gestión empresarial o académico, sin embargo, se ha demostrado que asignar funciones académicas a ejecutivos con experiencia se traduce en más eficiencia en el rol asignado (Hancock, 2007).

Findikli (2017) presenta la categorización de los modelos de gobernanza más completa y reciente (de acuerdo con el análisis comparativo de Dobbins y Knills, 2014). Según este autor, se destacan en este marco analítico la integración de la estructura organizativa de las universidades, la regulación del Estado, la relación de la universidad con la sociedad y los grupos de interés y la importancia de la autonomía institucional. En este modelo se visualizan cómo la estructura organizativa puede estar a cargo del Estado, una empresa o combinado con otros grupos de interés, mientras que el enfoque dominante en gestión puede ser burocrático, emprendedor, colegial o federado, según la estructura implementada. Otro señalamiento del autor es que el modelo es muy útil para comparar los modelos de gobernanza de diferentes países; sin embargo, no se acopla a los cambios y carece de fundamentos estadísticos.

El buen gobierno universitario implica identificar el modelo de gobernanza más adecuado para las universidades, reconociendo cuando es funcional o no y tomando en cuenta la importancia del elemento humano en el marco de la gestión (Trakman, 2008), así mismo, la buena gobernanza se asocia a los mecanismos a través de los cuales el Estado puede incidir en la forma en que las universidades aplican su régimen de gobernanza a través de un monitoreo sobre la información existente y la implementación de una guía de buenas prácticas (Fielden, 2008). También la buena gobernanza se asocia a nuevos esquemas de gobierno, aunque reducen la autonomía profesional de las universidades y recaen en la burocracia (Rodríguez Espinar, 2014).

Tipo de modelo	Características	Argumentos en contra
Gobierno a cargo de directivos académicos	Es el más tradicional de los modelos de gobernanza universitaria. Se le otorga un gran poder y representatividad en los consejos directivos a representantes del sector académico. Se considera que los académicos por su conocimiento y vinculación con la universidad son los mejores para dirigir la institución.	Se cuestiona el conocimiento sobre gestión, sobre todo en el aspecto financiero y contable que puedan tener los directivos.
Gobernanza corporativa	Se basa en la gestión de la universidad a partir de un modelo empresarial. Algunas veces se aplica en momentos económicos difíciles. Algunos indican que el gobierno universitario debe quedar en manos de personas capacitadas y con experiencia en gestión Orientación a la eficiencia de la universidad	Algunos consideran que este tipo de gobierno responde solo a resolver de manera inmediata un problema específico. No corresponde con la naturaleza de la institución, restándole peso al tema académico.
Gobierno fiduciario	El gobierno está a cargo de una junta fiduciaria que se apoya en una relación de confianza que actúa en fideicomiso.	Fundamentos poco concretos.
Gobierno a partir de los grupos de interés	Orientación de la gobernanza en función de los intereses de los diversos públicos de estas instituciones: estudiantes, docentes, otro personal académico, entre otros. Pueden estar presentes en las juntas o consejos directivos.	Dificultad para definir el nivel de autoridad y decisión en cada grupo.
Gobiernos combinados	Incluye los modelos anteriores. Se orienta a estructuras de gobernanza innovadoras. Incorpora las fortalezas de los demás modelos.	

Tabla 1. Modelos de gobierno universitario. **Fuente:** Elaboración propia a partir de Trakman (2008).

5.2. Gobernanza universitaria en República Dominicana

Para el año 2014, la República Dominicana contaba con una matrícula estudiantil que sobrepasa los 450 mil estudiantes; con un cuerpo docente de 17,392 profesores, distribuidos en 48 instituciones de educación superior, de las cuales, 31 son universidades privada, solo una pública que concentraba cerca del 50% de la matrícula estudiantil y el resto son institutos de estudios superiores (MESCyT, 2015).

Con relación al gasto en educación superior, el presupuesto asignado ha ido incrementándose a una tasa promedio de un 19% cada año a partir del 2006 hasta el 2014. La educación superior dominicana ha experimentado un crecimiento de la matrícula, la cantidad de docentes, el presupuesto asignado, entre otros; sin embargo, aún existen deficiencias que afectan este sector, tales como: la necesidad de monitorear la calidad de la educación superior; la inequidad en el acceso al sistema educativo universitario; la alta tasa de deserción y baja tasa de egreso de los programas; y la falta de carreras más innovadoras, sobre todo a nivel técnico y de postgrado (MESCyT, 2018).

Algunas de las características de la gobernanza universitaria en República Dominicana incluyen: a) la existencia de la Ley 139-01, de Educación Superior, Ciencia y Tecnología y el Ministerio de Educación Superior, Ciencia, y Tecnología (MESCyT), principal ente regulador del Estado (UNCTAD, 2012), junto al Consejo Nacional de Educación Superior, Ciencia y Tecnología (CONESCyT); b) la predominancia de instituciones con autonomía y libertad académica, con mecanismos de gestión y financiamiento descentralizados; c) modelos de gobierno diferentes para las universidades públicas y privadas, donde la universidad pública, la Universidad Autónoma de Santo Domingo (UASD), tiene un sistema de gobierno con múltiples consejos directivos a cargo de su gobernanza (OECD, 2012); d) órganos de gobierno de las universidades privadas, que en algunos casos pueden ser colegiados y en otros, juntas familiares (Mejía, 2018).

Otros modelos de gobierno destacados incluyen el Instituto Tecnológico de Las Américas (ITLA), fundado con fondos del Estado, pero con un órgano de gobierno compartido con el sector privado, el de la Pontificia Universidad Católica Madre y Maestra, donde el sistema de gobierno parte de la Iglesia Católica; también del Instituto Tecnológico de Santo Domingo (INTEC), cuyo consejo directivo es similar al modelo estadounidense. A partir de sus sistemas de gobernanza, las instituciones privadas están empoderadas y preparadas para satisfacer las necesidades de sus estudiantes y asumir los retos del mercado, lo que no sucede con la UASD por la complejidad en su estructura de gobernanza (OECD, 2012).

En el "Encuentro de Rectores 2013: Gobernanza Universitaria", con la participación de universidades de América Latina y El Caribe se discutieron diversas inquietudes sobre la conceptualización de la gobernanza universitaria, las características de sus recursos humanos, la sostenibilidad financiera, su planificación, control y seguimiento, las estrategias de internacionalización y las prácticas de buen gobierno, que sirvieron de base para crear una serie de propuestas, con el objetivo de fortalecer la gobernanza universitaria en cada una de las temáticas señaladas (Aguilera y Pavón, 2013).

En este encuentro se señalaron las siguientes limitaciones, que también aplican a República Dominicana, respecto a la gobernanza universitaria:

> *1. La baja participación activa de los miembros de la comunidad universitaria en las discusiones y decisiones inherentes a la vida institucional. 2. La falta de compromiso y pertenencia de algunos miembros de la comunidad frente al proyecto educativo institucional. 3. La falta de liderazgo de algunos miembros de la comunidad universitaria para la consolidación de las funciones sustantivas, las dimensiones y ejes del Proyecto Educativo Institucional. 4. La formulación de un plan de desarrollo realmente participativo, el cual permita el crecimiento armónico e integral de la universidad. 5. La falta de protagonismo de algunos miembros fundadores en la toma de decisiones fundamentales que se dan en los diferentes cuerpos colegiados (Aguilera y Pavón, 2013, p.9).*

Otro desafío para la gobernanza universitaria dominicana es que, aún con la existencia de la Ley de Educación Superior y el MESCyT, no existe un marco normativo que contemple la gobernanza en un sentido amplio, ni el rol del Estado respecto a los sistemas de gobernanza y su buen funcionamiento, ni que garantice la oferta de un servicio público (Mejía, 2018).

Partiendo de lo anterior, es necesario visualizar estrategias para fortalecer la gobernanza universitaria en el país, que impacten todo el sistema, así como las estrategias propias de cada institución, orientándose al desarrollo de modelos de gobernanza más innovadores y menos burocráticos, contar con un sistema de control de calidad y disponer de una legislación que contemple la gobernanza de las instituciones educativas acorde a sus objetivos y naturaleza (Mejía, 2018).

Conscientes de los retos en la gobernanza universitaria, en el 2018 el MESCYT inició la revisión de la Ley de Educación Superior, Ciencia y Tecnología 139-01, conformado distintas mesas de trabajo, de las cuales una se denomina Rectoría y gobernanza del sistema de educación superior, ciencia y tecnología, compuesta por representantes de las instituciones públicas y privadas del sistema de educación superior del país (MESCyT, 2018).

6. DISCUSIÓN

La gobernanza corporativa se aplica a diferentes contextos, sin embargo, su estudio es complejo, en especial en la gestión universitaria, pues abarca múltiples variables del funcionamiento interno, además de los factores externos del ambiente educativo que a su vez inciden en la gobernanza.

En las empresas y en las universidades la gobernanza parte de aspectos comunes de la organización y sus sistemas de gobierno, sin embargo, su conceptualización varía con relación a los propósitos y resultados de cada una. La gobernanza corporativa en las empresas se orienta al liderazgo y toma de decisiones en función de los intereses y beneficios de los accionistas, mientras que la gobernanza universitaria se orienta a sistemas de gobiernos que garanticen el funcionamiento institucional para el bienestar social.

Lo anterior, también se reflejan en los modelos de gobernanza. En las universidades los modelos de gobierno están estructurados según el tipo de institución, marco filosófico, naturaleza pública o privada, grupos de interés, regulaciones y normativas del Estado, país o región en que se encuentran, entre otros.

Aunque las universidades tienen diferentes modelos de gobierno, agrupándose en su mayoría en colegiado, burocrático y emprendedor, las ventajas y desventajas de cada uno dependerá de la implementación del que más se adapte a su realidad y entorno. De todas maneras, los modelos de gobierno universitario favorecen el logro de sus objetivos, desarrollo y permanencia a largo plazo.

Los modelos de gobierno también inciden en la buena gobernanza universitaria, vinculado al rol de Estado en el seguimiento a la calidad y la implementación de buenas prácticas.

Por otro lado, mientras en las empresas se valoran los directivos con preparación y experiencia en gestión, en las universidades aún es un tema aún en discusión, pues la experiencia académica tiene más peso en la administración educativa.

Con relación a la gobernanza universitaria en República Dominicana, el país cuenta con marcos legales y entes regulatorios del sistema de educación superior, como la Ley 139-01, de Educación Superior, Ciencia y Tecnología, el Ministerio de Educación Superior,

Ciencia, y Tecnología (MESCyT), y el Consejo Nacional de Educación Superior, Ciencia y Tecnología (CONESCyT).

Existe una diferencia marcada entre los modelos de gobernanza universitaria en el sector privado y el público, donde éste último está representado por una única institución, la Universidad Autónoma de Santo Domingo (UASD), que además de tener múltiples consejos directivos, concentra cerca de la mitad de la matrícula estudiantil del sistema.

Los modelos de gobernanza en las universidades privadas dominicanas se caracterizan por la autonomía en sus decisiones, aunque con el seguimiento del MESCyT, y por la diversificación de sus órganos de gobierno. Sin embargo, existen desafíos internos y externos que afectan la gobernanza de las universidades dominicanas, destacándose en el ámbito interno el enfoque en la gestión de los recursos y la sostenibilidad financiera, las prácticas de buena gobernanza, el involucramiento y participación de los directivos universitarios en las iniciativas y decisiones institucionales, la articulación de planes integradores para el desarrollo de las universidades, estructurar modelos más innovadores, entre otros.

En el ámbito externo se destaca la internacionalización de la educación y la falta de mecanismos y regulaciones sobre la gobernanza universitaria, en especial en el sector público.

7. CONCLUSIONES

Aunque las universidades obedecen a fines sociales, su estudio también debe abordarse desde la óptica de la gestión, donde el análisis de la gobernanza universitaria tiene una alta relevancia.

Según las investigaciones y fuentes encontradas, existen múltiples modelos de gobernanza universitaria que históricamente predominan en las universidades, sin embargo, se requiere de modelos menos burocráticos, más innovadores y flexibles, que promuevan mayor autonomía de las instituciones, y al mismo tiempo, enfoquen sus esfuerzos según las expectativas de sus grupos de interés, pero en especial las necesidades de sus docentes y estudiantes.

En el caso de la gobernanza universitaria en República Dominicana se encontraron trabajos actualizados sobre este tema y el interés en crear mecanismos que favorezcan el desarrollo de dichas instituciones; sin embargo, la información existente no profundiza en los órganos de gobierno particulares, ni en su incidencia en los resultados de estas organizaciones. Tampoco se visualiza con exactitud los modelos de gobernanza aplicados ni la implementación de principios de buena gobernanza. La información existente se limita básicamente a la composición de las estructuras de gobernanza.

En este mismo orden, respecto al desarrollo de trabajos empíricos sobre la gobernanza universitaria en el país, no se conocen investigaciones profundas sobre esta temática en el país ni enfocadas en su desempeño.

A partir de lo examinado anteriormente se visualizan brechas de investigación para explorar el tema de la gobernanza universitaria en República Dominicana, tales como: la composición de los órganos de gobierno y el perfil del liderazgo ejecutivo; la incidencia de los modelos de gobierno en la eficiencia y resultados de las universidades; la adopción de principios o códigos de buena gobernanza en el sistema universitario; enfoque de la gobernanza en función de las tendencias y retos del sistema educativo mundial, entre otros.

8. REFERENCIAS

Aguilera, M.P.; Pavón, De Paula, S. (25 al 27 de noviembre de 2013). *Gobernanza Universitaria*. Encuentro de Rectores 2013: Seminario Internacional Cartagena, Colombia.

Banco Mundial (1992). *Governance and Development*. Washington D. C. https://n9.cl/eo9r0

Belloco, P. (2014). ¿Qué es y para qué sirve el corporate governance? *Revista de Negocios del IEEM*.

Berle, A.; Means, G C. (1932). *The Modern Corporation and Private Property*. New Brunswich, Transaction Publishers.

Boer, H., Huisman, J. & Meister-Scheytt, C. (2010). Supervision in modern university governance: boards under scrutiny. *Studies in Higher Education*, 35:3, 317-333. https://doi.org/10.1080/03075070903062849

Brunner, J. J. (2011). Gobernanza universitaria: tipología, dinámicas y tendencias. *Revista de Educación*. 355, 137-159.

Brunner, J. J., & REJAS, L. P. (2017). Challenges to higher education governance in Ibero-America. *INGENIARE - Revista Chilena de Ingeniería*. pp. 2-4.

Carnegie, G. D.; Tuck, J. (2010). Understanding the ABC of University Governance. *Australian Journal of Public Administration*, 69 (4), 431-441. http://dx.doi.org/10.1111/j.1467-8500.2010.00699.x

Casanova Cardiel, H. (1999). Educación superior en América Latina: políticas y gobierno. Revista Española De Educación Comparada, (5), 155–176. https://revistas.uned.es/index.php/REEC/article/view/7272

Casanova Cardiel, H., Rodríguez Gómez, R. (2014). Universidad, Política y Gobierno: Vertientes de Interpretación y Perspectivas de Análisis. Bordón. *Revista De Pedagogía*, 66(1), 151–164. https://recyt.fecyt.es/index.php/BORDON/article/view/Bordon.2014.66110

Coase, R. H., 1988 (1937). *The firm, the market and the law*. The University of Chicago Press.

Dobbins, M., Knill, C., y Vögtle, E. M. (2011). An analytical framework for the cross-country comparison of higher education governance. Higher Education. *The International Journal of Higher Education and Educational Planning*, 62 (5), 665-683.

Eckel, P.D.; King; J.E. (2014). *An Overview of Higher Education in the United States: Diversity, Access, and the Role of the Marketplace*. American Council on Education.

Ferreyra, M. M.; Avitaible, C.; Botero Álvarez, J.; Haimovich Paz, F. Urzúa, S. (2017). *At a Crossroads. Higher Education in Latin America and the Caribbean*. Banco Mundial. https://n9.cl/v2hrf

Fielden, J. (2008). *Global trends in university governance*. The World Bank, Education Working Paper. Series Number 9. https://n9.cl/lr3w4

Findikli, B. (2017). Exploring Higher Education Governance: Analytical Models and Heuristic Frameworks. *Journal of Higher Education and Science. 7.*

Finet, A., & Mpasinas, T. (2006). La création des Académies suite aux accords de Bologne modifie-t-elle le gouvernement d'entreprise des organisations universitaires Belges? *Revue Des Sciences De Gestion*, (219), 67-76.

Flórez-Parra, J.M.; López, P., M.V.; López H., A.M. (2013). El gobierno corporativo de las Universidades: Estudio de las 100 primeras Universidades del ranking de Shanghái. *Revista de Educación*. http://dx.doi.org/10.4438/1988-592X-RE-2014-364-259

Hancock, T.M. (2007). The business of universities and the role of department chair. *International Journal of Educational Management, 21*(4), 306-314, https://doi.org/10.1108/09513540710749528

Hufty, M. (2008). Una propuesta para concretizar el concepto de gobernanza: El Marco Analítico de la Gobernanza, in Hubert Mazurek (éd.). *Gobernabilidad y gobernanza de los territorios de América Latina* (pp.77-100). Instituto Francés de Estudios Andinos (IFEA).

IESALC-UNESCO (2014). *La educación superior pública y privada en América Latina y El Caribe. Contexto de internacionalización y proyecciones de políticas públicas.*

Jensen, M.; Meckling, W. (1976). Theory of the firm: Managerial behavior, agency costs and ownership structure. *Journal of Financial Economics*, 3 (4), 305-360.

Kehm, B. (2012). *La nueva gobernanza de los sistemas universitarios*. Barcelona, Octaedro.

Kooiman, J.; Bavinck, M.; Chuenpagdee, R.; Mahon, R.; Pullin, R. (2008). Interactive Governance and Governability: An Introduction. *The Journal of Transdisciplinary Environmental Studies*. http://www.journal-tes.dk/

Launay, C. (2005). La gobernanza: Estado, ciudadanía y renovación de lo político. Origen, definición e implicaciones del concepto en Colombia. Política y sociedad. *Revista Controversia*. https://doi.org/10.54118/controver.v0i185.221

Londoño Palacio, O.L; Maldonado Granados, L. F.; Calderón Villafáñez, L. C. (2014). *Guía para construir estados del arte*. International Corporation of Networks of Knowledge.

Martínez Nogueira, R. (2000). *Evaluación de la Gestión Universitaria. Comisión Nacional de Evaluación y Acreditación* (CONEAU).

Mcgrath, K.S., Whitty, S. J. (2015). Redefining governance: from confusion to certainty and clarity. *International Journal of Managing Projects in Business, 8*(4), 755-787, https://doi.org/10.1108/IJMPB-10-2014-0071

Mejía. R. (20 de febrero de 2018). *Características del Subsistema de Educación Superior de Ciencia y Tecnología*. Encuentro para la Reforma de la Ley 139-01 en la Perspectiva de la Educación Superior, Ciencia y Tecnología del Futuro, República Dominicana.

Meléndez Guerrero, M. Á.; Solís Pérez, P. C.; Gómez Romero, J. I. (2010). Gobernanza y gestión de la universidad pública. *Revista de Ciencias Sociales, 26*(2).

Meyer, H. D. (2002). The new managerialism in education management: corporatization or organizational learning? *Journal of Educational Administration, 40*(6), 534-551. https://doi.org/10.1108/09578230210446027

Ministerio de Educación Superior, Ciencia y Tecnología (2018). *Mesas de trabajo para reforma de la Ley de Educación Superior, Ciencia y Tecnología*. República Dominicana.

Ministerio De Educación Superior, Ciencia, Y Tecnología -MESCyT (2015). *Informe General sobre Estadísticas de Educación Superior 2013 y 2014 y Resumen Histórico 2005-2014*. República Dominicana. https://n9.cl/ris7p

Moreno, M. S., López, J.Y. (2013). Buenas prácticas de gobierno y gestión en la universidad. *Revista Interuniversitaria*; 25, (1) 125-148.

OECD. Research and, M. (2012). *Research and Markets (2012). Reviews of National Policies for Education–Higher Education in the Dominican Republic*. Business Wire.

Ordorika, I. (2014). Governance and Change in Higher Education: The Debate between Classical Political Sociology. New Institutionalism And Critical Theories. *Bordón, Revista de Pedagogía*. 66(1), 107-121. http://dx.doi.org/10.13042/Bordon.2014.66106

Peterson, C. A.; Philpot, J. (2009). Roles of academic directors on US Fortune 500 boards. *Corporate Governance: The international journal of business in society*, 9(2), 202-215.

Pichardo, J. A. (2018). *Gobernanza corporativa de organizaciones sin fines de lucro. Caso universidades privadas de República Dominicana.* [Tesis de maestría, Pontificia Universidad Católica Madre y Maestra], República Dominicana.

Ras, A. (junio de 2016). *Desafíos de la gobernanza de los sistemas de educación superior y de los gobiernos universitarios.* Universidad Politécnica de Cataluña.

Rodríguez Espinar, S. (2014). El Gobierno de las Universidades: De la Reflexión a la Acción. *Bordón, Revista de Pedagogía.* 66(1), 89-105. https://doi.org/10.13042/Bordon.2021.89143

Sánchez Costa, E. (2017). Retos de la Educación Superior en América Latina: El Caso de República Dominicana. *Ciencia y Sociedad.* 42(1), 9.

Sultana, R. G. (2012). Higher education governance: a critical mapping of key themes and issues. *European Journal of Higher Education.* *2*(4), 345-369.

Trakman, L. (2008), Modelling University Governance. *Higher Education Quarterly*, *62*(1-2), 63-83. http://dx.doi.org/10.1111/j.1468-2273.2008.00384.x

United Nations-UNTAC. (2012). *Science, Technology & Innovation Policy Review*, Dominican Republic. United Nations Conference on trade and development, UNTAC.

Vidal, J., Vieira Aller, M. J. (2014). Gobierno, autonomía y toma de decisiones en la universidad, *Revista Pedagógica.* *66*(1), 17-30. http://dx.doi.org/10.13042/Bordon.2014.66101

Williams, M. C. (2015). *The Relationship between Organizational Governance and Faculty Governance in Higher Education: A National Study of Shared Governance.* [Tesis doctoral, Texas A&M University–Corpus Christi].

THE COLLECTIVE ACTION OF OLDER PEOPLE: THE CASE OF SOCIO-POLITICAL ORGANISATIONAL STRUCTURES IN DEMOCRATIC SPAIN

Raúl Álvarez Pérez[1]

This text is part of the doctoral thesis "Political participation and collective action of older people. The consequences of ageing and generational replacement in democratic Spain" (Universidad Autónoma de Madrid, http://hdl.handle.net/10486/703884).

1. INTRODUCTION

This research focuses on a diverse set of organisational structures that, from a socio-political perspective, represent the interests of older people vis-à-vis public administrations and political parties. Their common goal is to influence political decision-making. According to Barnes and Kaase (1979) and Nygard et al. (2015), any activity of the ordinary citizen that is aimed at influencing, more or less directly, the political process and its outcomes, should be considered political participation. Two of the initial questions established were: (1) How has the political participation of older people evolved in Spain throughout the democratic period from a collective perspective; and (2) What characteristics of organised groups of older people favour or hinder participation and condition the form it takes?

This research reveals the organisational map that currently exists, the models under which they operate, their configuration and constituent elements, logics of action and strategies for political advocacy, among other relevant organisational characteristics. According to Serrat et al. (2020), research on older people's civic participation has grown over the last fifty years, although this growth is mainly in research on volunteering. The contextual aspects and dynamics of older people's civic participation remain under-researched. Research is needed on the repertoires of political participation and the mix of forms of participation by citizens (Quaranta, 2018), including older people; on the institutional conditions of such participation (Falanga et al., 2021); and on contextual factors (Serrat et al., 2015) that facilitate older people's political participation. Although the structures of the new social movements made up of older people have recently been analysed (Jiménez et al., 2021; Schwarz, 2019, among others), much remains to be known about the contextual aspects and the organisational dimension of this participation (Serrat, 2020). The baby boom generation is particularly relevant in this work due to their numbers, the socio-historical characteristics of the contexts they have travelled through in their life trajectories, and the values they have internalised related to social progress in terms of

1. Pablo de Olavide University (Spain).

rights and justice (Majón et al., 2021). In short, collective action of a more institutional nature through highly formalised organisations and extra-institutional action through less formalised structures are the focus of analytical attention. This analysis is carried out with a broad temporal perspective, including organisations of older people that emerged in the late 1970s, in the midst of the democratic transition, organisations that were constituted throughout the 1980s and up to the end of the 20th century and, finally, structures belonging to the new social movements that emerged mainly in the last twelve years (focused on the promotion of protest events). The consequences of generational metabolism (Ryder, 1965) and the changes in the social image of older people under the normative framework of active ageing define the context in which the collective participation of older people is analysed.

2. OBJECTIVES

Answering the questions posed in the introduction will contribute to a better understanding of the phenomenon of political participation of older people from a collective perspective in Spain, from the beginnings of democracy to the present day. Furthermore, it will help to explain which organisational and contextual factors condition the collective participation of older people in the two modalities considered, participation and collaboration in highly formalised socio-political organisations of older people and participation in protest activities promoted by organisational structures oriented towards mobilisation.

3. POLITICAL ASSOCIATIONISM: TRADITIONAL AND NEW TYPES OF STRUCTURES.

The most substantial differences between these two types of political associations are related to the ideological frameworks they build, the organisational structures they adopt, the logics of participation employed or the forms of political action they develop. Traditional, highly formalised organisations build ideological frameworks around distributive values; the new type of organisations base them on libertarian values (Dalton and Kuechler, 1992). The logics of participation employed in traditional organisations are instrumental, in the new type they are expressive (Pizzorno, 1981). The organisational structures are centralised and hierarchical in the first case and decentralised and participative in the new type of associations (Kitschelt, 1992). Political action would be in the former case through more institutionalised forms, while in the latter it would be protest-based (Dalton and Kuechler, 1992).

Institutionalised participation is now being challenged in a variety of countries. "Participatory turn" (Bherer et al. 2017), "tournat participatif" (Mazeaud and Nonjon, 2018) or "partizipative Wende" (Hüller 2010) are concepts that bring together issues related to the existence of an entire engineering of participation that functions globally. In Spain, institutional participation through consultative councils of a deliberative nature is questioned for developing the clientelistic practices typical of Spanish political culture (Ramió, 2016). The new generations of older people have been putting forward the idea of breaking with these spaces based on the principle of autonomy and self-determination (Olazabal, 2009) and are calling for a change in the participatory model (Subirats, 2018). On the other hand, the nature of the representative link and the objective of obtaining representative power in the political system also make it possible to establish differences between models. Traditional political associations represent a specific sector of the population, while the new type represent a broader social base, grouped around issues that are presented with a more universal character; they do not aspire to form part of the political system and try to influence decision-making by prioritising mobilising strategies (Morales, 2005). Rucht (1999) delimits three organisational and collective action models according to the goods pursued: the political party model, the interest group model and the social movement model. Interest groups, with formalised and centralised structures, aim to influence political decision-making through institutional participation and formal lobbying. They have professionalised structures that enable the normal functioning of the organisation. Social movements have more informal and decentralised organisational structures. Their strategy for influencing political decisions is often protest.

On the other hand, the age of the organisation and the number of members are essential in explanatory models based on rational choice theory (Méndez and Mota, 2006). Age is an indicator of stability and solidity. Typically, they have undergone a process of progressive change towards greater professionalisation and bureaucratisation (Middleton, 1987). It provides information on the political conditions under which they have been constituted and those surrounding their subsequent evolution. With regard to another relevant organisational characteristic, inter-association coordination, in the case of highly formalised organisations, this is of a vertical nature in order to have a centralised representation and a strong common front vis-à-vis the public administration. The other model, less formalised than the federative ones, usually corresponds to collectives or interests that seek to unite through associative networks and platforms (Rodríguez and Codorniú, 1996) in order to project their full potential vis-à-vis the public administration under a more flexible and informal model (Méndez and Mota, 2006). The territorial scope in which they operate affects basic aspects of the organisational structure such as internal operating rules, number of members, budget, funding sources and human resources (ibidem). An additional relevant factor is the distinction between external and internal dimensions of organisations. Representation, lobbying and intermediation constitute, in essence, the external dimension of associations (Davis and Wurth, 1993) and activities related to civic education, sociability and social integration are particularly relevant in their internal dimension (Navarro and Juaristi, 2006), along with the provision of services for members and others (Salamon et al., 2000).

4. METHODOLOGY

This research responds to a qualitative approach with an emergent and inductive design (Valles, 1997:76). The most notable characteristic is the flexibility in its planning (Olabuénaga, 2013), open to the incorporation of those elements identified during the research process that contribute to improving the understanding of the object of study. The multi-method strategy adopted combines case studies (Coller, 2005) with documentary research and survey analysis.

The qualitative interview (Packer et al., 2018), in the forms of semi-structured in-depth (n=20) and focused (n=24), both linked to the case study method, has been the main research technique. The semi-structured in-depth interview was used with representatives of socio-political organisations of older people and spokespersons of organisational structures of new social movements[2]. The analysis of documents (n=76) and surveys (opinion barometers of the Centre for Sociological Research -CIS- and the European Social Survey) for the period 2000-2021 has allowed triangulation as a form of quality control (Olabuénaga, 2013).

The interview script with representatives and spokespersons consists of a total of 25 semi-structured questions grouped into two blocks: (1) the "personal-individual" block[3] and (2) the "representative-organisation" block. The latter is related to the analysis of the organisational dimension and is made up of four sections, with a total of 20 questions (open and semi-open-ended).

The delimitation of the context and selection of the organisational structures was made possible thanks to the establishment of an analytical framework[4] defined around criteria such as degree of official status, nature and objectives, participant profile, central themes, funding, logics of action, resources, strategies, implementation, organisational and operational model, among others.

The cases, presented in table 2, are the result of a progressive process of contact that has allowed us to readjust the selection and analysis criteria. Complementary criteria were: presence in representative bodies, territorial scope of implantation, year of constitution and self-perception as political actors. The final number of cases was 20 (highly formalised organisations and organisational structures typical of the new social movements). The sample of older people, representatives and spokespersons of the organisational structures included as cases of analysis, responds to a sequentially conducted and intentional sampling process that guarantees inter-group homogeneity and intra-group heterogeneity (Fernández-Mayoralas et al., 2021).

The documentary analysis focused on statutes, activity reports, technical reports, meeting and assembly minutes, etc. The analytical induction procedure has made it possible, as Valles (1997) points out, to test certain generalist theoretical approaches in the specific cases analysed, to establish an analytical framework that allows comparisons to be made outside the selected sample with a set of organisations and structures other than those selected on this occasion, and to offer an organised panoramic view (Valles, 1997, p. 358).

2. The focused interview has been used with non-activist members of the movement of retirees and pensioners in defence of the public pension system to respond to research objectives that are not addressed in this work and that are related to the process of learning and change of attitudes among participants in protest events (PROTEiCA: "Protest, learning and political change" funded by FEDER/ Ministry of Science, Innovation and Universities-State Research Agency (Reference CSO2017-84861-P).

3. The "personal-individual" block has made it possible, in addition to outlining the socio-demographic profile of older activists, to analyse the individual dimension of the collective participation of older people in the two modalities considered.

4. Adapted from Herrera's (1998) classification proposal.

Socio-political organisations	TS[5]
European Association AGE	UE
State Federation of Pensioners and Retirees of CCOO	E
State Union of Pensioners and Retired Persons of UGT	E
Social Organisation of the Elderly, Retired and Pensioners of IU	E
Pensioners' Section of CGT	E
Democratic Union of Pensioners and Retired Persons of Spain (UDP))	E
National Confederation of Pensioners and Retired People of Spain (CONJUPES)	E
Association of Grandparents Separated from their Grandchildren	E
Independent Foundation	E
Federation of Associations of the Elderly of Catalonia (FATEC)	A
Territorial Federation of Provincial Associations of Pensioners and Retired People of Alava, Guipuzcoa and Vizcaya (EUSKOFEDERPEN)	A
Federation of Andalusian Organisations for the Elderly (FOAM)	A
Galician Confederation of the Elderly, Retired and Pensioners (ASOGAPEM)	A
Regional Confederation of Retired and Pensioners of Castile and Leon	A
National Coordinating Committee of Retired and Pensioners of Catalonia	A
Provincial Association of Pensioners of Vizcaya (NAGUSIAK)	P
Organisational structures of mobilisation and protest	
State Coordinating Committee for the Defence of Public Pensions (COESPE)	E
Sevillian Platform for the Defence of Public Pensions	L
Sevillian Pensioners' Tide	L
Yayoflautas Barcelona	L

Table 1. Socio-political organisations of older people and organisational structures for mobilisation and protest in defence of the public pension system.

Source: own elaboration

5. RESULTS

Organisational structures of a socio-political nature made up of older people are grouped into two types. Highly formalised organisations, which are the most frequent and present an important variety, and organisational structures that promote protest events, related to the new social movements (Jiménez, 2011). These began to emerge, above all, at the beginning of the new century. In our case, these are local organisational structures such as Yayoflautas, Mareas and pensioners' platforms, which are considered participatory protest organisations. In addition, there are intermediate meso-mobilisation structures that coordinate local groups, share resources, unify the vision of the problem and its alternatives, as well as providing coverage and legitimacy to local demands[6] (Jiménez, 2003). Graph 1 shows the current panorama of organisational structures of older people in Spain, their self-perception and legitimacy as political actors. In addition, certain organisational features such as their composition, degree of formalisation and advocacy strategies are shown.

5. TS: Territorial scope: UE (european union), E (national), A (autonomic), P (provincial), L (local).
6. See the case of the State coordination for the defence of the public pension system (COESPE).

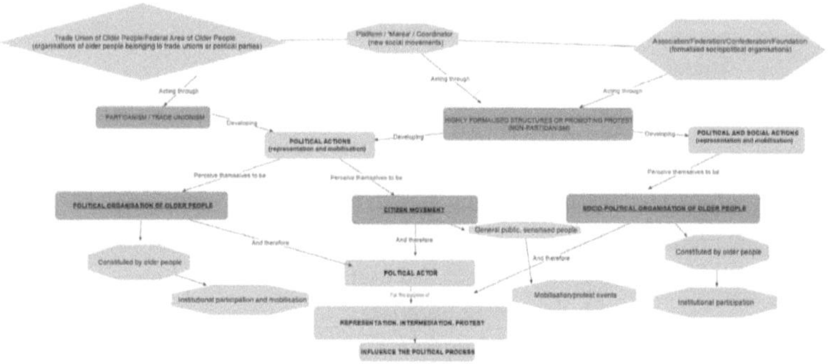

Graph 1. Organisational structures of older generations. Self-perception, features and legitimacy as political actors. **Source**: authors' own created using Visual Understanding Environment based on ATLAS.ti analysis

In the left-hand margin (Union and Federal Area) the retired people's sections of the trade unions. Political actors linked to higher political organisations (trade unions and political parties). They identify as their main function the representation of older people through the intermediation of interests in the institutional sphere, without ruling out collective mobilisation. In the central part of the graph, platforms, tides and coordinators with no links to political parties or trade unions. Their main strategy is protest. On the right-hand side, highly formalised organisations. This third category, not linked in principle to political parties or trade unions, makes the provision of services compatible with the representation and intermediation of interests in the institutional sphere. Graph 2 shows the models of organisational membership that currently exist in the field of older people. Two contrasting types of organisational membership are identified: those who are organisationally dependent on higher structures (trade unions and parties) and those who are governed by principles of autonomy and independence (platforms, tides and socio-political organisations).

Graph 2. Models of organisational belonging**. Source**: authors' own created using Visual Understanding Environment based on ATLAS.ti analysis

Two relevant variables for the analysis were age and size of the organisation. The organisational models underlying the different organisational formulas adopted are conditioned by these. Age and size of the organisation, together with other organisational characteristics that will be discussed below, provide a better understanding of the relationships between organisational models, strategies for recruiting new members, mobilisation and advocacy, and self-perception of political efficacy. The structures analysed are grouped around the following expansionary cycles as they emerged: five during the second expansionary cycle, with the re-establishment of civil and political liberties. Another five were born in the third expansionary cycle with the emergence of NGOs. In the fourth expansionary cycle, which coincided with the promotion of volunteering by public administrations, another five organisations appeared. The remaining five, all of them organisational structures promoting protest events at local and supra-local level, emerged from 2011 onwards, in a socio-economic context marked by the economic and financial crisis that began in 2008 (Jiménez et al., 2021). Three quarters of formal organisations of older people are more than 20 years old. The oldest structures are the most formalised and have a high degree of stability. They are threatened not so much by changes in the environment as by their financial dependence on public administrations. The structures that have emerged since 2011, which are less formalised and professionalised, are not threatened by this issue, although they have their own threats of a different nature. The two models identified can be referred to as the traditional model and the new type of model. The most substantial differences between the two models arise primarily around the values and ideological frameworks that give meaning to the existence of these organisations. Highly formalised organisations (traditional model) are based on distributive values related to the welfare and protection of older people. The structures promoting protest events (new type model) are based on values related to concepts such as justice and social transformation. While the traditional model aims primarily to improve the levels of protection and welfare of the elderly, the new type of model proposes actions that go beyond the protection and welfare of the elderly and refer to other realities and groups. Another useful criterion for distinguishing between traditional and new models is the strategies for attracting and recruiting new members, as well as their logics of participation[7]. The more formalised structures use instrumental recruitment strategies based on the provision of services. In the case of the organisational structures linked to the movement in defence of public pensions, both the recruitment strategies and the logics of participation have a marked expressive character. They give an important place to the affective and emotional dimension of the person. Emotions and affects are the factors that most contribute to understanding why, faced with similar stimuli, some people decide to participate and others do not (Stekelenburg and Klandermans, 2010). For this reason, affects and emotions occupy a very important place in studies on political behaviour (Funes and Lagoma, 2020).

The internal structure is also different in each model. Socio-political organisations of older people adopt centralised and hierarchical internal structures. The day-to-day running of the organisation is mainly the responsibility of the management bodies and technical teams. These annually submit their management to the assembly of members. For most of them, participation in decision-making is limited to attending the members' meeting once a year. On the other hand, the organisational structures promoting protest events are organised on an assembly basis. The representation of the organisational structure is exercised by a spokesperson with no legal powers other than those of the other members. The logic of participation contemplates the right to speak and vote in the day-to-day running of the structure.

7. For an extension on recruitment strategies and logics of participation in the field of political associations, see Pizzorno (1981).

Another relevant organisational characteristic is the political advocacy strategies. Two types of strategies are identified, conventional and emergent, which in turn condition the repertoire of political actions. Both allow for the development of both interest group functions as well as participatory protest structures. In the field of older people, the emerging forms of participation in social networks and civil disobedience are worth highlighting. The strategies of the organisations of the traditional model are, for the most part, confined to the institutional sphere. Participation takes place in consultative councils together with contact with public representatives and political parties. Through these they channel their demands and try to influence decisions. However, the main strategy of the new type of structures is mobilisation through protest. They also resort to direct contact with representatives and political parties, lawsuits, which is also used by the pensioners' and retirees' sections of trade unions and political parties, although in the other traditional organisations it is used less frequently. The organisational structures linked to the movement in defence of the public pension system are mainly made up of older people, but not exclusively. With regard to intra-organisational coordination, traditional organisations are made up of entities at a lower territorial level. These higher structures establish vertical, formal and centralised internal coordination systems. In addition, they have inter-associative coordination systems that aim to strengthen their positions in institutional representation bodies. However, the new type of organisational structures have a networked and horizontal internal coordination system. This is possible because of their local dimension, their less formal and more flexible character, based on the principle of autonomy. The use of social networks is incorporated into everyday life. It can be said that older people are demonstrating the same capacity as other age groups to diversify their organisational models and formulas for inter- and intra-organisational coordination.

Similarly, the size and territorial scope in which they operate influences the capacity for mobilisation and the possibilities for active involvement in organisational life. Selective incentives favour mobilisation to a greater extent than in larger organisations. These two variables also influence basic aspects of organisational life such as internal operating rules, available human resources, budget and funding channels.

The availability of professional human resources makes a clear difference between the two models. In the new type, there is no paid professional structure. The functioning relies on activists and collaborators of the movement. The concern for funding is more acute in the formal structures as they need qualified staff to provide the services offered. The predominance of public funds through subsidies is indisputable. The organisational structures linked to the movement in defence of the public pension system opt for self-financing. The spokespersons of these structures value the independence that this form of financing gives them. On the other hand, the representatives of socio-political organisations recognise their dependence on public administrations and how this circumstance is detrimental to their external effectiveness. Dependence also conditions the perception that members have of their own organisation and their capacity for mobilisation and political influence.

The results indicate that there is a general consensus on the potential of the collective political participation of the elderly; however, the self-assessment of external effectiveness is conditioned by internal aspects of the organisational structures themselves related to the degree of cohesion and internal coordination, the territorial level in which they operate and the strategies of political influence that they are capable of developing. The economic situation and the political context, together with the demands that arise, are also considered to be conditioning factors for the external effectiveness of organisational structures.

6. DISCUSSION

Based on the characteristics of the organisational structures analysed, two of the three ideal types of organisations, in this case of older people, established by Diani and Donatti (1999) have been identified: the public interest lobby and the participatory pressure group. The age variable is related to organisational development and clearly, the years of life of an organisation explain its degree of stability and ability to adapt to changes in the environment (Hannan and Freeman, 1989). In the case of the organisational structures that promote protest events, the repertoire of collective actions employed (Tilly, 1998), the pre-existing mobilisation structures (McAdam, 1982) and the structure of political opportunity in a given context (Kriesi, 1996) have led to the protest cycle that has developed throughout 2018 in Spain. Amezcua and Alberich (2020), in their comparative analysis of the tide of pensioners and retirees in Spain and the Stuttgart 21 movement in Germany, highlight the influential capacity of the two movements and the complementarity of their strategies. In all of this, the alignment of frameworks, the connection between the feeling of individual grievance and the feeling of belonging and collective identity will be key to achieve the mobilisation of their members. Collective identity will be a learning process that emerges and is built from social interaction (Fine, 2018). It should also be noted that transversality and assembly are other frequent features of progressive social movements in Spain (Jiménez and Calle, 2007). Serrat et al. (2016) identify those opportunities for participation, and therefore for mobilisation in formal organisations, are much more limited than in assembly structures. The theories of resource mobilisation (Oberschall, 1973) and new social movements (Melucci, 1999) can help to better understand the mobilisation strategies employed by the two organisational models. A relevant feature of these structures promoting protest events is their natural sphere of action: the local level. Operating at the local level is consistent with citizens' preferences (Alarcón and Font, 2012), especially for those who are most suspicious of institutions and political parties (Navarro, 2012). With regard to highly formalised older people's organisations, probably the two factors that most directly affect their external effectiveness are their economic dependence on the public sector (Pérez and López, 2003) and their limited political influence through their participation in consultative councils (Majón, 2020). Martínez-Palacios (2018) points out that these structures lack mechanisms that make participation effective through a real impact on public affairs. This is due to the non-binding nature of the decisions taken. An increasing number of organisations do not feel represented by these spaces (Subirats, 2018) and express their disaffection towards them (Olazabal, 2009). Majón (2020) concludes that there is a mismatch between older people's aspirations for participation and the reality of the functioning of these bodies.

7. CONCLUSIONS

How has the political participation of older people in collective action evolved in Spain during the democratic period? The results show that the panorama in this respect has changed dramatically, particularly in recent years. The most striking phenomenon is the emergence of organisational structures in which older people participate and which are associated with social movements. At the same time, more traditional organisations have continued to be present and have undergone their own evolution. The diversity of organisational structures that had already occurred throughout the democratic period in other age groups has become visible in the last ten years with regard to the participation of older people. Our results show a significant change in the way organised groups of older people conceive of political participation at the collective level. The traditional way of understanding this participation, based mainly on listening, opinion and collaboration, has given way to a completely different format. This is based on co-responsibility in the design and implementation of all kinds of public policies that directly or indirectly affect older people. This new concept is framed in the claim of respect for their critical autonomy and in a renewed concept of what it means to be an older person in the 21st century. The new senior citizen is interested in participating, and when he or she believes that he or she should do so and has the necessary resources, he or she participates. The new structures of participation and the new ways of being and being in them demonstrate this. Older people remain permeable to the socio-economic and political situations in which they find themselves and are able to respond actively to these circumstances by developing political behaviours that were once considered exclusive to other age groups. This behaviour, which goes against stereotypes or the traditional image of the elderly as passive or disengaged, represents a new age frontier.

8. REFERENCES

Alarcón, P. y Font, J. (2012). ¿Cómo queremos que se tomen las decisiones públicas? *Zoom Político*. Fundación Alternativas, 12. https://n9.cl/zsfa5

Amezcua, T. y Alberich, T. (2020). Personas mayores: motor de movimientos sociales posindustriales. La marea de pensionistas y jubilados en España y el movimiento Stuttgart 21 en Alemania. *Revista crítica de Ciencia Sociales*, 19, a1902. https://recyt.fecyt.es/index.php/encrucijadas/article/view/80225

Barnes, S.H. & Kaase, M. (1979). *Political Action*. Sage. Bherer, L., Gauthier, M., & Simard, L. (2017). *Professionalization of Public Participation* Routledge. https://doi.org/10.4324/9781315637983

Coller, X. (2005). *Estudio de casos*. Cuadernos Metodológicos, nº 30, CIS.

Dalton, R.J & Kuechler, M. (1992). *Los nuevos movimientos sociales: un reto al orden político*. Ed. Alfons El Magnànim.

Davis, F. & Wurth, A. (1993). American interest group research: sorting out internal and external perspectives. *Political Studies*, 41, 435-452. https://doi.org/10.1111/j.1467-9248.1993.tb01648.x

Diani, M. & Donatti, P. (1999). Organizational change in Western European Environmental groups: a framework for analysis. *Environmental Politics*, 8(1), 13-34. http://dx.doi.org/10.1080/09644010701811673

Falanga, R., Cebulla, A., Principi, A. & Socci, M. (2021). The participation of senior citizens in policy-making: Patterning initiatives in Europe. *International Journal of Environmental Research and Public Health*, *18*(1), 1–21. https://doi.org/10.3390/ijerph18010034

Fernández-Mayoralas, G., Rojo-Pérez, F., Rodríguez-Rodríguez, V., Sánchez-Román, M., Schettini, R., Rodríguez-Blázquez, C., Agulló-Tomás, M.S. y Abad, F. (2021). Marco teórico y estudio de diseño de implementación de investigación cualitativa en Envejecimiento activo, calidad de vida y género. En Fernández-Mayoralas, G. y Rojo-Pérez, F. (Eds.) (2021). *Envejecimiento activo, calidad de vida y género. Las miradas académica, institucional y social* (págs. 47-75). Tirant lo Blanch.

Funes, M.J y Lagoma, C. (2020). ¿Hay alguien ahí? El sujeto político: cuestión de agencia. En MJ Funes, E Ganuza y P García-Espín, P. (eds). *El descontento movilizador. Cultura y discursos sobre la política en un marco de crisis (2011-2013)* (págs. 95-122). Politeya. Estudios de Política y Sociedad. CSIC.

Funes, M.J y Lagoma, C. (2020). ¿Qué sienten los ciudadanos cuando se les propone hablar de política? En MJ Funes, E Ganuza y P García-Espín, P. (eds). *El descontento movilizador. Cultura y discursos sobre la política en un marco de crisis (2011-2013)* (págs. 49-66) Politeya. Estudios de Política y Sociedad. CSIC.

Hannan, M. & Freeman, J. (1989). *Organizational ecology*. Harvard University Press.

Herrera, Manuel. (1998). La especificidad organizativa del tercer sector: tipos y dinámicas. *Papers Revista de Sociología*, 56, 163-196. https://doi.org/10.5565/rev/papers.1950

Hüller, T. (2010). Playground or Democratisation? New Participatory Procedures at the European Commission. *Swiss Political Science Review* 161, 77-107. https://doi.org/10.1002/j.1662-6370.2010.tb00153.x

Jiménez, M. (2003). El estudio de las organizaciones y la estructura de los movimientos sociales. El caso del movimiento ecologista en España. En MJ. Funes y R. Adell (eds.) *Movimientos Sociales: cambios social y participación* (págs.191-224). UNED.

Jiménez, M. (2011). *La normalización de la protesta. El caso de las manifestaciones en España (1980-2008).* Opiniones y Actitudes nº 70. CIS. https://n9.cl/f84d2

Jiménez, M. y Calle, Á. (2007). The global justice movements in Spain. En Della Porta, Donatella (Ed.). *The global justice movement. Cross-national and transnational perspectives* (págs. 79-102). Paradigm Publisher. https://doi.org/10.1590/S0102-69922006000100004

Jiménez, M., Álvarez, R., y Bentacor, G. (2021). La movilización de pensionistas en España como proceso de construcción y aprendizaje de una nueva identidad colectiva. *Empiria, Revista de metodología de ciencias sociales*, nº 52, 97-124. https://doi.org/10.5944/empiria.52.2021.31366

Kitschelt, H. (1992). Political regime change: structure and process-based explanations? *American Political Science Review*, 86(4), 1028-1034. https://doi.org/10.2307/1964354

Kriesi, H.P. (1996). La estructura organizacional de los nuevos movimientos sociales en su contexto político. En McAdam, D., McCarthy, J.D y Zald, M.N. (eds.). *Movimientos sociales: perspectiva comparadas* (pp. 221-261). Istmo.

Majón, D. (2020). Nuevos horizontes de la participación social en la vejez: las voces de la generación baby boom. Tesis Doctoral. Departamento de Psicología Evolutiva y de la Educación, Universidad de Sevilla. https://hdl.handle.net/11441/93515

Majón-Valpuesta, D., Pérez-Salanova, M., Ramos Valverde, P. y Haye Molina, A. (2021). Agencia y participación en la vejez de la generación baby boom: reclamación de espacios alternativos. *Athenea Digital*, 21(1), e2696. https://doi.org/10.5565/rev/athenea.2696

Martínez-Palacios, J. (2018). Problemas de la institucionalización y la profesionalización de la participación en contextos de profundización democrática. *Revista Internacional de Sociología* 76(1), 089. https://doi.org/10.3989/ris.2018.76.1.17.95

Mazeaud, A. y Nonjon, M. (2018). *Le marché de la démocratie participative*. Editions du croquant.

McAdam, D. (1982). *Political process and the development of black insurgency, 1930-1970*. University of Chicago Press.

Melucci, A. (1999). *Acción colectiva, vida cotidiana y democracia*. El Colegio de México. https://doi.org/10.2307/j.ctvhn0c2h

Méndez, M. y Mota, F. (2006). Las características organizativas de las asociaciones en España. En JR. Montero, J. Font, J y M. Torcal. *Ciudadanos, asociaciones y participación en España* (págs. 201-222). CIS.
Middleton, M. (1987). Nonprofit boards of directors: Beyond the governance function. En W. Powell (Ed). *The Nonprofit sector: a research handbook.* Yale University Press.
Morales, L. (2005). ¿Existe una crisis participativa? La evolución de la participación política y el asociacionismo en España. *Revista Española de Ciencia Política,* 13, 51-87. https://recyt.fecyt.es/index.php/recp/article/view/37411
Navarro, C. (2012). Procesos y confianza política: ¿Quiénes deben ser virtuosos? En Font, J et al. *¿Democracia sigilosa en España?: preferencias de la ciudadanía española sobre las formas de decisión políticas y sus factores explicativos* (págs. 83-98). CIS.
Navarro, C.J. y Juaristi, P. (2006). Funciones, actividades y facilitación pública de las asociaciones. En JR. Montero, J. Font, J y M. Torcal. *Ciudadanos, asociaciones y participación en España* (págs.223-240). CIS.
Nygard, M., Nyqvist, F., Streenbeek; W. & Jakobsson, G. (2015). Does social capital enhance political participation of older adults? A multi-level analysis of older Finns and Swedes. *Journal of International and Comparative Social Policy*, Vol. 31, 3, 234-254. https://doi.org/10.1080/21699763.2015.1069207
Oberschall, A. (1973). *Social conflict and social movements.* Prentice Hall.
Olabuénaga, J.I. (2013). *Metodología de la investigación cualitativa* (5a. ed.). Universidad de Deusto.
Olazabal, I. (Dir.) (2009). *¿Que sont les baby-boomers devenus ? Aspects sociaux d'une génération vieillissante.* Éditions Nota Bene.
Packer, M. J., Cera. A., Parada, C. y Torres, P. (Trad.) (2018). *La ciencia de la investigación cualitativa.* Universidad de los Andes.
Pérez, V. y López, J. (2003). El Tercer Sector social en España. MTAS.
Pizzorno, A. (1981). Per una analisi teorica dei partiti politici in Italia. En I.D. *In I soggetti del pluralismo* (pp. 11–50). Classi Partiti Sindacati. Il Mulino,
Pizzorno, A. (1989). Algún otro tipo de alteridad: una crítica a las teorías de la elección racional. Sistema, 88, 27-42.
Quaranta, M. (2018). Repertoires of political participation: macroeconomic conditions, socioeconomic, resources, and participation gaps in Europe. International Journal of comparative sociology, 59 (4), 319-342. https://doi.org/10.1177/0020715218800526
Ramió, C. (2016). Una propuesta de postburocracia: Un modelo burocrático y empresarial. *GIGAPP Working Papers* 13, 1-32. http://orcid.org/0000-0002-3261-5267
Rodríguez, G. y Codorniú, J. (Eds) (1996). *Las entidades voluntarias en España. Institucionalización, estructura económica y desarrollo asociativo.* Ministerio de Asuntos Sociales.
Rucht, D. (1999). El impacto de los contextos nacionales sobre la estructura de los movimientos sociales: un estudio comparado transnacional y entre movimientos. En D. McAdam, J.D. McCarthy y M. N. Zald. *Movimientos sociales: perspectivas comparadas* (pp. 262-287). Istmo.
Ryder, N.B. (1965). The Cohort as a concept in the Study of social Change. *American Sociological Review,* 30 (6), 29-56. https://doi.org/10.2307/2090964
Salamon, L., Hems, L. & Chinnock, K. (2000). The Nonprofit sector: for GAT and for whom? *Working Papers o, the Johns Hopkins comparative Nonprofit sector Project* 37.
Schwarz, C. (2019): Collective Memory and Intergenerational Transmission in Social Movements: The "Grandparents' Movement" Iaioflautas, the Indignados

Protests, and the Spanish Transition. *Memory Studies*, 1-18 https://doi.org/10.1177/1750698019856058

Serrat, R., Scharf, T., Villar, F., Gómez, C. (2020). Fifty- five years of research into older people´s civic participaton: recent trends, future directions. *The Gerotologist*, Vol.60, 1, 38-51. https://doi.org/10.1093/geront/gnz021

Serrat, R., Villar, F. y Celdrán, M. (2015). Factors associated with Spanish older people's membership in political organizations: the role of active aging activities. *European Journal of Ageing*, 12(3), 239–247. https://doi.org/10.1007/s10433-015-0341-4

Stekelenburg, J. & Klandermans, B. (2013). The social psychology of protest. *Current Sociology*, 61(5-6), 886-905. https://doi.org/10.1177/0011392113479314

Subirats, J. (2018). Una concepción del envejecimiento abierta e inclusiva. Edad y ciudadanía. Aula Abierta, 47(1), 13-20. https://doi.org/10.17811/rifie.47.1.2018.13-20

Vallés, M.S. (1997) *Técnicas cualitativas de investigación social. Reflexión metodológica y práctica profesional*. Síntesis. Ediciones posteriores 1999 y 2000.

EMPLEABILIDAD E INVERSION EN LA UNIVERSIDAD PÚBLICA EN PERÚ: UNA VISION DE LOS FUTUROS EGRESADOS

Pedro Miguel Barrientos - Felipa[1]

1. INTRODUCCIÓN

El proceso educativo universitario, de acuerdo a lo que propone Michavila et al (2016) debe considerar las competencias que demandan los empleadores en concordancia a las posibilidades del alumno y la institución. Por tanto, la implementación de un servicio de ese tipo es un proceso que se inicia de acuerdo a lo que requiere la comunidad. Figueras y Turmo (2016) coinciden en cuanto a la consideración que la universidad debe tener acerca de los requerimientos de los empleadores potenciales. Álvarez y Romero (2015), también que la universidad debe estar acorde al comportamiento del entorno.

En ese sentido, la universidad debe apoyar al alumno para que esté en capacidad de insertarse en el mundo laboral. Para Gómez (2012), tal comportamiento, es un indicio de la responsabilidad que asume la institución en cuanto a añadir valor al estudiante. Hay que sumar, que Aparicio et al (2016) explican la importancia del proceso de interacción social de la universidad en los espacios que está en capacidad de participar, así como tener conocimiento de las capacidades que son necesarias para actuar en este espacio. Es este esfuerzo el que enriquece la empleabilidad del estudiante.

Solé-Moro et al (2018), consideran que la empleabilidad es un tema de importancia para la universidad, que debe investigar acerca del contexto para encontrar soluciones prácticas. Caballero Fernández et al (2014) mencionan que están directamente relacionadas a la empleabilidad de sus estudiantes y graduados y que por tanto deben tener un sistema de medición en cuánto permita conocer el avance en esta tarea, que necesita de la colaboración de profesores, alumnos y empleadores.

Para dar un apoyo sostenible universidad debe contar con recursos que lo permitan. Alpízar y Ramos (2018) exponen que una universidad debe tener infraestructura adecuada, provisión de recursos materiales y humanos, para lo cual se necesita financiamiento. En el caso de las universidades públicas, se cuenta con el presupuesto que le asigna el Estado más otros que puede aportar el sector empresarial, instituciones locales e internacionales o algún crédito al cual pueda acceder. El desarrollo, transformación, innovación y progreso de la universidad pública son temas de continuo debate, considerando que debe cumplir con la función social que le es delegada.

---

1. Universidad Nacional Mayor de San Marcos (Perú)

2. OBJETIVOS

En tal sentido, es conveniente investigar acerca de esta relación: estudiante-universidad pública-empleabilidad, pues su resultado también afecta la perspectiva de la economía nacional. Por tal motivo, los objetivos de la investigación se relacionan a: 1) la relación que hay entre los estudios de la universidad pública y la empleabilidad; 2) conocer la influencia del gasto público en la universidad y la empleabilidad; y, 3) los factores de la demanda laboral que influyen en la empleabilidad universitaria. En todos los casos, desde la opinión del estudiante.

3. CONCEPTUALIZACIÓN DE CALIDAD, EMPLEABILIDAD Y FINANCIAMIENTO PÚBLICO

En Perú, los estándares básicos de calidad son establecidos por la Superintendencia Nacional de Educación Superior Universitaria – SUNEDU, dando libertad a las instituciones educativas, privadas y públicas, para que añadan otros que permitan al alumno y futuro egresado obtener ventajas en el campo laboral. En ese sentido, Cuenca y Reategui (2016) expresan que en su actuar la universidad debe hacer posible que la calidad del egresado sea aceptable.

Es claro que la gestión de la calidad educativa universitaria es un factor influyente en la empleabilidad. Briones et al (2015) consideran que gestionar la calidad implica en establecer medios que hacen que el conocimiento se convierta en práctica. Se debe sumar la opinión de Montalbán (2019) quien considera que la dotación de fondos públicos es un factor que influye en los resultados de las universidades públicas. Es decir, el financiamiento de la universidad incide en la calidad de los programas de estudio.

Así, Machuca (2009) y Jerez Mir (1997) coinciden en relación al lugar que ocupa la universidad pública en la sociedad. Exponen que la educación, a través de la universidad pública, debe estar garantizada por el Estado, considerando la contribución en el crecimiento económico, la generación de empleo, la posibilidad de la inclusión social y la reducción de la pobreza.

En lo que corresponde al concepto de empleabilidad, Neffa (2016), explica que hay diferentes acepciones al concepto dependiendo del entorno en que se define. Considera, en un concepto amplio, que (p. 2) "la empleabilidad consiste en que cada miembro de la PEA posea educación, formación profesional y competencias actualizadas y que tenga un comportamiento orientado hacia el mercado de trabajo". Para Gómez (2012, p. 65) la empleabilidad es "la capacidad que tiene un individuo para llenar las expectativas de perfil profesional que traza una organización con el objetivo de ocupar un puesto de trabajo determinado".

En el caso de Perú, la Constitución Política (1993), menciona que el Estado garantiza el derecho a educarse en forma gratuita a los alumnos que mantengan un rendimiento satisfactorio, siempre y cuando el alumno no cuente con los recursos necesarios para cubrir los costos que implique su educación. Es un tema que debe discutirse considerando que no se llega a un consenso en cuanto invertir en la universidad pública y qué esquemas de financiamiento es posible aplicar. McLauchan y Melgar (1993) expresan que se relaciona al desarrollo económico de los países.

Es evidente que la universidad pública no puede depender en exclusiva de los recursos que le asigna el Estado. El déficit es un tema de debate en los países latinoamericanos. Tal como manifiesta Mendoza Rojas (2017), va a requerir de los implicados la flexibilidad para optar por nuevas formas de financiar la educación universitaria. Távara (2013), manifiesta que debe considerarse una evaluación de los obstáculos que limitan la vinculación de la universidad pública con la demanda laboral y con las mismas necesidades de las empresas.

La nueva ley universitaria (Ley N° 30220 del 3 de julio de 2014) expone que los recursos económicos de la universidad pública provienen del tesoro público. También menciona que puede recaudar ingresos cuando lleva a cabo sus funciones y suma la posibilidad de resumir donaciones y cooperación técnica de acuerdo a las normas establecidas. Lo recaudado adicionalmente, tal como proponen Fairlie et al (2020) también deben ser medidos en términos de productividad, capacidad de administración, ejecución presupuestal, participación de la mujer, entre otros.

Con el COVID-19, las universidades públicas ingresan rápidamente a la virtualización de la enseñanza, lo que genera un dilema y desafío adicional. Con el regreso a la nueva normalidad, ¿se mantiene con las características de una nueva oferta educativa o se regresa a los tiempos de la presencialidad? La respuesta a esta pregunta decide el futuro de la relación universidad pública-estudiante (Benites, 2021). Además, como expresa Pérez-Esparells (2017), la universidad ahora busca aparecer en los rankings mundiales relacionados de modo que exponen lo que están haciendo para fortalecer su reputación. Sin embargo, para lograr estar incluido es necesario de recursos financieros los que son limitados, aun con el apoyo del sector privado.

Las organizaciones al emplear a un egresado universitario toman cuenta diversos factores siendo uno de ellos la universidad de procedencia a lo que se suma las habilidades óptimas que son necesarias para obtener, como empleador, los resultados esperados del trabajador. Sin embargo, como mencionan Rodríguez Garcés y Padilla Fuentes (2017), el mercado carece de la capacidad para ocupar a todos los egresados. Como expresan Gonzáles Ramírez y Cuevas de la Garza (2016), si las instituciones educativas tienen información acerca de los requerimientos que hacen a sus egresados, tienen la posibilidad de adaptarse a lo que solicita el mercado laboral.

En opinión de Brunner (2014), las universidades públicas son instituciones que actúan con ambientes regulatorios exigentes. En la práctica, son forzadas a generar nuevas fuentes de ingreso, así como actuar con estándares de eficiencia y competitividad, adaptándose de esta manera a las modificaciones de su entorno, teniendo que abandonar la tutela del Estado y convertirse en emprendedoras. Como se observa en la Figura 3 es el financiamiento lo que permite cumplir a la universidad pública con sus funciones sociales, lo que incluye la empleabilidad.

Las exigencias de cumplimiento de los mismos son compatibles con la realización de mediciones continuas que permitan, como expone Carrillo-Albornoz (2009), conocer si están cumpliendo con los fines para las que fueron creadas. Los instrumentos que tiene cada institución para desarrollar sus funciones se relacionan a su capacidad de financiamiento.

De otro lado, como expresan Gonzales Pérez y Ortega Cervantes (2015) los estudiantes tienen como uno de sus objetivos personales lograr la mejor opción de empleo. De ahí que toman en cuenta la institución en la que estudian pues la universidad es un apoyo para ascender socialmente. Mencionan Caballero Fernández et al (2014, p. 24) que su objetivo es "encontrar un trabajo que les satisfaga y en el menor tiempo posible". En estos tiempos se debe considerar la opinión de Gonzáles-Lorente y Martínez-Clares (2020) en cuanto a que la empleabilidad debe considerar que el mundo y la tecnología es cada vez es más dinámico, que ya no hay plazas laborales y lugares de trabajo fijas, factores que influyen para que el individuo se adapte a las nuevas condiciones y se ubique en un proceso de encontrar oportunidades.

Domínguez (2018) considera que el forzamiento que realiza el Estado a la universidad pública a buscar fuentes alternas de financiamiento, es una forma de alejarse de su responsabilidad y a su vez influye para que la universidad vaya por el mismo camino. Es un comportamiento que expone que la educación universitaria es un gasto y no inversión, sin considerar el impacto en el desarrollo nacional lo que también exponen García de Fanelli y Broto (2019).

Entonces, el aporte del Estado y las mismas acciones que realiza la universidad pública influyen en la empleabilidad, en las expectativas de los universitarios. Es de especial interés considerar que la empleabilidad es un factor que influye en el proceso socioeconómico del país. Por tanto, es el lugar donde se forman y fortalece las competencias de los individuos que van a dirigir las organizaciones y empresas, quienes representan la demanda laboral. Como expresan Valencia-Grijalba y Medina-Zuta (2021,) la empleabilidad tiene éxito si se relacionan acciones conjuntas entre la universidad, las empresas y el Estado

4. METODOLOGÍA

Para iniciar la investigación se realizó una investigación exploratoria para identificar y revisar documentos que se han desarrollado respecto al tema de investigación. Los datos primarios se obtienen con la aplicación de un cuestionario estructurado virtual (CLASSROOM CUESTIONARIOS) a 582 estudiantes que cursan del séptimo ciclo de estudios[2] en adelante, en 25 universidades públicas. Es un estudio cuantitativo transversal.

Previamente, se encuestaron 355 estudiantes del primer al décimo ciclo de estudios, para determinar a partir de que ciclo académico los estudiantes tienen una mayor preocupación por un empleo profesional, sea a través de prácticas preprofesionales o ingresando a planilla. El 78.52% de los encuestados expresan que se inicia a partir del séptimo ciclo, lo que permite identificar nuestro segmento objetivo a encuestar. Se aplicó al segmento objetivo durante las dos primeras semanas del mes de junio de 2022.

5. RESULTADOS Y DISCUSIÓN

5.1 En relación a los eestudios en universidad pública y empleabilidad

Se inicia la búsqueda de datos primarios, preguntando a los estudiantes la razón por la que eligen una universidad pública para llevar a cabo sus estudios. En la tabla siguiente, se observa que la toma de decisiones acerca de universidad pública el postulante considera como factores relevantes el prestigio académico y su posicionamiento (42.10%) y su situación económica (30.07%). Un tercer elemento puede ser considerado en relación al reconocimiento social que implica haber ingresado a una universidad pública (12.03%), considerando que, en Perú, la cantidad de postulantes excede a la cantidad de vacantes que ofrece, lo que lleva un proceso de admisión competitivo.

2. En Perú, los estudios en la universidad son por ciclos o semestre con un máximo de dos por año.

1.1 ¿Porque eligió estudiar en una universidad pública?	**%**
Prestigio académico y posicionamiento	42.10
Condiciones económicas limitadas.	30.07
Reconocimiento social.	12.03
Otros	15.08

Considerando que el estudiante está dentro de la universidad, se le pregunta acerca del factor que considera como el más importante para su formación profesional. En este caso, se toma en cuenta la opinión de Caballero Fernández (2014), quien expresa que el ingreso a la universidad permite mejorar las oportunidades laborales. De acuerdo a la investigación, considerando su posición de estudiante universitario, para él es importante fortalecer sus relaciones o tener los contactos que lo apoyen en su ingreso al mercado laboral (21.65%). También, debe considerarse sus objetivos personales/profesionales (19.76%), su preocupación por el aprendizaje extracurricular (13.75%), también es una oportunidad de tener acceso a programas de formación laboral y bolsas de trabajo (11.17%).

1.2 ¿Cuál considera que es el factor más importante en su formación profesional?	%
Cursos extracurriculares fuera de la universidad.	13.75
Contactos que te apoyen en el ingreso en el mercado laboral.	21.65
Objetivos y metas personales/profesionales	19.76
Acceso a programas de formación laboral y bolsas de trabajo.	11.17
Otros	33.67

Asimismo, se le preguntó acerca como la universidad lo ayuda en su proceso de empleabilidad. Al respecto, el 31.27% de los encuestados consideró que lo adecuado del plan de estudios, en especial los cursos relacionados a la inserción laboral. También consideraron como soporte la experiencia laboral de los profesores (17.70%) quienes en clase explican acerca de cómo la teoría académica se aplica en las actividades cotidianas de la profesión, en el proceso de decisiones laborales. Un tercer grupo de actividades que le ayudan a la empleabilidad son las acciones extracurriculares (11.68%), como la práctica del deporte, participación en actividades culturales, o en programas de voluntariado.

1.3 ¿Qué condición de la universidad pública es la que le ayuda en su empleabilidad?	%
Acciones extracurriculares	11.68
Adecuados planes de estudio orientados a la inserción laboral.	31.27
Experiencia laboral (fuera de la universidad) de los profesores.	17.70
La vocación y capacidad de saber enseñar de los profesores	9.28
Cursos electivos que complementan el aprendizaje.	9.97
Otros	20.10

En relación a los planes de estudios y su contribución a la empleabilidad, los entrevistados en un 37.11% consideran que se puede obtener mayor provecho de los cursos si éstos fueran más prácticos, más orientado al campo laboral. También opinan que se puede obtener mayor provecho de los cursos si se asignaran mejores profesores (17.01%). Es importante que el plan de estudios tenga una suficiente base teórica relacionada a la práctica (12.20%). También es relevante que el plan de estudios considere que a través del mismo el alumno debe identificar su potencial profesional y aprovechar la oportunidad para fortalecerlo (10.82%). Otro factor importante, es que el plan se relacione a la realidad peruana (10.48%).

1.4 Respecto al plan de estudios de su especialidad, en su opinión ¿Cómo contribuye a su empleabilidad?	%
Otorga la suficiente base teórica que se aplica a la práctica	12.20
Pudo ser mejor si tuviera una mayor concentración al mercado laboral.	37.11
Plan de estudios es adecuado, pero debe incluir a mejores profesores	17.01
Fue limitada. Le faltó una mayor orientación a la realidad peruana.	10.48
Me apoya en identificar mi potencial profesional y fortalecerlo.	10.82
Otros	12.38

En la pregunta siguiente se le se le consultó al mercado objetivo, acerca de los cursos extracurriculares para mejorar su empleabilidad. Los estudiantes consideran que son importantes los cursos externos exponiendo que estos relacionan a uso de tecnología que la universidad no proporciona (43.47%). Sin embargo, hay otro grupo (23.20%) que considera que no puede acceder a ellos pues sus posibilidades económicas son limitadas, aunque reconocen que son necesarios. En la pregunta 1.3, la respuesta acerca de los cursos que no se incluyen en el plan, logra un valor de 7.39%.

1.5 ¿Lleva cursos en otras instituciones (formación extracurricular) para mejorar su empleabilidad?	%
No está al alcance económicamente, pero si es necesario.	23.20
Lo haré una vez que encuentre trabajo.	9.62
La universidad debe preocuparse en guiarnos al respecto.	8.42
Los que aplican tecnología que la universidad no tiene.	43.47
Otros	15.29

Los encuestados consideran que el concepto que mejor define calidad del plan de estudios es la secuencialidad de los cursos (30.24%), es decir hay una relación de orden, en el cual un curso sucede a otro y tiene relación académica y práctica. Un segundo concepto, es el que se relaciona con el cumplimiento de los criterios de formación profesional que establece SUNEDU (15.98%).

1.6 ¿Cuál de los siguientes conceptos define la calidad del plan de estudios que estoy llevado?	%
Secuencialidad de los cursos según lo alcanzado por ciclo.	30.24
Incentivo a la sana competencia y desafíos entre alumnos.	9.45
Cumple con criterios de formación establecidos por SUNEDU.	15.98
Otros	55.67

Al compararse con las universidades privadas, en relación a las posibilidades de empleo, los entrevistados consideran que éstas tienen mejores convenios (27.66%) que les permiten ingresar con mayor posibilidad al mercado laboral. Sin embargo, el 20.62% opina que para obtener un empleo depende del desempeño y las habilidades de uno mismo. Un tercer grupo relevante es el grupo que considera que las universidades públicas deben mejorar la gestión de la empleabilidad (17.01%) El 10.65% considera que se compite en las mismas condiciones.

1.7 ¿Cuál de los siguientes comentarios explica su relación con la universidad pública y la universidad privada en cuanto al empleo?	%
Competimos en el mercado laboral en las mismas condiciones.	10.65
La gestión de la empleabilidad debe mejorar.	17.01
Las privadas tienen mejores convenios de inserción laboral.	27.66
Lo más importante es el desempeño y las habilidades de cada uno.	20.62
Otros	24.06

5.2 Acerca de la influencia del gasto público en la empleabilidad

Se les preguntó a los estudiantes su opinión acerca de la relación del manejo eficiente de los recursos y qué es lo que lo demuestra. El 27.66% de los entrevistados considera que una universidad maneja eficientemente los recursos que le asigna al Estado si estos sirven como incentivo a los grupos de investigación. El 13.92% considera que la eficiencia se muestra si se capacita a los docentes de las diversas facultades. Un tercer grupo (11.17%) considera que estos pueden ser eficientes si se canalizan a programas de empleabilidad.

2.1 Una universidad pública maneja eficientemente los recursos provenientes del Estado si:	%
Capacita a sus docentes.	13.92
Capacita a su personal administrativo en la gestión de procesos.	10.65
Promueve la investigación a través de incentivos.	27.66
Lleva a cabo cursos de extensión universitaria con costo accesible.	10.48
Promueve participación estudiantil en programas de empleabilidad.	11.17
Procura mejorar su infraestructura para el desarrollo académico.	11.68
Otros	14.45

La pregunta 2.2 se relaciona al destino de los recursos que el Estado asigna a la universidad. Al respecto, el 18.90% considera que los recursos asignados se canalizan a mejorar la infraestructura (edificios y laboratorios) de la universidad. Otro grupo (17.18%) considera que los recursos se canalizan a remunerar y capacitar a los profesores. Un tercer grupo (13.92%) considera que estos se invierten en material bibliográfico. El 13.40% expresa que los recursos se orientan a invitar expositores para conferencias y actualización.

2.2 Se aprecia que la mayor parte de los recursos asignados por el Estado a la universidad pública se invierte en:	%
Tecnología actualizada aplicada al plan de estudios.	12.89
Contar con una bibliografía actualizada (física y virtual)	13.92
Invitar a expositores (locales y extranjeros) para conferencias.	13.40
Remunerar y capacitar a profesores.	17.18
Mejorar la infraestructura física (edificios y laboratorios).	18.90
Otros	23.71

En el caso de búsqueda de obtención de recursos adicionales (emprendimientos) son dos las recomendaciones que resaltan. La primera, es aumentar la relación con el sector empresarial (local y extranjero) en un 31.27%. La segunda (24.05%) es asociarse con universidades que compartan financiamiento académico y de investigación. Otros factores a considerar la asociación con empresas para impartir cursos a terceros aprovechando la virtualización (12.71%), también puede considerar el apoyo a la investigación para generar productos que patentiza (10.31%) que luego puede vender.

2.3 La administración de la universidad pública está en posibilidad de tener ingresos adicionales si direcciona sus esfuerzos en:	%
Asociarse con universidades que compartan financiamiento.	24.05
Tener una mayor relación con el sector empresarial.	31.27
Realizar investigación y vender patentes.	10.31
Asociarse con empresas privadas para impartir cursos.	12.71
Otros	11.35

La pregunta 2.4 se relaciona al caso en que el Estado asignase los suficientes recursos. El 19.76% considera que la inversión debe ser canalizada a la adquisición de tecnología (hardware y software) para mejorar las habilidades de los alumnos, lo cual se relaciona a la empleabilidad. En este mismo rubro, actualización tecnológica, consideran (17.01%) que es una oportunidad para que los profesores sean actualizados y se esta manera mejora el desarrollo de los cursos asignados. También consideran importante la promoción de la investigación (14.60%) y la contratación de profesores de mayor calidad académica (14.09%).

2.4 Si el Estado asignase los recursos suficientes, estos deben invertirse en:	%
Actualizar a los profesores en herramientas tecnológicas.	17.01
Mejorar de la infraestructura física (edificios y laboratorios).	10.65
Tecnología para mejorar las habilidades de los alumnos.	19.76
Contratar profesores de mayor calidad académica.	14.09
Promover la investigación.	14.60
Implementar bolsas de trabajo y correcta orientación laboral.	9.97
Otros	13.92

5.3. La empleabilidad y los factores de la demanda laboral

Para el logro del tercer objetivo se realizaron las siguientes preguntas. La primera es identificar el factor que influye en el obtener un primer empleo profesional. En ese sentido, las principales razones que identifican los estudiantes universitarios para conseguir el primer empleo, como se explica en la tabla siguiente, son el conocer a una persona relacionada con el centro laboral (26.63%), practicas preprofesionales (19.07%), la formación universitaria (14.26%) y la formación extracurricular (13.92%). Las calificaciones en los cursos, para los entrevistados, ocupan un quinto lugar (10.31%).

3.1 ¿Qué factores influyen en que usted logre su primer empleo?	%
Conocer a una persona relacionada al centro laboral.	26.63
Calificaciones en las asignaturas (tercio, quinto o decimo superior).	10.31
Mi formación o carrera profesional lograda en universidad pública.	14.26
Practicas preprofesionales en el lugar que laboro.	19.07
Formación extracurricular.	13.92
Otros	15.81

Desde el punto de vista del empleador, en opinión de los estudiantes, considera importante que los candidatos sean exitosos en su formación profesional (34.71%) y la formación extracurricular (22.85%) que son los cursos, estos últimos, que más se relacionan a la especialidad que opta el estudiante y que desarrolla en su carrera laboral. Otra característica que consideran es la relacionada a la imagen de la universidad en la sociedad (11.51%).

3.2 ¿Qué factor considera más importante el empleador al momento de decidir por una plaza laboral?	%
Calificaciones en los cursos relacionados a la plaza laboral.	8.25
Imagen en la sociedad de la universidad pública en que estudio.	11.51
Calidad de los egresados: exitosos en su desarrollo profesional.	34.71
Formación extracurricular.	22.85
Otros	22.68

En ese contexto, los estudiantes lo que hacen para potenciar su nivel de empleabilidad (3.3) es participar en cursos extracurriculares (48.28%), los que son adicionales al plan de estudios de la universidad. Otro factor a considerar, pero en menor cuantía, es lo que corresponde a matricularse en los cursos que los profesores son más exigentes (12.89%). UN tercer factor, es matricularse en programas que prepararan para ingresar a reconocidas instituciones púbicas (9.97%). Es importante considerar que 8.93% de los estudiantes considera que para mejorar su nivel de empleabilidad deciden formar grupo con los estudiantes que tienen un alto nivel de exigencia para formarlo.

3.3 ¿Qué hace usted para potenciar, mientras estudia en la universidad pública, su nivel de empleabilidad?	%
Me inscribo en cursos con los profesores más exigentes.	12.89
Llevo cursos extracurriculares.	48.28
Me preparo para los concursos de instituciones reconocidas.	9.97
Formo equipo con alumnos de alto nivel de exigencia.	8.93
Otros	19.93

Acerca de su inserción laboral de modo que le permita mejorar su nivel de empleabilidad., en la tabla siguiente se puede observar que el 31.44% de los entrevistados considera que la universidad no proporciona información acerca de la inserción laboral, así como las estrategias que son posibles de desarrollar. Un 20.62% opina que las universidades si lo hacen a través de ferias laborales que es el momento en que pueden ponerse en contacto con los ofertantes de empleo. Un tercer grupo expresa que la universidad realiza talleres de empleabilidad (15.98%) en donde se enseña acerca de cómo elaborarse un currículo, se simulan entrevistas y desarrollan sus habilidades blandas. Para el 11.34% la universidad cuenta con bolsas de trabajo lo cuales permite conectarse con diferentes entidades que solicitan profesionales.

3.4 Durante su estancia en la universidad pública ¿Qué información recibe acerca de la inserción laboral y sus estrategias para mejorar su empleabilidad?	%
No se recibe información, incluyendo diseño de estrategias.	31.44
Se llevan a cabo ferias laborales.	20.62
Acceso a bolsa de trabajo.	11.34
Talleres de empleabilidad.	15.98
Otros	20.62

Respecto al criterio de si la universidad les ayuda a encontrar empleo, los estudiantes que consideran que la universidad si lo hace siendo los factores que lo posibilitan el prestigio de la institución y el reconocimiento de sus egresados (23.37%). Otro factor que en su opinión incide es la preocupación porque los estudiantes realicen prácticas pre-profesionales (20.79%). Asimismo, se deben considerar tienen un plan de estudios orientado al mundo laboral (13.57%) y profesores con suficiente conocimiento teórico y práctico para el trabajo (10.48%).

3.5 Si considerase que la universidad pública le ayuda a encontrar un empleo profesional, ¿cuál es la principal razón de tal afirmación?	%
Adecuado plan de estudios orientado al mundo laboral.	13.57
Preocupación por un programa de prácticas preprofesionales.	20.79
Profesores con conocimiento útil para el trabajo.	10.48
Prestigio de la universidad. Sus profesionales son reconocidos.	23.37
Otros	31.79

En cuanto al respaldo que la universidad puede brindar al egresado en su desarrollo profesional, el encuestado considera oportuno que cada Facultad se preocupe que esto ocurra (21.1%). Otra consideración es que se promocione o publicite a los profesores y alumnos destacados (16.32%). Un tercer punto es lo relacionado al fortalecimiento de las habilidades blandas (16.15%). Un 12.20% considera que no necesita del respaldo de la institución. Otros factores se relacionan con la asociación de egresados (10.48%) y actividades en que participan los gremios empresariales (10.31%).

3.6 Una vez que egrese, ¿cómo considera que la universidad lo respalda en su desarrollo profesional?	%
Cursos extracurriculares para fortalecer habilidades blandas.	16.15
Promocionar, publicitar a los profesores y alumnos destacados.	16.32
Cada Facultad es responsable del respaldo a sus egresados.	21.10
Asociación de egresados preocupada por nuestro desarrollo.	10.48
Actividades con participación de gremios empresariales.	10.31
No es necesario su respaldo. Camino sólo.	12.20
Otros	13.44

6. CONCLUSIONES

El financiamiento de la universidad pública es importante en el sentido que posibilita a sus estudiantes lograr un cambio social. Desde su inicio da a todos la oportunidad de ser parte del proceso, siendo pocos los seleccionados a través de un examen de admisión. Es evidente que los planes de estudios requieren de un nivel de calidad de acuerdo a las expectativas de los futuros empleadores y a lo que ocurra en el entorno.

Es importante la afirmación de Suárez Lantarón (2014) en que la empleabilidad es una responsabilidad del estudiante que debe considerar las actividades que realiza la universidad púbica, para su consolidación, así como lo que realiza el Gobierno a través de sus diversas instancias, comenzando por la asignación presupuestal añadiendo la relación que se tiene con las instituciones privadas.

Los resultados de la investigación exponen que los estudiantes toman en consideración las posibilidades de la universidad pública en cuanto que es la institución que los acerca a un mejor futuro y también las limitaciones para financiar conocimientos y especialidades que el mercado exige. En esta nueva realidad, los estudiantes asumen el desafío para cruzar hacia un nuevo escenario. Aunque no todos están incluidos en esta posibilidad, lo que se convierte en desventaja. De ahí que el Estado debe definir de manera clara que tanta preocupación tiene por la educación universitaria.

7. REFERENCIAS

Aparicio, M., Rodríguez, G. y Rena, M. (2016). Empleabilidad, profesionalización y competencias sociales. ¿Qué rol juega la Universidad? *Revista Gestão Universitaria na América Latina - GUAL*, *9*(4). https://acortar.link/dsdsSt

Alpízar Santana, M. y Ramos Carrillo, F. (2018). La financiación como soporte de la educación superior cubana. *Economía y Desarrollo*, *159*(1), 119-134. http://scielo.sld.cu/pdf/eyd/v159n1/eyd08118.pdf

Álvarez, J. y Romero, A. (2015). La empleabilidad de graduados universitarios en el contexto latinoamericano. *Realidades de UNIANDES, Ecuador. Atenas*, *4*(32). https://acortar.link/6YGp5E

Benites, R. (2021). La Educación Superior Universitaria en el Perú post-pandemia. *Políticas y debates públicos.* https://acortar.link/rvc9KO

Briones, M., Torrijo, E. y León, F. (2015). Gestión de la calidad en la Educación Superior: el proceso formativo en la universidad ecuatoriana. *Journal of Education and Human Development,* 4(4), 188-194. https://acortar.link/BygTKr

Brunner, J. J. (2014). *La idea de la universidad pública en América Latina: narraciones en escenarios divergentes.* http://repositorio.minedu.gob.pe/handle/20.500.12799/3071

Caballero Fernández, G., López-Miguens, M. J. y Lampón, J. F. (2014). La universidad y su implicación con la empleabilidad de sus graduados. *Revista Española de Investigaciones Sociológicas,* 146, 23-46. https://reis.cis.es/REIS/PDF/REIS_146_021397045559107.pdf

Carrillo-Albornoz, E. J. O. (2009). Calidad y financiación de la universidad. *Revista de Investigación en Educación, 6*(1), 133-141. https://acortar.link/FCinCt

Congreso de la República del Perú (2014). Ley Universitaria N° 30220. https://n9.cl/x2n0f

Cuenca, R. y Reátegui, L. (2016). La (incumplida) promesa universitaria en el Perú. *Instituto de Estudios Peruanos.* https://n9.cl/hn83r

Domínguez, J. J. (2018). El financiamiento de la educación superior. *Revista UNIANDES Episteme, 5*(4), 404-420. https://dialnet.unirioja.es/servlet/articulo?codigo=6756285

Fairlie, A., Collantes, E. y Castillo, L. (2020). Eficiencia del gasto en las universidades púbicas del Perú. *XXI Concurso anual de investigación CIES 2019* . https://n9.cl/w7asg

Figueras, T. y Turmo, J. (2016). Educación superior y competencias para el empleo. El punto de vista de los empresarios. *Revista Complutense de Educación. 27*(3). https://acortar.link/sR1pY6

García de Fanelli, A. y Broto, A. (2019). Financiamiento de las universidades nacionales en la Argentina: principales indicadores y tendencias. *Revista FACES, 25*(53), 51-70. https://acortar.link/oQ5BOL

Gobierno de Perú (1993). *Constitución política de Perú.* https://acortar.link/xhWlAw

Golovushkina, E. (2016). Facilitando la transición entre la universidad y el mundo del empleo a través de la materia humanística: Empleabilidad y gestión de la carrera profesional en Ingeniería. [Ponencia]. I Jornadas sobre las Prácticas Docentes en la Universidad Pública. Transformaciones actuales y desafíos para los procesos de formación. La Plata, Argentina. http://sedici.unlp.edu.ar/handle/10915/62476

Gómez, M. (2012). La noción de empleabilidad: una mirada desde la perspectiva de las organizaciones. *Katharsis-Institución Universitaria de Envigado* https://acortar.link/Ev42cq

González-Lorente, C. y Martínez-Clares, P. (2020). Hacia un modelo de empleabilidad en educación superior. *Diálogos Pedagógicos, 18*(35), 47-66. https://n9.cl/20asy

González Pérez C. y Ortega Cervantes G. (2015). Empleabilidad de los egresados de la Carrera de Contaduría Pública. *RIDE, 6*(11). https://acortar.link/wmNd3r

Instituto Nacional de Estadística e Informática – INEI (s/f) Educación Universitaria. https://acortar.link/ncx5MX

Jerez Mir, R. (1997). La Universidad en la encrucijada: Universidad dual o Universidad democrática y de masas. *Revista de Educación.* https://n9.cl/26b7p

Jun Yu, L. y García González, M. (2021). La empleabilidad de los graduados universitarios en la República Popular China. *Revista Cubana de Educación Superior, 40*(1). http://scielo.sld.cu/pdf/rces/v40n1/0257-4314-rces-40-01-e8.pdf

Lantarón, B. S. (2014). La empleabilidad en la Universidad Española. *Journal for Educators, Teachers and Trainers, 5*(2), 272–286. https://n9.cl/lewdn

Machuca Gómez, J. O. (2009). El presupuesto universitario público en el contexto centroamericano, latinoamericano y del cambio. *Revista de la Universidad de El Salvador*. https://revistas.ues.edu.sv/index.php/launiversidad/article/view/79/93

Martínez, J. M., Vázquez-Ingelmo, A., García-Peñalvo, F. J., Michavila, F., Martín-González, M., y Cruz-Benito, J. (2018). Barómetro de empleabilidad y empleo universitarios. Edición Máster 2017. *Observatorio de Empleabilidad y Empleo Universitarios*. https://repositorio.grial.eu/handle/grial/1165

McLauchan, P. y Melgar, E. (1993). Financiamiento de las universidades públicas en el Perú: respuestas a la crisis y el ajuste económico. *Notas para el debate. GRADE*. https://n9.cl/mrhr6a

Mendoza Rojas, J. (2017). Financiamiento de la educación superior en la primera mitad del gobierno de Enrique Peña Nieto: ¿fin del periodo de expansión? *Perfiles educativos, 39*(156), 119-140. https://n9.cl/sfuym

Michavila, F., Martínez, J. M., Martín-González, M., García Peñalvo, F., Cruz-Benito, J. y Vásquez-Ingelmo, A. (2016). Barómetro de empleabilidad y empleo de los universitarios en España, 2015 (Primer informe de resultados). https://acortar.link/mBH7cG

Montalbán Castilla, J. (2019). Financiación universitaria: desafíos y soluciones potenciales. *Estudios sobre la Economía Española-2019*/16 https://acortar.link/mPc52N

Neffa, J. (2006). El concepto de empleabilidad y sus usos. [Ponencia]. Congreso de la Asociación Uruguaya de Sociología del Trabajo, Uruguay. https://n9.cl/533rd

Pérez-Esparells, C. (2017). La reputación de las universidades a través de los rankings globales. *Nueva Revista*, 163. https://n9.cl/duy8s

Solé-Moro, M., Sánchez-Torres, J., Arroyo, F. y Argila-Irurita (2018). Los egresados y la inserción laboral: un acercamiento al panorama latinoamericano y español. *Revista CEA, 4*(8), 67-74. https://papers.ssrn.com/sol3/papers.cfm?abstract_id=3519372

Superintendencia Nacional de Educación Universitaria-SUNEDU (s/f). *Condiciones básicas de calidad*. https://www.sunedu.gob.pe/8-condiciones-basicas-de-calidad/

Superintendencia Nacional de Educación Universitaria -SUNEDU- (2020). *II Informe bienal sobre la realidad universitaria en el Perú*. https://acortar.link/2vWYh1

Távara, J. (2013). *Financiamiento del sistema de la educación superior universitaria*. [Ponencia]. Foro Internacional "Desafíos de la educación superior universitaria en el Perú". https://n9.cl/hjeqd7

Valencia-Grijalva, J., y Medina-Zuta, P. (2021). Empleabilidad y competencia profesional: Retos desde la docencia para la articulación Academia-Estado-Empresa. *Anuario Facultad de Ciencias Económicas y Empresariales*, 161-176. https://acortar.link/ABpOyG

RESPONSABILIDADE SOCIAL UNIVERSITÁRIA: UMA CONTRIBUIÇÃO PARA A TRANSFORMAÇÃO SOCIAL NA AMÉRICA LATINA

Elizabeth Borelli[1]

Este texto é um recorte do projeto da pesquisa RESPONSABILIDADE SOCIAL UNIVERSITÁRIA, realizado pelos autores, na Pontifícia Universidade Católica de São Paulo.

1. INTRODUÇÃO

O conceito de responsabilidade social surge no contexto de gestão da década de 1950, nos Estados Unidos,quando empresa e academia iniciam discussões acerca da importancia da responsabilidade social, a partir das ações das empresas.

Na década de 1960, os acontecimentos e as transformações sociais enfatizam os problemas sócio-econômicos e a Europa passa a discutir e incorporar o conceito. No final dessa década, nos Estados Unidos, as empresas já manifestavam preocupações com a questão ambiental, com forte apelo ao componente ético das organizações. (Lira, 2009).

Na década de 1990, a responsabilidade social se consolida, induzindo a formalização do balanço social, na Europa e na América.

A responsabilidade social se apresenta como uma nova responsabilidade central, complementando as responsabilidades moral e jurídica, enquanto responsabilidade coletiva promotora de criatividade política (Vallaeys, 2011).

Na passagem do século XX para o século XXI, a temática ambiental adquire novos contornos, consolidando-se nas conferências ambientais sobre meio ambiente, com a criação da Agenda 21, apresentada na ECO-92, e evoluindo para a proposta dos Objetivos do Milênio (ODM) e, posteriormente, para os Objetivos de Desenvolvimento Sustentável (ODS), na composição da Agenda para 2030.

A partir do século XXI, as preocupações com a sustentabilidade do planeta assumem grandes proporções, estruturando-se pactos globais fundamentados em princípios como direitos humanos, trabalho e meio ambiente.

No âmbito das universidades, estudos associam a questão da responsabilidade social à própria razão de ser da universidade. Nas organizações acadêmicas, a incorporação da responsabilidade social passa a ser chamada de RSU – Responsabilidade Social Universitária-, conceito que vem se desenvolvendo, relacionado à discussão sobre a

1. Universidade Católica de São Paulo (Brasil)

redefinição do papel e da abrangência das IES – Instituições de Ensino Superior (Almeida, 2020).

Nesse sentido, Vallaeys (2016) alerta que a universidade não poderá, jamais, ser confundida com uma empresa, não se tratando de aplicar modelos de gestão empresariais às universidades, o que provocaria uma distorção de sua finalidade, uma vez que a universidade tem diferentes compromissos com a sociedade, como formar profissionais e pesquisadores voltados a promover a redução das desigualdades, a mitigação da miséria e a sustentabilidade econômica, social e ambiental.

No início dos anos 2000, teve origem, na América Latina, uma corrente de Responsabilidade Social Universitária (RSU), através da rede chilena de universidades "Universidad Construye País", apoiada pela Iniciativa Interamericana de Ética, Capital Social e Desenvolvimento do Banco Interamericano de Desenvolvimento -BID, com a proposta de formular uma nova filosofia do impacto social da universidade. Essa corrente apresentou uma abordagem ética crítica das epistemologias e conhecimentos ensinados na universidade, cobrindo os quatro processos fundamentais de Gestão, Ensino, Pesquisa e Extensão, visando concretizar mudanças fundamentais no nível da gestão universitária.

Em 2016, foi criada a União de Responsabilidade Social Universitária da América Latina e Caribe (URSULA), com o propósito de implementar os instrumentos de RSU em Instituições de Ensino Superior, visando promover transformações sociais na América Latina, revertidas em benefícios para a comunidade, a sociedade como um todo e o meio ambiente. A inovação trazida por esse movimento é atuar diretamente na gestão integral e transversal das IES, apresentando requisitos éticos, expressos em indicadores de solução de barreiras institucionais que possam impedir que o conhecimento produzido hoje, pelo ensino superior, tenha uma real relevância social para a solução dos problemas de desenvolvimento, conforme definido nos 17 objetivos de desenvolvimento sustentável (ODS) da ONU.

Esta análise se propõe a examinar e avaliar esses instrumentos, no âmbito da AGENDA 2030, procurando responder à questão: as propostas feitas pelo Modelo URSULA são capazes de melhorar a gestão transversal por parte das IES, no sentido de causar um impacto que propicie transformações sociais na América Latina?

2. OBJETIVOS

Esta análise tem como objetivo geral examinar se a implantação do Modelo URSULA nas IES da América Latina apresenta condições de promover mudanças na sociedade, em termos de operacionalização de práticas de sustentabilidade e redução da desigualdade social. Como objetivos específicos, pretende-se : caracterizar o Modelo URSULA e avaliar a viabilidade de sua aplicação nas IES participantes.

3. METODOLOGÍA

Essa pesquisa centra-se na temática da Responsabilidade Social Universitária, realizada no contexto dos 17 Objetivos do Desenvolvimento Sustentável, sendo de cunho analítico-descritivo e documental. Trata-se de uma pesquisa com abordagem qualitativa do problema e descritiva em relação a sua finalidade, utilizando técnicas de pesquisa documental, pesquisa bibliográfica e estudo de casos múltiplos. Optou-se pela abordagem qualitativa, uma vez que a pesquisa, de acordo com Minayo (2009), trabalha com o universo dos significados, dos motivos, das aspirações, das crenças, dos valores e das atitudes.

A análise documental teve como ponto de partida o modelo URSULA de RSU e os documentos das universidades por ele selecionadas, bem como a consulta à Legislação educacional e a documentos produzidos por organismos indutores de políticas públicas. Textos e dados foram utilizados para análise e interpretação dos fatos, uma vez que a análise documental busca identificar informações factuais nos documentos a partir de questões e hipóteses de interesse, utilizando o documento como objeto de estudo (Lima *et al.*, 2021).

A opção de estratégia de pesquisa recaiu sobre o estudo de caso, por permitir o entendimento do fenômeno como um todo, com profundidade. Yin (2001) considera que o estudo de caso é uma investigação empírica que investiga um fenômeno contemporâneo dentro de seu contexto da vida real, sendo que a replicação é a lógica que predomina no estudo de casos.

Como a pesquisa envolveu diversas IES, em diferentes países, foi realizado um estudo de casos múltiplos, viabilizando o estabelecimento de comparações e possibilitando o delineamento de um quadro empírico mais completo.

4. DESENVOLVIMENTO DA INVESTIGAÇÃO

Inicialmente, será apresentada uma conceitualização de RSU e uma caracterização do Modelo URSULA de RSU, seguida de uma análise das informações prestadas pelas IES latino-americanas

4.1. RSU e o Modelo URSULA

Instituições como a UNESCO, na Declaração Mundial sobre o Ensino Superior, já em 1998, mencionavam a importância da universidade em termos da contribuição ao desenvolvimento sustentável e melhoria da qualidade de vida da sociedade, como fonte de formação de profissionais e cidadãos responsáveis e, ainda, da possibilidade de disseminação do conhecimento.

De acordo com a abordagem de Vallaeys (2006), é na universidade que se forma o mais alto nível de qualificação do indivíduo, do ponto de vista técnico, científico e humano, ou seja, formação de caráter profissional e formação cidadã, baseadas na perspectiva da mudança pretendida pela sociedade. Vallaeys (2006, p. 26) afirma que a Universidade assume um quarto pilar, além do ensino, pesquisa e extensão, que é a gestão como "organização socialmente responsável e exemplar", possibilitando aos docentes, discentes e pessoal técnico-administrativo, aprender "na" e "da" universidade uma cultura democrática, onde possam diagnosticar e identificar a reprodução do seu contexto social" (Vallaeys, 2006, p. 31).

Calderón (2006) coloca que a universidade deve ser considerada como uma grande pirâmide de base triangular, que possui uma base e três faces entrelaçadas na sua essência. Em sua ótica, as faces visíveis da pirâmide representam o ensino, a pesquisa e a extensão, erguidas numa base representada pela gestão universitária. E acrescenta que gestão universitária é o conjunto de processos e estruturas administrativo-gerenciais que possibilitam à universidade atingir sua missão institucional.

Para La Jara *et al.* (2006), os princípios e valores da RSU constituem os alicerces da pirâmide, atuando como guias para o comportamento humano, fundamentais em uma universidade socialmente responsável. Os princípios e valores da RSU são estruturados segundo a lógica sistêmica, podendo ser classificados em três níveis: pessoal, social e universitário, sendo que cada nível possui indicadores que podem ser utilizados como uma ferramenta de gestão relacionada com a responsabilidade social universitária.

As instituições de ensino superior (IES) possuem consideráveis e diversas redes de associações de stakeholders, o que resulta em uma dependência forte com seus stakeholders para a estabilidade e progresso institucional (Fryzel, 2011).

Assim sendo, a partir da teoria dos stakeholders, originária da Responsabilidade Social Corporativa, pode-se analisar vários aspectos da extensão universitária e suas partes interessadas, ou seja, seus stakeholders internos (docentes, discentes, técnicos administrativos) e stakeholders externos (comunidade externa). Nesse enfoque, a instituição universitária pode ser analisada em termos de um conjunto de associações entre os grupos envolvidos em suas atividades específicas (Moir, 2001).

A RSU é apresentada como uma política de gestão abrangente e transversal dos impactos socioambientais gerados pelas Instituições de Ensino Superior – IES, no desempenho de todas as suas funções acadêmicas e administrativas, seus relacionamentos internos e externos, orientados para o pleno cumprimento de seu papel de agente do desenvolvimento sustentável por meio de sua gestão administrativa, capacitação, pesquisa, participação e inovação (Vallaeys, 2008).

Em 2009, foi publicado o Manual de Primeiros Passos em Responsabilidade Social Universitária (Vallaeys *et al.*, 2009), a primeira ferramenta de gestão disponível gratuitamente da RSU para a América Latina. Este manual propunha um itinerário para sua implementação, bem como ferramentas de autoavaliação com pesquisas para todos os grupos de interesse internos da Universidade.

A RSU se constitui num movimento que tem repercussão direta na gestão integral e transversal das IES, trabalhando com problemas de desenvolvimento, concomitantemente às definições expressas nos 17 objetivos de desenvolvimento sustentável (ODS) da ONU (Rúbio-Rodríguez *et al.*, 2020).

Desde o início do século XXI, conceitos, metodologias e práticas envolvendo responsabilidade social universitária vêm se desenvolvendo na América Latina. Alguns modelos de RSU foram criados com o objetivo de orientar as universidades para a execução de ações visando a concretização do discurso da responsabilidade social. Entre eles, apenas o Modelo URSULA contempla os 17 Indicadores de desenvolvimento sustentável, razão pela qual a opção de análise desta pesquisa recaiu sobre este modelo.

A União de Responsabilidade Social Universitária Latino-Americana (URSULA) se autodefine como um espaço de discussão crítica sobre o papel do Ensino Superior na América Latina, propondo a implementação de práticas de gestão inovadoras e sustentáveis para as universidades, que contribuam para a sociedade e o ecossistema, de forma a envolver não apenas estudantes e pesquisadores, mas, também, organizações da sociedade civil, governos, agências de fomento e empresas.

Atualmente, a URSULA conta com a participação de 17 países da América Latina e Caribe, além de Portugal e Espanha, e com uma parceria com o Banco de Desenvolvimento da América Latina (CAF), que tem a função de apoiar o desenvolvimento sustentável e a integração regional, através de cooperação técnica e projetos públicos e privados.

Conforme colocado no Manual de Responsabilidade Social Universitária do Modelo URSULA (Vallaeys, 2020), a maior vantagem da RSU é ser um movimento que repercute diretamente na gestão integral e transversal das IES, trabalhando com requisitos éticos expressos em indicadores com relevância social para a solução dos problemas de desenvolvimento, alinhados com os 17 Objetivos de Desenvolvimento Sustentável (ODS) da ONU PARA 2030, que contextualizam sua estrutura (figura 1).

Figura 1. Agenda 2030: os 17 Objetivos de Desenvolvimento Sustentável. **Fonte:** ONU (2017).

Os esforços para o alcance dos ODS se irradiaram por todos os extratos da sociedade. Nas instituições de ensino superior, discute-se como as universidades e a ciência podem contribuir para o alcance dos ODS, dada a responsabilidade social. O papel das universidades na implementação dos ODS transcende uma governança institucional, dado o seu papel importante como fonte de conhecimento e pesquisa e seu potencial de contribuição para embasar a produção e transmissão do conhecimento, como base para a ação (Kestin *et al.*, 2017).

A partir do objetivo de transformar a universidade em um laboratório de inovação para a responsabilidade social, a URSULA desenvolveu um modelo baseado em 12 metas, fundamentadas em 66 indicadores de desempenho, enquadradas nas áreas de gestão organizacional, formação, construção de conhecimento e participação social.

Para cada um desses processos, foram desenvolvidas 3 metas de desempenho socialmente responsáveis, buscando desafios para superar o seu estado atual, de forma a embasar sua qualidade acadêmica em sua relevância social. Este modelo é uma contribuição de Vallaeys e Solano (2018), que busca mostrar os temas que a universidade deve considerar para evitar que se tornem entraves ao desenvolvimento de seus grupos de interesse.

O objetivo desta iniciativa é promover a construção do estado da arte da Responsabilidade Social Universitária (RSU) na América Latina, através da realização de um autodiagnóstico institucional, com base numa mesma ferramenta, padronizada para todas as IES (URSULA, 2019). Dessa forma, com os parceiros externos, são construídas comunidades de aprendizagem mútua para o desenvolvimento sustentável, visando gerar uma inteligência coletiva territorial. Assim, a melhoria interna e externa procura alcançar conjuntamente os ODS, uma vez que estes objetivos não apenas são metas das IES, mas de toda a sociedade na qual a instituição está inserida.

Nessa perspectiva, quanto maior for a diversidade e a sinergia entre os parceiros, maior será a probabilidade de gerar projetos impactantes, duradouros, disruptivos e criativos. Portanto, ao promover e participar em comunidades de aprendizagem mútua, a IES redireciona o seu trabalho de proximidade para alianças colaborativas, num mecanismo de troca de ações. Nesse sentido, é importante que a comunidade universitária consiga diferenciar os conceitos de «Responsabilidade Social» e «ajuda social", considerando-se que as responsabilidades devem anteceder os compromissos, de forma a empreender mudanças organizacionais capazes de promover o processo de transformação da sociedade.

O enfoque de RSU permite à universidade tecer redes com outros atores sociais (governos locais, ONG, empresas, comunidades locais, governo central, organismos internacionais, universidades nacionais e internacionais), para alcançar metas ambiciosas enquanto transformação social. O Modelo URSULA propõe que as emergências socioambientais devam incentivar a formação universitária a gerar inovações socioeconômicas. Para tanto, considera que a economia regenerativa deveria ser a nova abordagem para formar os profissionais do novo mercado de trabalho, de modo a conseguir criar valor sem destruir os laços sociais e as condições de habitabilidade humana do planeta. Nesse contexto, o desafio social do ensino superior é de transitar do paradigma da empregabilidade para o paradigma da inovação socialmente responsável. Para tanto, se faz necessária a intersecção entre ensino, pesquisa, extensão, articulados por uma gestão organizacional das IES (figura 2).

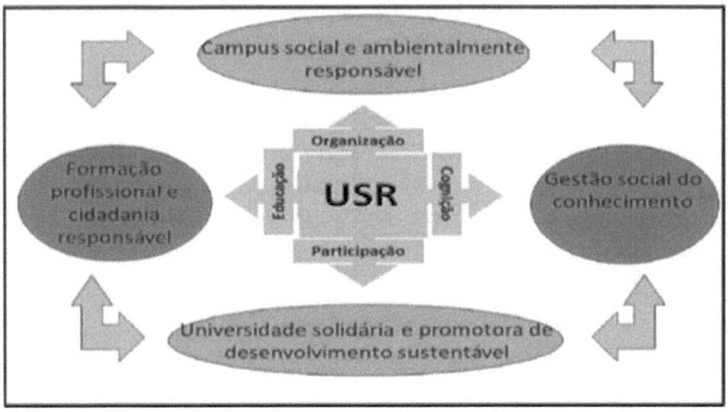

Figura 2. O Modelo RSU. Fonte: URSULA (2019).

4.2. Estado da arte de RSU nas universidades latino-americanas

Em 2018, foi realizada a Primeira Investigação Continental da União de Responsabilidade Social Universitária Latino-Americana (URSULA), com o intuito de gerar uma dinâmica continental, visando promover uma nova forma socialmente responsável. No total, participaram 60 universidades de 12 países da América Latina e Caribe que, numa experiência inédita, se autodiagnosticaram com os mesmos indicadores, podendo, dessa forma, gerar uma média continental, que cada participante poderia comparar com os seus próprios resultados (tabela 1).

País	*Nº universidades*
Argentina	7
Bolívia	1
Brasil	2
Chile	2
Colômbia	16
Costa Rica	1
México	12
Peru	18
Uruguai	1
Total	**60**

Tabela 1. Número de universidades participantes na pesquisa continental: responsabilidade social universitária (RSU) por país da América Latina em 2018. Fonte: URSULA (2019).

As 60 IES participantes realizaram um autodiagnóstico Institucional, utilizando a mesma ferramenta padronizada: 12 metas, 66 indicadores e 5 níveis de realização da gestão integral e transversal de RSU em 4 áreas de ação: 1. Gestão organizacional (GO) 2. Formação (F) 3. Cognição (C) 4. Participação Social (PS).

No processo de coleta de informação, uma equipe de pesquisa, responsável pelo autodiagnostico das 12 metas, determinou os responsáveis na IES com possibilidade de responder mais adequadamente a cada um dos 66 indicadores da ferramenta. Foi então organizada uma reunião com estes responsáveis e determinado o nível alcançado pela IES, no indicador em questão (de 1 a 5).

A ideia é que o exercício se torne um inventário de boas práticas internas. As deficiências identificadas durante as reuniões de autoavaliação permitiram que os planos estratégicos das IES começassem a ser redefinidos.

Os resultados médios finais foram enviados para a URSULA, que calculou a média continental total a cada ano. Os resultados de cada IES não são publicados, apenas as médias continentais e, se aplicável, a média de um determinado país, quando 10 ou mais IES tiverem participado da Pesquisa Continental anual.

Em 2009, uma primeira versão das pesquisas de percepção dos atores internos sobre o desempenho das IES havia sido publicada no Manual das Primeiras Etapas da Responsabilidade Social Universitária (Vallaeys *et al.*, 2009). Nesta nova edição, as perguntas foram reorganizadas e outras foram adicionadas com base nos 12 objetivos da RSU e nas 4 áreas de ação do modelo URSULA.

As pesquisas visavam conhecer a opinião de alunos, professores, professores - pesquisadores, gestores de extensão e funcionários não docentes sobre o desempenho de sua instituição em relação à RSU. A mensuração dos resultados foi feita a partir de afirmações positivas, na escala Likert: (1): discordo totalmente (2): discordo (3): discordo parcialmente (4): concordo parcialmente (5): concordo (6): totalmente de acordo. É importante garantir que cada amostra seja representativa de cada população estudada, calculada por meio de técnicas estatísticas de amostragem.

Do questionário, constam 175 afirmações, nas quais cada ator interno é pesquisado com 6 a 7 perguntas para cada objetivo da RSU, com base nas áreas de ação da RSU

(Gerenciamento Organizacional, Treinamento, Cognição ou Participação Social). Cada ator é interrogado quanto à parte que deveria conhecer e dar uma opinião útil à instituição. A ideia é que os resultados mostrem as opiniões-percepções dos membros da comunidade institucional sobre o cumprimento das 12 metas da RSU na universidade. Os resultados são organizados por cor, em legendas: resposta 1-2, cor vermelha; responda 3-4 cor amarela; responda 5-6 cor verde.

Os tópicos conflitantes, duvidosos ou decepcionantes, sendo exibidos para os membros participantes, permitem que a IES crie um processo de reflexão, diálogo e trabalho participativo com sua comunidade interna, visando a melhoria contínua da RSU.

Os resultados também propiciam a comparação da evolução da adoção da RSU na perspectiva da comunidade universitária e a verificação do progresso das boas práticas, ações e projetos realizados na instituição, quando a mesma pesquisa é realizada a cada dois ou três anos.

Os resultados da Pesquisa Continental URSULA - RSU 2018 revelam que nenhum objetivo alcança uma média superior a 3, o que significa que os 12 objetivos propostos são horizontes de melhoria contínua, úteis para a construção de modelos de Gerenciamento de RSU nas instituições. As boas médias são apresentadas na gestão interna do clima e da equidade do trabalho (meta 1) e na ética-transparência-inclusão (meta 3), que contrastam com os pontos fracos da gestão ambiental interna (meta 2), na inclusão dos Objetivos do Desenvolvimento Sustentável (ODS) em treinamento (meta 5), Aprendizagem Baseada em Desafios Sociais (meta 4).

A conclusão imediata oferecida pelo estudo de auto-diagnóstico da RSU é que as instituições de ensino superior latino-americanas ainda estão em transição para a responsabilidade por seus impactos (tabela2 e figura 3).

ÁREAS DE ATUAÇÃO	*METAS*	*PONTUAÇÃO*
Gestão organizacional	1.Bom clima laboral e equidade	3,35
	2.Campus sustentável	2,60
	3.Ética, transparência e inclusão	3,32
Formação	4.Aprendizagem baseada em desafios sociais	2,66
	5.Inclusão curricular dos 17 DS	2,18
	6.Matrizes elaboradas com atores externos	2,88
Construção de conhecimento	7.Inter e transdisciplinaridade	3,00
	8.Pesquisa "na" e "com" a comunidade	2,88
	9.Produção e difusão de conhecimentos úteis	2,82
Participação Social	10.Integração da extensão com o ensino e a pesquisa	3,00
	11. Projetos cocriados, duradouros e de impacto	2,75
	12. participação na agenda local,nacional e internacional	2,79

Tabela 2. As 12 metas de desempenho socialmente responsável – Pesquisa Continental MODELO URSULA. Fonte: URSULA (2019).

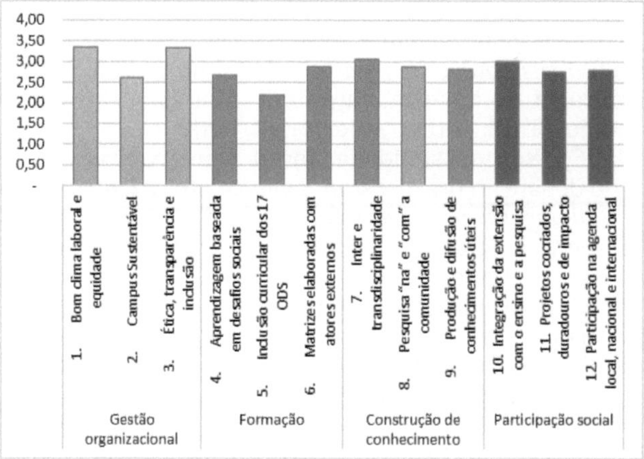

Figura 3. As 12 metas de desempenho socialmente responsável – Pesquisa Continental MODELO URSULA. Fonte: URSULA (2019).

5. CONCLUSÕES

Retomando a preocupação central que norteou essa pesquisa, e considerando que a Responsabilidade Social Universitária (RSU) figura como um tema em construção no âmbito acadêmico, pode-se avaliar a Pesquisa Continental URSULA como uma iniciativa positiva, que busca registrar um primeiro estado da arte em nível latino-americano.

A proposta estimula a criação de novos conhecimentos úteis para todas as universidades participantes e conta com potencial necessário para influenciar as políticas públicas de educação superior, representando um esforço continental, em que universidades de diferentes países são mensuradas com a mesma ferramenta, permitindo comparações de semelhanças e diferenças, ainda que em um estágio inicial.

RSU se apresenta como um conceito amplo e dinâmico, atrelado ao processo de formação da sociedade latino-americana e às práticas de gestão; redimensiona a função social da universidade, numa sistemática de democratização dos processos orgânicos da instituição de ensino.

Torna-se imperiosa a implementação de uma política latino-americana de RSU, que inclua indicadores de responsabilidade social nos sistemas de avaliação e credenciamento das IES, que se constitua numa alavanca de mudança para uma educação superior integrada às novas realidades da sociedade, tendo em vista o desenvolvimento sustentável da região e as grandes transformações da era dos riscos globais.

O Modelo URSULA, analisado neste trabalho, evidencia o tema da sustentabilidade e da relação universidade-sociedade como cenário e práticas de atuação possíveis da RSU, reunindo condições para perseguir os objetivos do desenvolvimento sustentável propostos na Agenda 2030, como instrumento de promoção de transformações sociais.

6. REFERENCIAS

Almeida, A. J. (2020). *Responsabilidade social universitária no contexto dos objetivos de desenvolvimento sustentável em universidades da região Sul do Brasil*. [Tese de Doutorado] Programa de Pós-Graduação em Educação, Universidade do Vale dos Sinos, São Leopoldo, Brasil. https://shorturl.at/boIJ9

Calderón, A. I. (2006). Responsabilidade Social Universitária: contribuições para o fortalecimento do debate no Brasil. *Estudos, 36*(24), 07-22. https://shorturl.at/uAO27

Fryzel B. (2011). *Building stakeholder relations and corporate social responsibility: a sensemaking perspective*. Palgrave Macmillan. https://shorturl.at/mxAPX

Kestin, T., Van Den Belt, M., Denby, L., Ross, K., Thwaites, J., y Hawkes, M. (2017). *Getting started with the SDGs in universities*. Sustainable Development Solutions Network. https://ap-unsdsn.org

La Jara, M. J., Fontecilla, J. M. F., y Troncoso, C. D. (2006). Responsabilidade universitária: uma experiência inovadora na América Latina. *Estudos, 36*(24), 57-73. https://shorturl.at/oqINQ

Lima Junior, E. B., Oliveira, G. S., Santos, A. C. O., y Lachnekenberg, G. F. (2021). Análise documental como percurso metodológico na pesquisa qualitativa. *Cadernos da Fucamp, 20*(44), 36-51. https://n9.cl/vouyj

Lira, Z. B. (2009). *Balanço social como instrumento para avaliação das ações sociais de instituições públicas: uma proposta à Fundação Joaquim Nabuco*. Dissertação de Mestrado, Programa de Pós-Graduação em Gestão e Pública para o Desenvolvimento do Nordeste, Universidade Federal de Pernambuco. Recife, Brasil.

Minayo, M. C. S. (2009). *Pesquisa social: teoria, método e criatividade*. Vozes.

Moir, L. (2021). What do we mean by corporate social responsibility? *Corporate Governance,1*(2),16-22. http://core.ac.uk/download/pdf/138652.pdf

Organização das Nações Unidas. (2017). *Objetivos de desenvolvimento sustentável*. ONU. https://shorturl.at/fot47.

Rubio-Rodríguez, G., Estrada, J., y Pedraza, G. (2020). Responsabilidad social universitaria: incidencia en diferentes grupos de interés en una universidad colombiana. *Revista de ciencias sociales, 26*(4), 180-189. https://doi.org/10.31876/rcs.v26i4.34656

Unión de Responsabilidad Social Universitaria Latinoamericana [URSULA] -Vallaeys, F., y Solano, D. (2018). Investigación continental de autodiagnóstico RSU: avances institucionales en 12 metas socialmente responsables. https://shorturl.at/intCV.

Unión de Responsabilidad Social Universitaria Latinoamericana [URSULA]. (2019). *Guía de llenado de la matriz de autodiagnóstico y envíos de evidencias*. Obtido de 2da Investigación continental URSULA: Estado dela arte de la Responsabilidad Social Universitaria (RSU) en América Latina. https://shorturl.at/acCGL

Vallaeys, F. (2006). O que significa responsabilidade social universitária? *Estudos, 36*(24), 35-56. https://shorturl.at/ajrJ1

Vallaeys, F. (2008). Responsabilidad Social Universitaria: uma nueva filosofía de gestión ética inteligente para las universidades. *Revista educación superior y sociedad: nueva época, 13*(2),193-220. http://www.iesalc.unesco.org.ve.

Vallaeys, F., De La Cruz, C., y Sasia, P. (2009). *Responsabilidad Social Universitaria, Manual de primeros pasos*. McGraw-Hill Interamericana Editores, Banco Interamericano de Desarrollo. https://shorturl.at/gxDHP.

Vallaeys, F. (2016). *Introducción a la Responsabilidad Social Universitaria RSU*. Ediciones Universidad Simón Bolívar. https://acortar.link/eQKRMH

Vallaeys, F. (2019). *Responsabilidad Social Universitaria: El Modelo URSULA, estrategias, herramientas, indicadores*. CAF, URSULA.

Vallaeys, F. y Álvarez, J. (2019). Hacia una definición latinoamericana de Responsabilidad Social Universitaria. Aproximación a las preferencias conceptuales de los universitarios. *Educación XX1*, *22*(1), 93-116. https://shorturl.at/bgtHS

Vallaeys, F. (2020). ¿Por qué la Responsabilidad Social Empresarial no es todavía transformadora? Una aclaración filosófica. *Andamios*, *17*(42), 309-333. https://doi.org/10.29092/uacm.v17i42.745

Yin, R. K. (2001). *Estudo de caso: planejamento e métodos.* Artmed.

LA CONTRATACIÓN PÚBLICA COMO ACELERADOR DE LA INNOVACIÓN Y DEL DESARROLLO: ANÁLISIS DE CUMPLIMIENTO Y MEDIDA EN CASTILLA Y LEÓN

Virginia Bragado López [1], *Noelia Muñoz del Nogal, Vicente Luis Enciso de Yzaguirre*[2]

1. INTRODUCCIÓN

La Ley 9/2017, de 8 de noviembre, de Contratos del Sector Público, que transpone al ordenamiento jurídico español las Directivas del Parlamento Europeo y del Consejo 2014/23/UE y 2014/24/UE, según se indica en su preámbulo trata de "lograr una mayor transparencia en la contratación pública, y de conseguir una mejor relación calidad-precio". Se articulan los medios para poder establecer y diseñar criterios de adjudicación que permitan "obtener obras, suministros y servicios de gran calidad, concretamente mediante la inclusión de aspectos cualitativos, medioambientales, sociales e innovadores vinculados al objeto del contrato" y que, además, permitan utilizar "la contratación pública como instrumento para implementar las políticas tanto europeas como nacionales en materia social, medioambiental, de innovación y desarrollo".

Estas Directivas europeas de 2014 sobre contratación pública "han transformado definitivamente los contratos públicos en cauce estratégico para la consecución de objetivos sociales, ambientales y de innovación comunes, al mismo tiempo que han reconocido, por vez primera de forma expresa, el principio de competencia como pilar fundamental de todo el sistema de contratación" (Ormaetxea, 2022).

Las instituciones europeas y nacionales han dado a la contratación pública un papel cada más relevante en las políticas de recuperación económica de los últimos años. Muestra de ello, es la hoja de ruta de la Unión Europea para la recuperación, los del Plan de Recuperación, Transformación y Resiliencia (Fondos *Next Generation*). Los cuales tal y como establece Gobierto (2023) "han establecido medidas para que la contratación sea un instrumento de transferencia económica de los poderes públicos a la sociedad y a la dinamización de la economía".

Según los indicadores de transposición de directivas e indicadores de acceso a concursos públicos de la Comisión Europea (2023) en materia de transposición de directivas, "España es uno de los Estados miembros de la UE cuyo déficit en transposición es más elevado. En el ámbito de la contratación pública, se estima que, en 2021, el 12% de los concursos en España no fueron competitivos —frente al 6% de la media de la UE—, el 45% se adjudicaron a una pequeña y mediana empresa —un 61% en la UE— y su plazo de

1. CEU Escuela Internacional de Doctorado CEINDO, Programa de Derecho y Economía (España)
2. Universidad Católica Santa Teresa de Jesús de Ávila (España)

resolución promedio se situó en 152 días —por 99 días en la UE". Por lo que el margen de mejora en la gestión de la contratación pública tiene un amplio recorrido.

En España, el nivel de gasto en contratación pública de 2021 alcanzó el 11,49% del Producto Interior Bruto (PIB) y el 22,71% del total del gasto público, tal y como se refleja en las estadísticas del *Government at a Glance* (2022) recogidas por la Organización para la Cooperación y el Desarrollo Económicos (OCDE) en el "OECD.Stat"

Esto hace necesario conocer cómo las administraciones públicas están actuando y han comenzado a adaptarse a la Ley y resulta de interés poder conocer el grado de cumplimiento de los ambiciosos objetivos que plantea.

En este sentido, como continuación de los estudios publicados con anterioridad (Bragado *et al.*, 2019 y Bragado *et al.*, 2023) referentes al cumplimiento de criterios sociales y medioambientales en las contrataciones públicas en Castilla y León, se analizará en este artículo el comportamiento de las condiciones de contratación de la Junta de Castilla y León respecto a su grado de adaptación a los criterios de innovación y desarrollo que establece la Ley.

Este análisis se llevará a cabo mediante el estudio comparativo de la muestra aleatoria de los pliegos de contratación ya analizados, para el estudio del grado de cumplimento de criterios sociales y medioambientales del primer artículo publicado (Bragado *et al.*, 2019), completando así al mismo. Se obtendrá el grado de cumplimiento de los criterios de innovación y desarrollo no analizados en estudios anteriores.

Para ello tomaremos como base los contenidos del Acuerdo 44/2016, de 21 de julio, de la Junta de Castilla y León, por el que se aprueban directrices vinculantes para los órganos de contratación de la Administración General e Institucional de la Comunidad de Castilla y León sobre incorporación de aspectos sociales en la contratación y los contenidos en el Real Decreto Legislativo 3/2011, de 14 de noviembre, por el que se aprueba el texto refundido de la Ley de Contratos del Sector Público, y utilizaremos como referencia, entre otros, el elenco de indicadores de innovación y desarrollo planteados en un estudio publicado anteriormente (Bragado *et al.*, 2023).

La utilización de indicadores ya ha sido plateada en anteriores trabajos en otros ámbitos o temáticas, prueba de ello son los trabajos realizados por Gutiérrez *et al.* (2019) que realizan una evaluación de la aplicación de este tipo de cláusulas mediante el diseño de indicadores. Otros autores han aportado desde el enfoque más académico con revisiones o análisis sobre normativa y jurisprudencia, resultan de interés el trabajo de Gallego (2017) o el de Díez (2017). Si nos enfocamos en el área específica de la innovación Burzaco (2018) analiza la capacidad e innovación social en los contrataos públicos. Otros autores, como Juan (2018), analizan la incorporación de cláusulas en cada una de las fases de la contratación pública desde un enfoque social y medio ambiental para conseguir así una contratación pública más responsable.

Los resultados obtenidos en la presente investigación vienen a corroborar que queda mucho camino por recorrer para poder hablar de una contratación pública responsable en Castilla y León, y que la modificación legislativa actual no ha tenido el impacto deseado.

2. OBJETIVOS

El objetivo de este trabajo es comprobar el comportamiento de las condiciones de contratación de la Junta de Castilla y León mediante el análisis comparativo de una muestra aleatoria de los pliegos de contratación emitidos en el periodo 2016 a 2018 para establecer el grado de adaptación a los criterios que establece la Ley.

Para ello se utilizarán los indicadores propuestos por Bragado *et al.* (2023). Donde se plantea una herramienta, a través de la construcción de una batería de indicadores, que permiten medir y comparar las prácticas y políticas responsables con especial atención a la innovación y al desarrollo.

Estos indicadores están en consonancia con la citada Ley 9/2017, de 8 de noviembre, de Contratos del Sector Público permitiendo, en un primer lugar, medir su nivel de adaptación o cumplimiento en materia de innovación y desarrollo en cuanto a sus contrataciones públicas y, por otro lado, comparar esos resultados una vez han sido medidos con respecto a otras Administraciones en cuanto a la promoción de la innovación y al desarrollo.

Además, encaja totalmente con el objetivo planteado en la citada Ley donde se establece que los objetivos principales de la misma son:

- Garantizar la transparencia en todos los contratos y en todas sus fases.
- Utilizar estratégicamente la contratación para coadyuvar a las políticas públicas en materia social, medioambiental, de innovación y de fomento de la contratación con pequeñas y medianas empresas.

3. METODOLOGÍA

La metodología de esta investigación es a través de un estudio exploratorio, descriptivo y analítico sobre las citadas condiciones de contratación de la Junta de Castilla y León.

Para ello se toma como punto de partida el portal del Boletín Oficial de Castilla y León, para, de forma exploratoria y mediante una consulta avanzada, se realiza una búsqueda de los pliegos de contratación emitidos en el periodo ya referenciado.

En dicha consulta, se identifican los resultados de los cuales se han podido analizar el 45% que forma el muestreo de análisis, suficientemente significativo respecto del comportamiento de las Consejerías de la Junta de Castilla y León en relación con las directrices establecidas sobre la contratación pública responsable. El resto han resultado desestimados.

El criterio para esta selección fue que el Organismo fuera una de las diez Consejerías que establecen la estructura orgánica básica de la Administración de la Comunidad de Castilla y León:

- Consejería de la Presidencia.
- Consejería de Transparencia, Ordenación del Territorio y Acción Exterior.
- Consejería de Economía y Hacienda.
- Consejería de Empleo e Industria.
- Consejería de Fomento y Medio Ambiente.
- Consejería de Agricultura, Ganadería y Desarrollo Rural.
- Consejería de Sanidad.
- Consejería de Familia e Igualdad de Oportunidades.
- Consejería de Educación y Consejería de Cultura y Turismo.

Fruto de la consulta realizada se han obtenido licitaciones que hacen referencia a cuatro Consejerías, Economía y Hacienda, Sanidad, Fomento y Medio Ambiente, y Agricultura, Ganadería y Desarrollo Rural.

Una vez seleccionada la muestra de los resultados se ha procedido a la búsqueda de los pliegos de contratación, para la cual se ha utilizado el portal de Contratación pública de la Junta de Castilla y León. Esto es debido a que a partir del 17 de abril de 2018 la publicación de los nuevos anuncios de licitación y demás información de los perfiles de contratante de los órganos de contratación y poderes adjudicadores de la Administración de la Comunidad de Castilla y León está disponible en la Plataforma de Contratación del Sector Público.

Los restantes resultados que fueron excluidos del estudio, fruto de la imposibilidad de encontrar los pliegos de contratación y por tanto por carecer de la información necesaria y suficiente para poder realizar el estudio.

En cuanto al análisis de los pliegos de contratación se ha realizado siguiendo los pasos establecidos en Bragado *et al.* (2019) que se detallan a continuación:

- Obtención de la información: búsqueda de los pliegos de contratación (Pliego de cláusulas administrativas y pliego de prescripciones técnicas).
- Transcripción de los datos de cada uno de los pliegos a las tablas de codificación lo que permitirá la comparativa bajo los mismos criterios de todos los resultados.
- Análisis: Agrupación de la información por categorías (Medio ambiente y aspectos sociales) que concentran temas similares. La fase de análisis permite el tratamiento de la información, con el objetivo de determinar los factores clave y facilitar su comprensión para la posterior fase de comparativa.
- Comparativa: Para la extracción de los datos y su comparativa se exportó la información a Excel. Pretendiendo revisar comparativamente las condiciones y criterios entre sí buscando similitudes y diferencias.
- Resultados: Tras un esfuerzo de sistematización de los criterios y de síntesis de toda la información recopilada durante el estudio se han obtenido los resultados que se desarrollan más adelante en el apartado correspondiente.

En la siguiente tabla se muestran los criterios establecidos para el análisis, en cuanto a los indicadores de innovación y desarrollo:

Indicadores de Innovación y Desarrollo		
Fase de Contratación		Indicadores
Preparación	Objeto del contrato	Alusiones de innovación explícitas en la definición del objeto del contrato
Adjudicación y Ejecución	Adjudicación y Ejecución	Ingresos por nuevos productos vendidos respecto al conjunto de las ventas
		Ahorros de coste por nuevos procesos respecto al total de costes, en los últimos tres años
		Beneficio económico por mejoras de productividad respecto del beneficio total, de los últimos tres años
		Ingresos por propiedad industrial
		Costes por propiedad industrial
		Patentes
		Proyectos de innovación en marcha
		Porcentaje de conversión de los proyectos de innovación planteados
		Participación en un procedimiento de adjudicación de asociación para la innovación en los últimos tres años
		Manifestación de interés por participar en procedimientos de adjudicación de asociación para la innovación
		Adquisición de conocimiento externo (contratos de consultoría)
		Formación para la innovación
		Inversión en I+D+i

Tabla 1. Indicadores de innovación y desarrollo. **Fuente:** Bragado et al. (2019).

Además de aplicar estos indicadores previamente establecimos, se realizará una cuantificación de estos. El objetivo de este planteamiento es obtener información sobre el grado de cumplimiento, en cada una de las fases de la contratación, en función de los dos parámetros establecidos sobre innovación y desarrollo.

La metodología para cuantificación consta de tres fases:

- Primera fase: se otorgará a cada indicador en cada una de las fases de contratación una puntuación, entre 0 y 1.
- Segunda fase: se valorará porcentualmente, para esto se tendrá en cuanta el resultado de manera individual con respecto al total de indicadores que se contemplan en cada fase.
- Tercera fase: se cuantificará el grado de cumplimiento total de cada bloque de indicadores en función de los dos parámetros: innovación y desarrollo, para lo cual hemos aplicado del sumatorio de las puntuaciones de cada fase teniendo en cuenta el total de indicadores dentro de cada una de ellas.

De esta manera el resultado y la comparativa responden a una cuantificación de cada tipo de criterios en las licitaciones. Además, de facilitar la comparativa entre expedientes y agilizar la fase de codificación.

4. DESARROLLO DE LA INVESTIGACIÓN

Para el desarrollo de la investigación se plantea el análisis de los resultados con un doble planteamientos. En primer lugar, se analizan los pliegos de contratación emitidos antes de la publicación de la Ley; en segundo lugar, los relativos a los emitidos posteriormente a la publicación de dicha Ley. En ambos casos se observarán las condiciones de contratación, de la Junta de Castilla y León, en cuanto a los indicadores de innovación y desarrollo.

Posteriormente, mediante el estudio comparativo de la muestra de todos los pliegos, se establecerá el grado de adaptación a los criterios establecidos en la Ley y que se recogen en la herramienta utilizada para el estudio.

Uno de los objetivos de la mencionada Ley es establecer como obligatoria la inclusión de criterios de adjudicación de carácter innovadores vinculados al objeto del contrato. Es por ello que en nuestro estudio establecemos los resultados en función de esos dos indicadores de innovación y desarrollo.

Tal y como hemos establecido se han analizado el 45% de la muestra, por lo que los resultados son sobre ese porcentaje, se ha especificado a qué Consejería pertenecen para poder establecer la comparativa.

4.1. Resultados de los indicadores de innovación y desarrollo

Tomando como base a estos indicadores de innovación y desarrollo presentados en la tabla 1. Indicadores de innovación y desarrollo, se recogen los resultados agrupados por Consejerías.

Consejería de Economía y Hacienda	Consejería de Sanidad	Consejería de Fomento y Medio Ambiente	Consejería de Agricultura y Ganadería	% Total de Cumplimiento
6%	0%	0%	0%	1%

Tabla 2. Porcentaje de cumplimiento de los indicadores de innovación y desarrollo por consejerías. **Fuente:** Elaboración propia.

Como resultado total del grado de cumplimiento de los indicadores de innovación y desarrollo sobre la muestra analizada resulta ser de un 1% del total de indicadores propuestos.

Cabe destacar que tan sólo en una Consejería existe cierto grado de cumplimiento. La Consejería de Economía y Hacienda presenta un grado de cumplimiento del 6% y el resto de las Consejerías no tienen en cuenta criterios de innovación y desarrollo en sus pliegos de contratación.

Si analizamos los datos totales, teniendo en cuenta cada una de las fases de contratación, obtenemos los siguientes resultados por cada fase:

Fase de Contratación	Número de Indicadores	Consejería de Economía y Hacienda	Consejería de Sanidad	Consejería de Fomento y Medio Ambiente	Consejería de Agricultura y Ganadería	% de Cumplimient o
Preparación	1	43%	0%	0%	0%	4%
Adjudicación y Ejecución	13	3%	0%	0%	0%	0%
% Total de Cumplimiento		6%	0%	0%	0%	1%

Tabla 3. Porcentaje de cumplimiento de los indicadores de innovación y desarrollo en cada fase de contratación por consejerías. **Fuente:** Elaboración propia.

Analizando los resultados del cumplimiento de los indicadores por cada una de las fases de contratación se observa que:

- - Fase de preparación: en esta fase se había establecido un solo indicador. Sólo la Consejería de Economía y Hacienda presenta resultado. En los pliegos analizados de dicha Consejería el grado de cumplimiento de la inclusión de criterios de innovación y desarrollo resulta del 43% en esta fase.
- Fase de Adjudicación y Ejecución: en esta fase se habían establecido 13 indicadores, a través de los cuáles solo la Consejería de Economía y Hacienda presenta resultado. En los pliegos analizados de dicha Consejería el grado de cumplimiento de la inclusión de criterios de innovación y desarrollo resulta del 3% en esta fase.

4.2. Resultados comparativos antes y después de la publicación de la Ley

Ha llegado el momento de comparar los resultados antes y después de la publicación de la Ley. Para ello, una vez analizados los resultados de los indicadores de innovación y desarrollo, el siguiente paso será el análisis comparativo en conjunto teniendo como parámetro de referencia la publicación de la Ley de 2017.

En base a esta referencia de la fecha de publicación de la Ley, estos son los resultados antes y después en base al tipo de indicador y la fase de contratación.

Fase de Contratación	Número de Indicadores	Antes de la Ley 9/2017	Después de la Ley 9/2017
Preparación	1	40%	20%
Adjudicación y Ejecución	13	5%	0%
% Total de Cumplimiento		7%	1%

Tabla 4. Porcentaje de cumplimiento de los indicadores de innovación y desarrollo en cada fase de contratación antes y después de la ley 9/2017. **Fuente:** Elaboración propia.

Analizando los resultados del cumplimiento de los indicadores, antes y después de la Ley 9/2017, se observa que el porcentaje de cumplimiento, en términos generales, era superior antes de la transposición de las Directivas Europeas a la Legislación nacional.

Si analizamos esta información por fases:

- Fase de Preparación: el porcentaje de cumplimiento antes de la Ley era del 40% mientras que después de la Ley es del 20%.
- Fase de Adjudicación y Ejecución: el porcentaje de cumplimiento antes de la Ley era del 5%, mientras que después de la Ley no presenta ningún resultado.

5. CONCLUSIONES

La normativa tanto Europea como la autonómica que corresponde en este caso a la Comunidad Autónoma de Castilla y León aplicable a los contratos públicos apuestan porque la contratación pública debe ser una herramienta imprescindible para implementar políticas en materia de innovación y desarrollo, no solo a través del objeto del contrato, sino mediante la inclusión en los pliegos de cláusulas que establezcan condiciones de contratación de carácter social de carácter medioambiental y que favorezcan la innovación y el desarrollo.

Una vez aplicada la metodología planteada en el estudio podemos obtener las siguientes conclusiones:

a) 1. 1. Acuerdo 44/2016, de 21 de julio, de la Junta de Castilla y León, por el que se aprueban directrices vinculantes para los órganos de contratación de la Administración General e Institucional de la Comunidad de Castilla y León sobre incorporación de aspectos sociales en la contratación y los contenidos en el Real Decreto Legislativo 3/2011, de 14 de noviembre, por el que se aprueba el texto refundido de la Ley de Contratos del Sector Público no transpone en su integridad las Directivas del Parlamento Europeo y del Consejo 2014/23/UE y 2014/24/UE en lo relativo a innovación y desarrollo.

b) 2. 2. Dicho acuerdo, solamente recoge la obligatoriedad de establecer en el pliego, al menos, una condición especial de ejecución de tipo medio ambiental, social o relativa al empleo.

c) 3. 3. Únicamente se ha obtenido cierto grado de cumplimiento en la Consejería de Economía y Hacienda, ya que sólo se cumple en aquellas contrataciones en las cuales o el órgano de contratación y/o la unidad promotora están directamente relacionadas con el área de innovación. En el resto de las Consejerías no se cumple la normativa comunitaria respecto a la incorporación de criterios de innovación y desarrollo ya que son áreas que no están directamente relacionadas con la innovación.

d) 4. 4. La Comunidad Autónoma de Castilla y León debería llevar a cabo una modificación de su legislación para trasponer la normativa europea en cuanto a la inclusión de cláusulas que favorezcan la innovación y el desarrollo para conseguir una contratación pública responsable.

e) 5. 5. Resulta evidente la utilidad y eficacia de los indicadores propuestos por Bragado *et al.*, 2023 en el artículo citado, reflejados en la Tabla 1, y que ha sido aplicados en el presente estudio.

f) 6. 6. Estos indicadores resultarán eficaces para la transposición integra de las Directivas Europeas citadas a la normativa de la Comunidad de Castilla y León, y en su caso también a la normativa nacional en materia de innovación y desarrollo.

En el caso de estudio centrado en la Comunidad Autónoma de Castilla y León, tras el análisis realizado y los estudios previos enfocados en materia social y medio ambiental, podemos afirmar que, desde el punto de vista normativo, existe una tendencia a alinearse con las Directrices marcadas por la Unión Europea. Pero se trata, más bien, de una primera aproximación. Hasta la fecha solo se ha legislado en la inclusión en los contratos públicos de cláusulas con un enfoque social, no llevándose a cabo avances en las áreas medioambientales y en aquellas que favorecen la innovación y el desarrollo. Por lo que, el margen de mejora en la gestión de la contratación pública tiene un amplio recorrido.

6. REFERENCIAS

Acuerdo 44/2016, de 21 de julio, de la Junta de Castilla y León, por el que se aprueban directrices vinculantes para los órganos de contratación de la Administración General e Institucional de la Comunidad de Castilla y León sobre incorporación de aspectos sociales en la contratación.

Acuerdo 59/2012, de 26 de julio, de la Junta de Castilla y León, por el que se aprueban directrices vinculantes para los órganos de contratación de la Administración de la Comunidad de Castilla y León sobre incorporación de cláusulas sociales en la contratación pública.

Bragado López, V., Muñoz del Nogal, N. y Enciso de Yzaguirre, V. (2019). Contratación pública responsable. El caso de la Junta de Castilla y León. CIRIEC-España. *Revista Jurídica de Economía Social y Cooperativa,* 35, 253-282. https://10.37467/revtechno.v14.4832

Bragado López, V., Muñoz del Nogal, N. y Enciso de Yzaguirre, V. (2023). La contratación pública responsable: Una propuesta de indicadores de Innovación y desarrollo. *Techno Review. International Technology, Science and Society Review/Revista Internacional de Tecnología, Ciencia y Sociedad, 14*(3), 1-15. https://10.37467/revtechno.v14.4832

Burzaco Samper, M. (2018): La contratación pública como instrumento activo de innovación social. CIRIEC-España. *Revista Jurídica de Economía Social y Cooperativa,* 33, 259-294. https://10.2307/j.ctv346nc3

Comisión Europea (2023). Indicadores de transposición de directivas e indicadores de acceso a concursos públicos en materia de transposición de directivas. https://ec.europa.eu/commission/presscorner/detail/es/ip_23_3127

Díez Sastre, S. (2017). Las cláusulas sociales en la contratación pública. *Anuario de la Facultad de Derecho de la Universidad Autónoma de Madrid,* 21, 195-219. http://hdl.handle.net/10486/686468

Directivas del Parlamento Europeo y del Consejo (2014). 2014/23/UE 2014/24UE. https://acortar.link/I0osm4

Gallego Córcoles, I. (2019). La integración de cláusulas sociales, ambientales y de innovación en la contratación pública. *Nueva Época,* 4, 92-113. https://doi.org/10.24965/da.v0i4.10497

Gobierto (2023). *Estudio Anual Contratación Pública en España 2022: Cambiando la manera de hacer la compra pública.* https://acortar.link/1Jottq

Gutiérrez Ponce, H., Nevado Gil, M. T. y Pache Durán, M. (2019). La contratación pública responsable. Diseño de indicadores de medición. *CIRIEC-España, Revista de Economía Pública, Social y Cooperativa,* 96, 253-280. https://10.7203/CIRIEC-E.96.12627

Juan Gómez, M. (2018). Breve estudio sobre la incorporación de cláusulas sociales y medio ambientales en la contratación pública actual. *Contratación Administrativa Práctica: Revista de la Contratación Administrativa y de los Contratistas,* 155, 6-21. https://acortar.link/zlabjo

Ley 13/1982, de 7 de abril, de integración social de los minusválidos. https://www.boe.es/eli/es/l/1982/04/07/13

Ley 13/1995, de 18 de mayo, de Contratos de las Administraciones Públicas. https://www.boe.es/eli/es/l/1995/05/18/13

Ley 44/2007, de 13 de diciembre, para la regulación del régimen de las empresas de inserción. https://www.boe.es/eli/es/l/2007/12/13/44/

Ley 2/2011, de 4 de marzo, de Economía Sostenible. https://www.boe.es/eli/es/l/2011/03/04/2/

Ley 9/2017, de 8 de noviembre, de Contratos del Sector Público, por la que se transponen al ordenamiento jurídico español las Directivas del Parlamento Europeo y del Consejo 2014/23/UE y 2014/24/UE, de 26 de febrero de 2014. BOE núm. 272 de 09 de noviembre de 2017. Artículo 1.3. https://www.boe.es/eli/es/l/2017/11/08/9/

Libro Verde (2011). Sobre la modernización de la política de contratación pública de la Unión Europea. Hacia un mercado europeo de la contratación pública más eficiente. Bruselas. https://acortar.link/WfgqsY

OCDE (2022). "Government at a Glance" actualización anual de los principales indicadores estadísticos, que en el caso de la contratación pública consultados en "Public Procurement" dentro de "yearly Updates". https://www.oecd.org/publication/government-at-a-glance/2023/

Ormaetxea, I. G. y Arce, V. M. A. (2022). El principio de competencia ante las nuevas responsabilidades de la contratación pública: hacia un paradigma íntegro y eficiente. En Anales de derecho (Vol. 39). https://doi.org/10.6018/analesderecho.289011

Real Decreto Legislativo 2/2000, de 16 de junio, por el que se aprueba el Texto Refundido de la Ley de Contratos de las Administraciones Públicas. https://www.boe.es/eli/es/rdlg/2000/06/16/2

POLÍTICAS EDUCATIVAS EUROPEAS EN TORNO A UNA EDUCACIÓN PARA LA EDUCACIÓN PARA LA CIUDADANÍA GLOBAL

Laura Calatayud Requena[1]

El presente texto nace del período de la realización de la tesis doctoral titulada ""Educación para la ciudadanía en el currículo de la Unión Europea. Herramientas facilitadoras para la formación de ciudadanos críticos" de la Facultad de Filosofía y Ciencias de la Educación de la Universidad de Valencia.

1. INTRODUCCIÓN

Los cambios sociales acontecidos en estos últimos años han puesto de relieve la necesidad de contar con una ciudadanía que sea capaz de saber cuáles son las necesidades que actualmente el mundo está demandando y saber actuar para dar la respuesta más adaptada posible. Los desafíos a los que actualmente el mundo se enfrenta llevan muchos años entre la humanidad. Todavía no hemos sido capaces de encontrar soluciones para retos como la consecución de la paz mundial, que la sanidad y la educación llegue a todas las personas, que se alcancen los derechos humanos y se luche contra el cambio climático son unos ejemplos de estos retos.

Ante estos desafíos la UNESCO en 1992 decidió promover la Educación para el Desarrollo Sostenible (EDS) (Rieckman, 2018) con el objetivo de definir los fines, objetivos, conocimientos, actitudes y habilidades que la educación debe perseguir con el fin de dar respuesta a los desafíos locales y globales (Mesa, 2019). Actualmente la Agenda de Desarrollo 2030 aborda el plan de intervención desde dos perspectivas: el planeta y las personas. En ella se aprobaron los Objetivos de Desarrollo Sostenible (en adelante ODS) que contemplan, entre otras dimensiones, la creación de una ciudadanía global utilizando como herramienta la Educación para una Ciudadanía Mundial (Gómez, 2018). Con el fin de conseguir las metas propuestas en los ODS es necesario realizar una reflexión y transformar el paradigma educativo de las actuales instituciones educativas. Por este motivo, la comunidad internacional ha ido elaborando y firmando acuerdos en las conferencias y cumbres celebradas por las Naciones Unidas para elaborar unas directrices básicas que sirvan como hoja de ruta a los Estados miembro para llegar a la consecución del desarrollo sostenible. Autores como Gamba y Arias (2017) exponen la necesidad de que se realice esta transformación en las escuelas a nivel curricular y metodológico pues, existen algunos países que, aunque las directrices se adaptan a la situación de cada uno,

1. Universidad de Valencia (España)

el incumplimiento de estas ha sido reiterado. Una de las metas que se pretende conseguir con la incorporación de los ODS al currículo escolar es el importante papel que ejercen los ciudadanos en este proceso hacia el cambio, pues ellos serán el motor para promover hábitos sostenibles, los derechos humanos, la igualdad de género, la promoción de la paz y la no violencia, la diversidad cultural y la creación de una ciudadanía mundial. Las transformaciones sociales a nivel global que se desarrollan actualmente gracias a los avances científicos-tecnológicos demuestran las múltiples identidades de los ciudadanos. Muchas personas se sienten ciudadanas cosmopolitas, sin embargo, otras se sienten atraídas por las identidades etnonacionalistas que difieren con los principios democráticos haciendo notorio un nacionalismo excluyente y perpetuando las actitudes racistas (Mesa, 2019). Es en este momento cuando surge la necesidad de preguntarse cuál es la educación que se está proporcionando en las escuelas ya que la educación es una herramienta de transformación de actitudes y de pensamiento en la ciudadanía.

2. OBJETIVOS

El objetivo principal de este trabajo será analizar las diferencias y similitudes del currículo actual de España, Francia y Alemania (tres países que forman parte de la Unión Europea) con el fin de conocer cómo se concreta la situación de la EpC propuesta desde el Consejo de Europa en los currículos de los Estados miembro. El estudio se centrará en la situación de la EpC Educación Secundaria Obligatoria analizando su enfoque pedagógico, su obligatoriedad y los objetivos y contenidos que persigue según la etapa educativa.

3. MARCO TEÓRICO

3.1. La Educación para la Ciudadanía en Europa.

El concepto de ciudadanía tiene una larga tradición e importancia en la historia de la cultura occidental. En Europa se habla por primera vez de crear una unión ciudadana más allá de los aspectos económicos y políticos en el año 1992 con la firma del Tratado de Maastricht (Calatayud y Guardeño, 2022). Es en ese momento cuando se empieza a hablar de Educación para la Ciudadanía (en adelante EpC) centrada en aspectos democráticos, participativos e inclusivos (Escudero, 2010). Esta nueva Europa ha estado orientada hacia una dimensión más cultural, social, política, cívica y pedagógica donde la organización del Consejo de Europa ha sido su mayor responsable. No obstante, durante el desarrollo de la creación de una ciudadanía europea surgieron dificultades que pusieron en evidencia la dificultad de cohesión de la ciudadanía a nivel supranacional. Europa, consciente esto propuso a través de diversas declaraciones y recomendaciones, su interés de dotar de importancia a la EpC en sus Estados miembro. Así pues, a través de la Declaración del Consejo de Europa de Jefes de Estado y de Gobierno de 1997 se proclamó la EpC como uno de los puntos prioritarios en su proyecto político y educativo abarcando también los primeros niveles educativos (Calatayud y Monsalve, 2021). Este proyecto se dividió en tres fases (Calatayud y Guardeño, 2022): la *primera fase* abarcó desde el año 1997 hasta el año 2000; la *segunda fase* se hizo efectiva desde el año 2001 hasta el 2004/2005 donde se proclamó el *Año europeo de la Educación para la Ciudadanía Democrática* (2005); y, por último, *la tercera fase* la cual alberga desde el año 2006 hasta el 2009, y es la fase donde el Consejo de Europa emitió una serie de "buenas prácticas" para la integración de la EpC dentro del currículum de los Estados miembro (Consejo Europeo, 1997).

Visto lo anterior, es importante destacar que desde los órganos directivos de la Unión Europea se respetaron la autonomía y legitimidad de cada Estado miembro en la integración de las recomendaciones y declaraciones sobre la EpC en sus currículos educativos (Calatayud y Guardeño, 2022). De este modo, cada propuso de manera diferente la integración de la EpC en sus currículos escolares teniendo en cuenta su contexto, condiciones, estructura y finalidad. Esta diversa integración da como resultado diferencias y similitudes entre la ciudadanía de los Estados miembro, por ejemplo, el documento Eurydice publicado en 2018 (ver Figura 1) pone de manifiesto la gran diversidad en cuanto a la implementación de la EpC en los currículos de los países miembro.

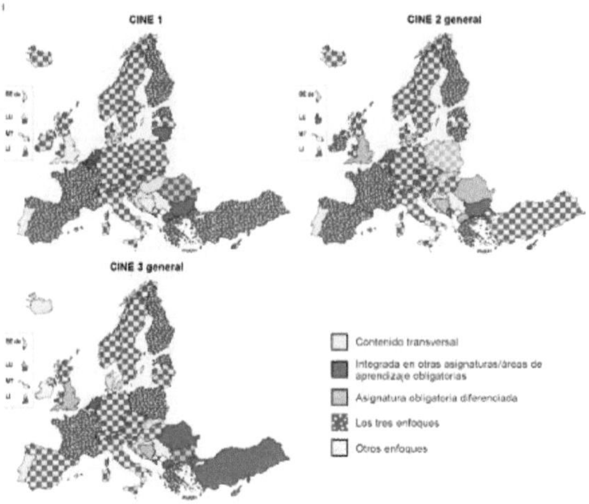

Figura 1. Enfoques aplicados a la EpC en los currículos nacionales de la Unión Europea. **Fuente:** Eurydice 2017

3.2. La Educación para la Ciudadanía y el perfil de salida en Educación Secuendaria Obligatoria

Durante los últimos años, parece que exista una desconexión mayor entre la escuela y la sociedad. A raíz de la pandemia provocada por la COVID-19 se han establecido nuevas formas de relación en todas las esferas que rodean la vida de los ciudadanos (política, economía, relaciones sociales, educación, sanidad, etc.) Sin embargo, la escuela permanece ajena a estos cambios siendo incapaz de captar los problemas sociales y los nuevos retos mundiales para trabajarlos acorde con metodologías que promuevan la concienciación, participación, reflexión y acción. Autores como García y De Alba (2008) expusieron la idea de que las instituciones educativas básicamente son transmisivas y repetitivas por no desarrollar el pensamiento complejo y no capacitar a los estudiantes para comprender las conexiones entre los temas estudiados y los problemas contemporáneos. ¿Es así actualmente?

Para responder a esta pregunta es necesario observar cómo está configurado el sistema educativo y hacia qué tipo de ciudadanía están dirigidos todos los aspectos que conforman el currículo en cada país.

En España se han ido sucediendo leyes educativas desde 1970 (con la Ley General de Educación) hasta la actualidad. Estos cambios han significado modificaciones en el perfil del alumnado pues no se busca el mismo perfil ciudadano con una ley educativa que con otra. En este país se habla de Educación para la Ciudadanía como materia curricular (además de contenido transversal) desde el año 2006 con la Ley Orgánica 2/2006 de 3 de mayo, de Educación (LOE) coincidiendo con la recomendación que se hacía desde Europa a todos los Estados miembro de integrar la EpC en sus currículos educativos (Calatayud y Monsalve, 2021). A partir de este momento, a la LOE le han sucedido dos leyes educativas como son la Ley Orgánica 8/2013, de 9 de diciembre, para la mejora de la calidad educativa (LOMCE) y la actual Ley Orgánica 3/2020, de 29 de diciembre, por la que se modifica la Ley Orgánica 2/2006, de 3 de mayo, de Educación (LOMLOE). Ésta última ha cambiado la concepción de la EpC, su integración en el currículo educativo español y, por consiguiente, la ciudadanía española.

Actualmente, el perfil de salida que persigue el currículo educativo español de la LOMLOE exige una serie de requisitos para que los estudiantes pasen a ser ciudadanos responsables y participativos capaces de relacionar los aprendizajes adquiridos y dar respuesta a los desafíos que se les presenten a lo largo de su vida (MEFP,2022). Este perfil de salida se basa en:

- Desarrollar una actitud responsable a partir de la toma de conciencia de la degradación del medioambiente y del maltrato animal basada en el conocimiento de las causas que los provocan, agravan o mejoran, desde una visión sistémica, tanto local como global.
- Identificar los diferentes aspectos relacionados con el consumo responsable, valorando sus repercusiones sobre el bien individual y el común, juzgando críticamente las necesidades y los excesos y ejerciendo un control social frente a la vulneración de sus derechos.
- Desarrollar estilos de vida saludable a partir de la comprensión del funcionamiento del organismo y la reflexión crítica sobre los factores internos y externos que inciden en ella, asumiendo la responsabilidad personal y social en el cuidado propio y en el cuidado de las demás personas, así como en la promoción de la salud pública.
- Desarrollar un espíritu crítico, empático y proactivo para detectar situaciones de inequidad y exclusión a partir de la comprensión de las causas complejas que las originan.
- Entender los conflictos como elementos connaturales a la vida en sociedad que deben resolverse de manera pacífica.
- Analizar de manera crítica y aprovechar las oportunidades de todo tipo que ofrece la sociedad actual, en particular las de la cultura en la era digital, evaluando sus beneficios y riesgos y haciendo un uso ético y responsable que contribuya a la mejora de la calidad de vida personal y colectiva.
- Aceptar la incertidumbre como una oportunidad para articular respuestas más creativas, aprendiendo a manejar la ansiedad que puede llevar aparejada.
- Cooperar y convivir en sociedades abiertas y cambiantes, valorando la diversidad personal y cultural como fuente de riqueza e interesándose por otras lenguas y culturas.
- Sentirse parte de un proyecto colectivo, tanto en el ámbito local como en el global, desarrollando empatía y generosidad.

- Desarrollar las habilidades que le permitan seguir aprendiendo a lo largo de la vida, desde la confianza en el conocimiento como motor del desarrollo y la valoración crítica de los riesgos y beneficios de este último.

Estos desafíos conviven con la necesidad de conocimientos, actitudes, herramientas y situaciones reales que aporten experiencias a los educandos para poder trasportar todo lo aprendido en las instituciones socioeducativas a la realidad del día a día. Con el fin de llegar a alcanzar este perfil de salida, se tienen en cuenta las competencias clave, las áreas, ámbitos y materias de conocimiento de los que dispone el currículo, sin embargo, ¿cómo se pasa de la mera adquisición de contenidos a la integración y aprendizaje? ¿Cómo se aprende a transformar y a dar una respuesta adaptativa eficaz?

Como se ha visto anteriormente, la política educativa se sirve de las bases curriculares para desarrollar múltiples habilidades de los estudiantes. Hoy en día, fomentar que los individuos asuman actitudes y habilidades que les muevan a contribuir de manera activa al fomento de acciones que den solución a problemas locales y globales depende, en gran medida, de la forma en que se transmitan y aprendan los conocimientos.

El profesorado tiene un papel fundamental en el proceso de enseñanza-aprendizaje de las futuras generaciones. La responsabilidad que conlleva la profesión resalta la capacidad del docente en cuanto a la argumentación y compromiso que debe tener para conseguir el desarrollo de las habilidades de los educandos. Ser conscientes de implementar metodologías pedagógicas que desarrollen competencias como la escucha activa, argumentos éticos y cívicos, el razonamiento o la reflexión de temas controvertidos en alumnado que se encuentra en la Educación Secundaria Obligatoria podrá propiciar la formación de ciudadanos reflexivos y críticos en relación a aspectos controvertidos sociales a nivel local y global que requieran de una ciudadanía participativa y universal.

4. METODOLOGÍA

Este estudio responde a una investigación empírica cualitativa donde el modelo de investigación utilizado se clasifica en analítico descriptivo. Según este modelo, en primer lugar, se analiza los enfoques pedagógicos adoptados por los sistemas educativos de los tres países europeos en base a la EpC en la etapa educativa seleccionada con el fin de contextualizar la posición que ha adoptado cada país al incluir la EpC en su currículo. A continuación, a través de un estudio comparado, se evidenciarán las similitudes y diferencias entre los enfoques, objetivos y contenidos ofrecidos por estos países sobre la materia de la EpC para determinar, de este modo, el tipo de ciudadanía por la que apuestan los países.

La metodología del estudio se ha basado en el modelo presentado por G. F Bereday y F. Hilker (Raventós, 1990), incorporando aportaciones de García (1990) y Caballeros et. al (2016), el cual se basa en partir de un método comparativo de carácter deductivo. Las fases de este estudio se dividen en:

a) *Fase descriptiva,* donde se van a presentar los datos recopilados de la fase anterior.

b) *Fase interpretativa,* en la cual se elabora una interpretación a partir de los datos obtenidos sobre el estudio comparado.

c) *Fase de yuxtaposición,* donde se procederá a comparar los datos y analizarlos con el fin de establecer una relación en la comparación.

d) *Fase comparativa,* punto en el que los datos se enjuician y se elaboran las conclusiones.

5. RESULTADOS

País	Enfoque pedagógico	Carácter obligatorio u optativo
España	Diferenciado en una materia curricular Transversal por competencias Integrado a través de otras materias curriculares	En los tres casos el carácter es obligatorio
Francia	Diferenciado en una materia curricular Transversal a lo largo de la etapa Integrado a través de otras materias curriculares	En los tres casos el carácter es obligatorio
Alemania	Transversal a o largo de la etapa Integrado a través de otras materias curriculares	En los dos casos el carácter es obligatorio

Tabla 1. Enfoque pedagógico curricular de la EpC. **Fuente:** Elaboración propia con datos extraídos de Eurydice (2018).

Los datos anteriores indican diferencias y similitudes en cuanto a la integración de la materia de EpC en el currículo escolar en la etapa educativa de Educación Secundaria Obligatoria de los países seleccionados en este estudio.

En el caso de España y Francia se apuesta por los tres enfoques en esta etapa, teniendo una asignatura diferenciada en el currículo educativo y siendo obligatoria en cualquier enfoque curricular. Con estos datos se demuestra un alto compromiso de la inclusión curricular de la EpC a través de la integración y el trabajo que se debe hacer en las escuelas en esta etapa educativa. Por lo que respecta a Alemania, se apuesta solamente por un enfoque transversal e integrado a lo largo de toda la etapa de Educación Secundaria Obligatoria, siendo obligatorio para todo el alumnado en ambos casos.

País	Objetivos curriculares de la EpC
España	Desarrollo de la tolerancia, cooperación y solidaridad ciudadana, Respeto de sexos y fomento de la igualdad de derechos y oportunidades entre ellos. Rechazo de la violencia y comportamientos que atenten contra los derechos humanos. Desarrollo de las capacidades afectivas en todos los ámbitos de la personalidad y de las relaciones sociales. Fomento del espíritu crítico, iniciativa personal y capacidad de toma de decisiones. Respecto de la cultura propia y la ajena. Afianzar hábitos de cuidado, salud y educación sexual. Respeto del entorno, toma de conciencia y acción en los problemas medioambientales.

Francia	Conocer y participar de la vida política de la República. Conocer los problemas y desafíos actuales. Denuncia de la violencia, sexismo, homofobia, transfobia. Desarrollar un espíritu crítico, así como valores morales y éticos. Identificación y participación en el desarrollo de los objetivos de desarrollo sostenible.
Alemania	Promoción del desarrollo intelectual, emocional y físico. Fomento de la independencia crítica, responsabilidad y participación personal, social y política. Fortalecimiento de la cohesión social. Respeto de la diversidad y cultura ajena. Creación de una ciudadanía digital responsable.

Tabla 2. Objetivos curriculares de la EpC en la Educación Secundaria Obligatoria. **Fuente:** Elaboración propia.

Los objetivos relacionados con la EpC en el currículo de cada país seleccionado son muy diversos. España adopta unos objetivos dirigidos a conseguir una concienciación de los educandos sobre temas como el respeto, la tolerancia, reflexión, espíritu crítico y concienciación como ciudadanos sobre la humanidad y el entorno. Se observa como los tres primeros objetivos que aparecen en la tabla y el número seis ("Desarrollo de la tolerancia, cooperación y solidaridad ciudadana"; "Respeto de sexos y fomento de la igualdad de derechos y oportunidades entre ellos"; "Rechazo de la violencia y comportamientos que atenten contra los derechos humanos"; "Respeto de la cultura propia y la ajena") hacen referencia a la dimensión humana y el respeto hacia la propia y demás culturas, resaltando valores como la tolerancia, el respeto, la igualdad y los derechos humanos. España apuesta también por trabajar desde la EpC la dimensión personal y emocional de cada educando, proponiendo que se alcancen en esta etapa aspectos como "Desarrollo de las capacidades afectivas en todos los ámbitos de la personalidad y de las relaciones sociales"; "Fomento del espíritu crítico, iniciativa personal y capacidad de toma de decisiones" y "Afianzar hábitos de cuidado, salud y educación sexual". Por último, hace referencia a trabajo desde una dimensión global y focalizada en las acciones ciudadanas para influir de manera positiva en el entorno.

Por otro lado, Francia apuesta por trabajar los ODS de manera explícita, así consta en el objetivo denominado "Identificación y participación en el desarrollo de los objetivos de desarrollo sostenible" en esta etapa escolar. Además, es importante destacar el compromiso que tiene este país con la formación de una ciudadanía crítica y tolerante apostando por objetivos que, observando la tabla nuevamente, concuerdan con los que persigue España. Sin embargo, es imperativo resaltar el primer objetivo expuesto en la tabla denominado "Conocer y participar de la vida política de la República" pues difiere de los perseguidos por España y Alemania. Este objetivo trata de formar al alumnado en contenidos relacionados con la República Francesa y su participación en ella. Este objetivo difiere de los otros países por su enfoque más nacional.

Finalmente, Alemania integra las dimensiones humanas y ciudadanas globales expuestas anteriormente con España y Francia, pero no se muestra de una manera tan explícita su apuesta por la concienciación y educación en temas relacionados con los ODS. Es importante destacar que se hace hincapié en los objetivos sobre la "independencia crítica" y el "respeto de la diversidad y cultura ajena" utilizando a la EpC como la herramienta de concienciación social ciudadana. Por último, el país germánico subraya un objetivo que no se muestra en los anteriores como es la "creación de una ciudadanía digital responsable" .

País	Contenidos curriculares de la EpC
España	Gestión de emociones, sentimientos y construcción de la identidad personal y autoestima. Derechos y deberes individuales y sociales. Educación sexual. Desarrollo crítico y ético de las propias acciones. Política: derechos humanos, derechos del niño, conceptos relacionados con la política (ley, soberanía, justicia, etc.). Igualdad de género, el feminismo y el multiculturalismo. Ciudadanía y participación democrática. Acciones individuales y colectivas en favor de la paz. Límites y fines éticos de la investigación científica. Interdependencia, interconexión y ecodependencia con el entorno. Hábitos de vida sostenible. ODS.
Francia	Valores de la Republica. Normas éticas y morales. Política, democracia y derechos humanos. Educación sexual. Seguridad vial. Salud y bienestar. Igualdad de género, el feminismo y el multiculturalismo. Educación ambiental y sostenible. Identidad digital y riesgos de internet. Denuncia de la violencia, valores que no respeten los derechos humanos. Desarrollo sostenible.
Alemania	Valores y principios de la democracia. Política: Estado de derecho. Educación sobre la historia, geografía y política. Respeto, convicción y dignidad hacia los demás. Tolerancia, responsabilidad social y sentido de comunidad. Ciudadanía digital.

Tabla 3. Contenidos curriculares de la EpC en la Educación Secundaria Obligatoria. **Fuente:** Elaboración propia.

Observando los datos de la tabla anterior, los contenidos sobre EpC que incorpora España en su currículum van dirigidos hacia tres bloques concretos de educación: en un primer bloque se podría hablar de contenidos dirigidos al crecimiento personal y emocional de cada educando con contenidos como "Gestión de emociones, sentimientos y construcción de la identidad personal y autoestima" o "Educación sexual"; en el segundo bloque se podrían agrupar contenidos que hacen referencia a la participación ciudadana en aspectos políticos y democráticos como "Derechos y deberes individuales y sociales"; y en el último bloque se haría referencia a contenidos relacionados con la consecución de los ODS y de una participación ciudadana acorde con el entorno y las sociedades del siglo XXI, como por ejemplo "Hábitos de vida sostenible. ODS." o "Interdependencia, interconexión y ecodependencia con el entorno".

Por lo que respecta a los contenidos que persigue Francia en la EpC durante esta etapa educativa, hay que comentar que sigue las mismas líneas que España en cuanto a las dimensiones que persiguen sus contenidos, sin embargo, Francia apuesta por contenidos relacionados con la formación de los educandos en ciudadanos franceses transmitiendo valores nacionales de la República. Por otro lado, se destacan aspectos como "seguridad vial", "igualdad de género, feminismo y multicultural" o "salud y bienestar", siendo estos contenidos más específicos que los vistos en España y Alemania. Es importante matizar que Francia le otorga una visión muy importante a la consecución de los ODS pues, más de la mitad de los contenidos hacen referencia a algún objetivo de desarrollo.

Finalmente, Alemania destaca contenidos como "ciudadanía digital", "política: estado de derecho", "valores y principio de la democracia" y contenidos que versan sobre el respeto a los demás, la tolerancia y el sentido de la comunidad. Los contenidos relacionados con la EpC son escasos en comparación con los anteriores países, esto podría estar relacionado con la manera en que se integra la EpC en el currículo escolar en esta etapa educativa.

6. DISCUSIÓN Y CONCLUSIONES

Los resultados extraídos vislumbran una apuesta de España para con la EpC nunca antes vista. Autoras como Calatayud y Monsalve (2021) expresan el compromiso que otorga la última ley educativa aprobada e implementada por el país (LOMLOE) para con la apuesta de la EpC como herramienta educativa con el fin de conseguir una transformación ciudadana. Estas autoras afirman que su compromiso es debido a que la ley destaca ya desde su preámbulo, el valor las responsabilidades y recomendaciones que se demandan desde Europa favoreciendo la adquisición de competencias centradas en el desarrollo de una ciudadanía reflexiva y preparada para favorecer las metas integradas en los ODS dispuestos en la Agenda 2030. Siguiendo con este argumento, Vázquez y Porto (2020) ponen de relieve la declaración de intenciones de la LOMLOE y el paso hacia el futuro de la EpC hacia la consecución de una ciudadanía universal. Como pasó con la LOE, en España todavía continúa siendo objeto de debate las intenciones y propuestas que se manifiestan en la LOMLOE a cerca del peso e importancia que le otorga a la EpC. Esta materia ha sido, está siendo y será criticada por algunos sectores sociales e incluso por las propias instituciones educativas y algunos docentes.

Respecto a Francia, se ofrece una apuesta similar a la de su país vecino España. A parte de integrar la EpC mediante los tres enfoques pedagógicos, se observa una implicación más ferviente en cuanto a objetivos y contenidos dirigidos al desarrollo y trabajo de los ODS encaminados a la creación de una ciudadanía concienciada con el entorno y con las interrelaciones sociales. De este modo se observa que, aunque está inmerso en el compromiso de creación de una ciudadanía universal, desde la escuela se impulsa al mismo tiempo, y con contenidos explícitos, los valores de la República. Así pues, se está formando actualmente a estudiantes con una ciudadanía nacionalista a la par que global.

Alemania por su parte, atiende las demandas que se hacen desde a través de la integración de la EpC mediante dos enfoques curriculares (integrado y transversal). Autores como Elósegui (2011), manifiesta una de las posibles razones por las que Alemania han tenido tantos debates a la hora de acordar de qué manera se integra la asignatura de EpC en el currículo puede ser la oposición, por parte de los Estados Federales alemanes, de unificar la asignatura que alberga (en mayor grado) los contenidos y objetivos de la EpC: *Sozialkunde.* De esta forma, los Estados Federales alemanes llegaron a un entendimiento en trabajar la EpC a través de varias asignaturas académicas como son: Formación Política, Sociedad, Enseñanza Social, Política, Formación Política Mundial, Ciencias Sociales, Historia, Historia/Política, Historia/Formación Cívica/Geografía, entre otras. Por otro lado, en los objetivos planteados por la EpC en Alemania no se vislumbra ningún propósito relacionado con los ODS de manera explícita (Calatayud y Guardeño, 2022).

Dando respuesta a la pregunta planteadas en esta investigación referida a la forma en que se integra la EpC en los currículos de los países de España, Francia y Alemania a través de las recomendaciones que se proporcionan desde la Unión Europea, se puede determinar que sí existe un compromiso de los Estados miembro en materia de EpC, sin embargo, no todos la integran de la misma forma ni persiguen los mismos objetivos. Autores como Montero (2021), destacan que el currículo básico es un conjunto de marcos, enfoques y perspectivas relevantes más próximos a los modelos racionales o técnicos desde los cuales se configura el mismo. Asimismo, reflexiona sobre la autonomía pedagógica centrando el argumento en que ésta está condicionada por las enseñanzas mínimas, previamente establecidas en cada materia o área, teniendo en cuenta las consideraciones curriculares. Por lo tanto, debe existir un acercamiento entre el currículo y los contenidos de enseñanza teniendo en consideración otros aspectos que condicionan y permiten la planificación educativa que se sucede en las aulas.

La política educativa deriva de la política general del Estado y por tanto sobre el currículo escolar ejerce influencia en las orientaciones y los enfoques políticos en los que lo transforma (Frías 2007). A lo largo de la historia político educativa de España se pueden comprobar los cambios que ha sufrido el currículo con el objetivo de adaptarse al contexto histórico. Esta adaptación viene impulsada por la corriente ideológica del momento con el objetivo de convertir la educación en una herramienta que permita formar a ciudadanos capaces de adaptarse al contexto histórico y a los cambios que suceden en él. Partiendo de esta premisa, se entiende pues como algunos países europeos (por ejemplo, Francia) utilizan de manera notoria la materia de la EpC como instrumento para educar a sus ciudadanos en valores nacionales. Otros países como Alemania luchan en contra de que educación vuelva a convertirse en un instrumento nacional adoctrinador, y otros países como España, le otorgan importancia a esta materia curricular dotándola de contenidos centrados en aspectos individuales personales, necesarios para la etapa del desarrollo en los que se encuentra el alumnado, y aspectos globales y sociales.

Actualmente, se ha podido demostrar como existen contenidos comunes entre los Estados miembro, sin embargo, las directrices que se irradian desde el organismo supranacional otorgan flexibilidad en la concreción curricular de la EpC y, por tanto, en la formación de la ciudadanía europea y universal. En 2023 se encuentran apuestas débiles, mínimas y dispares por parte de algunos países. No existen directrices firmes por parte de los organismos supranacionales y por tanto, se obtiene como resultado que la información, los objetivos y los contenidos establecidos en materia de EpC lleguen con gran ambigüedad a los currículos educativos. Esto provoca una fuerza débil y la diferencia de contenidos sobre la EpC trabajados dificultando la creación de una ciudadanía universal.

7. REFERENCIAS

Arbués, E. y Naval, C. (2020). La Educación Cívica en España. Cinco últimas décadas de vicisitudes Legislativas. *Cuestiones Pedagógicas, 2*(29), 92-103.

Blanco, B. y García, R. (2007). Educación para la Ciudadanía: los contenidos inaceptables. http://www.objetamos.com/Documentos/11-EpC Los contenidos .

Caballero, Á., Cárdenas, J. F. y Valle, J. M. (2016). La educación para la ciudadanía en la Unión Europea: Perspectivas supranacional y comparada. *Journal of supranational policies of education, 5,* 173-197.

Calatayud, L. y Monsalve, L. (2021). Retos de la Educación para la Ciudadanía en las escuelas de la Unión Europea: creación de la ciudadanía española digital, ética y participativa. En A.Cristina Sánchez (Ed). *Retos y Desafíos de la Innovación Educativa en la era post COVID-19.* McGraw-Hill/Interamericana de España, S.L. (pp. 63-83)

Calatyud, L. y Guardeño, M. (2022). La importancia curricular de la educación para la ciudadanía en las escuelas de la Unión Europea. Integración de la EpC en el curríciulum educativo de España y Alemania. *VISUAL REVIEW. International Visual Culture Review, 12*(3), 2-10. https://journals.eagora.org/revVISUAL/article/view/3737

Comisión Europea (2017). *Refuerzo de la identidad europea a través de la Educación y la Cultura.* https://data.europa.eu/doi/10.2775/1101

Elósegui, M. (2011) Igualdad y derecho antidiscriminatorio. *Red Iberoamericana de Innovación y Conocimiento Científico, 45,* 65-87.

Escamez, J. (2008) Ciudadanía, sociedad civil y participación: una mirada pedagógica. En J.M Touriñán (Dir), *Educación en valores, sociedad civil y desarrollo cívico.* Netbiblio.

Escudero, A. (2010). Ciudadanía y educación para la ciudadanía [Tesis de doctorado, Universidad de Castilla-La Mancha]. https://is.gd/KmdtEK

Estelles, M., y Fischman, G. E. (2020). Imaginando una Educación para la Ciudadanía Global después del Covid-19. *Práxis Educativa, Ponta Grossa, 15,* 1-14. https://is.gd/v6N3fh

EURYDICE (2018). *La educación para la ciudadanía en el contexto escolar europeo.* Bruselas: www.eurydice.org

EURYDICE (2022). *Sistemas educativos europeos* www.eurydice.org

EURYDICE, (2018). *Análisis comparativo del tiempo de instrucción anual recomendado en la educación obligatoria a tiempo completo en Europa.* Agencia Ejecutiva en el ámbito Educativo, Audiovisual y Cultural. https://data.europa.eu/doi/10.2797/931492

Frías, A. S. (2007). El currículo escolar y la descentralización educativa en España. *Revista de Educación, 343,* 199-221.

Galván, V. (2018). Educación para la ciudadanía: ¿Transversal o atravesada? *Revista Digital de Educación y Formación del Profesorado,* (15), 25-37.

Gamba, A y Arias, S. (2017). El papel de la universidad y la Cooperación Universitaria al Desarrollo del nuevo escenario de la Agenda 2030. *Revista Española de Desarrollo y Cooperación, 41,* 13-24.

García, F. F y De Alba, N. (2008). ¿Puede la escuela del siglo XXI educar a los ciudadanos y ciudadanas del siglo XXI? *Scripta Nova. Revista electrónica de geografía y ciencias sociales, 12*(122).

García, J. L. (1990). Fundamentos de Educación Comparada. Dykinson. (2º Edición).

Gómez, A. E. y García, C. R. (2013). El debate entorno a la Educación para la Ciudadanía en España. Una cuestión más ideológica que curricular. *Enseñanza de las Ciencias Sociales,* (12),127-140.

Gómez, C. (2018). Objetivos de Desarrollo Sostenible (ODS): una revisión crítica. *Papeles de relaciones ecosociales y cambio global, 140,* 107-118.

Guardeño, M., García, E. y Calatayud, L (2021). Integración de los Objetivos de Desarrollo Sostenible (ODS) en la formación inicial del profesorado. *Innovación en la docencia e investigación de las ciencias sociales y de la educación* (pp. 1223-1243). Dykinson S.L.

https://doi.org/10.15366/riejs2019.8.1.001

Ley Orgánica 2/2006, de 3 de mayo de Educación. *Boletín Oficial del Estado, 106,* de 04 de mayo de 2006, pp. 97858 a 97921. https://is.gd/WkcSXI

Ley Orgánica 3/2020, de 29 de diciembre, por la que se modifica la ley Orgánica 2/2006, de 3 de mayo, de Educación. Boletín Oficial del Estado, 340, de 30 de diciembre de 2020, pp. 122868 a 122953. https://bit.ly/2WJyPk3

Ley Orgánica 8/2013, de 9 de diciembre, para la mejora de la calidad educativa. Boletín Oficial del Estado, 295, de 10 de diciembre de 2013, pp. 97858 a 97921. https://is.gd/GMceS0

Mesa, M. (2019). La Educación para la ciudadanía global: Una apuesta por la democracia. *Revista Internacional de Educación para la Justicia Social (RIEJS), 8*(1), 15-26.

Montero, A. (2021). Currículo y Autonomía Pedagógica. Enseñanzas Mínimas, Comunes y Currículo básico. *REICE. Revista Iberoamericana sobre Calidad, Eficiencia y Cambio en Educación.19*(2), 23-36.

Naciones Unidas (2015), *Transformar nuestro mundo: la Agenda 2030 para el Desarrollo Sostenible.* Resolución aprobada por la Asamblea General el 25 de septiembre de 2015.

ONU (2020). Informe de los Objetivos de Desarrollo Sostenible.

Pérez, C. (2018). Educación para la ciudadanía. En B. Gargallo y J.A. Aparisi (Coords), *Procesos y contextos educativos. Máster en profesor/a de educación secundaria* (pp. 359-398). Tirant Humanidades.

Raventós, F. (1990). *Metodología comparativa y pedagogía comparada.* Boixareau Universitaria.

Rieckman, M. y Gardiner, S. (2017) *Educación para los objetivos Desarrollo sostenible, objetivos de aprendizaje.* UNESCO Publishing.

Rieckmann, M. (2018). Learning to transform the world: key competencies in Education for Sustainable Development. En A. Leicht, J. Heiss, y W. Byun (Eds.), *Issues and Trens in Education for Sustainable Development* (pp. 39-59). UNESCO.

UNESCO (2017). *Educación para los Objetivos de Desarrollo Sostenible: Objetivos de aprendizaje.* https://n9.cl/o1kw7

Vázquez, R. y Porto, Á.S. (2020). Temas transversales, ciudadanía y educación en valores: de la LOGSE (1990) a la LOMLOE (2020), *Innovación educativa,* 30, 113-125. https://doi.org/10.15304/ie.30.7092

Wollmann, H. (2019). Crónica de Alemania. En. Joaquín Tornos Mas (Ed.) *Observatorio del ciclo del agua 2019* (pp.25-44). Marcial Pons.

LAS IDENTIDADES LOCALES COMO EJE ARTICULADOR DE LA CIENCIA PARA LA PAZ

Angela Camargo Rodríguez[1]

1. INTRODUCCIÓN

En año 2001 la UNESCO declara el 10 de noviembre como día de la ciencia para la paz. Esta declaración tiene objetivo fomentar, en los Estados miembros, programas y acciones que articulen y fortalezcan las relaciones entre ciencia, tecnología y sociedad. Se parte así de la consideración de que la ciencia tiene repercusiones en la paz y el desarrollo, y ha de ser utilizada con miras a crear sociedades pacíficas y sostenibles.

Bajo estas consideraciones se presenta aquí una reflexión entorno a la aplicación de ciencia para la paz en Colombia, país con una larga historia de conflicto armado, y unas de las cifras más altas de violencia estructural en la región. Para ello, se parte por identificar qué se entiende por Ciencia para la Paz, el desarrollo del concepto, sus objetivos. En este mismo punto, se evidencia dicha construcción conceptual tiene una mirada centrada en los países desarrollados, y muchas veces ajena a las realidades y contextos locales; lo que trae consigo problemas en su aplicación. Más concretamente se analizará la ley de ciencia y tecnología de Colombia, junto con otras políticas referentes al tema; para comprender las implicaciones y problemas de aplicación que han tenido en materia de paz, en las ultimas décadas.

En esta línea, y debido al desarrollo desigual en las actividades de investigación y desarrollo (I+D) en las distintas regiones, se evidencia la necesidad de repensar la construcción y desarrollo de la ciencia centrada en las demandas socioeconómicas en las distintas regiones y a partir del reconocimiento de los saberes y prácticas locales alejadas de las concepciones hegemónicas del conocimiento. Por esta razón, nos centramos en la revisión de una propuesta de ciencia para la paz que parta de las necesidades, realidades y más aún de las identidades locales como eje trasformador y articulador de la ciencia y la tecnología.

Por medio del análisis del discurso y los aportes conceptuales del constructivismo se realiza un análisis de los documentos oficiales que referencian a la ciencia y tecnología tanto en el país como en Organismos Internacionales. A partir de ello se construye una reflexión entorno de la necesidad de implementar la ciencia para paz que aporte al desarrollo proyectos centrados en los contextos socioculturales, en donde las comunidades no son objetos de estudios sino sujetos constructores de conocimiento.

1. Universidad Minuto de Dios-UNIMINUTO (Colombia)

2. OBJETIVO

Este es un trabajo de revisión cuyo objetivo principal es focalizar las identidades locales como eje transformador y articulador de la ciencia para la paz con verdadero impacto social. Concordamos con el supuesto de que la ciencia tiene repercusiones en la paz y el desarrollo y ha de ser utilizada con miras a crear sociedades pacíficas y sostenibles, sin embargo, nuestra propuesta busca una construcción de la ciencia de "lo local a lo nacional".

3. METODOLOGÍA

Apoyados en las perspectivas de los análisis críticos del discurso, los estudios decoloniales, y desde un enfoque constructivista, se propone la necesidad de construir ciencia desde las realidades locales, involucrando a las comunidades en la solución científica de sus propias problemáticas, generando así nuevos conocimientos desde sus saberes tradicionales.

Nos centramos metodológicamente en analizar del discurso de los documentos oficiales del Sistema Nacional de Ciencia, Tecnología e Innovación; y otros referentes a paz y ciencia, desde la década de noventa a la actualidad. Este análisis permite comprobar una formulación de políticas de "arriba hacia abajo", en las que se evidencia la falta de reflexión y participación ciudadana; y más aún unas políticas completamente ajenas a las realidades de las comunidades que no habitan en la región central.

Teniendo en cuenta que nuestras principales fuentes son los discursos y documentos oficiales, es preciso resaltar la importancia de estos. La construcción de discurso político es importante puesto que implica la construcción de un nuevo sentido, esto es, una nueva realidad determinada. Como sostiene Romero (2009):

> *Implica una nueva significación que defina un sistema de relaciones, practicas, objetos y posiciones de sujetos que intervienen en el mismo. Claro está que dicha operación involucra un momento histórico que, a manera de contexto, permite la articulación en torno a ese discurso, posibilitando el desarrollo de un construcción social y política. (Romero, 2009, p. 54)*

El análisis de los documentos oficiales permite rastrear cómo la construcción discursiva hizo posible ciertos cursos de acción en materia de ciencia y tecnología.

Por otra parte, para el análisis de las identidades colectivas puede llevarse a cabo tanto a nivel de las élites como de los ciudadanos comunes, comunidades epistémicas, ONG, organizaciones sociales o la sociedad civil. En el primer caso, la identificación colectiva y la confianza mutua entre las élites políticas les permite superar los problemas de acción colectiva asociados con la cooperación política a nivel regional. Igualmente, las narrativas de identidad que vinculan el Estado-nación con la construcción de regiones necesitan resonar en los ciudadanos para generar un apoyo difuso. Sin embargo y como argumenta Escobar (2007):

> *la producción de nuevos discursos no es un proceso unilateral; por el contrario, puede crear condiciones para la resistencia. Esto puede vislumbrarse en el discurso de algunos campesinos, feministas y ambientalistas; se refleja en nuevas prácticas de visión y conocimiento, aun en los casos en que dichas resistencias ocurren dentro de los modos del discurso del desarrollo. (Escobar, 2007, p. 265)*

Para ello se precisó un trabajo de carácter sincrónico y diacrónico, cada uno con su uso característico de los textos. El primero establece un modelo al encajar material de diferentes contextos, actores y años en una estructura, mientras que el segundo se mueve a través del tiempo con actores específicos y estudia cómo la estructura da forma y cómo se reproduce y modifica.

4. DESARROLLO DE LA INVESTIGACIÓN

Si bien ha habido avances en la democratización de la ciencia, no solo la divulgación de la producción científica y el conocimiento sigue siendo limitada, sino que los procesos de apropiación social de conocimiento no llegan al total de las poblaciones, obstaculizando un desarrollo armonioso y pacífico de las sociedades. Por otra parte, la relación entre ciencia y la tecnología, debe ir más allá de los vínculos entre la tecnociencia y el militarismo. De allí la necesidad de mayor compromiso para vincular ciencia para la paz y sociedad. Para contribuir a esta reflexión, esta sección se divide en dos partes: La primera analiza el concepto de ciencia para la paz y la respuesta que dado Colombia frente a su aplicación. La segunda, parte incorpora la propuesta de formular la ciencia para la paz desde las regiones poniendo énfasis en una verdadera apropiación del conocimiento desde lo local. Para ello se identifican los retos de articular las identidades locales a la ciencia para la paz; evidenciando experiencias exitosas.

4.1. Qué se entiende por ciencia para la paz

Desde la década de los noventa, y en el contexto del fin de la Guerra Fría, diversos organismos internacionales como la ONU y la UNESCO comenzaron a plantear la necesidad de:

> *fomentar una mayor conciencia, entre los científicos de todo el mundo, sobre la utilidad de la ciencia como instrumento para acrecentar la paz, la seguridad y la cooperación internacionales, y el desarrollo social y económico de la humanidad, la promoción de los derechos humanos y la protección del medio ambiente (ONU, A/RES/43/61)*

En este contexto, la Conferencia Mundial sobre la Ciencia desarrollada en Budapest en 1999, afirma la necesidad de un nuevo compromiso para vincular ciencia y sociedad. Los principales temas de la agenda se centraron en las consecuencias de un evento bélico con armamento nuclear; el análisis de los problemas técnicos y de control de armamentos derivados de los procesos de desarme nuclear; la dimensión ética, social, e individual, acerca de la responsabilidad de los científicos ante la carrera armamentista (Lemarchand, 2012, p. 41). En otras palabras, fomentar la adopción de nuevas medidas en pro del desarme, especialmente el desarme nuclear.

Aunque estas preocupaciones continúan siendo parte de la reflexión científica, en un mundo globalizado, con nuevas amenazas para la paz y en constante cambio, cabe preguntar ¿cómo promover el uso pacífico del conocimiento científico, en beneficio de la humanidad y a favor de la paz? La ciencia permite contribuir a la construcción de paz en la medida en que su desarrollo se dirija a satisfacer las necesidades sociales en condiciones de equidad y sostenibilidad.

Es así como, bajo los lineamientos de la ONU sobre el desarrollo sostenible se comienza a formular una línea discursiva que vincula ciencia, paz y desarrollo. Según el informe Bruntland, el desarrollo sostenible "satisface las necesidades del presente sin comprometer las necesidades de las futuras generaciones" (ONU, Bruntland Comision, 1987, p. 41). Es decir, el informe propone que la erradicación de la pobreza y otros problemas sociales se puede lograr a partir del fomento del crecimiento económico. En este sentido, se puede leer en la Declaración sobre el uso de la ciencia y el saber científico de la ONU que:

> *No puede haber paz duradera si no se atienden debidamente los problemas básicos del desarrollo; no puede haber desarrollo genuino mientras no se adopten la cultura y la práctica de la paz universales. Si la ciencia estuviera siempre dirigida a objetivos pacíficos, no cabe duda de que contribuiría más al bienestar de la humanidad (ONU, 1999).*

De esta forma, el objetivo de la ciencia se centra en encontrar soluciones a los problemas de la humanidad, fortaleciendo con ello sociedades pacíficas y sustentables. En palabras de Grandi, "solamente podemos pensar en la paz cuando todas las sociedades humanas logren alcanzar determinados niveles de desarrollo, imprescindibles para asegurar una vida digna" (Gandhi, 2010, p. 15). Con este supuesto se ratifica la relación entre la construcción de paz y el desarrollo; ambos son un componente decisivo para su construcción y mantenimiento pues en la medida en que se generen cambios estructurales y se satisfagan las necesidades de desarrollo de un territorio se construye paz. Como argumentan Ordoñez *et al.* (2018):

> *En efecto, desde los primeros esfuerzos de la UNESCO de establecer instituciones y políticas científicas, los modelos diseñados y adoptados se han basado tradicionalmente en un estándar de desarrollo ampliamente aceptado, que se caracteriza por enfocarse en: a) la creación de capital humano, b) la extensión agrícola para productos de exportación, y c) la transferencia y adopción de tecnologías producidas en los países "avanzados". (Ordoñez et al., 2018, p. 137)*

En el caso colombiano, las políticas de ciencia y tecnología estuvieron ampliamente marcadas por estas ideas. Citando de nuevo a Ordoñez *et al.* (2018), "Así, por décadas, la política nacional de CTeI de Colombia se ha basado en prioridades típicamente enmarcadas dentro de un modelo, a la vez, industrialista, elitista, centralista, oportunista, y, más recientemente, con tendencia neoliberal" (ibid., 140). Esto se evidencia desde las leyes que regulan la ciencia y tecnología en Colombia como la Ley 29 de 1990 (Diario Oficial No. 39.205) en la cual se puede leer:

> *ARTICULO 1º. Corresponde al Estado promover y orientar el adelanto científico y tecnológico y, por lo mismo, está obligado a incorporar la ciencia y la tecnología a los planes y programas de desarrollo económico y social del país y a formular planes de ciencia y tecnología tanto para el mediano como para el largo plazo. Así mismo, deberá establecer los mecanismos de relación entre sus actividades de desarrollo científico y tecnológico y las que, en los mismos campos, adelanten la universidad, la comunidad científica y el sector privado colombianos.*

El resto de la ley dicta disposiciones para el fomento de la investigación científica y el desarrollo tecnológico y se otorgan facultades extraordinarias, pero en ningún momento se señala el papel que la comunidad, la sociedad civil o las regiones tendrá en este proceso. Un poco mas sustantiva es la Ley 1.286 de 2009 por la cual se modifica la Ley 29 de 1990.

> *Artículo 1°. Objetivo general. El objetivo general de la presente ley es fortalecer el Sistema Nacional de Ciencia y Tecnología y a Colciencias para lograr un modelo productivo sustentado en la ciencia, la tecnología y la innovación, para darle valor agregado a los productos y servicios de nuestra economía y propiciar el desarrollo productivo y una nueva industria nacional.*

Entre los objetivos específicos de la Ley, el artículo 2° pone en relieve los derechos de los ciudadanos y los deberes del Estado en materia del desarrollo del conocimiento científico, por medio del fortalecimiento de una cultura basada en la generación, la apropiación y la divulgación del conocimiento y la investigación científica, el desarrollo tecnológico, la innovación y el aprendizaje permanentes. Entre otras consideraciones de la Ley 1286, se puede leer:

- Fortalecer el desarrollo regional a través de políticas integrales de descentralización e internacionalización de las actividades científicas, tecnológicas y de innovación, de acuerdo con las dinámicas internacionales.
- Promover el desarrollo de estrategias regionales para el impulso de la Ciencia, la Tecnología y la Innovación, aprovechando las potencialidades en materia de recursos naturales, lo que reciban por su explotación, el talento humano y la biodiversidad, para alcanzar una mayor equidad entre las regiones del país en competitividad y productividad.

Si bien es una ley más inclusiva, su contenido sigue teniendo un carácter económico/ productivo con miras a dar respuesta a las dinámicas internacionales. Por otra parte, al analizar los Planes Nacionales de Desarrollo de los periodos 2010-2014; 2014-2020; 2020-2022; se observa que refuerzan este argumento. En cada uno de estos PND la ciencia se entiende como instrumento que permite al país aumentar el desarrollo de las actividades productivas. Ejemplo de ello es la definición de innovación como "el mecanismo óptimo para garantizar la sostenibilidad del crecimiento y la competitividad del país en el largo plazo". (PND 2010-2014. p. 54) Estos PND, resaltan el papel de la Ciencia, la Tecnología y la Innovación (CTI) como un instrumento de desarrollo. Para lograrlo, se recalca la necesidad de una mentalidad y cultura para el crecimiento empresarial, el emprendimiento y la innovación. (PND 2014-18. p 162)

Cabe resaltar una significativa diferencia que introduce el PND de 2022-2426, el cual está dirigido a "fomentar una cultura de paz en la cotidianidad de las poblaciones y territorios" (PND 2022-2026, p. 124). Es la primera vez que en un PND se nombra la explícitamente la Ciencia para la paz:

> *Se implementará el Programa Ciencia para la Paz y la Ciudadanía, con actividades de generación y aplicación de conocimientos e innovaciones que contribuyan a la paz. El programa se desarrollará en los municipios PDET, en espacios territoriales de capacitación y reincorporación, en nuevas áreas de reincorporación y, en general, en territorios en conflicto.*

El desarrollo de la ciencia empieza a tener un viraje: de satisfacer a las demandas internacionales a poner el foco en los "territorios en conflicto, transición y/o consolidación con programas o proyectos de ciencia, tecnología e innovación que den respuesta a demandas sociales, productivas y/o ambientales desarrollados con actores locales" (PND 2022-2026, p. 328). Con ello se da más fuerza al tema de la inclusión y la participación ciudadana permitiendo responder a diversos contextos. Cabe esperar los resultados de esta en los próximos años.

Entre los documentos oficiales que reglamentan la ciencia en el país, se encuentra la Política Nacional de Apropiación Social de la Ciencia, la Tecnología y la Innovación (2022). Por medio de ella, se busca dar respuesta a temas relacionados con el agua, el agro, la energía, la educación, el medio ambiente, la lucha contra la pobreza, y, la paz. La apropiación social integra por medio del trabajo conjunto entre expertos en ciencia, tecnología e innovación y las comunidades locales, generar soluciones basadas en el conocimiento, las cuales pueden transformar la realidad de sus regiones, así como su calidad de vida.

Otro hito que muestra las implicaciones y dificultades de la aplicación de una ciencia para la paz fue el Acuerdo para la paz firmado en 2016. La ciencia, la tecnología y la investigación solamente se "abordan desde el tema agropecuarios, considerándolas un mecanismo por el cual se pretende asegurar la productividad en la reforma rural" (Ordoñez *et al.*, op. cit., 142). Una vez más, la CTeI es entendida como un instrumento de impulso a la eficiencia económica.

Este acuerdo nos permite evidenciar con fuerza los principales retos de la aplicación de la ciencia para la paz. En primer lugar, abordar nuevos temas que vayan más allá de la productividad y competitividad y vinculen otras problemáticas. Segundo, es necesario alcanzar mayores niveles de inclusión social y territorial, es decir vincular a segmentos de la sociedad excluidos y regiones marginadas que no son tomados en cuenta en la formulación de políticas públicas, y más aun de la apropiación y generación de conocimiento científico. A continuación, identificamos como las identidades locales pueden ser una respuesta para afrontar estos retos.

4.2. Las identidades locales como eje articulador de la ciencia para la paz

No se pueden negar los esfuerzos del Estado colombiano para fortalecer la paz en las distintas regiones del país, mucho menos ocultar los avances que en materia de ciencia y tecnología se han alcanzado. Sin embargo, se debe reconocer que aún hoy el Estado desconoce muchas (y continua sin dar respuesta) dinámicas locales surgidas del contexto y de la misma naturaleza del conflicto. Por ello queremos reivindicar el papel que las identidades, los saberes y las prácticas locales pueden traer a la ciencia para la paz.

Es mucho lo que se ha escrito entorno al tema de formación de identidades, sin embargo, para poder aportar a la discusión nos centramos en la teoría de la identidad social; la cual se centra en la distinción entre "nosotros" y "otros" proveniente de la categorización cognitiva del "yo/otro" que induce una percepción de las similitudes intragrupales y las diferencias intergrupales. Esto significa que "los individuos son construidos socialmente por los grupos conceptuales a los que pertenecen" (Cronin, 1999, p. 17). La identidad social se vincula con el sentido de pertenencia, es decir, la auto identificación de cada uno con las características especiales del grupo, lo que implica una "delimitación de las fronteras entre el grupo interno y el grupo externo" (Börzel y Risse, 2020, p. 23).

En este sentido, como narrativa la identidad es el resultado de procesos discursivos. Va más allá de las características culturales comunes, como la lingüística, racial, religiosa, entre un grupo de Estados; implica también las representaciones compartidas que se reflejan en el debate público, los símbolos políticos, las memorias colectivas, y en la competencia por el poder de élite, así como en los discursos de todos aquellos que se involucran en el proceso de construcción de una imagen colectiva (Checkel, 2016, p. 559).

La conceptualización de la identidad como discursiva, política, relacional y social implica que en el discurso se articula un "sí mismo" y una serie de "otros". Dichos discursos se centran en los elementos distintivos de la comunidad nacional que los representa y diferencia. Implican la construcción del "otro", por lo general, percibido como peligro, amenaza y/o enemigo.

Este proceso supondrá un "interés en el bienestar de los demás y, por lo tanto, compartir el entendimiento de que pueden esperar de manera confiable que se abstengan de amenazar o usar la violencia" (Bially, 2005, p. 37). Por otra parte, la identidad colectiva exhibe factores de continuidad y de cambio, a partir de distintas narraciones que conjugan: la valoración de las tradiciones heredadas; los acontecimientos históricos; la apertura a las influencias externas; las aspiraciones acerca de las realidades del presente; y las visiones en torno a los proyectos colectivos de cara al porvenir. De tal modo, que "los elementos compartidos no deben buscarse entre supuestos rasgos culturales objetivos, sino en las experiencias históricas y en las creencias y prácticas que esa experiencia genera" (Grimson, 2008, p. 8).

Es importante señalar aquí que la identificación de las identidades locales implica participar en un comportamiento cooperativo, un actor cambiará gradualmente sus propias creencias sobre quién es, ayudando a internalizar esa nueva identidad por sí mismo. Al enseñar a los demás ya sí mismos a cooperar, en otras palabras, los actores están aprendiendo simultáneamente a identificarse entre sí, a verse a sí mismos como un "nosotros" sujetos a ciertas normas. Esta identificación positiva implica considerar la crisis como una oportunidad para la creatividad y la renovación continua (Muñoz, 2001, p. 36), y que vislumbren futuros transformados en aras del desarrollo de las capacidades humanas deseables. Igualmente, pasar de una identidad negativa, en la cual el "otro" es entendido como enemigo, a una identidad positiva basada en la cooperación y el diálogo es una vía importante tanto para la resolución de conflictos como para la construcción de comunidades pacificas.

Para articular las identidades locales con la ciencia para la paz es necesario partir del reconocimiento de la existencia de distintas identidades territoriales y culturales. Esto implica reivindicar el reconocimiento de la alteridad. Solo a partir de allí, se puede construir conocimiento prestando la debida atención a la diversidad de culturas y tradiciones.

4.3. La ciencia al servicio de la paz y la solución de conflictos

En este último apartado, se formula la necesidad de hacer ciencia, y más aún una verdadera apropiación social de conocimiento, desde lo local. Resulta pertinente analizar las propuestas y los proyectos de construcción de paz alternativos a los propuestos desde las instituciones del Estado. Para ello, se toman dos ejemplos de iniciativas locales, en las que fue posible desarrollar proyectos centrados en los contextos socioculturales, en donde las comunidades no son objetos de estudios sino sujetos constructores de conocimiento.

En primer lugar, queremos resaltar las iniciativas locales de paz presentadas por Mahecha en el artículo "Iniciativas locales de paz: tres casos desde la resistencia civil para la reflexión" (Mahecha, 2018): la Asociación Campesina Integral del Atrato, la Comunidad de Paz de San José de Apartadó y la Asamblea Municipal Constituyente de Mogotes. Las tres son acciones colectivas que cuentan con una agenda orientada a lograr la paz. En especial queremos trabajar el caso de la Asociación Campesina Integral del Atrato (ACIA) que surge en 1982, en el Medio Atrato chocoano. Esta asociación se organizó de forma pacífica con el fin de mejorar sus condiciones de vida y reivindicando su condición étnica; una comunidad de afrodescendientes que reclamaban el reconocimiento étnico y la defensa de sus territorios ancestrales, su cultura y su autonomía. Este es un ejemplo significativo, ya que muestra como:

> *El ejercicio de la autonomía, por su parte, surge de la identidad como pueblo que alimenta la resistencia ancestral. Esta consiste en que sean las comunidades afrocolombianas las que establezcan las normas de convivencia, la relación con el territorio en términos de aprovechamiento y protección de recursos, así como la organización social y productiva (Mahecha, 2018, p. 163).*

En este caso, la tradición cultural, la identidad y los intereses giraron alrededor del reconocimiento del territorio como el lugar donde habitan en comunidad, un espacio de vida que no solo comprende la tierra sino un lugar donde se ha desarrollado la tradición; esta comunidad se organizó de forma pacífica. La segunda experiencia relevante, es la investigación realizada por Castillo en la región de Sumapaz, un ejercicio etnográfico con énfasis en las prácticas "que desde campesinos, científicos y autoridades ambientales producen una ontología política alrededor de la multiplicidad del páramo, agenciando diferentes versiones de este como producto de sus fricciones, cooperaciones y exclusiones" (Castillo, 2020, p. 249). Este trabajo se centró en el estudio tanto del extractivismo como del despojo y el desplazamiento, que, entre otras prácticas, han dañado y creado rupturas en los mundos relacionales de comunidades indígenas, campesinas y afro; pero también son proyectos locales que movilizan agencias más que humanas. Como sustenta Castillo (2020):

> *Por supuesto, han adquirido una escala inmensa en relación con los mundos que pretenden ocupar, valiéndose de traducciones que conciben lo más que humano como "naturaleza", "recursos naturales", "capital natural", "medio ambiente", entre otras. En otras palabras, en los mundos de lo económico, lo estatal y la tecnocracia también hay prácticas locales que producen purificaciones, como la bien conocida entre "naturaleza" y "cultura". Allí intervienen prácticas que asocian agencias más que humanas y ensamblan formas de hacer naturaleza, cultura y por supuesto de traducir asuntos como la paz y el conflicto armado (2020, p. 252)*

Estos dos ejemplos permiten reflexionar sobre la importancia que las identidades locales en la construcción de paz en los territorios en la medida en que se entienda que no es un proceso espontáneo y que requiere de investigación, planeación y de nuevas formas de consolidación. Igualmente, nos permiten pensar que es posible mejorar la participación de los ciudadanos tanto en la construcción de conocimiento como en la formulación políticas relativas a la aplicación de los nuevos conocimientos. Para ello, es fundamental el trabajo de las universidades en la promoción y la modernización de la enseñanza de la ciencia y su coordinación en todos los niveles del ciclo educativo. "Los aportes de la CTeI a la construcción de paz requieren de enfoques educativos y de procesos participativos continuos, dinámicos e inclusivos". Se precisar reforzar la innovación inclusiva, es decir, aquella en la que se tiene en cuenta a las poblaciones más afectadas por la pobreza, la discriminación y la violencia; por medio de la promoción de actividades científicas y procesos de innovación social y tecnológica. Que incluya igualmente los saberes y practicas ancestrales, culturales y locales, con el fin de dar respuestas pertinentes y contextualizadas y la construcción de una paz estable y duradera, sin necesidad de limitarse únicamente a las ideas o proyectos establecidos desde el interés y agendas del gobierno de turno. Para construir una verdadera ciencia para la paz se requiere establecer objetivos orientados a la solución de problemáticas sociales, no solamente económicas o productivas; con una activa participación de los ciudadanos y el compromiso de vincular ciencia y sociedad.

5. CONCLUSIONES

Hablar de ciencia para la paz en Colombia implica no solo un desafío sino también un reto, debido a la diversidad y complejidades de la realidad del país. Los territorios y los contextos locales son los espacios ideales de innovación social, creatividad y producción de nuevo conocimiento. Igualmente, construir ciencia que reivindique lo local favorece el cierre de brechas sociales, la promoción del cuidado del medio ambiente y de construcción de paz.

Como siempre la principal formula para alcanzarlo es la educación. Mediante la alfabetización científica se proveen las herramientas y se crean las capacidades para utilizar la ciencia en la solución de problemas cotidianos. Son precisos los esfuerzos de una educación científica sin discriminación que abarque todos los niveles y modalidades como un requisito previo esencial de la democracia y el desarrollo sostenible. La enseñanza, la transmisión y la divulgación de la ciencia deben construirse sobre esta base. Los principios fundamentales de la paz y la coexistencia deberían ser parte integrante de la enseñanza a todos los niveles.

Los territorios marginados requieren especial atención, si se busca una construcción de soluciones socio-técnicas que fomenten convivencia pacífica. Solo a partir del involucramiento de los distintos sectores de la sociedad y de una política pública de CTeI responsiva a sus necesidades y problemáticas se logra promover un compromiso sobre el uso de la ciencia para las sociedades pacíficas y responsablemente sostenibles.

La ciencia y la tecnología están ciertamente presentes en muchos de los principales conflictos contemporáneos, pero también es cierto que pueden actuar como elementos de transformación pacífica de muchos conflictos sociales. Ello exige repensar el papel de la ciencia y la tecnología en este contexto.

6. REFERENCIAS

Bially Mattern, J. (2005). *In Ordering International Politics*. Routledge.

Börzel, T. A., & Risse, T. (2020). Identity politics, core state powers and regional integration: Europe and beyond. *JCMS: Journal of Common Market Studies, 58*(1), 21-40.

Checkel, J. (2016) The Regional identities and the community. En: T. A. Börzel & T. Risse (Eds.), *The Oxford handbook of comparative regionalism*. Oxford University Press

de Colombia, Gobierno (2010). *Plan nacional de desarrollo 2010-2014. Prosperidad Para Todos*. Departamento Nacional de Planeación.

de Colombia, Gobierno (2015). *Plan Nacional de Desarrollo 2014-2018*. Departamento Nacional de Planeación.

de Colombia, Gobierno (2018). *Plan Nacional de Desarrollo 2018-2022*. Departamento Nacional de Planeación.

de Colombia, Gobierno (2023). *Plan Nacional de Desarrollo 2022-2026*. Departamento Nacional de Planeación.

Cronin, B. (1999). *Community under anarchy. Transnational Identity and the Evolution of Cooperation*. Columbia University Press.

Escobar, A. (2007). *La invención del Tercer Mundo: construcción y deconstrucción del desarrollo*. Fundación Editorial el perro y la rana.

Grandi, J. (2010). La Ciencia para la Paz y el Desarrollo: El papel de la UNESCO. En G. A. Lemarchand (ed.), *Ciencia para la paz y el desarrollo: el caso del Juramento Hipocrático para Científicos* (pp. 11-16). UNESCO. Oficina Regional de Ciencia para América Latina y el Caribe.

Grimson, A. (2008). Identidades nacionales e integraciones regionales. En P. Funes, y Á. Lazzari (coords.), *Explora. Las ciencias en el mundo contemporáneo* (Fascículo 6). Ministerio de Educación Ciencia y Tecnología de Argentina.

Lemarchand, G. A. (2010). Ciencia para la paz y en beneficio de la humanidad: El concepto del Juramento Hipocrático para Científicos. UNESCO. Oficina Regional de Ciencia para América Latina y el Caribe.

Mahecha, J. (2018). Iniciativas locales de paz: tres casos desde la resistencia civil para la reflexión. *Ciencia Política, 13*(26), 153-181.

Ordoñez Matamoros, G., Centeno, J. P., Arond, E., Jaime, A. y Arias, K. (2018). *La paz y los retos de la política de ciencia, tecnología e innovación en Colombia*. En Seguimiento y análisis de políticas públicas en Colombia (pp. 137-169).

ONU (1988). *Resolución 43/61 Asamblea General de las Naciones Unidas "sobre Ciencia y Paz"* (6 de diciembre de 1988). https://n9.cl/rwlkp

de Budapest, Declaración (1999). Declaración sobre la Ciencia y el uso del saber científico. En *Conferencia Mundial sobre la Ciencia para el Siglo XXI: un nuevo compromiso*. ONU.

Romero, P (2009) Hacia una nueva construcción discursiva de la autonomía. En: G. Lechini, V. Klagsbrunn y W. Goncalves (eds.), *Argentina e Brasil: vecendo os presconceitos. As variadas arestas de uma concepción estratégica* (pp.11–12). Revan.

POLÍTICA ECONÓMICA MUNICIPAL Y OBJETIVOS DE DESARROLLO SOSTENIBLE: ESTRATEGIAS ESG EN LOS AYUNTAMIENTOS

Fernando Castelló-Sirvent[1], Marta Peris-Ortiz[1], Eduard Farran-Teixidó[2]

Este capítulo es un resultado de producción académica derivado de los trabajos de transferencia de conocimiento Universidad-Sector Público realizados por los autores para el Ayuntamiento de Cheste de acuerdo con el artículo 83 de la Ley Orgánica 6/2001, de 21 de diciembre, de Universidades (LOU) y el artículo 60 de la Ley Orgánica 2/2023, de 22 de marzo, del Sistema Universitario (LOSU).

1. INTRODUCCIÓN

En las últimas décadas ha aumentado el interés por modelos que permitan actuar para promover estrategias de innovación basadas en la sostenibilidad ambiental (Orlitzky *et al.*, 2011). De hecho, un importante vector de desarrollo surge del fomento de la innovación orientada a la sostenibilidad, fundamentalmente por una reducción de la asimetría de información (McNamara, 2012) de acuerdo con la colaboración público-privada que mejora el conocimiento del mercado y de los recursos disponibles en el Sector Público. En este sentido, las administraciones públicas pueden orientar y acompañar el diseño de convenios de colaboración de carácter económico, ambiental o social. Las asociaciones público-privadas mejoran la eficiencia de la secuencia causal del diseño, la ejecución y los resultados de las políticas (Margerum y Robinson, 2015). No obstante, debe prestarse especial atención al control de las externalidades negativas derivadas de un sesgo en la selección de proyectos invertibles basado en los intereses espurios de los distintos agentes (Di Bar, 2021) y el riesgo moral inherente a la base de los proyectos de inversión. Como consecuencia, en el contexto de asociaciones público-privadas deben diseñarse estrategias específicas para controlar y reducir el riesgo moral (Owusu-Manu *et al.*, 2018; 2020) y, en particular, para conciliar los diferentes intereses particulares, institucionales y privados de cada proyecto de asociación (Warsen *et al.*, 2020).

El presente estudio se configura como un trabajo científico realizado de conformidad con las normas y estándares que permitan llevar a cabo una futura evaluación de las políticas públicas, de acuerdo con un proceso justo, equitativo e incluyente que facilite el avance hacia una sociedad en transición desde múltiples escalas, en un enfoque de abajo hacia arriba, teniendo en cuenta la equidad y la justicia del contexto territorial de orden

1. Universitat Politècnica de València (España)
2. ESIC Business & Marketing School (España)

municipal, tanto para los aspectos étnicos, como de género, las comunidades y minorías, así como los ecosistemas. Este análisis debe tener en cuenta la complejidad de relaciones entre cada uno de estos stakeholders (McCauley y Heffron, 2018), conforme a acciones de colaboración público-privadas (PPP, por sus siglas en inglés: Public-Private Partnership), derivadas de acuerdos entre el ayuntamiento y diferentes actores con presencia en el municipio y/o su área de influencia. En el contexto del diseño estratégico de las Administraciones Públicas, esta investigación reporta un estudio de caso sobre nuevas estrategias que involucran diferentes ODS establecidos en la Agenda 2030 (Fonseca *et al.*, 2020). La innovación tecnológica se entrelaza con la innovación social para generar propuestas de valor para los ciudadanos.

El diseño de políticas públicas debe facilitar la transparencia y se basa en la necesidad de garantizar que la política sea efectiva, incluyente y sostenible. El diseño debe estar sustentado en evidencias derivadas de la participación ciudadana y debe preparar el campo de acción necesario para realizar la medición y análisis de los resultados e impactos de las políticas, tanto a corto como a largo plazo, para mejorar su diseño y aplicación. La transparencia se refiere a la divulgación de información y la apertura del proceso participativo de toma de decisiones con representantes de la sociedad civil, permitiendo que los ciudadanos conozcan cómo se toman las decisiones y cómo se utilizan los recursos públicos. Específicamente, el diseño de la política debe ser consensuado con los actores usuarios de los servicios públicos, quienes deben contribuir a su co-creación.

Esta investigación parte de diferentes propuestas para llevar a cabo estrategias público-privadas capaces de impulsar los cambios necesarios hacia el cumplimiento de los ODS. Estas propuestas fomentan la participación activa de los diferentes segmentos de la población, entendidos como valor clave y motor para la implementación de políticas público-privadas tomando como ámbito referencial el objetivo de promover:

(a) El proceso de generación de nuevas ideas para las políticas públicas está delimitado por factores contingentes basados en la necesidad de una visión compartida de los diferentes actores (Bickerstaff y Walker, 2005; Momen, 2020).

(b) La participación activa de los diversos actores que puede proporcionar los inputs esenciales para sentar las bases de las diferentes Políticas Público-Privadas y mejorar la gobernabilidad. Debido a la configuración de las proposiciones mencionadas y su naturaleza, este artículo se presenta como una investigación basada en aspectos del pensamiento de diseño y el uso, específicamente, del modelo Pentagonal propuesto en un marco participativo de diferentes actores como una forma científica de proponer ideas. Basado en la realidad que puede generar futuras acciones funcionales en términos de asociación público-privada (APP) (Loosemore y Cheung, 2015; Eshun *et al.*, 2020).

Este caso de estudio representa una guía que permite su aplicación y replicabilidad en otras administraciones públicas. Las principales contribuciones de esta investigación implican la clarificación de un campo de estudio difuso, con fuertes implicaciones prácticas para políticos y funcionarios, y un estimulante campo de investigación futura para académicos. El estudio realizado representa una guía para los legisladores, pues ofrece consejos para el diseño de mejores políticas públicas. Además, abre nuevos debates académicos en la literatura sobre transición sociotécnica e innovaciones sociales orientadas a la sostenibilidad. La consecución de los ODS establecidos por la Agenda 2030 puede mejorar la calidad de vida de los ciudadanos. El estudio de caso y su metodología específica de diseño ofrecen sólidos hallazgos para mejorar la gobernabilidad municipal a través de un proceso participativo de co-creación de políticas públicas.

2. OBJETIVOS

Los objetivos de esta investigación se centran en la descripción del contexto del caso de estudio, la identificación de los elementos centrales de actuación del ayuntamiento analizado y la generación de conocimiento relevante que permita guiar y orientar futuras actuaciones en materia de política pública municipal.

Como consecuencia, se describe el marco teórico que facilita la consecución de estos objetivos, describiendo a continuación la metodología empleada y los resultados obtenidos. Finalmente, se presenta una discusión de los principales hallazgos del estudio y se extienden las conclusiones de la investigación que permiten identificar sus limitaciones y futuras líneas de investigación.

3. MARCO TEÓRICO

La gobernanza municipal debe ser contextual, adaptable y resiliente. Los sistemas de participación ciudadana deben integrar procesos inclusivos que tomen en consideración el conjunto de opiniones de la sociedad. En este sentido, es fundamental identificar a todos los actores para que sean incluidos en un proceso de co-creación de políticas públicas que sea inclusivo (Mayangsari y Novani, 2015; Jones, 2018; Bammer, 2019). Este enfoque es coherente con los principios de transparencia democrática y rendición de cuentas (Stasavage, 2003).

La transparencia y la rendición de cuentas son dos principios fundamentales en un sistema democrático (Keohane, 2006). La transparencia se refiere a la obligación de las autoridades públicas de proporcionar información a los ciudadanos para que puedan comprender el funcionamiento del sistema político y los procesos de toma de decisiones (Filgueiras, 2016). Por otro lado, la rendición de cuentas se refiere a la obligación de las autoridades de responder al público por sus acciones y decisiones. Estos dos conceptos están íntimamente relacionados, ya que ambos parten de la idea de que las autoridades deben ser responsables ante los ciudadanos de sus actos y decisiones. La transparencia permite a los ciudadanos conocer cómo funciona el sistema político y los procesos de toma de decisiones, lo que les permite exigir una efectiva rendición de cuentas. Por su parte, la rendición de cuentas obliga a las autoridades a justificar y explicar sus acciones y decisiones, lo que contribuye a incrementar la confianza en el sistema político y fomentar la participación ciudadana. En España, la transparencia democrática y la rendición de cuentas están consagradas en la Constitución y en diversas leyes, como la Ley de Transparencia y la Ley de Función Pública. Es importante seguir trabajando para garantizar que estos principios se cumplan en la práctica y que se brinde una rendición de cuentas adecuada a las autoridades públicas.

La colaboración participativa es un método en el que las partes interesadas se involucran activamente en el diseño e implementación de políticas públicas, para mejorar la calidad y eficacia de estas políticas. Este proceso promueve la rendición de cuentas y la transparencia democrática, ya que involucra a los ciudadanos en el proceso de toma de decisiones en las mejores prácticas de gobierno abierto (Harrison y Sayogo, 2014). Además, la colaboración participativa puede ser una herramienta eficaz para involucrar a la comunidad en el diseño de políticas públicas y fomentar la confianza en el sistema político (Laurian, 2009).

La innovación social puede ser especialmente útil en el diseño de políticas públicas para alcanzar los Objetivos de Desarrollo Sostenible (ODS) de la Agenda 2030 de la ONU.

Alcanzar estos objetivos requerirá colaboración y trabajo conjunto a nivel global y local. En este sentido, estudios de casos recientes destacan los mecanismos de confianza a nivel municipal, tanto orientados a los ODS (Lorenzo-Sáez *et al.*, 2021) como vinculados al desarrollo sostenible (Han *et al.*, 2021).

En el contexto municipal, la colaboración participativa permite a las autoridades locales trabajar más de cerca con la comunidad y adaptar las políticas públicas a las necesidades y prioridades de la comunidad en los desafíos del gobierno abierto (de Magalhães Santos, 2019). Sin embargo, es importante tener en cuenta que el proceso de colaboración participativa puede ser complejo y requiere una planificación cuidadosa y una comunicación eficaz con todas las partes interesadas (Roberts y Bradley, 1991). Es fundamental que el proceso de colaboración participativa sea justo, equitativo e incluyente, y que tenga en cuenta la equidad y la justicia del contexto territorial municipal (Cometta, 2021). La participación ciudadana es un proceso que permite a los ciudadanos tener un papel activo en la toma de decisiones políticas y en la evaluación de las políticas públicas (Kweit y Kweit, 1984). Esta participación es especialmente importante en el contexto de la evaluación ex ante de las políticas públicas, es decir, en el proceso de evaluación que se realiza durante el diseño y antes de la implementación de una política (Fischer, 1993).

Como se ha indicado, la participación de todos los actores involucrados en las políticas públicas (diseño, implementación, beneficiarios, contribuyentes y contribuyentes) es un vector fundamental para desarrollar un proceso de evaluación ex ante de estas políticas públicas (Riedel, 1972). Primero, permite que los ciudadanos tengan mayor influencia en la formulación de políticas que afectan a sus comunidades y sus vidas. Esto es especialmente importante en contextos donde las políticas pueden tener un impacto significativo en la calidad de vida de las personas y en la forma en que se desarrollan sus comunidades. La co-creación de políticas públicas es un proceso en el que diferentes actores, incluidos gobiernos, organizaciones de la sociedad civil y ciudadanos, trabajan juntos para formular y desarrollar políticas públicas. Este enfoque se basa en la idea de que la mejor manera de abordar los problemas y desafíos de la comunidad es involucrar a todos los interesados desde el principio y trabajar juntos para encontrar soluciones sostenibles y a largo plazo (Rosener, 1978).

La innovación social es un enfoque para abordar problemas sociales y económicos que se basa en la colaboración y el trabajo conjunto entre gobiernos, organizaciones de la sociedad civil, empresas y ciudadanos (Osburg y Schmidpeter, 2013). Este enfoque se basa en la idea de que la mejor manera de abordar los problemas sociales es involucrar a todas las partes interesadas desde el principio y trabajar juntas para encontrar soluciones sostenibles y duraderas para la cohesión social y la importancia política (Evers y Ewert, 2015). En las alcaldías, la co-creación de políticas públicas puede ser especialmente importante ya que son el nivel de gobierno más cercano a la ciudadanía y por lo tanto tienen una visión más clara de las necesidades y desafíos de sus comunidades (Osborne *et al.*, 2016). Además, los municipios tienen la responsabilidad de implementar políticas a nivel local y, por lo tanto, es importante que estas políticas reflejen las necesidades y prioridades de la comunidad. Las políticas públicas municipales deben llevarse a cabo de diferentes maneras, incluidos talleres, grupos focales, encuestas en línea y reuniones públicas. Es importante que estos procesos de co-creación sean inclusivos y equitativos, y que permitan que se escuchen todas las voces. En este sentido, las dinámicas de desarrollo colaborativo se configuran como un proceso esencial para asegurar que las políticas reflejen las necesidades y prioridades de la comunidad y para garantizar que estas políticas sean equitativas y sostenibles en el largo plazo (Alves, 2013).

Además, la participación ciudadana en la evaluación ex ante de las políticas públicas también puede mejorar la calidad de las políticas y aumentar su efectividad. Los ciudadanos pueden brindar una perspectiva valiosa y única sobre las necesidades y los desafíos de sus comunidades, y esto puede ayudar a identificar problemas que pueden no haber sido considerados por los tomadores de decisiones políticas. Además, la participación ciudadana puede ayudar a que las políticas sean más equitativas y justas, ya que permite que las voces de todos los grupos de la sociedad sean escuchadas y tenidas en cuenta (Jukić *et al.*, 2013). Este proceso puede mejorar la transparencia y la rendición de cuentas en el proceso de toma de decisiones políticas. Al involucrar a los ciudadanos en el proceso de evaluación, se puede aumentar la confianza de la sociedad en sus instituciones y en la democracia en general. Además, la participación ciudadana puede ayudar a evitar conflictos y confrontaciones innecesarias al permitir que los ciudadanos expresen sus preocupaciones y opiniones en las primeras etapas del proceso de toma de decisiones.

En definitiva, la participación ciudadana en la evaluación ex ante de las políticas públicas es fundamental para garantizar que las políticas sean equitativas, eficaces y justas (Holbrook y Frodeman, 2011). La innovación social puede ser una herramienta valiosa para el diseño de políticas públicas que apoyen el logro de los ODS de diversas formas. Primero, puede ayudar a identificar problemas y desafíos específicos en las comunidades y desarrollar soluciones innovadoras y sostenibles para abordarlos. Además, la innovación social también puede ayudar a involucrar a todas las partes interesadas en el proceso de formulación de políticas, lo que puede aumentar la eficacia y la sostenibilidad de estas políticas a largo plazo. Las estrategias de innovación social y co-creación son un enfoque valioso para el diseño de políticas públicas que apoyen el logro de los ODS de la Agenda 2030 (Brandsen *et al.*, 2018). Al involucrar a todas las partes interesadas y trabajar juntos para encontrar soluciones innovadoras y sostenibles, podemos lograr una sociedad más justa y sostenible para todos.

4. METODOLOGÍA

El caso de estudio se ha construido combinando la observación directa de los investigadores con entrevistas en profundidad a funcionarios y políticos de la administración local. Complementariamente, se han realizado dinámicas basadas en la metodología *design thinking* bajo el paradigma *system thinking*. Finalmente, la ideación y realización de soluciones se ha llevado a cabo tras la generación de ideas a través de grupos focales. Otros informes de gestión o informes ejecutivos de las iniciativas mencionadas en el caso también han sido fuente de material para la elaboración de este artículo. Esta sección aborda en detalle la metodología desarrollada para el diseño del estudio de caso y el desarrollo de políticas públicas municipales basadas en la co-creación ciudadana participativa, en conexión con los ODS.

Como se ha informado, se aplicó una metodología basada en el *system thinking* (Rowe, 1991) bajo el paradigma del pensamiento sistémico llevado a cabo en torno a las tres grandes áreas. Temas encomendados en la contratación de servicios por parte del cliente. La metodología de *design thinking* ha sido aplicada en diversos contextos de pensamiento sistémico (Espejo, 1994) y en el trabajo encomendado se utilizó como una metodología mixta orientada a la innovación de sistemas, siguiendo un enfoque ampliamente utilizado en el campo del diseño y desarrollo de políticas públicas (Alamanos *et al.*, 2022). Además, las metodologías de pensamiento de diseño tienen implicaciones importantes para la gobernanza y la dirección institucional, particularmente en el aprendizaje de las organizaciones públicas y privadas en entornos VUCA (volátiles, inciertos, complejos y ambiguos) (Cousins, 2018).

La metodología utilizada permitió comprender la naturaleza de los problemas analizados, de tal forma que se facilitó una visión compartida, facilitando un proceso de innovación sistémica. Se produjo un diálogo autorrecursivo que permitió un proceso de reflexión grupal, en atención a la heterogeneidad con que se realizó el diseño de la investigación y la selección de los participantes en las dinámicas propuestas, para nutrir y ampliar los puntos de vista y aprovechar de la diversidad como elemento dinamizador del proceso de co-creación participativa.

5. RESULTADOS

En esta sección se presentan los resultados del estudio focalizados en los hallazgos de acuerdo con el caso de estudio realizado. Esta sección se estructura de acuerdo con los diferentes bloques de análisis del caso de estudio : (a) Plan de empleo Chestemple@; (b) Plan de participación ciudadana #ChesteDECIDE ; (c) Actuaciones orientadas a mejorar la transparencia y la rendición de cuentas ; (d) Actuaciones orientadas a impulsar la transición energética y la sostenibilidad.

5.1. Plan de empleo Chetemple@

La concejalía de empleo del Ayuntamiento promovió una evaluación pública del entorno económico que repercute en la totalidad del mercado laboral. El análisis incluye a aspirantes a empleo y empresas, dentro de un radio de 20 km del municipio, evaluando exhaustivamente el perfil de los solicitantes de empleo considerando aspectos como género, equidad y riesgo de pobreza crónica. Los hallazgos señalan tres obstáculos en el sector laboral: condiciones de trabajo desfavorables, barreras empresariales (como facturación y ausentismo), y un déficit en capacitación en los requerimientos del cargo. Además, se destacan problemas de seguimiento de habilidades y actualización de currículums.

Las consecuencias visibles abarcan las peculiaridades del mercado laboral, la carencia de recursos administrativos, la pérdida de incentivos previos, dificultades de desplazamiento y equilibrio vida-trabajo, y problemas de información y motivación. Como catalizadores se identifican la orientación de la Capacitación hacia formación profesional y talleres laborales; la Colaboración Institucional para mejorar comunicaciones regionales y locales; y la Reestructuración de las bolsas de trabajo para fomentar el empleo local. Las soluciones se enfocan en el desarrollo de un plan integral de empleo, definiendo grupos prioritarios y directrices para la política pública de empleo. Información adicional está disponible en el Anexo 1, donde se describen las metodologías aplicadas y perfiles de los participantes.

5.2. Plan de participación ciudadana #ChesteDECIDE

En estos años, el equipo de gobierno del Ayuntamiento de Cheste decidió promover la participación ciudadana a través de presupuestos participativos, en los que se expresaba el interés de los votantes en asignar una gran partida presupuestaria para el diseño de uso por los ciudadanos. Desde 2017, la iniciativa #ChesteDECIDE ha estado activa, incluyendo propuestas de inversión basadas en presupuestos participativos que son votados por los habitantes del pueblo. Además, tras el Estado de Alarma de 2020, el Ayuntamiento lanzó una iniciativa participativa destinada a generar debate ciudadano para la Plaza Doctor Cajal, sede del edificio en el que se encuentran las diferentes unidades estratégicas del consejo municipal, con el objetivo de ampliar su uso y democratizar el uso de los espacios públicos municipales.

Este proceso de participación ciudadana intentó someter el nuevo diseño de la Plaza Doctor Cajal a la evaluación y decisión colaborativa entre vecinos, asociaciones y personal técnico del Ayuntamiento. La necesidad de repensar la Plaza a través de la participación ciudadana ha sido una de las demandas incluidas en el presupuesto participativo #ChesteDECIDE en los últimos años. Además, tras la situación de pandemia vivida, se hizo necesario debatir el futuro de los espacios públicos de la población, aumentando la importancia de tener calles y plazas seguras adaptadas a las necesidades de todas las personas.

La iniciativa incluyó, entre otros, los siguientes bloques:

a) 1. 1. Respuesta a una encuesta detallada.
b) 2. 2. Formulación de talleres colaborativos.
c) 3. 3. Realización de visitas y recogida de opiniones y requisitos.
d) 4. 4. Recopilación de documentación asociada al proyecto propuesto (historias, información, fotografías, cartografía, audio y otros documentos históricos).

Los procesos de participación ciudadana y presupuestos colaborativos son transversales a diferentes unidades estratégicas del Ayuntamiento y a varias concejalías.

5.3. Actuaciones orientadas a mejorar la transparencia y la rendición de cuentas

La recién establecida concejalía de Transparencia del Ayuntamiento de Cheste ha desarrollado e implementado un Portal de Transparencia en su plataforma digital con el objetivo de proveer información precisa, confiable y relevante sobre las actividades del Ayuntamiento a los ciudadanos. Este esfuerzo se enmarca dentro de un intento de aproximar a los ciudadanos a su institución más cercana y aumentar la confianza en su gestión. Paralelamente, el Ayuntamiento se esfuerza por consolidar la cultura de transparencia en la gestión de recursos públicos, receptividad a las opiniones ciudadanas y la rendición de cuentas. Este énfasis en la transparencia y responsabilidad no solo cumple con los marcos legales existentes, sino que es promovido de manera voluntaria como un rasgo distintivo de las operaciones diarias y análisis de la institución. El avance hacia una mayor transparencia posibilita una mejora en la organización interna y un incremento de la confianza ciudadana en el Ayuntamiento. Este empoderamiento ciudadano intensifica la demanda y mejora los sistemas de control y auditoría del gobierno electrónico. La transparencia y la rendición de cuentas se complementan en la medida en que facilitan el desarrollo de mecanismos de participación y colaboración ciudadana, presentándose en distintos grados y formas, desde lo reactivo hasta lo colaborativo.

Dentro de este marco de actuación, destaca la iniciativa #DóndeVanMisImpuestos, que permite a los ciudadanos comprender de manera detallada cómo se distribuye y utiliza el presupuesto municipal. Así, la implementación de políticas de transparencia y responsabilidad está dirigida a conseguir mejoras sociales y económicas basadas en equidad, transparencia y corresponsabilidad de las decisiones tomadas, involucrando a diversos actores sociales. Finalmente, todas estas acciones se alinean con los Objetivos de Desarrollo Sostenible (ODS) planteados en la Agenda 2030. El Departamento de Transparencia del Ayuntamiento de Cheste considera estas políticas como una estrategia de largo plazo hacia el 2030, siendo una de las claves fundamentales el fomento de alianzas para alcanzar los objetivos propuestos, iniciando con las alianzas entre los actores interesados y el Ayuntamiento.

5.4. Actuaciones orientadas a impulsar la transición energética y la sostenibilidad

El 1 de octubre de 2021 se presentó el proyecto Cheste Luz Verde, reconocido por la Generalitat como una iniciativa pionera en consumo energético sostenible. Esta propuesta representa una alternativa de consumo energético más económica y respetuosa con el medio ambiente, a través de la instalación de paneles solares en diferentes áreas del municipio, aprovechando óptimamente los recursos disponibles.

El proyecto preliminar inicial evaluó la necesidad de paneles solares, espacios, potencia e inversión, contemplando los beneficios directos e indirectos. Con respaldo de expertos y el apoyo de los Departamentos de la Generalitat Valenciana para Participación y Transición Ecológica, y el Ministerio de Consumo, se planifican las infraestructuras necesarias para su implementación. El proyecto dispondrá de 30 espacios municipales, totalizando 100,000 metros cuadrados, para producir energía suficiente para cubrir el consumo de 6,000 familias. Generará 1.8 millones de euros al año, resultando en una disminución del 20 al 40 por ciento en la factura eléctrica para los vecinos. Su impacto ambiental será significativo, equivalente a plantar 288,000 árboles y reducir casi 19,000 toneladas de emisiones de CO_2.

Cheste Luz Verde es un programa integral que promueve la energía renovable, autoconsumo, suministro de proximidad, ahorro de recursos, economía circular y nueva gestión de espacios públicos para la transición energética. Está en consonancia con los objetivos de desarrollo sostenible de la Agenda 2030 de la ONU, demostrando el valor de los municipios como motores en el cambio de modelo económico. Como consecuencia, el Ayuntamiento de Cheste ha establecido relaciones colaborativas con organizaciones públicas y privadas de ámbito local, regional, nacional y europeo. La alianza entre administraciones, sociedad civil y empresas privadas es necesaria para avanzar en el logro de estos objetivos y permitir que iniciativas como Cheste Luz Verde puedan ser exportadas a otros municipios, con el objetivo de alcanzar un mundo más justo y solidario.

6. DISCUSIÓN

El Ayuntamiento de Cheste se esfuerza por mejorar la calidad de vida de sus ciudadanos a través del desarrollo equitativo, habitable y viable, facilitando prácticas saludables y sostenibles. La figura de las tres esferas del desarrollo (económico, social y ambiental) ilustra el paradigma del desarrollo sostenible, proporcionando un marco para el análisis del desarrollo en Cheste.

El gobierno municipal tiene una visión futura de sostenibilidad. A través de su estrategia, busca fortalecer la prosperidad económica y la sostenibilidad ambiental de su comunidad. Esto se logra creando oportunidades para que tanto empresas como individuos prosperen y fomentando la participación ciudadana en la toma de decisiones (Gazzola y Pellicelli, 2009). En este sentido, el enfoque adoptado por el Ayuntamiento de Cheste se alinea con la Economía para el Bien Común (Felber, 2012). Fomenta la participación ciudadana en la asignación de recursos públicos, promoviendo la sostenibilidad social y ambiental y el bienestar común. Esta estrategia sigue la dirección contemporánea que se enfrenta a los límites del crecimiento económico y la escasez de recursos.

El compromiso del Ayuntamiento con la responsabilidad social se manifiesta a través de su análisis y gestión de las externalidades de sus actividades. Trata de maximizar las externalidades positivas y minimizar las negativas. Además, se esfuerza por implementar los Objetivos de Desarrollo Sostenible (ODS) para abordar problemas globales, como la pobreza, la desigualdad y el cambio climático, y asegurar la sostenibilidad a largo plazo. El consistorio reconoce que las entidades públicas pueden tener un gran impacto en la sociedad. A través de su presencia diaria, las entidades locales pueden influir en las decisiones de los ciudadanos e impulsar la adopción de los ODS. A pesar de las restricciones fiscales, las entidades locales pueden centrarse en el desarrollo social y medioambiental, sin buscar necesariamente la rentabilidad económica. Siguiendo a Mitchell *et al.* (1997), el Ayuntamiento de Cheste se compromete a incluir consciente y deliberadamente a todos los stakeholders en su enfoque de responsabilidad social.

7. CONCLUSIONES

La promoción de innovación eficaz requiere un enfoque holístico que incorpore la sostenibilidad y la participación de todos los actores involucrados. Los ayuntamientos pueden impulsar transformaciones sociotécnicas duraderas incluyendo actores latentes, expectantes y definitivos en el diseño y evaluación de políticas locales. Este enfoque inclusivo puede mejorar la toma de decisiones y los resultados de las políticas públicas. Las Asociaciones Público-Privadas (APP) permiten la eficiencia en las transiciones sociotécnicas al aprovechar el conocimiento del mercado y los recursos administrativos. Así, la administración puede involucrar a empresas y ciudadanos en la mejora de la participación, impulsando la transformación sociotécnica y el cumplimiento eficaz de los Objetivos de Desarrollo Sostenible (ODS) de la Agenda 2030.

Este estudio examina la estrategia exitosa de una administración pública local española, cuyos resultados son extrapolables a otros municipios. El ayuntamiento de Cheste logró una representación mediática relevante con su estrategia de sostenibilidad, superando las barreras locales y logrando repercusión nacional. La investigación presentada en este capítulo ofrece una guía de secuencia para el desarrollo de una estrategia verde, relacionándola con la participación ciudadana y la mejora de la empleabilidad. Sostiene que la rendición de cuentas de la administración local debe comprender la evaluación formativa de los funcionarios y políticos locales, involucrando a todos los actores en los procesos de evaluación ex ante y ex post.

La estrategia de desarrollo sostenible local debe ser diseñada y ejecutada desde una perspectiva de abajo hacia arriba, con mecanismos de coordinación y co-creación de valor. Se destaca la importancia de la transparencia democrática, la relevancia de la información del mercado laboral local y la eficacia de los sistemas de movilidad y electrificación a nivel municipal para impulsar la transición energética. El estudio presenta limitaciones, principalmente por su enfoque concentrado en un único caso, sin embargo, proporciona orientación valiosa para políticos y funcionarios locales en el diseño de políticas públicas exitosas, facilitando el logro de los ODS de la Agenda 2030.

Las limitaciones de este estudio deben ser tenidas en cuenta, dado que abren posibilidades para futuras investigaciones. En primer lugar, el enfoque de estudio de caso único puede limitar la generalización de los hallazgos, ya que se basa en un entorno geográfico, económico y social específico. Por lo tanto, sería beneficioso realizar investigaciones adicionales que extiendan estos hallazgos a otros municipios. Futuras líneas de investigación podrían centrarse en ciudades medianas y grandes, lo que permitiría comparar y contrastar resultados, y así avanzar en el debate académico en este campo del conocimiento. Asimismo, sería valioso realizar investigaciones empíricas basadas en muestras más amplias para validar y expandir los hallazgos de este estudio. Por último, se podría explorar el análisis de la heterogeneidad social para profundizar en el debate académico y evolucionar en la comprensión científica del impacto y la eficacia de las políticas públicas impulsadas por factores ambientales, sociales y de gobernanza (ESG) en diferentes contextos municipales.

8. REFERENCIAS

Alamanos, A., Koundouri, P., Papadaki, L. y Pliakou, T. (2022). A system innovation approach for science-stakeholder interface: theory and application to water-land-food-energy nexus. *Frontiers in Water*, 3, 209. https://doi.org/10.3389/frwa.2021.744773

Alves, H. (2013). Co-creation and innovation in public services. *The service industries journal*, *33*(7-8), 671-682. https://doi.org/10.1080/02642069.2013.740468

Bammer, G. (2019). Key issues in co-creation with stakeholders when research problems are complex. *Evidence & Policy*, *15*(3), 423-435. https://doi.org/10.1332/17442641 9X15532579188099

Bickerstaff, K. y Walker, G. (2005). Shared visions, unholy alliances: Power, governance and deliberative processes in local transport planning. *Urban Studies*, *42*(12), 2123-2144. https://doi.org/10.1080/00420980500332098

Brandsen, T., Steen, T. y Verschuere, B. (2018). Co-creation and co-production in public services: Urgent issues in practice and research. En *Co-production and co-creation* (pp. 3-8). Routledge. http://bit.ly/3sBkiac

Cometta, M. (2021). Territorial justice and equity criteria–spatial planning in Ticino. *Geographica Helvetica*, *76*(4), 459-469. https://doi.org/10.5194/gh-76-459-2021

Cousins, B. (2018). Design thinking: Organizational learning in VUCA environments. *Academy of Strategic Management Journal*, *17*(2), 1-18. http://bit.ly/3R1Hokb

de Magalhães Santos, L. G. (2019). Toward the open government ecosystem: Connecting e-participation models and open government to analyze public policies. En *Governance models for creating public value in open data initiatives* (pp. 85-102). Springer. https://doi.org/10.1007/978-3-030-14446-3_4

Di Bari, A. (2021). A barrier real option approach to evaluate public–private partnership projects and prevent moral hazard. *SN Business & Economics*, *1*(3), 1-19. https://doi.org/10.1007/s43546-021-00042-z

Eshun, B. T. B., Chan, A. P. C. y Osei-Kyei, R. (2020). Conceptualizing a win–win scenario in public–private partnerships: evidence from a systematic literature review. *Engineering, Construction and Architectural Management*. https://doi.org/10.1108/ECAM-07-2020-0533

Espejo, R. (1994). What is systemic thinking? *System Dynamics Review*, *10*(2-3), 199-212. https://doi.org/10.1002/sdr.4260100208

Evers, A. y Ewert, B. (2015). Social innovation for social cohesion. En *New frontiers in social innovation research* (pp. 107-127). Palgrave Macmillan. http://bit.ly/3L3f0KT

Felber, C. (2012). *La economía del bien común*. Deusto.

Filgueiras, F. (2016). Transparency and accountability: principles and rules for the construction of publicity. *Journal of Public Affairs*, *16*(2), 192-202. https://doi.org/10.1002/pa.1575

Fischer, F. (1993). Citizen participation and the democratization of policy expertise: From theoretical inquiry to practical cases. *Policy Sciences, 26*(3), 165-187. https://doi.org/10.1007/BF00999715

Fonseca, L. M., Domingues, J. P. y Dima, A. M. (2020). Mapping the sustainable development goals relationships. *Sustainability, 12*(8), 3359. https://doi.org/10.3390/su12083359

Gazzola, P. y Pellicelli, M. (2009). Sustainable Management and Total Quality Management in Public Organizations with Outsourcing. *Economics and Quantitative Methods (Varese: Department of Economics, University of Insubria)*. https://econpapers.repec.org/RePEc:ins:quaeco:qf0901

Han, Z., Jiao, S., Zhang, X., Xie, F., Ran, J., Jin, R. y Xu, S. (2021). Seeking sustainable development policies at the municipal level based on the triad of city, economy and environment: evidence from Hunan province, China. *Journal of Environmental Management*, 290, 112554. https://doi.org/10.1016/j.jenvman.2021.112554

Harrison, T. M. y Sayogo, D. S. (2014). Transparency, participation, and accountability practices in open government: A comparative study. *Government Information Quarterly, 31*(4), 513-525. https://doi.org/10.1016/j.giq.2014.08.002

Holbrook, J. B. y Frodeman, R. (2011). Peer review and the ex ante assessment of societal impacts. *Research Evaluation, 20*(3), 239-246. https://doi.org/10.3152/095820211X12941371876788

Jones, P. (2018). Contexts of co-creation: Designing with system stakeholders. En *Systemic Design* (pp. 3-52). Springer. https://doi.org/10.1007/978-4-431-55639-8_1

Jukić, T., Vintar, M. y Benčina, J. (2013). Ex-ante evaluation: Towards an assessment model of its impact on the success of e-government projects. *Information Polity, 18*(4), 343-361. https://doi.org/10.3233/IP-130320

Keohane, R. O. (2006). Accountability in World Politics1. *Scandinavian Political Studies, 29*(2), 75-87. https://doi.org/10.1111/j.1467-9477.2006.00143.x

Kweit, M. G. y Kweit, R. W. (1984). The politics of policy analysis: The role of citizen participation in analytic decisionmaking. *Review of Policy Research, 3*(2), 234-245. https://doi.org/10.1111/j.1541-1338.1984.tb00117.x

Laurian, L. (2009). Trust in planning: Theoretical and practical considerations for participatory and deliberative planning. *Planning theory & practice, 10*(3), 369-391. https://doi.org/10.1080/14649350903229810

Loosemore, M. y Cheung, E. (2015). Implementing systems thinking to manage risk in public private partnership projects. *International Journal of Project Management, 33*(6), 1325-1334. https://doi.org/10.1016/j.ijproman.2015.02.005

Lorenzo-Sáez, E., Lerma-Arce, V., Coll-Aliaga, E. y Oliver-Villanueva, J.-V. (2021). Contribution of green urban areas to the achievement of SDGs. Case study in Valencia (Spain). *Ecological Indicators*, 131, 108246. https://doi.org/10.1016/j.ecolind.2021.108246

Margerum, R. D. y Robinson, C. J. (2015). Collaborative partnerships and the challenges for sustainable water management. *Current Opinion in Environmental Sustainability*, 12, 53-58. https://doi.org/10.1016/j.cosust.2014.09.003

Mayangsari, L. y Novani, S. (2015). Multi-stakeholder co-creation analysis in smart city management: an experience from Bandung, Indonesia. *Procedia Manufacturing*, 4, 315-321. https://doi.org/10.1016/j.promfg.2015.11.046

McCauley, D. y Heffron, R. (2018). Just transition: Integrating climate, energy and environmental justice. *Energy Policy*, 119, 1-7. https://doi.org/10.1016/j.enpol.2018.04.014

McNamara, M. (2012). Starting to untangle the web of cooperation, coordination, and collaboration: A framework for public managers. *International Journal of Public Administration, 35*(6), 389-401. https://doi.org/10.1080/01900692.2012.655527

Mitchell, R. K., Agle, B. R. y Wood, D. J. (1997). Toward a theory of stakeholder identification and salience: Defining the principle of who and what really counts. *Academy of Management Review, 22*(4), 853-886. https://doi.org/10.5465/amr.1997.9711022105

Momen, M. N. (2020). Multi-stakeholder partnerships in public policy. *Partnerships for the goals. Encyclopedia of the UN sustainable development goals*, 1-9.

Orlitzky, M., Siegel, D. S. y Waldman, D. A. (2011). Strategic corporate social responsibility and environmental sustainability. *Business & Society, 50*(1), 6-27. https://doi.org/10.1177/0007650310394323

Osborne, S. P., Radnor, Z. y Strokosch, K. (2016). Co-production and the co-creation of value in public services: a suitable case for treatment? *Public Management Review, 18*(5), 639-653. https://doi.org/10.1080/14719037.2015.1111927

Osburg, T. y Schmidpeter, R. (2013). Social innovation. *Solutions for a sustainable future.* https://doi.org/10.1080/14719037.2015.1111927

Owusu-Manu, D.-G., Edwards, D. J., Kukah, A. S., Parn, E. A., El-Gohary, H. y Hosseini, M. R. (2018). An empirical examination of moral hazards and adverse selection on PPP projects: A case study of Ghana. *Journal of Engineering, Design and Technology.* https://doi.org/10.1108/JEDT-01-2018-0001

Owusu-Manu, D.-G., Kukah, A. S., Boateng, F., Asumadu, G. y Edwards, D. J. (2020). Exploring strategies to reduce moral hazard and adverse selection of Ghanaian public–private partnership (PPP) construction projects. *Journal of Engineering, Design and Technology.* https://doi.org/10.1108/JEDT-05-2020-0195

Riedel, J. A. (1972). Citizen participation: Myths and realities. *Public Administration Review, 32*(3), 211-220. https://doi.org/10.2307/975275

Roberts, N. C. y Bradley, R. T. (1991). Stakeholder collaboration and innovation: A study of public policy initiation at the state level. *The Journal of applied behavioral science, 27*(2), 209-227. https://doi.org/10.1177/0021886391272004

Rosener, J. B. (1978). Citizen participation: Can we measure its effectiveness? *Public Administration Review*, 457-463. https://www.jstor.org/stable/975505

Rowe, P. G. (1991). *Design thinking.* MIT press.

Stasavage, D. (2003). Transparency, democratic accountability, and the economic consequences of monetary institutions. *American Journal of Political Science, 47*(3), 389-402. https://doi.org/10.1111/1540-5907.00028

Warsen, R., Greve, C., Klijn, E. H., Koppenjan, J. F. M. y Siemiatycki, M. (2020). How do professionals perceive the governance of public–private partnerships? Evidence from Canada, the Netherlands and Denmark. *Public Administration, 98*(1), 124-139. https://doi.org/10.1111/padm.12626

LAS SEMÁNTICAS SOBRE LO INDÍGENA EN LA PROPUESTA DE NUEVA CONSTITUCIÓN CHILENA (2022)

Cleyton Cortés Ferreira[1]

El presente texto forma parte del proyecto de tesis "La Convención constitucional chilena y los pueblos indígenas: el uso estratégico del patrimonio cultural para la autodeterminación y la propuesta de otros modelos de sociedad", la que es ejecutada en el programa de Doctorado en Estudios Americanos de la Universidad de Santiago de Chile y financiada mediante la Beca Doctorado Nacional por la Agencia Nacional de Investigación y Desarrollo de Chile (ANID)[2].

1. INTRODUCCIÓN

Desde la segunda mitad del siglo XX, los movimientos indígenas en América Latina han logrado instalar una agenda de reivindicaciones y demandas políticas en la esfera pública. Han influido en sus contextos sociales generando espacios de movilización, protesta y situaciones políticas de gran interés. Además, han logrado internacionalizar sus reivindicaciones al punto de concretar parte de estas demandas en instrumentos internacionales, siendo referencias para las luchas políticas nacionales y locales. Este periodo corresponde al momento de mayor articulación que han logrado los pueblos indígenas luego de la conformación de los Estado-nación iniciada en el siglo XIX (Zapata & Oliva, 2019).

En América Latina, los Estados fueron introduciendo reformas y políticas sociales de carácter multicultural o pluricultural desde fines del siglo XX. Estas buscaron reconocer una ciudadanía culturalmente diferenciada, recurriendo principalmente al idioma, a las iniciativas culturales, a la educación y a la salud interculturales (Bello, 2009). Sin embargo, se ha conformado una extensa crítica latinoamericana que considera que estas políticas de reconocimiento de tipo multicultural no son suficientes, ya que la promoción de la diversidad cultural no bastaría para superar las desigualdades y jerarquías raciales que afectan a las poblaciones indígenas de los diferentes Estados (Aguas & Nahuelpan, 2019; Richards, 2016; Zapata, 2019).

En el caso chileno, un cambio relevante de este escenario lo marcó el Estallido social de 2019. En el contexto de las negociaciones para llevar a cabo una salida política del conflicto, se acordó la realización de una Convención constitucional con escaños reservados para

1. Universidad de Santiago de Chile.
2. Financiamiento: ANID-Subdirección de Capital Humano/Doctorado Nacional/2021-21211327

los Pueblos indígenas, lo que buscaba garantizar la participación de sus representantes en el proceso político de creación de una nueva carta magna. En ese sentido, el proceso constituyente fue una oportunidad histórica en relación con las demandas de los movimientos indígenas, las que fueron articuladas en la idea de Plurinacionalidad (Carril et al., 2021; Figueroa, 2020; Millaleo, 2021; Pairican, 2022). Tras el rechazo de la Propuesta de Nueva Constitución (PNC), la inclusión de los pueblos indígenas continúa siendo uno los temas de mayor controversia en el debate público en el proceso de cambio constitucional (Estupiñán & Gómez, 2023).

2. OBJETIVOS

Considerando este escenario, el objetivo en este texto es conocer las terminologías que forman parte del vocabulario político asociado a los pueblos indígenas. Para indagar estos términos, se recurre a la Propuesta de Nueva Constitución (PNC), resultado del proceso constituyente chileno de 2021 y 2022, identificando algunos términos con los cuales se ha politizado lo indígena.

Tras ese ejercicio de revisión terminológica, un segundo objetivo es analizar los conceptos de 'preexistencia', 'cultura' y 'tradición' en relación con la 'libre determinación' y la 'autonomía'. Este análisis permite distinguir matices en los procesos de significación que ciertos conceptos producen en relación con lo indígena en la PNC.

3. MARCO TEÓRICO

La politización es entendida como la transformación en algo político respecto a un asunto que no lo era. Esto opera como una disputa sobre lo que puede y debe ser socialmente decidido. Para Tello (2019), consiste en un proceso de concientización política que permite pasar de la indiferencia frente a cierto problema social, reconociéndose como sujeto político capaz de ejercer una ciudadanía activa. La definición realizada en el *Informe Desarrollo Humano en Chile. Tiempos de la politización del Programa de Naciones Unidas para el Desarrollo* (PNUD) resulta esclarecedora para este caso:

> *La politización es, entonces, una discusión sobre la estructura y las relaciones de poder al interior de la sociedad, y un cuestionamiento de los criterios de distinción y exclusión sobre los que se fundan. En el nivel de lo político implica una disputa por los temas que pueden ser sometidos a la deliberación pública, pero también por los actores con legitimidad para participar de ella, por las semánticas y categorías legítimas a través de las cuales enunciar esa disputa, y por el papel de las instituciones y los tipos de subjetividad posibles (Güell et al., 2015: 53-54).*

En el caso de los procesos de politización relacionados con los pueblos indígenas, estos han sido referidos de diferentes maneras en las investigaciones sobre la materia. Por ejemplo, se le ha denominado politización de la etnicidad (Bretón, 2015; Gálvez, 2022; Serbin, 1980), politización de lo étnico (Kaltmeier, 2007), politización de la diferencia -cultural y/o étnica- (Levalle, 2019; Salazar, 2019) y politización de la cultura (Antileo, 2019; Wright, 1998). En todos estos casos, el énfasis está puesto principalmente en el agenciamiento de los movimientos indígenas a partir de la identificación étnica, especialmente desde la segunda mitad del siglo XX.

En el caso de este trabajo, el interés se encuentra en estudiar el trabajo político para el que ha sido utilizada la categoría 'indígena'. Por ello, resulta más pertinente referirse a la politización de lo indígena, buscando explorar las maneras en que se ha desplegado el término 'indígena' como herramienta política para lograr ciertos efectos materiales. El enfoque está situado en los usos políticos de lo indígena y no en los procesos de politización de los pueblos indígenas. En ese sentido, la politización de lo indígena que está siendo planteada puede ser llevada a cabo tanto por personas que se identifican como indígenas como por personas que no lo hacen.

Respecto al proceso de politización, la atención está puesta en las semánticas y categorías legítimas a través de las cuales se enuncia la disputa sobre 'lo indígena'. Interesa explorar, por ejemplo, como se constituyen actores, se define la situación y se orientan las estrategias y recursos para la acción (Argüello, 2019). Los conceptos pueden ser estudiados como sitios de lucha política en el marco de las disputas por la correcta definición del mundo y de las entidades que lo componen. En ese sentido, más que ser fuentes de certidumbre se convierten en lugares de exploración de las incertidumbres de lo social (Cordero, 2021).

Este interés en los conceptos implica ubicar lo 'indígena' en una constelación de términos con los cuales ha sido puesto en interacción. Esto se puede advertir al revisar los instrumentos internacionales y las normativas nacionales para la protección de los pueblos indígenas, en las discusiones científicas y académicas, y en el debate público. Por ejemplo, respecto al nivel de reconocimiento se suele utilizar términos como etnia, pueblo o nación (Larraín, 1993; Millaleo, 2019). En relación con su especificidad, se utilizan términos como cultura, cosmovisión o filosofía (Ñanculef, 2003). En referencia a sus derechos políticos, se usan términos como autonomía, autogobierno o libre determinación (Antivil et al., 2021). O sobre sus derechos intelectuales, se usan términos como conocimiento tradicional, folclore, patrimonio, propiedad cultural e intelectual (Huenchuan, 2017).

Este esfuerzo por modelar 'lo indígena' está en constante movimiento. Hay términos que pierden protagonismo o dejan de ser utilizados por múltiples razones y otros se crean para sustituirlos. Un ejemplo es el concepto folclor, plenamente vigente durante el siglo XIX y en la primera mitad del siglo XX. Sin embargo, en este trayecto entró en crisis y comenzó a ser reemplazado por la noción de cultura tradicional y popular, para luego ser sustituido por el término de patrimonio cultural inmaterial, la que trae consigo también una serie de innovaciones conceptuales sobre el entendimiento de las producciones culturales indígenas (Cortés, 2022; Donoso & Tapia, 2017).

Un lugar preferente para rastrear esta situación es el reciente proceso constitucional llevado a cabo en Chile durante los años 2021 y 2022. Como señala Cordero (2021), los procesos constitucionales "son también momentos de creación conceptual, o al menos momentos en los que se reabre la pregunta acerca de los significados de conceptos fundamentales y pone en disputa la manera en que se trazan sus límites" (p. 16).

En el desarrollo de la Convención constituyente, se generaron espacios concretos de deliberación en materia derechos colectivos indígenas. Además, confluyeron una variedad de actores sociales, como los representantes indígenas elegidos democráticamente, organizaciones civiles, instituciones universitarias, académicos, intelectuales, autoridades indígenas, consultas ciudadanas, entre otros actores con múltiples agendas e intereses. Lo anterior enriqueció la discusión sobre lo indígena. Un lugar donde explorar los resultados de este proceso es la revisión de la PNC[3]. El uso extendido y recurrente de

3. El proyecto considera el examen de un corpus ampliado, el que incluye las actas, presentaciones, informes y otros documentos generados en el funcionamiento de las diferentes comisiones de la Convención Constitucional chilena de 2021 y 2022.

cierta terminología sobre lo indígena implica la necesidad de detenerse a estudiarlos como espacios de experimentación e imaginación política.

4. METODOLOGÍA

Para esta investigación, se considera el uso del análisis del contenido. Este corresponde a un método de investigación para el análisis objetivo y sistemático del contenido de mensajes o textos. Para Monje (2011), se trata de un método que consiste en clasificar y/o codificar los múltiples elementos de un mensaje en categorías para evidenciar de manera clara su sentido. Realiza una descripción objetiva y sistemática del contenido de las comunicaciones con el objetivo de interpretarlos. Añade que es una metodología indirecta, en tanto se basa en el análisis e interpretación de fuentes documentales ya existentes, y no a la observación directa de la realidad. En ese sentido, el estudio de la realidad social se realiza a través de la observación y el análisis de los documentos que ella misma produce.

El análisis de contenido considera tanto el contenido manifiesto, o explícito, y el contenido latente, o implícito de un texto. Por un lado, con el análisis de contenido manifiesto se buscan palabras o ideas específicas que son registradas y usadas para generar estadísticas sobre el contenido de los datos. El análisis es cuantitativo y se realiza en base a datos numéricos, por ejemplo, la frecuencia en que aparece una palabra o un conjunto de palabras. Sin embargo, su validez es baja en una investigación cualitativa ya que el contexto de las palabras no es considerado. Por otro lado, con el análisis de contenido latente se identifican, codifican y categorizan patrones primarios en los datos. El análisis es cualitativo y se examina el significado de pasajes específicos dentro de los datos y se determina una categoría apropiada para ellos. Esto permite llevar a cabo una codificación más completa de los datos (Mayan, 2001).

De manera complementaria, se lleva a cabo un análisis del discurso (AD). Esta se encarga de estudiar el lenguaje en uso, interesado en los efectos sobre la realidad social que tienen los discursos. González (2015) lo define como "un conjunto de métodos que tienen como objetivo estudiar el uso del lenguaje y su papel en la vida social" (p. 324). Orlandi (2014) señala que el AD busca comprender la lengua teniendo sentido, es decir, como un trabajo simbólico que forma parte del trabajo social general que constituye al ser humano y su historia en tanto es capaz de significar y significarse.

	Análisis de contenido	Análisis de discurso
Tradición disciplinar	Sociología positivista	Lingüística, Sociología, Filosofía, Psicología y otras
Pregunta de investigación	¿Qué hacen?	¿Cómo utilizan el lenguaje?
Análisis	El texto como ventana a la realidad - Unidades de análisis - Codificación	El lenguaje como objeto de estudio - Identificación de repertorios - Identificación de estrategias retóricas
Producto de la investigación	Sistemas de categorías	Repertorios interpretativos y estrategias retóricas

Tabla 1. Diferencias entre análisis de contenido y análisis de discurso.
Fuente: Modificado a partir de González, 2015.

En esta investigación, se realiza una integración metodológica interdisciplinaria entre el análisis de contenido y el análisis del discurso. Para llevar a cabo la integración metodológica, se concuerda con Vicente (2009) en que el análisis de contenido y el análisis de discurso pueden ser trabajados complementariamente, aunque cada una de estas metodologías implican diferentes tradiciones disciplinares (cuadro 1). El autor sugiere seguir un protocolo de análisis de contenido que sea completado con una revisión de los procedimientos lingüísticos en la generación de significados.

5. RESULTADOS

La exploración del texto permite identificar que el término 'indígena' es utilizado setenta y siete veces en la PNC. Su utilización es siempre como adjetivo, siendo generalmente de relación, es decir, especificando el ámbito o el dominio que corresponde al asunto al que se está refiriendo (tabla 2).

Términos	Cantidad	Términos	Cantidad
Idioma(s)	1	Jurídico(s)	1
Lengua (s)	1	Jurisdicción	1
Pueblo(s)	5	Persona(s)	2
Pueblo(s) y nacion(es)	37	Participación	2
Electoral	3	Comunidad(es)	1
Población	1	Patrimonio cultural	2
Consulta	2	Agricultura	1
Territorio/territorial	12	Total	77

Tabla 2. Cotexto. Términos utilizados en la PNC con el adjetivo indígena. **Fuente:** Elaboración propia.

El uso del término 'indígena' como adjetivo permite advertir una serie de otros términos 'constelares' que participan del texto en relación con el dominio de lo indígena (tabla 3). Muchos de ellos son habituales en el marco jurídico internacional sobre pueblos indígenas, como cosmovisión, repatriación, conocimientos tradicionales o autodeterminación. Otros términos refieren al nombre de nuevas instituciones que fueron propuestas en el documento, como el Registro Electoral Indígena, y nuevos procedimientos legislativos, como la Iniciativa Indígena de Ley. Todos ellos constituyen esfuerzos en la modelación de lo indígena.

Preexistencia	Conocimientos tradicionales
Revitalización	Patrimonio cultural indígena
Cooperación transfronteriza	Recuperación
Derechos fundamentales colectivos	Fortalecimiento
Autonomía	Lenguas
Costumbres	Vulnerable
Cultura	Repatriación
Medicinas tradicionales	Objetos de cultura
Prácticas y conocimientos indígenas	Restos humanos
Semillas tradicionales	Sitios culturalmente significativos
Uso tradicional [de las aguas]	Pertenencia [a un pueblo indígena]
Identidad	Escaños reservados
Integridad cultural	Registro Electoral Indígena
Reconocimiento	Autonomías territoriales indígenas
Cosmovisión	Autodeterminación
Forma de vida	Consentimiento libre, previo e informado
Instituciones propias	Autoridades [representativas]
Asimilación forzada	Libre determinación
Destrucción [de sus culturas]	Población indígena
Consulta [Indígena]	Iniciativa indígena de ley
Tierras	Coexistencia
Territorios	Personas indígenas
Recursos	Perspectiva intercultural
Demarcación	Tradiciones
Reparación	Protocolos
Restitución	Sistemas normativos
Preservar	Jurisdicción indígena
Desarrollar	Electores indígenas
Transmitir	Comunidades indígenas
Saberes ancestrales	Instituciones representativas

Tabla 3. Lista (no exhaustiva) de términos asociados a lo indígena en la PNC. **Fuente:** Elaboración propia.

Los términos constelares asociados a lo indígena pueden ser agrupados en diferentes ámbitos temáticos o categorías. Por ejemplo, en el ámbito cultural es posible ubicar términos como lengua, idioma, revitalización, costumbres y patrimonio cultural. Otro ámbito puede ser el político, donde es posible agrupar términos como escaños reservados, consulta indígena, autoridades representativas y consentimiento libre, previo e informado. En el ámbito jurídico, se pueden nombrar términos como coexistencia (de sistemas de justicia), jurisdicción indígena o autoridades (tradicionales). Igualmente, hay términos que no pueden ser agrupados fácilmente en un ámbito, sino que son transversales, como perspectiva intercultural, reconocimiento o fortalecimiento. El agrupamiento depende, en cada caso, de los criterios con los cuales se busca emparentar a estos términos y la manera en que son utilizados en la PNC[4].

Para examinar el uso del vocabulario político sobre lo indígena, es necesario detenerse en algunos de los términos utilizados en la PNC. Uno de ellos, es el término 'libre determinación'. Este corresponde a un principio estructural del ordenamiento internacional, según el cual todos los pueblos tienen el derecho de determinar libremente su condición política y buscar su desarrollo económico, social y cultural. Este fue utilizado tanto en los procesos independentistas hispanoamericanos del siglo XIX como en el proceso de descolonización de África y Asia Oriental durante la segunda mitad del siglo XX. De manera similar, el término 'autonomía' se vincula con la tradición política que refiere a la potestad de regirse mediante normas y órganos de gobierno propios (ejemplo 1). En ambos casos, estos conceptos dotan de "identidad y consistencia jurídica a los derechos que le corresponden a los pueblos indígenas en tanto grupos de personas, [además de] otorgar protección a una comunidad especialmente vulnerable" (Antivil et al., 2021: 6).

> *Artículo 34: Los pueblos y naciones indígenas y sus integrantes, en virtud de su libre determinación, tienen derecho al pleno ejercicio de sus derechos colectivos e individuales. En especial, tienen derecho a la autonomía; al autogobierno; a su propia cultura; a la identidad y cosmovisión; al patrimonio; a la lengua; al reconocimiento y protección de sus tierras, territorios y recursos, en su dimensión material e inmaterial y al especial vinculo que mantienen con estos; a la cooperación e integración; al reconocimiento de sus instituciones, jurisdicciones y autoridades, propias o tradicionales; y a participar plenamente, si así lo desean, en la vida política, económica, social y cultural del Estado.*

Ejemplo 1. Propuesta de Nueva Constitución. Cursivas del autor.

Para la justificación de lo anterior, uno de los recursos utilizados en relación con lo indígena es el término 'preexistencia' (ejemplo 2). Este concepto alude a que los pueblos y naciones indígenas son preexistentes al Estado chileno. Por esa razón, según la PNC, se les debe reconocer esta condición para su inclusión constitucional asegurando los derechos de estas colectividades históricas en tanto anteriores a la República. En este caso, no dotan de contenido a las reivindicaciones asociadas a los derechos colectivos indígenas.

> *Artículo 5: 1. Chile reconoce la coexistencia de diversos pueblos y naciones en el marco de la unidad del Estado. 2. Son pueblos y naciones indígenas preexistentes los Mapuche, Aymara, Rapanui, Lickanantay, Quechua, Colla, Diaguita, Chango, Kawésqar, Yagán, Selk'nam y otros que puedan ser reconocidos en la forma que establezca la ley. 3. Es deber del Estado respetar, promover, proteger y garantizar el ejercicio de la libre determinación, los derechos colectivos e individuales de los cuales son titulares y su efectiva participación en el ejercicio y distribución del poder, incorporando su representación política en órganos de elección popular a nivel comunal, regional y nacional, así como en la estructura del Estado, sus órganos e instituciones.*

4. En el caso de esta investigación, aún se encuentra en la etapa de exploración del corpus, por lo que no se han sistematizado los datos señalados en categorías debidamente fundamentadas.

Ejemplo 2. Propuesta de Nueva Constitución. Cursivas del autor.

Por otro lado, los términos 'tradición', 'costumbre' o 'cultura' funciona de manera diferente (ejemplo 3). Estos términos señalan que los pueblos y naciones indígenas son culturalmente diferenciados, por lo que poseen tradiciones y costumbres diferentes al resto. Y justamente, basado en esta diferencia, es que deben desarrollar sus establecimientos educacionales (art. 36.5), deben usar ciertos recursos económicos y de cierta manera (art. 79.4), o se les reconoce un trato diferenciado en el sistema judicial (art. 322.2).

> *Artículo 36: 5. La Constitución reconoce la autonomía de los pueblos y naciones indígenas para desarrollar sus propios establecimientos e instituciones de conformidad con sus costumbres y cultura, respetando los fines y principios de la educación, y dentro de los marcos del Sistema Nacional de Educación establecidos por la ley.*
>
> *Artículo 58: La Constitución reconoce a los pueblos y naciones indígenas el uso tradicional de las aguas situadas en territorios indígenas o autonomías territoriales indígenas.*
>
> *Artículo 79: 4. Conforme con la Constitución y la ley, los pueblos y naciones indígena tienen derecho a utilizar los recursos que tradicionalmente han usado u ocupado, que se encuentran en sus territorios y sean indispensables para su existencia colectiva.*
>
> *Artículo 322: 2. Cuando se trate de personas indígenas, los tribunales y sus funcionarios deberán adoptar una perspectiva intercultural en el tratamiento y resolución de las materias de su competencia, tomando debidamente en consideración las costumbres, las tradiciones, los protocolos y los sistemas normativos de los pueblos indígenas, conforme a los tratados e instrumentos internacionales de derechos humanos de los que Chile es parte.*

Ejemplo 3. Propuesta de Nueva Constitución. Cursivas del autor.

Con la revisión anterior, es posible ver que el término 'preexistencia' tiene otro funcionamiento si se compara con los términos 'tradición' o 'cultura' en la defensa y ejercicio de la autonomía y la libre determinación. En el primer caso, estos derechos colectivos de los pueblos y sus integrantes se tienen en tanto 'grupos preexistentes' al Estado. Mientras, que, en el segundo caso, estos derechos colectivos se tienen por ser 'grupos diferentes' al resto de pueblos y a la manera en que se han institucionalizado (tabla 4). Mientras la preexistencia se formula como un argumento histórico, la diferencia se formula como un argumento cultural.

Tesis		Argumento
Los pueblos y naciones indígenas tienen derecho a la libre determinación y se les debe reconocer su autonomía	porque	Los pueblos y naciones indígenas son preexistentes
		Los pueblos y naciones indígenas son diferentes

Tabla 4. Estrategias argumentativas para sostener el derecho a la libre determinación de los pueblos indígenas. **Fuente:** Elaboración propia.

La exploración realizada permite identificar el vocabulario político asociado a lo indígena. Este ejercicio inicial es necesario para cualquier análisis sobre los aspectos semánticos, discursivos y argumentativos sobre el tema. A continuación, corresponde discutir aspectos de este vocabulario que deben ser considerados al momento de estudiar el fenómeno y utilizarlo en procesos de reivindicación de los derechos indígenas.

6. DISCUSIÓN

En los resultados anteriormente expuestos, es posible advertir la terminología legítima a través de las cuales se enuncia lo indígena en la PNC. Este vocabulario refiere tanto a aspectos políticos, culturales, jurídicos, económicos o territoriales. Además, se relaciona con las reflexiones y las experiencias del campo internacional sobre derechos indígenas. En ese sentido, esta revisión permite ubicar a la PNC como parte de las reivindicaciones y demandas políticas llevadas a cabo por las agendas indígenas, recurriendo, por lo que fue examinado en este caso, a su campo semántico y batería conceptual.

El análisis individualizado de algunos términos abre la posibilidad de discutir ciertas problemáticas en relación con la politización de lo indígena. En primer lugar, es posible advertir una tensión entre preexistencia y diferencia étnica, la que repercute en los fundamentos de los derechos colectivos indígenas y en el contenido con el cual deben ser llevados a cabo. El énfasis en la preexistencia permite abrir espacio a modelos "modernizados" o inéditos sobre lo indígena, mientras que el énfasis en la "diferencia" recurre habitualmente a la tradición y a la excepcionalidad cultural como referencia de construcción política. Esta tensión no llega a ser contradictoria ni excluyente, pero sí señala diferentes énfasis en las estrategias políticas sobre lo indígena.

En la construcción de significado sobre lo indígena, es diferente una noción de lo indígena que enfatice una u otra postura. Por ejemplo, pueden existir posturas que se centren en la preexistencia sin recurrir a la diferencia étnica; que enfaticen la diferencia étnica por sobre la preexistencia; que se preocupen exclusivamente de la diferencia étnica; o que enfaticen la preexistencia aunque reconociendo grados de diferencia étnica. Esto muestra una interacción no excluyente pero problemática entre 'diferencia' y 'preexistencia' para fundamentar y operacionalizar los derechos colectivos indígenas.

En segundo lugar, es posible observar que parte del vocabulario asociado a la politización de lo indígena tiene un uso estratégico para la propuesta de otros modelos de sociedad. Estas incluyen, principalmente, llevar a cabo reformas al Estado Moderno Clásico (pluralismo jurídico, modelo de desarrollo basado en el 'buen vivir', sistemas políticos indígenas, autonomías territoriales, etc.). La apelación a conceptos como 'cosmovisión', 'tradiciones' o 'saberes ancestrales' no solo se encargan de ser un fundamento para estas reivindicaciones, sino que las dotan de contenido. En ese sentido, es necesario prestar atención a la dimensión política de estos conceptos, es decir, cómo estos son espacios de experimentación e innovación, a la vez que son utilizados como herramientas para materializar estas propuestas.

7. CONCLUSIONES

La revisión llevada a cabo en este texto ha permitido indagar en el carácter procesual de la politización de lo indígena. El trabajo con los conceptos es un tipo de enfoque que permite ir más allá de los esencialismos vinculados con lo indígena. Más bien, permite reconocer su capacidad de agenciamiento y sus repertorios de actividad política e intelectual. Además, permite reconocer la politización de lo indígena más allá de los movimientos indígenas, entendiendo la participación de diversos actores no indígenas en la temática. Estos puntos son necesarios de considerar para llevar a cabo un programa de investigación sobre las semánticas sobre lo indígena enmarcados en los procesos de politización de lo indígena.

El interés en este artículo ha consistido en ofrecer una aproximación a los estudios sobre la politización de lo indígena considerando su construcción discursiva. Para ello, ha centrado su interés en la constelación de conceptos con los cuales se politiza lo indígena.

Este examen resulta pertinente para revisar una serie de cuestiones en relación con los derechos culturales indígenas. Los instrumentos internacionales y nacionales en la materia consagran las tradiciones, las cosmovisiones y la ancestralidad, favoreciendo a los actores indígenas con agendas esencialistas sobre la cultura. En ese sentido, surge la duda de si es necesario un rediseño de estos instrumentos para que brinden espacios de mayor apertura en relación con los desafíos de autonomía y libre determinación indígenas, además de estudiar el carácter político de estas categorías y sus contenidos.

8. REFERENCIAS

Aguas, J., & Nahuelpan, H. (2019). Los límites del reconocimiento indígena en Chile neoliberal. La implementación del Convenio 169 de la OIT desde la perspectiva de dirigentes Mapuche Williche. *Cultura-Hombre-Sociedad, 29*(1), 108–130.

Antileo, E. (2019). La politización de la cultura y la tradición en los movimientos indígenas de Chile y Bolivia. *Revista Chilena de Antropología, 40*, 169–188.

Antivil, A., Donoso, S., Figueroa, V., Millaleo, S., Murray, M., Núñez, M., & Viera-Gallo, J. (2021). Contribuciones a la discusión constitucional: reconocimiento y derechos de los pueblos indígenas. *Temas de La Agenda Pública, 16*(138), 1–14.

Argüello, S. (2019). De la politización a los regímenes de ciudadanía. Ajustes analíticos para estudiar las disputas por los derechos sexuales. *Estudios Sociológicos de El Colegio de México, 37*(110), 489–503. https://doi.org/10.24201/es.2019v37n110.1790

Bello, Á. (2009). Multiculturalismo, ciudadanía y pueblos indígenas. ¿Un debate pendiente en América Latina? In L. Valladares de la Cruz, M. Pérez Ruiz, & M. Zárate (Eds.), *Estados Plurales: Los retos de la diversidad y la diferencia*. Editorial UAM-Iztapalapa-Juan Pablos Editor.

Bretón, V. (2015). La politización de la etnicidad en la región andina: Apuntes sobre un debate inconcluso. *European Review of Latin American and Caribbean Studies, 99*, 41–51.

Carril, F., Fuentes, C., & Yon, R. (2021). El País imaginado: propuestas programáticas de candidaturas indígenas a la Convención y la plurinacionalidad en Chile. *Economía y Política, 8*(2), 95–129.

Cordero, R. (2021). *La fuerza de los conceptos. Ensayos en teoría crítica e imaginación política*. Metales Pesados.

Cortés, C. (2022). Análisis genealógico del patrimonio cultural inmaterial: conformación del concepto e identificación de sus arbitrariedades. *Cultura y Representaciones Sociales, 16*(32), 1–30.

Donoso, K., & Tapia, C. (2017). (De)construyendo el folclor: historia de su conceptualización en la academia universitaria chilena durante el siglo XX. *Revista Mapocho, 82*, 130–161.

Estupiñán, L., & Gómez, M. (2023). La utopía constitucional descolonial y feminista chilena. Una lectura desde Colombia. In L. Estupiñán, L. Balmant, & M. Romero (Eds.), *Constitucionalismo de la resistencia y la integración desde y para Abya Yala* (pp. 147–170). Consultoría para los Derechos Humanos y el Desplazamiento - Codhes.

Figueroa, V. (2020). Nueva Constitución y pueblos indígenas: ejes sustantivos para un nuevo acuerdo de convivencia. En D. Namuncura, C. Alvarado, E. Antileo, A. Millabur, E. Loncón, A. Álvez, H. Cholango, R. Cayuqueo, P. González, D. Millaleo, S. Caniuqueo, A. Llao, P. Huenchumil, G. Curinao, V. Figueroa, F. Pairican, J. Paillalef, M. Lara, & S. Millaleo (Eds.), *Wallmapu: ensayos sobre plurinacionalidad y nueva constitución* (pp. 181–190). Pehuén.

Gálvez, D. (2022). *La politización de la etnicidad en la posdictadura chilena: Estado, activismo mapuche e institucionalidad en crisis* [Tesis doctoral, Freie Universität Berlin].
González, A. (2015). Estrategias metodológicas para la investigación del usuario en los medios sociales: análisis de contenido, teoría fundamentada y análisis del discurso. *El Profesional de la Información, 24*(3), 321-328.
Güell, P., Márquez, R., Godoy, S., Zilveti, M., Castillo, J., Yopo, M., Morales, J., Sierra, M., & Orchard, M. (2015). *Desarrollo Humano en Chile 2015. Los tiempos de la politización.*
Huenchuan, S. (2017). Propiedad Cultural e Intelectual de los Pueblos Indígenas: Objetos y Enfoques de Protección. *Revista Austral de Ciencias Sociales, 8,* 81–96. https://doi.org/10.4206/rev.austral.cienc.soc.2004.n8-06
Kaltmeier, O. (2007). ¿Politización de lo étnico y/o etnización de lo político? El campo político en el Ecuador en los años noventa. In C. Büschges, G. Bustos, & O. Kaltmeier (Eds.), *Etnicidad y poder en los países andinos* (pp. 195–215). Corporación Editora Nacional.
Larraín, H. (1993). ¿Pueblo, etnia o nación? Hacia una clarificación antropológica de conceptos corporativos aplicables a las comunidades indígenas. *Revista de Ciencias Sociales, 2,* 28–53.
Levalle, S. (2019). Disputas en torno al territorio en la subregión de Tierradentro. Un abordaje de larga duración. *Izquierdas, 48,* 211–227. https://doi.org/10.4067/S0718-50492019000400211
Mayan, M. (2001) *Una introducción a los métodos cualitativos: Módulo de entrenamiento para estudiantes y profesores.* https://www.ualberta.ca/~iiqm/pdfs/introduccion.pdf
Millaleo, S. (2019). ¿Para qué sirve una Constitución?: reflexiones sobre la inclusión constitucional de los pueblos indígenas. *Revista de Derecho (Valdivia), 32*(1), 29–50. https://doi.org/10.4067/S0718-09502019000100029
Millaleo, S. (2021). *Inclusión constitucional de los pueblos originarios en Chile: el desafío de la Plurinacionalidad.* Lom.
Monje, C. (2011). *Metodología de la investigación cuantitativa y cualitativa. Guía didáctica.* Neiva, Colombia: Universidad Surcolombiana.
Ñanculef, J. (2003). La cosmovisión y la filosofía mapuche: Un enfoque del Az-Mapu y del derecho consuetudinario en la cultura mapuche. *Revista de Estudios Criminológicos y Penitenciarios, 6,* 37–58.
Orlandi, E. (2014). *Análisis del discurso. Principios y procedimientos.* Lom Ediciones.
Pairican, F. (2022). *La vía Política Mapuche.* Paidós.
Richards, P. (2016). *Racismo. El modelo chileno y el multiculturalismo neoliberal bajo la Concertación 1990-2010.* Pehuén.
Salazar, I. (2019). Juridización de lo indígena: ¿Globalización desde arriba o Globalización desde abajo? El caso del extractivismo del litio en el noroeste argentino. *Espacio Abierto, 28*(2), 71–83.
Serbin, A. (1980). Etnicidad y política. Los movimientos indígenas en América Latina. *Nueva Sociedad, 49,* 57–71.
Tello, K. (2019). Causas de la politización reactiva del conservadurismo evangélico en el Perú contemporáneo. *Politai Revista de Ciencia Política, 10*(19), 13–33. https://doi.org/10.18800/politai.201902.001
Vicente, M. (2009). Desde el análisis de contenido hacia el análisis del discurso: la necesidad de una apuesta decidida por la triangulación metodológica. *IX Congreso IBERCOM - Grupo de trabajo: Teoría y Metodología de Investigación en Comunicación.* Sevilla-Cádiz, IBERCOM.

Wright, S. (1998). The politicization of "culture." *Anthropology Today, 14*(1), 7–15.
Zapata, C. (2019). *Crisis del multiculturalismo en América Latina. Conflictividad social y respuestas críticas desde el pensamiento político indígena*. CALAS.
Zapata, C., & Oliva, E. (2019). La Segunda Reunión de Barbados y el Primer Congreso de la Cultura Negra de las Américas: horizontes compartidos entre indígenas y afrodescendientes en América Latina. *Revista de Humanidades, 39*, 325–353.

SOSTENIBILIDAD CURRICULAR: APROXIMACIÓN BIOÉTICA Y BIOJURÍDICA

Ana Belén Cruz Valiño[1]

1. INTRODUCCIÓN

El planeta sufre degradación ambiental, lo que se observa en las alteraciones del aire, del agua y de la tierra, con la consiguiente pérdida de biodiversidad. La Organización Mundial de la Salud (OMS) ha reclamado que la salud sea "el centro" de las negociaciones de la "Conferencia de las Naciones Unidas sobre el Cambio Climático" (CNUCC) celebrada en el año 2022 (COP27) en Sharm El-Sheikh (Egipto).

En igual forma, el concepto de sostenibilidad va más allá de la protección del medio ambiente, que, desde un enfoque global, incluye criterios sociales y de gobernanza. No es un azar que los congresos de las sociedades científicas contemplen los determinantes sociales de la salud como prioridad para la salud global, en línea con el llamamiento lanzado por la OMS en la cumbre del clima CO-27, contribuyendo al cumplimiento de los ODS.

Emergen disciplinas y nuevas titulaciones de grado y posgrado universitario ante los nuevos desafíos con énfasis en la sostenibilidad de los recursos, pues así lo demandan la empresa y la sociedad. Sin embargo, la hipótesis que formulo es que solo una formación previa, fundamentada en valores e incorporada a los estudios de nivel primario y secundario, -preuniversitaria-, puede encaminar la acción individual y colectiva hacia la gestión sostenible de los recursos, y al tiempo prepara la sociedad para enfrentar los desafíos presentes y futuros en el cumplimiento de los objetivos del desarrollo sostenible (ODS).

2. MARCO TEÓRICO-OBJETIVOS

Aceptar la insostenibilidad del modelo actual de producción constituye un cambio de paradigma que obliga a educar en valores para la supervivencia del planeta y la salud global, entendida como *One health*. La enseñanza integral contempla la formación en valores o enseñanza de la ética con vocación interdisciplinar e inclusiva.

Este trabajo parte de la premisa de que todo proyecto educativo es una opción moral (Patrão Neves, M. d C. *et al.*, 2018 : 9), y que la gestión sostenible de los recursos tan solo puede ser viable desde la educación en valores. Para ello, se analizarán las fortalezas

1. Universitat Jaume I (España).

y debilidades, tanto de la *educación especializada* en sostenibilidad (universitaria y posgrado), como de la *educación integral,* en los estudios preuniversitarios para impulsar la acción individual y colectiva desde la enseñanza para una gestión sostenible de los recursos.

La hipótesis de partida es que solo una educación en valores puede encaminar la acción individual y colectiva hacia la gestión sostenible de los recursos.

A partir de este objetivo, realizo un análisis discursivo mediante un enfoque interdisciplinar (bio-ética), que contempla la problemática objeto de estudio desde la ética aplicada (ética negocios, ética cívica, ética de género, entre otros) y los derechos humanos (biojurídica). Así, la ética medioambiental hará énfasis en el impacto sobre el medio ambiente, el desarrollo sostenible y el principio de precaución.

Finalmente, enfatiza el papel de la bioética, -como ética de la vida- y puente entre las ciencias técnicas y las ciencias sociales y humanidades.

3. METODOLOGÍA

En primer lugar, se establece la distinción entre las modalidades de enseñanza ligada a la sostenibilidad (educación especializada *vs* educación integral), tras lo cual, se describen los pasos para la identificación del problema moral que fundamenta la toma de decisiones en la gestión responsable de los recursos.

La deliberación es el método propio de las éticas de la responsabilidad. Esto requiere ciertas habilidades que hay que aprender, comprender y poner en práctica. El método deliberativo exige transitar por la forma en que se construyen los valores, sus tipos y los pasos para la deliberación moral. Se esbozan algunos criterios, tales como la experiencia moral o los vínculos morales

Una vez identificados los vínculos morales que el ser humano establece con el ecosistema, acudir al principio de precaución deviene un instrumento idóneo por su triple dimensión: jurídica, política y ética, al tener en cuenta los efectos de las acciones sobre las generaciones futuras. Esto requiere un proceso de aprendizaje, cuya flexibilidad permita adaptar cada decisión a la información científica, la incertidumbre, la comunidad afectada y las alternativas existentes.

Se examinan algunos escenarios en los que cabe aplicar la deliberación para la toma de decisiones prudentes, desde un enfoque interdisciplinar con énfasis en la bioética, ya no como ciencia de la vida, sino como la forma de pensar de nuestro tiempo.

4. EDUCACIÓN ESPECIALIZADA *VS* EDUCACIÓN INTEGRAL

4.1. Educación especializada contra el cambio climático

Nuevos estudios emergen relacionados con la sostenibilidad o las energías renovables; no en vano, una actitud comprometida con la preservación del medio ambiente requiere de conocimientos especializados. Los itinerarios educativos y profesionales se adaptan al interés empresarial de incorporar profesionales cualificados en el ámbito tanto científico-técnico como humanista, con énfasis en la toma de conciencia. La alta rotación del sector requiere perfiles transversales.

Al fin y al cabo, se habla de resiliencia al cambio climático, lo que avanza la necesidad de abordar problemáticas desde el ámbito científico y académico multidisciplinar con soluciones adaptativas (construcción, agricultura, agua potable, geología, etc.). La sostenibilidad se considera un vector transversal con perfiles diversos que interactúan en un modelo de producción sostenible generando crecimiento económico y distribución de riqueza, la preservación del medio y los recursos naturales (gestión medioambiental, económica circular, mercados energéticos, derecho ambiental, etc.).

Los itinerarios formativos especializados dotan de competencias, conocimientos, aptitudes y capacidad crítica para implementar nuevos desarrollos con autonomía. La historia de la evolución del ser humano es objeto de estudio desde la génesis de la civilización, pues recuerda cuál ha sido su relación con el medio, a qué retos ambientales se enfrentó cada sociedad y cómo fueron superados (fundamentos en conciencia ecológica).

Un conocimiento sólido sobre cambio global e impacto ambiental precisa conocer también los tratados internacionales de protección medioambiental para formar líderes futuros que canalicen de forma colaborativa e intersectorial el esfuerzo de los países y las empresas hacia un nuevo modelo de desarrollo sostenible.

4.2. Educación integral

La educación integral favorece el desarrollo global del alumnado respecto a su identidad, personalidad, relaciones sociales, diversidad, valores, cultura medioambiental, y forma parte de la acción tutorial de calidad (Álvarez *et al.*, 1996). Los docentes no solo enseñamos asignaturas, sino que trasladamos cómo ver el mundo y cómo interaccionar con él. Las emociones juegan un papel crucial porque inciden en cómo se recibe la información (filtrar e interpretar), y en la respuesta que emitimos, incluso inconscientemente; de ahí la importancia de cuidar nuestra actitud como modelo de referencia o acción ejemplar, pues permite el aprendizaje por mímesis que será recreada por cada estudiante desde su personalidad y trayectoria vital (Gracia *et al.*, 2016).

La educación integral contempla materias como (Álvarez *et al.*, 1996):

a) Atención a la diversidad; como acción sistemática y específica, contextualizada.

b) Educación en valores; lo que contempla la dimensión axiológica porque la educación no puede ser neutra. Los valores consensuados por las sociedades modernas deben de transmitirse en las etapas no universitarias (empatía, solidaridad, educación ambiental).

c) Pensamiento crítico; para estimular el reconocimiento y formular juicios de valor.

d)Cultura democrática en el aula; fomentar la cultura de paz en convivencia y tolerancia para la prevención de conflictos y las soluciones de justicia restaurativa.

En este sentido, la UNESCO (2017) propone mejorar la sostenibilidad curricular y refuerza el papel que desempeña la educación en el desarrollo sostenible.

5. EDUCACIÓN EN VALORES Y ÉTICA DE LA RESPONSABILIDAD

Una vez establecida la distinción entre las modalidades de enseñanza ligada a la sostenibilidad, se avanzan los pasos para la identificación del problema moral que fundamenta la toma de decisiones en la gestión responsable de los recursos.

5.1. Construyendo los valores

La denominada formación en valores ofrece al alumnado y profesores de Educación secundaria (y primaria) un modo de enfocar la enseñanza de la Ética y las asignaturas colindantes (filosofía o educación cívica), o en palabras de algunos autores:

> *La función del profesor de ética no es imponer, ni tampoco meramente informar; es deliberar con los alumnos. Y esto, es, probablemente, el mayor y más importante objetivo de la educación. Al joven no hay que enseñarle primariamente a triunfar sino a deliberar. Solo así podremos pasar de la actual sociedad competitiva, a una sociedad realmente deliberativa (Gracia et al., 2016, vol.1, p. 8).*

Sobre los valores, Moore (1998) distinguió entre *valores intrínsecos*; es decir, aquellos que si por un experimento mental imaginamos un mundo sin salud o sin vida se habría perdido algo importante; y *valores instrumentales*, que se miden en unidades cuantitativas y son sustituibles por otros.

A su vez, el fenómeno de la "tiranía de los valores" muestra cómo la realización absoluta de un valor lesiona otro igualmente valioso (Hartmann, 2011). Un ejemplo de lo anterior se observa en el ámbito de la salud cuando esta se persigue de forma obsesiva y se convierte en tirana generando lo contrario: enfermedad y malestar (Gracia, 2013: 210). Lo que ocurre con otros valores cuando no se gestionan de manera prudente (Gracia, 2016, vol.1: 45-55 y 66), entre otros:

a) Responsabilidad: hacia nosotros mismos y la humanidad (la vida y el planeta).
b) Dignidad: valor ontológico del ser humano por ser racional, una realidad moral y no puramente natural, es fin en sí mismo, y no solo medio, dotado de dignidad (Kant,1996).
c) Diálogo intercultural: el auténtico diálogo no es mero sincretismo o yuxtaposición de elementos culturales. Requiere un esfuerzo comunicativo y autoconocimiento.
d) Hospitalidad: como "hospitalidad crítica", lo que implica no solo aceptar al otro, sino entablar un diálogo para convivir mediante el reconocimiento, la escucha y la empatía.
e) Igualdad *vs* diferencia: las discriminaciones por razón, condición, opción o género devienen inaceptables. El reconocimiento equipara en derechos o posibilidades.
f) Justicia: permitir que nadie sea discriminado y que tenga acceso a los recursos disponibles para el desarrollo de sus capacidades.

Construir una sociedad que promueve estos valores resulta una obligación moral, y este compromiso posibilita desarrollar las capacidades para conformar un espacio de convivencia en condiciones de igualdad o ganancia moral para todos (Gracia *et al.*, vol. 2: 55).

5.2. Ética de la responsabilidad y el principio de precaución

La ética se ha organizado en el siglo XX a través de las "Éticas de la responsabilidad". Max Weber (1998) denominó así un tipo ideal entre la ética de la convicción y la ética de los principios, que asume las consecuencias de nuestras decisiones y acciones, confrontando los medios con los fines. Las personas responsables toman en consideración todos los valores en conflicto maximizándolos, consideran las circunstancias y las consecuencias: solo actuando así un acto moral se considera responsable.

En todo proyecto hay una sola obligación moral: promover la realización de todos los valores en juego y, cuando dos o más valores entran en conflicto hay que situar los deberes y derechos de cada parte de la relación huyendo de posiciones dilemáticas o, de otra forma, buscar *cursos de acción intermedios* (Weber, 1998; Jonas, 1995; Gracia, 2013).

Lo anterior requiere identificar tres momentos: 1) juicio de hecho, 2) juicio de valor y 3) juicio de deber. El deber consiste en añadir valor al hecho: el valor moral se sitúa así en el tercer momento, realizando valores que no son el valor bueno; haciendo lo que se debe: el acto correcto es responsable; es decir, el resultado de un acto responsable es añadir valor a los hechos.

Las éticas del siglo XX son autónomas al organizarse en torno al valor moral: he de hacer lo que debo y, al hacerlo, realizo otros valores que se objetivan. Los actos docentes o de gestión educativa, como actos morales, son proyectados, se objetivan en el tiempo y conforman una cultura o depósito de valores (o disvalores). La Bioética es un tipo de ética de la responsabilidad, y resulta adecuada para gestionar los conflictos morales que surgen en biomedicina, salud pública, acción medioambiental, entre otros.

Hans Jonas (1993: 198 y ss.) preconizó mediante la "heurística del miedo" cómo deberían de considerarse los efectos de las acciones sobre las generaciones futuras, lo que requiere de un proceso de aprendizaje y flexibilidad para adaptar cada decisión a la información científica, la incertidumbre, la comunidad afectada y las alternativas existentes.

El "principio de precaución" deviene así un instrumento idóneo por su triple dimensión: jurídica, política y ética. En virtud del cual, los gestores pueden conciliar con prudencia y ecuanimidad las tensiones entre los sectores productivos y la sociedad civil, adaptándose al contexto desde soluciones extremas (prohibición de la actividad) a soluciones intermedias (moratorias temporales, reiteración de ensayos, intensificación de investigaciones, etc.). En resumen, concilia la protección a bienes relevantes sin alterar el desarrollo de las actividades científicas o económicas (Bergel, 2013).

5.3. Éticas aplicadas

Algunas éticas aplicadas ofrecen elementos sugerentes para la formación integral en valores. Sin ánimo exhaustivo, se enuncian algunos:

a) Ética de la ciudadanía. Los valores cívicos universalizables posibilitan un mundo mejor habitado, tales como: 1) la autonomía y la responsabilidad o capacidad para participar en la gestión pública y considerar las consecuencias; 2) La igualdad y el respeto, derivados de la dignidad humana; 3) la solidaridad; 4) la actitud dialógica y deliberativa, que permite resolver conflictos y tomar decisiones considerando a los interesados (Gracia *et al.*: 71).

b) Ética económica. Como actividad social, la empresa establece relaciones interpersonales humanizadoras o deshumanizadoras y se gestiona con valores. En la década de los años 70 del siglo XX, la ética de los negocios estableció una premisa: la búsqueda del beneficio económico no justifica cualquier acción. Un excelente modelo de gestión sustentado sobre la confianza, la credibilidad y la calidad ofrece un buen producto con objetivos compartidos en un clima ético mediante la gestión honesta y responsable (Gracia *et al.*:145).

c) Ética y medio ambiente. Entre los factores que impulsan la degradación física y biológica se señala al modelo de desarrollo económico; la desigualdad en la distribución de riqueza y el crecimiento demográfico, y como solución un modelo de desarrollo sostenible.

6. APRENDER A DELIBERAR: IDENTIFICACIÓN DEL PROBLEMA MORAL

La deliberación es el método propio de las éticas de la responsabilidad. Esto requiere ciertas habilidades que hay que aprender, comprender y poner en práctica. Se esbozan algunos criterios, tales como la experiencia moral o los vínculos morales:

El ser humano nace en una sociedad y en un tiempo determinados, que bien facilitan, o bien dificultan el proyecto vital. Sin embargo, nuestra vida no está hecha, sino que tenemos la posibilidad de hacernos a nosotros mismos mientras estamos viviendo, y porque la moral es una dimensión humana somos "sujetos morales" (Gracia *et al.*, 2016:13).

La "experiencia moral" es un proceso de adaptación al medio, donde la función biológica de la inteligencia humana es proyectar acciones; es decir, prever situaciones elaborando proyectos de transformación del medio. El problema devino cuando la adaptación al medio del ser humano se convirtió en *adaptación del medio* deshumanizándolo. La cultura, a su vez, es el resultado del proceso de transformación;

> Esos objetivos, se vuelven contra él y le piden cuentas, de tal modo que saldrá responsables del objetivo que se proponga o de la transformación del medio que realice (Gracia *et al.*, 2016, p.16).

La *moral* puede entenderse como una forma de vida propia de los humanos que consiste en vivir del modo más humano posible, procurando ser persona en el pleno sentido, de tal forma que vivir es siempre estar en relación con otros.

El problema moral consiste en esta relación con los demás, lo que se identifica a través de los conceptos de vinculo, obligación, deber y responsabilidad. Esta dimensión relacional 1) obliga a crear vínculos con los otros; 2) la creación de vínculos obliga a ser "responsable" con ellos; 3) la experiencia del deber significa que, 4) somos responsables de los demás a través de esos vínculos, como de nosotros mismos. En este sentido, los *vínculos morales* son aquellos que podemos establecer con:

a) La naturaleza
b) Los demás seres vivos
c) Los seres humanos

En resumen, cabe afirmar que somos seres relacionales (con el entorno, los otros y la naturaleza), lo que nos obliga a generar vínculos para sobrevivir, con el deber de respetar a cada objeto/sujeto relacional. Y, porque tenemos obligaciones con ellos, somos responsables de su cuidado, como del nuestro. Esta es la explicación moral esquemática del porqué estamos obligados a cuidar del medio que nos rodea (Gracia *et al.*, 2016: 14-17).

Una visión estratégica sostenible y responsable de la gestión de los recursos debe respetar los tres vínculos morales, pues cualquier intervención afecta al entorno y también a las personas y las comunidades en que se integran. La cultura, entendida como depósito de valores (y disvalores), objetiva las malas prácticas que a su vez destruyen los valores intrínsecos (vida, salud, planeta) al realizar valores instrumentales (económico).

7. LOS DERECHOS HUMANOS Y EL DESARROLLO SOSTENIBLE

Ronald Dworkin intentó fundamentar los derechos humanos en algo previo a ellos mismos en la obra *Taking Rigths Seriously* (1977), pues consideraba que había otro derecho que consideraba fundamental, sobre el que alcanzar un acuerdo universal o principio interpretativo de otros derechos, como que todo ser humano tiene igual consideración y respeto. No obstante, al relegarlo a categoría de principio abre el paso a una tercera posición entre el iusnaturalismo y el iuspositivismo: la única vía para fundamentar los derechos humanos sobre algo anterior son los valores, cuyo carácter más primario y elemental constituye la base natural de los derechos.

Los derechos no emanan de sí mismos, sino que son destilados de los valores, -como un epifenómeno-, reflejando los valores de una sociedad. Sin embargo, algunos Derechos son invocados porque ciertos valores son compartidos universalmente por la humanidad. Tanto el lenguaje de los valores como el de los derechos son parciales con su propia lógica. La fundamentación axiológica de los derechos humanos con excesiva elaboración jurídica desconoce el lenguaje de los valores, lo que deviene crucial en Ética. Recuperar su fundamentación axiológica realiza valores con su plasmación en normas jurídicas (como deber).

Así las cosas, en 1947, la UNESCO creó un comité integrado por destacados intelectuales, filósofos y politólogos, cuyo objetivo era estudiar los fundamentos filosóficos de los derechos humanos a fin de lograr la convergencia entre las diversas culturas y escuelas de pensamiento y redactar una Declaración Universal. Tras la aprobación de la Declaración Universal de Derechos Humanos (Naciones Unidas, 1948), y en virtud del art. 68 de la Carta fundacional, se constituyó la Comisión de Derechos humanos. La UNESCO fue el primer organismo en reconocer mediante resolución cómo estos repercuten en los ámbitos de actividad: educación, ciencias naturales y sociales y humanas, cultura y comunicación. Del mismo modo, la Convención sobre Derechos Humanos y Biomedicina (CDHB, 1997), más conocido como Convenio de Oviedo, es un instrumento internacional jurídicamente vinculante que se ocupa de los derechos humanos en biomedicina.

La Declaración Universal sobre Bioética y Derechos Humanos (DUBDH) fue aprobada por aclamación el 19 de octubre de 2005 por la 33ª reunión de la Conferencia General de la UNESCO, en cuyo preámbulo, expresa la conveniencia de "elaborar nuevos enfoques de la responsabilidad social para garantizar que el progreso de la ciencia y la tecnología contribuya a la justicia y la equidad y sirva al interés de la humanidad", abriendo perspectivas de intervención más allá de la ética médica e integra la bioética y los avances científicos en el contexto de un debate abierto al mundo político y social.

El carácter innovador del principio de responsabilidad social y salud y su repercusión en el ámbito bioético que abren nuevas perspectivas de acción ante el progreso científico, motivó que la UNESCO (2018) dedicara un monográfico al análisis del artículo 14 de esta Declaración. Esta dimensión global de la salud contempla las relaciones sociales que se establecen a raíz de las actividades comerciales y de investigación. Especial interés para este trabajo es que el apartado c) contempla la mejora de las condiciones de vida y del medio ambiente. El informe se detiene en cuatro ámbitos: 1) atención médica, manteniendo un balance entre eficiencia y equidad; 2) investigación, entendida como inversión; 3) industria, cuya mejora debe incluir las condiciones laborales y el cuidado del medio ambiente y 4) educación, donde analfabetismo y pobreza son descritos como determinantes sociales en salud, especialmente en la infancia (Vivanco, 2020).

8. RESULTADOS: BIOÉTICA Y SOSTENIBILIDAD CURRICULAR

La Bioética es una disciplina que surge en EE. UU. y se desarrolla a partir de los años 70 del siglo XX. El término que vincula vida (bios) y éthos (moral) fue utilizado por Van Rensselaer Potter (1970) con el objetivo de comunicar dos tipos de conocimiento: el científico y el humanístico. Se vislumbró como una aproximación interdisciplinar (medicina, filosofía, biología, derecho) de carácter plural y racional (desde la razón), aunque considera los factores emocionales (ideológicos o creencias).

Diversos métodos bioéticos se han desarrollado para el análisis de casos y toma de decisiones (principialismo, casuismo, método deliberativo, etc.), sin embargo, cabe afirmar que la Bioética, como ética aplicada, busca un consenso amplio en la toma de decisiones deliberativas al contraponer argumentos para la toma de decisiones prudentes.

La vida en sí misma es un *problema*, en cuanto que la vida biológica es condición necesaria para la existencia, sin olvidar que esta va más allá, pues también es vida biográfica, lo que significa que es necesario pensarla.

El avance del conocimiento científico aumenta la capacidad de transformar el mundo y obliga a ofrecer respuestas ante los interrogantes, y, para que los fines sean determinados conforme a valores; conviene determinar qué valores debemos salvaguardar, qué queremos conseguir y qué medios emplear. Esta reflexión evita posturas extremas: la paralización de los nuevos desarrollos o la confianza desmesurada en la ciencia y la tecnología.

La bioética ofrece guías de actuación para la orientación de los profesionales, instituciones y la sociedad en la resolución de problemas concretos (Gracia et al, 2016 p. 163; Gracia, 2016; Júdez, y Gracia, 2001):

a) Aporta métodos, conceptos y principios para analizar la complejidad de los problemas.
b) Contribuye al análisis sistemático de los conflictos de valores en incertidumbre.
c) Promueve el diálogo interdisciplinar y la deliberación como procedimiento de búsqueda de la opción más prudente, subrayando la idea de responsabilidad.

La aportación bioética es crucial como reflexión auténtica sobre la vida como problema, y excede del campo de una ética aplicada para convertirse en el modo de pensar de la ética en nuestro tiempo. En otras palabras, nos obliga a plantearnos qué es la vida humana y que significa ser persona, ante desarrollos como las neurociencias, el mejoramiento humano o las modificaciones genéticas, entre otros.

El problema consiste en identificar en qué medida nuestras decisiones comportan nuevas formas de vida y analizar qué razones sustentan tales modelos, es decir, qué clase de humanidad estamos construyendo, y si obligan a pensar al ser humano de un modo diferente. No en vano, la biomedicina que estaba implicada en asuntos que eran privados (nacimiento y muerte), ahora nos interroga sobre qué intervenciones son legítimas.

La Bioética permite albergar la complejidad de los problemas desde una perspectiva holística (aspecto social, político y económico), aportando soluciones prudentes. Un ejemplo está en el uso de los datos personales, genéticos y de salud en los proyectos de investigación cuando la tecnología permite extraer datos (minería de datos), combinarlos (*Big Data*) y aplicar técnicas de inteligencia artificial (IA). Estos avances pueden ser útiles (medicina de precisión), pero conllevan riesgos como pérdida de autonomía del paciente o un uso inadecuado (discriminación), lesionando valores (vida o salud) (Pose 2022: 49).

En este sentido, la UNESCO se anticipó con el informe sobre inteligencia artificial, considerando en qué medida transforma las sociedades y desafía lo que significa ser humano. En noviembre de 2021, los 193 Estados miembros de la Conferencia General de la UNESCO adoptaron la *Recomendación sobre la Ética de la Inteligencia Artificial*, primer instrumento normativo mundial para proteger y promover los derechos humanos y la dignidad humana, o guía ética y base normativa en el mundo digital (UNESCO, CIB- 2022).

Tal y como expresó en su día el documento final de reflexión del *Conselho Nacional da Ciéncias da Vida* (CNCV, 2014) de Portugal en el año 2014, "el concepto de *One Health* puede y debe ser enseñado en las escuelas, en una responsabilidad de todos para la salud compartida de las personas, de los animales y del planeta".

9. CONCLUSIONES

Aceptar la insostenibilidad del modelo actual de producción constituye un cambio de paradigma que obliga a educar en valores para la supervivencia del planeta y la salud global, entendida como *One health.*

Encaminar la acción individual y colectiva desde la enseñanza para la gestión sostenible de los recursos prepara a la sociedad para encarar los desafíos en el cumplimiento de objetivos del desarrollo sostenible (ODS).

El concepto de sostenibilidad va más allá de la protección del medio ambiente, que, desde un enfoque global, incluye criterios sociales y de gobernanza.

Los congresos de las sociedades científicas contemplen los determinantes sociales de la salud como prioridad para la salud global, en línea con el llamamiento lanzado por la OMS en la cumbre del clima CO-27.

Emergen disciplinas y nuevas titulaciones de grado y posgrado universitario ante los nuevos desafíos con énfasis en la sostenibilidad de los recursos, pues así lo demandan la empresa y la sociedad.

La información y la educación devienen herramientas básicas para el debate social porque toda la humanidad está implicada en esta tarea de reflexión.

Esto amplía la reflexión bioética a otros campos no excesivamente cultivados entre los bioeticistas, como la educación del niño y del adolescente.

La bioética ofrece guías de actuación para la orientación de los profesionales, instituciones y la sociedad en la resolución de problemas concretos

La aportación bioética como reflexión auténtica sobre la vida como problema, y hace que exceda del campo de una ética aplicada para convertirse en el modo de pensar de la ética en nuestro tiempo.

Obliga a pensar qué significa la vida humana y que significa ser persona, lo que adquiere especial relevancia ante los nuevos desarrollos como las neurociencias, el mejoramiento humano, las modificaciones genéticas, entre otros.

El problema consiste en identificar en qué medida nuestras decisiones comportan nuevas formas de vida y analizar qué razones sustentan tales modelos, es decir, qué clase de humanidad estamos construyendo, y si obligan a pensar al ser humano de un modo diferente. la biomedicina que estaba implicada en asuntos que eran privados (nacimiento y muerte), ahora nos interroga sobre qué intervenciones son legítimas.

La Bioética permite albergar la complejidad de los problemas desde una perspectiva holística (aspecto social, político y económico), aportando soluciones prudentes

One health puede y debe enseñarse en las escuelas, responsabilizando a todos por la salud compartida de las personas, los animales y el planeta.

Esto significa que debe de realizarse una adaptación de los itinerarios educativos para incluir la sostenibilidad como elemento transversal.

La hipótesis de partida se confirma: solo una formación previa, fundamentada en valores e incorporada a los estudios preuniversitarios puede encaminar la acción individual y colectiva hacia la gestión sostenible de los recursos.

10. REFERENCIAS

Álvarez, M. B. & Bisquerra, Y. R. (1996). *Manual de orientación y tutoría*. Barcelona: Praxis.

Conselho Nacional de Ética para as Ciências da Vida (CNECV). (2014). Rosalvo Almeida. Ciência, Ética e o mito da imortalidade. Em *Bioética e Políticas Públicas*. ISBN. 978-972-8368-38-8.

Convenio para la protección de los derechos humanos y la dignidad del ser humano con respecto a las aplicaciones de la biología y la medicina (CDHB). Aprobado por Los Estados miembros del Consejo de Europa, los demás Estados y la Comunidad Europea. Instrumento de Ratificación del Convenio para la protección de los derechos humanos y la dignidad del ser humano con respecto a las aplicaciones de la Biología y la Medicina (Convenio relativo a los derechos humanos y la biomedicina), hecho en Oviedo el 4 de abril de 1997. «BOE» núm. 251, de 20 de octubre de 1999, páginas 36825 a 36830 (6 págs.) https://www.boe.es/eli/es/ai/1997/04/04/(1)

Dworkin R. (1977). *Taking Rigths Seriously. Harvard Law Review. 91*(1): 302-315. The Harvard Law Review Association.

Gracia Guillén, D. (2013). Construyendo el valor salud. En *Construyendo valores*. Madrid. Triacastela.

Gracia Guillén, D. (2016). Problemas con la deliberación. Folia Humanística, 3, 1-16. https://doi.org/10.30860/0013

Gracia, D.; Feito, L.; Moratalla, T.D., González, MAS; Martínez, J.A. (2016). Ética y ciudadanía: construyendo la ética Ética *y ciudadanía,* vol 1. Madrid: PPC.

Gracia, D.; Feito, L.; Moratalla, T.D., González, MAS; Martínez, J.A. (2016). Ética y ciudadanía: construyendo la ética Ética *y ciudadanía,* vol 2. Madrid: PPC.

Hartmann, N. (2011). *Ética*. Salamanca: Ediciones Encuentro.

Jonas, H. (1995). El principio de responsabilidad: ensayo de una ética para la civilización tecnológica. Traducción de A. Sánchez Pascual. Barcelona: Herder. [Original] Jonas, H. (1987). Das Prinzip Verantwortung. Versuch einer Ethik für die technische Zivilisation.

Júdez, J., & Gracia, D. (2001). La deliberación moral: el método de la ética clínica. Medicina clínica, 117(1), 18-23. https://doi.org/10.1016/S0025-7753(01)71998-7

Kant, I. (1996). *Fundamentación de la metafísica de las costumbres*. Barcelona: Ariel.

Naciones Unidas (1948). Declaración universal de los Derechos humanos (DUBD) (adoptado por asamblea general de las Naciones unidas en resolución 217 A(III), el 10 de diciembre de 1948 en París. https://es.unesco.org/udhr

Organización Mundial de la Salud (OMS) (2022). *Convención Marco de las Naciones Unidas sobre el Cambio Climático.* (CMNUCC). Conferencia sobre el cambio climático de Sharm el Sheij, noviembre de 2022, Egipto. https://unfccc.int/es/cop27

Patrão Neves, M. d C., & Justino, D. (2018). Todo o projecto educativo é uma opção moral. (Coord.), María do Ceo Patrão Neves. *Ética Aplicada*: Educação, 8, 8-21. Almedina. https://repositorio.uac.pt/bitstream/10400.3/4980/1/EA_Educacao_MCPN_DJ.pdf

Pose, C. (2022). El caso Tuskegee: un antes y un después en la investigación biomédica (y algunos problemas por resolver), *EIDON. Revista española de bioética*, (58), 39-52. 10.13184/eidon.58.2022.39-52.
Potter, V. R. (1971). *Bioethics: bridge to the future*. New Jersey: Prentice Hall.
Ten Have, H. (2016). *Global bioethics: An introduction*. Routledge.
UNESCO (2005). Declaración universal sobre bioética y derechos humanos. https://unesdoc.unesco.org/ark:/48223/pf0000146180_spa
UNESCO (2017). Educación para los Objetivos de Desarrollo Sostenible: objetivos de aprendizaje. UNESCO [65446], Assistant Director-General for Education, 2010-2018 (Qian Tang). https://unesdoc.unesco.org/ark:/48223/pf0000252423
UNESCO Y CIBIR (2018) Responsabilidad social y salud. Informe del Comité Internacional de Bioética de la UNESCO (CIB). [183], Centro Nacional de Documentación en Bioética (Spain). https://unesdoc.unesco.org/ark:/48223/pf0000372251
UNESCO (2022). Recomendación sobre la ética de la inteligencia artificial. Informe del Comité Internacional de Bioética de la UNESCO (CIB). UNESCO [65446]. Código documento: SHS/BIO/PI/2021/1. https://unesdoc.unesco.org/ark:/48223/pf0000381137_spa
Vivanco, L. (2018). Responsabilidad Social y salud: una tarea pendiente. *Atención Primaria*, 50(10), 653-654. https://doi.org/10.1016/j.aprim.2018.05.007
Weber, M. (1998). *El político y el científico*. Madrid: Alianza.

COMPETITIVIDAD ELECTORAL EN LAS ELECCIONES DEL ESTADO DE MÉXICO: UN ANÁLISIS DE 1993 A 2023

José Luis Estrada Rodríguez[1], Angélica Mendieta Ramírez[2]

La presente investigación recibió el apoyo de la Vicerectoría de Investigación y Estudios de Posgrado de la Benemérita Universidad Autónoma de Puebla.

1. INTRODUCCIÓN

Este capítulo de libro, tiene como objetivo analizar el resultado de las elecciones en el Estado de México para describir la competitividad que existe entre los partidos políticos, así como el porcentaje de votación que han logrado en el periodo de 1993 a 2023; la participación ciudadana y la lealtad de los votantes hacia los partidos políticos. Asimismo, con base en la metodología cuantitativa que se eligió para esta investigación, se acompaña de mapas y bases de datos que permiten ilustrar la competitividad que tienen los principales partidos políticos y cuál es la prospectiva para la elección de 2024. En los resultados se encontró que existen algunos municipios con alta competitividad electoral, es decir, el margen de votos con los cuales Movimiento de Regeneración Nacional ganó, son poco significativos; lo cual implica que la próxima elección de 2024 podría existir alternancia electoral en varios de los municipios del Estado de México.

Durante muchos años en nuestro país, la competencia entre los partidos políticos fue escasa; porque se concentraron las preferencias electorales en un partido hegemónico: el Partido Revolucionario Institucional (PRI). Este partido surgió en 1929 fundado por el entonces presidente Plutarco Elías Calles, el Partido Nacional Revolucionario (PNR); que posteriormente cambió de nombre con el ex presidente Lázaro Cárdenas del Río, en 1948 con el nombre de Partido de la Revolución Mexicana (PRM). Posteriormente, siendo presidente Manuel Ávila Camacho se cambió el nombre por el PRI, como hasta la fecha.

Sánchez (2006), sostiene que el sistema político en nuestro país se amoldó para contar con un partido fuerte. Alrededor de la figura presidencial se desarrollaron también las instituciones y las organizaciones sociales que proporcionaban legitimidad al gobierno en turno. Incluso el sistema electoral determina a los ganadores y perdedores, hasta antes de 1977 cuando se creó a los diputados de representación proporcional, el PRI obtenía

---

1. Profesor Investigador de la Benemérita Universidad Autónoma de Puebla, correo: jluis.estrada@correo.buap.mx,

2. Profesora Investigadora de la Benemérita Universidad Autónoma de Puebla, angelicamendietaramírez@gmail.com

la mayoría de los escaños; pero se modificó esta situación de peso político a partir de la inclusión de otros partidos a la arena pública.

Durante muchos años, el PRI fue el partido hegemónico. Hay muchos estudios sobre este partido. Pero nos interesa destacar que el sistema de partidos políticos fue hasta el año 2000, poco competitivo (Langston, 2017). Es decir, las otras fuerzas políticas no contaban con simpatizantes, militantes o capacidad de movilización en las elecciones y el PRI ganaba en la mayoría de las elecciones. Cedillo (2006), sostiene que en 1978, de los 121 municipios del estado, en 92 no se contó con oposición política al PRI; en 1981 ocurrió lo mismo en 83 de ellos. Es decir, la entidad mexiquense ha tenido poca alternancia y cambio de preferencias electorales.

Pero poco a poco, inició una transición política que permitió la participación de otros partidos políticos en las preferencias electorales; pero también en la creación de nuevos partidos con más simpatizantes. Vivero y Díaz (2014), sostienen que se construyó una transición de un régimen autoritario hacia una democracia multipartidista, caracterizada por una fuerte competencia electoral e ideológica.

Morales (2006), sostiene que en la entidad mexiquense se produjo una especie de autoritarismo por la concentración del poder en un solo partido. Asimismo, desde 1942; hasta la derrota de la alianza del PRI en el 2023, el partido tricolor gobernó a los mexiquenses. "Las élites políticas del Estado de México, sobre todo en las últimas décadas, se distinguieron por la estrecha relación con los presidentes de la república priístas y la influencia que ejercieron en el ámbito nacional" (Morales, 2006, p. 191).

De igual forma, Reyna (2009), Klenser (2001); y Álvarez (2013), coinciden en señalar que el PRI constituyó un partido hegemónico a nivel nacional con fuerte ascendencia en la entidad mexiquense donde se construyó un sistema corporativo que desarrollo una gran filiación hacia el partido.

En ese sentido, el PRI en la entidad mexiquense logró amalgamar a todas las corrientes políticas y eso logró que fuera competitivo, al concentrar también los diferentes grupos de élite. Mosca (1992), establece en la Teoría de Élites que la concentración de poder sólo puede producirse por medio de relaciones, redes y mecanismos de interés. La estructura clientelar, paternalista y presidencialista que perduró durante muchos años permitió que se consolidara el poder de un solo partido en el Estado de México.

Empero, después del 2000, cuando hubo alternancia electoral en nuestro país, con la llegada de Vicente Fox del Partido Acción Nacional a la presidencia de la República, poco a poco otros partidos lograron incidir en el escenario político. Atilano (2022), reconoce que poco a poco la competitividad electoral en la entidad mexiquense comenzó a crecer, porque el PRI, no podría ganar todas las elecciones y se fortalecieron otros partidos como el PAN.

2. OBJETIVOS

Con el objetivo de analizar los resultados obtenidos durante las elecciones para la gubernatura del Estado de Mexico (2023), se analizarán los resultados electorales que corresponden a los 125 municipios para identificar la competitividad electoral y cómo se comportaron los votantes. Su análisis permitira pronosticar el comportamiento electoral en las próximas elecciones de 2024 a nivel estatal, federal y municipal en la entidad mexiquense.

3. METODOLOGÍA

Para saber como se han comportado los partidos políticos, podemos tomar la serie de resultados electorales para comprender cómo se han comportado. Por tanto, la competitividad electoral se puede calcular de diversas maneras, y en este estudio se calculará con la una división muy sencilla. Este índice tiene como parámetros el porcentaje del partido ganador y el número de votos expresado en porcentaje del partido que quedó en segundo lugar. Y aquí se presenta la fórmula:

$$COMPETITIVIDAD\ ELECTORAL = \frac{\%votos\ partido\ segundo\ lugar}{\%\ votos\ partido\ ganador}$$

Asimismo, para medir la volatilidad electoral se toma una comparación en los votos que obtuvo un partido en una elección particular con sus votos en la elección anterior en una forma de porcentaje, entonces, la podemos obtener si tenemos los votos en una elección y en la elección anterior, y gracias a que tenemos toda esta información disponible en las paginas oficiales del INE, podremos trabajar con la siguiente fórmula:

$$VOLATILIDAD\ ELECTORAL = \frac{votos_t - votos_{t-6}}{votos_{t-6}} * 100$$

De tal forma que con base en la información estadística obtenida en el Intituto Electoral del Estado de México, se realizaron los análisis estadísticos.

4. DESARROLLO DE LA INVESTIGACIÓN

Al analizar las elecciones para la gobernatura del Estado de México, debemos describir las victorias y trayectoria histórica del PRI. En esta sección indagaremos los datos de los ganadores en estas elecciones y su evolución en el panorama electoral en los últimos 30 años, es decir, las últimas 6 elecciones para la gobernatura del Edomex.

Para empezar a describir algunos resultados de la votación 2023, es importante decir que, México empieza a dar los primeros pasos hacia una completa equidad de género, es la primera candidatura que se registra en la entidad, con todas los participantes mujeres, y que esperemos sea un precedente para que más mujeres se interesen y quieran destacar como servidoras públicas; sin olvidar que estamos en una época donde el espectro LGBTI+ se abre rápidamente en el tiempo, y es deber de todos brindar apoyo a que todos seamos tratados de la misma manera sin la discriminación que gobernaba y gobierna en muchas partes del mundo hacia la identidad de género, la mujer, la raza, etc.

Las candidatas a la gubernatura en 2023 del Estado de México fueron Alejandra Del Moral con la coalición "Va por el Estado de México" y Delfina Gómez Álvarez en la candidatura común "Juntos hacemos historia en el Estado de México" con los partidos MORENA, Partido del Trabajo (PT) y PVEM; ambas candidatas tienen grado académico hasta la maestría.

Estas elecciones fueron interesantes, ya que tan sólo hubo dos contendientes y ambos adversarios fueron formados por diferentes partidos, por una parte tenemos a Va por México, conformada por el PAN, PRI, PRD Y Nueva Alianza de los cuales, por muchos años el PRI, PAN y PRD fueron adversarios, pero al ver que Morena ha sobresalido en todas las elecciones del país en los últimos años, ha resultado en ver a partidos diferentes a unirse con tal de tener más votos, sin mencionar la presencia en medios del presidente día con día en sus conferencias matutinas.

A pesar de unir fuerzas en la coalición *Va por México*, no se logró el objetivo que era ganar esta gobernatura, a pesar de tener una contienda bastante reñida, la candidatura común Juntos hacemos historia en el Estado de México se llevó la victoria con un 54.07% de los votos contra un 45.7% de la coalición por lo que la ganadora es Delfina Gómez Álvarez.

Empezando a desglosar la información que se tiene acerca de las elecciones desde 1993 hasta 2023, tenemos que en el año de 1993 se postularon a la gobernatura del Estado de México, 9 partidos: PRI, PAN, PRD, PVEM, PFCRN, PPS, PARM, PDM y PT. Esto en un estado en donde el PRI como partido llevaba ganando desde 1945 con Alfredo del Mazo, esta elección la ganó con mucha diferencia el PRI por lo que Emilio Chuayffet Chemor se convertiría en el gobernador, con un 62.36%.

Respectivamente, se llevaron los demás partidos el 17.82%, 8.7%, 3.61% y desde el Partido del Frente Cardenista de Reconstrucción Nacional hasta el PT tuvieron una participación de menos del 3% por partido. Los partidos PFCRN, PPS, PARM Y PDM no se expondrán en la Tabla 2 ya que tan sólo se postularon en 1993 y tuvieron poca relevancia, por lo menos en los resultados de las elecciones a gobernación.

En 1999 se tuvo una elección mucho más reñida entre el Partido Acción Nacional, el Partido Revolucionario Institucional y el Partido Revolucionario Demócrata con un porcentaje de votación de 35.46%, 42.44% y 21.99% respectivamente, ganando el PRI, esto denota una mayor fuerza por parte del PAN además de que unió fuerzas con el Partido Verde Ecologista de México recordando que para el siguiente año, por primera vez, el PAN sería el ganador de las elecciones Presidenciales de México; sin olvidarnos de lo mucho que creció el PRD en ese tiempo que, con el PT lograron que más de un quinto de los mexiquenses que votaron ese año les dieran su voto.

Con el PRI se mantuvo el poder hegemónico duante muchos años, hasta las elecciones de 2003, encontramos en 30 de los 124 municipios de la entidad, no se había presentado la alternancia. Es decir, aún cuando a nivel nacional se habia impuesto en candidato del PAN a la presidencia de la República, en el nivel local no habia cambios. Paxman (2018), reconoce que muchos gobernadores trasladaron el poder del partido a sus entidades, porque seguía construyendose un poder centralizado y presidencialista.

Por tanto, la competitividad de los otros partidos diferentes al PRI se incrementó y las posibilidades de ganar aumentaron. En el siguiente Cuadro 1, se muestra el Índice de competitividad correspondiente a los 125 municipios del Estado de México.

Año	IC Votos	IC Municipios	IC Distritos locales
1993	28.57%	0.00%	0.00%
1999	83.56%	18.18%	44.44%
2005	51.99%	0.81%	12.82%
2011	33.82%	0.81%	0.00%
2017	91.73%	27.47%	90.48%
2023	84.53%	31.58%	25.00%

Tabla 1. Índice de Competitividad. **Fuente:** Elaboración propia, 2023.

4.1. Resultados obtenidos

En 2017 el PRI por primera vez estuvo cerca de la derrota electoral, con poco menos del 3% de diferencia ganó la elección del Estado de México con su candidato Alfredo del Mazo Velez, quien junto con el PVEM, Nueva Alianza y Encuentro social lograron el 34. 7 % de los votos ; mientras que Morena con su candidata Delfina Gómez Álvarez obtuvo el 31.8%, el PAN el 11.6%, mientras que el PRD el 18.44% ; así como una pequeña participación del candidato independiente que obtuvo el.11%.

De los 45 distritos electorales, Delfina Gómez candidata de MORENA, triunfó en 36 de los 45 distritos (80%), con un promedio de 72,634 votos recibidos y 53.15%, siendo el Distrito II (Chalco Solidaridad) el que le dio el mayor porcentaje (60.75% de los votos), mientras que Huixquilucan fue en el que recibió el menor porcentaje (35.75%); sin embargo, el Distrito de Jilotepec fue el que le dio la mayor cantidad de votos (90,639), pero Naucalpan (Distrito XXXII) le dio su menor número (50,853). En el mencionado distrito Chalco Solidaridad tuvo su victoria por mayor diferencia (+25.32 puntos), mientras que su triunfo por el menor margen se dio en el Distrito II (Toluca), sólo por 1.67 puntos más que Alejandra del Moral. En cambio, sus derrotas por el margen más amplio y el más reducido se dieron en Huixquilucan y Zinacantepec.

En el caso de Alejandra del Moral, la candidata del PRI-PAN-PRD-PANAL ganó en nueve de los 45 distritos (20%): Valle de Bravo, Ciudad Adolfo López Mateos, Huixquilucan, Tlalnepantla (Distrito XVIII), Naucalpan (Distritos XXX y XXXII), Toluca (Distrito XXXIV), Metepec y Zinacantepec. Por cual podemos apreciar que para la elección del Estado de México en 2023, llegó a posicionarse la principal competencia electoral del PRI ; con la eleccion presidencial de 2018 donde MORENA obtuvo la presidencia de la República con el candidato Andrés Manuel López Obrador. Esto sirvió como un mecanismo para posicionar a MORENA en todo el país y lograr ganar adeptos y simpatizantes. Por tanto, en la última elección ganó Morena en alianza con el PT con el 56.06%, con su candidata Delfina Gómez; mientras que la alianza del PRI, con la candidata Alejandra Del Moral obtuvo sólo el 45.7%.

Figura 1. Índice de Competitividad. Fuente : elaboración propia, 2023.

En la Figura 1. Se muestra el incremento en la competitividad de los partidos políticos, que paso de un 25 % en La competitividad significa que los partidos politicos tienen posibilidades de acceder al poder. Esto se logró también a partir del desarrollo de partidos de oposicion al PRI, que durante muchos años no habían logrado incrementar el numero de simpatizantes o aliados en las elecciones. Otros elementos interesentes muestran que en las casillas especiales, Delfina Gómez ganó tanto en el voto en el extranjero (71.48%) como en el voto anticipado (56.44%), mientras que Alejandra del Moral obtuvo el triunfo en el voto en prisión preventiva (57.45%). Es decir, se logró imponer el voto de MORENA en todos los rubros electorales.

La competitividad de los 125 municipios se incrementó a medida que los partidos politicos logron ganar en las contiendas. Para la elección de 2023, los municipios más poblados eran los que tenían el mayor número de votos a favor de MORENA, donde gobernaba 7 municipios : Ecatepec, Nezahualcoyotl, Valle de Chalco, Tultitlán, Tecamac, Chimalhuacán e Ixtapaluca. Estos dos últimos municipios no habían experimentado la altenancia electoral, pero en las elecciones de 2021, fueron ganadas por MORENA. El PAN contaba con tres municipios con fuerte concentración poblacional : Naucalpan, Atizapán de Zaragoza y Cuautitlán Izcalli.

4.2. Resultados de competitividad electoral y situación económica

En esta sección de nuestro análisis electoral que abarca desde 1993 hasta 2023, exploraremos el vínculo entre la competencia electoral y diversos aspectos socioeconómicos que han moldeado el panorama político durante el año 2010 y 2011 de donde sacamos la información con la cual estamos relacionando nuestros datos.

Comprender cómo las condiciones socioeconómicas influyen en las elecciones es esencial para una evaluación completa de la dinámica electoral a lo largo del tiempo. Los resultados de este análisis ofrecen una perspectiva valiosa sobre cómo factores como la educación, el empleo, la religión y la vivienda pueden afectar las preferencias y comportamientos de los votantes durante estos dos años, ya que el INEGI realiza censos cada 10 años, y las elecciones son cada 6, entonces, el año en el que más se acercan uno de otro es en 2010 (censo del INEGI) y año de elecciones para gobernador en el 2011 en Edomex.

A continuación, describiremos los resultados clave de nuestro análisis, destacando las variables socioeconómicas que muestran una influencia significativa en la competencia electoral. Además, identificaremos las tendencias y patrones notables que han emergido en estas elecciones sin descartar que se pueda realizar un análisis más extenso con los diferentes censos y resultados a la elección, además de que también se podrían analizar otros datos como son la participación ciudadana en las elecciones o la lealtad.

En el censo 2010 existen muchos datos referentes a diferentes situaciones de la población en el Estado, y buscaremos las que más influyan para que unas elecciones sean más o menos competitivas como, por ejemplo:

Educación y Votación: Esta relación podría arrojar a la luz sobre cómo la educación puede influir en la percepción política y en la toma de decisiones de los electores.

Empleo y Preferencias Electorales: El estado laboral de los votantes se ha demostrado como un factor importante en las elecciones. Algunos resultados indican que la ocupación y el nivel de ingresos pueden influir significativamente en las preferencias políticas de los individuos. ¿Nos arrojará el programa algún indicio sobre esto?

Religión y Afiliación Política: La afiliación religiosa ha sido un elemento crucial en la sociedad lo que nos lleva a la pregunta siguiente, ¿ha habido influencia de la religión en la toma de decisiones de los votantes?

Vivienda y Competencia Electoral: La calidad de la vivienda, el acceso a servicios básicos como electricidad y agua, y la propiedad de viviendas pueden tener un impacto en las preferencias políticas y en la participación electoral. ¿Cómo han influido estos aspectos en la competencia electoral en diferentes regiones?

A medida que exploramos estos resultados, es fundamental considerar el contexto histórico, económico y político en el que se desarrollaron las elecciones en este período. Esto nos permitirá comprender mejor las tendencias y cambios observados a lo largo de las décadas y ofrecerá una visión más completa de la dinámica electoral en el Estado de México de 2011.

Al analizar estas relaciones y tendencias, podremos generar valiosas conclusiones sobre cómo los factores socioeconómicos han influido en la competencia electoral en el Estado de México y cómo esto puede informar futuros procesos electorales y políticas públicas en la región.

Para esto, nos utilizamos el programa de análisis matemático R, en donde creamos un modelo de regresión lineal con la base de datos por municipio del estado y el índice por municipio que se creó a partir de la información ya expuesta, que se encuentra en el sitio oficial del IEEM. Se creó un modelo con todas las variables del INEGI y se observó cuales fueron los resultados más influyentes para los resultados de la competitividad, esto se realizó por partes ya que hasta cierto punto del censo se habla de número de personas y en otra parte de viviendas, por lo que era importante que se tratara de una forma diferente.

Después de esto, se tomaron los datos más relevantes y se creó el modelo siguiente:

```
Residuals:
     Min       1Q   Median       3Q      Max
-0.20336 -0.05596 -0.01098  0.04172  0.43948

Coefficients:
            Estimate Std. Error t value Pr(>|t|)
(Intercept)   1.7468     1.7450   1.001   0.3191
`5`          -0.5529     2.0928  -0.264   0.7922
`11`         -3.1856     3.1877  -0.999   0.3200
`16`         -1.0539     1.4331  -0.735   0.4638
`21`        116.5682   112.3041   1.038   0.3017
`41`          5.7323     5.0995   1.124   0.2636
`42`         32.0364    19.2788   1.662   0.0996 .
`43`        -21.5356    13.4316  -1.603   0.1119
`52`         -1.9235     3.1495  -0.611   0.5427
`54`         -5.7030     2.5687  -2.220   0.0286 *
`55`          5.1387     2.2196   2.315   0.0226 *
`70`         -3.9958     1.9967  -2.001   0.0480 *
`72`          2.6544     1.6738   1.586   0.1158
`81`          1.2329     1.0501   1.174   0.2431
`82`          6.3311     2.0829   3.040   0.0030 **
`89`         -0.6473     0.4000  -1.618   0.1087
`99`          1.4708     1.6003   0.919   0.3602
`115`        -1.3761     1.0140  -1.357   0.1777
`116`        -4.1014     2.1073  -1.946   0.0543 .
`117`         0.9334     0.7675   1.216   0.2267
`120`         4.2054     2.9476   1.427   0.1567
`123`        -3.9616     2.8634  -1.384   0.1695
---
Signif. codes:  0 '***' 0.001 '**' 0.01 '*' 0.05 '.' 0.1 ' ' 1

Residual standard error: 0.1069 on 103 degrees of freedom
Multiple R-squared:  0.4732,	Adjusted R-squared:  0.3658
F-statistic: 4.406 on 21 and 103 DF,  p-value: 1.886e-07
```

Figura 2. Análisis estadístico. Fuente : Elaboración propia,2023.

En donde cada número representa una característica de los municipios del estado de México, y estos están en orden, para cualquier referencia que se necesite, de igual manera expondremos los resultados y a qué característica pertenece cada número.

Los resultados de regresión son los siguientes:

1. Residuales: Los residuos son las diferencias entre los valores observados y los valores predichos por el modelo. En este caso, los residuos parecen estar distribuidos cerca de cero, lo que sugiere que el modelo no tiene un sesgo sistemático.

2. Coeficientes: Los coeficientes estimados representan el efecto promedio de cada variable independiente en la variable dependiente. Aquí hay algunos aspectos destacados:

Varias variables tienen valores p significativos (indicados por asteriscos): \`42\`, \`43\`, \`54\`, \`55\`, \`70\`, \`82\`.

Estas variables significativas pueden interpretarse como aquellas que tienen un impacto estadísticamente más significativo en la variable dependiente, sin embargo, algunas variables no se destacan por lo antes mencionado los términos que se utilizan para expresar las viviendas.

El coeficiente de \`21\` también es significativo, pero su interpretación puede requerir consideraciones adicionales debido a su magnitud.

3. R-cuadrado múltiple: El R-cuadrado múltiple es una medida de cuánta variabilidad en la variable dependiente se explica por el modelo. En este caso, el R-cuadrado múltiple es 0.4732, lo que sugiere que aproximadamente el 47.32% de la variabilidad en la variable dependiente se explica por las variables independientes en el modelo, por lo que, teniendo en cuenta estas variables en el modelo, podríamos predecir los resultados de las elecciones casi en un 50% la competitividad que existirá.

4. R-cuadrado ajustado: El R-cuadrado ajustado tiene en cuenta el número de variables en el modelo. Aquí, el R-cuadrado ajustado es 0.3658.

5. Estadístico F: El estadístico F mide la relación global entre las variables independientes y la variable dependiente. Un valor F alto indica que al menos una de las variables independientes es significativa en el modelo. El valor p asociado con el estadístico F es muy bajo (1.886e-07), lo que sugiere que el modelo en su conjunto es estadísticamente significativo y no depende mayormente de una sola variable.

En general, estos resultados indican que el modelo tiene un poder explicativo moderado (R-cuadrado múltiple de alrededor del 47%) y que algunas variables tienen un impacto significativo en la variable dependiente. Sin embargo, es importante considerar la relevancia teórica de las variables significativas.

Existen diversas formas para mejorar el modelo, pero nos quedaremos hasta este punto para exponer más a detalle las variables del modelo:

Para analizar el parecido directo o inverso entre las variables independientes y la variable dependiente en un modelo de regresión lineal, se deben examinar los coeficientes de regresión y su signo. Aquí están los resultados de los coeficientes que considero más relevantes:

Coeficiente 16: Tiene un valor de -1.0539. El signo negativo indica una relación inversa. Lo que indica que, entre mayor es esta variable, la competitividad disminuye. Este es un coeficiente que cuenta las personas que tienen 60 años o más, por lo que nos podría indicar que, los adultos mayores evitan que crezca la competitividad, podría ser porque las personas entre mayores son, más complicado es que cambien la ideología que se tiene.

Coeficiente 21: Tiene un valor de 116.5682. El signo positivo indica una relación directa con la variable dependiente. Este valor es el resultado de dividir el total de hijos nacidos vivos de las mujeres de 12 a 130 años y el total de mujeres de ese mismo rango de edad, lo que lleva a pensar que, entre más población existe, esto se lleva inherentemente a un aumento de la competitividad en las elecciones, sin embargo, es un coeficiente alto por el tipo de variable que se tiene, ya que se trata de los hijos promedio por cada mujer que ha tenido hijos.

El número 52: Tiene un valor de -1.9235. El signo negativo indica una relación inversa. A medida que la variable 52 aumenta, la variable dependiente tiende a disminuir. Y este valor está dado a las personas entre 18 y 24 años, por lo que, pensando en que fueron las elecciones de 2011, puede que las personas de este rango de edad estuvieran muy decididas por un cierto partido, lo que evitó una competitividad más alta.

Con los coeficientes 54 y 55 llegamos a una situación que se podría ver como contradictoria, ya que el 54 tiene una relación inversa y se refiere a las personas que no saben leer ni escribir, es decir, entre más personas se encuentran en una situación de analfabetismo, existe menos competencia, pero en el 55 nos encontramos con una relación directa, que nos indica casi en los mismos valores que el primero mencionado que, entre más personas hay que no terminaron ningún grado de escolaridad, más competitividad existe, por lo que este punto podríamos analizarlo de nuevo desde otro punto de vista y desde un ajuste al modelo para entender un poco más sobre esto.

Coeficiente 70 es el valor que se le adjudica a las personas que tuvieron trabajo o estuvieron en busca de trabajo en la semana de referencia del INEGI, este tiene un valor de -3.9958. El signo negativo indica una relación inversa. A medida que la variable aumenta, la variable dependiente tiende a disminuir, esto nos lleva a pensar que, a las personas que trabajan les interesa un poco menos el ir a votar, por lo que se dejan llevar por lo que diga la mayoría y no exista un análisis profundo sobre la decisión que se está tomando.

A diferencia del anterior, el número 72 son las personas que no trabajaron en la semana de referencia. Tiene un valor de 2.6544. El signo positivo indica una relación directa. A medida que la variable aumenta, la variable dependiente tiende a aumentar.

Los coeficientes últimos, aunque en el modelo no se aprecia, tienen una relación negativa las viviendas que tienen radio, televisión e internet, por lo que entre más existen viviendas con estas condiciones, menos competitividad existe, en cambio, las viviendas con refrigerador y computadora tienen una relación positiva por lo que, entre más personas tienen estos artículos, la competitividad de las elecciones aumenta.

Con esta información podemos pensar en diferentes temas, primero, la competitividad es compensatoria a la democracia, ya que incentiva a los partidos politicos a crear mejores propuestas de campaña y gobernar mejor. Asimismo, genera mecanismos de contrapeso y competencia en terminos de acciones de gobierno, así como respuestas que pueden ser incluso populistas (Mendieta y Estrada, 2023).

Uno de los elementos que restan la competitividad son los medios de comunicación que pueden generar desinformación, campañas negras o noticias falsas. Esta desinformación o tergiversación en la información que reciben puede disminuir la competitividad, por ello es necesario promover la cultura política y el interés en las elecciones.

También el otro punto es que, hay una relación directa entre las personas que tienen refrigerador y computadora y la competitividad, esto puede ser porque el tener refrigerador significa que vives en circunstancias privilegiadas en cierto sentido, y esto te puede dotar de un raciocinio y curiosidad sobre las elecciones gubernamentales, y, al contrario de lo dicho anteriormente, la computadora te da la opción de investigar del tema que quieras, esta no te dice que ver o escuchar sino que te abre un mundo en el que puedes elegir qué ver, cuándo verlo y cuánto tiempo verlo, por lo que creo que son algunas de las razones por las cuales tener estos dos aparatos pueden influir en una mayor competitividad.

En resumen, los coeficientes positivos indican una relación directa entre la variable independiente y la variable dependiente, lo que significa que cuando la variable independiente aumenta, la variable dependiente también tiende a aumentar. Los coeficientes negativos indican una relación inversa, lo que significa que cuando la variable independiente aumenta, la variable dependiente tiende a disminuir.

Con respecto al promedio de competitividad en cada uno de los 125 municipios, podemos hacer un análisis con base en los datos electorales proporcionados por el Instituto Electoral del Estado de Méxco.

Figura 3. Índice de Competitividad. Fuente : elaboración propia, 2023.

En la Figura 3, en comparación de la Figura 2, el promedio de competitividad inició en 1993 con el 23.83% mientras que en la anterior con el índice de competitividad de votos totales es de 28.57%, y una de las razones a las cuales podrían deberse es que existe un aglomeramiento de personas en el estado, en algunos de los 125 municipios que se inclinan a ser más competitivos con sus votos, sin embargo existen muchos más municipios que no tienen la misma competencia entre los partidos políticos, pero esto en 1993, analicemos los demás años:

En la elección de 1999, donde contendieron los candidatos: Arturo Montiel Rojas por el PRI, José Luis Durán Reveles por el PVEM y PAN, así como Higino Martínez Miranda por el PRD, PT; obtuvieron respectivamente: 1,371,564 (41.06%), 1,146,071 (34. 31%) y 710,500 (21.27 %), con un Índice de competitividad promedio para los municipios de 61.49% y de 83.56% en el Índice promedio de votos.

Es importante señalar que el contexto político-electoral favorece a MORENA que ha logrado a nivel nacional ganar las preferencias de los electores desde la elección de 2018, cuando ganó el presidente Andrés Manuel López Obrador. Con la victoria de Delfina Gómez en el Estado de México serán 23 las entidades de la República que son gobernadas por este partido. Lo cual hace que se posicione como la primera fuerza política en el país.

El contexto electoral se ha transformado, PRI y el PAN retrocedieron con respecto a los comicios de 2017, en los que obtuvieron más del 70% de los votos compitiendo entre sí, y el nuevo mapa electoral del país anticipa que el tricolor quedará acotado a solo dos gubernaturas, Durango y Coahuila, el único Estado del país donde no ha habido alternancia política (Camhaji, 2023).

Como podemos apreciar en el análisis de los datos y la información sobre la entidad mexiquense, existen múltiples variables de análisis para comprender como votaron los ciudadanos en el Estado de México y cuál ha sido el desempeño de los partidos políticos para llegar al poder.

5. CONCLUSIONES

Durante el periodo de 1993 y 2010, el PRI contó con una elevada predisposición a ganar ; los partidos de oposición eran poco competitivos debido a la estructura clientelar que había generado el PRI. Sin embargo, para el 2000, 2017 y 2023, las cosas cambiaron sustancialmente. En este último año el PRI en alianza con otros partidos que habían sido sus rivales como el Partido Acción Nacional (PAN), Partido de la Revolución Democrática (PRD) y Nueva Alianza, se unieron en esta últma elección y perdieron frente al Movimiento de Regeneración Nacional (MORENA).

Existen sin embargo de los 125 municipios, algunos que no han cambiado de partido político en el poder, es decir, sigue gobernando el PRI, en los siguientes gobiernos locales, desde 1993 : Alomoloya de Juárez, Amanalco, Chapa de Mota, Ecatzingo, Huixquilucan, Jilotzingo, San Felipe del Progreso, San José del Rincón, Santo Tomás,. Temascaltepec, Texcaltitlán, Tezoyuca, Timilpan, Tonatico, Valle de Bravo, Villa de Allende, Villa del Carbón, Villa Guerrero, Villa Victoria y Zinacantepec. En el periodo de estudio, de 1993 a 2023 el porcentaje de competitividad pasó de 23.83% a 74.70%. Es decir, se incrementó la posibilidad de que cualquier partido político llegara al poder, producto de las reformas electorales para garantizar la pluralidad política, como la representación proporcional ; la paridad y equidad de género, promovida en la Reforma Electoral de 2014 ; entre otras.

Si bien es cierto que la gubernatura del Estado de México quedó en poder de Morena en 2023, también es cierto que cada una de las localidades, municipios y espacios territoriales en la entidad mexiquense tiene caracteristicas difeentes, puede influir la simpatía hacia el presidente de la República, Andrés Manuel López Obrador ; pero también los liderazgos locales. Podemos decir que los municipios más pequeños son más leales, porque pueden tener mayor control de los votantes los partidos políticos por medio de los operadores electorale, pero también porque los candidatos tienen mayor arraigo y son conocidos en sus localidades.

La candidatura común de MORENA con el PT logró el triunfo en 97 de los 125 municipios de la entidad, lo cual demuestra que este partido de reciente creación logró ganar adeptos y simpatizantes en muy poco tiempo. Podemos decir que la volatilidad de los otros partidos hizo que MORENA se consolidara con la elección de la entidad mexiquense que entra en el contexto de un cambio en las preferencias electorales a favor de este partido en la mayoría de las entidades de la República Mexicana.

Con base en la información recolectada en las elecciones de 1993 a 2023, podemos señalar que todavia el PRI puede ser competitivo en ciertos municipios y en las elecciones de 2024 puede mantenerse en los liderazgos locales.

6. REFERENCIAS

Álvarez, J. A. (2013). Why Has the Transition to Democracy Led the Mexican Presidential System to Political Instability? A Proposal to Enhance Institutional Arrangements. *Mexican Law Review*, 5(2), 277-304.

Atilano, E. (2022). ¿Amigos por siempre? Rupturas en el PRI y su efecto en el gasto social durante el autoritarismo electoral en México (1988-2000), Foro internacional, vol. LXII, núm. 3, pp. 559-607, https://doi.org/10.24201/fi.v62i3.2884

Camhaji, E. (2023). La victoria de Morena en el Estado de México afianza la hegemonía de López Obrador, *El País*, 4 de junio de 2023.

Cedillo, R. (2006). La alternancia política en los municipios del Estado de México. *Espacios Públicos*, vol. 9, núm. 18, 2006, pp. 122-151

Díaz, O.F. y León, L. E. (2019). *Los escenarios electoral e ideológico en el sistema de* partidos *mexicano.* Una mirada posterior a la elección de 2018, Universidad de Guanajuato, Instituto Electoral del Estado de Guanajuato, México.

Espinoza, J. C. (2023). Competitividad electoral en México 1928-2018. Espiral Estudios Sobre Estado Y Sociedad, 30(87). https://doi.org/10.32870/eees.v30i87.7330

Gervasoni, C. (2005). *Poliarquía a nivel subnacional. Aspectos conceptuales y normativos en el contexto de las democracias federales.* En Colección 16: 83-122.

Klesner, J. (2005). Electoral competition and the new party sistem in México. *Latin Américan Politics & Society*, 47 (2).

Klesner, J. (2001). The End of Mexico's One-Party Regime, *Political Science and Politics*, Vol. 34, No. 1 (Mar., 2001), pp. 107-114.

Laakso, Markku, y Rein Taageper (1979). Effective number of parties: A measure with application to Western Europe. *Comparative Political Studies* 12 (1): 3-27.

Langston, J. (2017). *Democratization and Authoritarian Party Survival: Mexico's PRI*, Oxford University Press, USA.

Méndez de Hoyos, I. (2003). *Competencia y competitividad en México*, 1977-1997, Política y Gobierno, X (1): 139-182.

Mendieta, A. y Estrada J. L. (2023). *Populismo mediático en América Latina,* Tirant Humanidades, México.

Morales, C. A. (2006). Las élites gobernantes priístas del Estado de México: su conformación y redes 1942-2005. *Convergencia*, 13(40), 189-229.

Mosca, G. (1992). *La Clase Política. Selección de Norberto Bobbio*, México: Fondo de Cultura Económica.

Paxman, A. (2018). *Los gobernadores: caciques del pasado y el presente.* Penguin Random House Grupo Editorial, México.

Reyna, J. L. (2009). *El Partido Revolucionario Institucional*, Nostra Ediciones, México.

Reynoso, D. (2011), "Aprendiendo a competir: alianzas electorales y margen de victoria en los estados mexicanos, 1988-2006". *Política y Gobierno*, v. 18, n. 1, pp. 3-38.

Sánchez Ramos, Miguel Ángel (2006). Niveles de competitividad electoral, el caso de los estados de México y Morelos. Espacios públicos, vol. 9, núm. 17, febrero de 2006. Pp. 58-103.

Sartori, G. (1980). *Partidos y sistemas de partidos*, Madrid, Alianza Editorial.

Vivero, I. y Díaz, O. (2014). Competencia electoral e ideológica en los partidos mexicanos, *Espacios Públicos*, año 17, núm. 41, septiembre-diciembre de 2014, pp. 9-30.

CONSTRUCCIÓN DE PAZ Y CIUDADANÍA EN INSTITUCIONES EDUCATIVAS DE BOGOTÁ - COLOMBIA

Luis García-Noguera, Evert Silva Aliaga[1]

El presente texto nace en el marco de un proyecto de investigación de la Corporación Universitaria Minuto de Dios, "Construcción de paz y ciudadanía a partir de la implementación de la cátedra de la paz en la localidad 19 – Ciudad Bolívar".

1. INTRODUCCIÓN

La construcción de una cultura de paz en Colombia, es una de las apuestas más importantes del país en el pasado y presente siglo. Eso ha llevado a considerar el escenario de la educación como un espacio para formar en paz y ciudadanía, a los estudiantes y la comunidad educativa. La Cátedra de la Paz es desde el proceso de paz, de 2012 a 2016, que adelantó el Estado colombiano con las Fuerzas Armadas Revolucionarias de Colombia - Ejército del Pueblo (FARC - EP), un espacio educativo y pedagógico donde se busca propiciar una reflexión sobre el conflicto interno armado y aportar elementos que faciliten la reconstrucción del tejido social, lo cual constituye un profundo reto para los maestros (García-Noguera y Vásquez, 2022).

En ese orden de ideas, la Cátedra de la Paz o de Paz, fundamentada en el artículo 20 del Pacto Internacional de Derechos Civiles y Políticos adoptado por la Asamblea General de las Naciones Unidas en 1966, ratificado por 167 países y entrado en vigor en 1976 (Barrera, 2012), se convierte para algunos colegios dependiendo de su Proyecto Educativo Institucional, en una asignatura optativa o proyecto transversal, que llegó en un momento oportuno dada la coyuntura social y política que vive Colombia, y que marca como trasfondo el que sea la educación el campo considerado por el gobierno nacional, como el propicio para proyectar el desarrollo de la formación hacia una cultura de paz (Blanco *et al.*, 2019).

De esta manera, la Cátedra de la Paz creada a través de la Ley Ley 1732 de 2014, se inserta en la Constitución Política Nacional (Artículos 22, 41, y 95) y la Ley 115 del 1994 o Ley General de Educación (artículo 72), que hace referencia al deber del Estado de trabajar por la educación de los ciudadanos formándolos integralmente en valores democráticos y principios éticos para la construcción de una nueva sociedad. Con lo anterior, el legislador le concede a la cátedra, un tratamiento de aporte en la reconstrucción del país y consolidación del proceso de paz. Por ello, se esperaría que la Cátedra de la Paz debiera

1. Corporación Universitaria Minuto de Dios (Colombia)

propiciar un currículo que propenda por la sana convivencia y el desarrollo de valores acorde con las necesidades del contexto escolar (Toro *et al.*, 2021), que examine en el aula de clase el conflicto y se constituya así misma en la oportunidad de crear una cultura de escucha, tolerancia, análisis de situaciones, discusiones con respeto, toma de decisiones e instauración de los acuerdos, educando la razón pero también la emoción, desarrollando competencias socioemocionales y convivenciales, que potencien el respeto a los valores humanos del ciudadano.

Sin embargo, la Cátedra de la Paz podría no pasar de ser una ley más, como muchas otras que se quedan en el papel y en las buenas intenciones. Básicamente porque se puede convertir en un currículo más, que busca enseñar unos contenidos interesantes pero que no permean el comportamiento de los estudiantes, es decir, que puede seguir propiciando una distancia entre el discurso y la práctica. En tal orden de ideas, es posible llegar a considerar que la implementación de la Cátedra de la Paz en las instituciones educativas de puede generar un impacto significativo en la construcción de paz y ciudadanía.

Ahora bien, entre los propósitos del proceso de paz se considera que el territorio colombiano sea un campo de paz. En ese sentido, la capital de Colombia, el Distrito de Bogotá, juega un papel fundamental en esta construcción de la paz, en tanto que es la segunda más grande del país, albergando población de todas las regiones. De manera específica, la localidad 19 de Bogotá, la localidad de Ciudad Bolívar, alberga el mayor número de víctimas del conflicto y presenta los índices más altos de homicidios, superando los registrados en otras localidades (Secretaria de Seguridad, Convivencia y Justicia de Bogotá, 2023).

En ese orden de ideas, las acciones pedagógicas del Colegio Arborizadora Alta, una de las instituciones educativas distritales más importante en la Localidad Ciudad Bolívar por el número de estudiantes atendidos, frente a los propósitos de la Cátedra de la Paz y la realidad social que presenta el contexto, presentan grandes retos para la comunidad educativa, en especial para los docentes al ser ellos los responsables de implementar la cátedra. Por ello, es necesario adelantar procesos de reflexión sobre la implementado la Cátedra de la Paz, para dar cuenta de los avances alcanzados y aportar nuevos conocimientos que permitan mejorar las prácticas pedagógicas encaminadas a la formación de nuevas ciudadanías y construcción de paz, de frente a los cambios y las transformaciones territoriales que exige la localidad, la ciudad y el país.

2. OBJETIVOS

Teniendo en cuenta las apuestas de la Cátedra de la Paz, el estudio buscó establecer los alcances y limitantes en la construcción de paz y ciudadanía que ha tenido la implementación de la Cátedra de la Paz en el Colegio Arborizadora Alta de la localidad Ciudad Bolívar, en la ciudad de Bogotá.

3. MARCO TEÓRICO

La Cátedra de Paz busca propiciar en Colombia un escenario de reflexión sobre el conflicto interno armado que ha vivido el país, en pro de aportar a la reconciliación y reconstrucción del tejido social (Salas y Rosero-Cabrera, 2021). Y si bien la educación es la vía idónea de transformación social y política, la Cátedra de la Paz, considerada política pública, es vital para alcanzar ese objetivo al ser vista como un espacio académico y de investigación que propicia el trabajo pedagógico, didáctico y curricular en pro del fomento del dialogo, la ciudadanía y la convivencia en todos los niveles educativos del país (Cediel *et al.*, 2019).

Educar para la paz en el marco del posconflicto con la FARC - EP y el resurgimiento de grupos armados, debería ser entonces un propósito de país, en el que confluyan todas las fuerzas institucionales, académicas y productivas para poder lograr la formación de las competencias y conocimientos propuestos desde la cátedra en: Cultura de paz, Educación para la paz y Desarrollo sostenible (Acevedo y Báez, 2018). Por ello y gracias a los nuevos horizontes que se advierten, es pertinente orientar a los niños y niñas en su cotidianidad, inmersa en un mundo que cambia vertiginosamente, y comprometerlos con una educación y una pedagogía que permita un verdadero cambio en la creación de hábitos, manejo de un nuevo lenguaje y conformación de una nueva cultura de conservación y cuidado de los recursos naturales, apartándolos de la violencia, las desigualdades, el odio y los sentimientos de venganza, es decir "hacer uso" del ámbito educativo, como el espacio de diálogo y resolución de los conflictos, desde el respeto a los demás, siendo multiplicadores y forjadores de una nueva sociedad en el territorio colombiano.

Al respecto, Lozano *et al.* (2018), resaltan el carácter participativo y juvenil que tienen que tener las iniciativas educativas orientadas a la formación en Cátedra de la Paz, vistas como "procesos formativos y de dialogo reflexivo en torno a una cultura de paz sobre la base de saberes, escenarios, conflictos y prácticas cotidianas de paz y convivencia" (p. 23). Apreciaciones, como la anterior, conducen a pensar en una educación que contribuya al desarrollo de características de una verdadera comunidad educativa mediante la formación en competencias ciudadanas (Otalora, 2018), teniendo presente que son las que mayormente le darán al individuo la habilidad para relacionarse armónicamente con el mundo.

Bajo tal consideración, la construcción de paz y ciudadanía, requiere fomentar competencias de integración social, actitudinales, aptitudinales y emocionales ya que son aquellas que los individuos y las comunidades deben aplicar en su vida diaria para resolver conflictos (Salas, 2020). Por último, las competencias metacognitivas orientadas al pensamiento crítico, que no pueden faltar en la Cátedra de la Paz porque permiten desarrollar el espíritu crítico y autoregulatorio, base para el abordaje de los conflictos por medios pacíficos (Toro *et al.*, 2021).

4. METODOLOGÍA

El estudio, se enmarca en el enfoque cualitativo. Visto como un escenario constructivista que permite comprender del fenómeno de estudio desde los participantes, lo que posibilita la construcción de una nueva realidad (McMillan y Schumacher, 2005). En tal dinámica, considera importante tener en cuenta el contexto y la construcción de significados que dan forma al fenómeno estudiado (Hernández *et al.*, 2014).

El enfoque asumido, lleva a la investigación a no asumir posturas conceptuales prediseñadas, centrarse en la medición de variables o solo quedarse en el plano descriptivo, su dinámica enmarcada en la exploración de los hechos y su interpretación, es mucho más flexible, lo que permite el desarrollo de un proceso circular donde se afina el trabajo desarrollado y se construyen nuevas interpretaciones que atienden a las singularidades propias de los individuos y contextos (Hernández *et al.*, 2014).

Bajo la mirada del enfoque cualitativo, que asume la existencia de realidades subjetivas, que a través del proceso de investigación son descubiertas, construidas e interpretadas (Hernández *et al.*, 2014), la investigación asume una perspectiva fenomenológica, que la lleva a la consideración de los acontecimientos en su estado natural, análisis de valores, experiencias y significados de una realidad social, para poder llegar a la elaboración de una comprensión de los fenómenos (McMillan y Schumacher, 2005).

Para su desarrollo, el estudio se enmarca en el contexto local, porque aborda población de localidad la localidad 19, Ciudad Bolívar, en el Distrito de Bogotá, que es una localidad reconocida históricamente por sus altos índices de violencia e inseguridad social (Secretaria de Seguridad, Convivencia y Justicia de Bogotá, 2023). Allí se ubica la comunidad del Colegio Arborizadora Alta, donde se centra la investigación. Es una Institución Educativa Distrital (IED), que ofrece educación preescolar, básica primaria, secundaria y media, de carácter mixto. Como muestra por conveniencia (Hernández, 2021), el estudio tiene en cuenta como participantes en la investigación, los 6 docentes del área de ciencias sociales encargados de orientar la implementación de la Cátedra de la Paz en la institución.

De acuerdo con el enfoque asumido, la investigación tiene en cuenta como técnicas de recolección de la información: La encuesta abierta y la entrevista en grupo focal. La encuesta abierta, es vista como una herramienta de carácter cualitativo que permite recolectar de manera fiable y rápida información sobre el tema de estudio (Feria *et al.*, 2020), para su implementación se emplea un cuestionario conformado por 15 preguntas. La entrevista en grupo focal, es vista como un dialogo que permite una aproximación en detalle frente a los procesos que buscan ser documentados (Díaz-Bravo *et al.*, 2013), para su desarrollo se emplea una guía de la entrevista.

Finalmente, es valido señalar que con base en la información recolectada y siguiente las pautas propuestas por Hernández *et al.* (2014), se realiza el proceso de sistematización, codificación, categorización y discusión de la información recolectada.

5. RESULTADOS

Con el fin de establecer los alcances y limitaciones en la construcción de paz y ciudadanía que ha tenido la implementación de la Cátedra de la Paz en el Colegio Arborizadora IED, se recolectó información a través de una encuesta abierta tal como se detalla en la Tabla 1 y por medio de una entrevista en grupo focal tal como se detalla en la Tabla 2.

Categoría	Subcategoría	Unidad de análisis	Hallazgos
Cátedra de la Paz	Construcción de paz y ciudadanía que ha tenido la implementación de la Cátedra de la Paz	Catedra de la paz	CPEEA004 Un gran alcance que ha tenido la Cátedra de Paz es que ha mejorado demasiado la convivencia en la institución. CPEEA005 Un gran alcance que ha tenido la Cátedra de Paz es que ha mejorado demasiado la convivencia en la institución. CPEDAOO1 La falta de participación y compromiso de toda la comunidad educativa.
		Educación para la paz	EPEPS007 De manera interdisciplinaria, todas las áreas del conocimiento aportan actividades y logros a desarrollar para una atención integral en la búsqueda de la cultura de la paz. EPEDA002 Por libertad de cátedra no se ha establecido en la institución un programa o contenido específico.
		Pedagogías para la paz	PPEDS007 Se realiza mensualmente actividades en pro de la resolución de conflictos, con demostraciones artísticas como bailes, espacios para la reflexión, momentos para compartir con los demás a través de la música y el arte. Se realiza la semana por la paz con el proyecto "Hagamos las paces". PPEDS008 Por medio de reuniones de campo con el objetivo de planear las clases.
		Ciudadanía para la paz	CDEDM001 Jornadas Pedagógicas con participación de todas las áreas del conocimiento y la comunidad educativa. CDEDA002 Recuerdo el espacio de difusión del informe de la Comisión de la verdad.
		Cultura de paz y noviolencia	CNEDA002 La cultura de la paz y del diálogo se puede notar en una mejor resolución de los conflictos al interior de la institución. CNEDM003 Desde nuestras clases. PPEDM004 Talleres, jornadas pedagógicas, desarrollo e implementación de proyectos transversales y participación en espacios de las redes sociales.
		Desarrollo sostenible	DSEDA002 Se ha hecho énfasis en el cuidado del medio ambiente, sin descuidar el aspecto de la economía y el desarrollo social. DSEDS008 En la semana de cultura mediante un trabajo interdisciplinar.
		Catedra de la paz	CPEDA002 Que no ha tenido el impacto que se esperaba. CPEDMOO3 En la institución no está implementada catedra para la paz. CPEDMOO4 Ha faltado mayor articulación e intensidad. CPEDAOO5 Mi percepción es que su implementación no es conocida por toda la comunidad educativa. CPEDAOO1 Respecto a dar a conocer temas como derechos humanos, participación democrática, prevención del acoso escolar, memoria histórica se da, pero no se ha logrado modificar conductas que generan violencia escolar.

		Educación para la paz	EPEDA002 Por libertad de cátedra no se ha establecido en la institución un programa o contenido específico. EPEDA003 Solo los docentes la trabajamos desde nuestra asignatura sociales. EPEDA004 Temáticas asociadas a las asignaturas de las áreas de las ciencias sociales y humanidades. EPEPA006 Se leyó la ley 1732 y el decreto 1038 para así involucrar los temas de la cátedra en el plan de estudio de sociales. EPEPA007 De manera interdisciplinaria, todas las áreas del conocimiento aportan actividades y logros a desarrollar para una atención integral en la búsqueda de la cultura de la paz. EPEDA001 En las áreas de Educación Religiosa, Ética y Valores, Ciencias Sociales. EPEDA002 Cuando en clase nos referimos al conflicto armado colombiano. EPEDA005 Se han agregado contenidos de Cátedra de Paz al plan de área de Sociales.
		Pedagogías para la paz	PPEDA001 A través de jornadas pedagógicas, foros, conferencias y charlas con la participación de padres de familia, estudiantes, docentes e invitados externos. PPEDA003 Faltan implementarla cómo proyecto a asignatura. PPEDA004 Temáticas de clase, jornadas pedagógicas y talleres. PPEDA005 Desde las clases de sociales, ética y filosofía mediante la comprensión lectora, la escritura de ensayos y el pensamiento crítico. PPEDA006 Actividades como la comisión de la verdad, el bicentenario, la exposición "El Testigo" de Jesús Abad Colorado donde se trabaja memoria histórica, la participación a través del gobierno escolar. PPEDA001 Se ha logrado analizar, reflexionar y buscar soluciones a las problemáticas de convivencia en el entorno social y familiar. PPEDA003 Falta generar espacios para implementar cátedra de la paz. PPEDA004 Falta articular y hacer más visible la cátedra al abrir espacios institucionales para trabajarla puntualmente. PPEDA005 Desde mi percepción, en primer lugar, que la implementación no sea algo que se asuma por toda la comunidad educativa, puesto que al parecer se ha limitado a los docentes del área de Sociales; en segundo lugar, el desconocimiento de esta cátedra. PPEDA006 Falta fortalecer el gobierno escolar, y trabajar mucho más la convivencia pacífica en el aula. PPEDA007 Muy buenas, ya que han impactado de manera positiva los comportamientos de los estudiantes.

		Ciudadanía para la paz	CDEDA001 Han mejorado las relaciones de convivencia en la comunidad educativa. CDEDA002 Ha podido incidir en aspectos convivencia les, que requieren de tolerancia. CDEDA004 Cultura ciudadana orientada al conocimiento y respeto por la otredad y la diferencia. CDEDA005 La concienciación de la convivencia pacífica, la pluralidad, el respeto por los derechos humanos, la pluralidad, entre otros. CDEDA006 Desde las clases se da a conocer los derechos humanos y los mecanismos de defensa de éstos. CDEDA007 Se fortaleció la resolución pacífica de los conflictos frente a escenarios de fuerza o violencia que. son propios del contexto social de los y las estudiantes.
		Cultura de paz y noviolencia	CNEDA001 Espacios como jornadas pedagógicas, foros, charlas, conferencias. CNEDA002 La cultura de la paz y del diálogo se puede notar en una mejor resolución de los conflictos al interior de la institución. CNEDA003 Desde nuestras clases. PPED004 Talleres, jornadas pedagógicas, desarrollo e implementación de proyectos transversales y participación en espacios de las redes sociales. CNEDA005 Se enfatizó con el trabajo en algunos grupos, la importancia de la empatía, la resolución de conflictos y otros aspectos que promueven cultura de paz. CNEDA006 Salidas pedagógicas en el territorio donde está localizado el colegio para conocerlo y tener pertenencia de éste.
		Desarrollo sostenible	DSEDA005 Los PRAE. DSEDA006 A través del PRAE se han generado espacios para el cuidado del medio ambiente. DSEDA007 Los estudiantes se han apropiado de conocimientos y competencias ciudadanas para la convivencia pacífica que genera equidad y respeto por los derechos humanos.

Tabla 1. Encuesta abierta a docentes. **Fuente:** Elaboración propia.

6. DISCUSIÓN

La Cátedra de la Paz es percibida por los docentes como una oportunidad trascendental para reforzar la enseñanza y el aprendizaje del conflicto como eje de las relaciones y las nuevas ciudadanías, en donde la escuela teniendo en cuenta los planteamientos de Funes (2020), puede desarrollar desde su Proyecto Educativo Institucional, propuestas encaminadas a la construcción de una cultura de paz que impacte el contexto de la escuela y la comunidad. De forma que, a través de la Cátedra de Paz, se transfiera capacidades para abordar las diferencias y las divergencias, así como con habilidades para la mediación y resolución de conflictos, acudiendo a la noviolencia y la construcción de paz, antes que, a la reproducción de patrones violentos, los cuales históricamente han estado presente en nuestro medio cultural, afectando los valores y propósitos de la ciudadanía y la convivencia.

Si bien la Cátedra de Paz aparece en un momento importante para la historia del país, la poca difusión dentro de las comunidades educativas y la ausencia de una intencionalidad clara y central en el modelo curricular del colegio, hace que para los docentes su importancia se disipe entre los múltiples objetivos académicos de la escuela. Situación que debe ser atendida, para poder responder a los retos propuestos por Cediel *et al.* (2019), quienes desatacan el escenario académico y de investigación que puede propiciar la cátedra de la paz, para diseñar propuestas pedagógicas que fomenten escenarios mediados por las herramientas de la noviolencia y la construcción de ciudadanía.

No obstante, la Cátedra de Paz tiende a reducirse a las iniciativas personales de algunos docentes, quienes entre sus contenidos disciplinarios tocan brevemente los temas. Por otro lado, la Cátedra de Paz suele estar presente solamente en el ejercicio de enseñanza aprendizaje de las ciencias sociales y no en el ejercicio pedagógico de todas las áreas y docentes (Estévez, 2021). En los diálogos establecidos en los grupos, los participantes describieron sus experiencias frente a la implementación de la Cátedra de Paz, colocando en evidencia que, "Desde mi percepción, en primer lugar, que la implementación no sea algo que se asuma por toda la comunidad educativa, puesto que al parecer se ha limitado a los docentes del área de Sociales; en segundo lugar, el desconocimiento de esta cátedra" (PEDA005).

Así mismo, una práctica recurrente que da cuenta de una forma de implementar la Cátedra de la Paz es ejecutar tiempos puntuales y periódicos, así como experiencias centrales durante el calendario del año académico. Esto se hace a través de conmemoraciones impulsadas por instancias externas, como la Comisión de la Verdad, la Semana por la Paz y la Secretaría de Educación. Del mismo modo, se aprecia que, durante el año se realizan actividades transversales que integran elementos de la Cátedra de Paz, pero de poca duración, lo que no impacta significativamente de acuerdo con los propósitos de la cátedra.

También, es importante resaltar que los docentes realizan acciones pedagógicas para fortalecer el conocimiento, la reflexión y el ejercicio de los Derechos Humanos, a través de la enseñanza de temáticas en torno a la equidad, la pluralidad y la ética del cuidado (Rincón *et al.*, 2021). Es desde estas prácticas pedagógicas como se consigue aportar a los estudiantes una mejor comprensión y asimilación de principios que mejoren la construcción de paz y el ejercicio de la ciudadanía en sus entornos locales. De igual manera, se resalta que, La Cátedra de la Paz cobra valor como escenario académico para que, a través del ejercicio pedagógico, los estudiantes se acerquen al conocimiento y a la toma de consciencia del conflicto que ha vivido el país, así como al reconocimiento de las víctimas y de cómo la violencia repercute en la vida de las personas.

Consecuentemente, desde esta práctica se favorece el sentido de responsabilidad histórica en los estudiantes, dado que genera en ellos reflexiones encaminadas a las transformaciones ciudadanas en favor de una cultura de respeto y cuidado, que dignifique el futuro personal y social desde una ciudadanía en y para la paz (Trujillo *et al.*, 2021). Esto, no quiere decir que no se valore lo que se ha vivenciado y enseñado en lo que respecta a la implementación de cátedra desde actividades transversales, conmemoraciones y algunos desde sus respectivas enseñanzas en clases de ciencias sociales y humanidades. Se busca que los estudiantes logren comprensión de la importancia de la paz, asumen actitudes y comportamientos cada vez más cercanos a la construcción de ciudadanía.

7. CONCLUSIONES

El trabajo de campo realizado a través de las encuestas y entrevistas en grupos focales, muestran que los docentes tienen muy presente las actividades institucionales realizas en torno a la paz, la convivencia y el desarrollo sostenible, desde ellas buscan propiciar el desarrollo de las apuestas trazadas en la Cátedra de la Paz. Entre los alcances, resalta la comprensión que han alcanzado los estudiantes sobre el conflicto interno armado que ha vivido el país y la importancia de impulsar la construcción de una cultura de paz en su localidad, también resalta el compromiso con el que los docentes han asumido la implementación de la cátedra. Entre las limitantes, destaca la falta de tiempo por parte de los docentes para desarrollar la Cátedra de la Paz, porque tienden a tener múltiples compromisos laborales y académicos, la misma situación destaca la falta de vinculación de los demás miembros de la comunidad educativa (Padres de familia o cuidadores) en la implementación de la cátedra.

Finalmente, es importante señalar que, en el contexto de la localidad, la institución educativa, ha desempeñado un importante rol en la construcción de paz y ciudadanía entre los estudiantes. Por lo que este ejercicio debe ser promovido con mayor tiempo y dedicación, en espacial al tener en cuenta las condiciones sociales que se presentan en el contexto donde se enmarca la institución.

8. REFERENCIAS

Acevedo, A., y Báez, A (2018). La educación en cultura de paz. Herramienta de construcción de paz en el posconflicto. *Reflexión política, 20*(40), 68-80. https://doi.org/10.29375/01240781.3455

Asamblea Nacional Constituyente (1991). *Constitución Política de Colombia*. Gov.co. https://www.funcionpublica.gov.co/eva/gestornormativo/norma.php?i=4125

Barrena, G. (2015). *El pacto internacional de derechos civiles y políticos*. Comisión Nacional de los Derechos Humanos. https://n9.cl/kwl7o

Blanco, J., Castillo, H., Aguirre, S., y Patiño, J. (2019). La Cátedra para la Paz y el posacuerdo en la ciudad de Bogotá: un diagnóstico desde el discurso estudiantil. *Ciudad Paz-ando, 12*(2), 87-98. https://doi.org/10.14483/2422278X.14701

Cediel, Y., Olave, G., y Cisneros, M. (2019). Argumentación para la paz. Avances y desafíos para su enseñanza, como parte de los acuerdos sobre participación política entre el Estado colombiano y las Farc-Ep. *Análisis político, 32*(95), 23-41. https://doi.org/10.15446/anpol.v32n95.80827

Ley 1732 de 2014. Por la cual se establece la Cátedra de la Paz en todas las instituciones educativas del país. *Diario Oficial 43261 de septiembre 1 de 2014 https://www.funcionpublica.gov.co/eva/gestornormativo/norma.php?i=59313*

Ley 115 de febrero 8 de 1994. Por la cual se expide la Ley General de Educación. *Diario Oficial No. 41.214 del 08 de febrero de 1994*. https://www.funcionpublica.gov.co/eva/gestornormativo/norma.php?i=292

Díaz-Bravo, L., Torruco-García, U., Martínez-Hernández, M., y Varela-Ruiz, M. (2021). La entrevista, recurso flexible y dinámico. *Investigación en Educación Médica, 2*(7), 162-167. https://n9.cl/yyt2k

Estévez, J., Delgado, Y., y Vásquez, A. (2021). Significados otorgados por los estudiantes de una Institución Educativa Distrital de Bogotá a la Cátedra de la Paz. *NOVUM, 1*(11), 24-38. https://revistas.unal.edu.co/index.php/novum/article/view/89637

Feria, H., Matilla, M. y Mantecón, S. (2020). La entrevista y la encuesta: ¿métodos o técnicas de indagación empírica? *Didasc@lia: Didáctica Y educación, 11*(3), 62–79. https://revistas.ult.edu.cu/index.php/didascalia/article/view/992

García, J. (2020). *Caminar el presente, intervenir el pasado: de lugares a espacios de memoria. Huarte de San Juan. Geografía e Historia*, 27, 7-20. https://doi.org/10.48035/rhsj-gh.27.1

García-Noguera, L. y Vásquez, Y. (2022). Paz y ciudadanía a partir de la paz. *Revista Internacional De Humanidades, 11*(3), 1–8. https://doi.org/10.37467/revhuman.v11.3832

Hernández, O. (2021). Aproximación a los distintos tipos de muestreo no probabilístico que existen. *Revista Cubana de Medicina General Integral, 37*(3). https://revmgi.sld.cu/index.php/mgi/article/view/1442

Hernández, R., Fernández, C., y Baptista, P. (1998). *Metodología De La Investigación.* McGraw Hill.

Lozano, M., Ortega, E. y Padilla, J. (2018). *Construcción de paz con participación juvenil* [Tesis de Pregrado, Universidad de La Salle]. https://ciencia.lasalle.edu.co/trabajo_social/844/

McMillan, J. y Schumacher, S. (2005). *Investigación educativa.* PEARSON.

Otálora, L. M. (2018). Estrategias de enseñanza para la Cátedra de la Paz en estudiantes de secundaria a partir de las competencias ciudadanas. *Ciencia y Poder Aéreo, 13*(1), 124-140. https://doi.org/10.18667/cienciaypoderaereo.588

Parada, A., García, J., y Avendaño, W. (2021). Cátedra de Paz y memoria histórica en contextos de conflicto armado. *Revista Boletín Redipe, 10*(13), 843-855. https://revista.redipe.org/index.php/1/article/view/1794

Rincón, H., Guerrero, D., & Pulido, M. (2020). Impacto de la Cátedra de la Paz sobre los resultados del componente «sociales y ciudadanía» en las pruebas Saber 11 de los años 2015 y 2016 en Colombia. *Revista Espacios, 41*(09), 1-9. https://www.revistaespacios.com/a20v41n09/a20v41n09p03.pdf

Salas, A. (2020). El Proceso De Implementación De La Cátedra De La Paz: Estudio De Caso. En: Arce, A., y Rojas, R. (Eds. Científicas). *Tejiendo Paz Desde Las Aulas.* Editorial Universidad Santiago de Cali. https://libros.usc.edu.co/index.php/usc/catalog/download/68/68/854?inline=1

Salas, V., & Rosero-Cabrera, C. (2020). Narraciones de las memorias del conflicto armado colombiano, una propuesta desde la cátedra de paz. *Hechos y Proyecciones del Lenguaje*, (26), 24-47. https://revistas.udenar.edu.co/index.php/rheprol/article/view/6845

Secretaria de Seguridad, Convivencia y Justicia de Bogotá (2023). *Boletín mensual de indicadores de seguridad y convivencia.* Gov.co. https://scj.gov.co/es/oficina-oaiee/boletines

Toro, K., De Armas, T. y Romero, C. (2021). La cátedra de la paz como eje de desarrollo social de cara al posconflicto. *Estudios pedagógicos, 47*(1), 355-370. http://dx.doi.org/10.4067/S0718-07052021000100355

RECURSOS INTANGIBLES CONSIDERADOS PARA FORTALECER LA CULTURA UNIVERSITARIA

Yolanda López Lara[1]

1. INTRODUCCIÓN

Las instituciones de educación superior, son organismos que desde su creación, nacen con elementos que conforman parte de su cultura corporativa, como el nombre de la institución que le otorga una identidad jurídica, la gama cromática, la tipografía específica, el logotipo, una mascota y muchas veces hasta un himno institucional, así como la parte normativa sustentada en una ley orgánica, donde se indican las políticas, reglas, normas, estatutos, reglamentos y los usos de protocolos en eventos formales.

La gran mayoría de los aspirantes de primer ingreso, son chicos que entran con la ilusión de iniciar una carrera universitaria, otros ven coronados sus esfuerzos académicos por haber aprobado el examen de admisión, y por lo regular ya está planeado un curso de inducción para que conozca las instalaciones de la facultad, las oficinas administrativas y sobre todo, los departamentos de servicios con los que mayormente interactuará en su vida de estudiante.

Cuando el estudiante obtiene su estatus de "activo", se llena de un sentimiento de seguridad y pertenencia en su inconsciente; ya familiarizado con su entorno académico, le son muy familiares los colores de la escuela, la mascota, el nombre de su facultad y también el de la universidad. Utiliza las plataformas académicas, los medios de comunicación impresos y virtuales, además de ser un experto en el manejo de las redes sociales corporativas.

Es notorio que una gran cantidad de estudiantes, incluso en sus semestres finales, muchas veces no conocen:

a) El significado de la mascota, cuál es su historia, por qué se seleccionó un animalito y no otro.
b) Quién ideó y diseñó el logotipo, por qué decidieron las autoridades de la dependencia autorizar que elementos lo conformarían.
c) Con qué intención se eligió la pauta cromática.
d) Qué elementos dieron pie a que se decidieran por las palabras que conforman el lema.
e) La historia del porqué se realizó la construcción de los edificios de aulas en las faldas de los cerros y no en otra ubicación con planicie…

---

1. Universidad Autónoma de Nuevo León (México)

f) Quiénes fundaron la Facultad y bajo qué circunstancias.
g) Quién fue el primer director…
h) Así como se enuncian estos elementos hay otros que más adelante, en el estudio, se irán enunciando.

2. OBJETIVOS

Ante las circunstancias citadas, el desarrollo de la investigación tiene como objetivo general determinar qué elementos deberían considerarse para desarrollar estrategias de fortalecimiento de la cultura organizacional para la Facultad de Ciencias de la Comunicación (FCC) cuyos objetivos específicos son:

1. Determinar áreas de oportunidad que los estudiantes de la facultad desconocen sobre los recursos intangibles cuando ingresan a una institución universitaria.
2. Describir las manifestaciones simbólicas de la cultura en el ámbito académico.
3. Indagar las manifestaciones estructurales de una dependencia escolar de nivel superior.
4. Enunciar las manifestaciones conductuales del personal de una comunidad académica universitaria.
5. Describir los elementos que forman parte de las expresiones físicas que albergan al personal de la dependencia.

El criterio que justifica la realización del estudio es el de conveniencia, porque al determinar los elementos intangibles que la comunidad educativa desconoce, quedarían expuestas las diferentes áreas de oportunidad que deberían tomarse en cuenta para desarrollar un plan de acción y proponer que se tome en cuenta para que forme parte del Programa de Desarrollo Institucional de la dependencia. De ésta manera, se persuade a la comunidad académica hacer suyos los signos y símbolos culturales que la distinguen y le dan una identidad institucional definida.

La relevancia social del estudio no solo sería para que se lleve a cabo como un evento, sino que formando parte del clausulado de programa del PDI, y su ejecución en forma semestral sería una variable para ir construyendo la fortaleza en la cultura del personal de la facultad. Las implicaciones prácticas que esto traería, sería el fomento de los hábitos que son inherentes a la cultura de ésta comunidad educativa.

El estudio no aportaría nuevas teorías, sino que se apoya en las ya existentes de autores e investigadores ya comprobadas. Se considera que el estudio es transcendente, porque serviría como estudio piloto para líneas de investigación en temas relacionados con comunicación, Relaciones públicas internas…, entre otras afines.

3. METODOLOGÍA

El estudio de investigación se enmarca dentro de los estudios cualitativos, tiene un alcance descriptivo, cuyo objetivo se centra en buscar, especificar las propiedades, las características y los aspectos importantes del fenómeno que se somete al análisis. (Gómez, 2006). En la mirada de Hernández *et al.* (2018), considera que el propósito es «especificar las propiedades, características y perfiles de casos (grupos, personas, comunidades, procesos, etc.» (p. 117). También, consisten en medir un grupo de personas u objetivos, con una o generalmente más variables y proporcionar su descripción, son estudios indagatorios puramente descriptivos que, cuando establecen hipótesis, estas son también descriptivos (Ortiz, 2003).

La premisa del estudio se considera como « las proposiciones iniciales de un argumento, a partir de las cuales es posible llegar a una conclusión» (Grupo editorial Etecé, 2022), por lo tanto, a continuación se presenta la premisa que guía esta investigación : determinar los elementos que deben ser tomados en cuenta priorizando los datos confiables para planear y ejecutar estrategias de fortalecimiento a la cultura organizacional.

Las técnicas de recolección de datos seleccionada para el propósito de la investigación se fundamenta en la metodología que propone Horacio Andrade, citado en Fernández (2017), cuyas categorías de análisis son (p. 89):

a) Manifestaciones simbólicas
b) Manifestaciones conductuales
c) Manifestaciones estructurales
d) Manifestaciones materiales

Asimismo, la revisión de fuentes de primera y segunda clase, incluyendo las referencias en la modalidad tradicional y virtuales que implican el "uso del computador y las tecnologías de comunicaciones para proporcionar servicios de referencia a usuarios en cualquier momento y en cualquier lugar" (Arreola, 2007, p. 4).

4. DESARROLLO DE LA INVESTIGACIÓN

4.1. Teoría de Sistemas

Se desarrollará en primera instancia la perspectiva de la Teoría de Sistemas, porque en base a sus fundamentos, es como si se construyera una base o « piso » para asentar las conceptualizaciones del estudio y cuyos fundamentos se describen a continuación.

La Teoría General de Sistemas, comenzó a fines de la década de los sesenta y su cuerpo gnoseológico tuvo un gran impacto en el estudio de las organizaciones, logrando un alto grado de aceptación, que ha llegado a confundirse con la teoría moderna de la organización. Hoy en día es tomada en cuenta para realizar estudios organizacionales con un interés práctico o académico donde su aproximación sistemática por lo regular está presente.

A mediados de la década de los sesenta, la Teoría de los Sistemas Abiertos elaborada por Ludwig von Bertalanffy es traída al ánimo del estudio organizacional por Katz y Kahn (1966). En general, esta perspectiva teórica considera a la organización como un todo, en que la realización de los fines es solo una de varias importantes necesidades a las que está ordenada la organización.

Según Buckley (1993, pp. 126-142), mencionado por Rodríguez, los sistemas organizacionales son abiertos interna y externamente. Esto implica que los intercambios que se producen entre las partes del sistema mismo, también se realizan con los intercambios entre el sistema y su entorno (Rodríguez, 2006, pp. 46-47).

Un sistema que está imbuido en otro mayor, nada en los sistemas sociales es estable, lo único constante es el cambio, por lo tanto, las organizaciones deben tener sus propios mecanismos de adaptación al cambio, para estar acorde al contexto donde se desarrolla. García (2014), afirma que en la Teoría General de Sistemas y la Complejidad se sugiere que la realidad debe ser vista como «un gran sistema donde las partes que la conforman y de las interacciones que se desarrollan entre las partes crean una realidad distinta, semejante a la de una gran red» (p. 1).

Katz y Kahn (1986) conciben las organizaciones como sistemas abiertos al medio ambiente, con capacidad para crecer y auto-reproducirse mantienen una interacción activa y un constante intercambio de materia, energía e información con su entorno: ingresan "inputs" al sistema, los transforman dentro de sus límites y los devuelven al entorno en forma de "outputs", siendo en esta interrelación donde se define la subsistencia de la organización. (Ávila, 2007, p.1)

Los elementos que considera la teoría de sistemas en las organizaciones son:

La importación, entrada de otros productos:

- Transformación, proceso de creación.
- Exportación o salida.
- Los sistemas como ciclos repitentes.
- Entropía negativa.
- La información como un insumo, retroalimentación y proceso de codificación.
- Estado firme y homeostasis dinámica.
- Diferenciación.
- Equifinalidad.
- Límites.

Los supuestos que agrega Fernández (2017) para el estudio de la Teoría de Sistemas en la organización son (p. 154):

a) Los objetivos de la organización deben ser compatibles, administrativos con el ambiente que afronta ésta.

b) Para que un objetivo sea viable, habrá que conocer bien el medio que rodea a la organización.

c) Para conocer bien el medio, hay que generar información actualizada y técnicamente correcta acerca del mismo.

d) Conociendo el medio y la capacidad instalada de la organización, habrá que establecer una estrategia, que con base en estos aspectos, sea exitosa.

e) La planeación estratégica es el medio para asegurar el éxito de la organización.

TEORÍA DE SISTEMAS		
ENTRADAS	PROCESO	SALIDAS
Personal Materias primas Financiamiento Legislación Información	Proceso	Productos Servicios
←-------------------------------	----- **Retroalimentación** ---	←------------

Tabla 1. Teoría de sistemas. **Fuente.** Elaboración propia, basado en fundamentos de Administración Financiera (2018).

Es importante mencionar que la palabra sistemas tiene diversas connotaciones y Franklin (2018), considera dos (p. 44):

1. Conjunto de elementos interrelacionados con un fin determinado que forman un todo unificado
2. Grupo de unidades combinadas que constituyen un conjunto unitario y complejo.

Este mismo autor mencionado en el párrafo anterior, hace una aportación con otros elementos no considerados en el listado de Avila (2007) y lo titula

Principales características de los sistemas (Franklin, 2019, pp. 44-45):

a) Comportamiento probabilístico, no determinístico.
b) Interacción con otros sistemas. Interdependencia de las partes.
c) Homeostasis (tendencia a la estabilidad).
d) Fronteras o límites.
e) Morfogénesis (capacidad para modificar su estructura).
f) Entropía (tendencia al desequilibrio)
g) Equifinalidad (cualidad de un sistema para alcanzar el mismo estado final a partir de distintas condiciones iniciales y por medio de diferentes procedimientos).
h) Sinergia (la integración de elementos como un todo es mayor que la suma de éstos)

4.2. Comunición Organizacional

La forma como se entiende el proceso de la comunicación en las organizaciones ha ido evolucionando conforme los estilos de liderazgo de los directivos, la cultura de las organizaciones, el ambiente laboral, los efectos de la globalización y los cambios que hayan acontecido paulatinamente. Sin embargo, la meta organizacional es integrar a los empleados, las estrategias, y demás líderes de la empresa con la visión, así como tenerlos cimentados en una base firme que se denomina cultura y valores.

Debería preguntarse si estos elementos se encuentran alineados en la empresa de manera efectiva, o si se encuentran dispersos. Si se encuentran dispersos la función del comunicador es proponer las acciones necesarias para integrarlos, entonces, el comunicador estará en posición de lograr una mayor comprensión sobre la empresa y el reto será la forma en que debe catalizar un gran cúmulo de información en mensajes clave al personal, o bien en el caso de la comunicación institucional, a los medios especializados, a las autoridades gubernamentales o a cualquier otra audiencia (Rebeil, 2008, p. 47).

Dentro de las funciones de un departamento de Comunicación Organizacional, está el liderazgo de la gestión, para desarrollar planes de acción enfocados a fortalecer cualquier área de oportunidad que haya en la identidad corporativa, la imagen, la reputación, la comunicación interna, la externa, el fortalecimiento de la cultura organizadora, las relaciones públicas, la evaluación y la innovación, donde se aplica el proceso administrativo de: planeación, organización, dirección y control, vinculado con las herramientas tecnológicas, que facilitan el desarrollo de los objetivos a corto, mediano y largo plazo; sin faltar la aplicación del método científico para la obtención de resultados eficientes en beneficio de la organización y el alcance de sus metas (Franklin, 2019).

4.3. Cultura Organizacional

Este término también se aplica a las organizaciones. Griffin *et al.* (2020) lo definen como «un sistema de valores, normas y supuestos compartidos que guían las conductas y actitudes de los miembros de una organización» (p. 526). La cultura de una organización es importante porque es la clave de expresión empresarial, es la expresión de prácticas y el grado de disponibilidad que tiene el personal hacia las conductas normativas de trabajo, funciones, procesos, interacciones formales e informales. Precisamente se refleja en «las prácticas, los valores, las creencias y premisas subyacentes de grupos formales e informales». Hofsted (2001), mencionado por Fernandez (2017), incluye «patrones compartidos de creencias, valores y expectativas normativas que determinan las conductas exhibidas, procesos de pensamiento, las culturas corporativas moldean la conducta porque se forjan a través del tiempo e influyen fuertemente en cómo se hacen las cosas de conductas compartidas» (p. 102)

Horacio Andrade describe en Fernández (2017), que la cultura organizacional se hizo más evidente su estudio en los años 90, después cobró importancia y ya no solo se estudiaba en la académica, sino que su aplicación en las organizaciones cobró interés y aportó beneficios para ellas, definiendo y redefiniendo los elementos de la cultura y a evidenciarlos en conductas concretas y observables.

Su estudio tiene que ver con los valores y creencias compartidas, las personas que correspondían a un determinado grupo interpretaban la realidad y le daban significados de manera muy similar e influía en sus comportamientos... «Un sistema cultural es aquel que se integra por el conjunto de valores y creencias que comparten las personas que pertenecen a él y por las múltiples formas en que éstos se manifiestan» (p. 89).

Geert Hofstede, en Franklin, (2019, p. 119), fundamenta que la cultura organizacional es como «la programación mental colectiva, que distingue a los miembros de una organización de otra», considera que la cultura está compuesta por las interpretaciones de las actividades y hechos sociales de los individuos, porque las comparten en forma colectiva, por lo tanto, al momento que estos se vinculan e interactúan, reflejan una diferenciación de grupo social, organización o una empresa porque se evidencia el tipo de cultura a la que pertenecen. Afirma que cada individuo dispone de un programa mental sostenible en el tiempo, al formar parte de ese programa mental, los individuos adoptan conductas similares ante situaciones o hechos similares, situación que propicia la creación de sistemas sociales (Franklin, 2019).

4.3.1. Identidad Corporativa

La identidad es un sustantivo, lo define Costa (2010) quien manifiesta que identidad «es lo que es», cada cosa comprendida. Todas sus características distintivas. «El término identidad viene de *ídem* que significa idéntico, lo idéntico solo puede ser lo mismo, por ello, implica la dialéctica de la diferencia». «La identidad es algo inherente a las cosas, las personas, las organizaciones», algo que las hace distinguibles unas de otras y reconocibles en su singularidad» (p. 40). La marca de un producto, servicio o institución, está irreductiblemente unido a la identidad. A continuación, los vectores que gestionan la imagen son (pp. 51-52):

1. Identidad verbal
2. Identidad gráfica
3. Identidad cultural

4. Identidad objetual
5. Identidad ambiental
6. Identidad comunicacional.

4.3.2. Imagen Corporativa Mental

La primer imagen mental que una persona tiene en relación a este concepto, es la que el espectador puede quedarse con la información de la marca, pero no es vivida, no hay relación directa con ella, sólo formada por las impresiones. También está la segunda, cuando el sujeto se vuelve activo porque interactúa con la marca, la vive, prescriptor del producto o la marca, proveedor, empleado o accionista de la empresa. Para estudiar la imagen, hay tres principios (Costa, 2010, p. 49):

- La imagen está hecha de relaciones más que de cosas
- La imagen es el efecto de múltiples causas
- La imagen es la ciencia de la totalidad y como tal, debe ser gestionada por el conjunto de las interacciones entre sus causas (no solo por alguna de ellas).

4.3.3. Los valores

Según la definición del *Diccionario Oxford Languages* (2023) "Los valores humanos son aquellos aspectos positivos que permiten convivir con otras personas de un modo justo, con el fin de alcanzar un beneficio global como sociedad". Emite dos definiciones del término:

1. Cualidad o conjunto de cualidades por las que una persona o cosa es apreciada o bien considerada.
2. Alcance de la significación, importancia o validez de una cosa.

Como complemento a la definición, describe que los valores motivan a las personas a actuar de cierta manera porque forman parte de su sistema de creencias, determinan sus conductas y expresan sus intereses y sentimientos. Existen diferentes tipos de ellos: los personales, humanos, culturales, sociales, éticos, morales, religiosos, familiares, terminales, instrumentales, entre otros.

4.3.4. Símbolos, Logotipos

Las marcas icónicas no están hechas con palabras, sino con signos, ejemplo Mike. Un logotipo es signo porque designa. «Todo símbolo es un signo de sustitución» que «está en lugar de otra cosa con la que no existe relación causal». Resumiendo:

1. *Logotipo*: Signo de designación: muestra el nombre o una parte de él.
2. *Símbolo*: Signo de sustitución; sustituye al nombre pero remite a él.

4.3.5 Creencias

La creencia es el estado de la mente en que se halla cuando se considera que algo es verdadero, aunque no se tenga el 100% de seguridad o se sea capaz de demostrarlo. Todo el mundo tiene creencias acerca de la vida y el mundo.

4.3.6. Elementos básicos de la cultura organizacional para desarrollar estrategias de fortalecimiento a la cultura organizacional

Desde la perspectiva de Casado (2015, pp. 113-114)

1. La filosofía es el eje de la cultura.
2. La cultura es la responsable de poner en práctica las reglas y normas de conducta.
3. Transmite sentido de identidad a sus miembros.
4. Facilita la creación de un compromiso personal con algo más amplio, que los intereses del trabajador.
5. La comunicación interna aliado para crear una cultura de participación que implique al personal en el proyecto de la organización. En el desarrollo de la misión y visión estratégica.
6. Los directivos máximos y los jefes de los departamentos pueden con sus comportamientos ser los responsables directos de la existencia de una cultura y un clima determinados.
7. La cultura puede ser proactiva.
8. Para llevar adelante cambios culturales, se necesitan líderes con ideas claras, firmes y definidas.

La cultura se manifiesta en múltiples formas, sin embargo, para las organizaciones, Andrade hace una división de cuatro categorías, las cuales se describen a continuación en la Tabla 2,

Tipo de manifestación	Descripción
Manifestaciones simbólicas	Son todas las maneras en que se pretende explicar o representar objetiva o subjetivamente, al homnre, al mundo o lo suprasencible y a las relaciones que se generan entre ellos. La filosofía, la ciencia, el arte, el mito, y la religión se ubican en esta categoría.
Manifestaciones conductuales	Son las pautas de comportamiento y de interacción de los miembros del sistema cultural
Manifestaciones estructurales	Son aquellas que de una manera directa pretenden asegurar el cumplimineto de los objetivos del sistema cultural. Incluyen el marco normativo, lasrelaciones de producción, la estructura del poder, las formas de operación, las formas de operación y la estructura social, entre otros elementos.
Manifestaciones materiales	Comprenden todos los recursos ecomómicos, físicos, y tecnológicos necesarios para la productividad y el bienestar de los miembros del sistema cultural.

Tabla 2. Manifestaciones culturales. **Fuente:** elaboración propia, basada en los fundamentos de Horacio Andrade, mencionado en Fernández (2017, p. 89)

4.4. Contexto de la Dependencia y su personal (la identidad y la marca)

Cuando se habla de determinar estrategias de Comunicación Organizacional dirigidas a fortalecer la cultura, es importante definir el perfil de la institución, cuál es su conformación, que características, tiene, como el nombre, su ubicación, el contexto que la rodea, los tipos de personal que normalmente conviven en las diferentes funciones, como el de limpieza, los jardineros, los de mantenimiento, los estudiantes, los administrativos, los profesores, las autoridades y que tiempo de productos o servicios ofertan. Para ello se enlistarán algunas de sus características, porque si son más que las que se describen a continuación:

La Facultad de Ciencias de la Comunicación es una institución de educación superior que forma profesionales en esta área del conocimiento, está ubicada en el campus de la Unidad Mederos, y su domicilio formal es: Paseo del Acueducto, S/N, en la colonia del Paseo Residencial en el municipio de Monterrey en Nuevo León (México), formando parte del campus Mederos al sur de la Ciudad. La infraestructura de la dependencia, se encuentra ubicada en las faldas de los cerros de la Sierra Madre Oriental y su contexto es agreste, donde las diferentes clases de biodiversidad tiene su hábitat, como osos negros, insectos, chachalacas (pájaros), coatlies, mapaches, tarántulas y serpientes entre otras especies endémicas.

El modelo académico del Modelo Educativo UANL considera:

1. El diseño de programas educativo, utilizado para su operación el plan semestral (semestral y cuatrimestral en el caso de postgrado) y las modalidades presencial, semipresencial y a distancia. En cuyos planes académicas de las 26 Facultades y las 29 Preparatorias cuentan con unidades de aprendizaje que al menos una de ella está dirigida al medio ambiente, desarrollando conciencia, aprendizaje y actividades relacionadas.
2. El perfil genérico de ingreso deseable del estudiante en los programas educativos de la Universidad en sus diferentes niveles, para asegurar el éxito de su trayectoria académica en el programa educativo sustentado en el Modelo. Contempla que el estudiante de reciente ingreso, adquiera y se una a los grupos estudiantiles de responsabilidad social y sustentabilidad que coordina la dirección de estudiantes desde el órgano central que es Rectoría.
3. El perfil de egreso del estudiante de los diferentes niveles educativos, sustentado en competencias específicas y generales. Es deseable que el egresado salga con una formación sobre el cuidado del ambiente.
4. Un nuevo esquema de actividad áulica que permitirá el desarrollo de capacidades específicas y generales necesarias para su incorporación. Siguiendo como eje transversal dentro de la maya curricular, el cuidado al medio ambiente.
5. La transformación de las prácticas educativas modificando los roles tradicionales de profesores y estudiantes. El deseo de formar una conciencia ecológica en un nuevo esquema de trabajo y formación académica.
6. La operación flexible de los planes de estudio para permitir que los estudiantes combinen modalidades presenciales y no presenciales en su proceso formativo.
7. La incorporación de las tecnologías de la comunicación y la información en los procesos educativos. Toma en cuenta la creación de pláticas, conferencias, talleres y actividades de limpieza en áreas silvestres de la localidad.

El desarrollo, de acuerdo a cada nivel, de experiencias académicas y de investigación propuestas en el Sistema de Investigación, Innovación y Desarrollo Tecnológico de la UANL. También las tecnologías utilizadas en diferentes plataformas como recipientarias de tareas, proyectos, avances de actividades, impartición de clases, facilitan en envío de documentos virtuales, coadyuvando a no desperdiciar hojas papel impresas.

Roles y funciones del profesor; El docente tendrá la responsabilidad de planear estratégicamente la actividad en el aula a fin de diseñar las actividades de aprendizaje pertinentes para desarrollar las competencias establecidas en los programas de estudio, por lo que en los roles se distinguen las funciones que se describen a continuación y que se encuentran escritas en el documento de Leyes y Reglamentos de la Universidad Autónoma de Nuevo León, el cual fue aprobado el 16 de diciembre de 1996

Programa académico de la Licenciatura en Ciencias de la Comunicación: la Facultad de Ciencias de la Comunicación cuenta con un nuevo modelo académico de licenciatura que une todas las acentuaciones anteriores con las cuatro unidades de aprendizaje más importantes de cada acentuación: información (periodismo), mercadotecnia, publicidad, y comunicación organizacional, mismos que la facultad ofrecía con anterioridad.

Este modelo permite egresar profesionales de la comunicación con un enfoque en competencias y con una mayor oportunidad laboral, que satisface necesidades globales actuales de la sociedad.

Propósito

El profesionista de la comunicación será capaz de hacer propuestas que den solución a problemáticas del ámbito de la Comunicación y ejercer diferentes habilidades y aptitudes obtenidas en diferentes contextos académicos y empresariales.

Competencias específicas del egresado de la licenciatura en Ciencias de la Comunicación.

1. El profesionista de la licenciatura de Comunicación desarrollará programas de calidad de tipo cultural, educativo, informativo de difusión y entretenimiento para los medios masivos de comunicación públicos y privados, apegándose a las leyes establecidas.
2. Aplicará las tecnologías de información y comunicación para la gestión de campañas de publicidad y comunicación social.
3. Apoyará a la capacitación del recurso humano a través del diseño de materiales audiovisuales.
4. Elaborará mensajes que respondan a las necesidades de los procesos de comunicación internos y externos de las diferentes organizaciones de la sociedad.

Ámbito profesional

El egresado de la Facultad de Ciencias de la Comunicación estará capacitado para crear, promover y estrechar relaciones de forma inclusiva y solidaria con mutuo beneficio laboral, académico, cultural, social y científico que se desarrolle en el campo profesional del comunicador.

4.5. Sustentabilidad

Existen muchas definiciones del término en cuestión, por parte de grupos ecológicos, políticos, ambientales, educativos y por organismos internacionales, En este contexto, y con una posición responsable y comprometida, la UANL (1996) anunció en su página web institucional la creación en el año 2010 de la Secretaría de Sustentabilidad (SS), con el «propósito de generar una instancia de referencia institucional, estatal y nacional en los temas y problemáticas de la Sustentabilidad», que articule y potencie los talentos, recursos y esfuerzos de la Institución, respetuosa del ambiente, incorporando « los principios, valores, acciones y quehaceres que conducen al cuidado del ambiente, el compromiso social y la vida democrática entre los miembros de la comunidad universitaria y el entorno social que le rodea, conformándolos como el desarrollo de sistemas socio-ecológicos (UANL, 2023).

4.6. Responsabilidad Social Universitaria

La Universidad es un referente en el estado de Nuevo León como una organización educativa de nivel medio y superior, por la calidad y cantidad de sus actividades de responsabilidad social. El estudiantado de la Institución, a través de la Dirección General de Estudiantes, asociación que, además de liderar programas en la procuración de fondos de apoyo a la sociedad en general, incluye actividades para el cuidado del ambiente, siendo así una organización honesta y ética que practica el trabajo en equipo a través de sus estudiantes con solidaridad y respeto (UANL, 2023)

5. CONCLUSIONES

Es un estudio que fundamenta una propuesta para desarrollar programas de Comunicación Organizacional enfocado en la administración de los recursos intangibles (ARI), para que se pueda aplicar con la aprobación de las autoridades de la institución y de esa manera, socializar el programa de acción con los públicos de interés, debidamente planeado en tiempo y forma, ejecutarlo conforme a las técnicas y herramientas designadas y continuar con la evaluación, proceso que brindará la posibilidad de tener elementos medibles que puedan evidenciar la efectividad del programa. Fernández (2027) comenta que «cualquier esfuerzo de comunicación de la cultura, debe orientarse hacia un clima organizacional positivo, sin él, la organización no tendrá éxito» (p. 106) «Un clima organizacional positivo, implica fundamentalmente empleados satisfechos, motivados, que se sientan bien en su trabajo» (p. 106)

La Universidad se preocupa y ocupa de que el estudiante y el egresado hayan formado una conciencia dirigida al bien común, donde a conciencia conozca la identidad, los símbolos, significados, creencias y valores de la institución a la que pertenece, como lo es su alma mater.

6. REFERENCIAS

Ávila, A. (2007). *Las organizaciones como sistemas sociales complejos. Revista Integración Académica en Psicología.* www.integracion-academica.org

Carreón, R. (2020). Referencia virtual: Fuentes de información. https://acortar.link/Z98BOa

Costa, J. (2010). *La marca, creación, diseño y gestión.* Trillas.

Diccionario Oxford Languajes (2023). *¿Qué son los valores?* https://acortar.link/FLe9H8

Equipo ABC (2018). *Referencia Administración Financiera. Teoría de Katz y Kahan.* https://acortar.link/59fAyo

Equipo Editorial Etecé (2023). *Significados. Qué son los valores* https://acortar.link/OGAcbi

Franklin Fincowsky, E. B. (2019). *Introducción a la administración. Evolución, aplicaciones y tendencias.* Cengage. https://gc.scalahed.com/recursos/files/r161r/w26024w/FRANKLIN_1.pdf

Fernández, C. (2017). *La Comunicación en las organizaciones.* Trillas

García, R. (2014). Teoría general de sistemas y complejidad. *Contribuciones a las Ciencias Sociales,* Febrero. www.eumed.net/rev/cccss/27/teoria-sistemas.html

Gómez, M. (2006). *Introducción a la metodología de la Investigación científica.* Brujas.

Griffin, R., Phillips, J. y Gully, S. (2020). *Comportamiento organizacional. Administración de personas y organizaciones.* Cengage.

Hernández, R., Fernández, C. y Baptista, P. (2014). *Metodología de la Investigación* (6ª. Ed). Mc Graw Hill.

Hernández, R. y Mendoza, P. (2018). *Metodología de la investigación. Las rutas cuantitativa, cualitativa y mixta.* Mc Graw Hill.

León, J. (2023). *Teoría de sistemas.* Unidad 4. Coordinación de Universidad Abierta y Educación a Distancia (CUAED): UNAM https://acortar.link/L8LqxD

Hernández, R. y Mendoza, P. (2018). *Metodología de la investigación. Las rutas cuantitativa, cualitativa y mixta.* Mc Graw Hill.

Ortiz, F. (2003). *Diccionario de metodológica de la investigación científica.* Limusa/Noriega).

Rebeil, M. (2008). *Comunicación estratégica en las organizaciones.* Trillas

Rodríguez, D. (2006). *Gestión Organizacional.* Alfa Omega

UANL (1996). *Leyes y Reglamentos de la Universidad Autónoma de Nuevo León.* https://acortar.link/JV4ysV

UANL (2023). *Responsabilidad Social. Dirección de actividades estudiantiles.* www.uanl.mx/responsabilidad-social/

FIDELIZACIÓN Y COMPROMISO ORGANIZACIONAL EN SUBOFICIALES Y MANDOS DEL NIVEL EJECUTIVO DE LA POLICÍA NACIONAL

Doris Edith Manosalva Pinto, Juan José García Sarria, Camilo Ramírez Motoa, Fabián Steven Garay Rairan, Armando González Cortes[1]

1. INTRODUCCIÓN

El trabajo desempeñado por la Fuerza Pública implica un conjunto de condiciones laborales y personales de alto riesgo, compromiso y responsabilidad. De manera particular, la Policía Nacional de Colombia dada su misionalidad, contemplada en el artículo 218 de la Constitución Política de Colombia propende por el mantenimiento de las condiciones para ejercer los derechos y libertades de los ciudadanos desde una perspectiva de seguridad y convivencia ciudadana. Lo anterior, lleva a sus miembros uniformados a enfrentar todo un abanico de circunstancias sociales y culturales (grado de confianza ciudadana, relaciones policía-comunidad, percepción de peligro en su actividad) que se convierten en factores determinantes para su permanencia en la Institución.

Aunado a estos elementos, factores institucionales y organizacionales pueden llegar a jugar un papel determinante en las estrategias de retención evitando así el retiro y fuga de capital humano valioso en el campo operativo y administrativo. Concretamente, centrando la atención en los miembros del nivel de Suboficiales y Mandos Ejecutivos de la Policía Nacional, los estatutos de carrera, los cuales establecen los tiempos y requisitos para los ascensos y la asignación de retiro, pueden incidir drásticamente en las expectativas profesionales de los uniformados frente a sus condiciones salariales, calidad de vida, cargos, responsabilidades y funciones de acuerdo con su perfil. Lo anterior conlleva a fenómenos como la desmotivación y la insatisfacción dentro de la institución. Así, Campos y Ceballos (2020), partiendo de un análisis con 51,567 policías retirados a nivel nacional (3,395 mujeres y 48,172 hombres, de los 18 a los 65 años, en todos los grados y categorías, desde 2008 a 2018), estiman, entre otras cosas, que la principal causa de retiro temprano de la institución es el retiro voluntario y por calificar servicios. Por su parte, los miembros del Nivel Ejecutivo cuentan con los índices de retiro temprano más elevado con 58%, a diferencia de los suboficiales 2.20% y los oficiales con 2.60%, estos resultados pueden llegar a responder a la "ausencia de motivantes para la obtención de logros y superación personal y/o laboral" (pág. 23), exposición a riesgos que puedan comprometer la vida del miembro uniformado, eventos violentos, problemas de salud física y mental, estrés,

1. Escuela de Suboficiales y Nivel Ejecutivo Gonzalo Jiménez Quesada de la Policía Nacional de Colombia

agotamiento, sobrecarga laboral. Dichos factores, concluyen las autoras, podría estar íntimamente vinculado al incremento de retiro laboral.

En este sentido, dada la complejidad del desarrollo de la actividad policial, su demandante estilo de vida y sacrificio constante de sus hombres y mujeres se precisa un análisis que permita identificar los factores determinantes en su permanencia y retiro con el fin de establecer líneas de acción que aseguren índices mayores de permanencia que redunden en calidad, experiencia y eficiencia en el servicio.

En estas líneas, la presente investigación se basó en teorías del compromiso organizacional, identificando tres estilos o perfiles concretos –Compromiso Afectivo (CA), Compromiso Normativo (CN) y Compromiso de Continuidad (CC) (Meyer & Allen, 1991; 1997)- como modelo para identificar los factores que incentivan el compromiso por parte de los individuos con respecto a la organización o lugar de trabajo. De esta manera, diversos autores (Jaros, Jermier, & Koehler, 1993; O'Reilly & Chatman, 1986), proponen un modelo teórico de *compromiso multidimensional* que captura las diversas facetas que involucran el fenómeno de los compromisos en las organizaciones de acuerdo a los siguientes perfiles:

Compromiso Afectivo (CA)

Los compromisos afectivos corresponden al conjunto de rasgos y disposiciones psicológicas, así como conductas que determinan el vínculo afectivo del individuo con su compañía u organización. Generalmente, el compromiso afectivo se encuentra caracterizado por el grado de identificación emocional y sensible de los individuos y que se manifiesta en términos de un profundo sentido de pertenencia y compromiso. Estrategias enfocadas al bienestar social de los empleados, programas de apoyo y desarrollo personal y profesional pueden afianzar este tipo de compromiso (Meyer *et al.*, 2013).

Compromiso Normativo (CN)

El compromiso normativo es asimilado por el sujeto como la sensación de obligación de permanencia en una organización como resultado de un proceso de internalización de presión o sentido de retribución proveniente por factores externos (familia, pareja, situación económica). Esta forma de compromiso varía sustancialmente de persona a persona de acuerdo con factores relativos al grado de incentivos que la compañía pueda ofrecerle a la persona, desde retribuciones pequeñas hasta grandes inversiones como, por ejemplo, cobertura en los costos de educación de los hijos o la vivienda de los individuos (Meyer *et al.*, 2013).

Compromiso de Continuidad (CC)

Los compromisos de continuidad agrupan el conjunto de factores en el análisis de los costos percibidos asociados con el abandono de la organización. En este sentido, disponibilidad de alternativas de trabajo, pérdida de beneficios obtenidos en la organización, inestabilidad familiar o deterioro de las relaciones personales pueden ser interpretados como elementos determinantes en la continuidad del empleado. Esta forma de compromiso es predominante dadas las escasas alternativas, por lo que los sacrificios que supondría abandonar la organización superan los beneficios. Agregando que, en contraposición con formas de compromiso como el afectivo, el de continuidad es poco probable que se encuentre asociado con desempeño laboral destacado o sobresaliente (Meyer *et al.*, 2013).

En este sentido, el presente artículo presenta los resultados obtenidos a partir de las experiencias, perspectivas y reflexiones de un grupo de uniformados pertenecientes al grado de Nivel Ejecutivo, quienes habiendo cumplido con su tiempo para la asignación de retiro decidieron continuar ejerciendo sus actividades policiales al interior de la Institución.

2. MÉTODO

De acuerdo con la finalidad de la investigación el estudio es de tipo mixto con enfoque cualitativo caracterizado por un proceso de construcción teórico (Hernández-Sampieri & Mendoza, 2020) y posteriormente bajo un enfoque cuantitativo bajo la obtención de datos estadísticos que permitan hacer inferencias sobre la problemática. Además, se empleó el software SPSS para realizar el análisis estadístico de los datos cualitativos obtenidos a través de preguntas con escala ordinal. Para validar la fiabilidad de la información obtenida, se aplicaron medidas como el Coeficiente de concordancia W de Kendall y el Estadístico Kappa (K). A través del enfoque cualitativo, se describe la situación actual en la Policía Nacional, como es el retiro del personal de mandos superiores en el nivel ejecutivo una vez cumplen su tiempo de servicio y se identifican los perfiles de compromiso. También se amplían los factores que inciden en la generación de la problemática.

La población objeto de investigación estuvo constituida por suboficiales y miembros del nivel ejecutivo que cumplieron con su edad de retiro y no lo han hecho (3.621), estos están contenidos aproximadamente por los niveles de Intendente con una media de 19 años, Intendente jefe (20 años) y Comisario (31 años); con un 95% de confiabilidad y un error de estimación de 7% la muestra calculada fue de 186.

2.1.1. Levantamiento de Encuestas y Entrevistas

Las encuestas se aplicaron vía web en el segundo semestre del año 2022 a través de un formulario de Google disponible en línea, donde también se contaba con un espacio para el diligenciamiento de un consentimiento informado que los participantes debían aceptar antes de continuar al cuestionario, se compartió oficialmente a través de la oficina de Ciencia y Tecnología al correo electrónico del personal perteneciente al Nivel Ejecutivo que adelantó curso en la ESJM y cuya población es de 3.621 uniformados. So obtuvieron 519 respuestas, de las cuales fueron aceptadas 186 por cumplir los criterios de aceptación de grupo poblacional al ostentar el grado de intendente o superior. Cabe resaltar que la aplicación del instrumento estuvo acorde a las orientaciones de los comités de investigación de la Escuela de Suboficiales y Nivel Ejecutivo y de la Dirección Nacional de Escuelas - DINAE.

Para el diseño de la entrevista semiestructurada, además de la determinación previa de preguntas al diseñar los instrumentos diagnósticos, se tuvo en cuenta el desarrollo de un protocolo de aplicación en el que en primer lugar se solicitó a las participantes, el diligenciamiento de un consentimiento informado en donde se aclaraba que la información proporcionada seria estrictamente confidencial y sería utilizada únicamente con fines académicos, a cada participante se le asignó un seudónimo con el fin de proteger la identidad. De los encuestados se seleccionaron aleatoriamente 3 uniformados para realizar el ejercicio de entrevista.

2.1.2. Procesamiento y Análisis de la Información

Las herramientas (encuesta y entrevista) se validaron a través del juicio de 3 expertos y bajo el diligenciamiento de una matriz de objetivos y preguntas donde se evaluó la contribución e impacto de cada pregunta para el cumplimiento de los objetivos de la investigación, adicionalmente se verificó que cada pregunta tuviera un soporte teórico y referentes en la literatura o investigaciones afines, adicionalmente y basados en el resultado de la evaluación de pares esta matriz contribuyó a tener una trazabilidad de los ajustes a las preguntas para tener un consolidado final. Para el procesamiento y análisis de los datos obtenidas en las encuestas se utilizó el software IBM SPSS Statistics 26 en el que se efectuó una prueba de hipótesis para datos cualitativos donde se hizo uso del análisis de contenido, que consistió en identificar patrones en los datos, categorizarlos y posteriormente relacionarlos con los conceptos y fenómenos estudiados.

A partir del análisis anterior, se formularon hipótesis sobre las relaciones entre los patrones encontrados y los conceptos y fenómenos estudiados que para este caso fueron dos grupos, el primero corresponde a las personas que están cercanas al retiro y el segundo a los que cumplieron su tiempo de retiro, pero aún no lo han hecho. Posteriormente, se hicieron pruebas de significancia estadística mediante técnicas como el análisis de correlación, el análisis de regresión y la prueba de chi-cuadrado. Estas pruebas permitieron evaluar la fuerza de la relación entre los patrones encontrados y los conceptos y fenómenos estudiados y determinar si esta relación es estadísticamente significativa. Para facilitar el procesamiento de las entrevistas, estas fueron grabadas y adicionalmente se estableció un protocolo de observación que permitió realizar lecturas del lenguaje corporal de los entrevistados.

2.1.3. Variables de la investigación

Para la determinación de las variables de la investigación, se tuvieron en cuenta los tres perfiles de compromisos expuestos en la teoría (Perfil Afectivo (CA), Perfil Normativo (CN), Perfil Continuidad (CC)) en la siguiente tabla se muestran los factores identificados por perfil y sus respectivas variables.

Perfil	Factor	Variable
Perfil Afectivo (CA) Perfil Normativo (CN) Perfil Continuidad (CC)	Características Personales (Inherentes al sujeto)	Motivación Laboral Competencia del empleado Habilidades del trabajador
	Experiencias en el trabajo	Estabilidad familiar Cambio de condiciones laborales Relación con compañeros Estilo de liderazgo
	Características Estructurales	Inseguridad jurídica Falta de oportunidades Factor Salarial Cargos y funciones (tablas TOP) Represamiento de ascensos Tiempo de asignación de retiro Política de toma de decisiones
	Características del Trabajo	Cambio de condiciones laborales Característica de la labor Relación con compañeros Relación rendimiento/recompensa Obligaciones laborales Cantidad de trabajo

Tabla 1 Perfiles y variables de la investigación. **Fuente:** Elaboración propia.

2.1.4. Herramientas para la recolección de información

En el diseño y construcción de los instrumentos, se tuvo en cuenta la revisión literaria previa para determinar el enfoque correcto de las preguntas que deberían hacer parte del cuestionario de diagnóstico, para ello se asignaron preguntas por cada objetivo específico de la investigación y que abarcaran todas las variables previamente identificadas; adicionalmente, se hizo uso de preguntas con opción de respuestas por escalas Likert, nominales y ordinales, evitando el uso de demasiadas preguntas dicotómicas y abiertas.

2.1.5. Prueba de Instrumentos

Las herramientas (encuesta y entrevista) se validaron a través del juicio de 3 expertos y bajo el diligenciamiento de una matriz de objetivos y preguntas donde se puede evaluar la contribución e impacto de cada pregunta para el cumplimiento de los objetivos de la investigación. Adicionalmente, se verificó que cada pregunta tuviera un soporte teórico y referentes en la literatura o investigaciones afines. Por otra parte, basados en el resultado de la evaluación de pares esta matriz se precisó la trazabilidad de los ajustes a las preguntas para tener un consolidado final. En el programa IBM SPSS Statistics 26 se calculó el "Coeficiente de concordancia W de Kendall" para las preguntas con escala ordinal y el "Estadístico Kappa (K)" para las preguntas con escala nominal; con estos resultados se eliminaron algunas preguntas del cuestionario y solo se conservaron los que tuvieron un nivel de significancia inferior a 0.05, lo cual indica que había concordancia entre los expertos (Escobar-Pérez & Cuervo-Martínez, 2008).

3. RESULTADOS

3.1. RESULTADOS DEMOGRÁFICOS

Dada la aplicación de la encuesta, se lograron obtener 519 respuestas, de las cuales fueron aceptadas en primer lugar 186 por cumplir los criterios de aceptación de grupo poblacional al ostentar el grado de intendente o superior. Dichos valores suponen un nivel de confianza del 95% con un margen de error del 7.2%; posterior al análisis de "Missing Values" se mantienen 186 datos válidos. En primer lugar, se presentarán los resultados obtenidos respecto al perfil sociodemográfico y de comportamiento del personal del nivel ejecutivo. Finalmente, se muestras los resultados de los datos obtenidos en SPSS a través del análisis discriminante múltiple de las variables.

Para el establecimiento del perfil sociodemográfico de la población de policías encuestados correspondiente a la muestra recolectada, se incluye la descripción de las características sociales y demográficas como: sexo, estado civil, nivel educativo, situación laboral, ingresos, tiempo laborado, número de hijos, número de personas a cargo. Del total de los encuestados el 59,93% corresponde a hombres, el 1,32% a mujeres y un 0,33% que prefirió no especificar con que sexo se identifica. Respecto a la edad de los encuestados, la mayor parte se encuentra entre el grupo 35 a 40 años (115), seguido del grupo de 41 a 49 años (70) y finalmente, del grupo de 50 – 59 años (1).

Respecto al nivel educativo, la población de uniformados del Nivel Ejecutivo se encuentra en un alto porcentaje educada en los niveles técnicos (75,81%) seguido del nivel de tecnología y educación universitaria ambas con un 10,22%, salvo un 1% que afirma tener título de especialización, ninguno de los encuestados presenta títulos de posgrado superiores (maestría, doctorado).

3.2. ANÁLISIS ESTADÍSTICO

Los cálculos de media, mediana y moda para la cantidad de tiempo en la institución de cada uno de los grados encuestados, arrojan como resultado que la media de años en la institución para el grado de intendente es de 19 años, intendente jefe 20 años y para un comisario es de 31 años, los resultados se pueden ver en la tabla 5.

Grado	Media	Mediana	Moda
Intendente	19,6 años	19 años	19 años
Intendente jefe	20 años	20 años	NA
Comisario	31 años	31 años	NA

Tabla 2. Resultado de la evaluación estadística de la variable tiempo en la institución por nivel de grado. **Fuente:** Elaboración propia.

Las otras variables asociadas a la situación laboral dejan ver en que ámbitos se ha desempeñado el personal del nivel ejecutivo en los últimos 5 años, donde se evidencia que cerca de un 71% se ha desempeñado en actividades operativas, seguido del personal que se ha desempeñado en tareas administrativas (24,1%). Los datos obtenidos de las variables de la investigación se procesaron en el software SPSS, realizando un análisis discriminante múltiple para correlacionar las diferentes variables, el análisis empieza con pruebas de bondad de ajuste sobre las variables para evaluar criterios de normalidad obteniendo que las variables crecimiento profesional y tiempo en la institución cumplen, para la prueba se analiza la variable de serie temporal o de secuencia proporcionada, los casos con valores perdidos no se utilizan en el análisis, los casos con valores negativos o cero tampoco se utilizan, si se solicita la transformación de logaritmo, los parámetros de distribución estimados se pueden apreciar en la tabla 3 y el resultado se evidencia en la gráfica Q-Q de la figura 1.

	Tiempo en la institución	Crecimiento profesional
Ubicación	19,70	3,55
Distribución normal		
Escala	1,569	1,110

Tabla 3. Parámetros de distribución. **Fuente:** Elaboración propia (mediante SPSS).

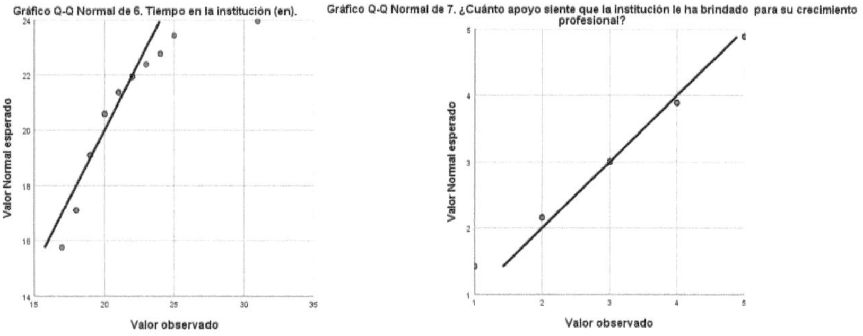

Figura 1. Gráficos Q-Q para el tiempo en la institución y la percepción de crecimiento profesional. **Fuente:** Elaboración propia (mediante SPSS).

Nota. Se puede apreciar como los datos se ajustan a la línea de tendencia de distribución normal, por lo cual se puede afirmar que corresponden a valores normales.

Se aplicó la prueba comparación de medias (Prueba T) para la evaluación de las hipótesis relacionadas a las variables que se ajustaron a una distribución normal, para ello se aplicó una selección de casos en el software para discriminar los datos asociados a bajos niveles de percepción de crecimiento profesional dentro de la institución, como resultado se obtuvieron los estadísticos de las tablas 4 y 5.

N		Media	Desv. Desviación	Desv. Error promedio
Tiempo en la institución.	99	19,76	1,762	,177

Tabla 4. Estadística para una muestra. **Fuente:** Elaboración propia (mediante SPSS).

Valor de prueba = 19.68					
t	gl	Sig. (bilateral)		Diferencia de medias	95% de intervalo de confianza de la diferencia
Inferior					
Tiempo en la institución.	,438	98	,662	,078	-,27

Tabla 5. Prueba para una muestra. **Fuente:** Elaboración propia (mediante SPSS).

4. HIPÓTESIS

Las hipótesis planteadas fueron las siguientes:

- H0: Los tiempos más altos en la institución provienen del personal con más alto grado de percepción de crecimiento profesional.
- H01 Los tiempos más altos en la institución NO provienen del personal con más alto grado de percepción de crecimiento profesional.

Con base en el estadístico t obtenido (0,438), y bajo un análisis bilateral con un 95% de confianza este se ubica en la zona de aceptación de la hipótesis nula (entre -1.96 y 1.96), por lo tanto, esta se acepta, es decir que efectivamente los tiempos más altos en la institución provienen del personal con más alto grado de percepción de crecimiento profesional.

5. RESULTADOS

5.1. Análisis de las entrevistas semi-estructuradas: aspectos de fidelzación organizacional

El propósito central de la entrevista semiestructurada fue obtener un acercamiento profundo en la experiencia de los uniformados que, una vez cumplido con el tiempo necesario para la asignación de retiro, deciden continuar prestando su servicio policial fortaleciendo y dinamizando el quehacer institucional gracias a sus experiencias y conocimientos. Los hallazgos de las entrevistas se dividieron en cuatro categorías de análisis de acuerdo con los fundamentos teóricos de la investigación. Finalmente, cada categoría agrupa un conjunto de temas recurrentes que permiten una perspectiva más precisa de los factores que han sido determinantes para la permanencia en la institución de los uniformados entrevistados. En la tabla 6 se sintetiza la estructura analítica de las entrevistas realizadas.

Preguntas	Unidad de Análisis	Temas Recurrente
Preguntas en torno a las características personales	Características Personales	Proyecto de Vida
		Relaciones familiares estables
		Consolidación de redes de apoyo
Preguntas en torno a las experiencias personales en la institución	Experiencias Personales	Reconocimientos y compensaciones
Preguntas en torno a las características del trabajo	Características Estructurales	Ascensos y Responsabilidades
	Características del Trabajo	Relaciones Laborales
		Clima Organizacional

Tabla 6. Estructura analítica de las entrevistas. **Fuente:** Elaboración propia

5.2. Proyecto de Vida

La decisión de ingresar a un cuerpo de policía compromete un proyecto de vida que permea todas las dimensiones de la persona: su familia, sus amigos, su forma de relacionarse con los demás, sus perspectivas económicas y fundamentalmente su seguridad e integridad física. Así, la particularidad y profundas consecuencias en torno a las prospectivas de dicha elección hacen que el ingreso a escuelas de formación de policía sea una decisión central en la vida de las personas.

Para Ramiro*, Intendente con más de 22 años en la institución, dicha elección estuvo motivada por la arraigada tradición policial en su núcleo familiar y en sus círculos de amigos. En efecto, su padre había pertenecido a la Institución consolidando de esta forma un acercamiento, apropiación, configuración e identificación en Ramiro con la cultura policial, la dinámica institucional y las prospectivas de una vida como uniformado.

Por su parte, para Felipe*, Intendente con más de 20 años de trayectoria institucional, su proyecto de vida estuvo asociado a una suerte de vocación desde su niñez que fue apoyada e impulsada por sus padres y ambiente familiar más cercano. Finalmente, para Diego*, Intendente con cerca de 27 años de servicio en la Institución, identifica la vocación de servicio como uno de los factores que ha incidió en sus deseos de ingresar a la institución.

Con todo, es importante resaltar al respecto que dadas las peculiaridades de la labor policial y sus marcadas diferencias con los entornos laborales de la sociedad civil, la vocación puede fungir como principio volitivo que determina el plan de vida trazado por los individuos que encuentran en actividades de servicio su proyecto de realización personal. Esta dimensión, curiosamente, parece quedar por fuera de los análisis y antecedentes teóricos que abarcan el compromiso de los trabajadores con su empresa o Institución. Lo que sugiere una línea de investigación novedosa para comprender los presupuestos cognitivos y motivacionales de los individuos en áreas como las fuerzas públicas, los servicios de salud y las instituciones religiosas.

5.3. Relaciones Familiares Estables y Consolidación de Redes de Apoyo

Uno de los temas recurrentes en las entrevistas fue la de relaciones familiares sólidas de los policías como punto clave y fundamental para la estabilidad laboral y afectiva de los uniformados. En efecto, Felipe recalca como por cuestiones relativas a la disponibilidad permanente y poco acceso a tiempos de calidad con la familia, han sido varios los compañeros que han decidido retirarse de la Institución. Para Ramiro la experiencia ha sido idéntica a la de Felipe. En efecto, este se reconoce como afortunado al haber contado, durante su tiempo en la institución, con la cercanía de su familia en sus unidades de trabajo.

Las observaciones no son accidentales. Así, es fundamental reconocer que la conformación de una red de apoyo familiar sólida es básica para la estabilidad emocional y personal del uniformado que se refleja en la calidad y efectividad del servicio de policía.

5.4. Reconocimientos y Compensaciones

Para autores como Mowday, Steers y Porter (1979) uno de los elementos centrales que afianzan un compromiso del trabajador con su empresa es el de la implementación de políticas orientadas a la promoción, reconocimiento y celebración de los logros de los trabajadores. En efecto, los sentimientos de cuidado y estima por parte de la organización afianzan el orgullo de pertenencia y la voluntad de ofrecer un esfuerzo adicional en las labores de la organización. Así, Ramiro reconoce explícitamente que las condecoraciones o comisiones en el exterior han sido elementos que motivan a continuar con la labor adelantada. Situando la importancia de los reconocimientos en atención a la relación con la comunidad y la ciudadanía, Diego reconoce con orgullo que el reconocimiento que más produce satisfacción es el que proviene de la comunidad, el "ser visto como un héroe".

Finalmente, la totalidad de los entrevistados afirman que las compensaciones en remuneraciones económicas, el reconocimiento por parte de superiores, posibilidades de becas, comisiones al exterior y otros tipos de "salarios emocionales" son un correlato positivo que afianza el sentimiento de pertenencia y gratitud con la institución.

5.5. Ascensos y Responsabilidades

Mowday, Steers y Porter (1979) a su vez, señalan la importancia de la asignación de responsabilidad es central para afianzar el sentimiento de importancia para la empresa, el desarrollo personal de las potencialidades laborales y la proyección como trabajador eficiente. En esta línea, todos los entrevistados reconocen que el acceder al Nivel Ejecutivo ha significado una etapa fundamental en su vocación policial, pues es identificado como una oportunidad para crecer como personas y como profesionales. A su vez, para los entrevistados los diferentes niveles de responsabilidades que conlleva cada grado son interpretados como una labor que la Institución ha confiado, reconociendo en ellos las aptitudes para llevarlo a cabo. Diego describe dicha situación con emoción indicando que "se siente útil en la Policía".

5.6. Relaciones Laborales y Clima Organizacional

El clima laboral y las dinámicas en las relaciones interpersonales que puedan llegar a tejerse en el ámbito laboral pueden ser determinantes en la permanencia, sentido de pertenencia, sentimiento de gratitud del empleado con su empresa empleadora. Para autores como

Platania *et al.* (2022) elementos como la inclusión, el trato justo y equitativo, el respeto y el respaldo son factores identificado como predictores de la sensación de satisfacción/insatisfacción en los trabajos. Acorde con esta línea de investigación, tanto Felipe como Diego enfatizan la idea del respeto por la antigüedad y el tiempo de servicio como una condición indispensable para el desarrollo armónico en las dinámicas de trabajo.

Por otra parte, para Diego, al configurarse como líder de grupos de trabajo, reconoce que sobre él recae también la responsabilidad de propiciar ambientes de trabajo que promuevan la eficiencia, el respeto y la estabilidad anímica de aquellos bajo su mando: "es importante el bienestar psicológico, que se encuentren bien, que cuando presenten situaciones complejas, difíciles, no solo laboral, sino familiar, uno tiene la necesidad y la obligación de apoyarlos también". Dicha consciencia de la integralidad de las personas que conforman un equipo de trabajo es decisiva en la consolidación de grupos eficientes de trabajo que fungen, además, como redes de apoyo sicosocial que acentúan un tipo de compromiso afectivo en los individuos.

6. DISCUSIÓN

Los resultados obtenidos permiten matizar y precisar la hipótesis inicialmente planteada a la luz de los trabajos de autores como Kaplan y Kaplan (2018). En efecto, la complejidad del fenómeno del compromiso y retención laboral/organizacional aunado al carácter único de los elementos volitivos, cognitivos y la incidencia de factores estructurales y normativos propios de la Institución pueden ser debidamente abordados con las herramientas conceptuales y teóricas que el modelo de compromiso multidimensional tal como fue anteriormente abordado.

En efecto, antes de tratarse de una cuestión netamente privada de voluntad, resiliencia, tolerancia y perseverancia por parte de los uniformados, la presente investigación proporciona elementos de análisis precisos que indican que en el fenómeno de la continuidad de aquellos uniformados que, habiendo cumplido con su tiempo de asignación de retiro, deciden continuar en la Institución, interviene todo un ecosistema de elementos objetivos, subjetivos que terminan por favorecer y promover –o perjudicar y desincentivar- la posibilidad de realización personal y profesional al interior de la Institución.

Por otra parte, en consonancia con los estudios adelantados en torno a las estrategias adoptadas por diferentes cuerpos de policía, fuerza pública y fuerzas armadas, se destaca la importancia de la promoción del bienestar psicosocial del personal uniformado y su núcleo familiar inmediato, el reconocimiento de sus logros en el desarrollo profesional.

Finalmente, es necesario advertir la discrepancia teórica evidenciada en la forma en que los modelos y marcos de teorías clásicas del compromiso organizacional describen, analizan, explican y evalúan la dinámica de la retención laboral, con respecto a los hallazgos obtenidos. En efecto, los enfoques teóricos terminan por comprender la relación empleado/organización en función de las dinámicas de los mercados laborales sin tomar en consideración aquellos elementos volitivos y cognitivos del individuo que identifica su trabajo como una vocación, esto es, como llamado y configuración e identificación del quehacer con el ser del individuo. En efecto, aquellas personas que conciben su quehacer como un servicio desinteresado que propende por el bienestar y seguridad de la comunidad, como fue reportado en los hallazgos, no parece acomodarse necesariamente a las categorías de análisis adoptadas. Así, dada la relevancia de esta dimensión que termina por propiciar una re-significación profunda por parte del uniformado de su ser y quehacer, es preciso indagar la manera en que la vocación es determinante en la retención organizacional y la forma en que la dimensión personal de la personal y estructural de la organización se relaciona, incentiva y promueve la vocación de policía.

7. CONCLUSIONES

De acuerdo con la investigación adelantada, se consideró pertinente abordar 3 perfiles de compromiso organizacional para profundizan y analizar los aspectos de fidelización del personal policial con más de 20 años de servicio y que continúan en la institución. Mediante la observación de los rasgos y particularidades de los diferentes tipos de compromisos se obtuvo una mirada sistémica y relacional de las unidades de análisis, que dio como resultado una comprensión de las razones y elementos que propician y promueven la continuación y retención de los miembros del nivel ejecutivo de la Policía Nacional.

El desarrollo de la investigación confirmó que los factores asociado al compromiso afectivo por la institución están altamente relacionados con el factor de elección vocacional, el cual destaca una realidad caracterizada por la toma de decisiones, siendo consciente de las consecuencias y las presiones del ambiente propio de la institución policial. Adicionalmente, se pudo establecer que los factores que contribuyen en la fidelización del personal radican en la realización profesional, concretamente apoyo educativo y sistemas de reconocimientos y ascensos. Tales hallazgos resultan ser, en última instancia, con la hipótesis inicial establecida.

Otro factor emergente de las respuestas dadas por el personal entrevistado es el psico-emocional, evidenciado en la alta aceptación a la organización y estructura de la institución, además los factores individuales y el valor que cada uniformado asocia con su grado jerárquico y ocupación, expresado en el arraigo y deseo de permanecer en la Policía Nacional. En el plano teórico, la investigación permite matizar una dimensión emergente con respecto a las dimensiones ampliamente abordadas y exploradas en la literatura científica en torno a los compromisos de trabajadores con sus respectivas empresas: compromiso por vocación. Así, en el compromiso por vocación el individuo alinea su propia visión de realización personal como proyecto de vida con el conjunto de actividades que lleva a cabo en su ámbito profesional.

En efecto, dicha dimensión permite introducir un factor concomitante que marca una diferencia entre los tipos y estilos de trabajos del mercado laboral ordinario con respecto al tipo de trabajos que, como se evidenció en la presente investigación, se caracterizan por el servicio incondicionado hacia la comunidad, aun cuando pueda significar sacrificios. En este sentido, si bien la investigación se circunscribe al ámbito propio del servicio de policía, es presumible esperar que futuras posibles investigaciones centradas en áreas de trabajo dedicadas al servicio y cuidado de personas (servicios de salud, atención y cuidado de personas, servicios religiosos entre otros) la vocación sea un factor decisivo que explique la consistencia, permanencia y resiliencia del trabajador en dicho ámbito.

A nivel estadístico con el uso del software SPSS y de pruebas t, se puede afirmar con un 95% de confianza que los tiempos más altos en la institución provienen del personal con más alto grado de percepción de crecimiento profesional; este crecimiento profesional visto en términos de posibilidad de ascenso, acceso a capacitación y activades de formación por medio becas de estudio, comisiones al exterior y demás incentivos.

Finalmente, es necesario precisar el alcance de los resultados. En efecto, la dinámica de compromiso, fidelización y retención organizacional puede variar, sustancialmente, de acuerdo a los diferentes grados contemplados en la Institución. En efecto, los elementos que terminan por promover e incentivar la continuación de la actividad policial pueden no coincidir, necesariamente, entre miembros del grado oficial, ejecutivo y de base. En este sentido, una línea de investigación futura debería centrarse en la identificación de los tipos de perfiles de compromiso organizacional que son determinantes en la retención laboral/organizacional en dicho personal.

8. REFERENCIAS

Campos, I., & Ceballos, N. (2020). Perfil del retiro laboral temprano en población uniformada de la policía de Colombia (2008-2018) [Tesis de Master, Universidad del Rosario]. https://repository.urosario.edu.co/handle/10336/29029

Escobar-Pérez, J., & Cuervo-Martínez, A. (2008). Validez de contenido y juicio de expertos: una aproximación a su utilización. *Avances en medición, 6*(1), 27-36.

Hernández, A. U., & Gómez, J. C. (2021). Ciclo de vida laboral policial: desarrollo humano, desde la incorporación hasta la asignación de retiro. *Revista Logos Ciencia & Tecnología, 15*(1), 9-22. https://doi.org/10.22335/rlct.v15i1.1700

Hernández-Sampieri, R., & Mendoza, C. (2020). *Metodología de la investigación: las rutas cuantitativa, cualitativa y mixta.* Mcgraw-Hill.

Jaros, S., Jermier, J., & Koehler, J. (1993). Effects of continuance, affective, and moral commitment on the withdrawal process: An evaluation of eight structural equation models. *Academy of Management Journal, 36*, 951-995.

Kaplan, M., & Kaplan, A. (2018). The relationship between organizational commitment and work performance: a case of ındustrial enterprises. *Journal of Economic and Social Development (JESD), 5*(1), 46-50. https://n9.cl/3t1k1

Meyer, J., & Allen, N. (1991). A three-component conceptualization of organizational commitment. *Human Resource Management Review*, 61-89.

Meyer, J., & Allen, N. (1997). *Commitment in the workplace: Theory, research, and application.* Sage.

Meyer, J., & Herscovitch, L. (2001). Commitment in the workplace: Toward a general model. *Human Resource Management Review, 11*, 299-326.

Meyer, J., Kam, C., Goldenberg, I., & Bremner, N. (2013). Organizational commitment in the military: Application of a profile approach. *Military Psychology, 25*(4), 381-401. https://doi.org/10.1037/mil0000007

Mowday, R. T., Steers, R., & Porter, L. (1979). The measurement of organizational commitment. *Journal of Vocational Behavior, 14*, 224-247.

O'Reilly, C., & Chatman, J. (1986). Organizational commitment and psychological attachment: The effects of compliance, identification, and internalization on prosocial behavior. *Journal of applied psychology, 71*(3), 492-499. https://doi.org/10.1037/0021-9010.71.3.492

Platania, S., Morando, M., & Santisi, G. (2022). Organisational Climate, Diversity Climate and Job Dissatisfaction: A Multi-Group Analysis of High and Low Cynicism. *Sustainability, 14*(8), 4458. https://doi.org/10.3390/su14084458

LOS PRINCIPIOS INFORMADORES DE LA MEDIACIÓN DIGITAL ESPAÑOLA Y LA FORMACIÓN DEL MEDIADOR EN ESPAÑA COMO EJEMPLO PARA LA MEDIACIÓN EN LOS PAÍSES DEL ESTE

Pablo J. Miró Colmenárez, Francisco J. Aranda Serna[1]

Agradecimientos: los resultados de este estudio han sido realizados y financiados por el proyecto europeo MEDIATS – Mediation: Training and Society Transformation (599010-EPP-1-2018-1-NL-EPPKA2-CBHE-JP).

1. INTRODUCCIÓN

La mediación es una herramienta que en los últimos años ha ganado relevancia en todo tipo de sectores, centrándose especialmente en el empresarial y en el familiar. Desde que tuvo lugar la excepcional situación de confinamiento a nivel mundial por la covid-19, la mediación en su versión digital se ha consolidado como un complemento necesario del sistema judicial para la resolución de conflictos.

Ha habido dos momentos que han hecho que esto sea posible en España, en primer lugar, con la creación de la Ley 5/2012, de 6 de julio, de mediación en asuntos civiles y mercantiles, que ha dotado a la mediación de mucha relevancia. Y, en segundo lugar, la propia crisis provocada por el coronavirus, que ha ofrecido en cierta manera un escenario en el que el uso de la tecnología, que se contemplaba como algo cultural pero técnicamente poco probable, se ha transformado en otro escenario diferente en el que los recursos electrónicos y automatizados han impregnado muchos de los procesos de resolución de conflictos sociales (Varona Martínez, 2020).

A pesar de la presión ejercida por la covid-19 por abrazar los cambios tecnológicos, lo cierto es que en algunos sectores esta recepción no está siendo como se esperaba, especialmente en el ámbito judicial. Históricamente, la práctica judicial siempre se ha asociado a la creación y el intercambio de documentos en "papel", aunque el uso de la tecnología no es desconocido, lo cierto es que el empleo de las herramientas digitales está más lejos de lo que parece en los tribunales.

Estas deficiencias también se pueden aplicar a los mismos sistemas de ADR y ODR, pues el coronavirus ha mostrado la dificultad de utilizar apropiadamente todas estas nuevas tecnologías. Es necesario una serie de innovaciones que aseguren la seguridad y la confidencialidad, pues sistemas de videoconferencias como Zoom y Skype favorecen en algunos casos la apertura y la viabilidad por encima de la privacidad y la seguridad, por

1. Universidad Católica San Antonio de Murcia (UCAM).

lo que estos sistemas tan utilizados en la pandemia podrían no ser adecuados para las cuestiones legales (Sourdin y Zeleznikow, 2020).

Es necesario que desde las Administraciones de justicia la mediación se vaya implantando progresivamente como una realidad que es complementaria, pero también necesaria a los litigios judiciales. De este modo se puede configurar una solución extrajudicial que reduzca el exceso de litigios.

Resulta evidente que la resolución de conflictos que utilizan las nuevas tecnologías, y más concretamente, la mediación denominada como electrónica u online, supone un gran paso de acercar la justicia a los ciudadanos, al mismo tiempo que alivian la carga judicial a los órganos judiciales. Para la Unión Europea, la mediación se ha convertido en un espacio común que da seguridad y justicia, y concretamente la mediación online supone un mecanismo que además facilita a las familias y las empresas una solución alternativa a los litigios que es rápida y poco costosa (Talavera Hernández, 2015).

La mediación online, sin embargo, será sólo considerada como una herramienta segura y útil en la medida que existan mediadores competentes, normas adecuadas que la regulen y también en la medida que progresivamente se cree una idiosincrasia cultural de la búsqueda de la negociación y del acuerdo (Pérez Marcos, 2020).

2. ESTADO DE LA CUESTIÓN

La mediación se ha perfilado como una de las mejoras más prometedoras del sistema de tutela jurídica, y en cierto modo, de devolución al ciudadano de su poder de decisión y participación en cuestiones en las que asume el protagonismo. En España, la mediación no está tan consolidada como el resto de las herramientas de la Administración de Justicia, aún hay muchas limitaciones y desconocimiento acerca de su uso (Villamarín López, 2013).

Si bien desde hace bastantes años, hay muchas instituciones, asociaciones y también universidades que se han sumado al impulso del proyecto que supone la mediación. Con la aprobación de la mencionada Ley 5/2012, se han especializado desde entonces miles de profesionales, y muchos más lo harán en un futuro (Martínez López *et al.*, 2022).

Actualmente la mediación se encuentra en un momento difícil no sólo en España, sino también en Europa. Por ello desde la Unión Europea se está alentando a sustituir todo lo viejo por todo lo nuevo, y donde la solución de conflictos sea más rápida y eficaz, y menos costosa.

En este aspecto, se ha partido de un planteamiento en el cual la formación es una cuestión extremadamente importante en el desempeño de la mediación, por ello han surgido muchos másteres y cursos a todos los niveles centrados en la enseñanza y formación de los mediadores. En este sentido, las universidades que tradicionalmente habían contemplado a la mediación como algo completamente ajeno a sus intereses ahora la han encajado con total naturalidad y compromiso.

La mediación supone también una apuesta política por parte de la Unión Europea, al mismo tiempo que se configura como un instrumento de paz social. Esta apuesta se ve reflejada en el "*Green Paper On Alternative Dispute Resolution In Civil And Commercial Law*", presentado por la Comisión Europea en el año 2002 y sobre el que se han ido encajando otras disposiciones.

Otra de las bases para consolidación de criterios en distintos instrumentos internacionales es la Directiva Europea 2008/52/CE sobre la Mediación en Asuntos Civiles y Mercantiles.

La referida Directiva sienta las bases para crear un marco jurídico flexible y que permita promover la mediación incluso más allá de las fronteras de la Unión Europea (García Villaluenga y Vázquez de Castro, 2012).

3. METODOLOGÍA Y OBJETIVOS

El presente artículo tiene como objetivo señalar cuáles son los principios informadores de la mediación digital española, y cuáles son sus ventajas e inconvenientes respecto de la mediación tradicional. También se indican cuáles son las claves en la formación de la figura del mediador, especialmente en el ámbito digital.

Este estudio se ha realizado mediante un enfoque teórico y el análisis documental de fuentes bibliográficas pertinentes, incluyendo entre ellas artículos de relevancia científica y guías legislativas relacionadas con la mediación digital.

La consecución de estos objetivos permitirá establecer una fotografía fija del estado de la mediación digital en España y cuáles son sus principales características. Y, a su vez, cómo estos aspectos han servido de ejemplo para otros modelos de mediación en otros países que aún no se encuentran tan consolidados como el europeo.

Por ello se va a destacar de fondo la labor realizada por la Universidad Católica San Antonio de Murcia, la cual como participante del proyecto europeo MEDIATS ha formado a estudiantes y otros profesionales de países de fuera de la Unión Europea precisamente en la mediación de conflictos extrajudiciales[2].

4. DESARROLLO DE LA INVESTIGACIÓN

La mediación online es un procedimiento estructurado y confidencial en el cual dos o más partes se someten voluntariamente a la resolución de un conflicto con la participación de un tercero neutral para que les ayude a conseguir un acuerdo, pero en ningún caso este mediador puede proponer ni imponer ninguna solución (Vilalta Nicuesa, 2011).

El mediador es un participante neutral que se reúne con las partes, ya sea de forma separada y privada, o de forma conjunta. Con la mediación digital los actos de comunicación más habituales se realizan a través de correo electrónico, videoconferencias o por telefonía; sin embargo, también se pueden interponer reclamaciones o contestaciones a través de formularios online o incluso la configuración de salas virtuales que disponen de herramientas precisas para la comunicación (Andrés *et. al.,* 2018).

Esta forma de resolución de conflictos ya estaba prevista en la Ley 5/2012, incluso también que la figura del mediador pueda quedar sustituida completamente por un programa

2. El registro de actividades del proyecto MEDIATS puede encontrarse en el siguiente enlace: https://mediats-chnu.com/

La formación práctica en España tuvo lugar en el espacio de 2 semanas en octubre de 2021, y en ella de forma sumaria se enseñó a los estudiantes y profesionales los aspectos y principios básicos de la mediación digital española. Para ello se desarrollaron clases teóricas y prácticas enfocadas en la formación del mediador:

https://investigacion.ucam.edu/noticias/ucam-forma-mediacion-conflictos-estudiantes-ucrania-georgia

Con la invasión de Ucrania en febrero de 2022 se detuvieron indefinidamente el desarrollo de alguno de los objetivos del proyecto, como es el la consolidación e impartición de Másters oficiales de mediación en Ucrania. Por el propio carácter del conflicto, la Universidad de Krok fue bombardeada en diferentes ocasiones, perdiéndose además algunos archivos y documentos relacionados con el proyecto.

informático, que no sólo asesore y ofrezca alternativas, sino que también redacte el acuerdo remitiéndolo a las partes, y, por tanto, incluso haciendo que el mediador no sea necesario.

Desde la irrupción de la crisis de la covid-19, diversas organizaciones han promovido y realizado procesos de solución de conflictos únicamente de forma digital. De hecho, uno de los objetivos secundarios del proyecto MEDIATS es la conformación de una federación de asociaciones y universidades europeas y de países del Este para el apoyo y difusión de la mediación.

4.1. Los principios informadores de la mediación digital española

Los principios rectores e informadores de la mediación constituyen el armazón sobre el cual se irán asentando los procesos mediadores y también las disposiciones jurídicas que se encarguen de regularlo. Se resaltarán tres principios necesarios y un cuarto principio que se ha adaptado al nuevo proceso:

- Principio de libertad o voluntariedad. La mediación se constituye sobre este eje fundamental ya que es una institución consensual que exige que tanto el proceso como los acuerdos adoptados obedezcan única y exclusivamente a la voluntad de las partes.
- Una de las razones por la cual la mediación puede tener éxito es precisamente porque son las partes las que deciden libremente acudir o no a este proceso de solución de conflictos, acercando posturas y logrando un acuerdo satisfactorio para ambas. Por tanto, del mismo modo que las partes tienen total libertad para iniciar el procedimiento, también lo tienen para desistir de él en cualquier momento, sin necesidad de alegar causa alguna (Ortiz Pradillo, 2011).
- Principio de imparcialidad. Al mediador se le exige actuar con independencia en el sentido de que no debe estar sometido ni subordinado a nada ni a nadie (exceptuando el ordenamiento jurídico). Si el conflicto describe una serie de circunstancias o situaciones que pudieran poner en duda la independencia del mediador, es posible obligarle a renunciar (Alexander, 2012).
- Principio de confidencialidad. Es la garantía de éxito para la mediación, porque contribuye a garantizar la buena fe de las partes y la sinceridad de las comunicaciones durante el proceso. Junto con la voluntariedad supone la esencia misma de la mediación, pes esta posee una conexión clara con el Derecho Privado.
- Podría pensarse que este principio infiere con otras definiciones relacionadas con la privacidad y el secreto profesional, sin embargo, si las partes lo acuerdan no tiene por qué estar presente este principio de confidencialidad.
- Principio de presencialidad. Es el principio que tradicionalmente ha caracterizado a los procesos de mediación y que, curiosamente, ha sufrido más transformaciones con el paso de la mediación física a una digital. No obstante, este principio se aplica también a la mediación online, en tanto en cuanto, se enfatiza en el protagonismo de la toma de decisiones que deben poseer las partes (Ortiz Pradillo, 2011).
- Estas deben llegar a un acuerdo amistoso, y para ello deben escuchar sus diferencias, dialogar sea cual sea el medio, y expresar sus problemas para encontrar una solución a los mismos. El contacto entre el mediador y las partes siempre debe estar presente, aunque sea a través de un medio electrónico (Hernández Lafuente, 2021).

4.2. La formación del mediador y la adecuación del conflicto a la mediación online

Como se ha indicado, la mediación es un proceso en el cual el contacto estrecho entre las partes resulta fundamental, por ello el mediador debe desarrollar una serie de habilidades que le faciliten la resolución del conflicto. Algunas de estas habilidades mediadoras descansan simplemente en un desenvolvimiento personal, a destacar algunas:

- El empleo de un determinado tono de voz.
- La actitud de calma y atención hacia las partes.
- La observación diligente del conflicto.
- El desarrollo de técnicas de comunicación que sean rápidas y efectivas.

Estas habilidades suponen para el conflicto un ahorro a las partes de tiempo y recursos. Y específicamente, hay una de ellas que resulta muy relevante en la formación del mediador en procesos de mediación digital, y este es precisamente la detección respecto a un proceso que pueda o deba ser resuelto a través de medios electrónicos[3].

Esta es una tarea compleja, pues el mediador debe ser capaz de identificar la naturaleza del conflicto y optar por la decisión más adecuada. Más si cabe, y teniendo en cuenta que las partes también deben determinar si es idóneo o necesario resolver el conflicto de forma digital (Franco Conforti, 2015).

Algunas de las claves que pueden ayudar al mediador a determinar si el conflicto es idóneo para la mediación online son:

- Supuestos en que las partes se encuentren alejadas física y geográficamente. Por ejemplo, una relación a distancia en la que ambas partes residen en países diferentes o en ciudades lo suficientemente alejadas para suponer las reuniones presenciales un coste económico considerable.
- Si el conflicto se originado a través de Internet u otro recurso digital, se puede considerar la idoneidad de resolverlo justamente por el mismo medio en el que se originó el conflicto.
- Si se determina que el contacto personal no es estrictamente necesario, esto resulta evidente en conflictos en los cuales hay un alto componente de enfrentamiento u hostilidad entre las partes, por lo que se aconseja evitar el encuentro personal (Cuadrado Salinas, 2015).
- Si para resolver el conflicto es necesario consultar un número muy alto de documentos u otros recursos, por lo que el conflicto no posee un tinte personal y la figura del mediador no es necesaria (Montesinos García, 2008).

En cambio, hay otros escenarios donde se puede considerar que la mediación digital no es adecuada, por ejemplo:

- En los conflictos en los que la problemática que se suscita es extremadamente compleja, el número de personas que comportan las partes es excesivamente alto o se puedan dar circunstancias que provoquen un desequilibrio entre las partes por el uso de los medios electrónicos.

---

3. A través de la web del proyecto MEDIATS puede consultarse toda la documentación relativa a la formación del mediador, esto incluye la relativa a los cursos de formación: https://mediats-chnu.com/

- De hecho, si el mediador considera que una de las partes no está lo suficientemente familiarizada con la utilización de las nuevas tecnologías de la comunicación, se desaconseja su uso pues estaría favoreciendo a la otra parte (Sanz Parrilla, 2011).

4.3. El futuro de la mediación digital

La nueva mediación en el entorno digital está asentada en dos ejes: la utilización de las nuevas tecnologías de la información y de las comunicaciones para resolver el conflicto, y la generalización de una serie de plataformas entroncadas en el ODR (Online Disputes Resolutions) que irán adaptándose a medida que surjan nuevos avances técnicos.

La mediación digital posee una serie de ventajas que se resumen en:

- La inmediatez. El proceso de comunicación digital se caracteriza por su rapidez, al utilizarse recursos electrónicos la comunicación es inmediata y esto evidentemente agiliza cualquier tipo de actuación, ya que se elimina el desplazamiento físico de las partes.
- Abaratamiento de costes. Lo cual permite a los ciudadanos y empresas pequeñas recurrir a la solución extrajudicial de conflictos sin que esto les suponga un coste desproporcionado, especialmente si lo comparamos con las reclamaciones judiciales, que generalmente son mucho más costosas.
- La flexibilidad. El proceso digital no posee horarios determinados ni distancias fijadas, por lo que las partes pueden fijar el momento de participación con posibilidades para la reflexión entre reuniones y evitando un control rígido del tiempo, esto lo posibilita la utilización de chats y videoconferencias (Montesinos García, 2008).

Sin embargo, hay que puntualizar que el uso de tecnologías de la información también puede acarrear una serie de desventajas:

- La ausencia o dificultad de comunicación entre las partes debida a la ausencia de reuniones físicas.
- La necesidad de que las partes cuenten con los recursos informáticos y con la pericia suficiente para poder manejarlos.
- Y, por último, la posible eventualidad de que se vulnere la confidencialidad o se descubran las comunicaciones hechas en un medio electrónico (por ejemplo, un email perdido, fallos en la comunicación, etc.) Por ello, la utilización de la firma electrónica se hace indispensable (Varona Martínez, 2020).

Con el tiempo la mediación digital se irá especializando, ya que no todos los conflictos son del mismo tipo, por lo que las herramientas informáticas tendrán que adecuarse a la complejidad del conflicto. En cualquier caso, el proceso electrónico debe sustentarse en tres pilares fundamentales que deben garantizarse, tales son el de la previsibilidad, la neutralidad, y la transparencia del proceso.

Para sostener técnicamente estos valores, el sistema deberá implementar claramente las reglas constitutivas de la mediación digital, como se asignan los roles, que actos debe realizar cada participante, entre otros. Además, no toda la mediación digital lo debe ser enteramente, también se pueden combinar algunos aspectos de la mediación tradicional (Poblet *et al.*, 2011).

5. CONCLUSIONES

Desde hace algunos años se ha comprobado que las vías extrajudiciales son un método rápido y eficaz, la excepcionalidad de la mediación digital a raíz de la pandemia del coronavirus se ha convertido en norma, y esto ha permitido negociar las nuevas situaciones y lograr acuerdos satisfactorios y garantistas para las partes sometidas a estos procesos.

La utilización de las nuevas tecnologías se ha convertido en la gran apuesta para evitar excesiva judicialización en España y en Europa. Las iniciativas que han impulsado todos los modelos de resolución extrajudicial de conflictos en Europa, incluyendo no sólo la mediación, sino también el arbitraje y la negociación, quieren también extenderse a otros países fuera de Europa.

El crecimiento de la mediación digital se configura como una de las soluciones más adecuadas en la resolución de conflictos, esta forma online de realizar la mediación debe poseer todas las garantías y contar con todas las exigencias concretadas por la ley para que sean seguras. Esto va a incluir la de los medios telemáticos empleados, determinar cuál es la identidad de las partes, y la utilización de la firma electrónica.

Se ha mostrado que existen iniciativas y proyectos que pretenden desde la Unión Europea impulsar el proceso mediador digital tanto en países comunitarios como extracomunitarios. Los principios informadores del proceso mediador español y la buena formación de los mediadores constituyen un buen modelo para la difusión de la mediación digital, especialmente en países donde la resolución de conflictos extrajudiciales no está tan asentada como en Europa.

La mediación digital y cualquier método alternativo a la resolución de conflictos debe ser una apuesta definitiva en nuestra sociedad para que poco a poco se vaya configurando una nueva cultura jurídica asentada en la negociación y el acuerdo, no sólo porque esto convenga a la Administración de justicia, sino porque los acuerdos extrajudiciales suponen un beneficio para todos los ciudadanos.

6. REFERENCIAS

Alexander, N. (2012). Harmonisation and Diversity in the Private International Law of Mediation: The Rhythms of Regulatory Reform. En: K. J. Hopt y F. Steffek (Eds.) *Mediation: Principles and Regulation in Comparative Perspective* (pp. 132-204). Oxford University Press.

Andrés, N., Carrasco, C. y Morón, L. (2018). *Mediation Q&A: Spain. Practical Law.* Thomson Reuters. https://n9.cl/5kn1ik

Cuadrado Salinas, C. (2015). La mediación: ¿una alternativa real al proceso penal?. *Revista Electrónica de Ciencia Penal y Criminología, 17*(1), 1-25. http://hdl.handle.net/10045/50557

European Commission (2002). *Green paper on alternative dispute resolution in civil and comercial law.* Publications Office of the EU. https://op.europa.eu/s/ySZ7

Franco Conforti, O.D. (2015). Mediación electrónica (e-Mediación). La Ley 2660/2015. *Diario La Ley,* (8519), 6-13.

García Villaluenga, L. y Vázquez de Castro, E. (2012). La mediación civil en España: luces y sombras de un marco normativo. *Política y Sociedad, 50*(1), 71-98. http://hdl.handle.net/10902/3800

Hernández Lafuente, P. (2021). *Redes y recursos sociales digitales para la Mediación Online.* UCA. http://hdl.handle.net/10498/25510

Martínez López, J.A., García Longoria Serrano, M.P. y Rondón Pereyra, U. (2022). El estado de la mediación en España: un análisis descriptivo del perfil y práctica profesional. *Mediaciones sociales, 21,* e79178. https://doi.org/10.5209/meso.79178

Montesinos García, A. (2008). Mediación online. *Revista de la contratación electrónica*, 94, 85-110. https://vlex.es/vid/mediacion-on-line-41673376

Ortiz Pradillo, J.C. (2011). Análisis de los principios informadores de la mediación en materia civil y mercantil. *Boletín del Ministerio de Justicia*, 2135, 2-34. https://n9.cl/n1he8

Pérez Marcos, E. (2020). Métodos alternativos de resolución de conflictos en tiempos de COVID-19: la gran oportunidad de la mediación. *Revista de Derecho de Familia LEFEVRE – ElDerecho*, 89, 3-14.

Poblet, M., Noriega, P., Suquet, J., Gabarró, S. y Redorta, J. (2011). Tecnologías para la mediación en línea, estado del arte, usos y propuestas. En: P Casanovas, J. Magre y M. E. Lauroba (Dirs.) *Libro Blanco de la Mediación en Cataluña* (pp. 943-1008). Huygens Editorial.

Sanz Parrilla, M. (2011). El uso de medios electrónicos en la mediación. En: H. Soleto Muñoz, E. Carretero Morales y C. Ruiz López (Eds.) *Mediación y resolución de conflictos: técnicas y ámbitos* (pp. 434-453). Tecnos.

Sourdin, T. y Zeleznikow, J. (2020). Courts, Mediation and COVID-19. *Australian Business Law Review*, 1-32. http://dx.doi.org/10.2139/ssrn.3595910

Talavera Hernández, J.A. (2015). La figura del mediador en la mediación online. Revista *Aranzadi de Derecho y Nuevas Tecnologías*, 38, 203-230.

Varona Martínez, G. (2020). Justicia restaurativa digital, conectividad y resonancia en tiempos del COVID-19. *Revista de Victomología, 10,* 9-42. http://www.huygens.es/journals/index.php/revista-de-victimologia/article/view/160

Vilalta Nicuesa, A.E. (2011). El marco jurídico: derecho comparado. En: P Casanovas, J. Magre y M. E. Lauroba (Dirs.) *Libro Blanco de la Mediación en Cataluña* (pp. 129-165). Huygens Editorial.

Villamarín López, M.L. (2013). Mediation in Spain: Dealing with its first national regulation. En: K.J. Hopt y F. Steffek (Eds.) *Principles and Regulations in Comparative Perspective* (pp. 839-866). Oxford University Press.

SISTEMA INTERNO DE ASEGURAMIENTO DE LA CALIDAD, SIAC, EN COLOMBIA: CASO UNIVALLE

Claudia Milena Muñoz-Patiño[1], Claudia María Payán-Villamizar[1]

El presente texto nace del proceso de implementación del SIAC en la Universidad del Valle durante el período 2020 a 2023.

1. INTRODUCCIÓN

La Ley 30 de 1992 Colombia C. d., SNIES, (2023) "por la cual se organiza el servicio público de la Educación Superior" en Colombia establece los objetivos de la Educación Superior y de sus instituciones, que incluyen brindar un servicio de calidad a la comunidad, tanto en términos de resultados académicos como en la creación de mecanismos de evaluación de la calidad de los programas académicos y de las Instituciones de Educación Superior (IES). El Decreto 1330 de 2019 MEN, (2019) crea el Sistema de Aseguramiento de la Calidad de la Educación Superior (SAC), con el fin de garantizar la calidad de las instituciones y sus programas, promoviendo la autorregulación y la autoevaluación interna. Además, destaca la necesidad de contar con un Sistema Interno de Aseguramiento de la Calidad (SIAC) que se ajuste a la complejidad y diversidad de las instituciones.

Las instituciones de Educación Superior en Colombia han implementado los SIAC, dando cumplimiento a la normatividad nacional; sin embargo, también ha realizado la implementación de sistemas de gestión de calidad (SGC), a través de diferentes instancias académicas y administrativas de acuerdo con la estructura organizacional que dispongan; esto, en respuesta a estándares internacionales, como la ISO 9001:2015 Online Browsing Platform [OBP] (2023), de forma voluntaria y mandatos legales, como el Modelo Integrado de Planeación y Gestión –MIPG- Función Pública (2023), lo que a juicio de la investigación, gener**ó** la hipótesis sobre que la falta de articulación y armonización de los Sistemas Internos de Aseguramiento de la Calidad en las Instituciones de Educación Superior en Colombia, ha generado duplicidad de instrumentos y una carga de trabajo excesiva para aquellos encargados de operarlos. Por lo tanto, se consideró el desarrollo de una investigación, en una IES en particular, que le propuso una metodología de articulación o armonización que le permitiera a la institución tener un solo Sistema Interno de Gestión que cumpla con los requisitos del Ministerio de Educación Nacional, MEN, en cuanto a la evaluación de la calidad, así como con los referentes de gestión nacionales e internacionales obligatorios o

1. Universidad del Valle (Colombia).

voluntarios. Para que con ello, pudiesen optimizar su gestión y a su vez, dar cuenta de los criterios de calidad establecidos.

En el marco de esta investigación, se utilizó una metodología cualitativa para explorar y describir los modelos de gestión internos de aseguramiento de la calidad en una universidad en particular. El diseño fue descriptivo y transversal, ya que se recolectó información en momentos específicos tanto del SIAC como de otros referentes de gestión en la IES objeto de estudio. Se utilizaron grupos de discusión como técnica de recolección de información desde la perspectiva del análisis del discurso.

La principal conclusión de la investigación es que la universidad objeto de estudio ha llevado a cabo la armonización del SIAC, integrándolo al Modelo de Gestión Integral de la Calidad (MIGICUV). Esta integración ha permitido la implementación de un SIAC ágil y funcional, que optimiza su gestión, así como impulsa la autoevaluación, la autorregulación y el aseguramiento de la calidad; al mismo tiempo que descubre y potencia las capacidades institucionales distintivas que contribuyen a la mejora continua.

2. OBJETIVOS

Analizar la implementación del SIAC en Univalle, considerando la necesidad de armonización con otros sistemas de gestión y referencias de calidad con el fin optimizar la gestión.

Los objetivos específicos son:

1. Examinar el marco normativo y las referencias de calidad que sustentan la implementación del SIAC en Colombia, incluyendo la norma ISO 9001:2015 y el Modelo Integrado de Planeación y Gestión (MIPG).
2. Describir la metodología propuesta para la articulación y armonización del SIAC con otros sistemas de gestión en Univalle.
3. Analizar los beneficios y desafíos de la implementación del SIAC armonizado en términos de eficiencia, reducción de duplicidades y mejora de la calidad institucional.
4. Evaluar el impacto de la implementación del SIAC armonizado en Univalle en relación con la evaluación de la calidad, la gestión institucional y los resultados académicos.
5. Identificar lecciones aprendidas y recomendaciones para la implementación de un único Sistema de Gestión Interno en otras instituciones de educación superior en Colombia.

3. METODOLOGÍA

El diseño de investigación corresponde a un diseño transversal, inductivo y descriptivo dado que la recolección de la información se realizó en momentos particulares que tiene la Universidad del Valle, Univalle, para la implementación de su Sistema Interno de Aseguramiento de la Calidad, SIAC, así como de otros referentes de gestión, partiendo de la normatividad nacional establecida en la Ley 30 de 1992 Colombia C. d., SNIES, (2023) "por la cual se organiza el servicio público de la Educación Superior", el Decreto 1330 de 2019, Ministerio de Educación Nacional de Colombia. (2019), por el cual se sustituye el Capítulo 2 y se suprime el Capítulo 7 del Título 3 de la Parte 5 del Libro 2 del Decreto 1075 de 2015-Único Reglamentario del Sector Educación; así como los referentes de gestión de orden obligatorio para las IES Públicas, como el Modelo Integrado de Planeación y Gestión, MIPG de 2018 Función Pública, (2023) y la ISO 9001:2015 Online Browsing Platform [OBP], (2023).

En el proceso inductivo se evalúa el desarrollo natural de los sucesos, a manera de indagación flexible entre los eventos que se presentan y la interpretación que le dan las personas. De acuerdo con Sampieri, et al (2003), el enfoque cualitativo permite reconstruir la realidad, en palabras en que ésta es concebida por los actores de un contexto determinado.

Para la realización de la investigación se contaron con varios períodos de toma de información, durante los años 2020 al 2023; para ello, se consideró la participación de directivos de la institución y diferentes grupos de interés, como docentes, estudiantes y personal administrativo de la Universidad objeto de estudio; así como la toma de información documental como informes emitidos por la Dirección de la Institución.

Para la investigación se tuvieron en cuenta 11 grupos de discusión, en donde se trataron temas relacionados con el sistema de aseguramiento de la calidad, como la renovación del registro calificado de programas académicos determinados, el proceso de acreditación institucional, el ejercicio de planeación, seguimiento y mejora de la institución para efectos de acreditación institucional; en donde los invitados expresaban y se manifestaban sobre lo que conocían, percibían y calificaban de estos aspectos, teniendo en cuenta sus conocimientos individuales, sus experiencias con la implementación del sistema, entre otros tópicos. Se destaca que, todas las personas que participaron durante los grupos de discusión estuvieron de acuerdo con el registro de audio y video para efectos de posterior análisis. Estos grupos permitieron explorar y describir los modelos de gestión internos, así como identificar los beneficios y desafíos experimentados. Hernández, Fernández y Baptista (2008) definen los grupos de discusión como "entrevistas grupales, consistentes en reuniones con grupos pequeños en los cuales los participantes conversan sobre uno o varios temas en un ambiente relajado e informal bajo la conducción del investigador" (p.615).

Posteriormente, se aplicó un enfoque de análisis del discurso para comprender las perspectivas y significados construidos en relación con el SIAC de la Universidad del Valle. Esto ayudó a obtener una comprensión más profunda de los procesos y las percepciones de los actores involucrados. Spink (2000), parte del campo de estudios del conocimiento social, del conocimiento funcional que posibilita la producción de sentido esencial para negociar el "estar en el mundo" y se inclina en la perspectiva de la interacción -la microgénesis- donde el foco es la elaboración de versiones compartidas y la negociación de las identidades sociales. De acuerdo con esta postura, se procesó la información a través de la propuesta realizada por Spink (2000), denominada mapas de asociación de ideas, los cuales corresponden a estrategias apropiadas para sistematizar y organizar los contenidos a partir de unas categorías o subcategorías elaboradas, que buscan mantener la secuencia del contenido para evitar sacar de los contextos las ideas de los hablantes.

Para el diseño estadístico se consideró el análisis descriptivo de las respuestas obtenidas resultado de las 11 reuniones llevadas a cabo durante el período de estudio 2020 al 2023. Se utilizaron técnicas de transcripción de audios, tabulación de datos, frecuencias, porcentajes y medidas de tendencia central para identificar los elementos emergentes sobre las percepciones de los actores, con el fin de identificar patrones, temáticas emergentes y tendencias en los datos cualitativos.

Spink (2000), parte del campo de estudios del conocimiento social, del conocimiento funcional que posibilita la producción de sentido esencial para negociar el "estar en el mundo" y se inclina en la perspectiva de la interacción –la microgénesis- donde el foco es la elaboración de versiones compartidas y la negociación de las identidades sociales. De acuerdo con esta postura, se procesó la información a través de la propuesta realizada por Spink (2000), denominada mapas de asociación de ideas, los cuales corresponden a estrategias apropiadas para sistematizar y organizar los contenidos a partir de unas categorías o subcategorías elaboradas, que buscan mantener la secuencia del contenido para evitar sacar de los contextos las ideas de los hablantes. Esta técnica plantea un doble objetivo puesto que permite generar aportes para facilitar el análisis y al mismo tiempo se pueden visibilizar los resultados.

Posteriormente, se organiza la información obtenida y se procede al análisis a través del Software ATLAS/TI que pertenece a la familia de programas para la investigación cualitativa, con la finalidad de facilitar el proceso de análisis de datos. La interpretación y conclusiones proporcionaron una interpretación sólida de los beneficios y desafíos de la articulación del SIAC con los sistemas de gestión existentes en la Universidad.

Finalmente, se tomó base documental de informes de gestión emitidos por la instancia de aseguramiento de la calidad en la Universidad del Valle, Dirección de Autoevaluación y Calidad Académica, DACA, durante el período de estudio; así como aspectos relativos a la normatividad nacional, informes sobre la situación de la implementación del Sistema Interno de Aseguramiento de la Calidad en las IES e informes de gestión de la Oficina de Planeación y Desarrollo Institucional, OPDI, de la Universidad del Valle sobre el desarrollo del Modelo Integral de Calidad en la Universidad del Valle, MIGICUV, el cual contempla la implementación de la norma ISO 9001:2015 en la Universidad y el reporte de cumplimiento en el Modelo Integrado de Planeación y Gestión, MIPG,.

4. DESARROLLO DE LA INVESTIGACIÓN

4.1. Marco normativo y referencias de calidad:

La Ley 30 de 1992 Colombia C. d., SNIES, (2023) "Por la cual se organiza el servicio público de la Educación Superior", dispone como objetivos de la educación superior y de sus instituciones "prestar a la comunidad un servicio con calidad, el cual hace referencia a los resultados académicos. En su artículo 31, literal h, propende por la creación de mecanismos de evaluación de la calidad de los programas académicos de las instituciones de Educación Superior.

Además, se destaca el Decreto 1330 MEN, (2019), "Por el cual se sustituye el Capítulo 2º y se suprime el Capítulo 7º del Título 3º de la Parte 5ª del Libro 2º del Decreto 1075 de 2015 -Único Reglamentario del Sector Educación", en su artículo 2.5.3.2.1.2. define el Sistema de Aseguramiento de la Calidad de la Educación Superior, como el conjunto de instituciones e instancias definidas por el marco normativo vigente, que se articulan por medio de políticas y procesos diseñados, con el propósito de asegurar la calidad de las instituciones y de sus programas. Este sistema promueve en las instituciones los procesos de autoevaluación, autorregulación y mejoramiento de sus labores formativas, académicas, docentes, científicas, culturales y de extensión..."

Por otro lado, se identifica la norma internacional la ISO 9001:2015 Online Browsing Platform [OBP], (2023), (norma que actualmente las IES están migrando a la implementación y certificación de la ISO 21001:2018 [Online Browsing Platform, OBP], 2023), atendiendo el objeto de esta norma hacía la educación), como una referencia de calidad relevante para la implementación del SIAC en Colombia. Esta norma establece los requisitos para un sistema de gestión de la calidad en diversas organizaciones, incluyendo las instituciones educativas. Al adoptar la norma ISO 9001:2015, las IES pueden asegurar que sus procesos internos estén alineados con estándares reconocidos internacionalmente y promover la mejora continua de la calidad.

Adicionalmente, se menciona el Modelo Integrado de Planeación y Gestión, MIPG, para las IES del Sector Público, Función Pública, (2023), el cual es un mandato legal de la Función Pública en Colombia. El MIPG busca fortalecer la gestión pública en el país, estableciendo lineamientos para la planificación, ejecución y evaluación de las actividades institucionales. Para las IES públicas, la implementación del MIPG se vuelve una responsabilidad y desafío adicional, ya que deben asegurarse de que su SIAC esté alineado con este modelo de gestión.

El resultado de la investigación revela que el marco normativo y las referencias de calidad que sustentan la implementación del SIAC en Colombia incluyen la Ley 30 de 1992, el Decreto 1330 del MEN, la norma ISO 9001:2015 y el MIPG de la Función Pública. Estos marcos normativos y referentes de calidad establecen requisitos para la implementación de un Sistema Interno de Aseguramiento de la Calidad en las IES, fomentando la autorregulación, la autoevaluación y la mejora continua de la calidad en la Educación Superior en el país.

4.2. Armonización del SIAC con otros sistemas de gestión:

En el marco de la investigación se desarrolló una propuesta de armonización y articulación entre los referentes normativos: Decreto 1330 de 2019, los capítulos 4 al 10 de la norma ISO 9001:2015 y el Modelo Integrado de Planeación y Gestión, MIPG, a través de un análisis de cada uno de los requisitos, condiciones y dimensiones de los que trata cada referente; a continuación se presenta la tabla de armonización:

Condiciones del Decreto 1330 de 2019	Requisitos ISO 9001:2015	Dimensiones del MIPG
1. Mecanismos de selección y evaluación de estudiantes y profesores	Capítulo 7 – Recursos y soporte	1. Talento Humano
2. Estructura administrativa y académica	Capítulo 4 - Contexto de la organización Capítulo 5 – Liderazgo Capítulo 6 – Planificación Capítulo 7 – Recursos y soporte	2. Direccionamiento estratégico
3. Cultura de la Autoevaluación	Capítulo 5 – Liderazgo 9. Capítulo Evaluación del desempeño	2. Direccionamiento estratégico Evaluación

4. Programa de egresados	Capítulo 8 - Operación	Dimensión de gestión de resultados Gestión de la información y la comunicación
5. Bienestar Universitario	Capítulo 8 – Operación Capítulo 7 – Recursos y soporte	Dimensión de gestión de resultados
6. Recursos suficientes para garantizar el cumplimiento de las metas	Capítulo 7 - Soporte	Dimensión de gestión de resultados
7. Denominación	Capítulo 8 - Operación	Dimensión de gestión de resultados
8. Justificación	Capítulo 8 - Operación	Dimensión de gestión de resultados
9. Aspectos curriculares	Capítulo 6 – Planificación Capítulo 8 - Operación	Dimensión de gestión de resultados
10. Organización de actividades académicas y proceso formativo	Capítulo 6 – Planificación Capítulo 8 - Operación	Dimensión de gestión de resultados
11. Investigación, innovación y creación artística y cultural	Capítulo 8 - Operación	3. Gestión del conocimiento
12. Relación con el sector externo	Capítulo 4 - Contexto de la organización	Gestión de la información y la comunicación
13. Profesores		1. Talento Humano

Tabla 1. Armonización del SIAC para Univalle. **Fuente:** Elaboración propia, 2023.

Está articulación y armonización entre el SIAC con el Sistema integrado que ya tenía la Universidad del Valle a través del Modelo Institucional de la Gestión Integrada de la Calidad de la Universidad del Valle -MIGICUV-, permitió establecer la armonización entre los diferentes referentes.

4.3. Descripción del SIAC en Univalle:

El Sistema Interno de Aseguramiento de la Calidad, consolidado a través de la Resolución expedida por el Consejo Superior de la Universidad del Valle, número 003 de febrero de 2023, por la cual se armoniza el Sistema Interno de Aseguramiento de la Calidad en el marco de las normas de educación superior emitidas por el Ministerio de Educación Nacional y se deroga la resolución 031 de junio 13 de 2002 del Consejo Superior, por la cual se creaba el Programa Institucional de Autoevaluación y Calidad.

A través de esta resolución, la Univalle resuelve, en su artículo 1°, armonizar el Sistema Interno de Aseguramiento de la Calidad en el marco de las normas de educación superior emitidas por el Ministerio de Educación Nacional; y en su artículo 2°, menciona que el Sistema Interno de Aseguramiento de la Calidad -SIAC- es el eje transversal de las funciones académicas, investigativas, de extensión y proyección social y de bienestar, en concordancia con el Proyecto Institucional de la Universidad, haciendo parte integral del Modelo Institucional de la Gestión Integrada de la Calidad de la Universidad del Valle -MIGICUV.

A continuación, se presentan las características principales y los componentes clave del sistema, aspectos considerados en la Resolución del Consejo Superior N°003 de Univalle de 2023:

1. Política de calidad: La Universidad Univalle ha establecido una política de calidad que define su compromiso con la excelencia educativa. Esta política sirve como punto de referencia para el desarrollo e implementación de acciones y procesos que aseguren la calidad en todos los niveles y áreas de la institución.
2. Estructura organizativa: El Sistema Interno de Aseguramiento de la Calidad de Univalle se sustenta en una estructura organizativa clara y definida. Se designan responsabilidades específicas a diferentes órganos y comités, incluyendo la creación de una Oficina de Calidad encargada de coordinar y gestionar el sistema.
3. Procesos de evaluación: El sistema se basa en la implementación de procesos de evaluación sistemáticos y periódicos. Estos procesos abarcan tanto la evaluación interna, realizada por la propia institución, como la evaluación externa, llevada a cabo por organismos o agencias acreditadas.
4. Estándares de calidad: Se establecen estándares de calidad claros y medibles que guían las acciones y decisiones en la institución. Estos estándares pueden estar definidos a nivel global, nacional o institucional, y abarcan aspectos como la calidad docente, la infraestructura, los recursos educativos, entre otros.
5. Planes de mejora: Con base en los resultados de las evaluaciones, se desarrollan planes de mejora que permiten corregir deficiencias identificadas y promover la innovación y la excelencia educativa. Estos planes incluyen acciones concretas, metas específicas, responsables designados y recursos asignados.
6. Seguimiento y retroalimentación: El sistema contempla un seguimiento constante de las acciones implementadas y de los resultados obtenidos. Se recopilan datos relevantes, se analizan y se proporciona retroalimentación a los responsables y a la comunidad universitaria en general.
7. Participación y comunicación: Se fomenta la participación de todos los miembros de la comunidad universitaria en el proceso de aseguramiento de la calidad. Asimismo, se establecen canales de comunicación efectivos que promueven la transparencia, la rendición de cuentas y la difusión de información relevante sobre el sistema.

El Sistema Interno de Aseguramiento de la Calidad, SIAC, implementado en la Universidad Univalle se caracteriza por contar con una política de calidad clara, una estructura organizativa definida, procesos de evaluación sistemáticos, estándares de calidad, planes de mejora, seguimiento y retroalimentación, así como una cultura de participación y comunicación. Estos componentes clave permiten asegurar y mejorar la calidad educativa en la institución.

4.4. Beneficios y desafíos de la implementación del SIAC armonizado:

De acuerdo con las categorías definidas y realizado el procedimiento de análisis de los grupos de discusión y del material documental en mapas de asociación de ideas se caracterizaron los resultados; estos se presentan a través de unidades de texto, las cuales dan cuenta de las relaciones entre los elementos discursivos, las prácticas y las posturas de los participantes en los grupos de discusión. Éstas buscaron comprender de forma más profunda los procesos y las percepciones de los actores involucrados, encontrando que:

4.5. Mapa de asociación de ideas con relación al SIAC

A continuación, se presenta el mapa de asociación de ideas con relación al SIAC resultado de los grupos de discusión asociados a las 11 reuniones de los diferentes grupos de interés de la Univalle en referencia al Sistema Interno de Aseguramiento de la Calidad -SIAC-, las variables definidas como: "compuesto por"; "requiere de las apreciaciones de las siguientes áreas" y "palabras claves incluyentes", corresponden a la asociación de ideas resultado de las reuniones y fueron consideras como patrones, temáticas emergentes y tendencias en los datos cualitativos, resultado del procesamiento de las transcripciones de los grupos de discusión.

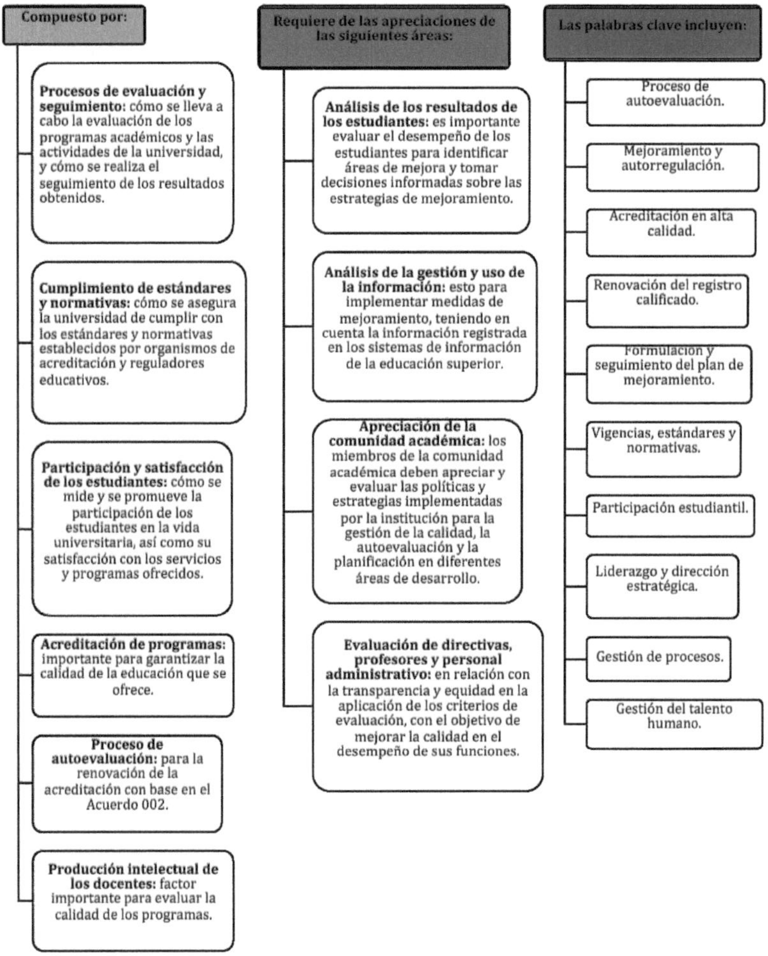

Figura 1. Mapa de asociación de ideas del SIAC en Univalle. **Fuente:** Elaboración propia, 2023.

4.6. Mapa de asociación de ideas con respecto al MIGICUV

A continuación, se presenta el mapa de asociación de ideas con respecto al MIGICUV resultado de los grupos de discusión asociados a las 11 reuniones de los diferentes grupos de interés de la Univalle en referencia al Modelo Integrado de Gestión de la Calidad de Univalle - MIGICUV-, las variables definidas como: "compuesto por"; variables relacionadas incluyentes" y "palabras claves incluyentes", corresponden a la asociación de ideas resultado de las entrevistas.

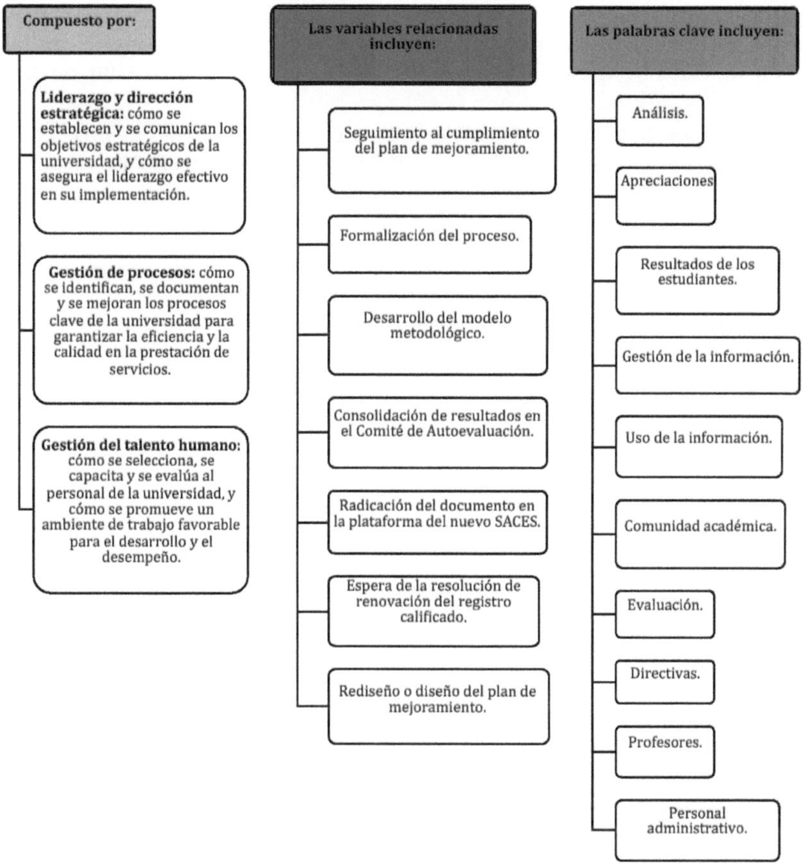

Figura 2. Mapa de asociación de ideas del MIGICUV en Univalle. **Fuente:** Elaboración propia, 2023.

Las informaciones que permiten construir los discursos son elementos simbólicos, fundamentalmente verbales o escritos dotados de significado y sentido personal. Son producidos en las prácticas sociales de los grupos y devienen del objeto de la investigación, que en este caso corresponde al sistema integrado de aseguramiento de la calidad en la Universidad del Valle.

De acuerdo con las categorías emergentes y realizado el procedimiento de análisis de los grupos de discusión y del material documental en mapas de asociación de se caracterizan los resultados; los cuales se presentan a través de unidades de texto, que dan cuenta de las relaciones entre los elementos discursivos, las prácticas y las posturas de los entrevistados.

El análisis que se deriva de las intervenciones de los participantes permite destacar una postura positiva frente al avance en la implementación del Sistema Interno de Aseguramiento de la Calidad y su articulación con los diferentes referentes de gestión de calidad con los que cuenta la institución; así mismo denota un reconocimiento de los avances logrados desde su implementación. La implementación del SIAC armonizado con el MIGICUV conlleva beneficios significativos para la Universidad, incluyendo eficiencia en la gestión, reducción de duplicidades y mejora de la calidad institucional. Estos beneficios contribuyen al éxito y la excelencia de la institución en la provisión de programas académicos de alta calidad.

En uno de los grupos de discusión "Reunión de articulación de planes de direccionamiento estratégico Facultad de Ingeniería (2021-09-02 at 06_11 GMT-7), uno de sus participantes expresaba

> *"Pero yo sugeriría que una forma de articulación es asegurar que las metas que tienen la dirección, ámbitos estratégicos, se articulen a los requerimientos de los planes de mejoramiento. O sea, verificar si en esas metas están esos de que se están cumpliendo y a partir de allí se formulen los diversos proyectos. Entonces, cuando hagamos seguimiento y evaluación, una si estamos mirando si se cumplieron o no las cosas que hay que mejorar y entonces sería como el mecanismo de seguimiento está operativo"*

En esta misma reunión se planteaba lo siguiente:

> *"Propósito del señor Rector y designación del gasto. Teniendo en cuenta que el recurso en el año que viene, y en ese es muy comprometido, por todas las evaluaciones y por toda la realidad que hoy enfrenta el país. Y esa era el motivo profe, desde la reunión de hoy nosotros teníamos. Tenemos direccionamiento estratégico, damos respuesta a las transformaciones, hacemos propuestas. Por otra parte, los programas hacen su proceso de autoevaluación y autorregulación, que han consolidado en los planes de mejoramiento.*

En otro de los grupos de discusión: Reunión Maestría en Historia, renovación acreditación. (2020-04-23 at 08_07 GMT-7), uno de los manifestantes planteó lo siguiente:

> *La acreditación como tal nos sirve para revisar cómo estamos, cómo está nuestro futuro, cómo estamos concentrados en el marco de unos valores, unos principios y por él dar cuenta de todos nuestros procesos, cierto, tanto internamente a nuestra institución como a toda la comunidad a la cual también servimos. Partimos. El Ministerio Educación Nacional tiene un sistema de aseguramiento de Calidad superior.*

Las percepciones, opiniones y metáforas explicativas utilizadas por los participantes del estudio, puntualizan en que significan al SIAC y su articulación con el MIGICUV como un cambio que ha logrado organizar procesos de la Universidad; se habla de la acreditación de programas como un proceso importante para garantizar la calidad de la educación que se ofrece; se menciona el proceso de autoevaluación para la renovación de la acreditación, que se hace con base en el Acuerdo 02 de 2020 del Consejo Nacional de Acreditación,

CNA, el cual incluye 12 factores y 48 características, resaltando como variable clave, a la planta docente, como un factor importante para garantizar la calidad de la enseñanza. También se menciona el modelo integrado de gestión de calidad de la Universidad del Valle (MIGICUV), como modelo que busca mejorar la calidad de los procesos y servicios que ofrece la Universidad y la importancia de las diferentes normas de gestión y de la necesidad de cumplir con los requisitos para garantizar la calidad de los programas y servicios institucionales.

5. CONCLUSIONES

La implementación del Sistema Interno de Aseguramiento de la Calidad (SIAC) armonizado con el MIGICUV ha sido un proceso significativo y desafiante para la Universidad del Valle. A lo largo de esta investigación, se han identificado varios logros y desafíos clave, así como lecciones aprendidas que son relevantes tanto para Univalle como para otras instituciones de educación superior en Colombia.

En cuanto a los logros, la implementación del SIAC armonizado ha brindado numerosos beneficios a Univalle. Entre estos se encuentra la eficiencia en la gestión, que se ha logrado a través de la estandarización de procesos y la optimización de recursos. Esto ha permitido una mayor agilidad en la toma de decisiones y una mejora en la calidad de los servicios educativos ofrecidos por la institución. Asimismo, se ha logrado una reducción de duplicidades al integrar y coordinar los diferentes sistemas y procesos existentes previamente en Univalle.

Además de los logros, también se han identificado desafíos significativos durante el proceso de implementación del SIAC armonizado. Uno de los desafíos principales ha sido el cambio cultural, ya que ha sido necesario promover una mentalidad orientada a la calidad en todos los miembros de la comunidad universitaria. Esto ha requerido una comunicación efectiva, capacitación adecuada y un liderazgo comprometido para superar la resistencia al cambio y garantizar la participación activa de todos los involucrados. Otro desafío ha sido la coordinación entre las diferentes instancias y cuerpos colegiados, ya que ha sido necesario establecer canales de comunicación eficientes y fomentar la colaboración entre diferentes áreas de la institución. Asimismo, la asignación de recursos adecuados y el monitoreo constante del SIAC han sido desafíos importantes para tener en cuenta durante el proceso de implementación.

Las lecciones aprendidas durante la implementación del SIAC armonizado en Univalle son valiosas tanto para esta institución como para otras instituciones de educación superior en Colombia. Entre las lecciones aprendidas se destaca la importancia de contar con un liderazgo comprometido y visionario, capaz de impulsar el cambio y generar una cultura de calidad en toda la organización. Asimismo, se ha evidenciado la necesidad de una comunicación clara y efectiva, así como la importancia de la capacitación y el apoyo continuo para asegurar la participación activa y el compromiso de todos los miembros de la comunidad universitaria. Otro aspecto clave es la importancia de establecer mecanismos sólidos de monitoreo y evaluación para garantizar la efectividad y la mejora continua del SIAC.

En términos de relevancia, el SIAC armonizado con el MIGICUV se posiciona como una herramienta fundamental para asegurar la calidad en las instituciones de educación superior en Colombia. A través de la implementación de este sistema, las instituciones pueden fortalecer su gestión interna, mejorar la calidad de los programas académicos y garantizar el cumplimiento de los estándares y requisitos establecidos por entidades regulatorias y acreditadoras. Además, el SIAC armonizado permite una mayor eficiencia en la gestión, reducción de duplicidades y una mejora general en la calidad institucional.

Con base en los resultados de esta investigación, se proponen las siguientes recomendaciones para la implementación de un único Sistema de Gestión Interno en otras instituciones de educación superior en el país:

1. Liderazgo comprometido: Es fundamental contar con un liderazgo comprometido y visionario que respalde y promueva la implementación del SIAC. Este liderazgo debe ser capaz de generar una cultura de calidad y motivar la participación activa de todos los miembros de la comunidad universitaria.
2. Comunicación efectiva: Es necesario establecer una comunicación clara y efectiva en todos los niveles de la institución. Esto incluye la difusión de información sobre el SIAC, sus beneficios y objetivos, así como la creación de canales de retroalimentación para que los miembros de la comunidad puedan expresar sus inquietudes y sugerencias.
3. Capacitación y desarrollo del personal: Es importante invertir en capacitación y desarrollo del personal para garantizar que todos los miembros de la comunidad universitaria comprendan y estén capacitados para implementar y utilizar el SIAC de manera efectiva.
4. Asignación de recursos adecuados: Es necesario asignar los recursos financieros, tecnológicos y humanos adecuados para llevar a cabo la implementación y el mantenimiento del SIAC de manera efectiva y sostenible a largo plazo.
5. Monitoreo y evaluación constante: Se deben establecer mecanismos sólidos de monitoreo y evaluación para medir el desempeño del SIAC y realizar ajustes necesarios. Esto implica la recopilación y análisis de datos, la realización de ejercicios de autoevaluación interna y la retroalimentación constante de los diferentes grupos de interés.

En resumen, la implementación del SIAC en Univalle ha proporcionado importantes logros en términos de eficiencia en la gestión, reducción de duplicidades y mejora de la calidad institucional. Sin embargo, también ha enfrentado desafíos significativos relacionados con el cambio cultural, la coordinación entre las diferentes instancias y la asignación de recursos adecuados. Las lecciones aprendidas durante este proceso son valiosas y pueden ser aplicadas por otras instituciones de educación superior en Colombia. La implementación de un único Sistema de Gestión Interno se presenta como una herramienta relevante para asegurar la calidad en las instituciones de educación superior, y se proponen recomendaciones para su implementación exitosa.

6. REFERENCIAS

ICONTEC. (2011). Guía técnica GTC colombiana 200. Guía para la implementación de la norma ISO 9001 en establecimientos de educación formal en los niveles de preescolar, básica, media y en establecimientos de educación no formal.

Hernández, R., Fernández, C., y Baptista, P. (2008). Metodología de la Investigación (4ta ed.). McGraw-Hill.

Función Pública. (07 de abril de 2023). MIPG. Micrositio del MIPG. https://www.funcionpublica.gov.co/web/mipg

Ministerio de Educación Nacional de Colombia. (2019). Decreto 1330. Por el cual se sustituye el Capítulo 2 y se suprime el Capítulo 7 del Título 3 de la Parte 5 del Libro 2 del Decreto 1075 de 2015-Único Reglamentario del Sector Educación.

Oficina de Planeación. (2010). Estilo de Dirección. Documento de Trabajo. Caracterización. Enero de 2010. Oficina de Planeación y Desarrollo Institucional. Área de Calidad y Mejoramiento: Universidad del Valle.

Online Browsing Platform (OBP). (07 de abril de 2023). ISO 9001:2015 Online Browsing Platform (OBP). https://www.iso.org/obp/ui/#iso:std:iso:21001:ed-1:v1:es

Online Browsing Platform (OBP). (07 de abril de 2023). ISO 21001:2018 Online Browsing Platform (OBP). https://www.iso.org/obp/ui/#search

SNIES. Colombia, C. d. (07 de abril de 2023). Ley 30 de 1992. https://snies.mineducacion.gov.co/1778/articles-391237_Ley_30.pdf

Spink, M. (2000). Prácticas discursivas e producao de sentidos no cotidiano: aproximacoes teóricas e metodológicas (2da ed.). fCorte.

Saroyan, A. (2007). Aseguramiento global de la calidad. Conferencia presentada en el Foro de Gestión Educativa- Bogotá, Colombia.

EUROVALUES: REAVALIANDO EDUCAÇÃO, ARTE E CIDADANIA EUROPEIA

Sérgio Neto[1]*, Clara Isabel Serrano*[2]

O artigo que aqui se apresenta decorre do projeto "EUROVALUES - A importância dos valores europeus na ligação entre a Escola e a Universidade" (IT0221), distinguido no âmbito do Programa "Apoio à Promoção da Cultura Científica", edição de 2022, promovido pela Universidade de Coimbra. Este artigo foi financiado por fundos nacionais através da Fundação para a Ciência e a Tecnologia (FCT), no âmbito do projeto UIDB/00460/2020.

1. INTRODUÇÃO

Desde a sua fundação, em 1957, como corolário de diversos passos dados por alguns países, a Comunidade Económica Europeia (CEE), depois União Europeia (UE), constituiu-se como um dos grandes projetos de desenvolvimento do século XX. No entanto, nas últimas décadas, a UE tem enfrentado diversas dificuldades políticas, económicas e sociais. Conforme têm assinalado diversos autores, a subida de tom do discurso populista e extremista, o vetor nacionalista e as políticas de exclusão são sintoma de algo mais profundo, que alguns autores identificaram mesmo como o "eterno retorno do fascismo" (Rob Rieman, 2016). Neste sentido, os 100 anos da Marcha sobre Roma, levada a cabo por Benito Mussolini, e a memória das ditaduras do entre guerras, perante um cenário de ascensão eleitoral da extrema-direita, têm suscitado um vivo debate, não somente historiográfico.

Em todo o caso, tratando-se de uma discussão complexa – como catalogar estes movimentos de extrema-direita (Honório *et al.*, 2021) –, que aqui não cabe fazer, dir-se-ia que a normalização – não necessariamente aceitação – de parte da sua visão do mundo na esfera pública tem um impacto significativo no futuro do projeto europeu. Ou seja, constituem uma ameaça aos seus valores fundadores. Decerto que o quadro resulta mais complexo, com a sucessão de guerras e conflitos próximos das fronteiras da UE, os resultados do neoliberalismo e as consequências da globalização, o "inverno demográfico" que pende sobre muitos países, a questão dos refugiados e as alterações climáticas, assim

---

1. Sérgio Neto – Faculdade de Letras da Universidade do Porto, Centro de Investigação Transdisciplinar, Cultura, Espaço e Memória (FLUP/CITCEM) https://doi.org/10.54499/UIDB/04059/2020
2. Clara Serrano – Faculdade de Letras da Universidade de Coimbra, Centro de Estudos Interdisciplinares da Universidade de Coimbra (FLUC/CEIS20)

como o redesenhar da geopolítica. No entanto, um dos desafios principais persiste: como integrar o Outro?

Em Portugal, também todas estas questões não têm escapado ao debate. O país possui um dos mais baixos índices de fecundidade do mundo, tem divergido de alguns indicadores positivos dos seus parceiros demográficos, registando um cada vez mais audível eco de temas populistas. Na verdade, até há pouco tempo, acreditava-se que a memória da ditadura salazarista, o impacto da Revolução dos Cravos de 25 de Abril de 1974 e a predominância cultural da esquerda poderiam funcionar como antídotos contra o recrudescimento da extrema-direita (Rodrigues, 2017). No entanto, acompanhando uma certa tendência europeia e mundial, também em Portugal esta força política ganhou voz e lugar no parlamento, visando o seu discurso, entre outros temas, a secular comunidade cigana e certas parcelas das comunidades estrangeiras residentes no país. De igual modo, a memória do colonialismo, dos "Descobrimentos", da Guerra Colonial e do próprio regime salazarista voltaram à liça, mesmo que em reação contra historiadores e ativistas que procuram questionar a permanência deste legado no espaço público, nas escolas e no panteão cívico (Roldão, 2020, pp. 169-232). A questão é tanta mais complexa, pois ainda persistem na sociedade portuguesa ecos do luso-tropicalismo (Cardina, 2023, pp. 33-46). Veja-se que esta teoria do sociólogo brasileiro Gilberto Freyre, adotada pela ditadura do Estado Novo nos anos 50, no contexto das independências em África, sustentava o não racismo dos portugueses e o seu suposto mais brando processo colonizador (Castelo, 1999).

Tendo presente tal contexto, uma equipa de investigadores da Universidade de Coimbra (UC) procurou, através do EUROVALUES, projeto financiado por esta instituição, desenvolver um trabalho exploratório com uma escola do ensino secundário. Fazendo uso da premissa da co-construção do conhecimento, os objetivos do projeto passaram pelo estímulo da análise, do debate e da criação artística em torno dos valores partilhados pelos Estados-membros europeus, a dois níveis:

1) numa primeira fase com turmas do ensino secundário, usando diferentes metodologias interativas na recolha de dados, os quais foram trabalhados e convertidos numa instalação artística;
2) numa segunda fase, através da promoção de cursos de formação para docentes, tendo em vista o desenvolvimento deste projeto junto de mais escolas e das respetivas comunidades educativas.

Numa palavra, partindo de um diálogo interdisciplinar entre Ciência(s), Educação, Cultura e Arte, EUROVALUES pretende(u) focar a investigação, o conhecimento e a disseminação sobre a UE e os seus valores, refletindo este artigo os primeiros resultados alcançados.

2. CONTEXTO HISTÓRICO E SÓCIO-ECONÓMICO

Criada em 1957, a CEE resultou de um longo processo político e económico sucedendo o fim da Segunda Guerra Mundial, no contexto da Guerra Fria. Como se sabe, o projeto, pretendendo pôr fim à longa rivalidade franco-alemã, desejava constituir, acima de tudo, um espaço económico de comércio livre. A adesão de Portugal, em 1986, foi decisiva para o país. Na verdade, é possível situar o alargamento da CEE aos países do sul da Europa (Grécia, 1981; Espanha e Portugal, 1986), na sequência do fim dos seus regimes autoritários. Tendo experienciado a mais longa ditadura (de extrema-direita) da Europa Ocidental (1926-1974), Portugal travou uma custosa guerra colonial em África (1961-

1974), que apenas terminou com um agitado processo revolucionário (1974-1976). Doravante confinado às suas fronteiras europeias, apesar do caso muito específico dos territórios de Macau (China, 1999) e de Timor-Leste (independência em 2002, após ocupação militar da Indonésia), Portugal tinha divergido do desenvolvimento económico e social dos seus futuros parceiros europeus, continuando a apresentar também elevados índices de analfabetismo: um total de 33,1% nos anos 60, sendo que, para o género feminino, o valor ascendia a 39% (PORDATA, 2023). Recorde-se que, em 1974, no ano da revolução, a taxa de analfabetismo do país se cifrava nos 25% (PORDATA, 2023), tendo a guerra e a pobreza empurrado muitos portugueses para a emigração "a salto" (clandestina), que, atravessando o território espanhol, demandava a França, o Luxemburgo, a Alemanha Federal e a Suíça. Aliás, uma das músicas marcantes dessa época, de Adriano Correia de Oliveira, naturalmente crítica do regime, intitulava-se "Cantar de Emigração". Glosando um poema de Rosalía de Castro, que versava a emigração galega do século XIX, Adriano mantinha a palavra "Galiza" (e não "Portugal") na letra, a fim de contornar a censura do Estado Novo.

Assim, como alguns historiadores têm enfatizado, a CEE/UE teve um papel importante na estabilização da democracia, no crescimento e no desenvolvimento económico, assim como na educação (Mateus, 2015). Como quer que seja, apesar dos progressos significativos, sobretudo nos anos 80 e 90 do século XX, as últimas décadas foram sendo assinaladas por algum ceticismo dos Portugueses em relação à UE. Segundo alguns autores, a "década perdida" de 2000 e a intervenção financeira da Troika (FMI, Banco Central Europeu e Comissão Europeia), na sequência da crise das dívidas soberanas, estarão, provavelmente, entre os eventos que mais potenciaram o aumento desta desconfiança (Nuno Severiano Teixeira, 2017, p. 25).

Por seu lado, alguns estudiosos têm procurado investigar o contexto educativo, a fim de tornar a análise mais abrangente. Neste sentido, os manuais escolares, sobretudo da disciplina de História, têm dado respostas interessantes, sublinhando a ausência de conteúdos europeístas (Piedade *et al.*, 2018, pp. 31-40) e até algum "euroceticismo moderado" (Neto *et al.*, 2023, pp. 157-178). De igual modo importa ter presente que, ao invés do que aconteceu nos outros países, em que as eleições de 2019 para o Parlamento Europeu tiveram a taxa de participação mais elevada dos últimos vinte anos, muito graças ao voto jovem, em Portugal registou-se a taxa de abstenção mais alta de sempre (68,6%) (Freire, 2019).

Como explicar todos estes resultados e perceções? Estará Portugal a divergir da Europa? E que dizer do recrudescimento do discurso populista na Europa? Com efeito, até 2019, Portugal não tinha qualquer deputado de extrema-direita no seu parlamento nacional, enquanto, a partir de 2021, esta força política alcançou 7,2% na votação. Por outro lado, o envelhecimento demográfico do país, a crise económica que sucedeu à pandemia e ao início da guerra na Ucrânia, assim como o aumento do número de imigrantes, têm contribuído para alguma degradação do debate público, generalizando-se a abordagem simplista e extremista destas problemáticas. Quando se aproximam os 50 anos das comemorações do 25 de Abril de 1974, a "Revolução dos Cravos" que inaugurou o regime democrático em Portugal, importa, pois, aprofundar o debate (2019 European elections, 2019).

3. METODOLOGIA E EQUIPA

O projeto EUROVALUES assentou, numa primeira fase, num estudo de caso desenvolvido com três turmas da Escola Secundária de Estarreja. Estarreja é uma cidade portuguesa do distrito de Aveiro, próxima do Porto (a segunda maior cidade do país), integrada na Região Centro (NUT II). Este município, com características marcadamente rurais, transitou, a partir da década de 50 do século XX, "muito rapidamente para um concelho de vocação industrial, com a perda da população ativa do setor primário para o setor secundário" (Rebelo *et al.*, 2015, p. 43) A Escola Secundária de Estarreja, devido às suas acessibilidades rodoferroviárias, é frequentada por estudantes oriundos das cinco freguesias que constituem o concelho, mas também dos concelhos limítrofes: Ovar, Oliveira de Azeméis, Albergaria-a-Velha e Murtosa. A Escola tem particular tradição no ensino das Humanidades, sendo, no presente ano letivo, a escola pública que, em Portugal, lidera a média dos exames nacionais na disciplina de História (17 valores) (Camilo, 2023).

Esta primeira fase do projeto, que decorreu entre outubro de 2022 e junho de 2023, envolveu 57 estudantes de duas turmas do 11.º ano e de uma turma do 12.º ano do Curso de Línguas e Humanidades, do Ensino Secundário Regular (caracterização do público-alvo: 15 rapazes | 42 raparigas; média de idades: 15,97 anos). Este estudo de caso seguiu uma metodologia qualitativa, no quadro do paradigma da investigação interpretativa, com recurso a questionários, com perguntas abertas e fechadas, entrevistas grupais semiestruturadas e pesquisa observacional. Para análise dos dados recolhidos privilegiou-se a estatística descritiva (Ravitch *et al.*, 2016).

Para a implementação do projeto procedeu-se da seguinte forma: 1) primeiramente, solicitou-se autorização para concretização do mesmo ao Diretor do Agrupamento de Escolas de Estarreja; 2) de seguida, requereu-se o consentimento dos responsáveis legais, no caso dos menores de idade; 3) aos participantes foram apresentadas e explicitadas, oralmente, as seguintes informações: objetivo do estudo, metodologia da recolha de dados, utilização e fim dos dados recolhidos, responsável pelo tratamento dos dados recolhidos. Por sua vez, os professores que acompanharam as turmas nas diversas sessões, foram, de igual modo, devidamente informados sobre o estudo e os seus objetivos. Atente-se que, nos inquéritos, não foram questionadas informações pessoais, nem institucionais desnecessárias. Nesta medida, os dados sociodemográficos solicitados foram apenas o género, a idade e o nível de escolaridade. Toda a informação decorrente do estudo foi dada a conhecer à instituição participante.

De forma a garantir a interdisciplinaridade do projeto, a equipa de investigação incluiu dois historiadores (IR & Co-IR), com considerável experiência na investigação de temas relacionados com a História Contemporânea e a Didática da História e com especial interesse na educação para a cidadania, os sistemas políticos contemporâneos e os processos de transição das ditaduras para os regimes democráticos; uma especialista em Estudos Europeus, com investigação na área das políticas europeias, do processo de europeização, governança e democracia; uma especialista em Relações Internacionais, com investigação realizada em vários campos das Ciências Sociais e Humanas, com ênfase nos estudos sobre identidade; uma especialista em Serviço Social, que tem desenvolvido trabalho com estudantes do ensino secundário, professores e encarregados de educação; um especialista na área dos museus de ciência na vertente das exposições e das coleções, da comunicação de ciência e do estudo dos públicos; dois designers que, nos seus trabalhos gráficos, têm explorado amplamente conceitos como a apropriação, o vernáculo, a ironia e o humor, e têm desenvolvido os seus próprios projetos autorais na intersecção entre o Design e a Arte, levantando questões, na sua maioria, sobre temáticas sociais e políticas.

4. DESCRIÇÃO

A primeira fase do projeto compreendeu quatro sessões, as quais foram precedidas por visitas da equipa à escola, a fim de conversar com o corpo diretivo e os docentes das disciplinas de História, Filosofia, Geografia, Cidadania e Desenvolvimento e Educação Física. Tomou-se também contacto com as instalações da escola. Trata-se de um estabelecimento de ensino renovado recentemente, no âmbito das obras levadas a cabo pela Empresa Parque Escolar, apresentando excelentes condições para a comunidade educativa.

As primeiras duas sessões decorreram no Auditório da Escola Secundária de Estarreja e juntaram todos os estudantes. Na primeira sessão, em outubro de 2022, recorrendo à metodologia do *Photovoice*, os membros da equipa promoveram um diálogo crítico e analítico sobre os valores europeus, as suas condicionantes e as suas raízes históricas. Na segunda sessão, em dezembro de 2022, foi aplicado o inquérito para recolha de dados e de elementos textuais (palavras-chave, frases, tópicos e pontos de vista) que permitiram, posteriormente, a elaboração de uma "cartografia" sentimental (mapeamento/ rastreamento) dos valores europeus através da palavra escrita. Estas frases serviram de base à posterior criação e produção de uma instalação artística. Na terceira sessão, em fevereiro de 2023, realizaram-se entrevistas em grupo (semiestruturadas), com vista a aprofundar os dados recolhidos na aplicação dos inquéritos. A quarta deslocação à Escola Secundária de Estarreja, em março de 2023, teve em vista o desenvolvimento da instalação artística. Esta consistiu na produção de um artefacto multimédia interativo onde foram apresentados os diversos elementos textuais produzidos pelos estudantes e recolhidos na segunda sessão. Este artefacto foi concebido de modo a que cada "voz" adquirisse uma expressão visual própria (através do tratamento plástico diferenciado ao nível de escolha de tipografia, de cor, de formas, entre outros elementos visuais), possibilitando um resultado visual polissémico.

Ou seja, pretendeu-se que as várias frases produzidas para a instalação (uma por cada estudante) revelassem, do ponto de vista subjetivo, a forma como cada estudante se relacionava com o conceito de valores europeus, dando origem a várias composições visuais. Estas composições foram projetadas, em maio de 2023, no espaço da Biblioteca Escolar. A instalação foi interativa, permitindo que cada um dos visitantes interagisse com cada uma das frases. Através de um dispositivo sensível ao movimento, a instalação detetava a presença e/ou de movimento do público em frente à instalação, estimulando a relação do público com as frases. Posteriormente, em junho de 2023, os estudantes da Escola Secundária de Estarreja deslocaram-se a Coimbra, para dispor e apresentar a instalação artística no Paço das Escolas da UC.

Numa segunda fase – ainda não implementada – a equipa de EUROVALUES irá desenvolver conteúdos para ações de formação de curta duração, dirigidas a docentes dos Ensinos Básico e Secundário. O objetivo será apoiar os docentes a criarem, nas suas aulas, uma cultura e um ambiente de aprendizagem abertos, de modo a fomentar a plena participação dos mais jovens na vida cívica. Em última análise, pretende-se combater as ameaças à integridade europeia, assim como promover a defesa dos seus direitos e valores, sem perder de vista a segurança e a defesa da democracia.

5. PRIMEIROS RESULTADOS E DISCUSSÃO

O *Photovoice* é um método que utiliza um meio excecionalmente poderoso de comunicação – a imagem visual. A opção por esta metodologia justificou-se pela possibilidade de potenciar e captar as perceções e as experiências dos participantes. A iconografia e a fotografia estimulam reações, despertam memórias, tornando o invisível visível e, deste modo, permitem aceder à compreensão de experiências ou de fenómenos. Para além disso, expandem a consciência sensorial e aumentam o processo reflexivo (Padgett *et al.*, 2013, pp. 1435-1444). Neste sentido, nas duas primeiras sessões, recorreu-se a algumas obras de arte icónicas, como *La Liberté guidant le Peuple* [A Liberdade Guiando o Povo], pintado por Eugène Delacroix, em 1830, ou *Guernica*, de Pablo Picasso (1937). Por sua vez, estas obras foram comparadas com algumas das suas recriações contemporâneas: o cartaz de Céline Lentz e Pierre Gaudouin, surgido no âmbito da Cimeira do Clima de Paris, em 2015, o qual "atualizava" Delacroix; e o cartoon *Guernica by Sea*, de Javcho Savov, também de 2015, transplantando os temas e as figuras da destruição da cidade basca para o drama dos refugiados no Mediterrâneo.

Outras imagens contrastaram refugiados de diversas épocas históricas, mas incluindo o passado recente e o presente, ou seja, refugiados da guerra na Ucrânia e refugiados africanos chegados à UE, após a travessia do Sahel e do Mediterrâneo. O objetivo passou por avaliar se o acolhimento destas pessoas seria diferente, sobretudo se os refugiados vindos do Leste da Europa gerariam maior empatia junto dos alunos (Pratt *et al.*, 2022).

De igual modo se abordou o "mito de Cassandra", tendo em conta o modo como este episódio da mitologia greco-latina tem sido usado no intuito de discutir o famoso axioma do filósofo George Santayana, sobre aqueles que, desconhecendo o passado, estão condenados a repeti-lo. Também o "paradoxo da intolerância", de Karl Popper, foi debatido. Refira-se que menos de metade dos alunos conseguiu estabelecer uma relação entre o mito e o passado recente (da História da Europa) e da atualidade, tendo-se limitado a descrever o mito com mais ou menos pormenores. No que respeita ao exercício de Popper, a maior parte dos alunos compreendeu as implicações e as dificuldades de dar uma resposta, mas 17 consideraram a opção de "ser-se intolerante com os intolerantes", tendo dez desses alunos justificado essa opção. É provável que o facto de os alunos terem já estudado em Filosofia este paradoxo, usando um cartoon com o Nazismo, tenha contribuído para responder deste modo (ou seja, pensando, sobremaneira, nos anos 30, na Segunda Guerra Mundial e no Holocausto).

Do inquérito constavam oito questões. Vejam-se alguns exemplos. No que concerne à Questão 1 (aberta), "qual o valor que melhor caracteriza a UE", os resultados obtidos foram os que se podem observar na Figura 1. Os alunos reconheceram como mais importantes dois dos valores da tríade revolucionária de 1789, elegendo a "liberdade" como decisiva. Sem dúvida que aqui se deve ter presente as diferentes "liberdades" que os alunos enunciaram durante as sessões: a "liberdade" que não existiu para os seus avós durante os 48 anos de ditadura em Portugal; mas também a "liberdade" que os alunos, com uma média de idades de quase 16 anos, começam a percecionar como um valor fundamental da idade adulta (aos 18 anos, em Portugal). Sobre a "tolerância", é preciso ter presente as múltiplas campanhas levadas a cabo pelos Estados nacionais e pela UE, no sentido da integração de refugiados e migrantes. Neste sentido, esta amostra não se afasta dos resultados obtidos pelo *Special Eurobarometer 508* (entrevistas realizadas entre outubro e novembro de 2020) publicado em novembro de 2021, quando mostrava que "more than six in ten EU citizens place a high value on tolerance. On average, respondents in Europe are very likely (64%) to indicate placing importance on listening to others and understanding those who are different from them (value of tolerance), with 29% agreeing somewhat" (Special Eurobarometer 508, 2021). Em todo o caso, para os alunos de Estarreja, este valor concitou mais respostas do que "democracia" ou até "direitos humanos", pelo que se deveria aprofundar os múltiplos ângulos da problemática. Afinal, não basta aceitar, mas sobretudo compreender.

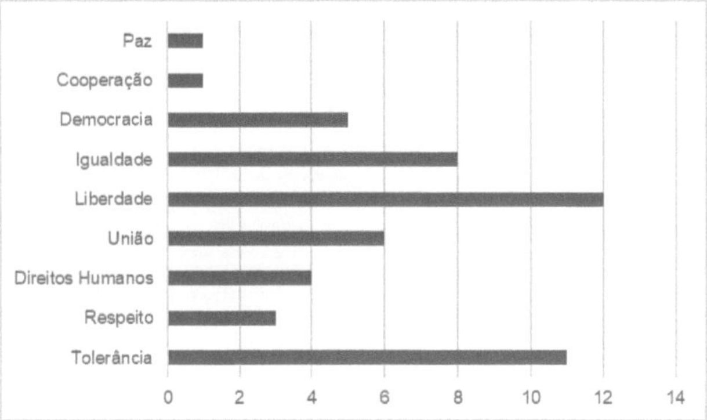

Figura 1. Valores que definem a UE. Fonte: Elaboração própria, 2023.

Relativamente à Questão 2 "como entende o início do projeto europeu", os resultados obtidos foram os que se observam na Figura 2. É compreensível que a resposta com maior percentagem tenha sido "projeto de paz, de não retorno da Europa às guerras mundiais" (67%), uma vez que o próprio impacto do conflito na Ucrânia se terá sobreposto aos outros elementos (económicos, sociais). Se os resultados da Figura 1 destacavam a "liberdade" como valor central europeu, os resultados da Figura 2 sublinham a importância da necessidade da paz para a vivência e a coesão dos povos, num momento em que os europeus são confrontados com uma nova guerra no continente. Como quer que seja, no Outono de 2022, segundo uma sondagem realizada pelo Eurobarómetro a adultos Portugueses, o "rising cost of living, for exemple, increasing food and energy prices" (98%), "poverty and social exclusion" (95%), "climate changes" (92%) e "the spread of the war in Ukraine to other countries" (91%) contavam-se entre as maiores preocupações (European Parliament. Eurobarometer, 2022).

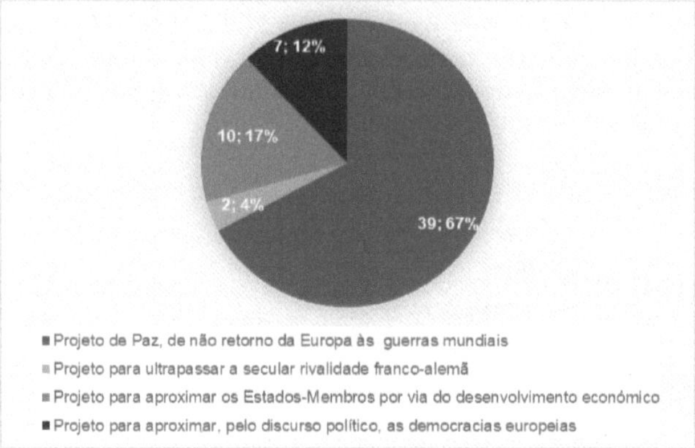

Figura 2. Aproximação ao início do projeto europeu. Fonte: Elaboração própria, 2023.

Quanto à Questão 3, em que se pedia "como avalia a atuação da UE no combate ao racismo e à discriminação?", os alunos responderam, na sua maioria, "razoável". Em segundo lugar, veio a resposta "boa". Tendo em conta o debate em torno do *cartoon Guernica by Sea*, podem estranhar-se estes resultados. No entanto, os alunos estão a responder a políticas da UE, mais do que a atitudes individuais e sociais. Por outro lado, importa ter presente o modo como a questão do racismo é percecionada pela sociedade portuguesa, sendo de reter a sua relação de um modo geral positiva em relação ao seu ex-império, assim como uma certa visão luso-tropical (benigna) no que respeita ao Outro. Este tópico terá de ser aprofundado e comparado com as análises em torno dos conteúdos "imperiais" que os programas e os manuais de História continuam a apresentar, sendo que alguns autores têm proposto a sua efetiva descolonização (Araújo *et al.*, 2016, pp. 151-166).

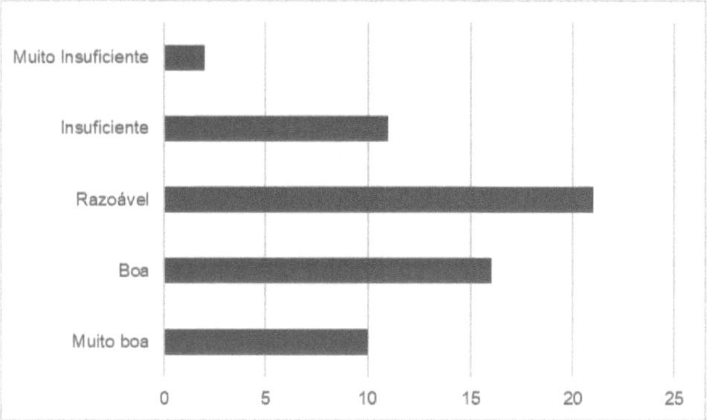

Figura 3. Avaliação do papel da UE em relação ao racismo e à discriminação. Fonte: Elaboração própria, 2023.

6. CONCLUSÕES

É necessário ter em conta que este estudo contém algumas limitações. Em primeiro lugar, os dados são ainda preliminares. Necessitam de ser expandidos, com a implementação de projetos similares em outros estabelecimentos de ensino do país. E, posteriormente, de serem confrontados com estudos levados a cabo em outros países europeus. Por outro lado, abordaram-se apenas os estudantes e faltam ainda levar a cabo as ações de formação de curta duração junto dos docentes. Em todo o caso, estes primeiros dados podem ser já comparados com outras informações recolhidas periodicamente pela UE. Para além disso, a análise neste artigo compreendeu apenas três questões/respostas, sendo que teremos ainda que proceder à análise das restantes cinco questões/respostas.

Os resultados preliminares apontam para o facto de os alunos nem sempre conseguirem estabelecer vínculos entre o passado e o presente. Relacionam a UE com as guerras mundiais, mas a maior parte não conseguiu extrair todas as consequências do "mito de Cassandra". Se questionam, com argumentos fundamentados, o "paradoxo de Popper", a verdade é que apontam a "tolerância" como o valor fundamental da UE. Tratar-se-á de um entendimento abstrato deste valor? Como sucede com a "liberdade"?

A expansão deste projeto em Portugal e a sua replicabilidade noutros países europeus pode contribuir ativamente para a superação das desigualdades económicas, sociais e culturais, para o desenvolvimento da personalidade e do espírito de tolerância, da compreensão mútua, da solidariedade e da responsabilidade, para o progresso social e para a participação democrática na vida coletiva. Ou seja, para a promoção da cidadania ativa, da participação cívica e a construção de sociedades resilientes e democracias mais fortes (Objetivos do Desenvolvimento Sustentável #4, #5, #10, #16 e #17). Estas análises poderão, ainda, servir de base para recomendações de políticas públicas e alterações legislativas que possam alavancar a educação como motor de promoção de sentimentos de pertença e de identificação com a UE e as suas instituições. Poderão, de igual modo, contribuir para um maior e mais completo conhecimento sobre o ensino da História, o seu papel e importância, no desenvolvimento de processos de (des)identificação.

7. REFERÊNCIAS

Almeida, N. E. de (2018). Mapeando a polissemia da imagem: coisa, forma e evento enquanto modos de significação da plasticidade e da grafia | Mapping the polysemy of image: thing, form, and event as modes of signification of the plasticity and graphicality. In U. R. Vaccari (Org.) *Arte & Estética* (pp. 145-165). Oficina Universitária/Cultura Acadêmica. https://doi.org/10.36311/2019.978-85-7249-004-7

Araújo, M., & Maeso, S. R. (2016). Slavery and racism as the 'wrongs' of (European) history: Reflections from a study on Portuguese textbooks. In D. Hamilton, K. Hodgson, e J. QuirkSlavery (Eds). *Memory, and Identity: National Representations and Global Legacies* (pp. 151-166). Routledge. https://doi.org/10.4324/9781315655406

Camilo, D. (2023, 16 de junho). Estarreja tem escola líder a História. Aulas começam no telejornal do dia anterior. *Renascença*. https://n9.cl/rfqdl

Cardina, M. (2023). *O Atrito da Memória. Colonialismo, Guerra e Descolonização no Portugal Contemporâneo*. Edições Tinta-da-China.

Castelo, C. (1999). *O Modo Português de Estar no Mundo. O Luso-Tropicalismo e a Ideologia Colonial Portuguesa (1933-1961)*. Edições Afrontamento.

Chilcote, R. (2010). *The Portuguese Revolution. State and Class in the Transition to Democracy*. Rowman & Littlefield Publishers.

European Parliament (2022). Eurobarometer. Country results for Portugal. Parlemeter 2022 (98.1 | EB042EP). https://europa.eu/eurobarometer/surveys/detail/2932

European Union (2021, novembro). Special Eurobarometer 508. October-November 2020. Values and Identities of EU citizens. https://n9.cl/abehx

Freire, C. M. (2019, 27 de maio). Abstenção. De facto o número de votantes aumentou. *Diário de Notícias*. https://n9.cl/1oeg24

Honório, C., & Mineiro, J. (Coord.) (2021). *Novas e Velhas Extremas-Direitas*. Edições Parsifal.

Mateus, A. (Coord.) (2015). *Três Décadas de Portugal Europeu: Balanço e Perspetivas*. Fundação Francisco Manuel dos Santos.

Neto, S., & Serrano, C. (2023). The edge of the Stone Raft. From euro-enthusiasm to moderate scepticism in Portuguese History textbooks (2000-2020). *Rúbrica Contemporánea*, *12*(23), 157-178. https://doi.org/10.5565/rev/rubrica.270

Padgett, D. K., Smith, B. T., Derejko, K. S., Henwood, B. F., & Tiderington, E. (2013). A picture is worth…? Photo elicitation interviewing with formerly homeless adults. *Qualitative Health Research*, *23*(11), 1435-1444. https://doi.org/10.1177/10497323135077

Piedade, F., Ribeiro, N., Loff, M., Neves, T., & Menezes, I. (2018). Learning About the European Union in Times of Crisis: Portuguese Textbooks' Normative Visions of European Citizenship. *Journal of Social Science Education*, *17*(2), 31-40. https://doi.org/10.4119/jsse-873

PORDATA (2023, 6 de abril). Taxa de analfabetismo segundo os Censos: total e por sexo. Fontes de Dados: INE - X, XI, XII, XIII, XIV, XV e XVI Recenseamentos Gerais da População. https://www.pordata.pt/db/portugal/ambiente+de+consulta/tabela

Pratt, S. F., & LaRoche, C. D. (2022, 29 de março). Ukraine's Refugees Are Close Enough for European Solidarity. Proximity plays a powerful role in shaping public sentiment. *Foreign Policy*. https://foreignpolicy.com/2022/03/29/ukraine-refugees-european-solidarity-race-gender-proximity/

Press Releases (Septiembre, 2019). 2019 European elections: Record turnout driven by young people. News European Parliament. https://n9.cl/0puau

Ravitch, S. M., & Mittenfelner Carl, N. (2016). *Qualitative research: bridging the conceptual, theoretical, and methodological*. SAGE Publications.

Rebelo, C., & Coelho, C. (2015). O desenvolvimento da agricultura e da indústria de Estarreja (Portugal) e a sua relação com o meio ambiente: informação documental e visão de agente | The development of agriculture and industry in Estarreja (Portugal) and its relationship with the environment: documentary information and agent view. *InterfacEHS. Saúde, Meio Ambiente e Sustentabilidade, 10*(1), 1-11. https://n9.cl/i9tzh

Rieman, B. (2012). *O Eterno Retorno do Fascismo*. Editorial Bizâncio.

Rodrigues, F. (2017, 25 de Abril). *Ferro destaca nova centralidade do parlamento e elogia Presidente da República. Renascença. https://n9.cl/za164*

Roldão, C. (2020). Racismo em Portugal: Algumas notas. In A. Peniche, B. S. Martins, C. Roldão, e F. Louçã. *Não Posso Ser Quem Somos? Identidades e Estratégia Política da Esquerda* (pp. 169-232). Bertrand Editora.

Teixeira, N. S. (2017). Portugal e a integração europeia, 1974-2015: uma introdução histórica. In N. S. Teixeira e A. C. Pinto (Orgs.). *A Europeização da Democracia Portuguesa* (pp. 19-34). Imprensa de Ciências Sociais.

PROTECCIÓN DE DATOS PERSONALES EN CHILE Y SU INSUFICIENCIA REGULATORIA: DESAFIOS Y EXPERIENCIA EN EL DERECHO COMPARADO

Carolina Olivares González[1], *Mauricio Figueroa Mendoza*[1]

1. INTRODUCCIÓN

Los datos personales o de carácter personal pueden ser entendidos como aquellos relativos a cualquier información concerniente a personas naturales, identificadas o identificables, según el art. 1º de la ley 19.628, o bien, cualquier información relativa a una persona física viva identificada o identificable. Las distintas informaciones, que recopiladas pueden llevar a la identificación de una determinada persona, también constituyen datos de carácter personal. Cualquiera que sea la definición que tomemos, se puede percibir que la esencia es la misma, aspectos privados que pertenecen a la esfera también privada de las personas, por ello, cualquier intromisión ilegítima puede generar una vulneración, lo que exige contar con mecanismos tendientes a proteger a las personas ante actividades, principalmente de naturaleza económica, cuyo desarrollo pueda significar tales afectaciones. Nos referimos específicamente al tratamiento de datos personales, realizados por personas naturales o jurídicas, actividad plenamente lícita que debe respetar las garantías y derechos del titular de aquellos datos y realizarse de acuerdo con las condiciones señaladas en la ley. Lo anteriormente expuesto, nos lleva a preguntarnos si las herramientas legales que provee el ordenamiento jurídico chileno, en particular la Ley 19.628 "Sobre protección de la vida privada", son las adecuadas para lograr la debida protección de los titulares de datos ante el tratamiento que se haga de ellos y si se ajusta o no a los ordenamientos más avanzados sobre la materia.

2. OBJETIVOS

Con el propósito de fijar una hoja de ruta para llegar a las respectivas respuestas, hemos fijado como objetivos analizar y conocer en profundidad la normativa chilena, específicamente la Ley 19.628 sobre protección de la vida privada y el proyecto de ley sobre protección de datos personales, contenido en los boletines 11.092 y 11.114 actualmente en tramitación en el Congreso Nacional, y en base a ello, hacer una comparación con la legislación más avanzada en la regulación de datos personales, como la Unión Europea, para determinar la eficacia y efectividad de la ley chilena.

---

1. Universidad del Alba (Chile)

3. METODOLOGÍA

Para cumplir los objetivos, la metodología utilizada es descriptiva, a través del método dogmático en el que la legislación y la doctrina serán los principales insumos de elaboración. A su vez, el método exegético nos permitirá establecer el sentido de algunos conceptos técnicos que abordamos en nuestra investigación.

4. DESARROLLO DE LA INVESTIGACIÓN

Trazados los objetivos y fijada la metodología, ahora nos queda centrarnos en el análisis de las materias propuestas.

4.1. Revisión de la ley 19.628 Sobre Protección de la Vida Privada

A continuación, nos situaremos en el texto de la Ley 19.628 para desentrañar sus principales aspectos, su importancia, así como las críticas o defectos de que adolece, sin que este sea un análisis acabado de su articulado, ya que la extensión de este trabajo y el enfoque que hemos querido darle, no lo permite.

4.1.1. Antecedentes

En plena década de los noventa cuando la tecnología comenzaba a abrirse camino en la sociedad chilena y con ello nuevas y diversas formas de comunicación, se planteó por primera vez la necesidad de fijar una regulación que permitiera proteger a las personas ante intromisiones ilegítimas que pudieren afectar su derecho a la privacidad. En efecto, el 05 de enero de 1993 el Senador Eugenio Cantuarias Larrondo presentó el proyecto de ley denominado "Protección civil de la vida privada", destinado a fijar mecanismos de protección frente a intromisiones ilegítimas a la vida privada y a la creación de instrumentos de compensación frente a eventuales daños morales y materiales producidos por dicha afectación, siendo esta la primera vez en que se abordó tímidamente la protección de los datos personales manipulados por la informática, que como disciplina debe respetar la vida privada y contar con su consentimiento para utilizarlos, con derecho a indemnización en caso de perjuicios (Senado, 1993, pp. 4-5).

Fue durante el segundo trámite constitucional, en 1996, que la comisión de Constitución, Legislación y Justicia de la Cámara de Diputados encomendó a un grupo de ellos la elaboración de un texto ordenado e integral relativo a la protección de datos de carácter personal, que recogiera en lo posible, las ideas del proyecto original, lo que derivó en texto nuevo y alternativo que se denominó "Protección de datos de carácter personal", que fijó un concepto de datos personales o de carácter personal, entendido como:

> *"...todas aquellas informaciones que pueden ser referidas a una persona física, directamente ligadas a ella o determinantes de su personalidad. Si se quiere, conforme a la definición del artículo 2.a) del Convenio del Consejo de Europa, dato de carácter personal significa toda información concerniente a una persona física identificada o identificable".*

Siendo el fundamento del proyecto su protección ante el uso por parte de terceros.

El nuevo texto no fue bien recibido por el Senado en su tercer trámite constitucional en el año 1998, pues la cámara de diputados sólo se había pronunciado sobre los datos personales, dejando fuera la protección de la vida privada (idea original), por lo que se decidió rechazar ante la imposibilidad constitucional de introducir modificaciones, sin perjuicio de la clara intención de legislar sobre la materia, pero con una mayor discusión dada su complejidad, pasando de esta forma a Comisión Mixta, instancia en que se lograron los acuerdos necesarios para que el 18 de agosto de 1999 fuera promulgada la Ley 19.628 sobre "Protección de la vida privada", publicada en 28 de agosto del mismo año, y entrada en vigencia 60 días después.

4.1.2. Contenidos, Importancia y Críticas a la Ley 19.628 Sobre Protección de la Vida Privada

Dentro de los objetivos planteados en esta investigación, se encuentra el análisis detallado de la Ley 19.628, lo que nos obliga a partir refiriéndonos sobre su denominación "Protección de la vida privada" y preguntarnos si ella es correcta o efectiva a la luz del contenido normativo de la misma.

Pues bien, al revisar cuál es el contenido de la vida privada y su bien jurídico protegido se puede sostener que este reviste tres ámbitos: 1) el cuerpo, susceptible de captaciones, divulgaciones e invasiones físicas; 2) objetos personales, respecto de los cuales una persona tenga un derecho exclusivo, una expectativa o interés; y 3) lugares, donde no se puede acceder sin la autorización de la persona (Figueroa, 2021, pp. 4-5), sin embargo, en el articulado de la normativa no es posible encontrar protección en dichos ámbitos, no toca temas centrales de este derecho, como lo son la inviolabilidad del domicilio, de la correspondencia, incluso deja fuera el honor y la honra (González, 2001, p. 175). Entonces lo que hace la ley es regular principalmente el tratamiento de los datos de carácter personal en registros o bancos de datos, lo que corresponde a sólo un ámbito de la privacidad.

Profundizando en la anterior, Arriata va más allá y señala que la protección de datos personales se aleja del derecho a la vida privada, configurándose como un derecho autónomo entregado a las personas para resguardar la información que les pertenece (Arrieta, 2009, p. 13).

Al seguir avanzando en la revisión de los contenidos de la ley, debemos detenernos en su ámbito de aplicación y protección, el que se limita a las personas naturales afectadas con la "recolección, registro, procesamiento, comunicación o utilización que se haga de cualquier forma, manual o automatizada, de sus datos personales, en registros o bancos de datos, por parte de personas u organismos públicos o privados." (Vial, 2001, p. 23).

De acuerdo con lo señalado, solo las personas naturales serían objeto de la protección que emana de la ley, de hecho así lo dispone la letra ñ) del art. 2, quedando excluidas las personas jurídicas, sin embargo, esto último no ha sido un tema pacífico, pues como indica Rostión, es inconcebible que las personas jurídicas no sean titulares de derechos fundamentales compatibles con su naturaleza, pues, tanto personas naturales como jurídicas comparten rasgos comunes, por lo tanto, los derechos pueden ser reclamados por unas o por otras (Rostión, 2015, p. 508), mientras que Corral basado en lo literal de la norma, sostiene que dada la naturaleza de la información -de carácter personal-, ésta solo puede recaer en personas naturales (Corral, 2001, p. 41).

Otro aspecto a mencionar, es el catálogo de definiciones del art. 2 de la ley, del que podemos destacar la letra f), que define datos de carácter personal o datos personales, así como también la letra m), relativo a los registros o bancos de datos y la letra o), que conceptualiza el tratamiento de los datos personales, que es una materia que dada su importancia, debe ser analizada de forma independiente, ya que es a raíz de este tratamiento donde se pueden cometer intromisiones o afectaciones a la vida privada.

4.1.3 Tratamiento de Datos Personales

Como ya se adelantaba, es crucial entender qué se entiende por tratamiento de datos personales, pues es en esta actividad donde se producen las principales injerencias a la vida privada, las que darán lugar a eventuales infracciones y su consecuente reparación.

Así, la misma ley 19.628 – art. 2 letra o)- quien da un concepto de tratamiento:

> *"cualquier operación o complejo de operaciones o procedimientos técnicos, de carácter automatizado o no, que permitan recolectar, almacenar, grabar, organizar, elaborar, seleccionar, extraer, confrontar, interconectar, disociar, comunicar, ceder, transferir, transmitir o cancelar datos de carácter personal, o utilizarlos en cualquier otra forma".*

A su vez, el art. 1º somete a las disposiciones de la ley el tratamiento de datos de carácter, es decir, constituye el objeto de ésta.

En este punto, nos parece prudente desentrañar el contenido de mencionado art. 2 letra o), el que se compone de una serie de elementos, a saber:

a) Operaciones o procedimientos automatizados o no. A propósito de este elemento, es que tenemos que recordar lo revisado en los antecedentes, ya que la ley data de 1999 con una tramitación iniciada en 1993, por lo tanto, la regla eran los procedimientos manuales, pero comenzando su apogeo los automatizados, lo que fue un factor clave para el surgimiento de la ley (Vial, 2001, p. 25).

b) Finalidades de las operaciones o procedimientos indicados. Se puede observar que se persigue un amplio catálogo de finalidades, con el propósito de no limitarlo solo a aquellas que parecen obvias dentro del marco de los tratamientos, como lo sería el almacenamiento y transferencia de datos personales. De esta manera, podemos inferir que la intención del legislador era contemplar el mayor número de supuestos para no limitar la actividad económica.

c) El objeto del tratamiento, es decir, qué es lo que queda entregado a estos procedimientos, son los datos personales, para conocerlos, manejarlos o darles cualquiera de los destinos a que se refiere la letra anterior.

d) Sujetos que realizan el tratamiento. Para el acabado entendimiento de la norma en comento, quienes llevan a cabo estas operaciones, pueden ser sujetos tanto de derecho público, como de derecho privado, que realicen una actividad económica que justifique el uso de los datos.

Revisados los elementos de la letra o) de art. 2, nace otra pregunta ¿todo tratamiento de datos personales es recogido por la ley 19.628?

La respuesta es no, ya que debe ser aquel tratamiento de datos personales realizados en registros o banco de datos, manejados por personas de derecho público o privados, sujetos a una serie de limitaciones.

Esta respuesta nos obliga a conducir nuestro análisis hacia otra figura de relevancia para esta ley, esto es los registros o bancos de datos.

4.1.4 Registros o Bancos de Datos

La definición legal la encontramos en el art. 2 letra m), que nos indica que son el conjunto organizado de datos de carácter personal, sea automatizado o no y cualquiera sea la forma o modalidad de su creación u organización, que permita relacionar los datos entre sí, así como realizar todo tipo de tratamiento de datos.

De esta definición se desprende que ellos pueden ser automatizados o manuales, quedando excluidos los tratamientos de carácter ocasional, pues se exige que sea un conjunto organizado, manejados por personas naturales o jurídicas privadas o públicas.

Pero más allá de un análisis conceptual, lo que debemos destacar es la relevancia social que la ley confiere a estos registros, otorgándoles a su vez legitimidad (Vial, 2001, p. 25), que es precisamente lo que valida que aquella información perteneciente a una persona conocida como datos personales, pueda ser utilizadas de diversas formas para su tratamiento, lo que constituye el momento exacto donde puede afectarse la vida privada.

Solo a modo de referencia, los registros o bancos pueden ser de diversos tipos y finalidades, y podemos mencionar: a) De información económica, financiera, bancaria y comercial, que sirven de sustento al sistema crediticio (Art. 4); b) De información de salud para apoyar el sistema de seguros de salud y previsional (Art. 10); c) De información de contribuyentes para el sistema impositivo (Art. 15 y 20); d) De información procesal y penal en apoyo de actividades que exijan conductas intachables (Art. 21); e) De información civil, como base del sistema de identificación y determinación del estado civil de las personas (Art. 20); f) De información sobre las personas, sus ideologías, actividades, opiniones, etc., relevante para la seguridad nacional (Art. 15).

4.1.5. Limites al Tratamiento de Datos Personales en Banco de Datos

El principio que rige en esta materia y que está plasmado en el inciso 2º del art. 1 de la ley, es el libre tratamiento de datos de carácter personal o principio de la libre iniciativa (Rosende Álvarez, *et al.* 2013, p. 209), lo que es coherente con el derecho fundamental que tiene toda persona a desarrollar una actividad económica, pero que no es, ni puede ser absoluta, pues como hemos venido señalando pone en riesgo un importante derecho y de carácter fundamental como lo es el respeto a la vida privada.

De allí que sea la propia ley quien impone límites al tratamiento, y es que para realizar esta actividad se debe hacer de manera concordante con ella y para finalidades permitidas en el ordenamiento jurídico (principio de finalidad).

El punto relativo a la concordancia con la ley corresponde a las fuentes de licitud o legitimidad de esta actividad (Contreras Álvarez, et al. 2019, p. 70), y se manifiesta en que el tratamiento lo debe autorizar la misma ley o que su titular consienta expresamente en ello, pasando a ser este consentimiento la regla esencial, es decir, la necesidad de contar con la manifestación de voluntad de la persona cuyos datos se tratan, lo que se relaciona con el principio/poder de que el individuo tiene el control sobre ellos, siendo la función de la ley garantizar este poder (Contreras, 2020, p. 91), también denominado derecho a la autodeterminación informativa que se traduce en el reconocimiento de que las personas tiene recursos para controlar el flujo y uso de la información (Rostión, 2015, p. 501)

El consentimiento, para que sea válido exige que la persona que autoriza sea debidamente informada respecto del propósito del almacenamiento de sus datos personales y su posible comunicación al público, la autorización debe constar por escrito y puede ser revocada también por escrito, aunque sin efecto retroactivo, tal como dispone el art. 4.

Sin embargo, es posible encontrar excepciones, es decir, caso en que se realiza el tratamiento al margen del consentimiento del titular, como lo es el tratamiento de datos personales provenientes de fuentes accesibles al público, tratamiento de datos personales que realicen personas jurídicas privadas, tratamiento de datos personales por parte de un organismo público según el art. 20, y tratamiento de datos sensibles para el otorgamiento de beneficios de salud al alero del art.10, excepciones que han puesto en duda el verdadero alcance del consentimiento.

4.1.6. Derechos y deberes de las personas involucradas

Ante el tratamiento de datos de carácter personal llevados en un registro o banco de datos, su titular goza de determinados derechos que buscan evitar afectaciones o intromisiones ilegítimas a su vida privada.

Así nos encontramos con el derecho de acceso, en virtud del cual los titulares de datos se encuentran facultados para conocer cuáles son los datos tratados, tipo, origen, objetivo del tratamiento y sus destinatarios; derecho de modificación o rectificación, facultad para pedir el cambio de los datos erróneos, inexactos, incompletos o equivocados; derecho de cancelación, con él se pretende eliminar los datos carentes de fundamentos o caducos y; derecho de bloqueo, suspensión temporal del tratamiento cuando la exactitud de los datos no pueda ser establecida, o su vigencia sea dudosa y respecto de los cuales no corresponda la cancelación. Todos los derechos descritos brevemente y regulados en los artículos 12 y 13 de la ley, guardan relación con una base esencial que es la veracidad de la información (Vial, 2001, p. 30), entendida como una que sea de calidad, capaz de ser exacta, actualizada y que respondan a una situación real, contrario a datos caducos o carente de fundamento legal.

Por otra parte, así como el titular de datos tiene derechos, con el objeto de dar una protección lo más integra posible, existen un conjunto de deberes para los responsables de los registro o bancos, estos son el deber de comunicación, de secreto y de atender a las solicitudes de información, modificación, eliminación o bloqueo que se realicen.

4.1.7. Infracciones, acciones y sanciones

En el evento de que los derechos del titular sean infringidos o los deberes del responsable de datos sean incumplidos, nace en el afectado la facultad de accionar ante los tribunales de justicia, pudiendo deducir un recurso especial de amparo, de rango legal, denominado Habeas Data o residualmente un juicio sumario especial, cuando no proceda la primera, quedando ambas al conocimiento y decisión de un juez, pues no se contemplan procedimientos administrativos, por no contar con órganos públicos que jueguen un rol central en el ámbito de la protección.

4.1.8. Críticas a la ley 19.628

No nos cabe duda de que la ley 19.628, es en Chile la principal regulación relativa a la protección de datos personales, que llegó a llenar los vacíos legislativos de la época de su dictación en esa materia, pero está lejos de constituir un cuerpo normativo integro y sólido, pues adolece de importantes de defectos y ha sido objeto de numerosas críticas.

Algunas de las críticas ya han sido vistas, como es el caso de la propia denominación de la ley sobre protección de la vida privada, en circunstancias de que ello no sería así. Podemos agregar que se contempla un sistema de protección débil enfocado principalmente en el mercado -actividad económica-, y no en las personas (Viollier, 2017, p. 4); falta un órgano administrativo fiscalizador, principalmente para controlar la actividad del sector privado, quedando como única opción recurrir a los tribunales de justicia con todo el desgaste que ello significa; además los procedimientos de reclamación son deficientes y omite un listado de infracciones y sanciones (Vergara, 2017, p.136-141).

Sumamos a las críticas la situación del consentimiento del titular, que se erige como un potente principio, pero que en la práctica tiene tantas excepciones que se debilita y deja de otorgar la protección necesaria, en circunstancias que la excepción debiese ser limitada y el consentimiento mantener su fuerza (Alvarado, 2014, p. 224).

Igualmente, es criticable su desactualización en atención a las tecnologías y medios de comunicación actuales que en segundos son capaces de recoger miles de datos de carácter personal.

Todas esas razones hacen que Chile se encuentre retrasado a nivel internacional en lo relativo a la materia en estudio y este retraso hace de nuestro país un deudor con los compromisos adoptados al ingresar a la Organización para la Cooperación y el Desarrollo Económicos (OCDE), de lo cual, nos ocuparemos en el siguiente apartado.

4.2. Chile y su incumplimiento frente a los compromisos OCDE

El 7 de mayo de 2010, Chile ingresó oficialmente a la Organización para la Cooperación y el Desarrollo Económicos (OCDE), pero esta oficialización estuvo precedida de un riguroso proceso, que exigió a nuestro país observar una hoja de ruta con lineamientos y compromisos, permitiendo a los países miembros evaluar la disposición y capacidad de Chile para asumir las obligaciones asumidas (Sáez, 2010, p.101), igualmente exigía adaptar la legislación en distintos ámbitos, dentro de los cuales nos encontramos precisamente la protección de la vida privada y los flujos transfronterizos de datos de carácter personal, coherente con los lineamientos de este organismo y que debió cumplirse hacia fines del año 2012, sin embargo, a la fecha sigue pendiente, significando una gran deuda de Chile para con la OCDE.

En el año 2015 este vacío fue detectado por la OCDE, haciéndose la advertencia -al igual que Turquía- de que no se había actualizado la normativa, ello impulsó al gobierno a presentar el correspondiente proyecto de ley con el objeto de actualizar la normativa chilena, lo que será objeto del próximo apartado, pues para cerrar éste conviene señalar la importancia que le entrega la OCDE a la protección de datos de carácter personal.

Así, nos encontramos con las Directrices sobre Protección de la Privacidad y Flujos Transfronterizos de Datos Personales, que datan de 1980 - la primera en desarrollar el tema-, que comprende tres pilares: democracia pluralista, el respeto de los derechos humanos y las economías de mercado abierta; del mismo modo contiene catálogos de definiciones y principios de aplicación nacional, destacando el principio de consentimiento, de calidad, finalidad, seguridad y responsabilidad, y principios para el flujo transfronterizo de datos, imponiendo a los Estados miembros la necesidad de adoptar procedimientos o crear instituciones jurídicas que sigan estos lineamientos, lo que evidentemente no ha sido observado por Chile, a pesar de la advertencia realizada y de los 13 años que han transcurrido desde su ingreso a la OCDE.

4.3. Proyecto de Ley sobre Protección de Datos de Carácter Personal: Una Necesidad de Reforma Urgente

Queda a la vista de los párrafos anteriores, los profundos defectos de la ley 19.628, normativa deficiente y desactualizada, que nos pone como país, en una débil y retrasada posición en materia de protección de datos personales. De ahí la importancia y necesidad de legislar al respecto. Iniciativas las hay, pero el panorama no ha sido alentador.

Numerosos han sido los proyectos que buscan la reforma de la ley 19.628, sin embargo, la mayoría de ellos no ha superado el primer trámite constitucional, por el contrario, pocos se han aprobado, con modificaciones bastante específicas a la ley en comento, mientras que otros siguen en tramitación con la intención de convertirse en ley.

Dentro de ellos, centraremos nuestro análisis en los boletines 11.092 sobre "Protección de datos personales" y 11.144 "Regula la protección y el tratamiento de los datos personales y crea la agencia de protección de datos personales", el primero una moción parlamentaria de 17 de enero de 2017, presentado por un grupo de Senadores, y el segundo, un mensaje de S.E. la presidenta de la República Michelle Bachelet Jeria, de 15 de marzo de 2017, los que dada su similitud, objetivos y por tratar ciertas materias que constitucionalmente solo pueden ser de iniciativa del Presidente de la República, como la imposibilidad de profundizar sobre la creación de una autoridad de supervisión, sistemas de flujo transfronterizos de datos y la figura de un delegado en protección de datos (Senado, 2017, p.5), fueron fusionados para ser tramitados como un todo, con altas probabilidades de convertirse en ley. Sobre el último punto, es la misma moción que reconoce.

Ambos proyectos tienen su inspiración en la normativa de la Unión Europea, APEC y OCDE, y de la sola lectura de sus denominaciones, ya podemos notar un cambio en relación con la normativa actual, pues está enfocado derechamente a la protección de datos e incluso el segundo boletín va un paso más allá, pues pretende crear un órgano público con facultades fiscalizadoras, lo que llenaría un profundo vacío.

Para conocer y entender en qué consisten estas iniciativas, que pretenden poner a Chile entre las legislaciones avanzadas, debemos partir mencionando sus tres ejes o ideas centrales: 1) Establece un conjunto de normas sobre las condiciones en que pueden ser tratados los datos personales y así respetar y garantizar los derechos de los titulares de datos, 2) Reconoce un conjunto de derechos para los titulares, que velan para que sus datos personales sean tratados de manera adecuada y bajo las condiciones autorizadas por el mismo o alguna otra fuente de licitud del tratamiento, y 3) La creación de una autoridad autónoma e independiente, capaz de velar por el efectivo cumplimiento de las obligaciones y derechos que consagra la ley.

Queda claro que se produce un cambio en el objeto, pues se busca poner al individuo titular de los datos en el centro de la normativa, desplazando la idea de mercado o actividad económica. Sin embargo, ello no sería absoluto, pues persiste la idea de que los datos son transables (Vergara, 2017, p. 138). Al margen de lo anterior, la futura normativa regula la forma y condiciones en que los datos deben ser tratados, y que no es cualquiera, sino aquella que se conforme al Artículo 19 número 4 de la CPR.

Esto último nos exige referirnos brevemente a esta garantía, que nace producto de una reforma constitucional contenida en la ley 21.096 de 2018, que reconoce expresamente el derecho a la protección de datos personales, también conocida como el derecho a la autodeterminación informativa, entregando su regulación a la ley. Esta reforma tuvo su fundamento en dos sentencias de tribunales constitucionales europeos, el de Alemania y España, especialmente la de este último es la que hace la distinción entre el derecho a la intimidad y el derecho a la protección de datos personales y que, de paso obligó al legislador a impulsar las modificaciones a la ley 19.628 (Contreras, 2020, p. 91-115).

Volviendo a los proyectos, éstos refuerzan la idea de la protección respecto de todo tratamiento de datos personales que realice una persona natural o jurídica -que pasan a denominarse responsables de datos-, incluidos los órganos públicos, ya que deben respetar los derechos y libertades de las personas, con ciertas exclusiones.

Otro aspecto a mencionar, son las fuentes que dan legitimidad o licitud al tratamiento, siendo la principal el consentimiento, como ocurre formalmente en la ley vigente, pero que por sus numerosas excepciones pierde fuerza. En el caso del proyecto, el consentimiento sí parece ser la regla esencial y debe cumplir con requisitos que dan seguridad a las personas, como lo son: libre, específico e informado en cuanto a su finalidad; inequívoco en cuanto a su manifestación; revocarse sin expresión de causa, y todos los medios que se utilicen para su otorgamiento o revocación deben ser fidedignos, expeditos y gratuitos. Otra novedad en materia de consentimiento de gran relevancia es que se invierte la carga de la prueba, es decir, será el responsable de los datos quien deberá probar, en caso de conflictos, que el titular prestó su consentimiento para el tratamiento.

Otra fuente de licitud sigue siendo la ley para aquellos casos en que no otorgue o requiera el consentimiento del titular, en la medida que se trate de fuentes de acceso público y en algunos casos que se pretenda satisfacer un interés legítimo del responsable, siempre que se mantenga informado a su titular, además, al igual que el consentimiento, la carga de la prueba se invierte y le corresponde al titular acreditar la licitud del tratamiento.

Sobre el consentimiento y licitud que han sido recientemente mencionados, podemos reconocer el gran avance que significa este proyecto, principalmente por la regulación expresa y ordenada que se le da al consentimiento y los casos específicos donde él no se requiere, sino que es la ley quien autoriza. Pero consideramos especialmente positiva la inversión de la carga de la prueba, ya que en muchos casos la posición entre el titular y el responsable es asimétrica, lo que hace difícil para el titular acreditar una situación que él no ha generado y que probablemente no tenga los medios para obtener pruebas.

Por supuesto, que el proyecto no se agota en nociones generales, sino que contempla materias muy sistematizadas para proporcionar al titular de datos la seguridad de que éstos no serán vulnerados en su tratamiento, es así que revisada la moción y mensaje fusionados, nos encontramos con nuevas y mejoradas definiciones; reconocimientos de principios de carácter universal que dan forma y oportunidad al tratamiento, como lo son la licitud y finalidad, sobre los cuales nos hemos referido y que están presente en la ley 19.628, pero de forma dispersa o acotada, logrando en el proyecto una clara y ordenada regulación; proporcionalidad, calidad, responsabilidad, seguridad, transparencia, confidencialidad. Todos ellos se condicen con el objeto del proyecto y sus ejes centrales, pues con ellos se busca dar garantías a los titulares y que, por cierto, han sido recogidos previamente por la OCDE y otras legislaciones (Mensaje presidencial, 2017, p. 6).

Evidentemente, que uno de los ámbitos centrales del proyecto viene dado por los derechos que se conceden al titular y los deberes que se impone a los responsables. En cuanto a los primeros, nos encontramos con los denominados derechos ARCO, es decir, acceso, rectificación, cancelación y oposición, ellos ya están regulados en la ley vigente, pero el proyecto busca reforzarlos.

Para entender lo que se señalará a continuación, es recomendable tener a la vista el apartado 4.1.6., ya que nos sirve de paralelo entre la legislación actual y el proyecto:

Sobre el acceso, este tiene un triple objetivo: confirmación de que sus datos personales están siendo tratados por el responsable, acceder a sus datos, acceder a cierta información que la ley dispondrá. En cuanto a la rectificación, busca la modificación o completamiento de datos incompletos, desactualizados o inexactos e impone al responsable la carga de comunicar esta rectificación a terceros. En lo que dice relación con la cancelación, se busca que se suprima o eliminen datos personales, de acuerdo un amplio catálogo de causales previstas en la ley, pudiendo el responsable negarse en ciertos casos. Finalmente, la oposición consiste en solicitar y obtener del responsable, que no se lleve a cabo un tratamiento de datos determinado, principalmente cuando se afecten derechos y libertades.

Por otro lado, los deberes del responsable corresponden al secreto, información, protección, medidas de seguridad y reportar vulneraciones, y en caso de incumplimiento se incurre en una infracción graduada según su gravedad y sujeta a una eventual sanción según el tipo de infracción y cuyo conocimiento queda entregado a un órgano administrativo por medio de un procedimiento administrativo de tutela de derechos o procedimiento administrativo por infracción de ley, sin perjuicio de las responsabilidades civiles que se pueden obtener por medio de un procedimiento judicial de naturaleza sumaria.

4.4. Agencia de Protección de Datos Personales y Regulación de flujo Transfronterizo

Para comenzar a concluir este apartado destinado a la revisión del proyecto de ley, mencionamos que existían ciertas materias que, por disposición constitucional, son exclusivas del presidente de la república, pues bien, una de ellas es la creación de un órgano autónomo de derecho público, técnico, con patrimonio y personalidad jurídica propia, con el objetivo de velar por la efectiva protección de los derechos que garantizan la vida privada de las personas y sus datos personales.

La creación de este órgano que se relacionaría con el presidente de la república a través del Ministerio de Economía, Fomento y Turismo, va en la misma línea de las legislaciones más avanzadas sobre la materia, especialmente la Unión Europea, que cuenta con la Comisión Europea de Protección de Datos o el caso de España, la Agencia Española de Protección de Datos, siendo además un acierto que sea nuevo y autónomo, con atribuciones propias, y no que otros ya existentes, como Contraloría General del la República, Registro Civil, Servicio Nacional del Consumidor o Consejo para la transparencia, asumieran ese rol, como se pensó en algún momento de la discusión (Vergara, 2017, p. 141). Igualmente, positivo es que no solo tiene por objeto actuar ante infracciones y luego sancionar, sino que liderará un modelo preventivo de certificaciones y cumplimiento de programas a que se sometan los responsables.

Por su parte, y dado el mundo interconectado en vivimos, regular el flujo transfronterizo de datos es esencial, equivalente a hablar de transferencia internacional de datos con países que cuenten con un nivel adecuado de protección, lo que significa que sus normas tengan un estándar igual o superior al propuesto por la ley chilena, no exigiéndose un estándar de equivalencia, ya que esta transferencia surge en la Unión Europea que tiene una legislación avanzada y exigente, pareciendo más real hablar de adecuado, que exigir una normativa idéntica (Cerda, 2011, p. 334) y entregándose este control a la agencia.

En virtud de la revisión general de los contenidos del proyecto, pudimos percibir que en efecto éste se inspira y basa en la normativa de la Unión Europea y otras internacionales, y que en definitiva es útil para que nuestro país pasar de ser uno de los más inseguros en materias de protección, a uno de los más avanzados en caso de aprobase.

4.5. Protección de los Datos de Carácter Personal en el Derecho Comparado

Como hemos venido reiterando, el proyecto de ley chileno se inspira en las legislaciones extranjeras más avanzadas en materia de protección de datos personales, pero dada la extensión de este trabajo nos centraremos en la Unión Europea.

La normativa de la Unión está regida por Reglamento General de Protección de Datos (2016/679), entrado en vigencia el 25 de mayo de 2018, que garantiza la protección y privacidad del tratamiento de los datos de los usuarios, automatizados o no y la libre circulación de ellos, con "un enfoque basado en la protección proactiva, dinámica y preventiva que exige a las organizaciones el desarrollo e implementación de políticas concretas de análisis de riesgo y de verificación constante de la adecuación y suficiencia de las medidas de seguridad" (Gutiérrez David, *et al.* 2021, p. 103).

En relación a su ámbito de aplicación territorial, éste se aplica a los responsables de tratamiento de datos con sede en la Unión, pero igualmente aquellos que no lo están, pero que realizan tratamientos derivados de bienes o servicios destinados al ciudadano de la Unión o que supervisa el comportamiento de él, es decir, se fortalece el flujo transfronterizo de datos con otras naciones, lo que se considera imprescindible actualmente e intentar limitarlo, solo conduce al fracaso (Pinar, J., 2016, p. 431).

La regla que rige en esta materia, contemplada en el proyecto de ley chileno, es la adecuación, que la otra nación tenga un nivel de protección adecuado, pues el principio es la prohibición de transferencia que puede ser eximida si se cumple con las obligaciones que impone el reglamento, adoptando así la decisión de adecuación que otorga una certificación (Ortega Giménez *et al.* 2018, p. 23).

Además, la normativa contempla principios rectores, muy similares a los señalados a propósito del proyecto de ley, así podemos señalar los principios de licitud, lealtad y transparencia, limitación de la finalidad, minimización de datos, exactitud, limitación del plazo de conservación, de integridad y confidencialidad, y de responsabilidad proactiva. También se visualiza un conjunto de derechos para los titulares, como lo son el derecho de acceso, de rectificación, de supresión y el derecho al olvido, a la limitación del tratamiento, a la portabilidad de los datos, de oposición.

Igualmente, contempla un catálogo de infracciones y sanciones, pero destaca la idea de un modelo preventivo que va desde un registro de actividades del tratamiento, hasta la promoción de códigos de conducta y esquemas de certificación, política y procedimientos de protección de datos, buscando evidentemente, evitar las multas que pueden llegar a los 20 millones de euros.

Finalmente y solo para tener un panorama completo de la experiencia internacional, el caso de Estados Unidos es completamente distinto al de la Unión Europea, ya que carece de un marco normativo unificado, probablemente por la imponente presencia de grandes compañías que ejercen presión para evitar una legislación, pero si es destacable la normativa del estado de California sobre ley del consumidor, que se asimila a las normas europeas y leyes de privacidad de la APEC, que se aplican como consecuencia de formar parte de esta asociación.

5. CONCLUSIONES

A lo largo de este trabajo nos hemos dedicado a revisar los aspectos más relevantes de la normativa chilena en materia de protección de datos personales, en concreto las disposiciones de la ley 19.628, incluida su formación y materias reguladas, así como el estado actual del asunto con especial acento a la normativa europea y el proyecto de ley chileno, que pretende ser un reflejo dicha normativa, lo que nos permite llegar a las siguientes conclusiones:

1. Todo individuo posee un conjunto de aspectos e informaciones que pertenecen a su esfera más íntima y privada, que corresponde a los denominados datos personales, y como

tal exige una protección para evitar afectaciones ilegítimas, la que pueden producirse cuando terceros hacen uso de ellos con fines económicos.

2. La protección que ha entregado el ordenamiento jurídico chileno ha sido deficiente, ya que limita su alcance al tratamiento de datos personales realizados en registros o bancos de datos por personas naturales o jurídicas, con un claro propósito económico, donde prima el principio de la finalidad y el consentimiento del titular, que actúa como una suerte de regla general, pero con tal nivel de excepciones que se desdibuja en la práctica, perdiendo la fuerza que la propia ley en apariencia le otorga, situación que no se revierte al revisar el catálogo de derechos concedidos para los titulares de los datos, pues si bien buscan la protección y veracidad de los datos tratados, pierden eficacia ante la ausencia de procedimientos adecuados, especialmente de carácter administrativos, lo que exige recurrir directamente ante los tribunales ordinarios de justicia chilenos, con juicios engorrosos y desactualizados.

3. La insuficiencia normativa no solo ha dejado en la indefensión a los titulares de datos personales, sino que también ha puesto a nuestro país en una posición de incumplimiento ante la OCDE, quien puso como condición de ingreso -precisamente- la actualización de la legislación sobre protección de datos personales, que por la tardanza en la tramitación de los proyectos de ley que han sido expuestos no han sacado a Chile de ese lugar.

4. El panorama chileno actual es oscuro, pero a la vez esperanzador ya que los proyectos analizados, luego de años de tramitación, han entrado en su fase final y que, de aprobarse en la forma revisada, con claras fuentes de legitimidad, principalmente el consentimiento, con un órgano administrativo a cargo del control y regulación de datos transfronterizos, se ajustaría a las normativas modelos en esta área, como es la de la Unión Europea que parte de la base de la prohibición de transferencias de datos, salvo que el interesado sea capaz de cumplir con todas las exigencias y requisitos que impone su reglamento.

6. REFERENCIAS

Alvarado Ávalos, F. (2014), Las fuentes de acceso público a datos personales. *Revista Chilena de Derecho y Tecnología.* 3 (2). 205-226. Universidad de Chile https://rchdt.uchile.cl/index.php/RCHDT/article/view/33s276/37869

Arrieta, R. (2009). Chile y la protección de los datos personales: compromiso internacional. En: *Chile y la protección de los datos personales. ¿Están en crisis nuestros derechos fundamentales?* (pp. 13-22). Ediciones Universidad Diego Portales.

Cerda, A. (2011). El "nivel adecuado de protección" para las transferencias internacionales de datos personales desde la Unión Europea. *Revista de Derecho* XXXVI. 327-356. Pontificia Universidad Católica de Valparaíso. https://www.scielo.cl/pdf/rdpucv/n36/a09.pdf

Contreras Álvarez, P., Trigo Kramcsák, P. (2019). Interés legítimo y tratamiento de datos personales: Antecedentes comparados y regulación en Chile. *Revista Chilena de Derecho y Tecnología.* 8 (1). 69-106. Universidad de Chile. https://rchdt.uchile.cl/index.php/RCHDT/article/view/52915/56576

Contreras, P. (2020), El derecho a la protección de datos personales y el reconocimiento de la autodeterminación informativa en la Constitución chilena. *Estudios Constitucionales,* 18 (2), 87-120. Universidad de Talca. https://www.scielo.cl/scielo.php?script=sci_arttext&pid=S0718-52002020000200087

Corral Talciani, H. (2001), De los derechos de las personas sobre los responsables de Bancos de Datos: El Hábeas Data Chileno. En J. Wahl (Ed.). *Tratamiento de datos personales y protección de la vida privada.* (pp. 39-60). Universidad de Los Andes.

Figueroa, R. (2021). Derecho a la privacidad. En P. Contreras, C. Salgado (Eds.). *Curso de Derechos Fundamentales.* (pp. 1-40). Tirant lo Blanch.

González, F. (2001). Modelos comparados de protección de la información digital y la ley chilena de datos de carácter personal. En J. Wahl (Ed.). *Tratamiento de datos personales y protección de la vida privada.* (pp. 153-178). Universidad de Los Andes.

Gutiérrez, M., Cousido, M. (2021). El derecho a la protección de datos personales en Europa, con especial referencia al caso español. En A. Moreno, M. Serrano (Dirs.). *El Derecho a la protección de datos personales en Europa y en América: diferentes visiones para una misma realidad.* (pp. 101-170). Tirant lo Blanch.

Ortega, A., Domenech, J. (2018). Nuevo marco jurídico en materia de protección de datos de carácter personal en la Unión Europea. *Revista de la Facultad de Derecho,* 44. 1-35. Universidad de la República, Uruguay. http://www.scielo.edu.uy/scielo.php?script=sci_arttext&pid=S2301-06652018000100031#B14

Pinar Mañas, J. (2016). Transferencias de datos personales a terceros países u organizaciones internacionales. En M. Álvarez, M. Recio (Coord.). *Reglamento general de protección de datos: hacia un nuevo modelo europeo de privacidad.* (pp. 427-460). Madrid.

Presidenta de la República, Mensaje presidencial, 15 de marzo de 2017. Sesión 4ª, Legislatura 365ª. 1-56.

Reglamento 2016/679 [Parlamento Europeo y Consejo]. Relativo a la protección de las personas físicas en lo que respecta al tratamiento de datos personales y a la libre circulación de estos datos. 27 de abril de 2016.

Rosende Álvarez, H., Rabat Celis, F. y Warnier Readi, M. (2013). Algunos alcances sobre protección de los datos de carácter personal. *Revista de Actualidad Jurídica,* 28, Universidad del Desarrollo. 207-234.

Rostión, I. (2015). Sobre la Ley de Protección de la Vida Privada: La importancia de una "fuente legal" y su aplicación en las Personas Jurídicas. *Revista Ius et Praxis,* 21 (2), 499-520. https://www.scielo.cl/scielo.php?script=sci_arttext&pid=S0718-00122015000200014

Sáez, R. (2010), La OCDE y el ingreso de Chile. *Estudios Internacionales 166.* 93-112. Instituto de Estudios Internacionales-Universidad de Chile.

Senado, Moción parlamentaria. 05 de enero de 1993. Sesión 20ª, Legislatura 325ª. 4-14.

Senado, Moción parlamentaria. 17 de enero de 2017. Sesión 81ª, Legislatura 364ª. 1-28.

Tribunal Constitucional Español. Pleno. Recurso de Inconstitucionalidad 1.463/2000; 04 de enero de 2001.

Tribunal Constitucional Federal Alemán. Primera sala. Recurso de Amparo BVerfGE 65, 1; 15 de diciembre de 1983.

Vergara, M. (2017). Chile: Comentarios preliminares al proyecto de ley que regula la protección y tratamiento de datos personales y crea la Agencia de Protección de Datos Personales. *Revista Chilena de Derecho y Tecnología.* 6 (2). 135-152. Universidad de Chile. https://www.scielo.cl/scielo.php?script=sci_arttext&pid=S0719-25842017000200135

Vial, F. (2001). La ley N° 19.628 sobre protección de datos de carácter personal una visión general. En J. Wahl (Ed.). *Tratamiento de datos personales y protección de la vida privada.* (pp. 23-37). Universidad de Los Andes.

Viollier, P. (2017). El estado de la protección de datos personales en Chile. *Derechos digitales.* 4-51.

EL ROSTRO OCULTO DE LA PROSPERIDAD: DESENTRAÑANDO LA AYUDA ALIMENTARIA EN EL ESTADO DE BIENESTAR

Rosa Ortega Navarro[1], Rosa María García Navarro[2]

1. INTRODUCCIÓN

En la actual coyuntura socioeconómica, y a partir de la crisis sanitaria vinculada al SARS-CoV-2, la ayuda alimentaria se ha convertido en el síntoma más evidente de la pobreza que persiste en los países más desarrollados: La dificultad en el acceso a los alimentos se muestra como el lado oscuro del Estado de Bienestar.

Este trabajo analiza la ayuda alimentaria (en adelante AA), en el escenario de un municipio de tamaño medio del sureste español: Yecla (Murcia), donde confluyen los Servicios Sociales Municipales de responsabilidad pública, y las ONG´s Cáritas, y Cruz Roja.

El estudio parte de la consideración teórica previa de los efectos de la globalización, y de conceptos básicos como las desigualdades sociales, la pobreza, la exclusión, la interseccionalidad, el estigma social, las migraciones, el voluntariado y la solidaridad, así como y el análisis del sistema público de protección social. Sobre esa base, se investigan las características sociodemográficas de la población objeto de estudio, y los factores de exclusión que presenta. Se analiza y compara la vivencia subjetiva de la AA desde el enfoque de las personas beneficiarias, voluntariado, y profesionales. Finalmente, se estudia el contexto institucional, la complementariedad de las tres entidades, los procesos establecidos, y la proporcionalidad de la ayuda final, abordando la revictimización que le es implícita.

2. OBJETIVOS

El objetivo general de este trabajo es analizar la AA, para poder hacer una inferencia a la realidad global de este tipo de ayuda. Esto se procura por medio de los siguientes objetivos específicos:

1. Conocer el alcance de la AA en la localidad, y las características sociodemográficas de la población que recurre a este recurso.
2. Analizar la confluencia e interacción de algunos factores de exclusión social en las situaciones de carencia alimentaria.

1. Ayuntamiento de Yecla (España)
2. Universidad de Murcia (España)

3. Analizar el contenido, dinámica, y procedimiento de las distintas instituciones prestadoras, y sus mecanismos de interrelación.
4. Averiguar el grado de satisfacción de la población receptora, y comparar su vivencia con la perspectiva del personal de ayuda.
5. Reflexionar sobre los efectos colaterales y secundarios de la AA.
6. Reflexionar sobre el ejercicio de la responsabilidad pública respecto a la atención de las necesidades materiales básicas.
7. Analizar las características del componente humano y de solidaridad social en la prestación de la AA.
8. Identificar las potencialidades transformadoras de la realidad hacia un sistema más dignificante y promocional de la persona.

3. MARCO TEÓRICO

La alimentación constituye uno de derechos humanos más elementales, históricos, y de mayor consenso a nivel internacional. Reiteradamente, la comunidad internacional se ha propuesto la erradicación de la carencia alimentaria, y al parecer, reiteradamente ha debido postergarla. Los objetivos planteados en la agenda 2030 (Plan de Acción del Pilar Europeo de Derechos Sociales) no parecen llevar camino de cumplirse. Esto es fruto de una realidad compleja, un mundo globalizado en el que confluyen los intereses del mercado y de la producción, las tendencias del consumo, y la limitación de la capacidad de los estados, entre otros factores. Factores en conflicto con desafíos como el cambio climático, la limitación de los recursos naturales, y el crecimiento exponencial de la población (Cascante, 2021). Al mismo tiempo, se reflexiona sobre si, lo que se considera como caridad alimentaria, constituye una respuesta práctica y efectiva para luchar contra el hambre y la pobreza (Riches y Silvasti, 2014).

Cuando nos referimos a la pobreza, aludimos generalmente a la carencia de ingresos económicos, que en un análisis simple y directo de causa-efecto, es el origen inmediato de la falta de acceso a los alimentos. Sin embargo, la privación o escasez material, especialmente si es prolongada, y los diversos factores que pueden condicionarla (empleo, salud, género, migraciones, etc.), implica una rápida desescalada en las oportunidades sociales de la persona. En palabras de Eva Sotomayor (2020):

> *"La pobreza no es únicamente la carencia de medios materiales, es la condición por la cual se es relegado a ciudadano de segunda categoría. El pobre, debido a su falta de recursos, tiene vetado el acceso a los medios que constituyen la pasarela a los centros de poder y toma de decisiones." (p.12)*

En el imaginario colectivo, la "persona pobre", evoca toda una serie de características adicionales relacionadas con el hábitat, el entorno social y familiar, la salud, el cuidado personal, y las propias capacidades. Nos adentramos entonces, con facilidad, en la frontera fácilmente traspasable del estigma y los prejuicios (Cortina, 2017).

Se ha hablado extensamente del concepto de Estado del Bienestar, como compromiso de los estados de garantizar las condiciones de vida mínimas de su población. Para ello, se nutre del Sistema Público de Servicios Sociales siendo uno de los cuatro pilares básicos del Estado de Bienestar, junto con la educación, pensiones y sanidad. Sumándose un quinto pilar, fruto del ideario político actual, como es el derecho a una vivienda digna.

"El reconocimiento del derecho a una alimentación adecuada a nivel constitucional representa una declaración de intenciones con respecto a la protección de los derechos en ella recogidos" (García, 2018, p. 47).Vicente (2006) ya anticipaba que para hacer efectiva la ciudadanía social cuya base eran los derechos sociales, era necesario trascender las fronteras y crear un organismo internacional que fuera competente para la justiciabilidad de esos derechos, para "alumbrar una ciudadanía mundial" (p.12).

El hambre es una violación del derecho humano a la alimentación (Gifrá y Beltrán, 2013); sin embargo, existe comida suficiente en el mundo para hacer efectivo este derecho, "por consiguiente, el hambre no se debe a la falta de medios, sino a una distribución poco equitativa de los mismos y a la falta de voluntad política real para afrontarla" (Gifrá y Beltrán, 2013, p.28). Como afirma García (2018) "en una sociedad democrática y avanzada la existencia de población que pase hambre constituye un cierto fracaso de las políticas llevadas a cabo" (p. 48).

4. METODOLOGÍA

A partir del análisis documental sobre los conceptos clave, el análisis sociodemográfico se ha realizado sobre la totalidad de la población atendida durante el año 2021 en Yecla: 648 registros correspondientes a 1.811 personas[3], de las que se estiman un 41% de menores (753 niños/as). Esta información corresponde a un marco muestral de 478 unidades de convivencia sin repetición, o 1.321 personas distintas.

El análisis de alguno de los principales factores de exclusión se ha realizado sobre una submuestra de 137 casos, o el 29% del total. La opinión directa de la población estudiada, se analiza sobre 35 encuestas respondidas.

Se ha utilizado una metodología tanto cuantitativa como cualitativa, con las técnicas y los instrumentos que se citan:

- Técnicas e instrumentos cuantitativos:
  - Análisis estadístico. (Base de datos unificada de las 3 entidades).
  - Sondeo de valoración profesional de factores de exclusión. (Cuestionario.)
  - Encuesta de satisfacción y opinión. (Cuestionario a personas beneficiarias, con escala Likert y preguntas abiertas.).
  - Encuesta al personal de ayuda y análisis comparativo. (Cuestionario con escala Likert y preguntas abiertas).
- Técnicas e instrumentos cualitativos:
  - Análisis documental,
  - Observación de las entidades (visitas, guías de observación).
  - Experimentación u observación participante (Instrumento de registro y análisis de procesos)
  - Entrevistas informales y dirigidas (Guías de entrevistas).

3. Incluye la repetición de personas atendidas en diferentes momentos.

5. RESULTADOS

5.1. Factor de género

La proporción de personas beneficiarias de AA en el periodo asciende al 68% mujeres/28% hombres. Esto viene en primer lugar a confirmar la hipótesis de feminización de la pobreza: la mujer presenta un mayor riesgo de encontrarse en situación de extrema carencia, encuentra más dificultades, y éstas se potencian de manera diferencial.

Las composiciones y responsabilidades familiares se analizan en la tabla 1, encontrando una notable diferencia por sexo en las unidades familiares unipersonales, sobresaliendo marcadamente las constituidas por varones. En este caso, la condición de género parece perjudicar a este sector cuando no está respaldado por una unidad de convivencia, presentando mayores situaciones de vulnerabilidad que las que experimentan las mujeres solas. En el resto de composiciones familiares, se ratifica el peso de los roles de género, atribuyendo a la mujer de las tareas de sostenimiento, cohesión y cuidado del grupo familiar, o aquellas socialmente más desacreditadoras como gestionar ayudas.

Composºfam	Receptores H.	%(*)	Receptoras M.	%º
1	71	55%	35	13%
2	20	16%	66	24%
3	17	13%	71	25%
4	9	7%	51	18%
5	10	8%	31	11%
6 o +	2	2%	23	10%
TOTALES	129	100%	280	100%

Tabla 1. Composición familiar, por sexo de la persona que recibe la ayuda.
Fuente: Elaboración propia. Porcentaje sobre el total por sexo (*) Nota:

5.2. Migraciones y regularidad administrativa

La población con origen de terceros países representa más del 70,8% del colectivo. En cuanto a la situación administrativa, destacan las situaciones de irregularidad, que implican medios de subsistencia cuanto menos inestables y expuestos a condiciones de abuso, riesgo, clandestinidad e inseguridad (tabla 2).

	DNI	NIE	PASAPORTE	NS/NC	TOTAL
Hombres	53(41%)	23(18%)	49 (39%)	2 (2%)	127
Mujeres	125(39%)	88(27%)	107 (33%)	-	320
TOTALES	178(40%)	111(25%)	156(35%)	2(0%)	447

Tabla 2. Situación administrativa (tipo de documentación), por sexo. **Fuente:** Elaboración propia.

5.3. Indicadores de exclusión

Se han valorado algunos factores de exclusión que potencian exponencialmente el riesgo o situaciones de carencia económica (tabla 3). No pasemos por alto que se obvian las cuestiones inherentes a los déficits del sistema, como prestaciones o medidas de empleo, u otras más intangibles como la polarización social.

DIMENSIONES	GESTº ECON	TRABAJO			EXCLUSION SOCIAL			SALUD			FAMILIA		CAPACIDADES Y HABILIDADES		
INDICADORES	Sobreendeudamiento / dificultades de organización	Desempleo prolongado	Desempleo ocasional	Imposibilidad de trabajar	Actividades marginales	Trayectoria vital relacionada con la exclusión	Pertenencia a grupo diferencial	Problema circunstancial de salud	Discapacidad o dependencia	Trastorno mental o adicciones	Ruptura familiar	Carencia de familiares de apoyo	Carencia de formación	Carencia de habilidades o capacidades	Dificultad para adquirirlas (no sabe leer, comprensión...)
FRECUENCIAS	36	50	39	38	42	38	27	29	19	16	20	74	52	13	38
% DIMENSIÓN	26%	93%			78%			47%			69%		75%		

Tabla 3. Valoración de indicadores de exclusión social, por dimensiones. **Fuente:** Elaboración propia. Sobre 137 personas valoradas por sus profesionales de referencia.

- Destaca la dimensión *"Trabajo"*, valorada en el 93% de los casos.
- Sigue la *"Exclusión Social"*, alusiva a la pobreza o exclusión intergeneracional, realización de actividades marginales, la pertenencia a grupos diferenciales, y la trayectoria vital. No obstante, adviértase que el aspecto está sobredimensionado por la consideración de "actividades marginales" las irregulares, por horas, etc. realizadas por las personas sin permiso de trabajo.
- El 3º factor valorado es el área de *"Capacidades y habilidades"*, que se ha estimado en un 75% de la submuestra, y que hace alusión a las carencias formativas, y al conjunto de competencias personales exigibles en el mercado laboral normalizado.
- En 4º lugar encontramos la dimensión *"Familia"*, corroborando el análisis de la situación de los varones solos. Esta red primaria de solidaridad supone uno de los factores de cohesión social más sólidos al tiempo que invisibles o ignorados. Las migraciones, junto a los cambios actuales en las estructuras familiares, están poniendo en jaque ese sostén informal.

5.4. Complementariedad entre entidades

Las más de tres décadas de recorrido conjunto de las tres entidades en el territorio, se caracterizan por los esfuerzos de actuar de forma coordinada, procurando la complementariedad y evitar duplicidades. No obstante, la insuficiencia respectiva hace inevitable el uso simultáneo o sucesivo de varias entidades. De los 478 casos estudiados,

27 (el 5,6%) ha acudido a las tres entidades, 122 (el 25,5%) a dos, y 329 (el 68,8%) a una sola de ellas.
La tabla 4 recoge la incidencia de las causas de derivación a Cáritas desde los Servicios públicos. La ayuda municipal se prevé prioritaria a las demás, pero está condicionada a seis meses de empadronamiento, y a unos requisitos económicos que no tienen en cuenta dificultades como deudas, gastos de difícil acreditación, cargas familiares fuera del país, etc. Consiste en vales de compra semanales por importes que han quedado obsoletos, y como máximo y excepcionalmente hasta seis meses al año, por lo que es frecuente recurrir a las ONG´s del territorio.

CAUSAS DE DERIVACIÓN				
No cumple empadronº	AEM agotadas	Propuesta atención conjunta	Peticº propia. No correspond	Total analizds
11	13	46	33	103
10,7%	12,6%	44,7%	32,0%	100%

Tabla 4. Causas de derivación desde Servicios Sociales a Cáritas. **Fuente:** Elaboración propia.

En el caso de Cáritas, las entregas son quincenales, con lotes preestablecidos de productos no elegibles y muy corta fecha de caducidad, al proceder de donativos o de excedentes de comercios locales. En cuanto a Cruz Roja, se realizan de dos a cuatro repartos al año, con productos no perecederos procedentes del Fondo de
Ayuda Europea para las Personas más Desfavorecidas (FEAD), por lo que son meramente complementarios a otros medios de subsistencia.

5.5. Sentimientos por la percepción de la ayuda

La comparación en este ámbito, recogida en la tabla 5, refleja la diferencia de perspectiva respecto a los sentimientos experimentados por la percepción de la ayuda. El voluntariado, en su papel de ayuda desinteresada, proyecta en primer lugar un retorno de agradecimiento. El grupo profesional prioriza el sentimiento de apoyo, desde su perspectiva de proveedores de derecho y de las teorías de la promoción humana a través del vínculo y la relación de ayuda. La población perceptora, por el contrario, plantea en primer lugar un simple sentimiento de "alivio", seguramente la perspectiva más real del respiro efímero a su situación.

P. PERCEPTORAS		VOLUNTARIADO		PROFESIONALES	
Alivio	42%	Agradecimiento	67%	Apoyo	89%
Agradecimiento	35%	Apoyo	56%	Alivio	67%
Alegría	23%	Alivio	44%	Agradecimiento	67%
Tranquilidad	15%	Tranquilidad	44%	Vergüenza	67%
Apoyo	12%	Alegría	44%	Tranquilidad	33%
Amparo	12%	Amparo	22%	Rabia	33%
Vergüenza	12%	Otros	11%	Humillación	22%
Injusticia	4%	Indiferencia	11%	Amparo	11%
Humillación	0%	Vergüenza	11%	Injusticia	11%

Enfado	0%	Humillación	11%	Rechazo social	11%
Indiferencia	0%	Enfado	0%	Alegría	11%
Censura/juicio	0%	Rabia	0%	Enfado	0%
Rabia	0%	Injusticia	0%	Indiferencia	0%
Rechazo Social	0%	Rechazo social	0%	Censura/juicio	0%
Otros	0%	Censura/juicio	0%	Otros	0%

Tabla 5. Comparativa de sentimientos por percepción de la AA.

Fuente: Elaboración propia. Respuestas no excluyentes

Se aprecia cómo las personas destinatarias han sido menos profusas en detallar sus sentimientos, relacionados en general con el agradecimiento. La condición generalmente graciable de la prestación, que no da lugar a cuestionamientos. Existe además la percepción subjetiva de la mera consulta de opinión, les hizo sentir tenidos/as en cuenta, influyendo en las respuestas, lo que nos habla del potencial de la implicación activa de las personas "ayudadas". La escasa expresión de malestar se refleja en el consenso respecto al sentimiento de "vergüenza", que nos remite a los conceptos de estigma y victimización. Los/las profesionales son los más críticos, valorando sentimientos de rabia, humillación, injusticia, o rechazo.

5.6. Satisfacción respecto a la percepción de la ayuda alimentaria

Es preciso interpretar los resultados de la tabla 6, en el contexto de la escasa posibilidad de crítica que implica esta forma de ayuda, así como, el carácter meramente pasivo de las personas receptoras.

PREGUNTA FORMULADA	1	2	3	4	5
La zona del municipio es adecuada	0%	0%	4%	8%	73%
Las instalaciones son adecuadas	0%	4%	4%	15%	62%
Los requisitos son adecuados y justos	0%	0%	8%	15%	65%
Los productos son	4%	0%	15%	15%	65%
La cantidad de productos es suficiente	12%	23%	27%	8%	23%
La frecuencia de entregas es adecuada	0%	12%	15%	15%	46%
El personal se esfuerza en la ayuda	0%	0%	0%	15%	77%
El trato personal es amable y cercano	0%	0%	0%	15%	77%
El personal le considera y entiende.	0%	0%	4%	8%	77%
Discreción y confidencialidad	4%	0%	12%	8%	65%
El personal le respeta.	0%	0%	0%	15%	77%
El personal no hace distinciones.	0%	4%	8%	0%	77%
El personal no le juzga	0%	0%	8%	12%	73%
Relación agradable con las demás personas.	0%	4%	4%	8%	73%
Cree q. su situacº se resolverá pronto	8%	4%	19%	12%	42%

Tabla 6. Satisfacción respecto a la AA recibida **Fuente:** Elaboración propia.

Total, personas encuestadas: 26

Los aspectos menos valorados se refieren a la cantidad y frecuencia de las entregas, así como las expectativas de inmediatez en la resolución de la situación de carencia, cierto descontento en cuanto a las instalaciones la adecuación de los productos. Así como un ligero malestar respecto a la discreción y confidencialidad. (Nótese que las entregas en Cáritas se realizan desde 2020 a pie de calle).

5.7. Percepción y motivaciones respecto a la ayuda alimentaria

En el análisis y la comparativa de los sentimientos experimentados por la prestación de la AA (tabla 7), destaca la diferencia entre el personal técnico y el voluntario: el primero vive sentimiento encontrados: si bien se recogen 16 registros de sentimientos positivos, son íntegramente de tipo prosocial, es decir, referidos a las personas atendidas, y no respecto al propio "yo", dónde destacan sentimientos de conflicto y malestar, reflejando la contradicción de la práctica de la AA, con los valores y principios profesionales, y el malestar respecto al asistencialismo institucionalizado. En cuanto al voluntariado, queda patente su salud emocional, tanto en sentimientos altruistas (empatía, solidaridad, responsabilidad, y compasión), como especialmente en los relacionados con el propio bienestar, el autoconcepto, y la mejora de los vínculos sociales, ninguno de los cuales experimenta el grupo de profesionales.

PERSONAL TÉCNICO			VOLUNTARIADO		
Empatía	5	56%	Empatía	6	67%
Solidaridad	4	44%	Solidaridad	6	67%
Responsabilidad	4	44%	Responsabilidad	5	56%
Compasión	2	22%	Valoración personal	4	44%
Conflicto	3	33%	valía	4	44%
Crítica social	3	33%	Compasión	3	33%
Irritación	3	33%	Alegría	2	22%
Sobrecarga	1	11%	Amistad	2	22%
Alegría	1	11%	Reconocº social	2	22%
Valoracº personal	0	0%	Realización	1	11%
Realización	0	0%	Plenitud	1	11%
Recelo	0	0%	Otros (Satisfacción)	1	11%
Plenitud	0	0%	Sobrecarga	0	0%
Amistad	0	0%	Conflicto	0	0%
Intimidación	0	0%	Crítica social	0	0%
Reconocº social	0	0%	Irritación	0	0%
valía	0	0%	Recelo	0	0%
Otros	0	0%	Intimidación	0	0%

Tabla 7. Sentimientos generados por la prestación de la AA **Fuente:** Elaboración propia.

5.8. Aproximación al valor de los procesos para acceder a la ayuda, versus valor de la ayuda obtenida

El enfoque tácito de las prestaciones no tiene en cuenta las acciones individuales necesarias para su acceso, "el tiempo no productivo relacionado con el cuidado", al que aludimos respecto a los roles de género. El recurso a la AA supone la exposición personal y la inversión de horas, esfuerzos, y distancias (tabla 8). La estimación monetaria del tiempo de las personas usuarias, ronda el 50% del valor de la AA. No puede monetizarse el cuestionamiento personal, la exhibición del propio infortunio, el no poder elegir los propios alimentos, y el sumarse física y emocionalmente al colectivo de "pobres". Ello sin contar, aquellas personas cuyo deterioro no permita tales trámites.

	C. ROJA	CÁRITAS	SS.SS.
Demora 1º atención	3 entregas /año	2 días/semana	15-21 días
Tiempo estimado para iniciar la AA (desplazamiento, citas, espera, entrevista)	6 a 7 horas	2h	1:45h
Periodicidad de la AA	3/ año	Quincenal	Semanal
Trámites y gestiones para el inicio.	6 pasos/ gestiones	-----	10 pasos/gestiones
Pasos, y gestiones para el mantenimiento.	---------	98 (incluye acredºSS.SS)	5h (2:30 h x 2)
Interlocutores estimados	6-7 personas	116	12-15 personas
Distancias estimadas a recorrer	27 km	98 km	30 km
Tiempo estimado para la continuidad-	3 horas	49 horas	14h
Valor monetario del tiempo total a invertir (x SMI: 7,66€/hora)	76,60€	390,66€	120,65€
Valor máximo estimado de la AA /p. persona	145€	780€ º	300€

Tabla 8. Costes y procesos personales para acceder a la AA. **Fuente:** Elaboración propia.

Para hacernos un panorama real de los costes, habríamos de sumar el valor de infraestructuras, suministros, logística, personal, licitaciones, publicaciones, programas informáticos, etc. Téngase en cuenta, que el tiempo profesional para cada ayuda no baja de las seis horas, pudiendo rondar su coste 200€ para la administración. La reflexión de este apartado no puede más que llevarnos a cuestionar la rentabilidad y la eficiencia de la ayuda que se presta.

6. DISCUSIÓN Y CONCLUSIONES

A. La AA en Yecla (3,7% de la población), se sitúa algo por encima de la media nacional (3,16% Fondo Español de Garantía Agraria 2020). El recurso se configura como un recurso de uso normalizado, y socialmente aceptado. Las tasas de pobreza y de exclusión social en la Región de Murcia son una de las más altas de España a pesar del gasto social ejecutado durante varios años y del crecimiento económico de las últimas décadas en Europa y en España, "lo que expresa la realidad de las desigualdades en el contexto histórico actual, esto es, en un momento de cambios socioeconómicos y socioculturales que presionan y cuestionan los modelos de bienestar de los Estados Democráticos" (Vicente, 2008, p.132).

B. Queda patente la multicausalidad de la carencia y/o exclusión social, respecto a las que, por tanto, es imprescindible adoptar un enfoque global y multidimensional, más allá del paliativo. Desde esta perspectiva, "la pobreza se nos presenta como un fenómeno inescapablemente multidimensional del que participan los diversos y variados funcionamientos que la gente necesita y valora, relacionados con la alimentación, la salud, la educación, la participación activa en la vida comunitaria, etc." (Ferullo, 2006, p. 14). La población afectada no parece tener papel ni voz, más allá de proveer a la mera supervivencia. Es preciso completar la atención con medidas que den amparo a las situaciones prolongadas de irregularidad legal, abordar la precariedad y alternativas laborales, la capacitación, la potenciación de las habilidades personales, y atender de forma diferencial las situaciones de transmisión intergeneracional de las formas más palpables de exclusión social. En lo macrosocial, no debemos dejar de cuestionar el desequilibrio mundial, y las causas del incremento de las diferencias de clases.

C. Una de las primeras conclusiones palpables, es la incidencia del factor migratorio. Esto nos confirma la hipótesis de las dificultades inherentes al desarraigo y la movilidad humana, y el estatus de desigualdad que se adquiere en el país de destino. La reseñable proporción de personas que carecen de permiso de trabajo y residencia, en la situación de tener que sobrevivir hasta alcanzar los requisitos para la regularización, (3 años en el mejor de los casos), nos indica la necesidad de medidas que contrarresten el desarraigo fruto de las migraciones, y faciliten la asimilación social de la diversidad. El abandono del entorno habitual, familia, costumbres, reconocimiento como miembro de la sociedad, constituyen importantes factores de desarraigo o desafiliación (Arteaga, 2008).

D. La representación del 70% de mujeres en el recurso a la AA nos indica que el factor de género sigue suponiendo un componente abrumador de las desigualdades humanas. Queda patente, además, que la renuncia de la mujer a sus atribuciones sociales convencionales, amenaza la estabilidad y el soporte humano de la otra mitad de la población. En efecto, cuando se trata de proveer exclusivamente a la propia subsistencia sólo el 13% de mujeres recurre a la ayuda, mientras el 55% de los hombres necesitan hacerlo. Son precisas, por tanto, medidas de protección y complementariedad al sostén familiar, y la equiparación de los hombres en el peso de los cuidados y las tareas no productivas. La emancipación no solo de ellas, también de ellos respecto a su dependencia de la intendencia femenina. A este respecto, se habla de interseccionalidad como prisma desde el que analizar cómo se generan situaciones de desigualdad complejas que se mantienen y reproducen, a partir de la intersección de determinadas características humanas que constituyen estructuras de exclusión social (género, nacionalidad, raza, sexualidad, discapacidad, etc.) (La Barbera, 2017).

F. En relación a la hipótesis de la revictimización implícita en el tipo de ayuda, debemos advertir la habitualidad de poner el foco en las víctimas, en el síntoma último de la pobreza, y cuestionar los procesos de demostración a que se somete a las personas. Actualmente, la concepción marginal de la pobreza se sigue manteniendo asimilando incluso ésta como delito o, como algunos autores denominan, el delito de ser pobres (Bauman, 2000; Sales, 2014) al tiempo que se incorporan otras visiones alejadas de la ética del trabajo. Para Simmel (2014), la pobreza, sin embargo, va más allá del simple hecho material, configurándose como una construcción social, en la medida en que la sociedad reacciona ante la persona que necesita ayuda; "el pobre como categoría sociológica, no es el que sufre determinadas deficiencias y privaciones, sino el que recibe socorros o debiera recibirlos, según las normas sociales" (p. 79).

Las manifestaciones mayoritarias de gratitud o alivio nos hablan de la ausencia de percepción de derechos y de imposibilidad de crítica. Considérese la demostrada insuficiencia de la ayuda, la no elección de los productos a consumir, los procesos, esperas, recorridos y gestiones necesarios para su obtención. En aras a limitar la revictimización, es precisa la formación reflexiva, repensar y optimizar el sistema de ayuda, y la imprescindible implicación activa de las personas destinatarias.

G. Desde una mera visión economicista, la AA no puede calificarse de eficiente, si bien sigue constituyendo el único y último amparo a las situaciones de privación extrema. En la concepción de las necesarias alternativas, debemos atender a los costes, y a los procesos personales e institucionales. Sin embargo, la realidad de la AA persiste, por tanto, su necesidad. En palabras de Ortega (2021)

La pandemia sanitaria vinculada al SARS-CoV-2 ha puesto de relieve como nunca los agujeros del sistema de protección social con las difundidas colas del hambre, que con o sin pandemia, no hemos sido capaces de erradicar. Con ellas se pulverizan todas nuestras pretensiones profesionales y colectivas de derecho a la intimidad, dignidad en la atención, garantía pública de derechos humanos, y superación del asistencialismo. (p.1)

H. La conclusión respecto a la insuficiencia del sistema público de protección social, y su dejación de responsabilidad respecto a las carencias más flagrantes, por su obviedad, no requiere de explicación extensa. Se adolece de una ley marco, de consenso o unificación de prestaciones, y los requisitos de acceso implican graves brechas. García (2018) nos expone que

La pobreza constituye, asimismo, un problema complejo que no puede ser abordado solo desde una única perspectiva, sino que su multidimensionalidad exige un abordaje igualmente pluridimensional. De este modo, las medidas y las políticas sociales dirigidas a disminuir la pobreza, deben igualmente ser de carácter integral, centrando su atención no solo en el mejoramiento material de las personas sino también en el desarrollo real de sus capacidades, así como en el fortalecimiento de sus derechos. (p. 35)

I. La gestión de la AA, es una fuente de burnout profesional. La investigación denota un fuerte malestar respecto al asistencialismo institucionalizado. Una disonancia cognitiva entre los sentimientos de conflicto y los de empatía que mina la salud emocional. Las alternativas radican en la reformulación de la AA, y especialmente su complementación real, con medidas estructuradas, suficientes, y estables de promoción humana. En palabras de Bayot *et al* (2016)

la crisis está desestructurando las formas de vida de una forma muy grave para su salud física o mental...la situación de pobreza y la pérdida de recurso y derechos no suele ir acompañada de una tendencia a la movilización, más bien de un sentimiento de vergüenza y fracaso y de un hundimiento personal. (p.128)

J. El potencial del voluntariado local, y los beneficios personales del ejercicio de solidaridad, han quedado patentes. La ayuda mutua es una conducta humana tan antigua como la propia especie. Hemos visto la insuficiencia de la cobertura de las necesidades sociales por parte de las administraciones públicas, y la delegación o complementariedad del Tercer Sector de Acción Social (en adelante, TSAS) en esa responsabilidad, ante con el crecimiento de las situaciones de desigualdad. El presidente de la Plataforma del TSAS, refería al respecto en su carta introductoria a la memoria anual 2020 "...cuando los servicios sociales estuvieron desbordados, las entidades del TSAS fuimos clave, demostrando una vez más que con nuestras estructuras y redes contribuimos al sostenimiento de las necesidades de los colectivos más vulnerables." (Poyato,2020)

Sin embargo, se corre el riesgo de caer en la parálisis de la tarea acaparadora y exigente de la dispensación de la ayuda inmediata. Se debe afrontar el reto y la oportunidad de la reflexión conjunta y formación. Trascender, aportando alternativas creativas no estigmatizantes, y ampliando las miras a las causas que ocasionan la pobreza, sin caer en el desánimo de la inabarcabilidad.

7. REFERENCIAS

Arteaga, N, (2008). Vulnerabilidad y desafiliación social en la obra de Robert Castel.Ciudad de *Sociológica (Méx.), 68* (23), 151-175. https://n9.cl/4vphx

Bauman, Z. (2000). *Trabajo, consumismo y nuevos pobres.* Gedisa.

Bayo, F., Berbis, J., Etxezarreta, M., Ferrer, F., Idoate, E., Iglesias Etxezarreta, J., Iglesias Fernández, J., Junyent, J., Mañé, A., Pericàs, J.M. y Soldevila, V. (2016). *La desposesión de la vida cotidiana.Informes de Economía nº 11.* Seminarid`economía crítica TAIFA.

Cascante, K. (2021). *Obesidad y desnutrición: Consecuencias de la globalización alimentaria.* Los Libros de la Catarata.

Cortina, A. (2017). *Aporofobia, el rechazo al pobre. Un desafío para la democracia.* Paidos Ibérica.

Ferullo, H. (2006). El concepto de pobreza en Amartaya Sen. *Cultura Económica,* 66, 10-16.

García, R. M. (2018). *Política Social del hambre: estudio sobre la eficacia del Programa Operativo de Reparto de Alimentos de la Región de Murcia.* Diego Marín.

Gifrá, J. y Beltrán, S. (2013). El derecho humano a la alimentación y al agua. *Cuadernos de estrategia,* 161, 25-65. https://n9.cl/mxox7

La Barbera, M. C. (2017). Interseccionalidad = Intersectionality. EUNOMÍA. *Revista En Cultura De La Legalidad,* 12, 191-198. https://n9.cl/gl0hs

Ortega, R. (2021). *Servicios Sociales de Atención Primaria y Atención a la Urgencia Social. Diferencias territoriales y eficacia de las respuestas.* Jornadas de Trabajo Social y Servicios Sociales de Atención Primaria de la Región de Murcia.

Poyato, L. (2020). *Carta del presidente.* Plataforma de tercer sector. Memoria anual 2020. http://www.plataformatercersector.es

Riches, G., Silvasti, T. (Eds.) (2014). *First world hunger revisited. Food Charity or the right to food?.* Palgrave Macmillan.

Sales, A. (2014). *El delito de ser pobres. Una gestión neoliberal de la marginalidad.* Icaria Editorial.

Simmel, G. (2014). *El pobre.* Sequitur

Sotomayor, E. (2020) Pobreza, estigma, y rechazo sociopolítico. *Revista Temas para el Debate 301-302,* 12-14. https://fundacionsistema.com/pobreza-estigma-y-rechazo-sociopolitico/

Vicente, T. (2006). *La exigibilidad de los derechos sociales.* Tirant lo Blanch.

Vicente, T. (2008). Derechos sociales e integración. En M. Hernández. (Coord.), *Exclusión social y desigualdad* (pp.131-145). Universidad de Murcia.

GESTIÓN POR COMPETENCIAS. CASO DE ESTUDIO DE UNA ENTIDAD PÚBLICA DE ADMINISTRACIÓN DE JUSTICIA PERUANA

Gerardo Ortiz Castro[1], *Yolanda Pelayo Díaz*[2], *Rosario Socorro Tandazo Delgado*[3], *Henry Alejandro Silva Marchan*[1]

El presente texto nace en el marco de un Trabajo de Fin de Máster en Dirección y Gestión de Personas 2022-2023 de la Universidad Internacional de Andalucía (España).

1. INTRODUCCIÓN

La aplicación del Consenso de Washington en Perú, llevó en 1995 a la disolución del Instituto Nacional de Administración Pública, eliminando el ente rector del sistema de personal y la administración pública peruana cayó en el desorden, con deficiente planeación y ausencia de políticas, deficiente reclutamiento de personal, diversos regímenes laborales, diferentes niveles, cargos, puesto y diferentes remuneraciones para un mismo trabajo; en suma un deficiente desarrollo de personas y una inadecuada atención al ciudadano (Segovia, 2017).

El nuevo milenio exigió cambios, se dictaron políticas de modernización del estado y una nueva concepción de cultura organizacional, con un nuevo enfoque de desarrollo de personas. En Perú, en 2008 se crea la Autoridad Nacional del Servicio Civil (SERVIR) ente rector del Sistema Nacional de Personal, en 2013 se aprueba la Política Nacional de Modernización del Estado y la Ley del Servicio Civil que definen un régimen laboral único, el desarrollo de las organizaciones y el desempeño de los servidores públicos; se dictaron normas y procedimientos para el tránsito de las organizaciones y servidores al régimen de SERVIR (García y Ascencios, 2022; Segovia, 2017).

El Servicio civil es una reforma total con desarrollo integrado del personal y mejoras de procesos internos, es gradual pero irreversible. Se enfoca en puestos y no en personas, en capacitación y desarrollo de personas, en mejora del desempeño del servidor civil y del servicio al ciudadano. Hay resistencia a la reforma por temor al despido laboral por las evaluaciones de desempeño, pero plantea mejoras: mayores ingresos, compensación económica y aseguramiento de carrera y progresión laboral (García y Ascencios, 2022).

---

1. Universidad Nacional de Tumbes (Perú)
2. Universidad de Huelva (España)
3. Universidad Internacional de Andalucía (España)

La entidad investigada es el Ministerio Público, órgano con autonomía del Estado, sus funciones son: defender la legalidad, los derechos de la ciudadanía e intereses públicos. Lo preside el Fiscal de la Nación electo por la Junta de Fiscales Supremos, quienes dirigen las Fiscalías Supremas (órganos de línea), el órgano de apoyo es la Gerencia General (sede Lima), de forma desconcentrada tiene 34 distritos fiscales (DF), dirigidos por presidente de Junta de Fiscales Superiores, cuyas fiscalías son órganos de línea, su órgano de apoyo es la Administración. La entidad tiene instrumentos normativos conforme a los sistemas administrativos del estado, pero deficiente el desarrollo de personas y pendiente la adecuación al régimen único del servicio civil; al 2022 sus instrumentos normativos de personal no están articulados y las leyes recientes que disponen cambio de régimen laboral, dificultan más el tránsito al régimen del servicio civil (Tandazo, 2022).

Contrasta en Perú, una admirable economía emergente con una gran insatisfacción ciudadana en aspectos sociales y de gestión pública, y en la gestión de personas hay problemas de ordenamiento del potencial humano para el desempeño óptimo de un puesto, no se han implementado modelos de gestión de competencias. Mantener la unidad entre Estado y Ciudadanía exige mecanismos que cumplan demandas de servicio al ciudadano y de entidades que así lo garanticen, la dirección de personas contribuye a estrechar esta relación (García y Ascencios, 2021).

Un sistema de gestión basado en competencias para el sector público es necesario para el tránsito irreversible hacia el servicio civil, su implementación pasa por la adopción de procesos de gestión de los recursos humanos que la investigación aporta mediante la propuesta de un modelo de competencias, vía la formulación del Perfil Competencial a partir de un diseño de Diccionario de Competencias (Guijarro, 2015; Tandazo, 2022).

2. OBJETIVOS

El objetivo fundamental de esta investigación es formular un modelo de gestión por competencias basado en el Perfil de competencias para el personal del área de recursos humanos del DF de Tumbes (Perú) para lo cual se plantea: 1. Diagnosticar la gestión de personal; 2. Identificar las competencias que satisfagan las exigencias de la organización y diseñar un diccionario de competencias; 3. Formular un análisis documentado y descriptivo de los puestos seleccionados y 4. Elaborar el perfil de competencias de cada puesto analizado.

3. MARCO TEÓRICO

La gestión por competencias es un enfoque estratégico utilizado en las organizaciones para identificar, desarrollar y gestionar las habilidades y conocimientos necesarios de sus empleados para lograr los objetivos organizacionales y constituye una instrumento esencial para la gestión de personas ajustada a las características claves que posee una plantilla buscando que cada puesto de trabajo se ejecute con más eficacia (Moreno et al, 2004), además, los enfoques basados en competencias han demostrado su impacto en el rendimiento y la eficacia organizacional el mercado actual (Harper, 2021).

Algunos autores definen las competencias como los comportamientos observables y las capacidades subyacentes que están relacionados de modo causal con una actividad promisoria en el puesto de trabajo (Boyatzis, 1991); características de la persona latentes que sostienen una relación causal con criterios de rendimiento eficaz o superior en una labor o actividad (Spencer y Spencer, 1993, citado por Guijarro et al., 2015); Características de la persona que originan un elevado resultado en un puesto, entidad y cultura (Fernández, 1995, citado por Moreno et al., 2004); características o dimensiones de toda índole, de las personas relacionadas directamente con la eficacia en el rendimiento de su puesto de trabajo (Sánchez y Valldeperes, 1998, citado por López, 2017); características de la persona que comprenden aspectos cognoscitivos (saber), habilidades (saber hacer) y aspectos conductuales (querer hacer) hacen que el personal alcance el éxito en una entidad con su estrategia y cultura institucional (Cantera, 1999, citado por Moreno et al., 2004); características de la persona que se asocia de modo directo con un accionar exitoso y el desempeño laboral, que se compone de aspectos cognoscitivos, habilidades, motivaciones, y comportamientos (Arraiz, 2000, citado por Moreno et al., 2004). Todas definen comportamientos de "éxito", de las personas en alguna especialidad orientadas a la ejecución de actividades, acciones o para el ejercicio de un puesto, que conlleve diferenciarlo respecto a otros por su excelencia; la identificación de competencias blandas se muestran en las conductas o comportamientos de la persona, entendiendo que el origen de tales conductas es la esencia de su personalidad, por ende, las competencias constituyen un elemento relevante en el perfil laboral de todo empleado (Liquidano, 2009).

Los procesos seguidos para implementar la gestión por competencias requieren la definición y descripción de competencias, definición de los grados de competencias, análisis y descripción de los puestos de trabajo con sus grados y competencias definidos y evaluar las competencias en el personal asociado al desempeño e implementación del sistema (Lora et al, 2020; Alles, 2009, citado por Alles, 2015).

Por tanto, la gestión por competencias es clave en la gestión del talento humano y el desarrollo de personas en el sector público, urge la formulación de propuestas que ayuden a una eficiente gestión de competencias de los empleados (Lora et al., 2020). Y, es importante el desarrollo de los mencionados procesos que permitan observar la conducta necesaria para alcanzar el futuro éxito de la organización (Vlok, 2012).

4. METODOLOGÍA

4.1. Diseño

El estudio es cualitativo, se aplica el análisis documental y cuestionarios personales para tener una evaluación diagnóstica de las competencias en la entidad; además, la técnica de entrevista individual y grupal y la técnica de consenso basada en grupo nominal o de expertos para diseñar un modelo de gestión por competencias (Sandoval et al, 2012; Moreno-Fuentes,2020). La metodología sigue el esquema de la figura 1.

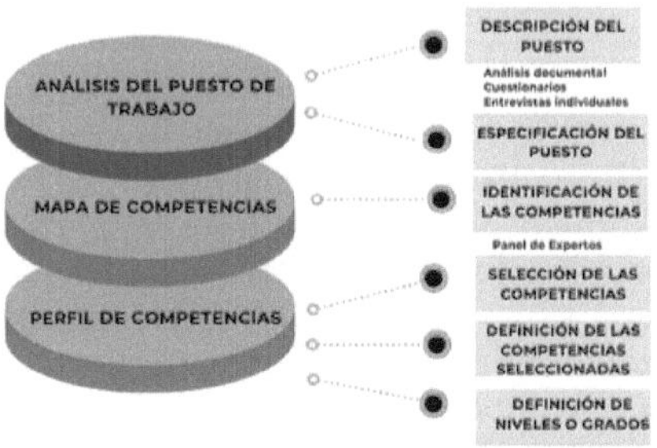

Figura 1. Metodología empleada

4.2. Participantes

Los sujetos de la investigación trabajan en el área de Recursos Humanos de la entidad, a los que se le remitió un cuestionario virtual que respondieron 129 personas, que representan el 50.8 por ciento del total de puestos del área de personal de la entidad, y fueron reclutados según el distinto régimen laboral.

Para elaborar la propuesta de perfil competencial se eligió por conveniencia al área de Personal del DF de Tumbes, DF reconocido por su eficiente gestión por resultados. El área de personal tiene 6 puestos que corresponde a 6 unidades de análisis, y que en equipo ejecutan las funciones del área a cabalidad y cumplen las exigencias de eficiencia en el gasto y liderazgo organizacional.

4.3. Instrumentos

Se utilizó una ficha de observación para el análisis de documentos normativos, desde aspectos de planificación, de gestión institucional y de la gestión de personal, incluyendo una lista de cotejo con notas y comentarios respectivos.

Se utilizó un cuestionario con 26 ítems, 20 con escala Likert sobre contenidos de la gestión interna, las funciones del puesto y cuestiones profesionales y conductuales, y 6 ítems abiertos sobre aspectos de conciliación, igualdad y desarrollo profesional.

Se utilizaron dos cuestionarios de entrevista, el primero fue individual, para personas del área de personal, con preguntas abiertas sobre características, competencias y actividades desarrolladas en cada puesto. El segundo fue grupal, para expertos, con preguntas de identificación, revisión y valoración de competencias de cada puesto desde la óptica de evaluadores o expertos en gestión por competencias (Sandoval et al., 2012; López, 2017; Cuesta-Santos y Valencia-Rodríguez, 2018; Piza et al, 2019).

Luego se elaboró un diagnóstico de la gestión de personal y de la gestión por competencias de la entidad, el inventario de competencias y la valoración de las competencias por puesto desde la perspectiva de los jefes inmediatos, llegando a formular un modelo de competencias (Lora et al., 2020).

El modelo requirió: 1) Describir las competencias profesionales del Diccionario de Competencias de la Ley SERVIR y las competencias propuestas por la entidad; 2) identificar las competencias profesionales genéricas y específicas para los puestos del área analizada según sean: a) propias del puesto, b) transversales o comunes a todos los puestos y c) las prescindibles del puesto; 3) confeccionar un listado de competencias priorizadas, según similitudes y diferencias; y 4) consensuar las competencias genéricas y específicas requeridas para cada puesto. Las similitudes de criterio y las diversas posiciones no coincidentes en el debate y análisis grupal de las propuestas se sustentaron y debatieron de inmediato hasta concluir la actividad (Tandazo, 2022). En el análisis y descripción de puestos se identificó el perfil del puesto, las funciones no consistentes y el rediseño de funciones superpuestas que originaron una propuesta nueva, para modelar un Perfil de Competencias de los puestos-tipo de forma precisa (Moreno-Fuentes, 2020).

5. RESULTADOS

El Ministerio Público dispone de instrumentos normativos orientados hacia la gestión de resultados, pero en la práctica los logros no son suficientes. Respecto a gestión de personal, la entidad registra 26.460 personas con 3 regímenes laborales con procesos de gestión diferentes, que ocasionan un desorden, pues cada régimen tiene sus propios procedimientos y distintas acciones para cautelar la meritocracia, el desarrollo profesional y la carrera, y diferencias en condiciones laborales, competencias y en evaluación del desempeño; además se suman las injusticias de los regímenes laborales en caso de servidores que han recurrido a la vía judicial con sentencias firmes, obteniendo beneficios particulares; se espera que este desorden termine con la transición al régimen único de la Ley SERVIR, pero la resistencia al cambio es enorme.

La Gestión del Personal de la entidad es dirigida por la Oficina General de Potencial Humano (en su sede de Lima) y por las áreas de personal de cada DF, disponiendo de 3 unidades funcionales, una de ellas es la Administración de Potencial Humano, encargada de ejecutar el tránsito hacia el régimen único del servicio civil, que centralizada en Lima presenta dificultades para identificar debilidades de la gestión, el desarrollo de capacidades y competencias a fortalecer y la evaluación del desempeño. Dado que el modelo de gestión por competencias se basó en los puestos del área de personal del DF de Tumbes debe mencionarse que en este DF trabajan 298 personas.

El área de personal del DF de Tumbes, con 6 personas se dedica al cumplimiento de las acciones de personal y mantiene una fuerte comunicación e interacción con la Gerencia de Potencial Humano (sede Lima), el DF de Tumbes a nivel local dispone de un Plan de Desarrollo de capacidades que está alineado al Plan a nivel nacional (éste último está mal implementado), la ejecución de las actividades se coordinan de modo eficiente con su par de Lima, producto de ello, en los últimos años se ha mejorado el desempeño laboral en Tumbes frente a otros DF, y se sitúa como un modelo de gestión por resultados; de este modo el DF de Tumbes se constituye en un piloto o modelo de gestión por competencias para facilitar el proceso de tránsito a la Ley del Servicio Civil.

Diccionario de competencias

El diseño del diccionario de competencias se ha formulado a los puestos del área de personal del DF de Tumbes que cuenta con 6 personas, que exigió varias redefiniciones quedando definida la lista de diez competencias generales (CG) y diez competencias específicas (CE) para el área de recursos humanos (tabla 1).

COMPETENCIAS GENERALES		COMPETENCIAS ESPECIFICAS	
CG 01	Identificación Institucional	CE 01	Liderazgo
CG 02	Ética profesional	CE 02	Trabajo en equipo
CG 03	Calidad de Trabajo	CE 03	Comunicación Oral y Escrita
CG 04	Compromiso	CE 04	Pensamiento Analítico
CG 05	Justicia	CE 05	Comprensión Interpersonal y empatía.
CG 06	Autocontrol	CE 06	Disposición a aprender
CG 07	Flexibilidad	CE 07	Iniciativa - Proactividad
CG 08	Integridad	CE 08	Responsabilidad
CG 09	Desempeño Transversal	CE 09	Autonomía - Autoconfianza
CG 10	Orientación a Resultados	CE 10	Tolerancia a la presión

Tabla 1. Lista de competencias generales y específicas - Área de Personal DF Tumbes. Ministerio Público. Fuente. Tandazo (2022)

El Diccionario de Competencias está estructurado como sigue: Título y descripción de la competencia, una lista de comportamientos positivos y negativos que permiten identificar el nivel de cumplimiento de la competencia. Se definieron 4 niveles de cumplimiento, exigencia o intensidad requerido para la competencia descrita (tabla 2).

Tabla 3

Niveles de cumplimiento de las competencias generales o especificas.

Cód.	Niveles
A	Alto grado de cumplimiento, intensidad y excelencia de la competencia
B	Cumplimiento óptimo y necesario para el correcto "Hacer" de la competencia
C	Cumplimiento mínimo de lo exigido para contener la competencia
D	Nulo grado de cumplimiento, imposibilidad de cumplir la competencia

Se distinguen niveles, para cada competencia especifica, se establecen niveles de cumplimiento, cada nivel muestra el grado de exigencia o intensidad requerido para cada una de ellas (tabla 3).

Tabla 2. Niveles de cumplimiento de las competencias generales o específicas. Fuente. Tandazo (2022)

A modo de ejemplo se presenta la competencia específica 01 (CE-01) del diccionario de competencias (tabla 3).

CE 01. LIDERAZGO		
Es la habilidad para influir y orientar las acciones en una dirección definida, comunicando la práctica de valores éticos y morales y compromiso en la ejecución de dichas acciones. Demuestra intencionalidad para erigirse como líder, constituyendo en un modelo a seguir y ser el referente en la organización, de los valores que se comparten en el equipo.		
A	Define y da una alta cuota de colaboración, motivación y orientación para alcanzar los objetivos, misión y/o políticas definidas.	
B	Orienta a los trabajadores de la entidad para el logro de los objetivos institucionales, evalúa el cumplimiento de los objetivos, pero limita la aplicación de mejoras de la calidad.	
C	Colabora, motiva y orienta las acciones de los trabajadores a partir de directrices del jefe inmediato superior.	
D	Da cumplimiento a las metas y propósitos que la entidad o el jefe inmediato le dispone. Solo cumple compromisos encomendados.	
Comportamientos Asociados	Comportamientos Positivos	Comportamientos Negativos
	Es un modelo de seguir, genera confianza y credibilidad en el equipo.	Es egocéntrico, ello genera desconfianza y falta de credibilidad.
	Cuida al equipo. Consigue los recursos necesarios para el desarrollo efectivo de labores.	Permanece distraído, desconoce las necesidades del equipo.
	Se interesa por mantener al equipo motivado y lograr altos niveles de producción.	La motivación que ofrece al equipo es esporádica, no tiene un objetivo claro de lo que desea conseguir.
	Conduce adecuadamente las reuniones, cuida cada detalle; así mismo informa a su equipo los motivos de sus decisiones.	Es desordenado, no cuida los detalles; no tiene una agenda; no controla el tiempo de exposición de los miembros del equipo.

Tabla 3. Descripción de la Competencia específica 01. Fuente. Tandazo (2022)

Análisis y descripción de puestos tipo

Aquí se definen las características del puesto analizado, desde la concepción, el contenido, misión, funciones y el alcance configurando las actividades y tareas del puesto. Se describe y especifica el puesto de Analista de Recursos Humanos (que es uno de los 6 puestos del área de personal del DF de Tumbes del Ministerio Público) para formular el perfil de competencias.

La descripción del Puesto-tipo es un documento donde se consolida la información de las actividades y tareas, requisitos, responsabilidad y condiciones ambientales del puesto analizado. Se describe a continuación el análisis y descripción del puesto de trabajo (ADPT) del Analista de Recursos Humanos (tabla 4).

FECHA	**15 de agosto del 2022**
PUESTO ANALIZADO	
Denominación del Puesto	Analista - RRHH
Perfil	Servidor Público/Especialista - Profesional 6 -SP/ES -22.03.
Régimen Laboral	R.G. N° 728
Tipo de Organiz.	Administrac. Púb.
Área	Delegación Administrativa
Recibe órdenes de	Administrador
Da órdenes a	Puestos de trabajo bajo su dirección
ACTIVIDADES Y TAREAS DEL PUESTO	
Misión o Finalidad del Puesto	Lograr una eficiente gestión de personal acorde a la normativa laboral.
Funciones	Ejecutar planes institucionales en relación a la materia de su competencia Participar en la formulación de objetivos, lineamientos, acciones, planes y metas de la institución Elaborar informes técnicos/legales y demás documentación de acuerdo a la naturaleza de sus funciones y dentro del área de su competencia. Identificar y formular indicadores de gestión para el monitoreo, análisis y mejora de las acciones que se desarrollan al interior de la institución. Elaborar estudios y análisis sobre temas enmarcados en el ámbito de su competencia Coordinar requerimientos de información a nivel interno, de acuerdo a los lineamientos establecidos Realizar seguimiento del desarrollo de las funciones asignadas Recopilar, procesar y sistematizar información del órgano y/o unidad orgánica a solicitud de la/el jefe/a, superior que apoyen cumplir con los propósitos trazados en el órgano y/o unidad orgánica. Generar estadisticas e informes de oficio o a solicitud de la/el Jefa/e Superior Informar de forma eficaz y oportuna a la/el Jefa/e Superior sobre el desarrollo de sus funciones Ejecutar el proceso de reclutamiento y selección de personal, garantizando el cumplimiento de las normas internas. Actualizar el cuadro de ubicación física de personal (CUF) en relación a las rotaciones, captaciones, permutas y destaques. Coordinar con las áreas funcionales, formular el requerimiento de personal para la ejecución y cumplimiento de necesidades y programas. Formular el cuadro de necesidades de personal en base a los requerimientos de las unidades orgánicas. Participar de forma activa en las convocatorias para el concurso de plazas. Mantener actualizada la hoja de vida del personal profesional, técnico y administrativo del distrito fiscal. Elaborar informes, efectuar análisis sustentatorios referentes al área de personal. Informar respecto a las incidencias del personal fiscal y administrativo. Mantener organizado el archivo de las declaraciones juradas de acuerdo al Reglamento e informar mensualmente a la Oficina General de Potencial Humano. Proponer el rol de vacaciones del personal del Distrito Fiscal y llevar un control de su ejecución. Las demas funciones que le asigne la/el Jefa/e Superior dentro del ámbito de su competencia.
REQUISITOS DEL PUESTO	
Formación	Titulo profesional de Administración, Contabilidad, Economia o Derecho Contar con Colegiatura y Habilitación profesional vigente. Contar con curso de especialización en el área. Conocimientos en Ofimática (nivel básico)
Experiencia	Experiencia Profesional General laboral minima de dos (02) años, en el sector público y/o privado. Experiencia Profesional Especifica minima de un (01) año en funciones relacionadas al puesto.
RESPONSABILIDADES DEL PUESTO	
Sobre Materiales	Responsabilidad sobre el cuidado de los bienes asignados.
Sobre Recursos Humanos	Responsabilidad en la gestión de personas del equipo a su cargo, y de la organización en general.
Impacto de los errores	Repercutir en forma negativa en la gestión de personas, al omitir trato amable y asertivo.
CONDICIONES AMBIENTALES DEL PUESTO	
Esfuerzo fisico y mental	Planificar las tareas que vayan a realizarse, para disminuir la adopción de posturas forzadas, movimientos repetitivos y esfuerzo mental.
Ambiente de trabajo	Ambientes ordenados, buena ventilación, desinfección y limpieza constante, pausas activas.
Riesgo	Biológico (Exposición al Sars Cov2, Viruela y bacterias) Fisico (Exposición al calor, ruido, vibraciones, caídas y golpes) Ergonómico (Dolores musculares por posturas inadecuadas y sedentarismo por tareas repetitivas) Psicosociales (Stress laboral y trabajo bajo presión)

Tabla 4. Análisis y Descripción del Puesto de Trabajo (ADPT) Analista – RRHH del Área de Personal - DF Tumbes del Ministerio Público. Fuente. Tandazo (2022)

Perfil competencial

El Perfil Competencial describe las competencias requeridas que define la entidad para cada puesto tipo. En el modelo propuesto se formula el Perfil Básico tomando como insumos el Diccionario de Competencias y el Análisis y Descripción de Puestos Tipo, logrando consolidar una propuesta de perfil de competencias para los puestos tipo evaluados. Se describe el perfil de competencias del puesto de Analista de Personal (tabla 5).

Puesto: Analista - RRHH			
Breve Descripción del Puesto			
Lograr una eficiente gestión de personal acorde a la normativa laboral.			
Competencias Generales			
Identificación Institucional	A	Autocontrol	A
Ética profesional	A	Flexibilidad	A
Calidad de Trabajo	A	Integridad	A
Compromiso	A	Desempeño Transversal	B
Justicia	A	Orientación a Resultados	A
Competencias Específicas			
Liderazgo	A	Disposición a aprender	A
Trabajo en equipo	A	Iniciativa - Proactividad	A
Comunicación Oral y Escrita	A	Responsabilidad	A
Pensamiento Analítico	A	Autonomía - Autoconfianza	B
Comprensión Interpersonal y empatía.	A	Tolerancia a la presión	A

Tabla 5. Perfil Competencial del Analista - RRHH del Área de Personal - DF Tumbes del Ministerio Público. Fuente. Tandazo (2022)

6. DISCUSIÓN

La gestión de personal al tener distintos regímenes laborales profundiza la relación de desigualdad económica, visibiliza una suerte de discriminación en el desarrollo de personas, diferenciando sus habilidad y oportunidades para dar un mismo servicio al ciudadano. La gestión pública acumula conocimientos y experiencias en su interacción con los ciudadanos, darle valor agregado a esa información facilita asumir el reto de la innovación de la gestión pública, pero se enfrenta a un escenario de resistencia al cambio, como respuesta a ello se presentan procesos de innovación y de gestión del conocimiento (Cuya, 2022; Vlok, 2012). Desde la óptica de la entidad, mantener el status quo en la gestión de personal y no transitar al servicio civil de SERVIR, perjudica el funcionamiento de la organización, sobre todo si la propia entidad contribuye a que se mantengan distintos regímenes laborales y si no hace nada por cambiarla (Bapuji et al., 2020).

La gestión por competencias es esencial para la definición de puestos, para optimizar el proceso de reclutamiento y la evaluación del rendimiento laboral de la persona en el puesto, que se alinea con los lineamientos de política nacional (Tandazo, 2022). Se sustenta en la Teoría de los Recursos y Capacidades, y su implementación ayuda a mejorar las ventajas competitivas de las unidades desconcentradas como el DF Tumbes y de la entidad misma en su conjunto, pese a que el modelo propuesto es un piloto, puede extenderse a todas las áreas de soporte administrativo del propio DF Tumbes como de otros DF de la entidad, dado que estos procesos son similares y dotarán de un mayor valor agregado que potenciará los recursos y capacidades del personal para incrementar su productividad y desempeño laboral.

La gestión por competencias identifica los requerimientos de cada puesto, las habilidades y su grado de cumplimiento (Monjarás, 2020). El modelo de gestión de competencias permite a la entidad alcanzar ventajas competitivas, atender la prestación de servicios al ciudadano y eleva el rendimiento de las personas en los puestos de trabajo mediante perfiles de puesto por competencias en entidades competitivas (Moruno, 2015; Díaz, 2017; Jiménez, 2018).

Si bien los resultados de una investigación cualitativa no son fácilmente generalizables, se estima que la implementación de este modelo y seguimiento puede constituir un referente a replicar en otras entidades del estado. Cabe indicar que la metodología propuesta es inductiva y no está acabada, puede ser enriquecida o confirmada con otras metodologías deductivas (Alles, 2015). La metodología usada permite posicionar al recurso humano como capital y activo estratégico para incrementar las ventajas competitivas de la organización para la prestación de un servicio de calidad al ciudadano. La identificación de las competencias en los perfiles de cargos ayuda en el proceso de reclutamiento e inducción o para desarrollar las capacidades y va a influir en la mejora del desempeño laboral (Cuesta-Santos y Valencia-Rodríguez, 2018; Lora et al., 2020).

El servicio civil debe ser concebido como la interacción del quehacer cotidiano y su vinculación con la vida ciudadana y la administración pública, de ahí que el desarrollo profesional es una herramienta en las entidades del estado para el desarrollo de las personas desde la perspectiva ontológica, con implicación no solo del empleado público sino también de la ciudadanía (Viloria, 2022).

La presente investigación es una aportación para relevar la gestión por competencias a tono con el tránsito a la implementación de un régimen único de servicio público y con ello una apuesta creciente para transformar el potencial humano, y constituye un aporte al desarrollo de personas con un modelo de gestión de competencias que puede ser replicable al sector público o privado latinoamericano (Sandoval et al., 2012), y es una respuesta al cambio de paradigma puesto que se sataniza que el estado no es un buen administrador público, cuando mucho depende de las personas a las que se deben desarrollar para alcanzar una satisfacción plena como personas y servidores de la nación (García y Ascencios, 2021).

El modelo propuesto de gestión por competencias ayuda a la organización para que conozca sus capacidades técnicas y reconozca la urgencia de integrar la gestión por competencias, para ayudar a la organización y al desarrollo de la persona con prácticas de trabajo de alto rendimiento (Kaufman, 2015); pero también se requiere abordar la Cultura Organizacional pues esta influye de modo directo en la Gestión por Competencia (Brewster et al., 2000; Segovia, 2017).

Se estima que, implantado el modelo, se facilita la definición de perfiles de puestos concordantes con los requerimientos de la entidad, elevando el desempeño del personal, promoviendo una mayor productividad, así como la inclusión de mejoras y la creación de una cultura del personal direccionada al compromiso de su propio desarrollo (Sandoval et al., 2012). El reto de las personas es mejorar su productividad, constituyéndose en un recurso esencial para dar valor a otras capacidades, de ahí que las competencias se convierten en esenciales para la gestión y desarrollo de la persona (Montoya y Boyero, 2016; Kaufman, 2015). En consecuencia, la única y certera ventaja competitiva es la propia persona. El reto del personal es mejorar su rendimiento; en ese escenario aparecen las competencias como elementos-clave base para la gestión del potencial humano (Lora et al., 2020).

Desarrollar habilidades blandas y la vocación de servicio aunado a las herramientas que provee el estado dentro de sus entidades para su personal civil como la gestión por competencias, constituyen elementos vitales para lograr su desarrollo humano y la plenitud personal, para asegurar la mejora continua en su ejercicio y su desempeño, con lo cual reportará un servicio que satisfaga las expectativas del ciudadano que acude a una entidad estatal para la atención de servicios públicos (Viloria, 2022; OCDE, 2021). Desde la óptica de la entidad, mantener el estado actual y desordenado de gestión de personal, perjudica el funcionamiento de la organización, sobre todo si la entidad contribuye a que se mantengan distintos regímenes laborales y no hace nada, (Bapuji et al., 2020).

La dirección del recurso humano constituye el enfoque esencial de la gestión de personas en las entidades, sean públicas o privadas, y puede tornarse en un sistema complejo de individuos con autonomía, pero interactúan por influencia de estrategias, políticas y prácticas de gestión de recursos humanos que se retroalimentan. Los modelos actuales de toma de decisiones de gestión de recursos humanos están basados en métodos analíticos, enfoques estadísticos basados en encuestas y simulación de dinámica de sistemas sobre poblaciones homogéneas, que en organizaciones competitivas en países desarrollados, ya lo consideran estos enfoques inclusive como limitados porque estudian la dinámicas de poblaciones heterogéneas (Somarathna, 2020). Pese a ello, alinear la gestión de personas con un modelo de gestión por competencias disminuye la brecha de interacción de las personas en las entidades de países emergentes como el peruano o latinoamericano.

7. CONCLUSIONES

La gestión de personal en la entidad tiene muchas debilidades por la existencia de varios regímenes laborales, la resistencia al cambio y el desconocimiento y aplicación de modelos de desarrollo de personas.

El modelo de gestión por competencias diseñado para el área de personal del DF Tumbes es una experiencia donde un equipo de 6 personas ejecuta las acciones de personal, constituyen una apuesta y fortaleza en la Unidad de Administración, y por ende, son vitales en el cumplimiento de los fines institucionales con servicios al ciudadano, y releva el papel de la persona para su realización personal y como servidor público. La gestión por competencias permite obtener un perfil competencial del personal y es una oportunidad para implantar de forma piloto un modelo de gestión que eleve el rendimiento laboral en base a la cultura institucional y pensamiento estratégico de la entidad. El modelo es una propuesta que puede recibir sucesivas reformulaciones de los perfiles de puestos diseñados y se esperaría que sea aplicable a otras unidades administrativas y a otros distritos fiscales.

El modelo puede ser replicado en empresas privadas, dado que busca la mejora continua siguiendo la estrategia de la organización, en tal sentido, se deben hacer cambios como definir o redefinir las competencias relativas a cargos, de igual modo, puede servir como modelo en instancias académicas para hacer el seguimiento y desarrollo de competencias con el perfil del egresado (competencias profesionales) hacia entornos laborales competitivos y demandados por el empresariado.

En el sector público, la gestión por competencias puede ayudar a mejorar la eficiencia y la calidad de los servicios prestados a los ciudadanos. Al adoptar este enfoque la administración puede garantizar que sus empleados posean las habilidades y comportamientos necesarios para realizar sus funciones y tareas de manera efectiva y entre otras ventajas también se facilita el alineamiento con los objetivos institucionales, la posibilidad de crear planes de desarrollo y carrera, desarrollar procesos de selección más efectivos y basados en la evidencia y evaluar más objetivamente el desempeño.

El perfil de competencias propuesto es un aporte porque su aplicación es aún incipiente en el país y América Latina, en Perú deben incorporarse en las entidades del estado para su adaptación y tránsito al servicio civil de SERVIR y a una mejora sostenida de servicios al ciudadano (Miranda et al., 2015).

Por último, es importante destacar, que implantar la gestión por competencias en el sector público requiere de mucha colaboración y participación activa de los empleados, transparencia por parte de la dirección y sobre todo requiere recursos para ejercer la evaluación y el desarrollo de las competencias (Soltura y Cuesta, 2008).

El estudio presenta ligeras limitaciones como: a. La muestra ha sido muy pequeña y los puestos se analizaron con un solo grupo de expertos. b. La recolección de datos ha seguido un procedimiento, pero es posible que en futuras investigaciones confluyen o se combinen otras técnicas para evitar las omisiones aquí encontradas y apoyen a la mejora del modelo propuesto.

8. REFERENCIAS

Alles, M. A. (2015). *Dirección estratégica de recursos humanos gestión por competencias.* 6ª edición. Buenos Aires. Ediciones Granica. https://n9.cl/oyuu8

Bapuji, H., Ertug, G. y Shaw, J. D. (2020). Organizations and Societal Economic Inequality: A Review and Way Forward. *Academy of Management Annals,* 14(1)(2020), 60-91, https://doi.org/10.5465/annals.2018.0029

Boyatzis, R.E. (1991). *The competent manager: a model for effective managers.* John Willey & Sons. Nueva York, http://dx.doi.org/10.1002/smj.4250040413

Brewster, C., Farndale, E. y van Ommeren, J. (2000). *Encuesta estudio elaborada por la Fundación Mundial de Asociaciones de Dirección de Personal, WFPMA.* Industrias Gráficas CARO, S.L., 2000. http://www.fundipe.es/archives/COMPETENCIAS_Seguro.pdf

Centro Latinoamericano de Administración para el Desarrollo - CLAD. (2016). *Guía Referencial Iberoamericana de Competencias para el Servicio Público.* CLAD. (2016) http://siare.clad.org/fulltext/0082402.pdf

Cuesta-Santos, A. y Valencia-Rodríguez, M. (2018). Capital Humano: Contexto de su gestión. Desafíos para Cuba. *Ingeniería Industrial, XXXIX* (2), 135-145. https://www.redalyc.org/jatsRepo/3604/360458488004/index.html

Cuya, J. J. (2022). Innovación en las administraciones públicas de América Latina. *Saber Servir,* (8), 24–32. https://doi.org/10.54774/ss.2022.08.02

Diaz J. (2017). *Aplicación de la Gestión por Competencias en la Administración Local: Diseño y elaboración del Perfil Básico de competencias en las áreas de Secretaría e Intervención del Ayuntamiento de Benaguasil.* (Tesis grado, Universidad Politécnica de Valencia), España. http://hdl.handle.net/10251/87011

García, M. y Ascencios, K. (2021). Reforma del servicio civil durante la gestión de la pandemia: entrevista a Janeyri Boyer. *Saber Servir,* (6), 31–42. https://doi.org/10.54774/ss.2021.06.02

García, M. y Ascencios, K. (2022). Fortaleciendo la integridad en el sector público: entrevista a Eloy Munive, secretario de Integridad Pública de la Presidencia del Consejo de Ministros. *Saber Servir*, (7), 35–54. https://doi.org/10.54774/ss.2022.07.02

Guijarro, E., Babiloni, M. E. y Cardós, MJ. (2015). *La gestión por competencias en la Administración Pública Española*. (Paper Universidad Politécnica de Valencia), España. https://riunet.upv.es/handle/10251/53293

Harper, D. S. (2021) *Building Competencies for Organizational Success: Emerging Research and Opportunities*. IGI Global. https://doi.org/10.4018/978-1-7998-6516-2

Jiménez, A. (2018). *El modelo de gestión de personas por competencias en la sociedad informática INPRO*. (Tesis de maestría, Universidad Internacional de Andalucía), España. http://hdl.handle.net/10334/3905

Kaufman, B. E. (2015). Market competition, HRM, and firm performance: The conventional paradigm critiqued and reformulated, *Human Resource Management Review*, 25(1), 107-125, https://doi.org/10.1016/j.hrmr.2014.08.001.

Liquidano, M. C. (2009). El administrador de recursos humanos como gestor del talento humano sus competencias y la relación con las prácticas de administración de recursos humanos. *Contaduría y Administración*, 220, oct. 2009. doi: http://dx.doi.org/10.22201/fca.24488410e.2006.603

López, M. (2017). *Gestión de Recursos Humanos basada en Competencias*. (Tesis maestría, Universidad Pontificia Comillas), España. https://repositorio.comillas.edu/jspui/bitstream/11531/24009/1/TFM000745.pdf

Lora, H., Castilla, S. y Góez, M. (2020). La gestión por competencias como estrategia para el mejoramiento de la eficiencia la eficacia organizacional *Revista Saber, Ciencia y Libertad*, 15(1), 83 – 94. https://doi.org/10.18041/2382-3240/saber.2020v15n1.6291

Miranda, E., Torres, A., Rotondo, E. y Mostajo, P. (2015). Perfil de competencias del profesional que cumple funciones de monitoreo, evaluación y gestión de evidencias de programas y proyectos de desarrollo. Un aporte para las decisiones basadas en evidencias. *Análisis de la Facultad de Medicina*, 76, 67–76. https://doi.org/10.15381/anales.v76i0.10974

Monjarás, L. (2019). *Elaboración de un diccionario de competencias laborales específicas para mejorar la efectividad en los procesos de selección de personal de la unidad administrativa y de finanzas de la Corte Superior de Justicia de Piura en el año 2017*. (Tesis de grado, Universidad Señor de Sipán), Perú. https://hdl.handle.net/20.500.12802/6239

Montoya, C. A. y Boyero, M. R. (2016). El recurso humano como elemento fundamental para la gestión de calidad y la competitividad organizacional. *Visión de Futuro*, 20 (2), 1-20. http://www.redalyc.org/articulo.oa?id=357947335001

Moreno, M. J., Pelayo, Y. y Vargas, A. (2004). La gestión por competencias para la Dirección Estratégica de los recursos humanos en la sociedad del Conocimiento. *Revista de Empresa* (nº 10), 56-72. http://www.uhu.es/alfonso_vargas/archivos/GESTION_POR_COMPETENCIAS.pdf

Moreno-Fuentes, S. M. (2020). *Construcción de perfiles de cargo con base en las competencias*. (Tesis de grado, Universidad Católica de Colombia), Colombia. https://hdl.handle.net/10983/24777

Moruno, M. (2015). *Elaboración de Diccionario de Competencias y Perfil Básico de un puesto tipo en el Área Economía, Hacienda, Personal, Modernización y Seguridad Ciudadana del Ayuntamiento de Torrent*. (Tesis de Grado, Universidad Politécnica de Valencia), España. http://hdl.handle.net/10251/59513

OCDE. (2021). Integridad en las regiones peruanas: Implementar el sistema de integridad. Estudios de la OCDE sobre Gobernanza Pública. *OECD Publishing*. https://doi.org/10.1787/6e2434be-es

Piza, N. D., Amaiquema, F. A. y Beltrán, G. E. (2019). Métodos y técnicas en la investigación cualitativa. Algunas precisiones necesarias. *Conrado*, 15(70), 455-459, https://n9.cl/gvu8f

Sandoval, F., Montaño, N., Miguel, V. y Ramos, E. (2012). Gestión de perfiles de cargos laborales basados en competencias. *Revista Venezolana de Gerencia*, 17(60), 660-675. https://www.redalyc.org/articulo.oa?id=29024892006

Segovia, C. (2017). Cultura organizacional y gestión por competencias en el Sistema de Recursos Humanos del Ministerio de Salud, 2017. *LEX*, 17(24), p. 337-364, doi: http://dx.doi.org/10.21503/lex.v17i24.1825

Soltura, A. y Cuesta, A. (2008). Diseño estratégico de perfiles de cargos por competencias. una contribución al alineamiento del desempeño individual con el desempeño organizacional. *Ingeniería Industrial*, vol. XXIX (1), 52-56. https://www.redalyc.org/articulo.oa?id=360433565003

Somarathna, K.U.S. (2020). An agent-based approach for modeling and simulation of human resource management as a complex system: Management strategy evaluation, *Simulation Modelling Practice and Theory*, 104, 2020. https://doi.org/10.1016/j.simpat.2020.102118.

Tandazo, R. S. (2022). *Diccionario de competencias y perfil competencial en la unidad de recursos humanos del Ministerio Público Peruano*. (Tesis de maestría, Universidad Internacional de Andalucía), España. http://hdl.handle.net/10334/7109Fecha2022

Viloria, M. E. del C. (2022). El servicio civil como espacio de libertad ontológica. *Saber Servir*, (7), 55–71. https://doi.org/10.54774/ss.2022.07.03

Vlok, A. (2012). Un perfil de competencia de liderazgo para líderes de innovación en una organización de investigación e innovación basada en la ciencia en Sudáfrica. *Procedia Social and Behavioral Sciences*, 41, 209-226. https://doi.org/10.1016/j.sbspro.2012.04.025

COMPRENSIONES Y TENSIONES EN TORNO A LA CONSTRUCCIÓN DE UNA CIUDADANÍA DEMOCRÁTICA EN LA ESCUELA: UN ESTUDIO DE CASO

Cinthia Peña Hurtado[1]

1. INTRODUCCIÓN

La formación ciudadana se ha convertido en un imperativo para nuestra sociedad. Democracia, ciudadanía y educación ciudadana son tres conceptos que se han insertado en la agenda nacional con gran relevancia durante las últimas décadas y principalmente los últimos años en el país. Desde el ámbito político, económico y sociocultural, se discute ampliamente sobre la pertinencia de la formación ciudadana en el ámbito educativo, ya sea como garante de la democracia, como facilitador de las virtudes ciudadanas y cívicas o simplemente desde su pertinencia como asignatura en los últimos años de escolaridad. Es en este contexto que surge este estudio de caso intrínseco, que busca analizar cómo se comprende la democracia y ciudadanía y cómo se vivencia en un establecimiento educativo, analizando cuáles son las tensiones que existen entre lo declarado y lo vivido por miembros de su equipo directivo.

2. OBJETIVOS

- Analizar la coherencia entre la comprensión y la vivencia de la ciudadanía y la democracia de un establecimiento educativo.
- Comprender los significados que subyacen a directivos de la comunidad educativa en torno a la ciudadanía, la democracia y su educación.
- Comprender las experiencias democráticas y ciudadanas de un colegio particular subvencionado de la región de Valparaíso.

3. MARCO TEÓRICO

3.1. La construcción democrática contemporánea

¿Qué es la democracia? ¿Cómo podemos comprenderla? ¿Qué distingue a un gobierno democrático de otro no democrático? A lo largo de nuestra vida vivimos y nos insertamos en sistemas más o menos democráticos conforme lo explicamos y concretamos en torno a

1. Profesora Universidad Católica de Valparaíso, Chile.

valores, conceptos, actitudes, etc. No obstante, cabe preguntarnos ¿qué entenderemos por democracia en la actualidad?

La historia de la democracia revela una compleja conceptualización en torno a ideales que van desde la concepción democrática como una forma de proteger a los ciudadanos de sus gobernantes, hasta aquellos que pretenden la democracia como el desarrollo de una virtud cívica posibilitadora de la realización personal y colectiva. Para comprender la construcción democrática contemporánea partiremos considerando su importancia actual, conforme la mayor cantidad de países del mundo prefieren este modelo político de gobierno, pues

> *la democracia se ha planteado como un mecanismo que confiere legitimidad a las decisiones políticas cuando se adhieren a principios, reglas y mecanismos adecuados de participación, representación y responsabilidad (...). La democracia ha sido celebrada de nuevo como una forma de contener los poderes del estado, de mediar entre proyectos individuales y colectivos enfrentados y de exigir responsabilidades ante las decisiones políticas. En unas circunstancias políticas caracterizadas por la pluralidad e identidades, formas culturales e intereses y susceptibles de articular incluso diferentes regímenes perceptivos, la democracia ofrece además una base para tolerar, debatir y negociar la diferencia (Held, 2007, p. 367 s).*

En razón de lo anterior, esta podría considerarse como la mejor forma de organización política que posibilita un conjunto de valores y prácticas donde la sociedad puede encontrar participación, autonomía, equidad, entre otras posibilidades que promueven de mejor manera su desarrollo humano.

La definición formal de democracia se puede comprender

> *como un conjunto de reglas o de procedimientos, aquellas que a menudo se llaman las "reglas del juego", que permiten tomar las decisiones colectivas. Decisiones colectivas en el sentido que se dirigen a todos los miembros de una colectividad y que, además, son vinculantes (Bobbio, 1988, p.33).*

No obstante, lo anterior, en la teoría política contemporánea, predominantemente en los países de tradición democrática o liberal, las definiciones de democracia tienden a agotarse en un elemento más o menos amplio de las reglas del juego; también conocidas como procedimientos. Estos procedimientos son los pilares fundamentales de un sistema político democrático, sin embargo, varían de uno a otro en cuanto su evolución y desarrollo, ya que existen gobiernos que solo consideran una democracia nominal, mientras otros, lo hacen como una forma de gobierno y vida consolidada.

3.2. Ser ciudadanos en y para la democracia

El concepto de ciudadanía ha sido ampliamente convocado ante un contexto de constantes transformaciones político-sociales durante las últimas décadas. Así es como cobra sentido la ciudadanía y su formación, como una respuesta a su compleja relación con la construcción de identidades colectivas, la participación de los derechos individuales y la construcción de una ciudadanía activa que trasciende a la mera participación política. El debate liberal-comunitario se asienta en la construcción teórica de la ciudadanía contemporánea, la contraposición de la autonomía de los individuos y su *status*, por un lado, y la significación extrema de lo colectivo, por el otro. Ambos, cristalizadas en propuestas concretas de formación de la ciudadanía., pero que, tal como plantea Kymlicka y Norman (1996) "dejan sin contestar la cuestión de cómo fomentarla". La ciudadanía no solo implica la consideración de derechos, sino también, el respeto a procedimientos e instituciones, participación en la comunidad. Pero más importante aún, un sentido de pertenencia y compromiso con dicha comunidad.

Para poder comprender la ciudadanía, debemos advertir y analizar cómo comunidades a lo largo de la historia, van ejerciendo mayor o menor autonomía conforme sus experiencias históricas. Al tiempo que definiendo y re-definiendo este concepto de acuerdo al contexto histórico, político, social y filosófico, comprendiendo un movimiento dialéctico incesante. "La ciudadanía no solo debe ser atravesada por crisis y tensiones periódicas, sino que es intrínsecamente frágil o vulnerable: es por esta razón que a lo largo de su historia ha sido destruida y reconstituida en varias ocasiones, en un marco institucional nuevo" (Balibar, 2013, p. 63).

Hoy finalmente podemos decir; tal como planeta Bobbio, que para comprender una definición de la democracia y la ciudadanía, podríamos simplemente enunciar las reglas del juego o su definición procedimental. No obstante, para comprender y asir una democracia tendiente a una ciudadanía plena, no basta con ello y se vuelve necesario fortalecer la solidaridad y responsabilidad social; mejorando la convivencia con un otro diverso. Donde el contrato y la cohesión social es fundamental y es necesario que un amplio espectro de actores concurra para respaldar un proyecto de sociedad centrado en el compromiso de la ciudadanía y del Estado (Hopenhayn, 2007).

3.3. La escuela como espacio para la formación ciudadana

¿De qué manera la escuela fortalece a la ciudadanía? ¿Es la escuela un espacio de desarrollo e inclusión de la multiculturalidad? ¿La escuela constituye un espacio para la formación de ciudadanos y ciudadanas?

En el contexto de la sociedad global, la era de la información y la creciente multiculturalidad social. Ha surgido un debate en torno a la relación que debe establecer la educación y la ciudadanía. Si comprendemos, tal como plantea Magendzo (2006) que la educación nació para formar ciudadanos. Cabe preguntarnos; qué tipo de ciudadanía entonces y qué tipo de ciudadanos, consecuentemente se formarán en esta. La respuesta es diversa, conforme esta relación surge en diversos contextos: económicos, políticos, culturales y sociales. Respecto los cuales, se determinará una formación ciudadana, sin duda; cargada por una concepción valórica, política e ideológica. Al tiempo, que permeada por la tela valórica que comprende y define el rol de la educación en la sociedad actual.

Las tensiones entre el sistema escolar, la ciudadanía y la formación ciudadana en Chile, han cobrado importancia en las últimas décadas, tras la recuperación del gobierno democrático, conforme el currículo escolar ha incorporado al trabajo de asignaturas tales como historia, lenguaje o filosofía, conceptos como democracia, derechos humanos, tolerancia, convivencia, entre otros. Al tiempo que potenciado e incorporado el desarrollo de habilidades, actitudes y competencias ciudadanas que fortalezcan principios y valores democráticos en ejes curriculares transversales y una asignatura recientemente creada en el país. ¿Por qué esta condición? ¿Qué significa ser ciudadano/a en el Chile de hoy?

En este contexto de discusión de la importancia de la formación de ciudadanos y ciudadanas; formación de personas críticas, participativas y comprometidas en su rol de sujetos activos; es que surge esta investigación. Concerniente al estudio y comprensión de la ciudadanía y concreción de la vida democrática dentro de un establecimiento educativo, en el cual desde una norma prescrita vive y significa una realidad propia en torno a la ciudadanía y la democracia, conforme sus propios constructos y creencias, valores y prácticas.

4. METODOLOGÍA

Para conocer cómo comprenden y viven la ciudadanía y la democracia miembros de un equipo directivo de un establecimiento educativo chileno, se plantea un camino metodológico enmarcado en el paradigma interpretativo, con diseño de estudio de caso intrínseco (Stake, 1999), dada su particularidad y unicidad, conforme la democracia y la ciudadanía se viven y significan de una particular y única manera en la institución estudiada. Desde este paradigma interpretativo, la reinterpretación del mundo solo se posibilita gracias a la riqueza del lenguaje que emerge de cada uno de los sujetos, lo que da cuenta de significaciones y construcciones propias de su contexto.

Cabe destacar que la selección del caso no es azarosa. Es por lo que se ha determinado criterios de selección, que nos permitan el acercamiento a un caso que ofrezca; tal como plantea Stake (1999); las mejores y mayores oportunidades de aprendizaje, con el que podamos aprender en profundidad la problemática seleccionada, comprendiendo a su vez, que todo "estudio de caso definido y seleccionado no deja de ser una invención, un hábitat no natural creado en última instancia por el observador" (C.A.R.E., 1994. En: L.A.C.E, 1999, p. 5).

La justificación de la unidad de estudio dice relación con las particularidades de esta, al tiempo que los objetivos de la investigación. En primer lugar, se ha seleccionado una institución que declara en su proyecto educativo; en su misión y visión; ser un colegio orientado por valores democráticos, los cuales de manera explícita se asientan es su discurso oficial: "ser una comunidad educativa cristiana al servicio del alumno, desde un proyecto educativo realizado en comunidad (...) y que les entregue herramientas para ser partícipes en la construcción de una sociedad más justa y solidaria" (PEI 2012, p. 4). Es así como este caso expresa la importancia de valores fundamentales para la vida democrática y la convivencia ciudadana, enmarcados a su vez, en el desarrollo de una auténtica comunidad educativa.

En segundo lugar, este corresponde a un establecimiento que pertenece a una corporación de profesores como organismo sostenedor. Elemento interesante no solo porque en el debate político nacional y en la sociedad en su conjunto se ha instalado la discusión y legitimación de la negación al lucro en la educación y la redefinición de las instituciones sostenedoras de establecimientos educativos, sino, además, esta institución es parte de los propios profesores que en ella enseñan, considerados socios activos.

La institución corresponde a un colegio particular subvencionado -que recibe fondos públicos y de las familias para su funcionamiento- de una comuna de la zona central de Chile. Abarca la totalidad de niveles de enseñanza; *kínder* a 4º de enseñanza media; es mixto y católico. Con relación a las características de sus estudiantes, se puede indicar que es considerado de situación socioeconómica media, a este asisten 562 estudiantes y su planta docente es integrada por 42 profesores, apoyados de 15 miembros para el área administrativa y de mantención. Por último, su equipo directivo lo conforman seis docentes: sostenedora, directora, coordinadora académica, dos inspectores y una orientadora, quienes, tras una reunión, deciden participar voluntariamente.

En este estudio de caso se han utilizado tres técnicas de recolección de información: la entrevista en profundidad, la observación participante y la revisión documental. En el caso de las entrevistas en profundidad se ha entrevistado a tres miembros del equipo directivo, a partir de los siguientes criterios: "primero, entrevistar a sujetos distintos (con mayor o menor implicación en la actividad social) y de distintos 'grupos' que podamos encontrar y, segundo, entrevistar a aquel sujeto que quiera" (L.A.C.E. 1999, p. 23). Entre ellos, sostenedora y directora; ambas profesoras de historia; poseen más de veinticinco años de experiencia profesional en el establecimiento, junto al inspector general; profesor de educación física y exalumno; que, además, es el encargado de convivencia del plantel, es decir, un rol asociado al desarrollo y fortalecimiento de la convivencia escolar. Todos, accedieron voluntariamente tras el llamado abierto para responder dos preguntas: ¿qué entiende por democracia y ciudadanía? y ¿cómo se viven estas -democracia y ciudadanía- en el establecimiento?

Paralelamente se participó de cuatro consejos de profesores y profesoras (uno por cada mes del periodo de observación: marzo a junio) con una asistencia promedio de 31 docentes. Lo cual se sintetiza en la tabla 1:

Mes	Modalidad	Tema Principal	Duración
Marzo	Consejo General de Profesores	Reunión Informativa	14:30 - 16:00 hrs.
Abril	Asamblea Anual de Profesores	Reunión Deliberativa	18:00 - 20:30 hrs.
Mayo	Reunión de Departamentos: trabajo grupal	Reunión de Trabajo Pedagógico	14:30 - 16:30 hrs
Junio	Consejo de Profesores: trabajo grupal	Reunión de Trabajo Pedagógico	14:30 - 16:30 hrs

Tabla 1. Síntesis registros consejo de profesores. **Fuente:** Elaboración propia, 2023.

En complemento de lo anterior, se revisaron los documentos: Proyecto Educativo Institucional y Plan de Convivencia Escolar. Entrevistas y registros de observación fueron transcritos y junto a los documentos, se analizaron utilizando el método comparativo constante (Glasser y Strauss, 1999. En Schettini y Cortazzo, 2015. p.35), que permitió identificar semejanzas y diferencias, entre la declaración y la práctica al comprender la ciudadanía y la democracia en la institución estudiada.

5. RESULTADOS Y DISCUSIÓN

5.1. Definición procedimental de la democracia

El equipo directivo en sus entrevistas define la democracia desde procedimientos o condiciones mínimas (Bobbio, 1988) que se requieren para su funcionamiento: voto, derechos (y con ello, de deberes), junto a aspectos de su institucionalidad. Esta alusión se relaciona directamente con una tradición educativa cívica que constituye un pilar para la organización democrática, donde, sobre todo, se deposita una confianza absoluta en el voto como mecanismo de representación, participación e inclusión de todos los actores en las decisiones colectivas:

- "voy y sufrago, voy a votar y he cumplido con mi derecho ciudadano" (Entrevista Sostenedora).
- "Democracia tiene que ver, primero que nada, con la conservación de los derechos, de las libertades de todas las personas; en segundo lugar, con la separación de los poderes del estado (...) con la elección democrática universal, con derecho a

voto para todas las personas que puedan hacerlo, de las autoridades" (Entrevista Directora).

- "En una democracia uno debería ser... debería ser capaz de elegir en forma autónoma por la opción que uno quiere, en lo que uno quiera ya, siempre teniendo claro de la responsabilidad que a mí me compete en esa decisión" (Entrevista Inspector).

Como podemos observar, estos criterios mínimos corresponden a derechos políticos primarios que son necesarios para que los ciudadanos puedan gobernarse a sí mismos. Estos "forman el haz de derechos que se derivan del derecho al gobierno democrático" (Held, 1997, p. 232) y, por los cuales se sustenta la existencia política democrática, pues sin el derecho de libertad de opinión, de comprensión de la oposición o de participación del proceso político en donde los votos son iguales (Dahl, 1999), no podría existir, ni siquiera concebirse, este proceso. Así entonces, cuando estos derechos están garantizados, el proceso democrático, existe.

Un sistema democrático, y en este caso, una escuela democrática, sin duda debe propiciar criterios o mínimos obligatorios, conforme dotan de *estándares* frente a los cuales elaborar juicios relativos al sistema político y sus condiciones, pero, sabemos, es necesario posibilitar un espacio donde la democracia no solo haga honor a su nombre, sino, genere y propicie un contexto donde se pueda percibir y disfrutar plenamente la participación democrática.

5.2. Los valores para una comprensión más compleja de la democracia

Así como se define la democracia como voto, procedimientos o condiciones mínimas, se establece la importancia de valores democráticos obligados para dicha condición, los cuales se sintetizan en la tabla 2:

Entrevistas en profundidad	Registros de observación	Documentos institucionales
-Unidad, participación y responsabilidad (...). Entonces entender desde lo más profundo la democracia que no es sólo ir a sufragar y sentirse libre por eso, sino que esa libertad requiere de mucha responsabilidad, porque así hacemos que un colectivo funcione mejor y que la igualdad no sea un mito (...) Yo espero que esos diálogos, cuando lleguen sean muy ricos, que haya participación (Entrevista Sostenedora). - (...) la posibilidad de poder expresarse libremente dentro de ciertas normas de respeto, que eso no puede estar dejado de lado, y a su vez también en la posibilidad de poder convivir, una convivencia, un buen clima de convivencia es una buena expresión de democracia, en el sentido de que hay respeto (Entrevista Directora). -La solidaridad en ese sentido es fundamental. Son aspectos muy importantes en esta democracia... Digamos un acuerdo no una cosa impositiva. Compartir, comunicación, eso es fundamental (Entrevista Inspector).	- Se entrega el calendario y lee en conjunto las actividades del primer semestre y quiénes los encargados de elaborarlas. En esta lectura, se interrumpe (la directora) con elementos relativos a la importancia de participación del todos los docentes y su colaboración para el buen término de estas (1er registro de observación, consejo de profesores mes de marzo).	- El Colegio a través de su proceso de enseñanza-aprendizaje, transmite valores y promueve la transformación de patrones culturales emergentes. Las conductas, actitudes y formas de convivir no violentas, solidarias, responsables, justas y autónomas se aprenden y por ende deben ser parte constitutiva de las prácticas de convivencia de las instituciones educativas. Lo anterior guarda relación con la visión de una sociedad que aspira a vivir los valores de la democracia, de la paz, del respeto por la persona humana - Propiciar una formación de calidad para los(as) estudiantes, a través de un proceso de intercambio comunicativo-afectivo, (...) y se internalicen valores/actitudes, incentivando la solidaridad y la justicia, (...) de modo tal que les permita elaborar su proyecto de vida (Proyecto Educativo Institucional, 2012, p.4).

Tabla 2. Síntesis valores democráticos. **Fuente:** Elaboración propia, 2023.

Tal como se evidencia en entrevistas y documentos, estos actores declaran una definición más sustancial de la democracia. Es decir, no basta con creer que la democracia se acaba con un conjunto de reglas procesuales, pues de ser así, ¿cómo podría existir una ciudadanía para la democracia plena? Así entonces, tal como advierte Bobbio (1988), debemos recordar los valores en los cuales el gobierno democrático se debería inspirar. Ideales, tales como la tolerancia, el pluralismo, la no violencia, la fraternidad, la participación ciudadana, en fin; valores que nos permitan comprenderla no solo como una forma de gobierno, sino, también, como una forma de vida, con normas fundamentales que preserven la convivencia entre las personas en toda institución, y entre ellas, la escuela.

Esta definición de la democracia como una construcción a partir de sus valores, requiere de prácticas, actitudes y competencias democráticas para su constitución, que tal como denotan sus actores, no acaba en el conjunto de reglas y procedimientos, sino, comprende una comprensión maximalista, que percibe la democracia como una vivencia construida socialmente, pues tal como plantea Torney-Purta (2001),

> *las escuelas que conforman valores democráticos, promoviendo un clima abierto para la discusión de temas e invitando a los alumnos a tomar parte en la configuración de la vida escolar, son efectivos tanto en el conocimiento cívico, como en la participación (p.8).*

Por ello, la democracia debe comprenderse y definirse por un ideal, práctica y valores que se viven día a día en la convivencia ciudadana.

5.3. UNA DEFINICIÓN MÍNIMA/AMPLIA DE CIUDADANÍA

Al igual que la democracia, la ciudadanía es percibida por los miembros de la comunidad educativa, por un lado, como valor cívico, derechos y deberes, y por otro, como comunidad y proyecto común. En este sentido, al concebir la definición de ciudadanía planteada por Cortina (1998), por la cual entiende el vínculo entre el ciudadano y la comunidad política, podemos ver (tabla 3) cómo se articulan dos acepciones determinadas por una interpretación minimalista y una maximalista:

Comprensión minimalista	Comprensión maximalista
- ... Pero para seguir teniendo derechos, yo tengo que cumplir con esos deberes y he ahí la responsabilidad. (...) aquí hay un binomio que no se puede separar. Este binomio nunca va a ir al divorcio (Entrevista Sostenedora). - El ciudadano es el que tiene derechos y deberes para ejercer dentro de lo que son las tareas, los roles del estado y de la nación; es un representante de la nación con derechos y deberes. En la medida que podemos ejercer el sentido de lo que son los deberes, de lo que son los derechos, de cómo tengo derechos, los ejerzo, pero a su vez también pongo limite en no sobrepasar los derechos de los otros (...). A veces lo dicen ah, "nosotros tenemos derechos", lo expresan claramente, a veces cuando van a conversar conmigo lo expresan, "nosotros tenemos derecho a tal cosa", sí, claro que tienen derechos, exactamente, pero también hay ciertos deberes les digo yo, "sí" ¿y los tienen claros? (Entrevista Directora). - Yo pienso que los deberes ciudadanos son muy importantes, pero primero, los deberes para poder tener opción a los derechos, en ese sentido hay que ser claros. Si yo no cumplo no tengo derecho a pedir que cumplan. Creo que en ese contexto es muy importante que los alumnos entiendan en ese contexto, cuál, desde el punto de los alumnos, cuál es su misión como estudiante, yo creo que eso es fundamental, los requisitos para ser estudiante en este colegio. Teniendo eso claro y si el estudiante se compromete, yo creo que tiene derecho en toda su amplitud, después de pedir lo que nosotros les debemos (Entrevista Inspector).	- Es un tema complicado definir la ciudadanía. Bueno yo pienso que ciudadanía es todo lo que a nosotros nos toca convivir todos los días. Yo creo que eso es la ciudadanía, para mí la ciudadanía está en este colegio, la ciudadanía está con los vecinos que están alrededor del colegio, que lo veo diariamente, la ciudadanía está en el otro local donde yo trabajo y todo lo que rodea a esa institución y por sobre todo la ciudadanía está en mi familia. (...) Yo creo que principalmente necesita valores, yo creo que una persona sin valores, no creo que sea ciudadano, porque obviamente implica tener una responsabilidad (Entrevista Inspector).

Tabla 3. Ciudadanía minimalista y maximalista. **Fuente:** Elaboración propia, 2023.

Según Bolívar (2007), en la comprensión de una ciudadanía minimalista, prevalecen el estatus legal y jurídico y los derechos ciudadanos adquiridos por este estatus, mientras en la segunda, un ejercicio activo más que una condición estática, que le permiten al ciudadano conformarse como un miembro consciente de una comunidad, que "comparte valores y comportamientos, obligaciones y responsabilidades y participa activamente en todos los asuntos de su comunidad" (p.17). Aunque los saberes y comprensiones relativos a la ciudadanía de estos directivos se caracterizan nuevamente por un conjunto de reglas, como son la igualdad política o el binomio *derechos-deberes* -que constituye una condición indisoluble desde el discurso, donde existen derechos y deberes obligados en cada persona, como condición mínima de la una ciudadanía plena-, es relevante destacar la inclusión que hacen de una incipiente definición ampliada de la ciudadanía, expresada en una vivencia y forma de vida en la comunidad, donde el espacio público, imagina acciones colectivas y no se agota en procedimientos, junto con definir y articular su existencia en pro del bien común.

5.4. La educación para la ciudadanía y la democracia: las tensiones del *deber ser*

"La escuela es una de las instituciones con mandato explícito de incorporar a niños y jóvenes al espacio público y propiciar que ellos se formen una idea de quienes son como parte del cuerpo político" (Martínez y Cumsille. 2015. En: Cox y Castillo, 2015. p. 433). Este elemento dice relación con la educación de la ciudadanía y la democracia, la cual se conforma a partir de las referencias relativas al rol que al establecimiento le compete en esta, sobre todo, desde las instancias de concreción y conformación de una comunidad. Lo que, a su vez, se complementa con registros y lo analizado en reglamentos y documentos institucionales.

La educación de la ciudadanía se percibe con una alta valoración por el colectivo, al tiempo que, un elemento transversal en cuanto su formación promueve mejores prácticas en todos los actores del sistema. Esto lo podemos observar en la tabla 4:

Entrevistas en profundidad	Registros de observación	Documentos institucionales
Hay que educar a las personas para que adquieran la condición de ciudadano (...). Los desafíos es que realmente exista una práctica de la ciudadanía, traspasado a un ambiente laboral (...). Entonces esta corporación no está ajena a los cambios de la sociedad, de hecho somos parte de la sociedad y eso hay que volver a reeducarlo (Entrevista Sostenedora). El educar no solamente a nuestros estudiantes, sino que educarnos nosotros mismos y educar también a los otros que participan en la comunidad. (...) yo creo que la mejor instancia es el colegio, donde nos podemos educar efectivamente en un buen ejercicio de la ciudadanía, es la institución escolar. Donde se aprende a ser buenos ciudadanos; todos, no solamente los estudiantes, todos aprendemos en la medida que podemos ejercer el sentido del respeto (Entrevista Directora).	"Para este consejo, observamos el trabajo del departamento de historia, por primera vez es dirigido por la jefe del departamento. Quien promueve la discusión y análisis de elementos relativos al criterio de evaluaciones, la complejidad y forma de las preguntas que se elaboran, las fuentes utilizadas en clases, etc. Dando paso a la opinión de todos los participantes y distribuyendo "el habla" entre los distintos docentes. El consejo transcurre en esta distribución de los comentarios y aportes de todos los docentes del departamento" (3er registro de observación, mes de mayo).	Propiciar una formación de calidad para los(as) estudiantes, a través de un proceso de intercambio comunicativo-afectivo, (...) y se internalicen valores/actitudes, incentivando la solidaridad y la justicia, (...) de modo tal que les permita elaborar su proyecto de vida, insertarse con éxito en la educación superior y les entregue herramientas para ser partícipes en la construcción de una sociedad más justa y solidaria (Proyecto Educativo Institucional, 2012, p.4).

Tabla 4. Relevancia de la educación para la ciudadanía. **Fuente:** Elaboración propia, 2023.

Esta distinción de la educación de la ciudadanía; entendida como una obligación de la institución donde cada uno en su rol, enseña, aprende y convive como ciudadano por medio de prácticas más democráticas, se tensiona con las instancias de concreción que posibilita el colegio como una institución democrática y formadora de ciudadanos. Esto puede evidenciarse a continuación en la tabla 5:

Entrevistas en profundidad	Registros de observación	Documentos institucionales
- Hay un centro de alumnos en el que ellos proponen actividades y los profesores tenemos que organizar. Yo soy profesora jefe, tengo claro que desde el consejo promuevo esa participación y obligo. (..)Los estatutos tienen un contexto que tal vez no es del todo democrático (...). Yo en mi condición incluso de presidenta, podría ser incluso menos democrática de lo que puede visualizarse. El presidente de la corporación, como yo tengo ese rol ahora, es el que tiene la última palabra y no hay posibilidad y es el que decide todo (...). Entonces desde esa perspectiva hemos tratado de darle un carácter más democrático y efectivamente la reforma que estamos proponiendo a los estatutos apunta a que nos obliguemos a participar, pero a participar de verdad (Entrevista Sostenedora). - yo creo que los espacios de democracia que se viven están representados primero, en la capacidad, en la posibilidad que puedan tener los alumnos, por ejemplo, de elegir sus propias autoridades como el centro de alumnos y el centro de padres también lo mismo. ... Bueno, esta corporación educacional somos todos los profesores, los docentes del colegio, más los administrativos; ellos son los participantes, son los socios, son los que constituyen la parte basal de la corporación y estos socios tienen derechos y deberes que pueden ejercer como miembros. ... Como tenemos una condición tan especial, porque somos socios de esta corporación, no tenemos los sindicatos, que sería una forma de expresar o un canal de expresión, para que los docentes pudieran hacer valer o manifestar sus inquietudes con respecto a alguna cosa que los aqueje (Entrevista Directora).	"Los docentes en ningún momento observado, plantean un tema de interés o discuten sus estrategias de trabajo (metodológicas, evaluativas o relacionales) en grupos más grandes que sus departamentos (los cuales no poseen más de cinco profesores, de un total de 43) (...) preponderancia del trabajo de temas administrativos que imposibilitan mayores espacios para la reflexión y el análisis de temas de orden pedagógico, relacional u otro que permitan la integración, comunicación y construcción común de los diversos departamentos y sus profesores" (4to registro de observación, consejo de profesores mes de junio).	Fundamentación que a su vez, es remarcada por el Manual del Convivencia del establecimiento, puesto establece, El presente Manual de Convivencia del Colegio «» tiene por objetivo fijar los deberes, los derechos y las normas de comportamiento de los apoderados y alumnos al interior del establecimiento con el fin de lograr una adecuada, armoniosa y sana convivencia entre los miembros de la Comunidad Escolar (Manual de Convivencia Escolar, 2012, p.1).

Tabla 5. Instancias de concreción para la educación ciudadana. **Fuente:** Elaboración propia, 2023.

Tal como plantea Bolívar (2007) las experiencias educativas juegan un papel fundamental en la formación de los estudiantes para la ciudadanía y la democracia, una y otra vez se relacionan y posibilitan la existencia plena de la otra y, puesto que ambas se construyen cultural y socialmente, es importante comprender que su formación no solo debe velar por instancias de participación política o expresión de opiniones, sino, esta formación debe incluir a todo el sistema educativo, donde la experiencia democrática escolar es una

-o debe ser- oportunidad de cooperación, que en este caso permite una democracia en su definición más amplia.

> *La institución escolar provee la primera oportunidad del encuentro sostenido con otro, real o imaginado, más amplio que la familia y la comunidad inmediata, y al hacerlo, provee la más básica de las condiciones para la cooperación entre los diferentes (Cox et.al. 2014. p. 2)*

En esta tensión entre la significación y la vivencia de la educación para la democracia y la ciudadanía que surge la demanda por la cooperación y la construcción de proyectos comunes, donde los espacios de formación ciudadana trasciendan a todo el establecimiento y permitan el ejercicio de una ciudadanía activa y participativa, donde se ponga en acción los valores democráticos, pues "no basta, como a veces se ha creado, con que el centro tenga organizada formalmente la participación por representantes, es preciso vivir cotidianamente tales valores en la trama organizativa del centro" (Bolívar, 2007. P.93).

6. CONCLUSIONES

Con el objetivo de comprender la democracia y la ciudadanía: su significado y práctica en un establecimiento educativo, se evidenció dos tipos de conceptualizaciones en el centro escolar. La primera delimitada por una comprensión minimalista en donde la democracia y la ciudadanía se traducen en procedimientos o condiciones y la formación de ciudadanos se asocia a derechos y deberes, principalmente. La segunda -aunque, en acotadas ocasiones- se presenta como una concepción maximalista o amplia, donde se consideran estas fuentes y procedimientos, pero no se agotan en ellas, pues adicionalmente se apela a la participación en instancias democráticas como fuentes de formación de una ciudadanía en valores y compromisos comunes.

Es desde esta significación que la formación de la ciudadanía y la democracia plena se convierte en un imperativo en el establecimiento investigado, conforme esta se tensiona ante la ausencia de una comunidad que dialoga y construye significados compartidos, pues poco reflexiona en espacios comunes y poco incluye, más que formalmente. Aspectos sin los cuales la formación de la ciudadanía democrática es imposible.

"No nacemos democráticos aprendemos a serlo" (Cox, 2015. p. 7). Es por ello que, la educación representa el factor de vital relevancia para promover la ciudadanía y el desarrollo de una democracia plena. No obstante, difícil será promoverla desde comprensiones mínimas que aquejan con corromper un significado más profundo y amplio de ambos conceptos, impidiendo la cooperación, participación e inclusión de todos los actores de la comunidad educativa y que permita experiencias formativas para aprender a vivir juntos.

La escuela es entonces, excelente formadora de ciudadanas y ciudadanos democráticos, que poseen derechos políticos, económicos, sociales y culturales. Pero que, a su vez, comprenden sus responsabilidades y deberes en la construcción de una sociedad más justa y democrática, respetuosa y tolerante, e inclusiva de la diversidad social y cultural, ese es el valor de la educación y de la escuela como espacio de común-unidad. La cual posibilite, tal como plantea el informe Delors, aprender a vivir juntos, desarrollando una comprensión del otro, realizando proyectos comunes y tratando los conflictos por medio de valores como la paz y el pluralismo. Solo así podrá trascenderse desde el *yo* hacia un *nosotros* cómo significado de comunicación y comunidad compartida, permitiendo transitar hacia el ámbito de lo común desde los más jóvenes y sus familias, pero, sobre todo, establecer una base ciudadana o comprensión que posibilite que sus miembros se sientan identificados y comprometidos por el bien común.

7. REFERENCIAS

Balibar, E. (2013) *Ciudadanía*. Adriana Hidalgo Editora.
Bobbio, R. (1986). *El Futuro de la democracia*. Ediciones Fondo de Cultura Económica.
Bobbio, R. (1988). *Fundamento y futuro de la democracia*. EDEVAL.
CCRSH (2012). *Proyecto Educativo Institucional CRSH.*
CCRSH (2014). *Plan de Convivencia Escolar Colegio CRSH*
Cortina, A. (1998). *Ciudadanos del mundo. Hacia una teoría de la ciudadanía*. Alianza Editorial.
Cox, C. (2010). *Oportunidades de aprendizaje escolar de la ciudadanía en América Latina: currículos comparados. Informe de Referente Regional 2010*. Sistema Regional de Evaluación y Desarrollo de Competencias Ciudadanas (SREDECC) - Banco Interamericano de Desarrollo (BID). Versión preliminar en proceso de edición.
Cox, C. y Castillo, J. (2015). *Aprendizaje de la ciudadanía. Contextos, experiencias y resultados*. Ediciones Universidad Católica de Chile.
Dahl, R. (1991). *La Democracia y sus críticos*. Editorial Paidós.
Dahl, R. (1999). *La Democracia. Una guía para los ciudadanos*. Editorial Taurus.
Flick, U. (2004). *Introducción a la investigación cualitativa*. Ediciones Morata.
Held, D. (1997). *La Democracia y el orden global*. Editorial Paidós.
Held, D. (2007). *Modelos de Democracia*. Alianza Editorial.
Hopenhayn, M. (2007). Cohesión social: una perspectiva en proceso de elaboración. En: CEPAL (2000). *Cohesión social en América Latina y el Caribe: una revisión perentoria de algunas de sus dimensiones* (pp. 35-49). Publicaciones de las Naciones Unidas. https://hdl.handle.net/11362/3548
Kymlicka, W. y Norman, W. (1996). El retorno del ciudadano. Una revisión de la producción reciente en teoría de la ciudadanía. *Revista Ágora, 7*, pp. 5-42.
Krause, M. (1995). La investigación cualitativa: Un campo de posibilidades y desafíos. *Revista Temas de Educación*, 7.
Peña, C. (2007). Educación y ciudadanía: los problemas subyacentes. Revista *Pensamiento Educativo, 40*, (1) 31-43.
Schettini, P. y Cortazzo, I. (2015). *Análisis de datos cualitativos en la investigación social. Procedimientos y herramientas para la interpretación de información cualitativa.* Editorial de la Universidad de La Plata.
Stake, R. (1999) *Investigación con estudio de casos*. Ediciones Morata.
Taylor, S. y Bogdan, R. (1987). *Introducción a los métodos cualitativos de investigación*. Editorial Paidós.
Touraine, A. (1997). *¿Podremos vivir juntos?: iguales y diferentes*. Ediciones Fondo de Cultura Económica. Primera edición en español.
Valles, M. (1999). *Técnicas cualitativas de investigación social. Reflexión metodológica y práctica profesional*. Editorial Síntesis.

ANALISIS DE LA PERTINENCIA DE LOS PROTOCOLOS DEL MINISTERIO DE TRABAJO DEL SECTOR EDUCATIVO EN COLOMBIA EN RELACIÓN A LA EDUCACIÓN SUPERIOR

Gilma Rocio Peña-Meneses[1]

El presente texto nace en el marco de un proyecto por etapas, en donde se han medido los factores de riesgo psicosocial intralaboral en dos sedes de la Corporación Universitaria Minuto de Dios en docentes de un programa de educación superior y se han aplicado instrumentos de análisis de carga laboral, está en la tercera etapa.

1. INTRODUCCIÓN

Los docentes están expuestos a condiciones laborales diversas, con factores de riesgo psicosocial altos, que los lleva a sufrir de enfermedades físicas y mentales que desmejoran su salud y su productividad, más teniendo en cuenta, la función y el compromiso que tienen de formar a los futuros profesionales del país.

Así mismo, presentan elevados niveles de agotamiento y baja eficacia profesional, debido a la alta demanda de estudiantes por aula, el trato diario con los problemas y dificultades de los estudiantes, el nivel de responsabilidad, la auto exigencia y la sobrecarga de tareas (Monroy-Castillo y Juárez-García, 2019), también se evidencia como en todos los grupos poblacionales un aumento significativo del estrés; de ahí que, una mala adecuación entre las capacidades personales y las demandas, genera insatisfacción y sentimientos de estrés (Buendia y Ramos, 2002).

Debido a lo anterior, las estrategias de intervención que minimicen los efectos de los factores de riesgo psicosocial son importantes en la población docente, estudios demuestran que el desarrollo de estrategias para afrontar el estrés ayuda a disminuir sus efectos, es así como, Adamo y Lozada (2019) realizaron un estudio de intervención centrada en prácticas de atención plena, con el fin de impulsar la autorregulación emocional y disminuir el estrés en profesores, disminuyendo el estrés.

Así mismo, Lucas-Mangas *et al.* (2022) realizaron un estudio con 386 docentes para analizar el efecto del bienestar psicológico y la inteligencia emocional en los docentes, encontrando a través de correlación de Pearson y análisis de regresión que el entusiasmo por el trabajo en los profesores está estrechamente relacionado con el bienestar psicológico, con el dominio del entorno y el crecimiento personal.

De igual manera, el riesgo psicosocial es estudiado por autores que consideran que es posible crear modelos que mejoren la salud integral desde la seguridad y salud en el

1. Docente investigadora Corporación Universitaria Minuto de Dios (Colombia).

trabajo, como el estudio de Martínez, Souza y García (2022) quienes presentaron un modelo de liderazgo saludable como propuesta de intervención preventiva y correctiva en los trabajadores, evidenciando como el estilo de liderazgo positivo disminuye el impacto de los factores de riesgo psicosocial

La normativa colombiana exige a las empresas la identificación, evaluación, prevención, intervención y monitoreo permanente de los factores de riesgo psicosocial (Resolución 2646 de 2008) y le da responsabilidad a los empleadores de intervenir los factores de riesgo psicosocial y sus efectos diseñando una batería de riesgo psicosocial con 7 instrumentos de medición adaptada para la población trabajadora colombiana con el fin de evaluar los factores de riesgo y el diseño de protocolos de intervención que para cada uno de los factores de riesgo psicosocial (Resolución 2467 de 2022).

Aunque el Ministerio de Trabajo de Colombia creó protocolos de acciones y estrategias de promoción, prevención e intervención por sector económico y para atención de efectos, se espera con este proyecto de investigación generar estrategias complementarias y más pertinentes para educación superior.

Por lo anterior, es necesario que los docentes desarrollen habilidades de resiliencia, automotivación y estrategias de afrontamiento que ayuden a la protección de altos niveles de estrés y síndrome de Burnout, así mismo, las empresas deben crear políticas de salud mental y prevención de enfermedades laborales desde el área de seguridad y salud en el trabajo que fomenten ambientes de trabajo saludables y mejoren la calidad de vida y la productividad de los docentes. (Flores *et al.*, 2021).

2. OBJETIVOS

Analizar la pertinencia de los protocolos del Ministerio de Trabajo Colombiano del sector educativo en relación a la educación superior.

3. MARCO TEÓRICO

3.1. Guía técnica general para promoción, prevención e intervención de factores psicosociales.

En Colombia existen protocolos diseñados por el gobierno nacional, que orientan a los empleadores, trabajadores y personas prestadoras de servicios de seguridad y salud en el trabajo en criterios básicos que ayuden en la implementación de acciones y estrategias de promoción e intervención para factores de riesgo psicosocial. A través de la guía para la promoción, prevención e intervención se distinguen los roles de los empleadores, empleados, Administradoras de riesgos laborales, responsables del sistema de gestión, las Entidades prestadoras de servicios de salud, los Ministerios de Trabajo y Salud entre otros. Así mismo, detalla las normas internacionales y nacionales que regulan la prevención a intervención de los factores de riesgo psicosocial en las empresas (Ministerio de Trabajo, 2015).

Inicialmente, se crea la Bateria de instrumentos para la evaluación de factores de riesgo psicosocial del Ministerio de la Protección Social (2010), adaptada a población Colombiana que busca medir los factores intralaborales, extralaborales y el estrés en la población trabajadora, luego en el año 2015, se diseñan protocolos acorde a las necesidades propias de los sectores económicos del país, quedando así 6 protocolos : Sector Defensa, Sector

Administración Pública, Sector Financiero, Sector Salud, Sector Trasnporte y Sector Educación (Ministerio de Trabajo, 2015), este último, se va a analizar en el presente articulo tras revisar los factores de riesgo psicosocial más altos en una población de docentes en una institución de educación superior. (Ministerio de Trabajo, s.f).

Por otro lado, también se encuentran 6 protocolos para atención de efectos de factores de riesgo psicosocial a saber, Protocolo para Sindrome de Burnout, Depresión, Estrés postraumático, Duelo y Estrés agudo, adicional a esto, existe un protocolo de acciones generales que contiene 34 estrategias de prevención, promoción e intervención de los factores de riesgo psicosocial, razón por la cual, se busca hacer un análisis de dos de los protocolos con relación a los riesgos altos de los docentes evaluados, a saber, Protocolo de educación y Protocolo de acciones generales (Ministerio de Trabajo, s.f).

4. METODOLOGÍA

El presente proyecto realiza una investigación aplicada, esta influye en la acción y apoya la toma de decisiones sobre cuestiones prácticas (Ulin, Robinson y Tolley, 2006). En este caso, decisiones sobre las estrategias de promoción e intervención más adecuadas para disminuir el estrés en los docentes de la institución de educación superior. Presenta un enfoque cualitativo de tipo exploratorio y descriptivo en donde se hace una revisión de la pertinencia de los protocolos del Ministerio de Trabajo Colombiano del sector educativo. Se analiza también el protocolo de acciones generales en relación a la educación superior, sirviéndose de una matriz de análisis con diversas categorías (como el riesgo psicosocial que aborda, los niveles de riesgo alto en los docentes y la intervención de acuerdo con el ciclo PHVA (Planear-Hacer-Verificar-Actuar)). Se escoge un estudio exploratorio, porque la mayoría de investigaciones encontradas sobre el estrés en docentes se refieren a docentes de educación primaria o media, algunos solo especifican el riesgo psicosocial en los docentes, pero se ve la necesidad de diseñar estrategias propias para los factores de riesgo psicosocial de los docentes de educación superior, en donde la revisión de los protocolos propuestos por el gobierno dan una luz para encontrar las estrategias pertinentes en educación superior.

5. RESULTADOS

Se diseña la matriz de análisis para revisar la pertinencia de los protocolos del Ministerio de Trabajo del sector educativo y el protocolo de acciones generales, en relación a la educación superior, se tienen en cuenta las estrategias de intervención que propone el ministerio para el sector educativo en Colombia, se analiza la pertinencia con relación al riesgo que interviene y al riesgo alto que en estudios anteriores se encontró en los docentes de la institución de educación superior y en el análisis de puestos de trabajo en los docentes en etapas anteriores del estudio. Así mismo, se toman las actividades más importantes del ciclo PHVA en la intervención del riesgo.

En la tabla 1 se muestran los resultados de la matriz con relación a las tres estrategias de intervención propuestas en el protocolo de educación y se seleccionan algunas de las las propuestas en el protocolo de acciones generales.

Tabla 1. Estrategias de intervención de los protocolos de acción del gobierno de Colombia.

MATRIZ PARA ANALISIS DE INFORMACIÓN PROTOCOLOS

Protocolo en educación	Riesgos psicosociales altos	Riesgos psicosociales que aborda	Planear	Hacer	Verificar	Actuar
Gestión institucional	Carga laboral	Exigencias contradictorias	(i) Motivar el compromiso de los miembros de la comunidad educativa con la calidad de la formación	(i) Comunicar a la comunidad académica el compromiso institucional y los principios de calidad y ética en la formación. (ii) Implementar acciones de mejoramiento para cumplir con el compromiso institucional con la calidad y la ética en la formación	(i) Verificar y hacer seguimiento a la acción de intervención	(i) Realizar acciones de mejora a la acción de intervención
Gestión de la carga laboral	Demandas emocionales, cualitativas, de carga mental	Busca controlar la carga de trabajo en el educador, ajustándola al tiempo de la jornada, y además fortalecer las las habilidades de gestión de las demandas cuantitativas y emocionales en los educadores	(i) Identificar los casos con sobrecarga laboral (ii) Definir la(s) acción(s) para el ajuste de la carga de trabajo (iii) Definir el plan del fortalecimiento de habilidades de gestión de las demandas cuantitativas y emocionales en los educadores	(i) Ajustar la carga de trabajo (ii) Realizar la inducción y formación de los educadores	(i) Verificar y hacer seguimiento a la acción de intervención	(i) Realizar mejora continua de la gestión de la carga de trabajo
Gestión de la seguridad en las zonas aledañas al centro educativo	No se encontró riesgo	De seguridad	(i) Recoger información sobre la situación de seguridad en el área próxima a la institución (ii) Estructurar una red de actuación con las instituciones y autoridades locales. (iii) Construir un protocolo para la gestión de la seguridad	(i) Socializar el protocolo	(i) Verificar y hacer seguimiento a la acción de intervención	(i) Realizar acciones de mejora para mantener la gestión de la seguridad en las zonas aledañas a los centros educativos
Protocolo de acciones generales	Carga laboral - Demandas emocionales, cualitativas, de carga mental	Gestión de cargas de trabajo	Establecer el compromiso de la alta dirección Generar el compromiso de las directivas expresado en lineamientos para la prevención de la sobrecarga cuantitativa y mental, así como para la planificación del trabajo en plazos alcanzables. (ii) Identificar los cargos con sobrecarga cuantitativa y mental A partir del diagnóstico del riesgo psicosocial el responsable de Seguridad y Salud en el Trabajo define los cargos objeto de la intervención. (iii) Definir estándares de tiempo factibles	(i) Mejorar los procedimientos de trabajo (ii) Evaluar y ajustar las cargas de trabajo (iii) Distribuir equitativamente las tareas (iv) Proveer condiciones ambientales de trabajo que faciliten el desarrollo de las tareas (v) Facilitar el acceso a la información (vi) Entrenar para la gestión de la carga de trabajo	(i) Hacer seguimiento y evaluar el avance en la implementación y la efectividad de la gestión de la carga de trabajo	(i) Implementar mejoras en la gestión de la carga de trabajo
		Ajuste persona trabajo	(i) Definir lineamientos para logar el ajuste persona - trabajo (ii) Precisar los cargos a intervenir (iii) Seleccionar la metodología para la elaboración o ajuste del (los) perfil(es)	(i) Levantar, analizar o actualizar el (los) perfil(es) de cargo(s) (ii) Identificar el grado de ajuste del trabajador o candidato al perfil (iii) Realizar actividades para cerrar o minimizar brechas o desfases	i) Evaluar la efectividad de la construcción del ajuste persona – trabajo	(i) Efectuar mejoras al proceso para reforzar o preservar el ajuste persona - trabajo.
		Implementación modalidad de teletrabajo	(i) Consultar los lineamientos legales y técnicos vigentes en Colombia sobre teletrabajo (ii) Seleccionar la modalidad de teletrabajo que será implementada (iii) Definir las áreas y cargos en los que se implementará esta acción (iv) Asegurar las condiciones necesarias para implementar el teletrabajo	(i) Implementar la modalidad de teletrabajo	(i) Hacer seguimiento y evaluación del proceso y los resultados de la modalidad de teletrabajo	(i) Implementar acciones de mejora a la modalidad de teletrabajo
		Estrategias de afrontamiento del estrés	(i) Caracterizar la demanda emocional del trabajo. (ii) Definir el plan de fortalecimiento de las estrategias de afrontamiento	(i) Implementar plan de fortalecimiento de estrategias de afrontamiento	(i) Monitorear el avance e impacto del plan de fortalecimiento de estrategias de afrontamiento	(i) Mejorar el plan de fortalecimiento de estrategias del afrontamiento
		Entrenamiento en el manejo de la ansiedad y el estrés	(i) Definir contenidos temáticos y metodologías para el entrenamiento en el manejo de la ansiedad y el estrés	(i) Implementar iniciativas de información y sensibilización. (ii) Desarrollar actividades de capacitación y entrenamiento en el manejo de la ansiedad y el estrés	(i) Hacer seguimiento y evaluar los resultados de la acción de intervención	i) Diseñar e implementar acciones de mejora según los resultados obtenidos en la fase de verificación
		Promoción de la salud mental.	(i) Incluir el componente de salud mental (ii) Definir los contenidos temáticos para las actividades de información, sensibilización y formación	(i) Implementar iniciativas de promoción de la salud mental en el trabajo (ii) Desarrollar actividades de información y sensibilización. (iii) Facilitar la remisión y atención oportuna y proveer apoyo social	(i) Hacer seguimiento y evaluar el proceso y los resultados de la intervención	(i) Elaborar e implementar un plan de mejoramiento con base en los resultados obtenidos en la fase de verificación

Fuente: Elaboración propia.

A continuación, se encuentra el análisis de la tabla con relación a la pertinencia de los protocolos al sector educativo y a los riesgos psicosociales en los docentes de educación superior.

Protocolo de educación

El protocolo comprende que los factores de riesgo psicosocial varían de acuerdo con el lugar donde se desarrolla la gestión, el ciclo académico y si la institución es del sector público o privado, en ese sentido, el gobierno buscó diseñar estrategias que atendieran las necesidades más representativas del sector. De acuerdo con lo anterior, el protocolo busca promover prácticas de trabajo saludable y digno en el sector educativo y prevenir y controlar los efectos adversos de los factores de riesgo.

La gestión institucional en el protocolo considera que se debe disminuir la deserción escolar en todos los niveles, sin aumentar la carga laboral de los docentes, razón por la cual, busca el compromiso de toda la comunidad educativa, sin embargo, en la educación superior, la comunidad educativa involucra la parte administrativa, docentes y estudiantes, aquí la parte familiar no se relaciona, por tanto, aunque el protocolo busca minimizar las exigencias contradictoras hacia el docente, la búsqueda de la calidad y la exigencia hacia el estudiante, se ve mermada por el requerimiento del estado de disminuir la deserción de los estudiantes, solicitar acompañamiento, realizar recuperaciones académicas ante las pérdidas, consejería, entre otros.

Por tanto, las constantes acciones de mejoramiento que deben realizar los docentes con los estudiantes, aumentan la carga académica, de por si alta de todos los docentes, aunque el protocolo indica que estas acciones no deberían aumentar drasticamente las exigencias hacia los docentes, con lo anterior, se considera que al protocolo esta fragmentado en su exigencia y su resultado,

Con relación a la gestión de la carga laboral el gobierno es consciente de que las demandas cuantitativas y emocionales, representan los mayores riesgos psicosociales en el docente, aquí se busca ajustar la carga de trabajo al tiempo de la jornada laboral, indicando horas asignadas a tiempo para clases, asesoría a estudiantes, preparación de materiales, calificación de trabajos, diseño de evaluaciones, actividades administrativas y descansos, sin embargo, en la educación superior, las exigencias no son solo académicas, también, son administrativas, con un porcentaje alto de la jornada laboral, pues el gobierno solicita autoevaluación permanente de la institución, actualización curricular, investigación, internacionalización, sin mencionar de nuevo, los temas de acompañamiento a la permanencia de los estudiantes y los cursos de actualización que se deben hacer todos los años o estudios postgraduales exigidos.

Las instituciones de educación superior organizan los planes de trabajo de los docentes por horas, asignando las horas que consideran pertinentes para cada labor administrativa, sin embargo, en las investigaciones cientificas encontradas, la carga laboral del docente continúa siendo un factor de riesgo psicosocial, y la jornada laboral continua extendiendose al horario familiar y personal, por tanto, el protocolo, indica que se debe gestionar con el jefe inmediato el cálculo de las horas, pero no hay un modelo eficaz de programación de horas que realmente calcule el tiempo que los docentes pueden ocupar en las diferentes funciones académicas y administrativas.

La tercera estrategia del protocolo es Gestión de la seguridad en las zonas aledañas al centro educativo, este tipo de riesgo, no se mide en ninguno de los intrumentos de la

Batería de evaluación de factores de riesgo psicosocial, razón por la cual su identificación se queda en la subjetividad de cada docente y el análisis de la situación y su entorno de cada institución, y queda a su libre albedrío la creación y el diseño de un protocolo de seguridad tanto para estudiantes como para docentes.

Protocolo de acciones generales

Como este protocolo tiene 34 acciones generales que aportan a cualquier sector económico, para el presente análisis de han escogido 6, que se consideran oportunas para los riesgos psicosociales altos encontrados en los docentes de educación superior.

Gestión de cargas del trabajo: En su ciclo PHVA brinda los pasos para realizar los ajustes a las cargas laborales en cualquier cargo, aunque sigue faltando un modelo que de respuesta a este ajuste de cargas laborales, se brindan herramientas a los responsables de Seguridad y salud en el trabajo para la gestión de las cargas de trabajo.

Ajuste persona -trabajo : Brinda herramientas para la elaboración de perfiles con el fin de minimizar brechas o desgastes del empleado.

Implementación modalidad de teletrabajo : Se escogió esta estrategia porque se considera que muchas funciones administrativas que desarrolla el docente de educación superior se pueden trabajar con la medicación de las tecnologias desde casa y el protocolo brinda los pasos para su implementación.

Estrategias de afrontamiento del estrés y entrenamiento en el manejo de la ansiedad y el estrés: El protocolo brinda una guía para caracterizar la demanda emocional de los trabajadores y el diseño de estrategias de afrontamiento del estres como el mindfullness, autocontrol, revaloración positiva, busqueda de apoyo social, entre otros. Para la ansiedad propone técnicas de intervención cognitiva, de relajación, conductuales, entre otras.

Promoción de la salud mental : En todas las comunidades es importante el manejo de la salud mental, en este protocolo se busca que las empresas incluyan el componente de salud mental en las acciones de promoción y prevención, de manera que se puedan detectar casos que necesiten remisión y anteción oportuna.

6. CONCLUSIONES

Las estrategias del protocolo del sector educativo se quedan cortas con relación a las demandas de carga laboral, cuantitativas, emocionales y cualitativas, que afectan a los docentes. Es necesario crear modelos de asignación de horas a los docentes de educación superior, que realmente visibilicen los tiempos de ejecución de las funciones académicas y adminsitrativas de los docentes.

El protocolo de acciones generales, aporta en más detalle acciones que pueden servir para minimizar las consecuencias de los factores psicosociales adversos en la población trabajadora y pueden adaptarse a los docentes.

7. REFERENCIAS

Adamo, P. y Lozada, M. (2019) Una intervención centrada en prácticas de atención plena (mindfulness) promueve la regulación emocional y la reducción del estrés en profesores. *Revista ansiedad y estrés, 25*(2) https://doi.org/10.1016/j.anyes.2019.10.002

Buendia, J y Ramos, F, (Edic.) (2002). *Empleo, Estrés y Salud.* Piramide S.A.,

Flores, N. Florez-Cajamarca A. y Jenaro, C. (2021). Factores de riesgo y protectores del burnout en docentes que atienden a alumnado con necesidades específicas de apoyo educativo (neae) en el aula ordinaria. *Revista de Educación Inclusiva, 14*(2), 105-120.

Lucas-Mangas, S. Valdivieso-León, L. Espinoza-Díaz IM. & Tous-Pallarés, J. (2022) Inteligencia Emocional, Bienestar Psicológico y Burnout de Docentes en Activo y en Formación, *International Journal of Environmental Research and Public Health, 19*(6) https://doi.org/10.3390/ijerph19063514

Martínez, E., Souza, E., & García. A. (2022) Modelo de liderazgo saludable integral y su desarrollo como competencia psicosocial adaptativa en ambientes organizacionales complejos. *Revista Administración y organizaciones, 25*(48) https://doi.org/10.24275/uam/xoc/dcsh/rayo/2022v25n48/Martinez

Ministerio de la Protección Social. Colombia. (2010). Batería de instrumentos para la evaluación de factores de riesgo psicosocial.

Ministerio de Trabajo. Colombia. (2015) Guía técnica general para la promoción, prevención e intervención de lo factores psicosociales y sus efectos en población trabajadora. ISBN 978-958-716-898-3

Ministerio de Trabajo. Colombia. (s.f) Protocolo de acciones de promoción, prevención e intervención de los factores psicosociales y sus efectos en el entorno laboral

Ministerio de Trabajo. Colombia. (s.f) Protocolo de intervención de factores psicosociales en el sector educativo

Monroy –Castillo, A. y Juárez-García, A. (2019). Factores de riesgo psicosocial laboral en académicos de instituciones de educación superior en Latinoamérica: Una revisión sistemática. *Revista Propósitos y Representaciones, 7(*3) http://dx.doi.org/10.20511/pyr2019.v7n3.361

Resolución 2646 de 2008. [Ministerio de la Protección Social. Colombia]. Establece disposiciones y define responsabilidades para la identificación, evaluación, prevención, intervención y monitoreo permanente de la exposición a factores de Riesgo Psicosocial. https://n9.cl/kwvus

Resolución 2467 de 2022. [Ministerio del trabajo. Colombia]. Por la cual se adoptan como referentes técnicos mínimos obligatorios, para la identificación, evaluación, monitoreo permanente e intervención de los factores de riesgo psicosocial instrumentos de evaluación y guías de intervención

Ulin, P., Robinson, E. & Tolley, E. (2006) Investigación aplicada en la salud pública. Organización Panamericana de la Salud. https://iris.paho.org/bitstream/handle/10665.2/729/9275316147.pdf

LOS PLANES ANDALUCES DE AGRICULTURA ECOLÓGICA (2016-2022): ¿HACIA UNA VISIÓN PRODUCTIVISTA-TECNOCRÁTICA O ECOLOGISTA?

Francisco Javier Peña Rodríguez[1]

El presente texto nace en el marco del contrato predoctoral FPU20/02750 firmado con el Departamento de Sociología de la Universidad de Granada.

1. INTRODUCCIÓN

Desde mediados del siglo XX la relación de las prácticas de la agricultura industrial con la insostenibilidad ambiental y social ha provocado el surgimiento de la agricultura ecológica, una propuesta de producción alternativa que combina la agricultura tradicional (no industrial) con nuevas formas de relación con el medio (Guzmán Casado et al., 2000). En las últimas décadas, la agricultura ecológica se ha convertido en uno de los instrumentos de mayor relevancia para el desarrollo rural sostenible de los territorios, aumentado cada vez más su presencia en la formulación de las distintas políticas agrarias (Boza Martínez, 2010).

Sin embargo, la agricultura ecológica no se ha desarrollado de forma homogénea, sino que existen diferentes visiones que se han extendido por el mundo occidental (Entrena Durán y Jiménez Díaz, 2014). Estas visiones pueden agruparse en dos enfoques que optan por valores sociopolíticos diferentes. Por un lado, encontramos la agricultura ecológica certificada con apoyo institucional, y por el otro las propuestas de los movimientos sociales agroecológicos (Moyano Estrada, 2021; Jiménez Díaz y Collado Campaña, 2021).

La primera visión, que es la que más se ajusta a la normativa establecida (Reglamento (UE) 2018/848), es definida como un conjunto de técnicas agrícolas caracterizadas por la no utilización de insumos químicos de síntesis. A pesar de ser ampliamente percibida como respetuosa con el medio ambiente, algunos autores plantean que gran parte de la agricultura ecológica certificada parece seguir un proceso de inserción en las lógicas mercantiles de la agricultura industrial, denominado por la literatura científica como convencionalización de la agricultura ecológica, que excluye a los productores y consumidores más desfavorecidos (González de Molina, 2012; Guthman, 1998). Esto se debe a que esta visión reduce la agricultura ecológica a criterios agronómicos y a técnicas, sin valorar necesariamente los aspectos socioeconómicos de la misma. De este modo, pueden existir prácticas permitidas por la normativa que generen obstáculos para

1. La Universidad de Granada (España).

la sostenibilidad de la agricultura ecológica andaluza y de otros territorios debido a sus impactos socio-ecológicos (Ramos García et al., 2018).

En segundo lugar, existe una visión holística de la agricultura ecológica que forma parte de la llamada agroecología, la cual no se define únicamente como una práctica agrícola, sino también como un conocimiento científico cuyo objetivo es analizar las actividades agroalimentarias desde una perspectiva ecológica (Altieri, 1987). Además de constituir un enfoque científico, la agroecología se explica como un conjunto de prácticas para lograr una producción sostenible de alimentos, así como un movimiento social que apela a la mejora de las condiciones de vida de las personas dedicadas a la agricultura y reclama la alimentación sostenible y saludable como un derecho básico (Wezel et al., 2009). Para muchos, la agroecología no solo incluye entre sus objetivos los de la precedente agricultura ecológica certificada, sino que, además, trata de incidir en la estructura socioeconómica y demográfica de los territorios planteando un modelo alternativo de desarrollo sostenible (Guzmán Casado et al., 2000). De esta forma, entre sus propuestas están el aumento de la biodiversidad, la reducción de los insumos en la agricultura, la promoción de la venta en mercados de proximidad o el aumento de la autonomía de los agricultores frente al predominio de las multinacionales y empresas agroalimentarias (Cuéllar Padilla et al., 2013). La aplicación este enfoque está dando lugar a un conjunto de redes agroalimentarias alternativas con sistemas de garantía participativa que incluyen criterios sociales y de sostenibilidad en la evaluación (Jarosz, 2008; Cuéllar Padilla, 2008; Sevilla Guzmán et al., 2012).

El presente texto se aproxima a los contenidos de las visiones referidas de la agricultura ecológica mediante un análisis sociológico de los marcos normativos que regulan dicha agricultura en la región española de Andalucía. Aunque existen numerosos estudios sobre agricultura ecológica en Andalucía, ha sido sólo en un estudio reciente cuando se han analizado sistemáticamente los documentos oficiales andaluces que han planificado la agricultura ecológica en las últimas décadas (Jiménez Díaz y Collado Campaña, 2021). En esta misma línea, la presente investigación examina también el último plan andaluz denominado "Plan Estratégico para mejorar la competitividad del sector agrícola, ganadero, pesquero y agroindustrial y del desarrollo rural de Andalucía 2020-2022" (Consejería de Agricultura, Pesca y Desarrollo Rural, 2020), no contemplado en el estudio precitado. De este modo, el presente trabajo tiene como objetivo analizar comparativamente la evolución de los temas, valores y enfoques entre este último plan, y el plan anterior titulado "III Plan Andaluz de Producción Ecológica. Horizonte 2020" (Consejería de Agricultura, Pesca y Desarrollo Rural, 2016).

La realización de este estudio se justifica debido a que analiza la Comunidad Autónoma de Andalucía que constituye un caso de investigación muy adecuado porque aglutina casi la mitad de la producción ecológica en España (fundamentalmente para la exportación) y es un referente de esta actividad en Europa (Analistas Económicos de Andalucía, 2021). Además, la región ha sido pionera en el movimiento ecologista y en el pensamiento social agrario en las últimas décadas, lo que ha tenido importantes consecuencias para las ideas y prácticas de la agricultura ecológica (Sevilla Guzmán, 2006; Soto Fernández, 2019; González de Molina y Guzmán Casado, 2017). Por otro lado, según estudios recientes, las redes agroecológicas se encuentren ampliamente desarrolladas en esta región, aunque la hegemonía del sistema agroalimentario globalizado dificulte su funcionamiento (Matarán et al., 2021). De este modo, Andalucía constituye un caso ideal para indagar en la posible evolución de los principales temas, enfoques y valores contenidos en dichos planes, mostrando así las visiones de múltiples agentes que participan en el diseño de políticas públicas sobre agricultura ecológica, que son el resultado de negociaciones en un contexto social cambiante.

2. METODOLOGÍA

La principal metodología utilizada en este trabajo es el análisis del contenido. Esta metodología, frecuentemente usada en Ciencias Sociales, tiene el objetivo de estudiar los contenidos manifiestos y latentes mediante la identificación en el discurso de diferentes temáticas y tópicos (Díaz Herrera, 2018). El diseño metodológico ha sido replicado del trabajo elaborado por Jiménez Díaz y Collado Campaña (2021). Como indican estos autores, "futuros estudios pueden replicar esta metodología basada en el análisis del contenido temático y semántico utilizado en este artículo para comprobar si los temas, enfoques y valores estudiados tienen continuidad en los próximos planes andaluces de producción ecológica" (Jiménez Díaz y Collado Campaña, 2021, p.25).

Por una parte, se ha utilizado el análisis del contenido temático cuantitativo (Piñuel Raigada, 2002; Andreu Abela, 2002; Bardin, 1991). El análisis del contenido temático "considera la presencia de términos o conceptos, independientemente de las relaciones que hayan surgido entre ellos. Las técnicas más utilizadas son las listas de frecuencias, la identificación y clasificación temática y la búsqueda de palabras en contexto" (Andreu Abela, 2002, p.20).

Además, en una segunda fase se aplicó el análisis de contenido semántico cualitativo (Andreu Abela, 2002) para identificar la estructura de significados establecidos que vinculan diferentes temas. Con esta segunda fase se determinaron y relacionaron los temas expuestos en los documentos analizados, y se vincularon con los diferentes enfoques de agricultura ecológica. Así, aparecieron dos enfoques generales de la agricultura ecológica (enfoque ecologista y productivista-tecnocrático). Todo ello se relaciona con el contexto social y político y, de este modo, con los marcos discursivos sociales predominantes en momento de publicación de los planes.

Para la selección de palabras claves, se usó la estrategia de muestreo teórico-cualitativo (Díaz Herrera, 2018; Piñuel Raigada, 2002; Andreu Abela, 2002; Bardin, 1991), procurando establecer una retroalimentación entre planteamientos teóricos de la agricultura ecológica y realidad andaluza.

3. DESARROLLO DE LA INVESTIGACIÓN

En este apartado se realiza, por un lado, una breve contextualización de la agricultura ecológica andaluza y, por el otro, el análisis de los temas, valores y enfoques que han guiado su planificación.

3.1. CONTEXTUALIZACIÓN DE LA AGRICULTURA ECOLÓGICA ANDALUZA

La agricultura ecológica en Europa ha experimentado un crecimiento exponencial en las últimas décadas motivado, en parte, por el reconocimiento institucional hacia el sector en los años noventa, que se ha materializado en distintas medidas de promoción a las producciones ecológicas (Boza Martínez, 2010). España ha ocupado un papel destacado estando tras Alemania en el segundo puesto entre los países de Europa con mayor superficie ecológica (Willer et al., 2023). Dentro de España, la región de Andalucía es un referente aglutinando casi la mitad de la producción ecológica del país. En esta región el sector agrario ha tenido una especial importancia, condicionando así que la Política Agraria Común fuera uno de los aspectos de gestión comunitaria que suscitó mayor interés para la adhesión de España como Estado miembro (Boza Martínez, 2013).

En la Unión Europa, la agricultura ecológica se ha visto beneficiada por el cambio en la orientación de las ayudas públicas que, tras el final de la Segunda Guerra Mundial, se centraron en el aumento de la producción, el crecimiento económico y la elevación del consumo, generando algunos problemas como los excedentes de productos agrícolas. A partir de la década de 1990, especialmente tras la reforma de la Política Agraria Común (PAC) de 1992 o "Reforma McSharry", esta orientación centrada en el aumento de la producción empieza a cambiar hacia un modelo productivo más extensivo en términos de calidad, sanidad, medio ambiente o seguridad alimentaria debido, fundamentalmente, a la crisis medioambiental y los impactos sociales de la agricultura industrial (Entrena Durán et al., 2021; Riechmann, 2003).

Además de la influencia de la PAC, el crecimiento de la agricultura ecológica andaluza ha estado condicionado por las diferentes estrategias de desarrollo rural puestas en marcha, que deben de incluir ciertas prioridades de desarrollo rural de la Unión Europea establecidas en el Reglamento FEADER. El Programa de Desarrollo Rural (PDR) de Andalucía 2014–2020 marca 3 objetivos principales: competitividad, gestión sostenible y acción por el clima, y desarrollo territorial equilibrado (Consejería de Agricultura, Pesca y Desarrollo Rural, 2014). En el PDR se especifica que las medidas de desarrollo rural contribuirán específicamente a la consecución de una o varias prioridades de desarrollo rural de la Unión Europea. Sin embargo, los recursos que se han movilizado han estado destinados esencialmente a la oferta o el apoyo a la producción ecológica, un aspecto que ha obstaculizado la formación de un sector más independiente a las ayudas públicas, proliferando así una orientación productivista, economicista y tecnocrática de las ayudas públicas sobre agricultura ecológica (Boza Martínez, 2010).

De este modo, los temas incluidos en los planes sobre agricultura ecológica han estado subordinados por las estrategias de desarrollo rural y la política europea. Es por lo que se insertaron en el análisis empírico ciertas palabras clave como "desarrollo", "desarrollo rural", "Política Agraria Común", "política/s" o "estrategia/s". Todas las palabras utilizadas en el análisis empírico se infirieron, por una parte, de la lectura de los planes analizados y, por la otra, de la evolución del contexto de la agricultura ecológica en Andalucía.

3.2. Análisis de los temas, valores y enfoques en la planificación de la agricultura ecológica andaluza.

La tabla 1 muestra la evolución de los principales temas presentes en los planes de agricultura ecológica andaluza. Se seleccionó un total de 109 palabras clave o sustantivos presentes en los planes (ver Anexo 1), mediante los cuales se intentó identificar los enfoques y valores sociopolíticos que han guiado la planificación política de agricultura ecológica. A continuación, se presenta el análisis del contenido de estos temas estructurados en varios campos semánticos que no son totalmente opuestos entre sí, sino que, más bien, pueden ser complementarios.

Aproximaciones en los Planes de Agricultura Ecológica	Campo semántico: palabras clave	Valores asociados con campo semántico
Enfoque ecologista ilegítimo	Campo semántico A: Agroecología, agricultura ecológica, impacto (medio) ambiental, impacto social, respeto al medio ambiente, bienestar animal, biodiversidad, cadenas de distribución cortas, conocimiento tradicional, desarrollo local, desigualdades de género, estrategias de desarrollo local, grupos de desarrollo rural, participación de las mujeres, medio ambiente, mercado interior, mercado interno, contaminación.	Agroecología, respeto por el medio ambiente, participación de la mujer, desarrollo local
Enfoque ecologista legítimo	Campo semántico B: Agua, diversidad, seguridad alimentaria, cambio climático, ciudadanía, desarrollo sostenible, igualdad de género, mujer/es, sostenibilidad.	Diversidad, seguridad alimentaria, desarrollo sostenible, igualdad de género, sostenibilidad
Enfoque ecologista neutral	Campo semántico C: Conservación, desarrollo rural, género, recursos naturales, sustentabilidad, protección, participación, salud.	Protección, desarrollo rural, participación, género, salud
Enfoque productivista-tecnocrático legítimo	Campo semántico D: Agroindustria/s, competitividad, empleo, empresa/s, gestión, innovación, jóvenes, medio rural, profesional/es, subvención/es, beneficiario/s, cooperativas, Europa, formación, precios/s, rentabilidad, transformación, administración/es, calidad, comunicación, desempleados/as, organizaciones, políticas/s, residuos, tecnología/s.	Competitividad, Europa, innovación, calidad, rentabilidad
Enfoque productivista-tecnocrático ilegítimo	Campo semántico E: Beneficio/s, comercialización, incentivo/s, información, normativa/s, ordenación, planificación, producción ecológica, transparencia, ayudas públicas, concentración, concentración de la oferta, gran distribución, mercados/s, PAC (Política Agraria Común), sistemas de certificación, certificación, consumo, distribución, sistema de control, técnica/s, transparencia.	Ayuda pública, transparencia, comercio
Enfoque productivista-tecnocrático neutral	Campo semántico F: Asesoramiento, desarrollo, desarrollo rural, estrategia/s, territorio, coste/es, consumidor/a/es, crecimiento, investigación, normas, productores, conocimiento, control, cooperación, difusión, educación, experiencia/s, promoción, red/es, regulación, responsabilidad/es.	Control, coordinación, cooperación, crecimiento, regulación, desarrollo rural

Tabla 1. Enfoques de la agricultura ecológica en los planes analizados. **Fuente:** Elaboración propia a partir de Jiménez Díaz y Collado Campaña (2021).

3.2.1. Enfoque ecologista

El enfoque ecologista está centrado en la visión holística de la agricultura ecológica que forma parte de la llamada agroecología. Dentro de este enfoque, se identificaron tres campos semánticos en un intento clasificatorio. El primero de ellos se denominó campo semántico A o enfoque ecologista ilegítimo, que incluye aquellas palabras clave que disminuyeron sus frecuencias absolutas y relativas, o presentaron un peso minoritario en ambos planes.

Dentro de este primer enfoque, es destacable que sustantivos como "agroecología" o "agricultura ecológica" manifestaron una aparición minoritaria en los dos planes analizados. Por otro lado, sustantivos como "cadenas de distribución cortas" o "conocimiento tradicional" perdieron peso en el último plan, pasando de 8 repeticiones (0.33%) a 1 (0.03%) en el caso de la primera, y de 2 (0.08%) a 0 (0%) en el caso de la segunda. Este aspecto llama la atención porque el enfoque de la agroecología promueve el desarrollo las cadenas de distribución cortas para mejorar los ingresos de las personas dedicadas a la agricultura familiar, disminuir el gasto energético y la contaminación ambiental, o favorecer el acceso a alimentos con mejor calidad organoléptica y nutricional (Mauleón, 2012). Del mismo modo, la visión agroecológica pretende rescatar conocimientos tradicionales de personas campesinas y agricultoras por considerarlos de vital importancia para construir sistemas agroalimentarios sostenibles (Sevilla Guzmán y Soler Montiel, 2010). Otras palabras que se encontraron en este campo son "impacto (medio)ambiental", "impacto social" o "respeto al medioambiente", que también presentaron un escaso peso en los dos planes analizados a pesar de los impactos sociales y ambientales generados por la agricultura.

Respecto al enfoque ecologista legítimo o campo semántico B, incluía aquellos aspectos de la agroecología que tuvieron mayor presencia en el último plan. Es destacable la palabra "agua" que, si bien no tuvo ninguna aparición en el tercer plan, en el último presentó 66 apariciones (1.86%). Este hecho puede ser comprensible por el descenso paulatino de las precipitaciones que está afectando negativamente tanto al sector agrícola como al ganadero en Andalucía. También han aumentado palabras como "diversidad", "seguridad alimentaria", "cambio climático", "ciudadanía", "igualdad de género", "mujer/es" o "sostenibilidad". En el caso de la palabra "seguridad alimentaria", es posible que su aumento en las repeticiones esté provocado por el cierre del comercio global durante ciertos momentos de la pandemia del SARS-CoV-2 ya que, durante los momentos de mayor impacto en el mercado mundial, fue usual su utilización en diferentes discursos sociopolíticos. En cuanto a otros sustantivos, como "cambio climático" o "sostenibilidad", su aumento podría estar condicionado por políticas y/o acuerdos supranacionales. En concreto, el último plan dedica un apartado a los Objetivos de Desarrollo Sostenible (ODS) de la Agenda 2030, indicando que "el sector agroalimentario de Andalucía, a través de este Plan, debe incorporar por tanto los ODS como generadores de nuevas oportunidades para mejorar la competitividad" (Consejería de Agricultura, Pesca y Desarrollo Rural, 2020, p.14).

Por último, se estableció el campo semántico A o enfoque ecologista neutral, integrado por aquellas palabras que no aumentaron ni disminuyeron entre ambos planes, o lo hicieron de forma poco significativa. Estas palabras fueron "conservación", "desarrollo rural", "género", "recursos naturales", "sustentabilidad", "protección", "participación" y "salud".

3.2.2. Enfoque productivista-tecnocrático

El enfoque tecnocrático-productivista, ya explicitado en el apartado introducción, predominó en términos cuantitativos, presentando mayores frecuencias absolutas y relativas, fundamentalmente a medida que avanzamos del tercer al cuarto plan de agricultura ecológica.

En primer lugar, destacamos el campo semántico D o enfoque productivista-tecnocrático legítimo, denominado así por estar constituido de temas relacionados con la administración y/o gestión de la agricultura ecológica que incrementaban en el último plan de agricultura ecológica en relación con el tercero. En este campo encontramos las siguientes palabras: "agroindustria/s", "competitividad", "empleo", "empresa/s", "gestión", "innovación", "jóvenes", "medio rural", "profesional/es", "subvención/es", "beneficiario/s", "cooperativas", "Europa", "formación", "precios/s", "rentabilidad", "transformación", "administración/es", "calidad", "comunicación", "desempleados/as", "organizaciones", "políticas/s", "residuos" y "tecnología/s". Entre estos sustantivos, es notable que los porcentajes de "empleo", "empresa/s", "innovación" y "formación" fueron, respectivamente, 0.94%, 1.63%, 0.69% y 2.12% en el tercer plan, mientras que en el cuarto plan dichos porcentajes pasaron a ser 3.09%, 6.61%, 5.54% y 6.41%. De este modo, la administración concibió la agricultura ecológica como una actividad más que disminuye los altos niveles de desempleo entre colectivos como jóvenes y mujeres, y que produce productos de calidad distinguidos de la agricultura industrial, aunque mantiene las mismas dependencias de esta última (González de Molina, 2012).

Por otra parte, se identificó el campo semántico E o enfoque productivista-tecnocrático ilegítimo, compuesto por palabras relacionadas con valores sociales y políticos que se encontraban en declive discursivo. Este campo semántico se articuló en torno a los siguientes conceptos: "beneficio/s", "comercialización", "incentivo/s", "información", "normativa/s", "ordenación", "planificación", "producción ecológica", "transparencia", "ayudas públicas", "concentración", "concentración de la oferta", "gran distribución", "mercados/s", "PAC (Política Agraria Común)", "sistemas de certificación", "certificación", "consumo", "distribución", "sistema de control", "técnica/s" y "transparencia".

Finalmente, se identificó el campo semántico F, formado por sustantivos que se mantuvieron estables o con variaciones poco relevantes entre los dos planes. Estas palabras fueron: "asesoramiento", "desarrollo", "desarrollo rural", "estrategia/s", "territorio", "coste/es", "consumidor/a/es", "crecimiento", "investigación", "normas", "productores", "conocimiento", "control", "cooperación", "difusión", "educación", "experiencia/s", "promoción", "red/es", "regulación" y "responsabilidad/es".

4. CONCLUSIONES

En las páginas anteriores se ha mostrado que, en los planes de agricultura ecológica analizados, y especialmente en el último plan, se ha priorizado un enfoque tecnocrático-productivista de la agricultura ecológica, en detrimento de un enfoque centrado en las comunidades locales sostenibles y la agroecología. Esto se ha reflejado en la ausencia de principios clave de la agroecología que, desde una perspectiva holística, trata de incidir en los aspectos ecológicos, socioeconómicos, culturales y políticos de la agricultura. De este modo, los planes de agricultura ecológica no enfatizan en ciertos temas claves promovidos por la agroecología como el fomento de las cadenas cortas de distribución, la recuperación de los conocimientos tradicionales sostenibles, el aumento de la biodiversidad o la disminución de los impactos sociales y ambientales de la agricultura. Por el contrario, este análisis sugiere que se está favoreciendo un tipo de agricultura centrada en la búsqueda de competitividad, la innovación tecnológica y la producción de productos que ofrecen una calidad diferenciada en relación con la agricultura industrial. Este enfoque podría plantear serios problemas para la sostenibilidad de la agricultura ecológica andaluza si esta es contemplada como un nicho de mercado orientado a exportar productos para los mercados internacionales debido a que, por un lado, imposibilitaría el acceso a productos ecológicos saludables para los grupos sociales más desfavorecidos impidiendo así la consecución de una seguridad y soberanía alimentaria y, por el otro, podría aumentar la pérdida de autonomía de los agricultores frente al predominio de las multinacionales y empresas agroalimentarias que controlan el comercio global.

En relación con lo anterior, sería recomendable que la administración andaluza apostara por un modelo de agricultura ecológica que concuerde con la idea de desarrollo sostenible entendido, desde una perspectiva multidimensional, como el resultado de una explotación equilibrada de los recursos que no sólo trata de evitar el uso de contaminantes químicos en los cultivos, sino que también procura la preservación de los equilibrios socioeconómicos, culturales y políticos de los territorios.

Es destacable el cambio de título del último ("Plan Estratégico para mejorar la competitividad del sector agrícola, ganadero, pesquero y agroindustrial y del desarrollo rural de Andalucía") que denota un cambio de orientación. Si bien el "III Plan Andaluz de la Producción Ecológica" estaba dedicado exclusivamente al sector ecológico, en este último plan se ha incluido el sector agrícola, pesquero y ganadero, tanto ecológico como industrial y, de este modo, el sector ecológico ha perdido relevancia. Así, es apreciable el cambio de prioridades de los agentes sociopolíticos que han participado en su elaboración.

Para terminar, se muestran algunas limitaciones y futuras líneas de investigación. En primer lugar, en este trabajo se realizó un análisis de los textos completos, sin embargo, un análisis exclusivo de los apartados objetivos, acciones y/o intervenciones podría visibilizar los asuntos o temas considerados prioritarios en los planes. Además, en este trabajo los agentes que realizaron los planes no fueron entrevistados, ya que esto supondría una investigación diferente. Por ello, realizar futuros estudios sobre los discursos y representaciones sociales de estos agentes podría complementar la perspectiva aquí aportada. Por último, futuras investigaciones sobre el análisis sistémico del contenido en otras regiones de Europa podrían ser útiles para conocer las prioridades y valores sociales que han guiado las políticas públicas sobre agricultura ecológica de otros territorios.

5. REFERENCIAS

Altieri, M.A. (1987). *Agroecology: the scientific basis of alternative agriculture*. Westview Press.

Analistas Económicos de Andalucía. (2021). *Informe Anual Del Sector Agrario en Andalucía 2021*. Unicaja.

Andreu Abela, J. (2002). *Las técnicas de análisis de contenido: una revisión actualizada*. Fundación Centro de Estudios Andaluces.

Bardin, L. (1991). *Análisis de contenido*. Ediciones Akal.

Boza Martínez, S. (2010). *La agricultura ecológica como parte de la estrategia de desarrollo rural sostenible en Andalucía* [Tesis doctoral. Universidad Autónoma de Madrid]. https://repositorio.uam.es/handle/10486/4228

Boza Martínez, S. (2013). Incidencia de las políticas públicas en la evolución del sector agrícola-ecológico: el caso de Andalucía, España. *Cuadernos de desarrollo rural*, 10(72), 291-

310. www.scielo.org.co/scielo.php?script=sci_arttext&pid=S0122145020130003000015
Consejería de Agricultura, Pesca y Desarrollo Rural. (2014). *Plan de Desarrollo Rural de Andalucía 2014-2020.* Junta de Andalucía. https://n9.cl/74yro
Consejería de Agricultura, Pesca y Desarrollo Rural. (2016). *Plan Andaluz De Producción Ecológica. Horizonte 2020.* Junta de Andalucía. https://n9.cl/ai58j
Consejería de Agricultura, Pesca y Desarrollo Sostenible. (2020). *Plan Estratégico para mejorar la competitividad del sector agrícola, ganadero, pesquero y agroindustrial del desarrollo rural de Andalucía 2020-2022.* Junta de Andalucía. https://n9.cl/1n6wp
Cuéllar-Padilla, M.C. (2008). *Hacia un sistema participativo de garantía para la producción ecológica de Andalucía* [Tesis Doctoral. Instituto de Sociología y Estudios Campesinos. Universidad de Córdoba]. https://helvia.uco.es/xmlui/handle/10396/2357
Cuéllar Padilla, M.C, Calle Collado, Á. y Gallar Hernández, D. (2013). *Procesos Hacia la Soberanía Alimentaria. Perspectivas y Prácticas Desde la Agroecología Política.* Icaria.
Díaz Herrera, C. (2018). Investigación cualitativa y análisis de contenido temático. Orientación intelectual de revista Universum. *Revista General de Información y Documentación,* 28, 119–142. https://doi.org/10.5209/RGID.60813
Entrena Durán, F. y Jiménez Díaz, J.F. (2014). Valores y estrategias de los agricultores familiares de invernadero del sudeste andaluz. *Revista Española de Investigaciones sociológicas,* 147, 21–52. https://doi.org/10.5477/cis/reis.147.21
Entrena Durán, F., Muñoz Sánchez, V. M. y Pérez Flores, A. M. (2021). Sustainability and development: From agrarian development to the paradigm of sustainability. *Sustainability,* 13(11), 6175. https://doi.org/10.3390/su13116175
González de Molina, M. (2012). Luces y sombras del crecimiento de la producción ecológica en Andalucía durante el último quinquenio (2007–2011). *Cuides Cuaderno Interdisciplinar Desarrollo Sostenible,* 9, 153–191. https://bit.ly/3JBlL63
González de Molina, M. y Guzmán Casado, G.I. (2017). On the Andalusian origins of agroecology in Spain and its contribution to shaping agroecological thought. *Agroecology and Sustainable Food Systems,* 41, 256–275. https://doi. org/10.1080/21683565.2017.1280111
Guthman, J. (1998). Regulating meaning, appropriating nature: The codification of California organic agriculture. *Antipode,* 30, 135–154. https://doi.org/10.1111/1467-8330.00071
Guzmán Casado, G.I., González de Molina, M. y Sevilla Guzmán, E. (2000). *Introducción a la Agroecología como Desarrollo Rural Sostenible.* Mundi Prensa.
Jarosz, L. (2008). The city in the country: Growing alternative food networks in Metropolitan areas. *Journal of Rural Studies,* 24, 231-244. https://doi.org /10.1016/j.jrurstud.2007.10.002
Jiménez Díaz, J.F. y Collado Campaña, F. (2021). Andalusian Organic Farming Plans (2002–2016): Themes, Approaches and Values. *Sustainability,* 17, 301–319. https://doi.org/10.3390/su13063570
Matarán, A., López, J. M., Fuentes, R., De la Cruz, C. y Soler, M. (2021). *Diagnóstico de las redes agroecológicas locales de Andalucía y diseño participativo de propuestas de consolidación.* Agencia de Gestión Agraria y Pesquera de la Junta de Andalucía, Universidad de Granada y Hábitat Cuatro S.C.A. https://n9.cl/ox5hi7
Mauleón, J.R. (2012). Mercados de agricultores en España: diagnóstico y propuesta de actuación. *Ager: Revista de estudios sobre despoblación y desarrollo rural,* (13), 53-84. https://doi.org/10.4422/ager.2011.06

Moyano-Estrada, E. (18 de enero de 2021). *Por qué decimos agricultura ecológica cuando queremos decir agroecología.* The Conversation. https://n9.cl/er9gx
Piñuel Raigada, J. L. (2002). Epistemología, metodología y técnicas del análisis de contenido. *Sociolinguistic studies*, 3(1), 1-42. https://doi.org/10.1558/sols.v3i1.1
Ramos García, M., Guzmán Casado, G.I. y González de Molina, M. (2018). Dynamics of organic agriculture in Andalusia: Moving toward conventionalization? *Agroecology and Sustainable Food Systems*, 42, 328–359. https://doi.org/10.1080/21683565.2017.1394415
Reglamento (UE) 2018/848 del Parlamento Europeo y del Consejo, de 30 de mayo de 2018, sobre producción ecológica y etiquetado de los productos ecológicos y por el que se deroga el Reglamento (CE) n.o 834/2007 del Consejo. https://bit.ly/43Yvv2e
Riechmann, J. (2003). *Cuidar la T(t)ierra: políticas agrarias y alimentarias sostenibles para entrar en el siglo XXI.* Icaria.
Sevilla Guzmán, E. (2006). *De la Sociología Rural a la Agroecología*. Icaria.
Sevilla Guzmán, E., Soler Montiel, M., Gallar Hernández, D., Vara Sánchez, I. y Calle Collado, A. (2012). *Canales Cortos de Comercialización Alimentaria en Andalucía*. Centro de Estudios Andaluces.
Sevilla Guzmán, E., y Soler Montiel, M. (2010). Agroecología y soberanía alimentaria: alternativas a la globalización agroalimentaria. En R. Fernández-Baca Casares (dir.), M. Soler Montiel y C. Guerrero Quintero (coords.), *Patrimonio cultural en la nueva ruralidad andaluza* (pp. 190-217). Junta de Andalucía, Consejería de Cultura, Instituto Andaluz del Patrimonio Histórico.
Soto Fernández, D. (2019). Orígenes y consolidación del movimiento ecologista en Andalucía (1975–1990). *Ayer*, 115, 281–311. https://doi.org/10.55509/ayer/115-2019-11
Wezel, A., Bellon, S., Doré, T., Francis, C., Vallod, D. y David, C. (2009). Agroecology as a science, a movement and a practice. A review. *Agronomy for sustainable development*, 29(4), 503-515. https://doi.org/10.1051/agro/2009004
Willer, H., Schlatter, B. y Trávníček, J. (2023). *The World of Organic Agriculture. Statistics and Emerging Trends 2023.* Research Institute of Organic Agriculture FiBL, Frick, and IFOAM – Organics International.

6. ANEXO

Palabras clave	III Plan	IV Plan
Administración/es	19 (0.78)	51 (1.43)
Agricultura Ecológica	26 (1.06)	2 (0.06)
Agroecología	3 (0.12)	3 (0.08)
Agroindustria/as	26 (1.06)	70 (1.97)
Agua/as	0 (0)	66 (1.86)
Alimentación	18 (0.73)	32 (0.90)
Alimentos ecológicos	35 (1.27)	4 (0.11)
Asesoramiento	35 (1.43)	35 (0.98)
Ayuda/s	29 (1.18)	97 (2.73)
Ayudas públicas	1 (0.04)	0 (0)
Beneficiarios/as	0 (0)	21 (0.59)
Beneficio/s	11 (0.45)	6 (0.17)

Bienestar animal	4 (0.16)	2 (0.06)
Biodiversidad	19 (0.78)	15 (0.42)
Cadenas de distribución cortas	8 (0.33)	1 (0.03)
Calidad	31 (1.27)	67 (1.88)
Cambio climático	9 (0.37)	32 (0.90)
Certificación	18 (0.73)	8 (0.22)
Ciudadanía	7 (0.29)	41 (1.15)
Comercialización	54 (2.21)	28 (0.79)
Competitividad	21 (0.86)	57 (1.60)
Comunicación	4 (0.16)	22 (0.62)
Concentración	1 (0.04)	2 (0.06)
Concentración de la oferta	1 (0.04)	1 (0.03)
Conocimiento/s	49 (2)	69 (1.94)
Conocimiento tradicional	2 (0.08)	0 (0)
Conservación	15 (0.61)	15 (0.42)
Consumidor/a/es	24 (0.98)	40 (1.12)
Consumo	59 (2.41)	45 (1.27)
Contaminación/es	3 (0.12)	2 (0.06)
Control	49 (2)	29 (0.82)
Cooperación	19 (0.78)	24 (0.67)
Cooperativas	5 (0.20)	21 (0.59)
Coordinación	17 (0.69)	13 (0.37)
Coste/s	8 (0.33)	18 (0.51)
Crecimiento	16 (0.65)	22 (0.62)
Desarrollo	184 (7.52)	207 (5.82)
Desarrollo local	13 (0.53)	4 (0.11)
Desarrollo rural	43 (1.76)	42 (1.18)
Desarrollo sostenible	12 (0.49)	46 (1.29)
Desempleados/as	1 (0.04)	5 (0.14)
Desigualdades de género	1 (0.04)	0 (0)
Difusión	21 (0.86)	28 (0.79)
Distribución	24 (0.98)	20 (0.56)
Diversidad	1 (0.04)	19 (0.53)
Divulgación	7 (0.29)	7 (0.20)
Educación	9 (0.37)	14 (0.39)
Empleo	23 (0.94)	110 (3.09)
Empresa/s	40 (1.63)	235 (6.61)
Estrategia/as	34 (1.39)	36 (1.01)
Estrategias de desarrollo local	13 (0.53)	3 (0.08)
Europa	3 (0.12)	8 (0.22)
Experiencia/s	11 (0.45)	12 (0.34)
Formación	52 (2.12)	228 (6.41)

Género	18 (0.73)	24 (0.67)
Gestión	26 (1.06)	104 (2.92)
Gran distribución	4 (0.16)	0 (0)
Grupos de Desarrollo Rural	12 (0.49)	4 (0.11)
Igualdad de género	6 (0.24)	14 (0.39)
Impacto (medio)ambiental	0 (0)	1 (0.03)
Impacto social	0 (0)	0 (0)
Incentivo/s	63 (2.57)	6 (0.17)
Información	47 (1.92)	53 (0.49)
Innovación	17 (0.69)	197 (5.54)
Investigación	30 (1.22)	32 (0.90)
Jóvenes	16 (0.65)	58 (1.63)
Medio ambiente	27 (1.10)	28 (0.79)
Medio rural	10 (0.41)	48 (1.35)
Mercado interior	7 (0.29)	0 (0)
Mercado interno	2 (0.08)	1 (0.03)
Mercado/s	48 (1.96)	23 (0.65)
Mujer/es	60 (2.45)	157 (4.42)
Normas	9 (0.37)	9 (0.25)
Normativa/s	28 (1.14)	13 (0.37)
Ordenación	23 (0.94)	15 (0.42)
Organizaciones	17 (0.69)	61 (1.72)
Política Agraria Común	3 (0.12)	1 (0.03)
Participación	23 (0.94)	28 (0.79)
Participación de las mujeres	9 (0.37)	1 (0.03)
Planificación	20 (0.82)	10 (0.28)
Política/s	12 (0.49)	29 (0.82)
Precio/s	10 (0.41)	20 (0.56)
Producción ecológica	396 (16.18)	35 (0.98)
Productividad	7 (0.29)	7 (0.20)
Productores	20 (0.82)	28 (0.79)
Productos ecológicos	69 (2.82)	5 (0.14)
Profesional/es	37 (1.51)	83 (2.33)
Promoción	34 (1.39)	48 (1.35)
Protección	13 (0.53)	15 (0.42)
Recursos naturales	4 (0.16)	6 (0.17)
Red/es	15 (0.61)	19 (0.53)
Regulación	6 (0.24)	5 (0.14)
Rentabilidad	1 (0.04)	11 (0.31)
Residuos	6 (0.24)	23 (0.65)
Respeto al medio ambiente	1 (0.04)	2 (0.06)
Responsabilidad/es	3 (0.12)	3 (0.08)
Salud	8 (0.33)	10 (0.28)

Seguridad alimentaria	1 (0.04)	10 (0.28)
Sistema de control	10 (0.41)	0 (0)
Sistemas de certificación	0 (0)	1 (0.03)
Sostenibilidad	15 (0.61)	56 (1.57)
Subvención/es	2 (0.08)	13 (0.37)
Sustentabilidad	1 (0.04)	0 (0)
Técnica/s	28 (1.14)	28 (0.79)
Tecnología/s	8 (0.33)	65 (1.83)
Territorio/s	32 (1.31)	45 (1.27)
Transferencia	14 (0.57)	65 (1.83)
Transformación	22 (0.90)	43 (1.21)
Transparencia	13 (0.53)	8 (0.22)
Subtotal (palabras por columna)	2447 (100%)	3556 (100%)

Tabla 2. Palabras clave en los planes de agricultura ecológica medidas frecuencias absolutas y relativas (esta última entre paréntesis). **Fuente:** Elaboración propia a partir de Jiménez Díaz y Collado Campaña (2021).

EL PAPEL DE LA CIENCIA DE LA INFORMACIÓN EN LA INNOVACIÓN ORGANIZACIONAL: UN ANÁLISIS CIENCIOMÉTRICO

Joel G. Perozo-Vasquez[1], *Ana T. Depizzolatti*[2]

1. INTRODUCCIÓN

La innovación es un fenómeno que surge de las interacciones sinérgicas entre múltiples agentes y variables que son características intrínsecas de la Sociedad del Conocimiento. Es un proceso complejo, multidisciplinar, en el que inciden diversos factores científicos, económicos, tecnológicos, políticos, sociales, entre otros.

Un elemento constante y omnipresente en cualquier proceso de innovación es la información, que es inherentemente esencial para que se produzca esa innovación basada en la capacidad de generar conocimiento. En este sentido, la gestión eficaz de la información es necesaria para generar ecosistemas sociales propicios a la innovación.

La Ciencia de la Información (CI), como campo académico que aborda el ciclo de la gestión de la información, desde la recolección, procesamiento, diseminación y hasta el uso de la información, puede proporcionar subsidios conceptuales y metodológicos para la mejora de los procesos de innovación.

El objetivo de este estudio es mapear el papel y las relaciones de la Ciencia de la Información en los procesos de innovación, identificadas a partir de la producción de estudios científicos, publicados hasta diciembre de 2022.

Lu *et al.* (2019) consideran a la CI como estratégica para optimizar los procesos innovadores, principalmente con foco en la innovación social. La CI, aliada a la tecnología de la información (TI), altera cada vez más las formas como las organizaciones desarrollan y capitalizan la innovación. En esa tendencia, los avances en TI posibilitan el aumento de la confianza de las organizaciones en la innovación abierta (Hensen y Dong, 2020; Cui *et al.*, 2015). Si se da por sentada la estrecha relación teórica y práctica entre CI y big data, Lozada *et al.* (2019) al analizar la relación existente entre las capacidades analíticas de esa disciplina y la coinnovación, identifican diversos estudios emergentes que abordan su aplicación en diferentes aspectos organizativos, especialmente en lo que se refiere a su impacto en el proceso de innovación empresarial. Se considera la innovación como:

un nuevo o mejorado producto o proceso (o una combinación de ambos) que difiere significativamente de los productos o procesos previos de la unidad institucional y que ha

1. Universidad Federal de Santa Catarina - UFSC (Brasil)
2. Universidad de São Paulo - USP (Brasil)

sido puesto a disposición de potenciales personas usuarias (producto) o implementado en la unidad institucional (proceso). (OECD, 2018)

Qutab *et al.*, (2022) al comparar revistas clasificadas en la base Web of Science (WoS) según los cuartiles (Q1 y Q4) para identificar productividad y tendencias de la investigación en Biblioteconomía y Documentación en el período de 2011 a 2020, su análisis temático reveló como tópicos emergentes en Q1, los siguientes cinco: análisis de citaciones, bibliometria, medias sociales, innovación y colaboración.

Los estudios métricos de la información científica, en la visión de Aria y Cuccurullo (2017), se presentan por dos vertientes: a) foco en la relevancia, lo que abarca los análisis bibliométricos; y b) el mapeamento de la ciencia, mediante los análisis cientométricos de las estructuras de conocimiento.

Por la vertiente de los análisis biliométricos, se observan tres niveles de análisis: revistas (*sources*), autores y documentos. Para el nivel de análisis de Revistas, las principales métricas son: Ley de Bradford, Índice H, Dinámica de la revista, Revistas más relevantes. Para el nivel de análisis de Autores, las principales métricas son: Autores más relevantes, Producción anual por autor, Ley de Lotka, Índice H, Instituciones (Affiliations) más relevantes, Países. Para el nivel de análisis de Documentos, las principales métricas son: Documentos más citados, Referencias más citadas, Estudios de frecuencias de palabras (Aria y Cuccurullo, 2017; Aria *et al.*, 2020; Aria *et al.*, 2022; Silva y Bianchi, 2001).

Por la vertiente del análisis cienciométrico, Aria y Cuccurullo (2017) dividen la estructura del conocimiento en 3 dimensiones: conceptual, intelectual y social. Cada una de ellas se utiliza de técnicas bibliométricas específicas, sobre diversas unidades de análisis, aplicando diferentes técnicas estadísticas, según sea el caso. La estructura conceptual utiliza como principal técnica bibliométrica el análisis de co-word, sus unidades de análisis son: Palabras Clave (Keywords), Título (Title), Resúmen (Abstract), Documento completo. Las técnicas estadísticas recomendadas son: Análisis de red de coocurrencia; Análises de palabras; Análisis Factoriales: CA, MCA, MDS; Dendrograma; Mapeamento temático; Evolución temática (Aria y Cuccurullo, 2017; Aria *et al.*, 2020; Aria *et al.*, 2022; Silva y Bianchi, 2001).

La estructura intelectual utiliza como principal técnica bibliométrica el análisis de citación, análisis de cocitación, sus unidades de análisis son: Referencias, Autores, Revistas. Las técnicas estadísticas recomendadas son Análisis de red de citación, Análisis de red de cocitación, Histograma. La estructura social utiliza como principal técnica bibliométrica el análisis de colaboración, sus unidades de análisis son: Autores (co-autoría), Institución (Affiliations), Revista. Las técnicas estadísticas recomendadas son análisis de red de colaboración en co-autoría (Aria y Cuccurullo, 2017; Aria *et al.*, 2020; Aria *et al.*, 2022; Silva y Bianchi, 2001).

Este artículo se organiza de la siguiente manera: en la sección de Materiales, se describen las bases de datos y los criterios de búsqueda utilizados. En la sección de Métodos, se explica el diseño de la revisión y los pasos seguidos para la selección de estudios. En la sección de Resultados, se presentan y analizan los hallazgos obtenidos. Finalmente, en la sección de Conclusiones, se interpretan los resultados, se discuten sus implicaciones y se extraen las principales conclusiones.

2. MATERIALES

Se realizó una búsqueda bibliográfica en las bases de datos Scopus (Elsevier) y Web of Science - WoS (Clarivate). La utilización de estas bases se justifica al ser las que indexan internacionalmente mayor cantidad de publicaciones científicas. Los términos de búsqueda utilizados fueron "innovation" y "information science".

En esta etapa de la identificación de estudios, como criterios de inclusión, se filtran para recuperar el registro bibliográfico de aquella publicación científica indexada en la base, solamente de tipo artículo (*article*), revisada por pares, efectivamente publicada, a partir de cualquier año, hasta el 31 de diciembre de 2022, que contuviera los términos de busca o en el título (*title*), o en el resúmen (*abstract*) o en las palabras-clave (*keywords*), de cualquier tipo de acceso abierto (*Open Access*), independientemente de idioma. En contraparte, los criterios de exclusión se aplican a cualquier tipo de publicación científica que no atienda a los criterios de inclusión.

Resultantes de la adaptación a las especificaciones de cada base en cuestión y considerando los criterios de inclusión y exclusión, las expresiones completas de búsqueda fueron definidas, conforme detallado en la tabla 1.

Scopus	TITLE-ABS-KEY ("Information Scien*" AND innovat*) AND PUBYEAR > 1972 AND PUBYEAR < 2023 AND (LIMIT-TO (OA, "all")) AND (LIMIT-TO (DOCTYPE, "ar")) AND (LIMIT-TO (SRCTYPE, "j")) AND (LIMIT-TO (PUBSTAGE, "final"))
Wos	TS=("Information Scien*" AND innovat*) and 2023 (Exclude – Publication Years) and All Open Access (Open Access) and Article (Document Types) and Proceeding Paper or Data Paper or Early Access (Exclude – Document Types)

Tabla 1. Expresiones de búsqueda para identificación de estudios.
Fuente: Elaboración propia, 2023.

Criterios	Especificaciones	Scopus	%	WoS	%
Búsqueda Inicial	aún sin filtros	3035	100%	620	100%
Factor Temporal	Publicados hasta 31/dic/2023	2985	98%	603	97%
Tipo de Acesso	Open Access (*All OA*)	573	19%	209	33%
Tipo de documento	Artículo (*Article*)	316	10%	156	25%
Especificidades adicionales de cada base	Scopus > Limit to: source type: journal; publication stage: final WoS > Exclude: Proceeding papers, data papers, early access	310	10%	152	25%
Total registros recuperados		462 registros			

Tabla 2. identificación de estudios por filtraje de criterios de inclusión/ exclusión. **Fuente:** Elaboración propia, 2023.

El proceso de identificación de estudios, se dió mediante la colecta de datos que se inició com el último acceso para búsqueda definitiva en 02 de abril de 2023 y los resultados a cada etapa de identificación de los registros bibliográficos recuperados son detallados en la tabla 2, con los respectivos porcentajes de la formación del *corpus* a ser estudiado.

El total de registros recuperados fue de 462 artículos, siendo 310 de Scopus y 152 de WoS. Estos 2 conjuntos de datos son utilizados en la etapa secuencial a esta. En la próxima sección se explican los métodos de selección utilizados para llevar a cabo el presente estudio.

3. MÉTODOS

La metodología empleada responde a una investigación bibliográfica y de levantamiento de datos, de naturaleza aplicada, análisis cienciométrico, con abordaje descriptivo y cuali-cuantitativo. Para realizar este estudio, cuando aplicable, se utilizó simplificación adaptada del 'checklist del Protocolo Prisma 2020' y del 'flujo de selección de artículos 2009' (Moher *et al.* 2009; Page *et al.*, 2021). La síntesis de la etapa de selección y elegibilidad de estudios se muestra en la tabla 3.

Etapa de Selección	Detalle	Excluidos	Selección
Total Recuperados	Antes de la fusión de registros		462
Eliminación de duplicados	Excluídos automaticamente	84	378
	Excluídos manualmente	26	352
Screening	Excluídos por Títulos	197	155
	Excluídos por Resúmenes	124	31

Tabla 3. Etapa de selección y elegibilidad de estudios.
Fuente: Elaboración propia, 2023.

A partir de la identificación de 462 estudios de la búsqueda inicial, para la selección de estudios, se fundieron las dos bases de registros recuperados, mediante uso del aplicativo R-Studio, eliminandose automaticamente um total de 84 registros, y adicionalmente, al exportar y revisar los datos en una hoja de cálculo, se eliminaron manualmente 26 registros duplicados, totalizando 110 excluídos. En secuencia, se revisaron (*screening*) los registros restantes, por títulos y resúmenes, eliminando, respectivamente, 197 y 124 registros, al excluir aquellos cuyo teor y temática no correspondieran adecuadamente al cuestionamiento objeto de este estudio.

Se evaluaron los textos completos de los estudios restantes y se seleccionaron finalmente 31 estudios para su inclusión en la revisión, cuyos resultados son descritos en la sección subsecuente. Los investigadores fueron los mismos revisores que de forma independiente llevaron a cabo la selección mediante el proceso de *screening*, así como la evaluación de los textos completos y cualquier discrepancia se resolvió mediante discusión y consenso.

La extracción de datos fue realizada mediante el uso de la interfaz *Biblioshiny* de la biblioteca-R *Bibliometrix* (Aria y Cuccurullo, 2017). Los metadatos obtenidos y utilizados para los respectivos análisis cienciométricos son: resúmen (*Abstract*: AB), autor (*Author*: AU), Identificador de Objeto Digital (*Digital Object Identifier - DOI*: DI), tipo de documento (*Document Type*: DT), revista académica (*Journal*: SO), idioma (*Language*: LA), año de publicación (*Publication Year*: PY), citaciones totales (*Total Citation*: TC), institución (*Affiliation*: C1), referencias citadas (*Cited References*: CR), palabras clave (*Keywords*: DE). Todos esos metadatos estaban completos, con las siguientes excepciones: faltaron un C1, dos CR y 8 documentos sin DE. En la sección de resultados, se presentan todos los hallazgos obtenidos de los análisis cienciométricos realizados.

4. RESULTADOS

Esta sección presenta los hallazgos obtenidos a partir de los estudios primarios incluidos en este estúdio, proporcionando un resúmen y una síntesis de los datos recopilados. Inspirados en la clasificación analítica de Aria y Cuccurullo (2017), los resultados son divididos en análisis de: a) bibliometria descriptiva; b) estructura del conocimiento.

4.1. bibliometria descriptiva

En forma general, los 31 artículos analisados cubren un período de publicación entre 1994 y 2022 (PY), con un promedio de crescimiento anual de 4%, siendo publicados en 28 revistas académicas (SO) identificadas. La edad promedio de los documentos es de 9,23 años, y con un promedio de 9,32 citaciones por documento. Fueron contabilizadas 879 referencias citadas (CR) en esos artículos.

Referente al contenido de los documentos, se constataron un total de 105 palavras clave (DE) y de 169 Keywords Plus (ID). De los autores (AU), fueron contabilizados 65, de los cuales 12 documentos presentan un único autor. Sobre la colaboración académica, el promedio de co-autores por documento es de 2,1 y las co-autorias internacionales (C1) representan 6,45% del total.

De las 28 revistas académicas (SO), las siguientes publicaron, cada una, 2 artículos en el conjunto analizado: *Perspectivas em Ciência da Informação*[3], Profesional de la Información[4] e *Information-Wissenschaft Und Praxis*[5]. Todas las demás 25 revistas publicaron respectivamente un único artículo sobre el tema. Por la Ley de Bradford (Sembay *et al.*, 2020; Yatsko, 2012), en este estudio, 8 revistas harian parte de la zona 1 como fuentes principales (*Core Source*), de las cuales aquellas 3 primeras naturalmente están incluídas, pero todas las demás serian candidatas por igual a ser una de las otras cinco revistas que encuadrarían en esa clasificación, ya que poseen la misma cantidad de producción.

Sobre la autoria, ninguno de los autores publicó más de un documento y ninguno de esos artículos fueron citados entre ellos. El trabajo más frecuentemente citado en los documentos estudiados es el artículo de Karsai *et al.* (2014), "*Complex contagion process in spreading of online innovation*", citado 82 veces, secundado por el trabajo de Chu y Chan (1998), "*Evolution of web site design: implications for medical education on the Internet*", con 56 citaciones y seguido por el trabajo de Cronin y Meho (2008), "*The shifting balance of intellectual trade in information studies*" con 36 citaciones.

Cinco autores son afiliados a la Universidad de Maryland (USA), 4 a la Universidad en Albany (USA), 3 de la Escuela de Ciencia de la Universidad Aalto (FIN), 3 de la Universidad Federal de Santa Catarina (BRA), 2 de la Universidad Nacional Chungbuk (KOR), 2 de la Universidad Edinburgh Napier (SCO), 2 de la Universidad de Indiana (USA), 2 de la Escuela de Medicina de la Universidad de Stanford (USA) y 2 de la Universidad Regensburg (DEU). Los demás autores son afiliados respectivamente a diferentes Instituciones. Vale resaltar, que es posible que algunos autores sean afiliados a más de una institución.

3 *Perspectivas em Ciência da Informação*: issn 19815344, 14139936, H-Index 11, Brasil. https://www.scimagojr.com/journalsearch.php?q=11700154713&tip=sid

4 Profesional de la Información: issn 16992407, 13866710, H-Index 40, España. https://www.scimagojr.com/journalsearch.php?q=6200180164&tip=sid

5 *Information-Wissenschaft Und Praxis*: issn 14344653, 16194292, H-index 10, Alemania. https://www.scimagojr.com/journalsearch.php?q=14773&tip=sid

Por países, 17 autores son de los Estados Unidos, 13 de Brasil, 6 del Reino Unido, 4 de China, 4 de Alemania, 4 de Corea del Sur, 3 de italia, 2 de Francia, 2 de Grecia, 2 de España; Finlandia, Hungria, Irlanda y Polonia, cuentan cada uno con 1 autor. Como limitación informativa, pueden haber autores sin indicación de país en los metadatos. Entre los países más citados se destacan Estados Unidos con 196 citaciones, Reino Unido con 10, Alemania con 7, China e Italia con 5 respectivamente, España con 4, Brasil con 3.

Referente al estudio de los términos más usados, los niveles de análisis pueden ser por palabras clave, por título, por el resúmen, por el documento completo e incluso por las "*Keywords Plus*" (sistema propietario de la base WoS). Al analizar estas últimas, se destacan por la frecuencia en que aparecen, los siguientes términos: humano(s) 7 veces; Internet 6; inteligencia artificial, servicios de información y radiologia, 3 cada uno; '*big data*' y minería de datos, 2 veces respectivamente.

Mediante la visualización de los 20 bigramas con mayor frecuencia en los resúmenes de los artículos, se identifican: cuidados de la salud (*health care*), ciudades inteligentes (*smart cities*), ambos presentes en los resúmenes de seis (6) artículos, seguidos por sistemas informáticos (*information systems*) y transferencia de conocimiento (*knowledge exports*) con 5 artículos. La presencia del bigrama Ciencia de la Información (*Information Science*) en 28 resúmenes, para finalidad analítica es dispensable, ya que es esperada su existencia en aquel contenido, ya que fue una de las condiciones de filtraje e inclusíon de estudios.

Un comparativo de la visualización de la frecuencia de términos en los diferentes niveles de análisis puede ser observado en el conjunto de nubes de palabras (Figura 1). Por las nubes de palabras, el análisis de los términos utilizados y sus respectivas frecuencias puede facilitar la identificación de las principales temáticas relacionadas y, principalmente, identificar asuntos emergentes entre las discusiones de tales temáticas.

Figura 1. Comparativo de Nubes de Palabras. **Fuente:** Elaboración propia, 2023.

Los análisis terminológicos, contribuyen a complementar los análisis de las estructuras del conocimiento, conceptual (*co-words,* coocurrencia), intelectual (cocitación) y social (colaboración), presentados en la subsiguiente sección. De esta forma, se identificó que apesar del conjunto de Keywords Plus presente visualmente léxico más variado, por el hecho de su ausencia en 21 documentos que no son indexados por WoS, lo que podría representar sesgo para los resultados, se optó por utilizar el conjunto de términos de los resúmenes pues este presenta mayor riqueza sintáctica y semántica que las palabras clave de autores o de títulos de los documentos.

4.2. Estructura del Conocimiento

Como estrategia de mapeamento del saber científico, se obtienen las informaciones sobre la estructura del conocimiento, mediante los análisis de: a) estructura conceptual; b) estructura intelectual; y c) estructura social.

4.2.1 Estructura Conceptual

Los análisis realizados, para conocer la estructura conceptual, fueron: Análise de Red - Coocurrencia, Análisis Factorial: *Multiple Correspondence Analysis* (MCA), Dendrograma, Mapeamento temático y Evolución temática. La técnica bibliométrica/estadística de análisis de red es la coocurrencia de términos (bigramas) y la unidad de análisis, los resúmenes. Con base en archivo de red pajek (Mrvar y Batagelj, 2016), visualizado en VOSviewer (van Eck y Waltman, 2010) (Figura 2), se identificaron 7 clusters, con la centralidad de mayor coocurencia del bigrama '*information science*'. Los principales elementos de cada cluster son: '*science LIS*' (*librarian & Information Science*), '*computer science*', '*retrieval systems*', '*communication technologies*', '*health systems*', e '*information flow*'.

Figura 2. Análisis de red de coocurrencia de bigramas de resúmenes.
Fuente: Elaboración propia, 2023.

El análisis factorial es de tipo *Multiple Correspondence Analysis* (MCA) y la unidad de análisis, los unigramas de los resúmenes. Ya que no hay variables explícitas asociadas, todos los términos presentados son parte de un único cluster.

Se observa, por la dimensión 1 (Dim1), dos grandes grupos de términos separados entre sí. Por un lado está el conjunto formado por los términos: [*learning, knowledge, innovative, data, role, library, development*]. Por otro lado, está el conjunto formado por los términos:

[*scientific, management, technology, potencial, society, science, information, professionals*]. Y obviamente, se tiene el término *innovation* como punto central de atracción de estos dos grupos. La visualización de la distribución (agrupación y distanciamiento) de términos (unigramas) de los resúmenes mediante dendrograma, corrobora las observaciones derivadas del Análisis Factorial MCA (Figura 3), mediante el destaque para dos grandes grupos de términos que coinciden con aquel análisis.

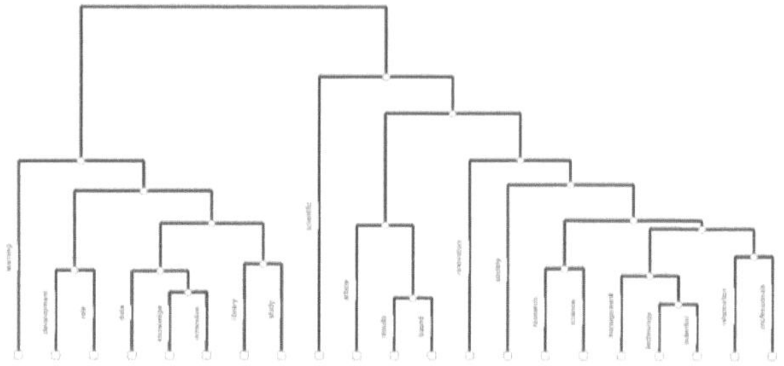

Figura 3. Análisis Factorial - Dendrograma de unigramas de resúmenes.
Fuente: Elaboración propia, 2023.

Para el mapeamento temático se utilizó como unidad de análisis, los términos (bigramas) de los resúmenes. Dicho mapeamento posibilita la identificación de 4 dimensiones de temas: a) temas básicos, b) temas motores, c) temas de nicho, d) temas emergentes o en declive (Figura 4). El tema central es definido por el grado de relevancia (centralidad) y el grado de desarrollo (densidad) y es caracterizado por cluster formado por los términos [*information professionals, scientific basis*].

Como tema básico, el mayor cluster es compuesto principalmente por los bigramas [*information science, science lis, computer science*]. En temas motores, se destacan 2 grupos: uno compuesto por [*information systems, health care, information technology*] y un segundo por [*information retrieval, retrieval systems, health systems*].

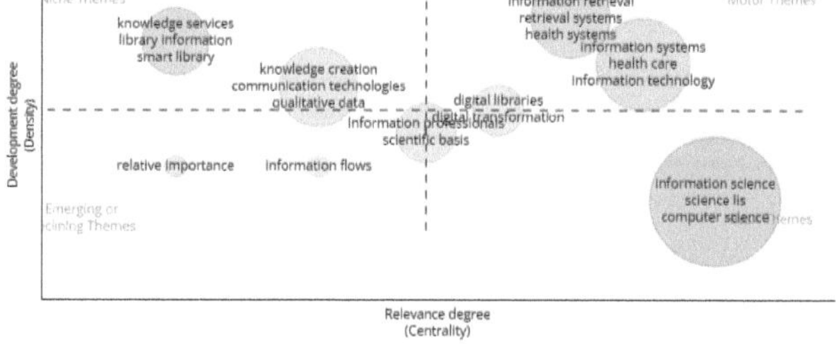

Figura 4. Mapeamento temático por bigramas de resúmenes.
Fuente: Elaboración propia, 2023.

Entre los temas de nicho, se destacan 2 grupos: uno compuesto por [*knowledge services, library information, smart library*] y un segundo por [*knowledge creation, communication technologies, qualitative data*]. Como temas emergentes o en declive se identificam '*relative importance*' e '*information flows*', sin ningún destaque importante.

Para la evolución temática se utilizó como unidad de análisis los términos (unigramas) de los resúmenes. Para definir los cortes temporales, se utilizaron 3 espacios intervalares de 2 años entre cada uno de las 4 instancias: a) 1994-2010; b) 2012-2015; c) 2017-2020; d) 2021-2022. El flujo de surgimiento o desaparición de los principales términos es presentado en la Figura 5.

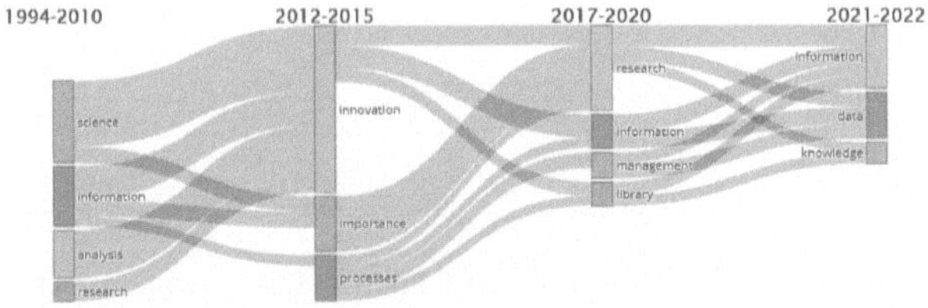

Figura 5. Evolución temática por unigramas de resúmenes.
Fuente: Elaboración propia, 2023.

En el primer corte temporal se destacaron en orden decresciente, los términos [*science, information, analysis, research*], en el segundo corte se destacan [*innovation, importance, process*]. en el tercer corte se destacan [*research, information, management, library*] y en el cuarto y último corte se destacan [*information, data, knowledge*].

Se observa, de forma global, a partir de los diversos análisis de la estructura conceptual, la formación de conjuntos de temas que no se alteran significativamente ni cualitativamente en sus propios clusters, ni en su dimension temporal. En la sección subsecuente se discute la estructura intelectual, mediante el análisis de red de cocitación.

4.2.2. Estructura Intelectual

Los análisis de citación y cocitación posibilitan evidenciar y compreender la estructura intelectual, del corpus de determinada area científica, que en este caso es formado por el conjunto de los 31 documentos analisados, al identificar los documentos, autores y revistas de mayor influencia presentes en dicho conjunto. Esta técnica permite identificar las tendencias y los temas de investigación más relevantes en el campo, así como las relaciones entre los autores y las revistas. La técnica bibliométrica utilizada fue el análisis de red de cocitación (Figura 6), cuya unidad de análisis fueron los autores.

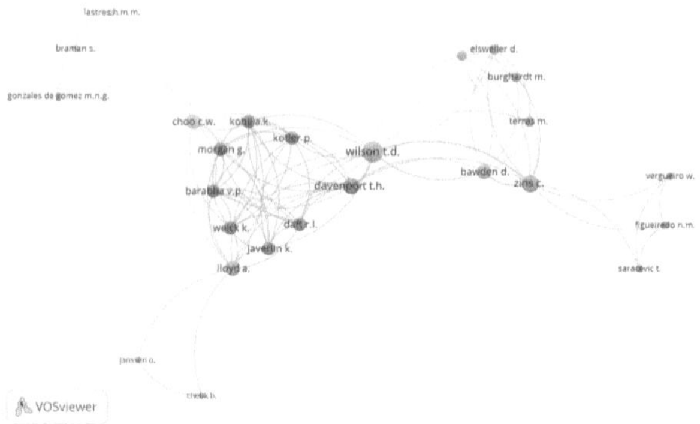

Figura 6. Red de cocitación de autores. **Fuente:** Elaboración propia, 2023.

Se destacan 5 clusters, siendo sus principales exponentes, Wilson (2002), como autor con mayor conección, directa o indirecta, a otros clusters y autores individualmente; Bawden (2012), Zins (2007), Davenport y Prusak (1998), Lloyd (2011), Choo (1998).

Las obras de Davenport y Prusak (1998), "*Working knowledge: How organizations manage what they know*"; de Choo (1998), "*The knowing organization: How organizations use information to construct meaning, create knowledge, and make decisions*"; de Wilson (2002), "*The nonsense of 'knowledge management'* "; tratan directamente sobre la gestión del conocimiento organizacional.

Mientras que la obra de Zins (2007), "*Conceptual approaches for defining data, information, and knowledge*" aborda las definiciones conceptuales de datos, información y conocimiento; el trabajo de Bawden (2012), "*On the gaining of understanding; syntheses, themes and information analysis*", revisa y compara métodos para obtener 'comprensión cualitativa' (Kvanvig, 2003), de conjuntos de información instanciados en documentos, en el contexto de la investigación bibliotecaria e informativa; y la obra de Lloyd (2011), "*Trapped between a Rock and a Hard Place: What Counts as Information Literacy in the Workplace and How Is It Conceptualized?*", objetiva conceptualizar la alfabetización informacional (ALFIN) desde la perspectiva del mundo del trabajo, o sea, organizacional, buscando la elaboración de un marco teórico aplicado a ese ambiente conceptual.

4.2.3. Estructura Social

La red de colaboración, que permite compreender la estructura social del corpus em análise, es diseñada mediante la aplicación de la técnica bibliométrica de análisis de red de coautoría, con la unidad de análisis de autores. Como explicado anteriormente en la bibliometria descriptiva, en el conjunto de los 31 documentos, la colaboración cruzada de co-autores fue mínima y sin relevancia significativa.

5. CONCLUSIONES

Los resultados de este estudio cienciométrico sugieren que la ciencia de la información juega un papel importante en la innovación. Por el análisis bibliométrico descriptivo, se observó que los autores más citados en los documentos estudiados fueron Karsai et al.

(2014), Chu y Chan (1998), y Cronin y Meho (2008). Las Universidades que se destacaron fueron la Universidad de Maryland, la Universidad en Albany, la Escuela de Ciencia de la Universidad Aalto y la Universidad Federal de Santa Catarina; y los países más productivos fueron los Estados Unidos, Brasil, Reino Unido, China, Alemania, y Corea del Sur.

En el análisis de la frecuencia de términos por Keywords Plus, se destacan: humano(s), Internet, inteligencia artificial, servicios de información, big data y minería de datos. Y las expresiones (bigramas) más comunes en los resúmenes fueron: cuidados de la salud (*health care*), ciudades inteligentes (*smart cities*), sistemas informáticos (*information systems*) y transferencia de conocimiento (*knowledge exports*).

Para el mapeamento del saber científico, se obtuvieron las informaciones sobre la estructura del conocimiento, mediante los análisis de las estructuras conceptual, intelectual y social. Por el análisis de coocurrencia, se identificaron 7 clusters, con la centralidad de mayor coocurencia del bigrama 'information science'. Los principales elementos de cada cluster son: 'science LIS' (*librarian & Information Science*), '*computer science*', '*retrieval systems*', '*communication technologies*', '*health systems*', e '*information flow*'.

En un análisis transversal, se identificó que en los dos últimos años hubo un énfasis en los términos información, datos y conocimiento. Se observa, de forma global, a partir de los diversos análisis de la estructura conceptual, la formación de conjuntos de temas que no se alteran significativamente ni cualitativamente en sus propios clusters, ni en su dimensión temporal.

El análisis de red de cocitación posibilitó identificar las relaciones y la estructura intelectual de la ciencia de la información en relación con la innovación. Los autores más cocitados, Wilson (2002), Bawden (2012), Zins (2007), Davenport y Prusak (1998), Lloyd (2011) y Choo (1998), escribieron obras relacionadas directa o indirectamente con la gestión del conocimiento organizacional, que es un factor relevante en las estratégias y procesos de innovación de las empresas e instituciones públicas y privadas.

Los resultados de este estudio tienen implicaciones importantes para el desarrollo y consolidación de la ciencia de la información como elemento estratégico para las políticas nacionales de ciencia y tecnología, y el fortalecimiento de mecanismos de innovación por parte de las organizaciones. Los desafios son múltiplos y variados. Por eso, se recomienda realizar estudios futuros sobre este tema, con foco en nichos específicos, como por ejemplo, las relaciones de la ciencia de la información con los diferentes tipos de innovación, para fortalecer aún más las conclusiones de esta revisión.

Las investigaciones sobre innovación, aparte de necesarias, son importantes para los ecosistemas de la Sociedad del Conocimiento. Su número es constantemente creciente y la interdisciplinariedad cada vez más evidente. Se concluye que las estrategias, metodologías e instrumentos de la Ciencia de la Información tienen plena aplicabilidad en las más diversas áreas de la innovación, transitando por las tecnologías, la gestión, salud, educación, economía y la sociedad, como un todo.

6. REFERENCIAS

Aria, M., y Cuccurullo, C. (2017). bibliometrix: An R-tool for comprehensive science mapping analysis. *Journal of Informetrics*, *11*(4), 959–975. https://doi.org/10.1016/j.joi.2017.08.007

Aria, M., Cuccurullo, C., D'Aniello, L., Misuraca, M., y Spano, M. (2022). Thematic Analysis as a New Culturomic Tool: The Social Media Coverage on COVID-19 Pandemic in Italy. *Sustainability*, *14*(6), Artigo 6. https://doi.org/10.3390/su14063643

Aria, M., Misuraca, M. y Spano, M. (2020). Mapping the Evolution of Social Research and Data Science on 30 Years of Social Indicators Research. *Social Indicators Research, 149*(3), 803–831. https://doi.org/10.1007/s11205-020-02281-3

Bawden, D. (2012). On the gaining of understanding; syntheses, themes and information analysis. *Library and Information Research, 36*(112), Artigo 112. https://doi.org/10.29173/lirg483

Choo, C. (1998). *The knowing organization: How organizations use information to construct meaning, create knowledge, and make decisions.* Oxford University Press. https://doi.org/10.1093/acprof:oso/9780195176780.003.0001

Chu, L. F. y Chan, B. K. (1998). Evolution of web site design: implications for medical education on the Internet. *Computers in biology and medicine, 28*(5), 459–472. https://doi.org/10.1016/s0010-4825(98)00027-4

Cronin, B. y Meho, L. I. (2008). The shifting balance of intellectual trade in information studies. *Journal of the American Society for Information Science and Technology, 59*(4), 551–564. https://doi.org/10.1002/asi.20764

Cui, T., Ye, H. (Jonathan), Teo, H. H., y Li, J. (2015). Information technology and open innovation: A strategic alignment perspective. *Information & Management, 52*(3), 348–358. https://doi.org/10.1016/j.im.2014.12.005

Davenport, T. H. y Prusak, L. (1998). Working knowledge: How organizations manage what they know. Em *Ubiquity*. Harvard Business School Press. https://doi.org/10.1145/348772.348775

Hensen, A. H. R. y Dong, J. Q. (2020). Hierarchical business value of information technology: Toward a digital innovation value chain. *Information & Management, 57*(4), 103209. https://doi.org/10.1016/j.im.2019.103209

Karsai, M., Iñiguez, G., Kaski, K., y Kertész, J. (2014). Complex contagion process in spreading of online innovation. *Journal of The Royal Society Interface, 11*(101), 20140694. https://doi.org/10.1098/rsif.2014.0694

Kvanvig, J. L. (2003) The value of knowledge and the pursuit of understanding. Cambridge: Cambridge University Press.

Lloyd, A. (2011). Trapped between a Rock and a Hard Place: What Counts as Information Literacy in the Workplace and How Is It Conceptualized? *Library Trends, 60*(2), 277–296. https://doi.org/10.1353/lib.2011.0046

Lozada, N., Arias-Pérez, J. y Perdomo-Charry, G. (2019). Big data analytics capability and co-innovation: An empirical study. *Heliyon, 5*(10). https://doi.org/10.1016/j.heliyon.2019.e02541

Moher, D., Liberati, A., Tetzlaff, J., Altman, D. G. y PRISMA Group. (2009). Preferred reporting items for systematic reviews and meta-analyses: The PRISMA statement. *PLoS Medicine*, 6(7), e1000097. https://doi.org/10.1371/journal.pmed.1000097

Mrvar, A. y Batagelj, V. (2016). Analysis and visualization of large networks with program package Pajek. *Complex Adaptive Systems Modeling, 4*(1), 6. https://doi.org/10.1186/s40294-016-0017-8

Page, M. J., McKenzie, J. E., Bossuyt, P. M., Boutron, I., Hoffmann, T. C., Mulrow, C. D., Shamseer, L., Tetzlaff, J. M., Akl, E. A., Brennan, S. E., Chou, R., Glanville, J., Grimshaw, J. M., Hróbjartsson, A., Lalu, M. M., Li, T., Loder, E. W., Mayo-Wilson, E., McDonald, S. y Moher, D. (2021). The PRISMA 2020 statement: An updated guideline for reporting systematic reviews. *BMJ* (Clinical Research Ed.), 372, n71. https://doi.org/10.1136/bmj.n71

Qutab, S., Siddique, N., Khan, M. A., y Ullah, F. S. (2022). A Comparison of Q Index Ranked Journals: Library and Information Science Productivity and Research Trends (2011-

2020). *Pakistan Journal of Information Management and Libraries, 24*. https://doi.org/10.47657/5880

Sembay, M., Pinto, A. L., Macedo, D. D. J. y Moreiro-González, J. A. (2020). Aplicação da lei de bradford a pesquisas relacionadas a open government. *Anales de Documentación, 23*(1), Artigo 1. https://doi.org/10.6018/analesdoc.326771

Silva, J. A. da, y Bianchi, M. L. P. (2001). Cientometria: A métrica da ciência. *Paidéia (Ribeirão Preto)*, 11, 5–10. https://doi.org/10.1590/S0103-863X2001000200002

van Eck, N. J., y Waltman, L. (2010). Software survey: VOSviewer, a computer program for bibliometric mapping. *Scientometrics, 84*(2), 523–538. https://n9.cl/93t68

Wilson, T. D. (2002). *The nonsense of "knowledge management"*. https://www.informationr.net/ir/8-1/paper144.html

Yatsko, V. A. (2012). The interpretation of Bradford's law in terms of geometric progression. *Automatic Documentation and Mathematical Linguistics, 46*(2), 112–117. https://doi.org/10.3103/S0005105512020094

Zins, C. (2007). Conceptual approaches for defining data, information, and knowledge. *Journal of the American Society for Information Science and Technology, 58*(4), 479–493. https://doi.org/10.1002/asi.20508

REFORMAS EDUCATIVAS: EFECTOS EN ESCUELAS RURALES

Marta Quiroga-Lobos[1]

El presente texto nace en el marco del proyecto FONDECYT de Iniciación, N° 11220021 (2022), "Liderazgo pedagógico de los encargados de escuelas rurales y la instalación de las agencias locales de educación", bajo el patrocinio de la Pontificia Universidad Católica de Valparaíso.

1. INTRODUCCIÓN

Las reformas educativas tienen como propósito mejorar o provocar un avance significativo en relación a un problema que ha sido diagnosticado. En Chile se encuentra en implementación la Ley que crea el Sistema de Educación Pública (Ley 21040), promulgada el 2017), que mandata el traspaso de los establecimientos municipales a los servicios locales de educación (SLEP). La ley estableció la creación de 70 servicios locales, los cuales se conforman sobre una base de 346 municipios. Ello implica que, en promedio, cada servicio local estará conformado por cuatro o cinco comunas adyacentes. Dado lo anterior, la creación de un SLEP implica que docentes y funcionarios de los municipios son traspasados a un nuevo empleador, recientemente creado. Esta reforma, utilizando el concepto de Viñaó (2006), es de carácter político administrativa, es decir, modifica la forma de gobernar y administrar y gestionar los sistemas educativos, ya sea respecto al reparto de competencias entre diferentes poderes públicos, o en relación con los órganos de gestión de inspección de los mismos.

Todas las reformas producen efectos imprevistos, en algunos casos no deseados, como pueden ser fenómenos de hibridación, adaptación, acomodación, reinterpretación, burocratización, desnaturalización o resistencia, entre otras, así como consecuencias que permiten evidenciar los cambios que se esperaban.

Diversos estudios chilenos han documentado las dificultades en el proceso de implementación de tal legislación en contextos urbanos. Dificultades tanto administrativas como pedagógicas. Sin embrago, aún no se ha prestado suficiente atención al impacto de esta política en el contexto rural. De allí la importancia de este estudio.

1. Universidad Católica de Valparaíso (Chile)

1.1. Contextualización

Desde el retorno a la democracia, los sucesivos gobiernos de Chile han manifestado preocupación por la educación rural. Entre los años 1990 y 2002 se implementó el Programa de Mejoramiento de la Calidad y Equidad (MECE/Básica/Rural), que tenía como propósito mejorar las oportunidades educativas de los niños y niñas a través de la implementación de un modelo de desarrollo profesional basado en la escuela, concretado en las siguientes acciones: conformación de microcentros para potenciar la reflexión conjunta entre docentes de escuelas rurales cercanas y la publicación del "Manual de Desarrollo Curricular para Escuelas Multigrados" (Sepúlveda, 1995). El año 2002 se reestructura el Ministerio de Educación y la División de Educación Básica se hace cargo del Programa, lo que implicó una disminución de atención directa en la enseñanza en escuelas rurales (Gracia, 2013). En el año 2010, nuevamente se crea un área encargada de la educación rural y el año 2012, a través del Decreto N° 968, se reconoce y valida el funcionamiento de los microcentros, facultando a los docentes de las escuelas rurales para asistir a las reuniones mensuales (2012).

La Ley que crea el sistema de Educación Pública es una reforma educacional a gran escala. Se define como un cambio profundo en la estructura del sistema educativo (Fagerling y Saha, 1989) que tiene el objetivo de transformar y mejorar el sistema en su conjunto (Hargreaves y Shirley, 2012; Rivas *et al.*, 2013; Reimers, 2020). La figura 1 muestra la nueva estructura educativa, en el que las escuelas, liceos y jardines infantiles son traspasados al servicio local, el cual cuenta con un Consejo Local y un Comité Directivo que acompañan la gestión del director del servicio local.

El objetivo de esta reorganización territorial es acumular, desarrollar e institucionalizar las capacidades profesionales y técnicas en cada territorio, para que los niveles intermedios puedan impulsar el mejoramiento continuo de las unidades educativas (Bellei *et al.*, 2018)

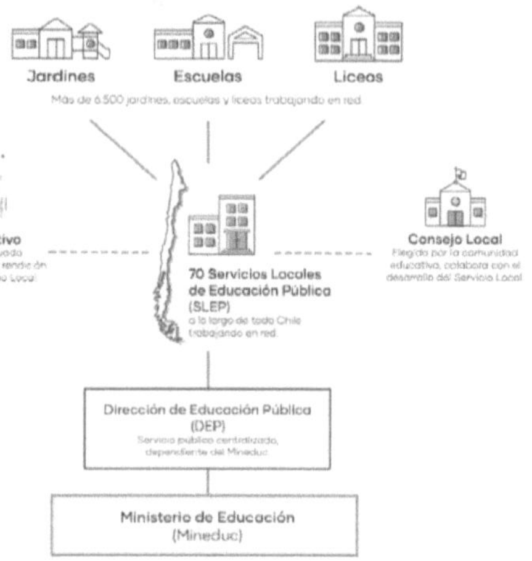

Figura 1: Sistema de Educación Pública. **Fuente:** Mineduc, 2016

Con la creación de los servicios locales de educación pública, se ha iniciado el traspaso de las escuelas rurales desde los municipios, de acuerdo con la secuencia de creación de SLEPs establecida en la ley.

1.2. Aproximaciones al concepto de Escuela rural.

Según Mitra et al. (2008), una escuela rural de calidad debe lograr buen desempeño en las pruebas estandarizadas y contar con maestros motivados, con formación acorde a las demandas y recursos adecuados (edificio, materiales didácticos, etc.). Malhoit (2005) profundiza indicando que los docentes rurales deben estar titulados y contar con una licenciatura en la(s) materia(s) enseñada(s), certificación estatal, prueba de conocimiento en el contenido de cada materia y postgrado (Eppley, 2009; Holloway, 2002). Además, las escuelas deben pagar buenos salarios a los profesores y estar dirigidas por líderes escolares eficaces (Cheng, 2002), condiciones que son muy difíciles de encontrar en los contextos rurales (Holloway, 2002; Hudson y Hudson, 2008; Lyons *et al.*, 2006; Malhoit, 2005; McClure *et al.*, 2003; Mitra *et al.*, 2008). El Decreto Supremo Nº 117, en su artículo 3 (Ministerio de Educación, 2011), especifica que en aquellos establecimientos que se encuentren fuera del límite urbano y que tengan al menos un aula que "entregue educación a estudiantes de distintos cursos y edades en forma simultánea" (p. 2) y que no cuenten con director, el sostenedor podrá nombrar a un encargado de escuela, entendido como un docente que divide su tiempo entre la docencia de aula y las tareas de director. Esta figura contractual se aplica a las escuelas uni (un solo docente en la escuela), bi (dos docentes), tri (tres docentes) y polidocentes (de cuatro a doce docentes).

1.3. Breve caracterización de la Educación Rural en Chile

A pesar de las inversiones realizadas por el Estado, en los últimos 10 años la matrícula rural ha disminuido, lo que ha implicado el cierre de un número importante de escuelas (Gallego *et al.*, 2007). El terremoto del año 2010 profundizó el cierre de escuelas a través de la fusión de establecimientos con baja matrícula y/o bajos resultados SIMCE, lo que puede ser considerado un proceso de "clausura" de establecimientos (Martinis y Redondo, 2006).

El estudio de Núñez et al. (2013) concluye que el cierre de escuelas rurales tiene implicancias para la cohesión social en los niveles macroinstitucional, comunitario e individual. En el primero, se pierde el nexo institucional entre las comunidades y el Estado y se instala la desconfianza en las autoridades. En segundo lugar "a nivel comunitario, desaparece uno de los principales elementos aglutinadores, principalmente para las mujeres, quienes pierden un espacio de encuentro social que no es reemplazado" (p. 623). En tercer lugar, a nivel individual, las personas perciben que sus posibilidades de desarrollo se restringen. El cierre de establecimientos rurales implica, también, que los estudiantes deben desplazarse a zonas preurbanas o urbanas, con los costos económicos y de tiempo que esto involucra (Araya *et al.*, 2012), y no necesariamente implica la obtención de una educación de mejor calidad, ya que según los estudios de Gallego *et al.*, (2007), el 85% de las diferencias en los resultados SIMCE entre colegios urbanos y rurales se puede explicar por las mejores condiciones socioeconómicas de los primeros.

Los estudios que comparan los resultados SIMCE entre establecimientos urbanos y rurales informan que los resultados son mejores para los primeros. Hermosilla (2017) analizó los resultados SIMCE de 8º básico entre los años 2009-2015 y concluyó que los "alumnos de zona geográfica urbana obtienen, en promedio, mejores resultados en todos los factores de estudio" (p. 15). Sin embargo, en la prueba de escritura de 6º básico se concluye que no hay diferencias estadísticamente significativas entre los desempeños de áreas rurales (50 puntos) y áreas urbanas (52 puntos), y que los establecimientos rurales de un nivel socioeconómico bajo (50 puntos) y medio bajo (51) muestran un desempeño más alto que los urbanos de la misma condición socioeconómica (bajo, 47 y medio bajo, 49) (Agencia de la Calidad, 2016).

Finalmente, la geografía del país y la distribución de la población hacen que algunas escuelas rurales sean un monopolio de prestación de servicios educativos, en algunas localidades es imposible asistir a un colegio diferente ya que las distancias son prohibitivas, de acuerdo a los estudios de Elacqua y Martínez (2011a) y Elacqua et al., (2011b). De allí la importancia de asegurar la calidad y equidad educativa en contextos rurales.

1.4. Escuelas rurales y Directivos Docentes

Malhoit (2005) y Redding y Walberg (2012) indican que las escuelas rurales son pequeñas, ofrecen un currículo limitado y baja matrícula. Diversos estudios han documentado la importancia de los directores escolares en escuelas urbanas para el logro de aprendizajes de calidad de los estudiantes (Leithwood *et al.*, 2004; Lesotte, 1991, 1992; Marzano *et al.*, 2005; Winn *et al.*, 2009a, 2009b). En el contexto rural, el director de la escuela se encuentra bajo las exigencias emanadas de las características específicas de los entornos rurales, lo que implica cumplir múltiples funciones y responsabilidades que abarcan la escuela y la comunidad (Alvy y Coladarci, 1985; Preston *et al.*, 2014; Wildy y Clarke, 2008). Las expectativas de las comunidades rurales sobre los líderes escolares rurales son muy altas y requieren de un director que esté dispuesto a participar de las diversas actividades comunitarias (Clarke & Wildy, 2004). Debido a estas características contextuales, liderar una escuela rural es un desafío único para los directores (Hazi, 1998).

Diversos estudios han ilustrado los desafíos de la dirección escolar rural. El primero es que los directores requieren realizar una adecuada lectura del tejido social en que está inserta la escuela y las expectativas de la comunidad (Stewart y Matthews, 2016). El segundo es la alta relación entre la vida personal y profesional (Wieczorek y Manard, 2018). El tercero es el reclutamiento y mantención de profesores (Brenner *et al.*, 2015), dificultado por la distancia de centros urbanos y las remuneraciones. Un cuarto desafío es la dotación de recursos financieros para la implementación de programas complementarios para apoyar el aprendizaje (Clarke y Wildy, 2004; Meckley y Hazi, 1998). Un quinto es la "multitarea", es decir, que deben realizar muchas tareas de diferente naturaleza, y un sexto es la falta de preparación específica para desempeñarse en contextos rurales (Osborne-Lampkin y Folsom, 2017).

La Agencia de la Calidad (2016), en un estudio sobre directores de escuelas rurales que han logrado mantener buenos resultados SIMCE, anterior a la creación de los SLEPs, concluyó que estos "han ejercido un liderazgo democrático, involucrando las perspectivas de los diferentes actores, pero asumiendo la autoridad que les corresponde. Han liderado los procesos de mejoramiento estratégicamente, aprovechando los recursos del PME, en un contexto colaborativo y de confianza" (p. 21). Estos resultados contrastan con el estudio de Lizama (2015), quien analizó seis escuelas rurales de la Región Metropolitana, concluyendo que el liderazgo directivo está "debilitado, que no es claro en sociabilizar qué es lo que la escuela quiere lograr y qué se necesita de la comunidad educativa para conseguirlo" (p. 30). En relación con el uso de los recursos provenientes de la Ley SEP, el mismo estudio concluye que el sostenedor contrata apoyos profesionales o programas desvinculados de las necesidades de la escuela. Los resultados contrapuestos entre ambos estudios se deben a los objetivos perseguidos por cada uno de ellos y a la forma de selección de los establecimientos estudiados.

2. OBJETIVOS

Dada la relevancia de la puesta en marcha de esta reforma a gran escala, el objetivo de este estudio es comprender, desde las subjetividades de los profesores encargados de escuelas rurales, los desafíos, cambios, mejoras y obstáculos que ha significado el traspaso desde los municipios a los servicios locales de educación.

3. METODOLOGÍA

Se implementó una metodología cualitativa basada en la realizaron de catorce entrevistas reflexivas a encargados de escuelas rurales que han vivido el proceso de des-municipalización por tres o cuatro años, antes de realizado este estudio. Es decir, son actores que han vivido el proceso de des-municipalización. Las entrevistas se realizaron en dos servicios locales. Por cuestiones de confidencialidad, los servicios locales se han identificado con A y B y los informantes con número, desde el uno al catorce. De las 14 entrevistas realizadas, siete corresponden al servicio local A y otras siete al servicio local B. Cinco corresponden a escuelas unidocentes, tres a bidocentes y seis a tridocentes. Ocho entrevistas corresponden a profesores hombre y seis mujeres. Todos cuentan con más de 15 años de experiencia en la escuela de la cual son profesores encargados.

El guion de las entrevistas estuvo compuesto por cuatro tópicos: el primero asociado a su experiencia como encargado de escuela rural; el segundo, a la vinculación con la comunidad en que está inserta la escuela; el tercero, focalizado en los obstáculos/ desafíos que ha significado el proceso de des-municipalización y, finalmente, el cuarto en los cambios y en las mejoras que ha visto en los últimos cuatro años post des-municipalización. Las entrevistas se realizaron en dependencias de la escuela, lo que permitió conocer el contexto de ruralidad de las escuelas, así como el rol de estas en las respectivas comunidades.

Posteriormente fueron transcritas y analizadas utilizando el método comparativo constantes. Posteriormente, las conclusiones fueron trianguladas con los entrevistados.

Programa de estudio	Años de experiencia	Modalidad	Formación	SLEP	Genero
Entrevistado 1	15	Unidocente	Profesor Básico	A	Masculino
Entrevistado 2	25	Unidocente	Profesor Básico	A	Masculino
Entrevistado 3	25	Tridocente	Profesor Básico	A	Femenino
Entrevistado 4	25	Bidocente	Profesor Básico	A	Masculino
Entrevistado 5	22	Unidocente	Profesor Básico	A	Femenino
Entrevistado 6	25	Tridocente	Profesor Básico	A	Femenino
Entrevistado 7	18	Tridocente	Profesor Básico	A	Femenino

Entrevistado 8	25	Bidocente	Profesor Básico	B	Masculino
Entrevistado 9	25	Tridocente	Profesor Básico	B	Femenino
Entrevistado 10	15	Tridocente	Profesor Básico	B	Masculino
Entrevistado 11	25	Tridocente	Profesor Básico	B	Femenino
Entrevistado 12	30	Bidocente	Profesor Básico	B	Masculino
Entrevistado 13	25	Unidocente	Profesor Básico	B	Masculino
Entrevistado 14	16	Unidocente	Profesor Básico	B	Femenino

Tabla 1. Caracterización de los Entrevistados. **Fuente:** Elaboración propia.

4. RESULTADOS

A partir del análisis de datos, mediante el método comparativo constante (Strauss y Corbin 2002), emergieron seis categorías de análisis, las que son presentadas separadamente para facilitar la comprensión.

4.1. Incertidumbre y angustia entre los encargados de escuelas rurales

La instalación de los servicios locales analizados ha sido un proceso traumático para los profesores rurales, como se expresa en la siguiente cita: *"cuando se supo la noticia que se crearía el servicio local, corrieron muchos rumores, y uno que me preocupaba era el traslado de establecimiento. Me ha costado mucho vincularme con la gente del pueblo, es difícil"* (Entrevistado 10). Esta preocupación es comprensible en el grupo de entrevistados, dada su larga experiencia en una misma comunidad, todos por sobre los 15 años. Éste es un dato relevante, ya que los encargados de escuela consideran que construir una relación con la comunidad es un aspecto clave de su gestión, por lo tanto, al ser trasladados de establecimiento, deben volver a iniciar el vínculo. Comprenden su relación con la comunidad, no sólo con sus apoderados sino con todas las personas que viven en el pueblo, las que sin ser directamente apoderados del colegio participan de las actividades que la escuela realiza. Esta comprensión ampliada sobre la comunidad es un eje central del ejercicio de su rol como encargado de escuela, por lo tanto, la amenaza de trasladado a una comunidad desconocida marcó de angustia el primer año del traspaso.

4.2. Tensiones entre lo municipal y público

La organización de los servicios locales requirió la conformación de equipos profesionales para cumplir con sus tareas propias y apoyar a las escuelas en su proceso de mejoramiento. La contratación de estos profesionales fue un aspecto que tensionó la relación entre los encargados de escuelas rurales y el servicio local. La mayoría de los funcionarios de ambos servicios locales eran nuevos y provenientes de colegios particulares subvencionados o, en algunos casos, de universidades. La procedencia laboral de los encargados de apoyar el mejoramiento escolar es cuestionada por los encargados de escuela rural, ya que consideran que las experiencias de estos profesionales en contextos urbanos no son útiles en el ámbito rural. Ello se expresa en la siguiente cita: *"Dan opiniones y citan a formaciones sin considerar que en la escuela rural el aula es multigrado, entregan recomendaciones que no son adecuadas y no escuchan nuestras problemáticas"* (Entrevistado 6). En la siguiente cita se refleja la opinión de un encargado de escuela: *"Los que llegaron a trabajar al Slep vienen de la educación particular subvencionada urbana, donde hay más recursos, es más fácil enseñar y los apoderados están más presentes y los cursos son completos"* (Entrevistado 14).

4.3. Reuniones de Microcentro

La unificación de varias comunas bajo una misma administración ha implicado que todos los establecimientos rurales deban asistir a las reuniones de microcentro, es decir, que participen todos los encargados y docentes de las escuelas rurales, de las tres o cuatro comunas que conforman el SLEP. Se ha puesto fin a las reuniones de microcentro compuestas por cuatro o cinco establecimientos con cercanía geográfica, pertenecientes a una misma comuna. La siguiente cita manifiesta algunos de los problemas que tal cambio implica: *"antes nos juntábamos las cuatro escuelas y compartíamos nuestras prácticas y nos apoyamos en el llenado de los documentos, ahora no hay tiempo, sólo se viene a escuchar temas administrativos"* (Entrevistado 4). De los relatos se desprende que las reuniones de microcentro se dividen en diversos momentos de trabajo, dejando poco espacio para que los encargados de escuela puedan compartir sus preocupaciones y desarrollar trabajo conjunto. Asimismo, se han transformado en espacios masivos, donde es difícil desarrollar el sentido de pertenencia y confianza profesional entre los docentes.

4.4. Comunicación y percepción de apoyo administrativo

Los entrevistados comparan la calidad de la comunicación que tenían con los municipios con la que actualmente tienen con el servicio local. Extrañan la oportunidad con que se atendían sus necesidades. Ello se expresa en la siguiente cita: *"antes yo cruzaba la calle y conversaba con el director del DAEM y él me ayudaba, ahora tengo que hacerme el tiempo para ir a la ciudad, esto es difícil porque con quién dejo a los niños"* (Entrevistado 2). También consideran que los protocolos de comunicación eran más claros y comprensibles con el municipio que con el servicio local, sienten que sus solicitudes no son respondidas o, cuando lo hacen, ya no es oportuno. Por ejemplo, deben enfrentar muchos de sus problemas de infraestructura sin ayuda del servicio local, como se indica en la siguiente cita: *"Ayer me avisaron que cortarían el agua a mediodía, cómo voy a mandar a mis niños de vuelta sin el almuerzo, hable con un vecino y nos agua. El SLEP en estos casos no ayuda, hay que jugársela solo"* (Entrevistado 5).

Los municipios, debido a la cercanía geográfica con las escuelas y el rol político y de difusión que estas juegan en comunidades pequeñas permitían a los encargados de escuela una vinculación directa con el alcalde y/o el director del servicio de administración municipal. La comunicación permanente, formal e informal, permitía a los encargados de escuela conseguir recursos para sus proyectos curriculares y solucionar problemas emergentes. Con la des-municipalización, la administración central del SLEP está radicada, generalmente, en la capital regional, lo que implica una serie de dificultades de transporte y comunicación para los encargados de escuelas rurales.

4.5 Autonomía

Los encargados de escuela expresan pérdida de autonomía en sus proyectos curriculares, lo que se relata en la siguiente cita: *"antes nos poníamos de acuerdo con mi colega de la otra escuela, juntábamos nuestros recursos SEP más lo de las mineras y organizábamos viajes con los niños, ahora los aportes empresariales son para todas las escuelas del SLEP"* (Entrevistado 5). La realización de estas actividades permitía fortalecer los proyectos educativos y las oportunidades de los estudiantes de escuelas rurales, en orden a conocer otros contextos y ciudades.

La autonomía curricular es uno de los aspectos más interesantes en los relatos de los encargados de escuela. Si bien, en algunos casos, manifiestan dudas sobre su metodología de enseñanza y niveles de logro de sus estudiantes, están convencidos que sus decisiones curriculares son las más ajustadas para ellos, lo que podía ser concretado mediante actividades extracurriculares, en las que estaba involucrada toda la comunidad. En este sentido, los encargados de escuela consideran que el servicio local, si bien ha creado la figura de un apoyo pedagógico para cada escuela (lo que consideran valioso y un aporte para su proceso reflexivo), ha diluido el vínculo directo con las empresas y dificultado el concretar sus proyectos extracurriculares.

4.6. Asesores técnicos pedagógicos

Especialmente en las escuelas unidocentes, se valora el nombramiento de un asesor pedagógico con cuatro horas de destinación para cada escuela. Una vez al mes, el asesor visita el establecimiento escolar y realiza una jornada de trabajo con el encargado de la escuela. En ella se revisa el proyecto de mejoramiento educativo y las metas comprometidas. Asimismo, se analizan las evidencias y las actividades realizadas. Esta reunión es muy valorada por los encargados de escuela, ya que disminuye su percepción de aislamiento y les otorga una instancia personalizada de reflexión, tanto sobre el proceso de gestión de la escuela, como sobre el cumplimiento de las metas establecidas. En todos los casos estudiados, los encargados de escuelas rurales referencian positivamente su relación con los asesores pedagógicos, destacando su cercanía y la posibilidad de establecer relaciones profesionales de confianza. Ello se expresa en la solución a diversos problemas de carácter administrativo, como ejemplifica la siguiente cita: *"acá la conexión de Internet es muy mala para subir la información a la plataforma, yo le mando un WhatsApp a la asesora y ella sube los documentos a la plataforma, así puedo cumplir siempre a tiempo"* (Entrevistado 8). La colaboración que prestan estos asesores se puede definir como apoyo a la gestión pedagógica.

4.7. Recursos del PME

Los proyectos de mejoramiento educativo son estrategias de planificación que permiten a los establecimientos organizar sus metas, acciones y recursos para el logro de propósitos definidos, durante cuatro años. Los encargados de escuelas rurales entrevistados muestran conocimiento sobre la formulación de P.M.E. y rendición de cuentas de ellos. Consideran que los municipios ejercían menos control sobre su formulación y distribución de recursos. El SLEP, por el contrario, supervisa y orienta la construcción de los P.M.E. y define algunas estrategias comunes para todas sus escuelas. Ello se refleja en la siguiente cita: *"de los recursos que llegan a mi escuela me descuentan un porcentaje para fútbol de playa. Mis alumnos no van, es muy lejos. No entiendo por qué hay que financiarla, pero hay que hacerlo"* (Entrevistado 5). Desde la perspectiva de los recursos. también se reconoce que el servicio local ha dotado de materiales suficientes a las escuelas como, por ejemplo, textos, impresoras, papel y tinta. En este sentido, se reconoce un despliegue rápido y eficiente de los recursos.

5. DISCUSION

A partir de los resultados se desprende que la des-municipalización de las escuelas rurales ha sido un proceso lento y, en algunos momentos, angustiante para los encargados de escuelas rurales. Sin embargo, temores iniciales sobre desvinculaciones y traslados de escuela se han disipado. La relación del encargado de escuela rural con el SLEP se ha ido configurando con el tiempo, jugando un rol importante la figura de asesor técnico pedagógico, que visita mensualmente cada una de las escuelas que tiene a cargo.

Los hallazgos de esta investigación se presentan organizados en cuatro grandes perspectivas de análisis. La primera de ellas es la administrativa, la segunda, de apoyo pedagógico, la tercera, de vinculación con las comunidades en que se encuentran insertas las escuelas y, finalmente, la cuarta es la tensión entre la educación municipal, como depositaria de los déficits, versus la educación particular subvencionada, como representante de calidad educativa. Cada uno de estos aspectos es explicado a continuación.

- Aspectos administrativos. Se considera negativamente burocrática la relación entre el encargado de escuela rural y el SLEP. Las solicitudes de recursos materiales o apoyos específicos se gestionan con cierta lentitud y requieren muchos pasos administrativos. Ello provoca cierto desánimo en los profesores.
- Rol del encargado de escuela rural. Acorde a diversos estudios (Jakubiec y Kooymans, 2014; Wildy y Clarke, 2008) el rol de los encargados de escuelas rurales sigue siendo multitarea, es decir realizan la gestión de la escuela y enseñan a los estudiantes. En este sentido, pareciera ser que la nueva administración ha centrado sus esfuerzos en apoyar la gestión administrativa y se ha involucrado menos en los procesos de enseñanza en el aula, aspectos inseparables dado el carácter de estas escuelas. Es importante indagar con más profundidad sobre los procesos de asesoramiento y como se vinculan con los procesos de enseñanza en el contexto rural.
- Apoyo pedagógico. El acompañamiento que realizan los asesores pedagógicos en cada establecimiento se valora positivamente; no obstante, se extraña mayor protagonismo en las reuniones de microcentro. Éstas se han convertido en un espacio administrativo y de comunicación de información, perdiendo el carácter de espacio para el intercambio de experiencias y reflexión pedagógica.
- Vinculación con la comunidad. Diversos estudios, como el de Stewart y Matthews (2016), han demostrado la importancia de la relación entre encargado de escuela y la comunidad, entendida esta última como una comunidad extendida. Es decir, en ella participan los apoderados de la escuela y también todos los habitantes del poblado. La escuela es un espacio de encuentro, en que no solo se produce el aprendizaje de los estudiantes, sino que conforma un espacio comunitario. En este sentido, las actividades extracurriculares que realizaban las escuelas, con financiamiento municipal y aportes de empresas, permitían a los encargados de escuela dinamizar el vínculo con los miembros de la comunidad. La ausencia de estas oportunidades de encuentro es evaluada negativamente por los encargados de escuela.

- Municipal versus particular subvencionado. Los SLEPs contrataron, para sus funciones administrativas y de apoyo pedagógico, a profesionales provenientes de la educación particular subvencionada. En consecuencia, los docentes, traspasados desde los municipios, se sentían desvalorizados en sus capacidades profesionales. Este es un aspecto clave en el proceso, ya que la des-municipalización y creación de los SLEP se apoya en dos fundamentos: i) terminar con una herencia de la dictadura cívico militar chilena y ii) la baja calidad del sistema municipal, demostrado en el bajo desempeño de sus estudiantes en evaluaciones nacionales. Es decir, la contratación de profesionales con experiencia en colegios particulares subvencionados, para apoyar el proceso de mejora de establecimientos rurales municipales, es identificado como una dificultad, ya que según las opiniones de los encargados de la escuela rural, no conocen los procesos de educación rural.

6. CONCLUSIONES

El objetivo de este estudio es conocer las percepciones subjetivas de los encargados de escuelas rurales sobre el proceso de des-municipalización, identificando sus desafíos, obstáculos y oportunidades.

Los cambios en los modelos de administración y gestión de las escuelas, indudablemente, no son indiferentes para los profesores. Sobre todo, en el caso chileno, en que la ley que crea el sistema de educación pública viene a poner fin a una de las medidas más emblemáticas de la dictadura cívico militar, que fue el traspaso de los establecimientos escolares del Estado a los municipios. Diversos estudios habían demostrado las dificultades de la administración municipal y sus bajos resultados en las pruebas estandarizadas. La creación de este organismo intermedio, los SLEP, entre el Estado y la escuela, es una nueva figura que requiere intensas investigaciones.

Los encargados de escuela continúan compartiendo tareas de enseñanza y de gestión, es decir, están asociados a una diversidad de funciones, lo que anteriormente denominamos multitarea. Según los relatos analizados esta característica persiste, es decir, sus funciones no han cambiado radicalmente con el proceso de des-municipalización. Tal como se ha expresado en el análisis de resultados y en la discusión, lo que se observa son dificultades de vinculación con el SLEP y las lógicas de toma decisiones de este.

En el contexto rural, la vinculación de la escuela con la comunidad es profunda y constituye una parte del tejido social que conforma tal comunidad. En tal sentido, la carencia de recursos y autonomía curricular pone en peligro la sustentabilidad y reciprocidad de tal relación escuela-comunidad. El nuevo modo de administración del servicio local resulta, de alguna forma, incómodo para los encargados de escuelas rurales, que deben permanentemente reconfigurar sus relaciones con la comunidad a partir de la nueva estructura administrativa de la que forma parte la escuela.

La comunicación, las reuniones de microcentro y la gestión administrativa son consideradas más burocráticas. No obstante, junto a lo anterior se valora el acompañamiento que realizan los asesores pedagógicos, una vez al mes, en cada escuela. Este acompañamiento ha permitido a los encargados reflexionar sobre su práctica e implementar sus planes de mejora a partir de evidencias construidas colaborativamente con el asesor. Es interesante considerar que la visita del asesor disminuye la sensación de aislamiento y de soledad en la toma de decisiones.

A partir de los hallazgos iniciales de este estudio, es importante profundizar en el rol de los asesores pedagógicos en el mejoramiento de la escuela rural. Especialmente, indagar sobre su impacto y vinculación con las metodologías de enseñanza en el contexto de un aula multigrado. Por su parte, en este escenario, se enfrenta el dilema del rol multitarea del encargado de escuela. Pareciera ser que el modelo de acompañamiento hasta ahora implementado es más característico de los centros urbanos, donde los directivos, en general, no realizan docencia directa y sus funciones se encuentran asociadas a la gestión pedagógica, administrativa y curricular. Por tanto, es importante indagar sobre cuáles son las diferencias de apoyo que necesita un encargado de escuela rural, versus un director de escuela urbana, y cómo éstas se concretan en modelos de asesoramiento.

7. REFERENCIAS

Agencia de la Calidad de la educación (2016). *Características del liderazgo directivo en escuelas rurales efectivas*. https://bibliotecadigital.mineduc.cl/handle/20.500.12365/4562

Araya, F., Dell, R., Donoso, P., Marianov, V., Martínez, F., y Weintraub, A. (2012). Optimización de ubicación y tamaño de escuela rural en Chile. *Transacciones internacionales en investigación operativa*, 19(5), 695-710.

Bellei, C., Muñoz, G., Rubio, X., Alcaíno, M., Donoso, M. P., Martínez, J., y Díaz, R. (2018). *Nueva Educación Pública: Contexto, contenidos y perspectivas de la desmunicipalización*. LOM Ediciones.

Brenner, D., Elder, A., Wimbish, S., y Walker, S. (2015). Principals' perceptions about alternate route programs in rural areas. *Rural Educator, 36*(2), 38-46.

Chalker, D. M. (Ed.). (1999). *Leadership for rural schools: Lessons for all educators*. Technomic.

Cheng, Y. C. (2002). The changing context of school leadership: Implications for paradigm shift. En K. H. Leithwood (Ed.). *Second international handbook of educational leadership and administration* (pp. 103-132). Kluwer Academic Publishers.

Clarke, S., & Wildy, H. (2004). Context counts: Viewing small school leadership from the inside out. *Journal of Educational Administration, 42*, 555-572. https://doi.org/10.1108/09578230410554061

Elacqua, G., & Martínez, M. (2011a). Searching for schools in a low quality market: evidence from Chile. *Working Paper* Nº1. Instituto de Políticas Públicas, Universidad Diego Portales.

Elacqua, G., Santos, H., Salazar, F., y Brunner, J. (2011b). *¿Estamos preparados para cerrar las malas escuelas en Chile? Impacto sobre equidad en el acceso a educación de calidad*. Proyecto FONIDE F511083. https://n9.cl/ezh82

Eppley, K. (2009). Rural Schools and the Highly Qualified Teacher Provision of No Child Left Behind: A Critical Policy Analysis. *Journal of Research in Rural Education, Revitalizing Rural Schools: A Challenge For Malaysia 185, 24*(4), 1-11.

Fagerlind, I., & Saha, L. (1989). *Education, political mobilization and development. Education and national development: A comparative perspective*. Pergamon Press.

Hargreaves, A., y Shirley, D. (2012). *La cuarta vía global: La búsqueda de la excelencia educativa*. Corwin Press.

Gallego, F., Rodríguez, C., y Sauma, E. (2007). Provisión de Educación en Zonas Rurales de Chile: Incentivos, Costos y Calidad. *Camino al Bicentenario: Propuestas para Chile*, 47-74.

Gracia, M. (2013). *Los Microcentros de Escuelas Rurales entendidos como comunidades profesionales de aprendizaje. Un estudio de casos en la comuna de Río Bueno, IX Región* (Tesis de Magíster). Universidad Alberto Hurtado. https://n9.cl/u1lo2

Hermosilla, R. (2017). *Análisis de sesgo de la prueba SIMCE en los colegios de 8vo Básico, para el periodo 2009-2015* (Seminario de grado). http://cybertesis.uach.cl/tesis/uach/2017/feh556a/doc/feh556a.pdf

Holloway, D. L. (2002). Using Research to Ensure Quality Teaching in Rural Schools. *Journal of Research in Rural Education, 17*(3), 138-153.

Hudson, P., & Hudson, S. (2008). Changing Preservice Teachers' Attitudes For Teaching In Rural Schools. *Australian Journal of Teacher Education, 33*(4), 67-77.

Hurley, J. C. (1999). Leading rural schools: Building relationships and structures. En D. M. Chalker (Ed.). *Leadership for rural schools: Lessons for all educators* (pp. 137-156). Technomic.

Leithwood, K., Louis, K., Anderson, S., & Wahlstrom, K. (2004). *How leadership influences student learning. A commissioned report.* Wallace Foundation.

Lesotte, L. (1991). *Correlates of efective schools: The first and second generation.* Efective Schools Products.

Lessote, L. (1992). Principal" insights from efective schools. *Education Digest, 58*(3), 14-17.

Lizama, B. (2015). *Efectos percibidos de los apoyos en el contexto de la Ley SEP en escuelas rurales de la Región Metropolitana* (Proyecto de Magíster). https://n9.cl/wgg0t

Lyons, T., Cooksey, R., Panizzon, D., Parnell, A., & Pegg, J. (2006). *The SiMERR national survey.* National Centre of Science, ICT and Mathematics Education for Rural and Regional Australia.

Malhoit, G. C. (2005). *Providing Rural Students with a High Quality Education: The Rural Perspective on the Concept of Educational Adequacy.* The Rural School and 186 Educational Issues, Research and Policies Community Trust.

Martinis, P., y Redondo, P. (Comps.). (2006). *Igualdad y educación. Escrituras entre dos orillas.* Del Estante Editorial.

Marzano, R., Waters, T., & McNulty, B. (2005). *School leadership that works: From research to results.* Association for Supervision and Curriculum Development and Mid-continent Research for Education and Learning.

McClure, C. T., Redfield, D., & Hammer, P. C. (2003). *Recruiting and retaining high-quality teachers in rural areas. AEL.*

Meckley, R., & Hazi, H. M. (1998). Roadblocks on the way to school reform in West Virginia. *International Journal of Educational Reform, 7*, 338-344.

Ministerio de Educación (2012). *Decreto 968 Exento. Autoriza reuniones en microcentros para profesores de escuelas rurales en forma que indica.* Biblioteca del Congreso Nacional de Chile. https://n9.cl/po7gz

Mitra, S., Dangwal, R., & Thadani, L. (2008). Effects of remoteness on the quality of education: A case study from North Indian schools. *Australasian Journal of Educational Technology 24*(2), 168-180.

Núñez, C., Solís, C., y Soto, R. (2013). ¿Qué sucede en las comunidades cuando se cierra la escuela rural? Un Análisis Psicosocial de la Política de Cierre de las Escuelas Rurales en Chile. *Universitas Psychologica, 13*(2), 615-625.

Osborne-Lampkin, L., & Folsom, J. S. (2017). *Characteristics and career paths of North Carolina school leaders.* National Center for Education Statistics.

Preston, J. P., Jakubiec, B. A., & Kooymans, R. (2014). Common challenges faced by rural principals: A review of the literature. *Rural Educator, 35*(1), 1-12.

Redding, S., & Walberg, H. J. (2012). *Promoting Learning in Rural Schools.* Canteron Innovation and Improvement.

Rivas, A., Veleda, C., y Mezzadra, F. (2013). *Caminos para la educación: bases, esencias e ideas de política educativa.* Ediciones Granica.

Reimers, F. M. (2020). *Audacious education purposes: How governments transform the goals of education systems*. Springer Nature.

Strauss, A. y Corbin, J. (2002). Bases *de la investigación cualitativa. Técnicas y procedimientos para desarrollar la teoría fundamentada*. Editorial Universidad de Antioquía.

Sepúlveda, G. (1995). *Manual de desarrollo curricular para escuelas multigrado.* MECE.

Stewart, C., & Matthews, J. (2016). The lone ranger in rural education: The small rural school principal and professional development. *Rural Educator, 36*(3). https://doi.org/10.35608/ruraled.v36i3.322

Wieczorek, D., & Manard, C. (2018). Instructional leadership challenges and practices of novice principals in rural schools. *Journal of Research in Rural Education, 34*(2), 1-21.

Wildy, H., & Clarke, S. (2008). Principals on L-plates: Rear view mirror reflections. *Journal of Educational Administration, 46*, 727-738. https://doi.org10.1108/09578230810908316

Viñao, A. (2006). El éxito o fracaso de las reformas educativas: condicionantes, limitaciones, posibilidades. En Gimeno Sacristán, J. (2006). *La reforma necesaria: entre la política educativa y la práctica escolar*. Editorial Morata.

Winn, P., Erwin, S., Gentry, J., & Cauble, M. (2009a). Rural principal leadership skill prociency and student achievement. *American Education Research Association (AERA), Annual Meeting.* SIG: Learning and Teaching in Educational Leadership.

Winn, P., Erwin, S., Gentry, J., & Cauble, M. (2009b). Urban principal leadership skill pro ciency and student achievement. *American Education Research Association (AERA), Annual Meeting.* SIG: Leadership for School Improvement.

White, S., Green, B., Reid, J., Lock, G., Hastings, W., & Cooper, M. (2008). *Teacher education for rural communities: A focus on 'incentives'.* Paper presentado en la Australian Teachers Education Association (ATEA) Conference, Sunshine Coast, Australia.

BLOCKCHAIN Y ADMINISTRACIONES EUROPEAS

Rosa María Ricoy Casas[1]

This research was funded by MCIN/AEI /10.13039/501100011033 and by the EU NextGenerationEU/PRTR (Project TED2021-129152B-C44); HYP Project (Hypothesis You Preserve) "Creative Europe Programme", Project: 101131688 —HYP —CREA-CULT-2023-COOP; "UNESCO Chair: Transformative Education: Science, Communication and Society" 39 C/5; and the Teaching Innovation Project: InnovAcción (UVIGO).

1. INTRODUCCIÓN

Aunque los desarrollos de la tecnología *Blockchain* o DLT (*distributed ledger technology*) han sido más extensos en la industria de servicios financieros, los gobiernos se están dando cuenta de la naturaleza transformadora y potencialmente disruptiva de esta tecnología y se está acelerando su discusión y aplicación en el sector público. A nivel europeo se ha empezado a experimentar para aprovechar la trazabilidad e inmutabilidad de la cadena de bloques en sus licitaciones y registros.

La producción de criptomonedas (el modo originario de la utilización de *Blockchain*) (Nakamoto, 2008a) (Nakamoto, 2008b) (Chohan, 2022), ha sido una de las consecuencias por las que algunos son críticos con la implementación de esta tecnología, pues ha sido relativamente descentralizada y en gran medida no regulada. Se utiliza para la defraudación o la comisión de delitos, tienen un precio y se negocian en los mercados, pero a menudo exhiben una volatilidad considerable (Akyildirim *et al.*, 2020) y anomalías financieras como burbujas especulativas (Corbet et al., 2018), o evidencia de manipulación de precios (Le Pennec *et al.*, 2021) (Cong *et al.*, 2022). Sin embargo, varios defensores argumentan que tales innovaciones proporcionan un valor significativo o son especialmente necesarias en el mundo en desarrollo (por ejemplo, al proporcionar nuevos bienes financieros sostenibles o medios de intercambio a personas a las que no se les prestan estos servicios) (Vincent y Evans, 2019), diversificación de inversiones (Anyfantaki, 2018), o capacidades para aliviar la pobreza y ayudar a combatir las prácticas de corrupción gubernamental (Pilkington *et al.*, 2017) (Lannquist y Raycraft, 2020), pues los gobiernos pueden crear un registro inmutable y a prueba de manipulaciones, y más transparente y sencillo a la hora de la rendición de cuentas, lo que puede otorgarles más confianza y estímulo a la participación ciudadana.

---

1. Rosa María Ricoy Casas. Profesora Contratada Doctora de la Universidad de Vigo. Profesora tutora Centro Asociado de la UNED en Lugo.

La tecnología Blockchain (BT) aún es relativamente nueva y los gobiernos deben garantizar que estos sistemas sean seguros y que los datos de los ciudadanos estén protegidos. Esto puede ser un desafío importante, ya que los sistemas de cadena de bloques están descentralizados y, por lo tanto, son más difíciles de controlar.

2. OBJETIVOS

Esta tecnología se encuentra aún en un estado embrionario y la literatura actual tiende a exaltar sus posibles beneficios, sin analizar de forma sistemática su implementación o limitaciones. Asimismo, resulta costoso encontrar ejemplos de proyectos consolidados en el ámbito gubernamental, en su mayoría debido a la reforma normativa que debe preceder su plena adopción. Por eso, el presente trabajo se centra en describir y analizar las capacidades que esta tecnología podría desplegar en la administración pública, especialmente en la Unión Europea (UE), ahora en desarrollo (principales proyectos, utilidades, normativa, aspectos positivos y negativos, análisis sobre su dimensión social). Se explican algunos de los retos regulatorios que quedan por solucionar, por ejemplo en relación a la privacidad y en ciertos aspectos relacionados con la seguridad, de ahí que todavía existe cierta resistencia a su implementación, como por ejemplo en el voto. Lo resultados permitirán una nítida comprensión de su desarrollo e implementación, las dificultades a las que en la actualidad se enfrentan los operadores gubernamentales, y el grado de aceptación por la ciudadanía.

3. METODOLOGÍA

Se han utilizado múltiples indicadores nacionales, europeos e internacionales, y se ha realizado una exhaustiva revisión documental y bibliográfica a través de las principales bases de datos bibliográficas, documentación de organismos públicos y privados y noticias de prensa. Se definieron criterios de inclusión y exclusión, y un conjunto de variables para analizar las características de los artículos seleccionados. A partir de esta información se realizó el trabajo de carácter descriptivo, profundizando y reflexionando sobre su actualidad, el futuro y la importancia de estas herramientas en relación con la implementación en las administraciones públicas europeas.

4. DESARROLLO DE LA INVESTIGACIÓN

4.1. El desarrollo de Blockchain (BT) en las AAPP de la Unión Europea.

Las cadenas de bloques podrían emplearse para múltiples usos, por ejemplo para: a) establecer identidades digitales para ciudadanos, residentes, empresas y otras filiales del gobierno; b) para la gestión de certificados de nacimiento, licencias de matrimonio, pasaporte, visa, defunción, o reconocimiento transfronterizo de los títulos académicos; c) podrían ayudar a proteger contra el robo de identidad, especialmente si se asocia con algún tipo de biometría; d) para los registros de salud, haciéndose accesibles, interoperables con todos los hospitales de una red o un país garantizando a la vez los derechos de autorización previa y privacidad del paciente; e) como un medio para documentar cada transferencia de un activo desde su origen. Ello ayudaría a evitar, mitigar e identificar el fraude (en los sistemas de nómina de los empleados públicos para pagos automáticos a través de *smart contracts;* para evaluar y recaudar pagos de impuestos;

para confirmar la elegibilidad de beneficiarios de la seguridad social u otro organismo, etc); f) automatizar algunas transacciones y procesos que anteriormente pueden haber implicado una sobrecarga significativa de múltiples autoridades, haciendo además que los procesos interinstitucionales sean más eficientes, seguros y transparentes; g) para proteger e incentivar a los *whistle blowers* (denunciantes de ciertas prácticas fraudulentas o que atentan contra la ética -una revolución a nivel de *compliance*-), etc.

La Unión Europea (UE) aprobó en 2017 la "*European Blockchain Partnership*" (EBP), promovida por la Comisión Europea y de la que forman parte todos los estados miembros de la UE, junto con Noruega y Liechtenstein. Esta asociación ayuda a evitar la fragmentación del panorama de BT, al fomentar una estrecha colaboración entre países ofreciendo un entorno normativo que cumple plenamente con la normativa de la UE y con estructuras y modelos de gobernanza claros. Los *sandboxes* son entornos controlados donde las empresas pueden probar sus productos y servicios mientras se relacionan con los reguladores relevantes. El EBP sirve como una caja de arena tecnológica y regulatoria, un "*Sandbox*" para conocer cómo funciona, dónde se puede aplicar mejor y cuáles son sus potenciales y riesgos. De 2023 a 2026, apoyará 20 proyectos anuales, incluidos casos de uso en el sector público. Cooperará con otros marcos de *sandboxing* relevantes, en particular la "*EU Digital Finance Platform*" para apoyar la innovación y la consecución de un mercado único de las finanzas digitales (ámbito en el que se ha aprobado diversa normativa como el Reglamento "DORA" o el Reglamento sobre los mercados de criptoactivos "MiCA"); y los *Sandboxes* de Inteligencia Artificial. Esta colaboración es de importancia fundamental dada la creciente convergencia de tecnologías innovadoras en casos de uso que a menudo involucran a varios sectores industriales.

La estrategia de la Comisión Europea es crear un "estándar de oro" para la tecnología BT en la UE, que abarque sus valores e ideales en su marco legal y regulatorio que incluye: 1) la sostenibilidad ambiental (debe ser sostenible y energéticamente eficiente); 2) la protección de datos (debe ser compatible con las regulaciones de protección de datos y privacidad de la UE); 3) debe respetar y mejorar el marco de identidad digital en evolución de la UE (debe ser compatible con las regulaciones de firma electrónica -como el Reglamento eIDAS: *Electronic IDentification, Authentication and trust Services*-, y apoyar un marco de identidad sensato, pragmático, descentralizado y autosoberano); 4) debe ser segura (capaz de proporcionar altos niveles de ciberseguridad); 5) deben ser interoperables entre sí y con los sistemas heredados de ámbito exterior. El Observatorio y el Foro *Blockchain* de la UE se dedican al análisis y la elaboración de informes sobre una amplia gama de temas importantes de la cadena de bloques, impulsados por las prioridades de la Comisión Europea y basados en las aportaciones de sus Grupos de Trabajo y otras partes interesadas.

La Comisión Europea y (EBP) crearon en 2018 la infraestructura para su implementación, la EBSI (*European Blockchain Services Infrastructure*), en funcionamiento desde 2021, para aprovechar esta tecnología para el bien público; una iniciativa conjunta destinada a proporcionar un ecosistema seguro e interoperable que permitirá desarrollar aplicaciones con las que ofrecer servicios públicos transfronterizos en toda la UE y que después podría ser interoperable con las plataformas del sector privado. El EBSI consiste en una red *peer-to-peer* de nodos interconectados que ejecutan una infraestructura de servicios basada en *blockchain*. Cada miembro de EBSI ejecutará al menos un nodo. La infraestructura se compone de diferentes capas, incluyendo: 1) una capa base que contiene la infraestructura básica, la conectividad, la cadena de bloques y el almacenamiento necesario; 2) una capa de servicios básicos que permitirá todos los casos de uso y aplicaciones basados en EBSI; 3) Capas adicionales dedicadas a casos de uso y aplicaciones específicas. EBSI ha sido diseñada bajo cinco principios: a) pública y permisionada; b) escalable; c) abierta; d) sostenible; e) interoperable.

Nadie puede operar un nodo EBSI y nadie puede escribir información en él. Esto evita que EBSI se utilice con fines ilegales. Es soberano y está basado en la UE, lo que significa que todos los nodos de EBSI están basados en Europa, y EBSI cumple con los valores y regulaciones europeos, como el RGPD. Debido a que están involucrados menos actores autorizados, EBSI es energéticamente eficiente. Utiliza un método de consenso basado en la "Prueba de autoridad" (The Proof-Of-Authority: PoA), que casi no requiere poder de cómputo y que, a diferencia de la minería pública ilimitada en todo el mundo, consume poca energía. Ello se debe a que es un método de consenso que otorga a un número pequeño y designado de actores de BT, el poder de validar transacciones o interacciones con la red y actualizar su registro más o menos distribuido. Así, una o más máquinas validadoras se encargan de generar cada nuevo bloque de transacciones que se incluirán en la *Blockchain*, y el nuevo bloque puede ser aceptado directamente sin verificación, o por voto unánime de los generadores de bloques, o simplemente por mayoría, dependiendo de la configuración elegida para la *Blockchain.*

A diferencia del mecanismo de la "Prueba de Trabajo" (The Proof-of-Work: PoW) comúnmente conocido como "minería", aquí no hay competencia técnica entre los validadores. Este mecanismo de consenso casi no requiere poder de cómputo y, por lo tanto, casi no requiere electricidad para su funcionamiento. Dado que el PoA requiere solo un número limitado de actores, la red puede permitirse actualizar la cadena de bloques con mayor frecuencia al reducir el tiempo entre cada bloque (*Blocktime*) y procesar más transacciones (*Blocksize*) para procesar tarifas cercanas a cero (*Transaction fees*). Esto es practicable si cada validador realiza honestamente su trabajo de verificación. Esto se debe a que hay menos actores involucrados (es una red autorizada donde los operadores de nodos se seleccionan según criterios) y no hay competencia para agregar bloques a la cadena. Para una criptomoneda cuyos actores son esencialmente descentralizados, difíciles de identificar y con los que no es posible crear relaciones contractuales, la prueba de autoridad sería una muy mala solución. Por lo tanto, una BT basada en la prueba de autoridad es una solución centralizada, pero eficiente y que consume menos energía. Según alguna publicación en la revista *Nature*, el sistema de minería de la moneda Bitcoin tiene un impacto medioambiental a la altura de las actividades más contaminantes del planeta (Jones *et al.*, 2022) (Krause y Tolaymat, 2018).

En un panorama más amplio, los mecanismos más robustos y descentralizados, principalmente la Prueba de trabajo, aún parecen difíciles de reemplazar. PoA seguirá siendo una herramienta útil a considerar hasta que las cadenas de bloques públicas mejoren su rendimiento y escalabilidad. La transparencia del código fuente y la disponibilidad permanente de código abierto se otorgan mediante el uso de la Licencia Pública de la Unión Europea (EUPL-1.2). Por diseño, EBSI se está construyendo de manera iterativa, centrándose en un pequeño número de casos de uso específicos (aplicaciones) y luego expandiéndolos con el tiempo. El conjunto inicial de casos de uso de EBSI son: A) Notarización: crear pistas de auditoría digitales confiables, automatizar las verificaciones de cumplimiento en procesos sensibles y demostrar la integridad de los datos; B) Diplomas: devolver el control a los ciudadanos al administrar sus credenciales educativas, reducir significativamente los costos de verificación y mejorar la autenticidad; C) Identidad digital europea: que permita a los usuarios crear y controlar su propia identidad a través de las fronteras sin depender de autoridades centralizadas, cumpliendo el marco regulador eIDAS; D) Intercambio de datos confiable: entre las autoridades de la UE, comenzando con los números de identificación de IVA IOSS (*Import One Stop Shop*) (régimen simplificado de recaudación del IVA a la importación de envíos de escaso valor) y las ventanillas únicas de importación entre las autoridades aduaneras y fiscales; E) Financiación de pequeñas y medianas empresas (PYMEs) a través de blockchain; F) Aprovechar los números de seguridad social europeos para facilitar el acceso transfronterizo a los servicios sociales; G) Facilitar la gestión de los procesos de solicitud de asilo transfronterizos y con otras autoridades.

La Web3 es un nuevo paradigma en el que los usuarios controlan sus datos y eligen con quién compartirlos y cuándo. A diferencia de Web2, Web3 vuelve a poner los datos en manos de los usuarios. Esto evita el acaparamiento de datos por parte de unas pocas plataformas, permitiendo cierta descentralización en el ámbito de las instituciones de la UE. Es precisamente para que estos entornos permitan intercambios seguros, por lo que se ha habilitado esta infraestructura que haga que los datos sean fáciles de verificar, en cualquier lugar y en cualquier momento, pues las entidades del sector público registrarán sus acreditaciones y claves públicas en el libro mayor de *blockchain* de EBSI. Tomando como ejemplo uno de los supuestos anteriores, cada vez que una de estas entidades emite una "credencial Verificable" (por ejemplo, un diploma o una certificación) de un ciudadano o empresa, cualquier persona puede verificar que la entidad emisora es de confianza accediendo a los registros de confianza descentralizados de EBSI. Además, podrá visualizar si ha terminado la licenciatura o grado y las notas obtenidas (por ejemplo para la continuación de estudios o la contratación por parte de otro "reclutador" que busca verificar las credenciales académicas), sin necesidad ponerse en contacto con el Emisor (pudiendo preservarse cierta información como identificación de los titulares de las credenciales), y todo el proceso de verificación se vuelve más rápido, económico y confiable, al tiempo que preserva la privacidad individual.

Otro beneficio es que un titular no tiene que presentar la credencial completa para completar un proceso de verificación (esto comúnmente se denomina divulgación selectiva). Por ejemplo, si un titular necesita demostrar su edad para acceder a un servicio (en el viejo paradigma, tendrían que presentar un documento de identidad en su totalidad, revelando más información de la estrictamente requerida), con las "Credenciales Verificables" es posible presentar sólo la concreta información solicitada ("mayor de X años"; o "lugar de origen"). Esto nos permite vislumbrar un futuro en el que las personas podrán probar sólo lo que necesitan, pudiendo elegir la parte de privacidad que quieren mantener en total anonimato, en parte de manera autónoma e interoperable, y reduciéndose significativamente la carga de verificación; podría ser tan simple como escanear un código QR a través de una aplicación.

Siguiendo el ejemplo, y ciñéndonos a aspectos de seguridad, la UE asegura que los verificadores podrán estar seguros de la autenticidad y procedencia de las credenciales consultando un registro descentralizado en EBSI. ¿Qué quiere decir esto? Una cadena de bloques es esencialmente un libro mayor distribuido, donde todos los nodos de la cadena de bloques mantienen una copia sincronizada de la base de datos que se organiza mediante el encadenamiento criptográfico de bloques de datos en un orden cronológico, solo para agregar, lo que hace que la información sea inalterable e inviolable. En EBSI, se utiliza la cadena de bloques para almacenar información sobre emisores de credenciales, (como universidades, y qué organismo los acreditó para emitir diplomas, como un ministerio). Ya hemos señalado que tiene que realizarse con permiso, es soberano, tiene su sede en la UE, cumpliendo con los valores y reglamentos europeos, y puede ser energéticamente eficiente, especialmente si utiliza el método de consenso basado en Prueba de autoridad. Deben señalarse otras dos cuestiones a destacar: en este tipo de implementaciones tecnológicas, la privacidad por diseño no es suficiente, y la participación social (ciudadanía, entidades civiles y empresas) aporta un plus democrático y una mayor capacidad en su verificabilidad y análisis de los elementos críticos que pueden estar involucrados en su puesta a punto.

El piloto con las certificaciones académicas (junto con otros pilotos "*early adopters*"), se está llevando a cabo con más de 18 universidades de 15 países. Primero, las especificaciones de EBSI se redactaron de acuerdo con el principio de privacidad por diseño del (GDPR); En segundo lugar, EBSI llevó a cabo una evaluación detallada de la protección de datos del caso de uso del Diploma; Finalmente, las especificaciones de EBSI se sometieron a pruebas de la vida real por parte de las universidades participantes (emitieron diplomas como credenciales educativas verificables en las carteras de los estudiantes), luego compartidos por el alumnado en prueba con verificadores del ecosistema educativo europeo y del sector privado. Como resultado de estos pilotos EBSI mejoró aún más su perfil de los identificadores descentralizados (DID) de W3C para salvaguardar nuestra privacidad. Los DID son creados por ciudadanos y las claves criptográficas asociadas sólo se almacenan en la billetera del ciudadano. Este enfoque evita la creación de identificadores persistentes en toda la UE, las cuales podrían utilizarse como las *cookies* de sitios web (como herramientas de seguimiento y localización). Igual que se intenta proporcionar un marco de credenciales verificables como la educación, también existe un plan para llevarlo a cabo en relación a la seguridad social con las credenciales del "Pase Europeo de la Seguridad Social" (la tarjeta europea de seguridad social ESSPASS) para mejorar la transferibilidad transfronteriza de los derechos de seguridad social. Así, será posible la verificación de los derechos y la validez de los documentos por parte de las instituciones competentes y otros agentes -sólo la información y datos estrictamente necesarios para verificar la cobertura y los derechos-, por ejemplo: cuando una persona se desplaza temporalmente para trabajar en un Estado miembro distinto de aquel en el que está asegurada. También garantiza que se evite el doble pago de las cotizaciones sociales, pues a través de este procedimiento podrá demostrar con facilidad que se abonan en otro país de la UE.

Probablemente estas pruebas piloto son el germen de otros desarrollos previstos, aunque por la complejidad y sensibilidad de los datos puede demorar un poco más su implantación. Así, para garantizar la continuidad asistencial no solo a nivel SNS, sino también a nivel europeo, se ha desarrollado un Marco Europeo de Interoperabilidad para los "Servicios Transfronterizos de Información de Sanidad Electrónica" (*Cross-Border eHealth Information Services*: CBeHIS). El objetivo es garantizar el acceso a una atención sanitaria segura y de alta calidad. Este marco de interoperabilidad facilita el desarrollo de dos servicios conocidos como "Mi Salud@UE" (*My Health@ EU*): 1) La prescripción y dispensación electrónica (eP y eD), que permite que un medicamento prescrito en receta electrónica por un profesional sanitario en su país de origen pueda ser dispensado en cualquier oficina de farmacia de otro país de la UE; y 2) La Historia clínica Resumida europea (*EU-Patient Summary:* PS), que permite que un profesional sanitario de otro estado miembro de la UE pueda ver la información clínica de un/a ciudadano/a UE.

Este servicio forma parte de la recopilación más amplia de datos sanitarios, que se denomina historial médico electrónico. Cuando haya pacientes procedentes de otro país de la UE y pueda haber barreras lingüísticas, el historial digital resumido del paciente facilita a los médicos los datos fundamentales en su lengua. A largo plazo, también estarán disponibles en toda la UE imágenes médicas, resultados de laboratorio e informes de altas hospitalarias y, posteriormente, la historia clínica completa. El intercambio de recetas electrónicas y de historiales resumidos de pacientes está abierto a todos los países de la UE. En este momento, España es uno de los países de la UE que oferta en inglés la información resumida de sus pacientes, y se encuentran disponibles en países como Portugal, Francia, Croacia, Luxemburgo y Malta. Asimismo, las recetas electrónicas españolas pueden recogerse al menos en las farmacias de: Portugal, Croacia, Polonia y Finlandia; y los farmacéuticos españoles pueden dispensar las recetas electrónicas presentadas por los ciudadanos de estos mismos países.

Otro proyecto ambicioso que está desarrollándose, es el sistema de identificación digital de la Unión Europea "EUeID" (para ciudadanos, residentes y empresas), para confirmar determinada información personal con el fin de acceder a servicios digitales públicos y privados (por ejemplo: identificarse, almacenar e intercambiar información facilitada por las administraciones tales como nombre y apellidos, fecha de nacimiento o nacionalidad; comunicar un cambio de domicilio; utilizar la información como confirmación del derecho a residir, trabajar o estudiar en un determinado Estado miembro; solicitar un certificado de nacimiento o médico; la apertura de una cuenta bancaria; la presentación de una declaración de impuestos; la solicitud de plaza en una universidad en el país de residencia o en otro Estado miembro; el almacenamiento de una receta médica para poder utilizarla en cualquier lugar de Europa; el alquiler de un coche utilizando un permiso de conducir digital; el registro en un hotel, etc). Promete ofrecer a los usuarios pleno control para elegir qué aspectos de su identidad, datos y certificados quieren compartir con terceros, y la posibilidad de hacer un seguimiento posterior.

Aproximadamente, 1.500 millones de personas en todo el mundo carecen de un certificado de nacimiento con validez legal, lo cual los inhabilita para realizar acciones tan elementales para la ciudadanía como la apertura de una cuenta bancaria, la posesión de una propiedad o el acceso a los servicios públicos, impidiendo, en definitiva, su participación en la economía o en la creación de riqueza en un país (IBM, 2017). Quizás estas metodologías puedan introducir una dimensión más social en las coberturas que prestan las administraciones públicas. El Programa Mundial de Alimentos (PMA) de las Naciones Unidas ha estado utilizando la tecnología *blockchain* para brindar ayuda alimentaria a los refugiados sirios en Jordania con la intención de aumentar la transparencia y reducir el fraude (Leal, 2017) y ahora lo ha generalizado para otros ámbitos tan distintos como el registro de fincas, el incremento de eficiencia en la transferencia de ayuda humanitaria, la monetización de la energía solar, el cultivo del cacao y el algodón, los usos en explotaciones ganaderas, las cadenas de valor en productos pesqueros, la trazabilidad de un sistema de pensiones o usos en el ámbito de la sostenibilidad y el cambio climático (Casals, 2020). El Banco Interamericano de desarrollo ha financiado también algún proyecto para explorar el *blockchain* como un instrumento que puede promover la inserción social, cívica y económica de los habitantes de los asentamientos informales o villas del Área Metropolitana de Buenos Aires (AMBA) (BID, 2018).

Los contratos inteligentes (*smart contracts)* incluyen programas capaces de autoejecutarse cuando se cumplen ciertas condiciones, lo que podría agilizar y dotar de transparencia total a las licitaciones públicas. También podría evitar el fraude, porque le permitiría a una empresa pequeña presentar un pliego y que quede sellado con su *timestamp* (la fecha codificada en el correspondiente bloque). Cuando llega el día designado, se abren automáticamente todas las ofertas y cualquiera puede verlas, pero todos al mismo tiempo para elegir la mejor según la convocatoria. Estos procesos pueden exigir la posibilidad de que se faciliten auditorías ciudadanas para complementar los esfuerzos del gobierno, llenar los puntos ciegos existentes, e involucrar al público en general para evitar la corrupción. Se ha pensado en el aporte de la riqueza de conocimiento ciudadano que puede ser aprovechado a modo de codiseño, cocreación, coproducción o auditoría de las nuevas políticas públicas, mediante herramientas de innovación como crowdsourcing y/o *blockchain.*

Una revisión sistemática de la literatura académica sobre blockchain en el sector público muestra un fuerte aumento a partir de 2015 (Cagigas *et al.*, 2021). Son muchas y variadas las utilizaciones y experimentaciones en diversos países como Estonia, Finlandia, Países Bajos, Suecia, Dinamarca, Estados Unidos, Brasil, Dubái, China, etc., y numerosa literatura en relación a estos casos concretos, la mayoría en fase de implantación (White *et al.*, 2017) (Vega, 2018) (Berryhill *et al.*, 2018), e incluso el proyecto piloto en el Tribunal de Cuentas Europeo proyecto piloto, para lo cual seleccionó tres casos de uso: auditoría de fondos europeos, contratación pública y protección de las publicaciones (Valdavida, 2019), por tanto también para auditorías, y arbitraje (Fernández-Samaniego, 2020) (Viétiez, 2021) Buckle *et al.*, 2019). En uno de los últimos informes de la UE donde se proporciona una descripción general y un análisis del estado de la implementación de la tecnología *blockchain* en el sector público de Europa (167 casos de los gobiernos europeos nacionales, regionales y locales), se destaca como una tendencia positiva general y que podría mejorar significativamente la eficacia y la eficiencia de las administraciones públicas, aunque también señala numerosos retos que todavía quedan por conseguir antes de su implementación con total garantía (Bosch *et al.*, 2022).

4.2. Dificultades destacables en la implementación de Blockchain en las AAPP.

MacLean y Titah (2022) después de realizar una revisión sistemática de la literatura, señalan que algunos de los impactos importantes del uso del gobierno electrónico son una mayor participación ciudadana, una mayor transparencia y una mayor satisfacción de los ciudadanos. Se ha verificado que cuando los ciudadanos perciben que el uso de servicios relacionados con IoT es fácil y necesita menos esfuerzo y tiempo, es mucho más probable que participen en dichos servicios (Chohan y Hu, 2020). No obstante, todavía existe una limitada experiencia con *blockchain*, las agencias gubernamentales pueden enfrentar desafíos para reclutar y retener expertos BT, y falta de confianza y comprensión, muchos funcionarios gubernamentales y el público no la entienden bien. Esto puede dificultar la obtención de apoyo y aceptación para proyectos basados en BT y garantizar que se utilicen de manera efectiva. Cagigas *et al* (2022) examinan el impacto de BT en los trabajadores del sector público y su recepción y advierten de la posibilidad de que las burocracias públicas, cualquiera que sea su retórica sobre los servicios digitales y el gobierno electrónico, pueden evitar abrazar la disrupción, especialmente en aquellos casos en que la tecnología pueda reducir su poder y discreción. Por ello, *se* requiere una evaluación holística de las dimensiones institucionales, organizativas, tecnológicas y regulatorias para esta transformación digital (Janssen *et al.*, 2020).

Ello nos lleva a otro aspecto, la falta de estandarización en la industria, también debido a que esta tecnología está evolucionando rápidamente. Esto puede dificultar que los gobiernos elijan la plataforma *blockchain* adecuada para sus necesidades, abundan voces convencidas de que existe cierta tendencia a sobrevalorar los beneficios de esta y otras tecnologías emergentes (Ubacht *et al.*, 2017) y a forzar su utilización en proyectos donde realmente no son necesarias (Yaga *et al.*, 2018). Es necesario garantizar que los diferentes sistemas basados en BT sean compatibles entre sí; y su integración con sistemas heredados. La falta de interconexión entre departamentos fomenta una mayor preocupación por la integridad y consistencia de los datos. Precisamente, por muchos se alaban y se señalan a la vanguardia de la digitalización gubernamental los servicios totalmente automatizados utilizando bases de datos gubernamentales (sin la participación activa de los ciudadanos o la burocracia). Sin embargo, estudios recientes han argumentado que en ciertos casos podrían crear barreras injustas y discriminatorias, al afectar más severamente a las personas que tienen menos recursos para soportarlas (Christensen *et al.*, 2020) (Chudnovsky y Peeters, 2021). Estas barreras impiden que los ciudadanos accedan a los beneficios o servicios a los que tienen derecho en igualdad de condiciones por algunos problemas que se advierten en estas automatizaciones (Lindgren *et al.*, 2019) (Peters y Widlak, 2018), la automatización puede imponer normas sociales en detrimento de lo atípico (Lindgren *et al.*, 2019) (Wihlborg *et al.*, 2016) con mayores efectos adversos en los ciudadanos que tienen una situación socioeconómica más débil (Larsson, 2021), y reforzar las desigualdades sociales. También debería examinarse el papel y el potencial de la tecnología *blockchain* en la promoción de la igualdad de género. Utilizando datos estadounidenses representativos a nivel nacional, un estudio alerta sobre una brecha de género significativa en la alfabetización de Bitcoin y sugiere que las variables sociodemográficas y los rasgos de personalidad solo explican una pequeña fracción de la brecha de género (Bannier *et al.*, 2019). Así, ciertas tecnologías digitales como BT, pueden obstaculizar en lugar de facilitar la sostenibilidad y la equidad social si no se utilizan de manera responsable y consciente en relación con los ODS (Medaglia y Damsgaard, 2020). La investigación de campo se ha centrado principalmente en los atributos económicos y financieros de *blockchain*, pero no en el potencial social (Di Vaio *et al.*, 2023).

Una extensa revisión de la literatura indica que la personalización es sin duda la característica más ampliamente aceptada de las tecnologías inteligentes. La utilización de IA, ML, Big data, teléfonos inteligentes y tecnologías analíticas puede permitir a los proveedores de servicios ofrecer servicios más personalizados basados en las necesidades específicas y las características únicas de los usuarios. Algunos autores (Wang y Teo, 2020) (Hujran *et al.*, 2021) (Hujran, 2023) lo consideran positivo motivado por la promesa del gobierno inteligente de proporcionar servicios públicos personalizados y más convenientes centrados en los ciudadanos. En mi opinión, esto es un aspecto crítico por diversos motivos, como el grado de intrusismo, perfilado para fines espúreos y problemas de privacidad. En la medida en que estas decisiones pueden afectar de manera significativa a las personas físicas o elaborar perfiles de ellas, deben tenerse en cuenta desde el diseño los requisitos establecidos en el Reglamento General de Protección de Datos (RGPD), e incorporar las garantías y medidas necesarias para proteger los derechos de los interesados. En un informe de 2018 (Lyons, Courcelas y Timsit, 2018), el Observatorio y Foro de *Blockchain* de la UE declaró que las cadenas de bloques públicas y sin permiso representan los mayores desafíos en términos de cumplimiento del RGPD.

Para Kolan *et al.* (2020), los datos médicos personales no deberían almacenarse directamente en *blockchain,* y Zheng *et al.* (2018) prefirieron no almacenar información de salud en su solución propuesta. Belen-Saglam *et al.* (2023) han revelado (después de una revisión sistemática de la literatura (SLR) en 114 trabajos de investigación) que la tensión entre el GDPR y las cadenas de bloques públicas se ha estudiado en torno a tres cuestiones principales: (a) dificultades para ejercer los derechos de los interesados, como el RTBF, debido a la naturaleza inmutable de las cadenas de bloques públicas; b) dificultades para identificar funciones y responsabilidades en el ecosistema público de procesamiento de datos de *blockchain* (en la identificación de controladores y procesadores de datos); c) ambigüedades con respecto a la aplicación de normativa relevante, debido a la naturaleza distribuida de las cadenas de bloques. Para Dimitropoulos (2022), el uso de blockchain por parte de organizaciones internacionales (como la ONU para el sector humanitario) plantea preguntas importantes en el derecho internacional y la conducta convencional de la política exterior, pues en estos casos, si bien BT tiene salida y legitimidad sustantiva, carece de entrada tradicional y legitimidad procesal.

Hay que distinguir estos casos de otros sistemas de trazabilidad para la seguridad alimentaria, minerales de conflicto, productos farmacéuticos, emisiones de carbono, lavado de dinero y transacciones financieras, y también para comprender las interacciones entre objetos, infraestructuras, así como los mecanismos de monitoreo y políticos en la gobernanza global en general (Muirhead y Porter, 2019). Precisamente, una pregunta clave para los responsables políticos de hoy es ¿cómo se puede y debe regular *blockchain*? De Filippi *et al.* (2022) plantean la cuestión de cómo se puede diseñar una política para regular y legalizar una tecnología que es "alegal" por diseño. La versión pública y sin permiso de *blockchain* fue diseñada explícitamente para ser descentralizada, anónima y más allá del control del gobierno. Algunos de los usos a los que se destinó en consecuencia eran claramente ilegales, pero muchos son "alegales" en el sentido de que simplemente están más allá del alcance del gobierno para regular o incluso "ver" y tienen un carácter autorregulador, no estatal de simple facticidad (Clifton y Pal, 2022). Los *smart contracts* son algoritmos que se almacenan en una *blockchain* y que ejecutan de forma automatizada cuya seguridad y privacidad no siempre está garantizada. El despliegue de contratos inteligentes dentro de la zona europea también podría fluidificar la economía. También corre el riesgo de fragmentar el Mercado Único Digital (Schrepel, 2021). Habida cuenta del riesgo cada vez mayor de ciberataques, la UE está reforzando la seguridad informática de las entidades financieras como los bancos, las compañías de seguros y las empresas de inversión. El Consejo ha adoptado el Reglamento sobre la resiliencia operativa digital (Reglamento DORA), que pretende asegurar que el sector financiero en Europa siga funcionando de forma resiliente en caso de grave perturbación operativa. Estos requisitos son homogéneos en todos los Estados miembros de la UE. El principal objetivo es prevenir y mitigar las ciberamenazas.

5. CONCLUSIONES

Hemos descrito y analizado cómo las tecnologías de contabilidad distribuida, incluida la cadena de bloques, tienen una utilidad más amplia más allá de los servicios financieros. DLT puede apoyar tecnologías regulatorias que ayudan a las autoridades públicas a combatir la falsificación en las cadenas de suministro mundiales y proteger las credenciales verificables (por ejemplo diplomas de educación) contra el fraude. También pueden mejorar la eficacia y eficiencia de la administración pública y establecer estrategias colaborativas que impliquen a la ciudadanía incluso en proyectos de contratación pública. No obstante, también se han visibilizado numerosos riesgos que deben ser eliminados de tipo ético, social, de estandarización, normativos y de seguridad. El entorno digital debe ser seguro y protegido. Todos los usuarios, desde la infancia hasta la vejez, deben ser empoderados y protegidos. Los ciudadanos deben poder participar en el proceso democrático a todos los niveles y tener control sobre sus propios datos.

Se necesita que su construcción tenga en cuenta la sostenibilidad y la transición ecológica. "Las armas de destrucción matemática" de O'Neill (2018), "la era del capitalismo de vigilancia" de Zuboff (2019) y "la privacidad es poder" (2020) de Véliz, demuestran que, donde hay nueva tecnología, también hay preocupación por el respeto de nuestros valores europeos. Las crecientes preocupaciones por la privacidad y la ética en el ámbito digital requieren que el proyecto Europeo de incorporar *blockchain* a numerosos servicios de la administración pública, invierta tiempo y recursos en la comprensión cuidadosa y detallada de los riesgos que estas tecnologías (pueden) crear, por ejemplo en relación a la seguridad y la privacidad. El objetivo de minimizar los costes más allá del cómputo meramente economicista, ha llevado a EBSI a adoptar un enfoque de diseño inclusivo y colaborativo. El *European Blockchain Regulatory Sandbox* tiene el reto de abordar esta necesidad de ofrecer un entorno confiable para que los reguladores, los proveedores de tecnologías DLT, los funcionarios y la ciudadanía participen.

6. REFERENCIAS

Akyildirim, E., Corbet, S., Lucey, B., Sensoy, A., y Yarovaya, L. (2020). The relationship between implied volatility and cryptocurrency returns. *Finance Research Letters, 33*, 101212. https://doi.org/10.1016/j.frl.2019.06.010

Anyfantaki, S., Arvanitis, S., y Topaloglou, N. (2018). Diversification, integration and cryptocurrency market. *SSRN* Working. https://ssrn.com/abstract=3186474

Bannier, C., Meyll, T., Röder, F., y Walter, A. (2019). The gender gap in Bitcoin literacy. *J. Beh. and Experim. Finance, 22*.129-134. https://doi.org/10.1016/j.jbef.2019.02.008

Belen-Saglam, R., Altuncu, E., Lu, Y., y Li, S. (2023). A systematic literature review of the tension between the GDPR and public blockchain systems. *Blockchain: Research and Applications*, 100-129. https://doi.org/10.1016/j.bcra.2023.100129

Berryhill, J., Bourgery, T., y Hanson, A. (2018), Blockchains Unchained: Blockchain Technology and its Use in the Public Sector, OECD Working Papers on Public Governance, 28, OECD Publishing.http://dx.doi.org/10.1787/3c32c429-en

BID (Banco Interamericano de Desarrollo). (2018). AR-T1190: inclusión social, cívica y económica de habitantes de barrios vulnerables en Buenos Aires mediante modelos de blockchain. www.iadb.org/es/project/AR-T1190.

Bosch, J.M., Tangi, L., y Burian, P. (2022). *European Landscape on the Use of Blockchain Technology by the Public Sector*, Public. Office EU, Luxembourg. 10.2760/18007

Buckle, M., Dowling, C., y Rogers, J. (2019). Energy, technology and arbitration. Norton Rose Fulbright's Internat. Arbitration Report, (11), 30-34. https://acortar.link/xv4wOC

Cagigas D., Clifton J., Díaz-Fuentes D., y Fernández-Gutierrez M. (2021). Blockchain for public services: A systematic literature review. *IEEE*. 10.1109/ACCESS.2021.3052019

Casals, A (2020). La ONU generaliza el uso de Blockchain. *Blockchain economía*. www.blockchaineconomia.es/onu-generaliza-blockchain/

Chohan, S. R., y Hu, G. (2020). Success factors influencing citizens' adoption of IoT service orchestration for public value creation in smart government. 10.1109/ACCESS.2020.3036054

Chohan, U.W. (2022). *A history of bitcoin*. http://dx.doi.org/10.2139/ssrn.3047875

Christensen, J., Aarøe, L., Baekgaard, M., Herd, P., y Moynihan, D. P. (2020). Human capital and administrative burden. *Public Adm. Rev, 80*(1),127-136. DOI: 10.1111/puar.13134

Chudnovsky, M., y Peeters, R. (2021). The unequal distribution of administrative burden. *Social Policy & Administration, 55*(4),527-542. https://doi.org/10.1111/spol.12639

Clifton, J., y Pal, L.A. (2022). The policy dilemmas of blockchain. *Policy and Society, 41*(3), 321-327. https://doi.org/10.1093/polsoc/puac025

Cong, L. W., Li, X., Tang, K., y Yang, Y. (2022). *Crypto wash trading*. National Bureau of Economic Research. Working Paper. Crypto Wash Trading | NBER

Corbet, S., Lucey, B., y Yarovaya, L. (2018). Datestamping the Bitcoin and Ethereum bubbles. *Finance Research Letters, 26*, 81-88. https://doi.org/10.1016/j.frl.2017.12.006

De Filippi P., Mannan M., y Reijers W. (2022). The alegality of blockchain technology. *Policy and Society, 41*(3), 358–372. https://doi.org/10.1093/polsoc/puac006.

Di Vaio, A., Hassan, R., y Palladino, R. (2023). Blockchain technology and gender equality. *Intern. Journ. of Inform. Managem., 68,* 102517. 10.1016/j.ijinfomgt.2022.102517

Dimitropoulos, G. (2022). The use of blockchain by international organizations. Policy and Society, *41*(3), 328–342. https://doi.org/10.1093/polsoc/puab021.

Fernández-Samaniego, J. F., Viéitez, G. H., y Moreno, Y. A. (2020). Ciberseguridad y arbitraje internacional: el Protocolo de Ciberseguridad en Arbitraje Internacional del ICCA, NYC Bar y CPR. *THEMIS: 77,* 547-557. DOI: https://doi.org/10.18800/themis.202001.031

Haggart, B. (2019). The age of surveillance capitalism: The fight for a human future at the new frontier of power, S. Zuboff (2018). *Journal of digital media & policy,* 10(2), 229-243. https://intellectdiscover.com/content/journals/10.1386/jdmp.10.2.229_5

Hujran, O., Alarabiat, A., Al-Adwan, A. S., y Al-Debei, M. (2021). Digitally Transforming Electronic Governments into Smart Governments: SMARTGOV, an Extended Maturity Model. *Information Development.* https://doi.org/10.1177/02666669211054188

Hujran, O., Al-Debei, M. M., Al-Adwan, A. S., Alarabiat, A., y Altarawneh, N. (2023). Examining the antecedents and outcomes of smart government usage. *Government Information Quarterly, 40*(1), 101783. https://doi.org/10.1016/j.giq.2022.101783

IBM Intitute For Business Value (2017). *Building trust in government. Exploring the potential of blockchains.* https://acortar.link/ExO3qg

Janssen, M., Weerakkody, V., Ismagilova, E., Sivarajah, U., y Irani, Z. (2020). A framework for analysing blockchain technology adoption. *International journal of information management, 50,* 302-309. https://doi.org/10.1016/j.ijinfomgt.2019.08.012

Jones, B.A., Goodkind, A.L. y Berrens, R.P. (2022). Economic estimation of Bitcoin mining's climate damages demonstrates closer resemblance to digital crude than digital gold. *Sci Rep 12,* 14512. https://doi.org/10.1038/s41598-022-18686-8

Vega, M. (2019). El auge de blockchain y sus posibilidades reales de aplicación en los registros de las administraciones públicas. *IDP. Revista de Internet, Derecho y Política,* 28. DOI https://doi.org/10.7238/idp.v0i28.3154

Kolan, A., Tjoa, S., y Kieseberg, P. (2020). Medical blockchains and privacy in Austria-technical and legal aspects. In *2020 International Conference on Software Security and Assurance (ICSSA)* (pp. 1-9). IEEE. 10.1109/ICSSA51305.2020.00009

Krause, M. J., & Tolaymat, T. (2018). Quantification of energy and carbon costs for mining cryptocurrencies, *Nat. Sustain. 1*,711–718. https://doi.org/10.1038/s41893-018-0152-7

Lannquist, A., Raycraft, R.D. (2020). Exploring Blockchain Technology for Government Transparency. *World Economic Forum.* https://acortar.link/vfmziK

Larsson, K. K. (2021). Digitization or equality: When government automation covers some, but not all citizens. Government Information Quarterly, 38(1). https://doi.org/10.1016/j.giq.2020.101547

Leal, A. (2017). ONU utiliza blockchain de Ethereum para llevar alimentos a Jordania, *Criptonoticias.* https://acortar.link/xNsOIr

Le Pennec, G., Fiedler, I., y Ante, L. (2021). Wash trading at cryptocurrency exchanges. *Finance Research Letters, 43,* 101982. https://doi.org/10.1016/j.frl.2021.101982

Lindgren, I., Madsen, C. Ø., Hofmann, S., y Melin, U. (2019). Close encounters of the digital kind: A research agenda for the digitalization of public services. *Government information quarterly, 36*(3), 427-436. https://doi.org/10.1016/j.giq.2019.03.002

Lyons, T., Courcelas, L., y Timsit, K. (2018). Blockchain and the GDPR. a thematic report prepared by the european union blockchain observatory and forum title.

European Union blockchain observatory and forum. 20181016_report_gdpr.pdf (eublockchainforum.eu)
MacLean, D. and Titah, R. (2022), A Systematic Literature Review of Empirical Research on the Impacts of e-Government: A Public Value Perspective. *Public Administration Review, 82:* 23-38. https://doi.org/10.1111/puar.13413
Medaglia,R., y Damsgaard,J. (2020). Blockchain and the United Nations Sustainable Development Goals: Towards an Agenda for IS Research.*PACIS*.https://acortar.link/NHJogZ
Muirhead, J., y Porter, T. (2019). Traceability in global governance. Global Networks, 19(3), 423-443. https://doi.org/10.1111/glob.12237
Nakamoto, S., (2008a). Bitcoin: A Peer-to-Peer Electronic Cash System. bitcoin.pdf
Nakamoto, S., (2008b). Bitcoin P2P e-cash paper. https://acortar.link/MXclcg
O'Neil, C. (2018). *Armas de destrucción matemática: cómo el big data aumenta la desigualdad y amenaza la democracia.* Capitán Swing Libros.
Peeters, R., y Widlak, A. (2018). The digital cage: Administrative exclusion through information architecture. The case of the Dutch civil registry's master data management system. *Government Informat. Quarterly, 35*(2), 175-183. 10.1016/j.giq.2018.02.003
Pilkington, M., Crudu, R., Grant, L.G. (2017). Blockchain and bitcoin as a way to lift a country out of poverty-tourism 2.0 and e-governance in the Republic of Moldova. *Intern. J. Inter. Tech Secured Trans., 7*(2),115-143. https://doi.org/10.1504/IJITST.2017.087132
Schrepel, T. (2021). Smart Contracts and the Digital Single Market Through the Lens of a'Law+ Technology'Approach. *European Commission.* https://acortar.link/hMslHK
Ubacht, J.; Ølnes, S.; Janssen, M. (2017). Blockchain in government: Benefits and implications of distributed ledger technology for information sharing. *Government Information Quarterly. 34*(3) 355-364. 10.1016/j.giq.2017.09.007
Valdavida, M. C. (2019). Blockchain en el sector público, una perspectiva internacional blockchain in public sector, an international view. *RVGPOP Revista Vasca de Gestión de Personas y Organizaciones Públicas* 16. 16-34. https://acortar.link/e2NsBd
Vega, M. (2019). El auge de blockchain y sus posibilidades reales de aplicacion en los registros de las administraciones publicas. *IDP,* 28. https://doi.org/10.7238/idp.v0i28.3154
Veliz, C. (2020). Privacy is Power: Why and How You Should Take Back Control Over Your Data.
Viétiez, G. H. (2021). Introducción al blockchain, los contratos inteligentes y su relación con el arbitraje. *THEMIS* (79), 299-309. https://doi.org/10.18800/themis.202101.016
Vincent, O., y Evans, O. (2019). Can cryptocurrency, mobile phones, and internet herald sustainable financial sector development in emerging markets?. *Journal of Transnational Management, 24*(3), 259-279. 10.1080/15475778.2019.1633170
Wang, C., y Teo, T. S. (2020). Online service quality and perceived value in mobile government success: An empirical study of mobile police in China. *International Journal of Information Management, 52,* 102076. 10.1016/j.ijinfomgt.2020.102076
White, M., Killmeyer, J., y Chew, B. (2017). Will blockchain transform the public sector? Blockchain basics for government. *Deloitte Center for Government Insights Report, Deloitte University Press.* https://acortar.link/O32zNj
Wihlborg, E., Larsson, H., y Hedström, K. (2016). The Computer Says No!. *HICSS.* 2903-2912. IEEE. 10.1109/HICSS.2016.364
Yaya, D.; Mell, P., Roby, y N., Scarfone, K. (2018). *Blockchain Technology Overview.* National Institute of Standards and Technology. Internal Report 8202. U.S. Depart. of Commerce. https://doi.org/10.6028/NIST.IR.8202

Zheng, X., Mukkamala, R.R., Vatrapu, R., y Ordieres-Mere, J. (2018). Blockchain-based personal health data sharing system using cloud storage. *IEEE 20th international conference on e-health networking.* 1-6. 10.1109/HealthCom.2018.8531125

MODELO FACTORIAL EXPLORATORIO DE LA GOBERNANZA CORPORATIVA EN TORNO A LA FORMACIÓN PROFESIONAL

Jorge E. Chaparro Medina[1], Isabel Cristina Rincón Rodríguez [2]

El presente texto nace en el marco del proyecto de investigación en Desarrollo Empresarial e Innovación Educativa que se adelanta entre las Universidades de Colombia y México (2020-2023).

1. INTRODUCCIÓN

Hasta marzo de 2023, luego de dos años, la pandemia ha segado la vida de seis millones de personas (de la Torre y Quiroz, 2020). El sistema de salud pública instrumentó políticas de distanciamiento y confinamiento que impactaron los sistemas educativos (Ruíz *et al.*, 2021). La transición del aula tradicional al aula virtual supone la emergencia de un sistema innovador de enlace entre la academia y el mercado laboral (Boadas y Marín, 2022). La formación de capital intelectual en el aula virtual supone gradientes de riesgo permisibles, aunque las relaciones con los determinantes anticipan escenarios de riesgo (Schebesta, 2021). El análisis de la lógica difusa de los eventos aleatorios ha develado entidades emergentes como la gobernanza universitaria, la reputación corporativa o la formación profesional.

La gobernanza universitaria, indicada por la identidad, reputación e imagen corporativa, predice la formación académica (Gonzálvez *et al.*, 2020). Definida como un sistema de negociación, consenso y responsabilidad; incluye como partes interesadas a gestores, productores y difusores del conocimiento. La identidad corporativa (o sentido de pertenencia) se aprecia en la elección racional de pertenencia a un grupo. La reputación corporativa refiere a un autoconcepto de comunidad ante un evento de riesgo y la disponibilidad de recursos. La imagen corporativa, definida como la elección futura a partir de expectativas de abundancia de recursos y minimización de costos, refleja la gobernanza universitaria.

En la estructura de gobierno corporativo la formación, imagen, reputación e identidad son factores preponderantes de la gestión, producción y transferencia del conocimiento (Legler, 2021). Los estudios sobre el gobierno corporativo han demostrado que se trata de un fenómeno emergente. La descripción de este proceso puede realizarse desde la lógica

---

1. Universidad de Investigación y Desarrollo (Colombia)

2. Universidad de Santander UDES (Colombia)

difusa. El conocimiento gestionado, producido y transferido alcanza su meta cuando es producto de una formación académica, profesional y laboral.

Hasta el momento, marzo de 2023, se sabe que la reputación corporativa de las Instituciones de Educación Superior (IES) consiste en la formación de capital humano comprometido con el contexto sociopolítico de México (Robayo y Villarreal, 2020). El gobierno corporativo en su modalidad de identidad subraya los usos y costumbres que distinguen a una universidad con respecto a otras, considerando la inserción al mercado local. La lógica difusa es un marco teórico y empírico que permite explicar las bifurcaciones de los eventos de riesgo como la pandemia sobre los indicadores de gobierno corporativo.

La identidad corporativa, al estar relacionada con el conflicto entre las partes por emociones de pertenencia, socava la imagen externa (Ceballos, 2022). Un aumento en los acuerdos propicia expectativas endogámicas. Los currículos se orientan hacia las capacidades internas y nulifican la competitividad académica. La reputación asociada a la identidad consiste en el autoconcepto de la institución. Si se incrementan las políticas que favorecen a los miembros de la universidad, el autoconcepto de esta comunidad académica reduce su comparación con otras instituciones. Los indicadores globales o nacionales de desempeño institucional pierden sentido cuando la reputación corporativa se incrementa.

Sin embargo, la imagen externa de la universidad medida a través del Programa Internacional de Evaluación de los Alumnos (PISA) contraviene la reputación e identidad corporativa (Finol, 2021). Un incremento en los resultados de la prueba PISA sugiere una reducción de la reputación corporativa si sus comunidades son endogámicas en sus métodos de enseñanza. Los conflictos entre el criterio endogámico de la universidad y la prueba PISA aumentan la reputación y la identidad, pero reducen el gobierno corporativo a un asunto interno.

En cambio, los gobiernos corporativos que cuentan con una alta identidad y reputación gestionan alianzas estratégicas con otras instituciones. La sola formación interdisciplinar o multidisciplinar, derivada de las alianzas estratégicas entre universidades y empresas, sugieren un gobierno corporativo abierto (Fernández-Fernández, 2021). La ausencia de alianzas y pruebas internacionales, así como un ranking desconocido de la universidad reflejan un gobierno corporativo endogámico.

En ese sentido, ¿Existen diferencias significativas entre las relaciones de las categorías relativas al gobierno, identidad, reputación, imagen y formación con respecto a las observaciones realizadas en el presente trabajo, considerando la era COVID-19?

Las premisas que guían el presente trabajo sugieren:

a) 1. 1. La pandemia y las políticas de contención y mitigación, centradas en el distanciamiento y confinamiento de personas incidieron sobre el gobierno corporativo de las universidades;

b) 2. 2. Las universidades y empresas formaron alianzas estratégicas en torno a la gestión, producción y transferencia del conocimiento

c) 3. 3. La identidad, la reputación y la imagen corporativa se incrementaron influyendo sobre la formación académica, profesional y laboral;

d) 4. 4. Las políticas de inmunización, desconfinamiento y retorno a las aulas inciden sobre el gobierno corporativo de las universidades;

e) 5. 5. La identidad y la reputación se incrementaron como reacción a las políticas educativas de aula presencial, pero la imagen corporativa se redujo en función del conflicto entre los actores políticos y sociales.

2. OBETIVO

El objetivo de esta investigación ha sido el de contrastar un modelo que explica la emergencia de dimensiones del gobierno corporativo ante la pandemia.

3. METODOLOGÍA

Para esta investigación se realizó un trabajo exploratorio y descriptivo con una selección de fuentes indexadas en repositorios internacionales, considerando la búsqueda por palabras claves: gobierno, identidad, reputación, imagen y formación académica. Lo anterior se indagó en Google Scholar y Microsoft Academic, considerando el periodo que lleva la pandemia de diciembre 2020 a marzo de 2023.

Un total de 56 resúmenes fueron seleccionados para establecer las relaciones entre las categorías. A partir de un Inventario Delphi jueces expertos en las temáticas calificaron las relaciones entre los resúmenes; considerando 1 para formación, 2 para identidad, 3 para reputación, 4 para imagen y 5 para gobierno corporativo.

En tres rondas, una calificativa, otra retroalimentativa y una reiterativa, los jueces evaluaron y compararon sus apreciaciones con respecto a las relaciones entre categorías. Fueron seleccionados seis artículos en los que se destaca el gobierno corporativo como configuración de la identidad, la reputación y la imagen, pero con énfasis en la formación académica.

Una vez establecidas las categorías, se elaboró la Escala de Gobierno Corporativo (EGC-18), considerando la validez por jueces y un piloteo preliminar con 100 estudiantes, siguiendo el protocolo de confidencialidad y anonimato.

Como resultado, el instrumento se envió al correo institucional de los estudiantes. Se anexó un formato de consentimiento informado, siguiendo el protocolo de anonimato y confidencialidad. Los datos fueron capturados en Excel y procesados en JASP versión 15, considerando los valores de distribución y contraste de hipótesis de relaciones contingentes, así como de modelamiento estructural, ajuste y residual.

4. RESULTADOS

Los valores relativos a la distribución no paramétrica, y relaciones de contingencia entre las categorías evaluadas por los jueces en tres rondas: calificativa, retroalimentativa y reiterativa. Se aprecian distribuciones que permitieron análisis de relaciones entre las variables debido a la consistencia interna de la escala (véase Tabla 1).

Kaiser-Meyer-Olkin test			
		MSA	
Overall MSA		0.621	
r1		0.305	
r2		0.731	
r3		0.751	
r4		0.519	
r5		0.704	
r6		0.672	

r7		0.328	
r8		0.643	
r9		0.510	

Tabla 1. KMO Adecuación del instrumento. **Fuente:** Elaboración propia con los datos del estudio: McDougal = .794; Cronbach = .815; Bartlett X2 = 1663.772 (153 gl) p < .001

Por su parte, la estructura de relaciones entre las categorías identidad, reputación e imagen corporativa que explican la configuración del gobierno corporativo en la literatura de estudio. La identidad corporativa fue más identificada por la evaluación de los jueces con respecto a la reputación y la imagen (véase Tabla 2). El hallazgo se circunscribe a la teoría del gobierno corporativo donde se revela a la identidad como un proceso subyacente a eventos de riesgo que enaltecen a la institución, pero reducen su imagen con respecto a sus capacidades formativas.

	Factor 1	Factor 2	Factor 3	Uniqueness
r1			0.930	0.218
r2	-0.924			0.170
r3		0.697		0.391
r4		0.416	0.500	0.403
r5	-0.959			0.088
r6	0.673	0.537		0.123
r7				0.821
r8	0.821			0.363
r9		-1.002		0.090
Note. **Applied rotation method is promax.**				

Tabla 2. Factores de la Gobernanza corporativa: identidad, reputación e imagen en la formación del capital intelectual. **Fuente:** Elaboración propia con los datos del estudio: □X2 = 300.065 (102 gl) p < .001; TLI = .800; RMSEA = .126□F1 = Identidad, F2 = Reputación, F3 = Imagen, r = reactivo, e = error de medición

La reputación corporativa se configura a partir de evaluaciones en las que los jueces determinaron el autoconcepto de la institución mediante los artículos analizados. Se aprecia una estructura menor con respecto a la identidad, pero mayor con respecto a la imagen. El hallazgo corrobora la teoría del gobierno corporativo. En un escenario de riesgo como la pandemia, las instituciones cuidan su concepto de sí mismas mediante la sincronización de objetivos, tareas y metas. La identidad y reputación corporativa se incrementan, pero la imagen de las instituciones disminuye por su agenda de prioridades internas.

La imagen corporativa entendida como la auto percepción de los encuestados con respecto a las evaluaciones de otras instituciones sobre su nivel académico, profesional y laboral. El constructo está asociado con los otros dos factores en la explicación del gobierno corporativo ante eventos de riesgo. De este modo, la imagen corporativa indica que la institución cuidó su imagen, aún y cuando se gestionó la formación de talentos en escenarios excepcionales.

Los parámetros de ajuste y residual sugieren el no rechazo de la hipótesis nula relativa a las diferencias significativas entre las categorías sustraídas de la literatura, con respecto a las evaluaciones de jueces expertos en las temáticas.

6. RESULTADOS

El aporte del presente trabajo radica en el establecimiento de tres dimensiones: identidad, reputación e imagen, relativas al gobierno corporativo de una universidad del centro de México. La dimensión de identidad, alusiva a los recursos blandos de la institución, se configuró a partir de ocho reactivos referentes a confianza, empatía, valores, motivos y disposiciones. La dimensión de reputación, concerniente a recursos cognitivos como habilidades, intenciones y estrategias, explican las capacidades internas de la universidad ante la pandemia. La dimensión de imagen, correspondiente a los conceptos externos, sugiere alianzas estratégicas entre la universidad y las empresas (Riggirozzi, 2020). El contraste del modelo establecido en otras muestras permitirá delinear futuros estudios para corroborar la teoría del gobierno corporativo.

En relación con la teoría del gobierno corporativo, la cual explica la emergencia de la identidad, la reputación y la imagen ante un evento de riesgo, el presente trabajo ha establecido el vínculo entre los tres factores. El modelo de tres dimensiones establecido sugiere la prevalencia de la identidad como factor central de gobierno corporativo ante la Covid-19. Significa entonces que las capacidades blandas de afectos, emociones y sentimientos explican la mayor varianza del gobierno corporativo. Es decir, la universidad ante la pandemia cerró la interacción con otras instituciones y fortaleció las relaciones humanas (Díez-Gutiérrez, 2021). La procuración de las emociones propició un distanciamiento con las demás instituciones que redundó en una imagen cerrada del gobierno corporativo. Además, la ausencia de las capacidades duras como las competencias, habilidades y estrategias redujeron la adaptación al cambio en la universidad. La contrastación de la hipótesis relativa a las capacidades blandas como preponderantes de las instituciones en escenarios de riesgo deberá anticipar la emergencia de capacidades duras en situaciones posteriores a contingencias.

En cuanto al instrumento para medir el gobierno corporativo, el cual alcanzó valores superiores a la consistencia mínima indispensable; el presente trabajo sugiere el empleo de la Escala de Gobierno Corporativo (EGC) a fin de poder explicar las respuestas de las instituciones ante la pandemia. La EGC permitirá comparar el gobierno corporativo de las universidades y las dimensiones que lo conforman. En el caso de la identidad como factor preponderante, la EGC permitirá comparar los niveles de reputación e imagen de universidades frente a la Covid-19.

7. CONCLUSIÓN

El gobierno corporativo fue explicado desde tres dimensiones reportadas en la literatura y conformadas en las observaciones realizadas del presente trabajo. La identidad corporativa es el factor preponderante que la literatura identifica como factor emergente ante eventos de riesgo. El gobierno corporativo conformado por las tres dimensiones sugiere que la pandemia activó una respuesta endogámica de la universidad, cerrando las colaboraciones con otras universidades, pero fortaleciendo las relaciones internas.

La identidad corporativa es resultado de la situación contingente. El distanciamiento y confinamiento social incrementó las capacidades blandas de la universidad. Las emociones, afectos y sentimientos incrementaron la confianza y la empatía entre los integrantes de la universidad. Sin embargo, redujo su comparación con otras universidades en cuanto a emprendimiento, innovación, productividad y competitividad.

La identidad corporativa significó un alto grado de satisfacción y sentido de pertenencia a la institución, pero sin la colaboración suficiente para enfrentar los retos y desafíos del mercado laboral local. Las políticas de confinamiento y distanciamiento social, al ser sustituidas por políticas de retorno al aula presencial, propiciarán un aumento en la reputación y/o la imagen corporativa.

8. REFERENCIAS

Boadas, O. y Marín, M. (2022). La resiliencia como herramienta de superación en la gerencia de la empresa Multinacional de Seguros, C. A. *Accounting and Management Research, 1*(1), 1–15. https://doi.org/10.22209/amr.v1n1a01

Ceballos Hornero, D. (2022). Un mapa de las nuevas economías. *Vinculatégica EFAN,* 2022, *7*(1), pp. *537-553.* https://bibliotecadigital.udea.edu.co/handle/10495/17797

De la Torre, C. y Quiroz, J. (2020). Fraude organizacional. Percepciones previas a la creación de un observatorio del fraude. *Economía Coyuntural y Perspectiva, 5*(3), 159-195. https://n9.cl/cg70s

Díaz-Gutiérrez, E. (2021). Gobernanza híbrida digital y Capitalismo EdTech: la crisis del COVID-19 como amenaza. *Foro de Educación, 19*(1), 105-133. http://forodeeducacion.com/ojs/index.php/fde/article/view/860

Fernández-Fernández, J.-L. (2021). Hacia el humanismo digital desde un denominador común para la Cíber Ética y la Ética de la Inteligencia Artificial. Disputatio. *Philosophical Research Bulletin, 10*(17), 107-130. https://doi.org/10.5281/zenodo.5136247

Finol, L. (2021). Transparencia y gobernanza en la gestión de la crisis de COVID-19. *Cuestiones Políticas, 39*(68), 23-50. https://produccioncientificaluz.org/index.php/cuestiones/article/view/35390

Gonzálvez, J., Barrientos-Báez, A. y Parra López, E. (2020). Gobernanza y comunicación en la Universidad: estudio a partir del COVID-19. *Revista Venezolana de Gerencia, 25*(91), 1247-1261. https://produccioncientificaluz.org/index.php/rvg/article/view/33200

Legler, T. (2021). Presidentes y orquestadores: la gobernanza de la pandemia de Covid-19 en las Américas. *Foro Internacional, 61*(2), 333-385. https://doi.org/10.24201/fi.v61i2.2833

Riggirozzi, P. (2020). Coronavirus y el desafío para la gobernanza regional en América Latina. *Análisis Carolina*, 1-13. https://eprints.soton.ac.uk/444490

Robayo, D. y Villarreal, V. (2020). Convergencia de COBIT e ISO 38500 en el Gobierno de Tecnologías de la Información. *INNOVA Research Journal, 5*(2), 1-25. https://doi.org/10.33890/innova.v5.n2.2020.1163

Ruíz-Andrade, J., Solís-Palafox, C. y López-Luna, N. (2021). La incidencia de la planificación estratégica en el desempeño del marketing: una revisión crítica. *Revista Científica Anfibios, 4*(2), 36-44. https://doi.org/10.37979/afb.2021v4n2.93

Schebesta, B. (2021). Responsabilidad Social Empresarial, nuevas economías, sostenibilidad y moda. *Cuadernos del Centro de Estudios de Diseño y Comunicación*, 128. https://doi.org/10.18682/cdc.vi128.4865

IMPACTO DEL PRESUPUESTO PARTICIPATIVO EN EL VALOR PÚBLICO: RELACIÓN ENTRE PARTICIPACIÓN CIUDADANA Y EJECUCIÓN PRESUPUESTARIA

Jackelin Corayma Condori Centeno[1], Dominga Micaela Cano Ccoa[2]

El presente texto nace en el marco de un proyecto de investigación de la Universidad Nacional de Juliaca, "Impacto del presupuesto participativo en el valor público de la provincia de San Román, 2005 - 2021".

1. INTRODUCCIÓN

El presupuesto participativo es un mecanismo que busca promover la participación ciudadana en la toma de decisiones, la renovación democrática, logrando excelentes resultados en la participación y el mejoramiento de las condiciones de vida de la población (Valverde et al., 2013). Lo tradicional de este proceso es que los agentes participantes priorizan el presupuesto para una gestión eficiente de los recursos públicos. No obstante, es crucial incrementar el valor público de dichos recursos. Por lo tanto, el presupuesto participativo no se limita únicamente a la asignación de presupuesto, sino que también involucra los beneficios que estos aportan a su entorno.

En 1989, a partir de la experiencia del presupuesto participativo de Porto Alegre, Brasil, considerada como una de las innovaciones democráticas más exitosas de los últimos 25 años, se ha ido expandiendo en el mundo en más de 3000 instituciones locales y otras supranacionales con ingresos altos y otras de regiones en desarrollo (ONU-Habitat, 2021). En este proceso, se han ido identificando problemas como el limitado ejercicio de la voluntad pública, la votación repetida de proyectos y la falta de complementación entre las ideas de las comunas para la transformación de un proyecto único (de gran envergadura) y no de manera fraccionada (Annunziata, 2021). Un estudio en Brasil, evidenció que los fondos son asignados en detrimento de otros proyectos sociales; así mismo las inversiones requeridas para desarrollar económicamente la localidad, no reciben prioridad (Banco Interamericano de Desarrollo, 2005).

En el Perú, en los años 80 y 90 se venía desarrollando experiencias de planificación, ejecución presupuestaria y gestión de proyectos como practicas participativas, casos como Ilo en Moquegua, San Marcos en Cajamarca, Villa el Salvador en Lima, Limatambo en Cusco entre otros, iniciándose de esta manera el presupuesto participativo por voluntad e iniciativa política y social de autoridades y la población; posteriormente en el 2001 con

1. Universidad Nacional de Juliaca (Perú)
2. Universidad Nacional del Altiplano Puno (Perú)

la transición democrática del proceso de descentralización Ley 27680 que norma como parte de las competencias de planeamiento concertado y presupuesto participativo a los gobiernos regionales y locales, así mismo con la aprobación en el 2003 de la Ley Marco del Presupuesto Participativo Ley N° 28056, se implementa y garantiza la efectiva participación de la sociedad civil (Alguacil, 2014; Colectivo Interinstitucional del Presupuesto Participativo, 2007). No obstante, el presupuesto participativo ha presentado problemas como la no materialización en acciones concretas, debido a la falta de conocimiento del proceso y la carencia de propuestas. Además, en los tres niveles de gobierno no existen organizaciones de la sociedad civil que sean realmente representativas (Programa Pro-Descentralización PRODES, 2004), en consecuencia, el proceso de priorización se centra en los proyectos que son presentados por los Equipos Técnicos Municipales y no por la voluntad de la ciudadanía. Así mismo, en los representantes del gobierno municipal existe un escaso compromiso, además la rendición de cuentas del presupuesto participativo no se muestra con transparencia, resumiéndose en únicamente el cumplimiento de normativas y no el logro de resultados de impacto.

La expansión de las ciudades ha implicado, por un lado, el crecimiento del desarrollo socioeconómico y, por otro lado, una serie de problemas sociales, económicos y ambientales (Niemets et al., 2021), repercutiendo en el incremento de las brechas de cobertura y calidad en el acceso a servicios básicos e infraestructura. Por ende, el Ministerio de Economía y Finanzas (2022) muestra los indicadores de brechas de infraestructura y acceso a servicios que evidencian que el 100% de unidades productoras con el servicio de educación básica alternativa posee una capacidad instalada inadecuada, el 97% con el servicio de educación inicial, el 98% con el servicio de educación primaria, el 95% con el servicio de educación secundaria. Por otro lado, el 78% de sectores a nivel de distrito no cuenta con medios de vigilancia adecuados para brindar el servicio de seguridad ciudadana; también, el 100 % de mercados de abastos operan en condiciones inadecuadas. En salud, el 100% de centros de promoción y vigilancia comunal se encuentran por implementar, el 95% de establecimientos de salud del primer nivel de atención tienen capacidad instalada inadecuada, el 100 % de nuevos establecimientos de salud del primer nivel de atención se encuentra por implementar. También, el 92% de la población rural se encuentra sin acceso al servicio de agua potable mediante red pública o pileta publica, el 72% de la población rural no tiene acceso al servicio de alcantarillado u otras formas de disposición sanitaria de excretas, el 16% de la población urbana no tiene acceso a servicios de alcantarillado u otras formas de disposición sanitarias de excretas, el 31% de la población urbana no cuenta con acceso al servicio de agua potable.

El presupuesto participativo basado en resultados busca el cambio positivo de una situación negativa. Por ende, se encuentra estrechamente vinculado a la solución de un problema prioritario para la población. En este sentido, los indicadores de brechas revelan una realidad en la que se han obtenido pocos resultados que den respuesta a las necesidades de los ciudadanos. Además, se ha encontrado un incumplimiento en la ejecución de los proyectos priorizados y un avance presupuestal anual deficiente por parte de la Municipalidad Provincial de San Román – Juliaca[3].

Si bien es cierto, el valor público se encuentra vinculado con los deseos y necesidades de los ciudadanos. En este sentido, es fundamental que los tomadores de decisiones satisfagan estos diferentes tipos de deseos. Siendo evidente esta situación en el

3. 2007 (68,1% de avance de ejecución), 2008 (81,4 %), 2009 (76,8%), 2010 (84,2), 2011 (91,0%), 2012 (91,2), 2013 (48,7), 2014 (62,1%), 2015 (45,4%), 2016 (42,3%), 2017 (42,1%), 2018 (74,5%), 2019 (88,3), 2020 (77,2), 2021 (89,7) (Sistema de Información Regional para la Toma de Decisiones, 2021).

incremento de denuncias públicas en los medios de comunicación cuestionando el valor publico [satisfacción de necesidades, deseos y perspectivas] casos como: protesta de pobladores el 12 de octubre del 2021, exigencia del cumplimiento del presupuesto participativo por parte presidente de la urbanización Los Queñuales el 24 de noviembre de 2020, protesta de miembros del Consejo de Coordinación Local el 27 de noviembre de 2017, manifestación de dirigentes y presidentes de urbanizaciones que señalan como un "engaño"[4] el presupuesto participativo debido a la participación repetida de proyectos que esperan ser priorizados desde hace varios años.

De seguir esta situación, la ciudad presentará el estancamiento del desarrollo urbano – territorial a diferencia de otras provincias y distritos, además la competitividad distrital (económico, infraestructura, salud, educación, laboral, institucional) continuara por debajo de otros distritos a nivel nacional; la municipalidad continuara presentando niveles altos de desconfianza de la población, y los agentes involucrados como los grupos sociales, actores institucionales y organizacionales continuaran cuestionamiento del valor público; y la población afectada seguirá enfrentando la situación negativa respecto a las necesidades no satisfechas, esta situación no podrá ser visualizado si no es investigado para conocer el impacto que esto causa.

2. OBJETIVOS

El objetivo de este estudio es estimar el impacto del presupuesto participativo en el valor público de la provincia de San Román de la región Puno durante los años 2005 al 2021.

3. METODOLOGÍA

Este estudio corresponde es de enfoque cuantitativo que consiste en un conjunto de procesos que se dan de manera secuencial y es de carácter probatorio, en este enfoque se utiliza la recolección de datos con la finalidad de probar hipótesis con base en la fundamentación numérica y el análisis estadístico para probar teorías (Hernández-Sampieri et al., 2014). Además, es de tipo básica, ya que no tiene propósitos aplicativos inmediatos, por en de solo busca ampliar y profundizar el caudal de conocimientos científicos existentes acerca de la realidad, así mismo el objeto de estudio lo constituye las teorías científicas las mismas que las analiza para perfeccionar sus contenidos (Carrasco, 2006). Además, este estudio es de diseño no experimental, debido a que se busca especificar las propiedades y características importantes del fenómeno de estudio, así mismo siendo la naturaleza de la investigación centrada en el "impacto del presupuesto participativo en valor público". El alcance de la investigación es descriptivo - explicativo debido a que se establecerá relaciones de causalidad para generar el entendimiento del fenómeno de estudio (Hérnandez-Sampieri y Mendoza, 2018). La investigación es descriptiva, debido a que se conocerá los procesos, los resultados y su efectividad, para lo cual se busca especificar las propiedades y características de la unidad de análisis, además de describir las tendencias de la población respecto al tema de estudio (Hernández-Sampieri et al., 2014).

4. Caso en el que se cuestionó la asignación y priorización de proyectos del presupuesto participativo, siendo solo de 30 millones a 10 millones según decisión de la gestión municipal, como manifiestan los dirigentes el 4 de junio de 2018.

4. DESARROLLO DE LA INVESTIGACIÓN

Las practicas participativas pueden ser un elemento esencial para el aprendizaje político y la creación del valor publico debido a la exigencia de los resultados que implican. Por esta razón, la participación pública se ha convertido en un componente clave de la planificación de los países (Kamrowska-Zaluska, 2016; Rocha Franco y Teixeira Assis, 2019).

4.1. Análisis de los procesos de presupuesto participativo implementados en la provincia de san román desde el 2005 al 2021

En la provincia de San Román los proyectos de inversión se clasifican por ejes temáticos, con la finalidad de alinearse con los objetivos del Plan de Desarrollo Concertado Regional y Provincial, de este modo se busca responder ante las necesidades y brechas sociales de la población. A continuación, se analizan el desarrollo del presupuesto participativo :

Año	Desarrollo social	Desarrollo económico	Desarrollo medio ambiental	Desarrollo institucional	Impacto interdistrital	Total
Características	Educación, salud, DDHH, nutrición, seguridad ciudadana y otros	Comercio turismo, artesanías, vías de comunicación, energía, industrialización, desarrollo agropecuario, infraestructura económica, otros	Desarrollo urbano, plan director, agua, desagüe, forestación, inundación y otros	Capacitación de gobiernos locales, actores de desarrollo social, organización de base y otros	Proyectos de Impacto Provincial1	
2005	1	7	5	3	3	19
2006	2	21	4	3		30
2007	7	15	7	1	3	33
2008	5	20	7	5	5	42
2009	19	26	10	16	2	73
2010	11	22	4	2	1	40
2011	7	6	5	1	4	23
2012	6	6	6	6	1	25
2013	5	6	6	4	1	22
2014	10	10	5	1	1	27
2015	10	7	2	1	-	20
2016	7	9	4	1	1	22
2017	4	4	1	2	-	11
2018	14	28	5	1	-	48
2019	25	40	12	2	1	80

2020	9	39	9		4	61
2021	25	33	3	1	5	67
Total	167	299	95	50	32	643

Tabla 1. Proyectos priorizados según eje temático de la provincia de San Román, periodo 2005 – 2021. **Fuente:** Elaboración propia, 2023.

El desarrollo económico consiste en diferentes aspectos que van más allá de lo "económico", ya que indirectamente la inversión en vías presentan un efecto positivo en la mejora de las condiciones de vida de la población al permitirle acceder indirectamente a servicios básicos, entonces se ha encontrado que desde el 2005 hasta el 2021 se vio una mayor priorización en el eje temático del desarrollo económico, específicamente en las vías de comunicación, por ejemplo: mejoramiento del servicio de transitabilidad en diferentes zonas de Juliaca siendo un total de 299 proyectos priorizados dentro del presupuesto participativo. Seguido de los 167 proyectos priorizados en el eje temático del desarrollo social que corresponde a sectores como salud, educación, seguridad ciudadana, entre otros. También, se encontró que los proyectos priorizados en el eje temático de medio ambiente y de desarrollo institucional se dan en menor medida en la provincia de San Román, ello explica los problemas como la ineficiente gestión de los residuos sólidos, además de la falta de forestación de los parques.

4.2. Estimación del impacto del presupuesto participativo en el valor público en la provincia de san román, 2005 - 2021

En el estudio se ha trabajado inicialmente con once variables, siendo el Índice de Desarrollo Humano (indicador social que puede medir el valor publico) la variable independiente, y los regresores Invpp (inversión destinada a los proyectos), Proypr (proyectos priorizados), Agen (agentes participantes del presupuesto participativo), PBI_cap (producto bruto interno per cápita), Ben_agua (beneficiarios con acceso a agua potable), Ben_sanea (beneficiarios de acceso a saneamiento), Ben_elec (beneficiarios con acceso a energía eléctrica). Acce_ssa (beneficiarios con acceso a seguro de salud), Est_matri (población estudiantil matriculados) y Pob (población total de la provincia). Realizando el análisis correspondiente se identificaron que se tienen variables no significativas.

La medición del valor público es un proceso complejo y requiere una evaluación integral de los resultados y efectos que producen las políticas y acciones gubernamentales en la sociedad. La combinación de diferentes enfoques y herramientas encaminan a un acercamiento a una evaluación más precisa del valor público. Por tanto, esta se refiere a la contribución o beneficio que una acción o política pública proporciona a la sociedad en general, más allá de los intereses particulares de un individuo o grupo.

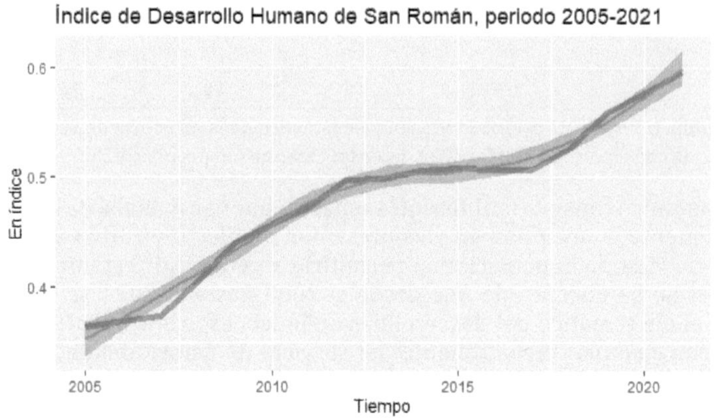

Figura 1. Índice de Desarrollo Humano de la provincia de San Román, periodo 2005 – 2021. **Fuente:** Elaboración propia, 2023.

El Índice de Desarrollo Humano siendo un indicador estadístico de carácter social, permite identificar que en el 2005 la provincia de San Román presentaba un índice de 0.3633, siendo el mas bajo durante los 17 años de estudio. En el 2008 se tuvo 0.4053, a partir de este año se identificó un aumento considerable hasta el año 2012 con un índice de 0.4972; pero desde el 2013 con 0.4988 se encontró que el índice tuvo ligeros cambios hasta 2017 con 0.4988. Finalmente, desde el 2018 se tuvo un índice de 0.5261 que ha ido aumentándose de manera considerable hasta el 2021 con 0.5955. Estos datos encontrados se deben a los aumentos de los componentes del IDH siendo estos la esperanza de vida al nacer, la población (18 años) con educación secundaria completa, así como los años de educación (población de 25 y más) y el Ingreso familiar per cápita.

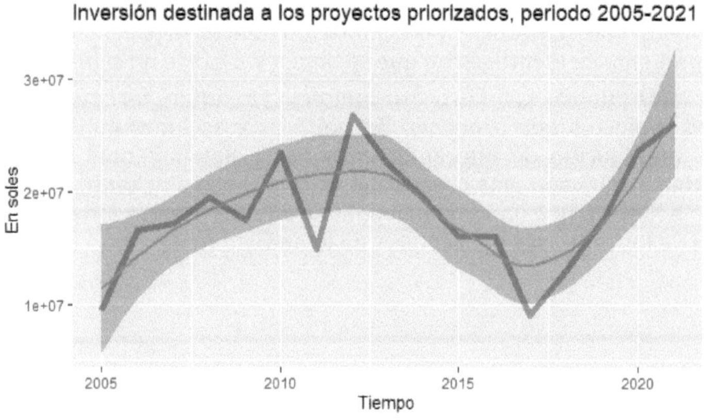

Figura 2. Inversión destinada a los proyectos priorizados, periodo 2005 – 2021. **Fuente:** Elaboración propia, 2023.

Los datos visualizados en esta figura demuestran la inversión destinada al presupuesto participativo para la priorización de proyectos de inversión. Estos datos fueron obtenidos de los informes finales anuales de cada proceso de presupuesto participativo, específicamente en la sección de los proyectos con asignación presupuestal dentro del Presupuesto Institucional de Apertura [PIA]. No obstante, en algunos años no se encontraron los informes, esto debido a la antigüedad de los años estudiados en el presente trabajo, por ende, se tuvieron que obtener los datos del aplicativo del presupuesto participativo del Ministerio de Economía y Finanzas.

El presupuesto participativo como herramienta de asignación presupuestal permite priorizar la inversión a proyectos que satisfagan las necesidades de la población. Por ende, en la figura se observa aumentos y disminuciones considerables durante los 17 años de estudio. En el 2005 se ha destinado un monto de S/ 9,450,357.00 a los proyectos priorizados del proceso de presupuesto participativo. En el 2006 se tuvo un aumento respecto al año anterior siendo S/ 16,480,422.00, seguido de S/ 17,151,526.00 en el 2007. Por consiguiente, se encontró que en el 2008 se tuvo una inversión de destinada de S/ 19,496,105.00. No obstante, se identificó una disminución del monto de inversión respecto del año anterior, siendo en el 2009 un monto de S/ 17,519,029.00. En el 2010 se encontró un aumento de la inversión siendo S/ 23,462,165.00. Sin embargo, en el 2011 se encontró una disminución considerable siendo el monto de S/ 14,900,000.00. En el año 2012 se tuvo el mayor monto de inversión de los 17 años de estudio, siendo de S/ 26,750,000.00. En el 2013 se ha destinado una inversión de S/ 22,500,000.00. En el 2014 se tuvo una inversión de S/ 19,500,000.00, a partir de este año se tuvo una disminución des tres años seguidos esto debido al cambio de gobierno local entre el 2014 – 2015, en este ultimo se tuvo una inversión de S/ 16,000,000.00, seguido de S/ 16,000,000.00 en el 2016. En el año 2017 se tuvo según los informes encontrados el mas bajo monto de inversión siendo de S/ 9,000,000.00. A partir del 2018 se tuvo un aumento considerable consecutivo de los siguientes años siendo de S/ 13,010,000.00, seguido de S/ 17,483,205.00 en el 2019. Luego, de S/ 23,648,381.00 en el 2020. Posteriormente de S/ 26,171,764.00 en el 2021.

Estadísticas de la regresión	
Coeficiente de correlación múltiple	0.97998085
Coeficiente de determinación R^2	0.96036247
R^2 ajustado	0.95469997
Error típico	0.01501583
Observaciones	17

Tabla 2. Resumen estadístico del modelo. **Fuente:** Elaboración propia, 2023.

En la tabla se observa la precisión del modelo lineal a través de R^2 ajustado de 0.95469997, que significa que el modelo es relevante que en términos de porcentajes es 95.47%. Así mismo, el modelo tiene un coeficiente de determinación R^2 de 0.96036247.

	Grados de libertad	Suma de cuadrados	Promedio de los cuadrados	F	Valor crítico de F
Regresión	2	0.07648137	0.03824068	169.600328	1.5373E-10
Residuos	14	0.00315665	0.00022548		
Total	16	0.07963802			

Tabla 3. Análisis de varianza del modelo econométrico. **Fuente:** Elaboración propia.

En la tabla se muestra que el valor critico de F es significativo siendo un 1.5373E-10, por ende al tener un valor R^2 de 98 %, ambos resultados demuestran que el modelo es significativo y con una precisión del modelo lineal adecuado.

	Coeficientes	Error típico	Estadístico t	Probabilidad	Inferior 95%	Superior 95%	Inferior 95.0%	Superior 95.0%
Intercepción	0.01686778	0.02568807	0.65663884	0.52206106	-0.03822765	0.07196321	-0.03822765	0.07196321
Invpp	2.4909E-09	7.4113E-10	3.36095245	0.00466128	9.0133E-10	4.0805E-09	9.0133E-10	4.0805E-09
Servba	2.5394E-06	1.4944E-07	16.9931706	9.6656E-11	2.2189E-06	2.8599E-06	2.2189E-06	2.8599E-06

Tabla 4. Resultados del modelo econométrico. **Fuente:** Elaboración propia.

Procesando los datos se ha encontrado que la constante es 0.01686778, y los coeficientes del modelo econométrico son 2.4909E-09 y 2.5394E-06, para considerar este modelo econométrico se ha evaluado que la probabilidad a través del cual se mide el nivel de significancia, siendo significativos los resultados obtenidos, por ende, este modelo econométrico es el adecuado.

$$y = 0.01686778 + 2.4909E - 09\chi_1 - 2.5394E - 06\chi_2$$

El resultado del coeficiente de la intercepción nos indica que el valor publico aumenta de forma independiente del Invpp y Servba en 0.017. Además, respecto al coeficiente de la Invpp indica que por cada aumento de la inversión destinada a los proyectos del presupuesto participativo se tiene un aumento del 2.4909E-09 del valor público (medido a través del indicador social como del IDH) aplicando ceteris paribus al resto del modelo econométrico.

Por otro lado, respecto al coeficiente de los básicos a los cuales han accedido la población siendo el regresor Servba que indica que por cada aumento de población que accede a servicios básicos se tiene un aumento del 2.5394E-06 del valor público (medido a través del IDH) aplicando ceteris paribus al resto del modelo econométrico.

5. CONCLUSIONES

Los recursos públicos tienen que ser adecuadamente manejados, pero más aún tienen que incrementar el valor público, por ende, se tiene que cambiar la perspectiva tradicional que consideraba solo al sector privado como generador de valor. Esto resulta siendo mucho más interesante cuando nos vemos motivados de involucrar el presupuesto participativo, que no solo se refiere a la asignación presupuestal, sino al involucrar a la población que va generando "valor público" de las decisiones y los beneficios que esta trae a su entorno.

El análisis del presupuesto participativo nos ha permitido encontrar que una tendencia creciente en los movimientos que exigen una mayor participación en las políticas públicas, y un mayor compromiso en la creación del valor público para los tomadores de decisión.

Por lo tanto, en este análisis se encontró que los proyectos de inversión inicialmente se han trabajado por ejes temáticos para alinearse con los objetivos del Plan de Desarrollo Concertado Regional y Provincial. En el caso de la provincia de San Román se ha venido trabajando desde dos enfoques: según ejes temático y la eficacia participativa. Así mismo, se encontró que la eficacia participativa se desarrolló de acuerdo al eje económico – productivo abarcando sectores como la presencia de comerciantes, carniceros, artesanos, transportistas, entre otros.

Entonces estos resultados nos encaminan a determinar el impacto del prepuesto participativo (considerando la inversión destinada a los proyectos priorizados y los habitantes con acceso a servicios públicos que se obtiene como producto final de este proceso) en el valor público, existiendo una precisión del modelo lineal a través de R^2 ajustado de 0.95469997, que significa que el modelo es relevante en términos de porcentajes del 95.47%.

Estos resultados muestran que si se tienen un nivel significativo de los regresores en la variable dependiente, no obstante, este resultado no es suficiente para explicar los variables Invpp y Servba, debido a que los proyectos de inversión no han sido encaminados a ejecutarse según la necesidad de la población, este resultado es similar al autor Campanha (2008) que da a conocer que la mayoría de las inversiones realizadas por un ayuntamiento local no ha tenido en cuenta los reclamos de la población, ocasionando resultados negativos.

No obstante, existen estudios que encuentran una relación entre la participación ciudadana y ejecución presupuestal, por ejemplo autores como Pacchua (2021) en su tesis considera que existe una correlación alta [0,952] entre el presupuesto participativo y la ejecución presupuestal, no obstante este hallazgos es diferente a Montecinos y Carrasco (2022) que en su artículo encontraron que desde la dimensión financiera los recursos financieros que se destinan al presupuesto participativo de las 53 municipalidades es solo un 1.41% respecto del presupuesto total, así mismo los proyectos financiados son menores pero relevantes para las organizaciones, es decir sin impacto en las políticas territoriales. El estudio de Alerca (2005) coincide en que la asignación de recursos del gobierno local es insuficiente desde la perspectiva de la población, también la municipalidad ha cumplido con los procedimientos del presupuesto participativo bajo el marco legal, sin embargo, existe una atomización de los proyectos priorizados que en la mayoría de casos solo alcanzan como perfil de proyecto o expediente técnico; también, Kasozi-Mulindwa (2013) encontraron similares resultados donde se evidenció que existe una gran diferencia en la implementación del presupuesto participativo de lo que establece el marco normativo, existe dependencia financiera de los gobiernos locales con el gobierno central, además las necesidades y prioridades de los ciudadanos no son tomados en cuenta debido a la dominancia de líderes políticos y el equipo técnico, dejando de lado la participación ciudadana, socavando los derechos y responsabilidades de la población,

Por otro lado, el autor Paricahua (2016) encontró que en el 2015 se ejecutó el 99.77% y el 2016 el 97.81%, no obstante, de acuerdo al presupuesto de gastos programados para el 2015 fue de S/ 254'622,299.00 logrando una ejecución de solo el 45.51% y en el 2016 un S/ 221'966,735.00 ejecutándose solo el 44.87%, demostrándose una deficiente capacidad de gasto y por ende el incumplimiento de metas y objetivos, esto es similar al autor Serruto (2021) donde las inversiones a nivel económico, social, ambiental, tecnológico y científico se encuentran en una situación carente. Así mismo, Loza (2018) demostró la existencia de bajos niveles de ejecución presupuestal en Inversión, siendo en el 2016 una ejecución de las fuentes de financiamiento de solo 65.54%; mientras en el 2005 un 76.9%. En cuanto al cumplimiento de metas, de acuerdo a los criterios de efectividad del MEF, en mayoría de las metas presupuestales presenta avances deficientes para el periodo de evaluación.

6. REFERENCIAS

Alerca, N. (2017). *El presupuesto participativo como instrumento de gestión municipal en la ejecución del presupuesto de inversiones de la Municipalidad Distrital de Lalaquiz, 2015 - 2016* [[Tesis de pregrado - Facultad de ciencias contables y financieras] Universidad de Piura]. https://n9.cl/6fboo

Alguacil, J. (2014). Presupuesto Participativo. EUNOMÍA. Revista En Cultura De La Legalidad, (6), 204-210. https://n9.cl/5hxpn

Annunziata, R. (2020). El impacto de los Presupuestos Participativos online en el tipo de proyectos: un análisis de la experiencia de BAElige. *CLAD Reforma y Democracia, 77.* https://www.redalyc.org/journal/3575/357566674006/html/

Banco Interamericano de Desarrollo. (2005). Evaluación del presupuesto participativo en Brasil. In *Invest Clin.* https://n9.cl/idmu9y

Carrasco, D. (2006). *Metodología de la investigación científica. Pautas metodológicas para diseñar y elaborar el proyecto de investigación* (1ra Ed.). Editorial San Marcos. https://n9.cl/carrasco-sergio

Colectivo Interinstitucional del Presupuesto Participativo. (2007). *Presupuesto participativo: Agenda pendiente, lecciones aprendidas y recomendaciones.* https://n9.cl/t9lmq

Hérnandez-Sampieri, R., y Mendoza, C. (2018). *Metodología de la investigación: Las rutas cuantitativa, cualitativa y mixta* (McGraw-Hil).

Hernández-Sampieri, R., Fernández, C., y Baptista, M. del P. (2014). *Metodología de la investigación* (6th ed.). McGraw-Hill / Interamericana Editores. https://n9.cl/65f

Kamrowska-Zaluska, D. (2016). Participatory Budgeting in Poland – Missing Link in Urban Regeneration Process. *Procedia Engineering, 161,* 1996–2000. https://doi.org/10.1016/J.PROENG.2016.08.792

Kasozi-Mulindwa, S. (2013). The Process and Outcomes of Participatory Budgeting in a Decentralised Local Government Framework: a Case in Uganda. In *Doctoral Thesis, University of Birmingham, United Kingdom.* [Tesis de Doctorado, University of Birmingham]. Repositorio Institucional. https://etheses.bham.ac.uk/id/eprint/4517/

Loza, J. (2018). *Evaluación del presupuesto participativo y cumplimiento de metas en los proyectos de inversión pública de la municipalidad provincial de puno, periodos 2016 – 2017* [Tesis de pregrado - Escuela Profesional de Contabilidad de la Facultad de ciencias empresariales] Universidad Peruana Unión]. https://n9.cl/prfip

Ministerio de Economía y Finanzas. (2022). *Indicadores de brechas del Portal de PMIE del MEF.* http://ofi5.mef.gob.pe/portalpmie/Indicadores/Index

Niemets, K., Kravchenko, K., Kandyba, Y., Kobylin, P. y Morar, C. (2021). World cities in terms of the sustainable development concept. *Geography and Sustainability, 2*(4), 304–311. https://doi.org/10.1016/j.geosus.2021.12.003

ONU-Habitat. (2020). *Explorando la Función del Presupuesto Participativo en la Aceleración de los Objetivos del Desarrollo Sostenible (ODS).* www.unhabitat.org

Paricahua, E. (2016). *Evaluación de la ejecución presupestaria y s incidencia en el cumplimiento de los objetivos y meas presupuestales de la municipalidad provincial de san roman, en los periodos 2015, 2016*. [Tesis de pregrado, Universidad Nacional del Altiplano]. Repositorio Institucional. https://n9.cl/f5tai

Programa Pro Descentralización PRODES. (2004). *Evaluación rápida del proceso de descentralización Proceso de presupuesto participativo 2004*. https://n9.cl/yav1w

Rocha Franco, S. H. y Teixeira Assis, W. F. (2019). Participatory Budgeting and Transformative Development in Brazil. *Geoforum, 103*, 85–94. https://doi.org/10.1016/J.GEOFORUM.2019.03.025

Serruto, T. (2020). *Efectos del presupuesto participativo por resultados en la calidad de gestión de recursos de inversión en las municipalidades provinciales – región Puno* [[(Tesis de maestria - Escuela de posgrado) Universidad Nacional del Altiplano]]. http://repositorio.unap.edu.pe/handle/UNAP/16150

Sistema de Información Regional para la Toma de Decisiones. (2021). *SIRTOD de la provincia de San Román*. https://systems.inei.gob.pe/SIRTOD/app/consulta

Valverde Viesca, K., Gutiérrez Márquez, E. y García Sánchez, F. de M. (2013). Presupuesto público sin participación ciudadana. La necesidad de un cambio institucional en México para la consolidación democrática11Este artículo se deriva del trabajo de investigación colegiado Citizens, Mayors and Democracy in the City, coordinado por. *Revista Mexicana de Ciencias Políticas y Sociales, 58*(218), 105–127. https://doi.org/10.1016/s0185-1918(13)72291-8

INTERPELACIONES PARLAMENTARIAS SOBRE EDUCACIÓN: ANÁLISIS TEMÁTICO

Juan Patricio Sánchez-Claros[1]

1. INTRODUCCIÓN

La función de control parlamentario no sólo sirve de complemento a la acción legislativa gubernamental, sino que se la apunta como uno de los instrumentos principales para abordar la crisis contemporánea del parlamentarismo (González Fernández, 2020) que afecta tanto a la confianza democrática como a los contextos de transparencia en que ha de desenvolverse el poder ejecutivo. Esta función de control se articula a través de variados procesos entre los que se incluyen las preguntas bien sean orales o con petición de respuesta escrita, las interpelaciones parlamentarias tanto ordinarias como con carácter urgente, las comparecencias del Gobierno ante al Pleno o en Comisión, las comparecencias de otras autoridades y funcionarios, o la solicitud de informes a la Administración del Estado u otros organismos, entre otras posibilidades. Algunos de estos instrumentos, como las preguntas con respuesta escrita o las interpelaciones urgentes pueden llegar a ser muy numerosas, lo que es una clara manifestación de la densa actividad del Parlamento más allá de la tramitación legislativa, aspecto éste sobre el que recae principalmente la atención de la sociedad y de los *media*, derivando de ello una visión sesgada de la actividad política sobre sectores específicos.

Un ejemplo claro de esta divergencia indicada la encontramos en el ámbito de la educación, cuya temática y *agenda setting* son vinculadas de forma prioritaria a la tramitación, debate, implementación y crítica de las grandes leyes orgánicas. Situación comprensible si pensamos que ellas organizan la estructura básica del sistema educativo y de su legislación derivada, determinando el foco de atención desde el que se suele contemplar el mundo educativo, en ocasiones con carácter de aparente exclusividad. Sin embargo, el resto de iniciativas parlamentarias arriba aludidas suponen un riquísimo complemento informativo apenas atendido y que es reflejo del interés que lo educativo ha suscitado en los grupos parlamentarios en adición al puro debate legislativo.

2. OBJETIVOS

El presente trabajo tiene como objetivo sistematizar y organizar uno de los mencionados instrumentos de control: las interpelaciones parlamentarias que aluden a las diferentes

1. Universidad de Málaga (España)

problemáticas que sobre educación han suscitado el interés y la atención de los distintos grupos parlamentarios a lo largo de las catorce legislaturas democrática, precisando sus ejes temáticos fundamentales y sus contenidos más relevantes, con el objeto de comprender su evolución y rasgos.

3. METODOLOGÍA

Para ello se han recopilado la totalidad de las interpelaciones sobre educación desde la web del Congreso de los Diputados, abarcando las catorce legislaturas desde 1979 a 2023. La metodología seguida es la del *análisis temático*, paso preliminar sustancialmente distinto de los análisis de contenido, categorías, estructural o crítico del discurso, según son expuestos por Conde (2009) al precisar los tres niveles básicos de aproximación al análisis del discurso. Con arreglo a esta distinción, puede delimitarse un primer nivel "informacional/cuantitativo" de los textos que tiende a primar la dimensión más denotativa y manifiesta de los mismos, en el que se situaría el análisis de contenido. Avanzando en complejidad, un segundo nivel "estructural/textual" buscaría desentrañar las estructuras formales invariantes y universales, para concluir con un tercer nivel "social/hermenéutico", vinculado con la pragmática del lenguaje y sus usos sociales.

Desarrollando esa diversificación que va de un polo descriptivo a un polo hermenéutico, Paillé y Muchielli (2016) distinguen a lo largo de tal continuo entre un análisis de contenido, un análisis temático, un análisis por categorías, un análisis estructural, y un análisis crítico del discurso. En el análisis de contenido, la "palabra" y los segmentos textuales constituyen la unidad del análisis, consistente en una descripción objetiva, sistemática y cuantitativa de los mensajes en su nivel más manifiesto. El análisis temático persigue delimitar y organizar un conjunto de temas homogéneos representativos del contenido de los textos analizados. El análisis por categorías busca un análisis más conceptual de los mismos persiguiendo una explicación más teórica del texto. El análisis estructural pretendería explícitamente priorizar las "relaciones formales" en el texto como aquellas que le dotan de sentido, dándole coherencia y consistencia lógica. Por último, el análisis crítico del discurso considera que la fuerza y el sentido de éste viene dado por las posiciones de poder que ocupan los productores de los discursos, y no por un supuesto poder propio del lenguaje, buscándose una aproximación más contextual que enfatizase las relaciones de dominación, discriminación, poder y control. Como muestra del carácter sucesivo de los anteriores niveles, Van Dijk (2010) incluye para este último tipo de análisis ciertas estructuras lingüísticas como los temas -que reflejan, más que un contenido informativo, la organización de los significados locales y la coherencia global-, la coherencia local, la descripción de los actores y actos, las implicaciones y suposiciones, las definiciones empleadas y las fuentes que apoyen su legitimidad, las estructuras argumentativas, el uso metafórico del lenguaje, la elección de modalidades retóricas así como el empleo de estructuras no verbales. El trabajo que se expone a continuación se sitúa en la preliminar perspectiva del análisis temático, dada la ausencia de un tratamiento semejante en el corpus a analizar y entendiendo que una categorización en este sentido adquiere un importante papel propedéutico como paso previo para contextualizar cualquier otro de los niveles de análisis expuestos. De acuerdo con Paillé y Muchielli (2016), el análisis temático tiene dos funciones principales: identificación y documentación. La primera función consiste en reconocer los temas más relevantes de un corpus. La segunda función va más allá y se refiere a la capacidad de establecer paralelismos o documentar oposiciones o divergencias entre temas. En este caso, el objetivo no es sólo identificar temas, sino también comprobar si están relacionados, si se repiten de un material a otro y cómo se solapan, convergen, contradicen o complementan.

4. DESARROLLO DE LA INVESTIGACIÓN

4.1. Las interpelaciones parlamentarias y su eficacia jurídica

Mediante las interpelaciones los Grupos parlamentarios pueden preguntar en Pleno al Gobierno por los motivos o propósitos de la conducta del Ejecutivo en cuestiones de política general. El procedimiento incluye una exposición inicial seguida de la contestación del Gobierno y una serie de ulteriores intervenciones del resto de grupos parlamentarios (arts. 181 y 183 del Reglamento del Congreso). La Mesa se reserva la admisibilidad de las propuestas de interpelación (art. 181.2), y sus atribuciones no se detienen en la mera apreciación formal, sino que puede entrar en la consideración del contenido material en orden a verificar que aquella finalidad de atender a cuestiones de política general sea respetada (Álvarez Vélez, 2016). En este sentido, Molina Moreno (2018) precisa que ese límite de aceptabilidad puede flexibilizarse, admitiéndose problemas concretos. Ejemplos de esta flexibilidad podremos encontrarlos en múltiples interpelaciones que se mencionarán más adelante.

García Morillo (1985) menciona dentro del procedimiento reglamentario de tramitación de las interpelaciones la presunción de decaimiento de aquellas no tramitadas, lo que introduce un factor burocrático en orden a garantizar la eficacia jurídica de las interpelaciones admitidas a trámite. Este factor se superpondría a la ausencia de sanciones en el supuesto de no producirse una respuesta a la interpelación. Aragón Reyes (1986), por su parte, entiende que el control parlamentario encuentra su fuerza más bien en la existencia de sanción indirecta constituida por la crítica tendente al desgaste de las políticas gubernamentales. En la misma línea, Portero (1998) indica que el destinatario de la función de control no sería el Gobierno sino el electorado, influenciado a través de los medios de comunicación por el desarrollo del debate. Este aspecto es particularmente resaltado por Razquín Lizarraga (2006) al indicar cómo las intervenciones tienden a prepararse en función de esa actividad de externalización realizada por los media de tal suerte que el debate parlamentario es más una confirmación de las propias posiciones que de la búsqueda de una modificación concreta en la política del Gobierno. Esta "devaluación" de la función de control en un sentido informativo era señalada ya por Santaolalla López (1987), quien apuntaba a una eficacia jurídica no directa ni inmediata sino localizada dentro del juego de la búsqueda de legitimidad interna de cada grupo parlamentario respecto de sus correspondientes partidarios, simpatizantes y electores.

4.2. Interpelaciones sobre educación desde una perspectiva cuantitativa

Una primera aproximación cuantitativa a las interpelaciones parlamentarias sobre educación ha de contemplar cuál es su situación porcentual con respecto a la totalidad de las interpelaciones parlamentarias referidas a cualquier otra temática. Igualmente, es preciso delimitar el número de interpelaciones sobre educación que han sido tramitadas en su totalidad (Tr) del resto de posibilidades que en orden a su tramitación ofrece el procedimiento parlamentario. Estas posibilidades son las inadmitidas (I), las decaídas (Dcd), las rechazadas (R) y las convertidas (Cv), según se muestra a continuación en la Tabla 1:

Leg	Fecha	Intps totales	Intps edu	%	I	Dcd	R	Cv	Tr
I	1979-1982	389	16	4,1		2	2	7	5
II	1982-1986	210 (143+67)	2 (1+1)	0,9				1	1
III	1986-1989	214 (177+37)	16 (12+4)	7,4	2	5	1	2	6
IV	1989-1993	198	4	2			1		3
V	1993-1996	136	2	1,4					2
VI	1996-2000	199	10	5					10
VII	2000-2004	338	12 (11+1)	3,5		1	2	1	8
VIII	2004-2008	319	9	2,8			3		6
IX	2008-2011	297	9	3		1			8
X	2011-2016	337	16	4,7			1		15
XI	2016-2016	0	0						
XII	2016-2019	182	11	6		3			8
XIII	2019-2019	12	1	8,3			1		
XIV	2019-2023	309	6	1,9		4			2

Tabla 1. Número de interpelaciones por legislaturas. **Fuente:** Elaboración propia, a partir de los datos de la web del Congreso, 2023.

En las catorce Legislaturas cuyas fechas correspondientes se indican en la segunda columna fueron presentadas un total de 3140 interpelaciones sobre cualquier temática. El desglose de estas por legislaturas se muestra en la tercera columna.

La cuarta columna expone las interpelaciones que, sobre el total recién aludido, atienden a problemática educativa en cualquiera de sus ámbitos, situaciones, agentes, niveles, etc. Suman en todo el período un total de 114. De ellas, fueron inadmitidas 2, decaídas 16, retiradas 11, convertidas 11, y tramitadas en su totalidad 74. Este último dato significa que se han tramitado el 64,9% de las interpelaciones presentadas sobre educación.

El mayor porcentaje de iniciativas presentadas acerca de educación respecto del número de iniciativas totales sobre cualquier tema corresponde a la Legislatura XIII en que se llega a un 8,3%; el carácter atípico por su brevedad y circunstancias de esta legislatura la hace sin embargo poco homologable ni comparable con las demás, por lo que tal cifra puede resultar engañosa si tratamos de extraer de ella conclusiones respecto al grado de interés suscitado por la temática educativa durante un período regular de sesiones en las que el juego electoral se encuentre más regularizado. Con arreglo a tal circunstancia, se puede considerar a la Legislatura III, en la que se alcanza un 7,4%, como la que suscita un interés sostenido mayor por la temática educativa. El cómputo total en todo el período 1979-2023 nos lleva a un porcentaje de 3,6%, cifra ciertamente escasa si pensamos en la importancia otorgada a las distintas problemáticas educativas por los medios de comunicación, la opinión pública y la agenda política.

Se muestran a continuación los datos de las interpelaciones sobre educación referidos a los grupos parlamentarios autores de estas (Tabla 2):

Leg	P gob	GS	GP	IU	Pod	Cs	GPC	GMx	ERC	GPV	Otros
L I	UCD	6	2[1]	3[2]			1[3]	2			2[4]
L II	PSOE		2								
L III	PSOE		5[5]				1[3]	8[6]			2[6]
L IV	PSOE		4								
L V	PSOE		1	1[7]							
L VI	PP	6		3[7]				1			
L VII	PP	8		1				3			
L VIII	PSOE		6				1[8]		1		1[9]
L IX	PSOE		4				2[8]	2		1[10]	
L X	PP	9		2[11]			3			2[10]	
L XI	PP										
L XII	PP	2	2		2[12]	2		2	1		
L XIII	PSOE										1[13]
L XIV	PSOE		1			3		1			1[13]

Tabla 2. Interpelaciones por grupos políticos. 1 Coalición Democrática, 2 GPComunista, 3 Minoría Catalana, 4Grupo Andalucista, 5 Coalición Popular, 6 CDS, 6 GMx-Agr. Democracia Cristiana, 7 IU-IpC, 8 CiU, 9 Coalición Canaria, 10 EAJ-PNV, 11 IU-ICV-EuiA-CHA, 12 UP-ECP-EM, 13 VOX. **Fuente:** Elaboración propia a partir de los datos de la web del Congreso, 2023.

La Tabla 2 muestra en su segunda columna el partido gobernante en cada Legislatura. En las siguientes columnas, y dada la gran variabilidad de siglas a lo largo del período estudiado, se han agrupado en la anterior tabla con arreglo a su adscripción ideológica genérica, indicando con superíndices la composición concreta de que se tratase.

En conjunto, es el Grupo Socialista el autor del mayor número de interpelaciones con 31, seguido del Grupo Popular con 27. Tal como sería previsible, la actividad de ambos grupos se centra en aquellos períodos en que gobernó el partido político rival. Destaca el número de interpelaciones socialistas en las Legislaturas VII y X en las que se tramitaron, respectivamente, las polémicas LOCE y LOMCE y la particular posición, respecto de esta última, del titular del ministerio, Wert. Este es un caso de coherencia en interés con la literatura pedagógica de esos años que venía a contemplar las propuestas de los gobiernos populares como una irrupción en España del ideario y finalidades neoliberales en educación. Tiene su correspondiente paralelo con la actividad desarrollada *a contrario sensu* por el Grupo Popular en las Legislaturas III y IV en que se ventilaban la implantación de la en su día muy polémica LODE y la tramitación de la LOGSE.

Siguen en número a los dos grupos parlamentarios principales las izquierdas con 10, a las que puede añadirse las 2 de Podemos, y Ciudadanos con 5. Va después el Grupo Parlamentario Catalán en sus diferentes denominaciones con 8 junto al Grupo de ERC con 2, finalizando con las 3 interpelaciones del Grupo Vasco. El Grupo Mixto, particularmente activo en la tercera Legislatura, alcanza un total de 19 interpelaciones, finalizando el conteo con el variopinto apartado de Otros con 7, que se encuentra constituido por el Grupo Andalucista, el CDS, Coalición Canaria y VOX.

4.3. Temáticas de las interpelaciones sobre educación por legislaturas

Se consideran en este apartado las temáticas abordadas en las diferentes Legislaturas, considerando para ello en primer lugar cualquier devenir procedimental de que hubiesen sido objeto, para atender a continuación las temáticas correspondientes a las interpelaciones cuya tramitación fue completa. Para situar con mayor nitidez la situación histórico-política en que las interpelaciones se suscitaron, se inicia cada subapartado con una sucinta contextualización cronológica de cada Legislatura, el partido en el poder durante la misma, los cargos ministeriales en Educación y, dada la particular relevancia en el contexto histórico de nuestro país, la Ley Orgánica educativa que en cada período se tramitó.

Legislatura I:

Esta primera Legislatura duró desde el 23 de marzo de 1979 al 17 de noviembre de 1982. El partido en el Gobierno fue UCD y estuvo constituida por cuatro gobiernos de Adolfo Suárez y cinco de Leopoldo Calvo Sotelo. Los ministros de Educación en esta Legislatura fueron Íñigo Cavero, José Manuel Otero Novas, Juan Antonio Ortega y Federico Mayor Zaragoza. Durante este período se tramitó la LOECE.

De las 16 interpelaciones registradas, 2 de ellas resultaron decaídas, 1 caducada y 7 convertidas en otras iniciativas parlamentarias, de modo que 5 fueron las que recibieron un trámite completo.

Del total de iniciativas, su contenido puede ser categorizado en torno a tres situaciones:

En primer lugar, coyunturales o sectoriales, vinculadas a centros específicos o geográficos precisos, destacando la situación de algunos centros docentes, como los Institutos de Ciencias de la Educación (ICE), el Instituto Nacional de Bachillerato (INB), la Facultad de Filosofía y Ciencias de la Educación de la Universidad de Sevilla, la integración del Colegio Universitario de Ciudad real en la Universidad Complutense de Madrid, las subvenciones a los centros docentes no estatales o el estado de la enseñanza preescolar en Galicia. (6 interpelaciones)

En segundo lugar, situación de determinados colectivos, como los emolumentos de los profesores de Educación General Básica (EGB) destinados en el extranjero, la discriminación de los minusválidos (sic) para su ingreso en el Cuerpo de Magisterio Nacional de Enseñanza Privada, los profesores de educación Cívico-Social y Política, los Catedráticos y Agregados de Universidad sin plaza, el horario de permanencia del profesorado de EGB, la ampliación en la dotación de plazas en el concurso-oposición al cuerpo de profesorado de EGB y la política general del Ministerio respecto de tales oposiciones a nivel tanto estatal como autonómico. (7 interpelaciones)

En tercer lugar, cuestiones generales, como la gratuidad de la enseñanza, la enseñanza de la Constitución y de los Estatutos de Autonomía en Bachillerato y Formación Profesional (FP), y la situación del sector de la enseñanza pública. (3 interpelaciones)

Las siguientes son las interpelaciones que finalizaron su tramitación de modo completo: Las referidas al Instituto Nacional de Bachillerato (INB), la discriminación profesional de los minusválidos para su ingreso en Magisterio, la situación de la enseñanza pública, el horario de permanencia del profesorado de EGB y el control de subvenciones a centros.

Legislatura II:

Duró desde el 18 de noviembre de 1982 al 14 de julio de 1986. El PSOE fue el partido gobernante con la presidencia de Felipe González y el ministro de Educación del período fue José María Maravall, durante cuyo mandato fue aprobada la LODE.

De las dos interpelaciones sobre educación, una urgente y otra ordinaria, la ordinaria fue convertida mientras que la urgente completó su tramitación.

La "guerra de los catecismos" sobre aprobación por parte del Ministerio de los textos de los catecismos de 5º y 6º de EGB, y la controversia a que dio lugar, y la discriminación de los padres de los alumnos de Preescolar y Bachillerato Unificado Polivalente (BUP) en centros privados por razones económicas. (2 interpelaciones) fueron los temas tratados. La única interpelación que finalizó su tramitación de modo completo fue la relativa a la mencionada "Guerra de los catecismos".

Legislatura III:

Del 15 de julio de 1986 al 20 de noviembre de 1989, tuvo también al PSOE y a Felipe González en el Gobierno, así como a José María Maravall como ministro de Educación.

En cuanto a las temáticas abordadas, se pueden distinguir tres grandes áreas temáticas, si bien los contenidos de estas pueden verse sujetos a diferentes solapamientos, y ser tratados en interpelaciones pertenecientes a dos o más categorías simultáneamente. Algunas de ellas se repiten en las diversas interpelaciones, sufriendo distintos recorridos en su tramitación (decaídas, convertidas, etc. hasta alcanzar la tramitación) lo que origina que un mismo título para una interpelación lo podamos encontrar en distintas entradas en el Registro del Congreso, siendo objeto posterior de diferentes recorridos, tal como ha quedado indicado. Esta situación afecta a las interpelaciones sobre responsabilidad civil del personal docente, objeto de cuatro intentos, o a la destinada a la falta de formación previa del profesorado universitario.

La primera de las antedichas temáticas se refiere a problemáticas específicas de ciertos cuerpos docentes: huelga del profesorado no universitario, responsabilidad civil del personal docente, improvisación de profesorado sin formación previa suficiente, y sistema vigente de selección del profesorado. (10 interpelaciones)

La segunda de esas temáticas alude a la exigencia de explicaciones al Gobierno sobre sus intenciones: en relación a su política educativa, afrontamiento de la crisis de la enseñanza y medidas para solucionar la huelga de la enseñanza pública (4 interpelaciones)

La tercera de estas temáticas, por último, atiende a la problemática general de la educación: sistema educativo español e integración de las escuelas sociales en las universidades (2 interpelaciones)

Las siguientes son las interpelaciones que finalizaron su tramitación de modo completo: Una sobre el sistema educativo español, otra sobre la huelga del profesorado no universitario y su incidencia en la situación general y calidad de la enseñanza, otra sobre responsabilidad civil del personal docente, otra sobre política general del gobierno para solucionar la crisis de la enseñanza pública no universitaria, otra sobre improvisación de profesorado sin formación previa suficiente, y una última relativa al sistema vigente de selección del profesorado.

Legislatura IV:

La cuarta Legislatura, del 21 de noviembre de 1989 al 28 de junio de 1993, tuvo también al PSOE y a Felipe González, pero los ministros de Educación fueron Javier Solana y Alfredo Pérez Rubalcaba. En esta Legislatura se tramitó y aprobó la LOGSE.

Por lo que a las temáticas se refiere, las cuatro interpelaciones giran en torno a dos problemas: Mejora de la calidad de la enseñanza (2 interpelaciones) y evaluación del profesorado universitario (2 interpelaciones). Todas las interpelaciones fueron presentadas por el Grupo Parlamentario Popular.

Las que finalizaron su tramitación de modo completo lo fueron acerca de evaluación del profesorado universitario en cuanto a sus méritos docentes e investigadores y su repercusión retributiva, sobre medidas de política general del Ministerio relativas a la Comisión Nacional de Evaluación de la Actividad Investigadora del profesorado Universitario, y sobre medidas generales para lograr una mejora en la calidad de la enseñanza.

Legislatura V:

Del 29 de junio de 1993 al 26 de marzo de 1996, de nuevo con el PSOE y Felipe González. Los ministros de Educación fueron Gustavo Suárez Pertierra y Jerónimo Saavedra, y la ley aprobada fue la LOPEGCE.

Sus temáticas tratan sobre tasas y acceso a la universidad (1 interpelación) junto a otros aspectos dispersos de gestión universitaria (1 interpelación). Ambas concluyeron la tramitación en su totalidad. La segunda abordaba una variedad de problemas inherentes al mundo universitario: medidas de política general para poner fin a la masificación de los centros, atajar los problemas del profesorado y la facilitación de las oportunidades para que los estudiantes pudieran cursar los estudios de su elección.

Finalizaron su tramitación de modo completo las referidas a política de tasas universitarias para garantizar el acceso a la enseñanza superior, a las para poner fin a la masificación de las universidades, y a facilitar la elección de estudios.

Legislatura VI:

La sexta Legislatura, del 27 de marzo de 1996 al 4 de abril de 2000, fue la primera con el Partido Popular en el poder y José María Aznar en la presidencia del Gobierno. Los ministros de Educación en esta etapa fueron Esperanza Aguirre y Mariano Rajoy.

Las temáticas son de dos tipos:

En primer lugar, sobre el estado y previsión de cumplimiento de distintas leyes educativas: mejora de la calidad de la enseñanza que contempla la Ley Orgánica de Ordenación General del Sistema Educativo (LOGSE), modificaciones pretendidas en la LODE y la LOGSE en materia de conciertos educativos y de admisión de alumnos, modificaciones en la Ley de Reforma Universitaria.

En segundo lugar, y en un sentido semejante al anterior, previsiones del Gobierno, pero no ya respecto de leyes concretas sino de política educativa, en general vinculadas con la idea de "calidad": medidas a impulsar para garantizar una política educativa pública, política de transferencias y política universitaria para el logro de una "Universidad de calidad y competitiva".

Es reseñable en esta Legislatura que todas las interpelaciones presentadas fueron tramitadas por completo. También lo es -y muy relacionado con el dato anterior- que de las diez interpelaciones, una procediese del Grupo Mixto, dos de Izquierda Unida-Iniciativa per Catalunya, y las siete restantes del Grupo Socialista. El Grupo Popular, principal partido de la oposición, no presentó ninguna iniciativa de esa índole.

Las siguientes son las interpelaciones que finalizaron su tramitación de modo completo: sobre la política educativa a desarrollar, sobre la mejora de la calidad de la enseñanza contemplada en la LOGSE, sobre condiciones de trabajo del profesorado, sobre modificación de LODE y LOGSE en materia de conciertos educativos y admisión de alumnos, sobre medidas de política educativa pública, sobre la política de transferencias, sobre la implantación de la jornada escolar continua, sobre universidad de calidad y competitiva, y sobre política universitaria.

Legislatura VII:

La séptima Legislatura, del 5 de abril de 2000 al 1 de abril de 2004, fue también del PP y José María Aznar en la presidencia. Educación estuvo al cargo de la ministra Pilar del Castillo, y durante su mandato tuvo lugar la tramitación parlamentaria de la LOCE.

Las temáticas objeto de atención en esta Legislatura se pueden agrupar en tres tipos:

En primer lugar, el panorama de demandas es semejante al de la Legislatura anterior (perspectivas sobre la aplicación y reforma de la LOGSE), si bien ahora aparecen vinculaciones explícitas con los intereses de los usuarios de la educación mencionando los "elevadísimos costes que para las familias españolas representa el comienzo del curso escolar" (172/000111), "rechazo social" (172/000137) de la política universitaria, problemas de admisión de alumnos en centros públicamente financiados, o motivos y consecuencias de la política de reducción de becas.

En segundo lugar y junto a ellos, aparecen algunos de los tópicos propios de la crítica a la LOCE: articulación de la enseñanza de la Religión en el Anteproyecto de la Ley de Calidad de la Educación entonces debatido, y la propia política de becas.

En tercer lugar, un apartado separado e independiente vendría constituido por el fomento de los hábitos de lectura.

Las siguientes son las interpelaciones fueron las tramitadas por completo: pasividad del Ministerio en la admisión de alumnos en centros públicamente financiados, medidas a adoptar ante los costes del inicio de curso, legislación que rige las relaciones entre las autoridades educativas y la Iglesia Católica, razones de la política universitaria a pesar del amplio rechazo social, diseño de la política educativa, fomento de los hábitos de lectura en nuestro país, introducción del área obligatoria de Cultura y Religión en el Anteproyecto de Ley de Calidad de la Educación, y motivos para la reducción de becas.

Legislatura VIII:

En la octava Legislatura, del 2 de abril de 2004 al 31 de marzo de 2008, el PSOE recupera el poder con José Luis Rodríguez Zapatero de presidente. Las ministras María Jesús San Segundo y Mercedes Cabrera estuvieron al cargo de Educación, y en este período se aprobó la LOE.

Las temáticas en esta ocasión atienden a cuestiones diversas y muy dispersas temáticamente: Aplicación de la LOCE, necesidad de un pacto estable en educación, financiación de los libros de texto, enseñanza de la lengua castellana, retribuciones del profesorado universitario, supresión de la asignatura Educación para la Ciudadanía, Espacio Europeo de Educación Superior, Educación para la Ciudadanía o sentido de la reforma educativa emprendida por el Gobierno.

Las siguientes son las interpelaciones que finalizaron su tramitación de modo completo: sobre la posición del Gobierno ante la consecución de un pacto estable para la educación, sobre la aplicación de la normativa relativa a la enseñanza de la lengua castellana, sobre las medidas en relación con las retribuciones del profesorado universitario, sobre la reforma educativa emprendida, sobre la necesidad de suprimir la asignatura de Educación para la Ciudadanía, y sobre la implementación del Espacio Europeo de Educación Superior.

Legislatura IX:

Del 1 de abril de 2008 al 12 de diciembre de 2011 se desarrolla la novena Legislatura en la que continúan el PSOE y José Luis Rodríguez Zapatero, siendo ministros de Educación Mercedes Cabrera y Ángel Gabilondo.

Temáticas agrupables de nuevo en torno a tres apartados:

En primer lugar, un cierto número de interpelaciones tratan sobre la reforma del sistema educativo español en función de la debilidad del modelo y la necesidad de alcanzar un sistema "de calidad y excelencia". (5 interpelaciones)

En segundo lugar, aparece el tema de la revisión de la política de gobernanza y autonomía universitaria dentro del marco Bolonia. (1 interpelación)

Por último, un tercer sector reúne distintas problemáticas: Estatuto del Estudiante Universitario, abandono escolar prematuro y política de becas. (3 interpelaciones)

Las siguientes son las interpelaciones que finalizaron su tramitación de modo completo: medidas políticas para alcanzar un sistema educativo de calidad y excelencia, fracaso del Gobierno en la adaptación del sistema universitario español al proceso de Bolonia, reforma del sistema educativo español, impulso de la política de becas y ayudas al estudio universitario, debilidades del modelo educativo español y la reforma para su mejora, aprobación de un Estatuto del Estudiante Universitario, abandono escolar prematuro, y revisión de la política de gobernanza para avanzar hacia una universidad de calidad.

Legislatura X:

La décima Legislatura se extiende del 13 de diciembre de 2011 al 2 de enero de 2016. El partido gobernante es el PP con Mariano Rajoy de presidente del Gobierno. Los ministros de Educación de este período son José Ignacio Wert e Íñigo Méndez de Vigo, siendo aprobada la LOMCE en esta Legislatura.

Las temáticas son de un doble tipo:

Por una parte, 13 de las 16 interpelaciones se encuentran referidas al balance y perspectivas de la política educativa con el telón de fondo de la LOMCE, recorriendo, dada la extensión de la Legislatura, desde las previsiones de implementación hasta su desarrollo y consecuencias de esta. Esta temática es considerada desde diversos aspectos, tanto técnicos como sectoriales o de consecuencias respecto a la desigualdad educativa, y bajo su influjo se incluyen tanto las interpelaciones genéricas sobre la reforma, su desarrollo curricular o las políticas universitaria y de becas.

Por otra parte, las anteriores cuestiones implican la demanda de un posicionamiento del Ministerio sobre la gestión efectuada, cuestión a las que se aplican tres interpelaciones. Se añade, sin embargo, una interpelación en la que se pide explícitamente al propio Ministro Wert la asunción de "responsabilidades políticas que piensa asumir como consecuencia de las actuaciones que ha desarrollado durante el tiempo de su mandato".

Las siguientes son las interpelaciones que finalizaron su tramitación de modo completo: sobre las medidas para la reforma de la ESO, el Bachillerato y la FP así como sobre sus previsibles consecuencias de índole organizativa, curricular y económica, sobre la posible implantación de la formación en alternancia también en centros universitarios, sobre las actuaciones del Ministerio de Educación, Cultura y Deporte en relación al anteproyecto de la LOMCE en su repercusión en el modelo lingüístico de Cataluña, y sobre la propia reforma educativa.

Legislatura XI:

La breve undécima Legislatura duró desde el 13 de enero de 2016 al 18 de julio de 2016, y al no alcanzarse un acuerdo para poder investir presidente del Gobierno a ninguno de los candidatos, permanecieron en funciones durante la misma el gobierno del PP con Mariano Rajoy de presidente e Íñigo Méndez de Vigo como ministro de Educación.

En esta brevísima Legislatura no se produjeron interpelaciones, ni sobre educación ni sobre ningún otro asunto. La función de control, dada la interinidad gubernamental, supuso que la actividad del poder legislativo se encontrase en plenitud de funciones mientras que el ejecutivo tenía sus funciones limitadas, en situación de *prorrogatio*. Así, mientras los diversos Grupos parlamentarios articularon una serie de iniciativas de control parlamentario, en particular preguntas escritas y Proposiciones no de Ley, el Gobierno optó por no responder a la inmensa mayoría de las iniciativas de control (Delgado Ramos, 2018).

Legislatura XII:

Duró desde el 19 de julio de 2016 al 20 de mayo de 2019, con la presidencia de Mariano Rajoy y el PP. Presentada una moción de censura, a partir del 1 de junio es presidente Pedro Sánchez con el PSOE. El ministerio de Educación estuvo en manos, respectivamente, de Íñigo Méndez de Vigo (PP) y de Isabel Celaá (PSOE).

En cuanto a sus temáticas, algunas cuestiones apuntan a la exigencia de cambios sobre la normativa vigente con la elaboración de una nueva ley de educación que sustituya a la LOMCE. Esta demanda se presenta bajo distintos supuestos (eliminar la creciente segregación en el sistema educativo, garantía del derecho a una educación de calidad y a la libertad de enseñanza, compromiso de derogación de la LOMCE).

Y, al mismo tiempo, aparecen algunas temáticas que aluden a la descentralización educativa y la diversidad curricular y lingüística a que dan lugar: diferencias territoriales, modelo de la escuela catalana, y "adoctrinamiento ideológico" (3 interpelaciones).

Alcanzaron la tramitación completa las interpelaciones sobre las siguientes temáticas:

Sobre el balance de la política educativa, sobre el adoctrinamiento ideológico en los centros educativos en España, sobre la defensa del modelo de escuela catalana, sobre el modelo educativo del Gobierno, sobre medidas para el reconocimiento social, económico y profesional del profesorado, sobre las diferencias territoriales dentro del sistema educativo español, sobre la necesidad de eliminar la segregación en el sistema educativo español, y sobre explicaciones respecto de las garantías para que la reforma procure el derecho a una educación de calidad y a la libertad de enseñanza.

Legislatura XIII:

La nuevamente breve Legislatura decimotercera, del 21 de mayo de 2019 al 2 de diciembre de 2016, continúa con el PSOE y con Pedro Sánchez en funciones al no alcanzarse la mayoría suficiente para proceder a la investidura, y con el mismo gabinete de la legislatura anterior, con Isabel Celaá de ministra de Educación.

La única interpelación -que fue retirada- pedía que el Gobierno explicase "qué acciones y medidas va a adoptar para garantizar que el principio constitucional de la unidad de España sea respetado en los currículos de asignaturas como Historia de España o Geografía de las distintas Administraciones autonómicas"; pregunta que no ha sido reiterada ni reformulada durante la vigente XIV Legislatura.

Legislatura XIV:

La Legislatura decimocuarta comenzó el 3 de diciembre de 2019 y concluirá el 16 de agosto de 2023 tras la constitución de nuevas Cortes Generales, tras el anuncio de elecciones que se comenta a párrafo seguido. La actual Legislatura corresponde al PSOE como partido en el poder y Pedro Sánchez como presidente. Las ministras de Educación del período son Isabel Celaá y Pilar Alegría, y durante el mismo ha sido aprobada la LOMLOE.

Durante la realización del presente trabajo, el presidente del Gobierno, Pedro Sánchez, anunció la convocatoria de elecciones generales a celebrar el 23 de julio de 2023. Ello ha determinado la paralización de la actividad vinculada con el objeto de esta investigación, determinando que las iniciativas parlamentarias en curso sean objeto de decaimiento ante la próxima apertura de una nueva legislatura, la XV. Por ello, las interpelaciones recogidas pueden considerarse como las constituyentes de la XIV legislatura de tal modo que el trabajo actual abordaría la problemática abordada en condiciones de completitud.

Hasta el momento, se han producido un par de interpelaciones acerca del proyecto de modificación de la Ley Orgánica de Educación (LOMLOE), y otra sobre el currículo educativo de Bachillerato. Las dos últimas aparecidas preguntan sobre el "adoctrinamiento ideológico" a la luz de los nuevos currículos y sobre la limitación de horas de impartición del castellano en los centros educativos de la Comunidad Autónoma de Cataluña.

Las siguientes son las interpelaciones que han finalizado su tramitación de modo completo: sobre las medidas que va a adoptar el Gobierno para evitar el adoctrinamiento ideológico y la rebaja de la exigencia académica a la luz de los nuevos currículos de primaria, secundaria y bachillerato, y sobre las políticas desarrolladas en el ámbito educativo para la prevención, detección y atención a los problemas de salud mental y de la conducta suicida en el alumnado.

4.4. Interpelaciones por temáticas globales a lo largo del periodo estudiado

En cuanto a las temáticas globales abordadas por las interpelaciones tramitadas al completo, pueden circunscribirse en torno a los siguientes ámbitos: 1- Centros y niveles educativos, alumnado y currículum, 2- Universidad, 3- Religión, 4- Política de becas, 5- Política territorial educativa, 6- Profesorado, 7- Situación del sistema, 8- Intenciones del gobierno y medidas a adoptar, 9- Crisis del sistema, 10- Otros. Se explicita su reparto a lo largo de las distintas Legislaturas en la Tabla 3:

	I	II	III	IV	V	VI	VII	VIII	IX	X	XI	XII	XIII	XIV
Centros	3					1	1	2		1				
Universidad				2	2	3	1	2	3	1				
Religión							2							
Pol. Becas							2		1					
Pol. Territ.						1				1		3		1
Profesorado	1		4			1						1		
Sit. Sistema	1		1						1	1		2		
Intenc. gob.				1		4	1	1	1	1		1		
Crisis sistema			1						2			1		
Otros		1					1	1						1

Tabla 3. Interpelaciones por temáticas globales. **Fuente:** Elaboración propia.

El cómputo global muestra una clara preponderancia de las políticas universitarias sobre el resto de los temas, interés sostenido a lo largo de las legislaturas centrales del periodo, seguida por la solicitud de posicionamiento del Gobierno respecto de sus intenciones inmediatas, y de la atención por la situación del profesorado en sus distintos niveles así como de distintas situaciones concretas de los centros, problemáticas estas particularmente focalizadas al inicio del período.

5. CONCLUSIONES

Las conclusiones alcanzadas no sólo revelan la necesidad de contar con toda esta información documental subalterna para comprender la evolución de la educación en nuestro país, sino que muestran cuál es la atención prestada por el Parlamento a lo educativo entre una ley orgánica y la siguiente, el contraste en la acción de los partidos políticos durante los mismos períodos, su dependencia de la acción de grupos de interés, y especialmente la emergencia de una *agenda setting* semejante aunque diferenciada de la construída por los *media*, la opinión pública y la literatura educativa, aspectos todos que abren nuevas vías de investigación extraordinariamente interesantes. Estas diferencias son especialmente significativas si comparamos la atención *ideológica* promovida desde los sectores sociales e informativos con la señalada prevalencia de la temática universitaria como objeto prioritario de atención por los grupos políticos, y la ausencia de aspectos *pedagógicos* y *didácticos* que tanta incidencia muestran en la literatura. Disonancias que reclaman una ulterior atención invesgadora para su explicación y ajuste.

6. REFERENCIAS

Álvarez Vélez, M. I. (2016). El control parlamentario: las incertidumbres sobre el control de un Gobierno en funciones. *Asamblea: revista parlamentaria de la Asamblea de Madrid, 35*, 23-44.

Aragón Reyes, M. (1986). El control parlamentario como control político. *Revista de Derecho Político*, 23, 9-39.

Conde. F. (2009). *Análisis sociológico del sistema de discursos.* CIS.

Delgado Ramos, D. (2018). El control parlamentario del Gobierno en funciones en España: la experiencia de la XI Legislatura (2016). *Estudios Constitucionales,* 2, 183-220.

García Morillo, J. (1985). *El control parlamentario del Gobierno en el ordenamiento español.* Congreso de los Diputados.

González Fernández, S. (2020). *El control como función primordial del Parlamento en la Era de la Gobernanza. Un análisis sobre la primariedad de la función de control sobre las demás funciones parlamentarias clásicas.* Fundación Manuel Giménez Abad.

Molina Moreno, L. (2018). El control parlamentario: Preguntas, Interpelaciones y Mociones. *Revista de las Cortes Generales, 104*, 315-344.

Paillé, P. y Mucchielli, A. (2016). *L'analyse qualitative en sciences humaines et sociales.* Armand Colin.

Portero, J. A. (1998). El control parlamentario del gobierno. *Working Papers: Institut de Ciències Polítiques i Socials, 142.*

Razquin Lizarraga, M. (2006). El control parlamentario del Gobierno en España. *Revista Jurídica de Navarra, 41*, 113-126.

Resolución de 24 de febrero de 1982 por la que se ordena la publicación en el «Boletín Oficial del Estado» del nuevo Reglamento del Congreso de los Diputados, Pub. L. No. Resolución, BOE-A-1982-5196 5765 (1982). https://tinyurl.com/3nb56ptp

Santaolalla López, F. (1987). La función de control y la ciencia del Derecho Constitucional. *Revista de las Cortes Generales, 12*, 219-241.

Van Dijk, T. (2010). Discurso, conocimiento, poder y política. Hacia un análisis crítico epistémico del discurso. *Revista de Investigación Lingüística, 13*, 167-215.

ZONAS SOCIALMENTE VULNERABLES: ENTRE LA EXCLUSIÓN SOCIAL Y LA SEGREGACIÓN

Jose Antonio Sánchez Martí[1]

1. INTRODUCCIÓN

Es de vital importancia comprender la naturaleza del territorio para poder actuar socialmente en él. Por ello, identificar los territorios vulnerables y analizar las privaciones que sufren sus residentes supone un ejercicio imprescindible para erradicar la pobreza.

Los territorios vulnerables se pueden caracterizan por dos componentes. Por un lado, son espacios pobres en sí mismos, es decir, su población sufre de ciertas privaciones socioeconómicas. Por otro lado, son espacios donde se concentra un determinado grupo social. En definitiva, hacen referencia al espacio social mediante la exclusión social, pero, también, al espacio físico por la segregación.

El trabajo pionero para identificar barrios vulnerables en España es el de Hernández Aja (1997). Para ello, se emplearon las secciones censales del Censo de Población y Vivienda del año 1991. Posteriormente, el Ministerio de Fomento y el Instituto Juan Herrera replicaron este mismo ejercicio para los años 2001 y 2011 (Ministerio de Fomento, 2001; Ministerio de Fomento, 2011). Además, con el aumento de la inmigración, ya entrado el siglo XXI, se realizó un estudio en el año 2006, donde se ponía el foco de atención en la distribución de la población inmigrante sobre los territorios vulnerables identificados en el año 2001 (García-Araque y García, 2021).

Alguacil *et al.* (2014) sintetizaron hasta cuatro tipologías de vulnerabilidad territorial: sociodemográfica, socioeconómica, residencial y subjetiva. En este sentido, los informes mencionados de los años 1991, 2001 y 2011 estaban basados en variables socioeconómicas: rezago educativo, esto es, la población analfabeta o sin estudios; población desempleada y calidad de la vivienda. De forma complementaria, los informes de los años 2006 y 2011 incorporaron un indicador sociodemográfico: la tasa de inmigración.

El presente trabajo se desarrolla entre indicadores sociodemográficos, mediante la inmigración, así como socioeconómicos, por el rezago educativo y el desempleo. Respecto a la variable de calidad de la vivienda, debido a que ha cambiado de indicadores a lo largo de los diferentes informes, ha sido obviada (Rodríguez-Suarez *et al.*, 2021).

La presente investigación pone su foco de atención en la ciudad de Murcia. La bibliografía que analiza los territorios vulnerables de la ciudad de Murcia es escasa. Gómez y Bel

1. Universidad de Murcia

(1987) llevaron a cabo una réplica de la metodología de Shevky y Bell (1972) para analizar la diferenciación socioespacial en la ciudad de Murcia. Estos autores describieron una ciudad concéntrica, donde los barrios más desfavorecidos se concentraban en la periferia. Por otro lado, Serrano y Martínez (2013) describieron las características de las zonas de actuación preferente del Plan Regional de Bienestar Social para el municipio de Murcia. Por último, Yago (2020) realizó un estudio para algunos barrios vulnerables del municipio de Murcia. Además de analizar el precio de la vivienda en dichos barrios, presentó un análisis cualitativo sobre sus debilidades, amenazas, fortalezas y oportunidades.

A pesar de que un componente de la vulnerabilidad territorial es la segregación, la metodología oficial en España no presta la suficiente atención a este fenómeno. En consecuencia, este trabajo presenta una metodología alternativa basada en dos pilares: la exclusión social y la segregación. Asimismo, no hay literatura en España que examine la pobreza monetaria entre los residentes de las diferentes tipologías de territorios vulnerables.

2. OBJETIVOS E HIPÓTESIS

Este estudio presenta dos objetivos. El primer objetivo es validar la metodología diseñada para identificar los territorios vulnerables. El segundo objetivo es analizar la pobreza monetaria entre los residentes de las distintas tipologías de los territorios vulnerables. La hipótesis inicial es que hay diferencias significativas en la distribución de la pobreza monetaria según las diferentes categorías de vulnerabilidad territorial.

3. METODOLOGÍA

3.1. Trabajo de campo

Los datos sobre pobreza monetaria de esta investigación emanaron de un trabajo de campo realizado mediante cuestionarios. El universo fue los hogares privados residentes en los territorios vulnerables de la ciudad de Murcia. El periodo de recolección de los datos fue durante el primer semestre del año 2018.

El procedimiento de muestreo fue probabilístico con una afijación proporcional al tamaño poblacional de cada sección censal. La selección de un hogar ocurrió mediante una muestra aleatoria simple.

3.2. Medición de la pobreza monetaria

La medición de la pobreza monetaria se realizó mediante indicadores objetivos, como el riesgo de pobreza y la brecha de la pobreza. Ahora bien, también se midió la pobreza monetaria subjetiva mediante la dificultad de llegar a final de mes.

Un hogar es considerado en riesgo de pobreza cuando sus ingresos disponibles totales se encuentran por debajo del 60% de la mediana de los ingresos disponibles equivalentes a nivel nacional. Sin embargo, este umbral no es idéntico para cada hogar, pues cambia dependiendo de su configuración. Todos estaremos de acuerdo que no es lo mismo un hogar formado por un adulto, que otro con dos adultos y dos menores. De esta manera, se aplica la escala de equivalencia de la Organización para la Cooperación y el Desarrollo Económicos modificada, donde el primer adulto es una unidad, el resto de los adultos presentan un coeficiente de 0.5 y cada menor de 13 años o menos de 0.3. Por lo tanto, para el segundo ejemplo de hogar, se establecería un multiplicador de 2.1.

No obstante, mediante el riesgo de pobreza, solamente damos cuenta del número de pobres que hay en un determinado territorio, desdeñando cómo de pobres son. Por este motivo, se incorporó la brecha de pobreza al análisis. Este indicador se define como el porcentaje de ingreso necesario de un hogar para superar un determinado umbral.

En cuanto a la medición de la pobreza monetaria subjetiva se preguntó a los hogares ¿cómo suelen llegar a final de mes? Las posibles respuestas fueron, de mayor a menor gravedad: con mucha dificultad, con dificultad, con cierta dificultad, con cierta facilidad, con facilidad y con mucha facilidad. Sin embargo, dada la orientación de esta investigación hacia los pobres, las respuestas más interesantes para este estudio fueron los diferentes niveles de dificultad para llegar a final de mes.

3.3. Zonas Socialmente Vulnerables

A continuación, se presenta la metodología de Zonas Socialmente Vulnerables (ZSV). La unidad de análisis para la metodología ZSV fueron las secciones censales que conforman la ciudad de Murcia (Instituto Nacional de Estadística, 2011). En el caso de la variable de rezago educativo, la fuente de datos emanó del Instituto Nacional de Estadística (2011), mientras que para las variables de inmigración y de desempleo, los datos se obtuvieron del Centro Regional de Estadística de Murcia (2014). Dado que no se disponía del dato de población activa, la tasa de desempleo se calculó como la población desempleada entre la población en edad de trabajar.

Esta metodología versa sobre dos componentes: social y física. En el espacio social, las ZSV registran graves privaciones entre su población, es decir, pobreza y exclusión social. En el espacio físico, las ZSV presentan patrones de segregación.

Para identificar las secciones censales en situación de pobreza y de exclusión social, se siguió el método descrito por Shevky y Bell (1972), con la intención de sintetizar el rezago educativo y el desempleo en un índice de rango social. Para realizar este ejercicio, se estandarizaron las puntuaciones del rezago educativo y del desempleo. Así, las puntuaciones obtenidas variaron entre 0 y 100. Luego, se realizó una media entre las puntuaciones de ambas variables. Por último, se crearon cuatro categorías de rango social donde clasificar a cada unidad espacial: de 0 a 25, de 26 a 50, de 51 a 75 y de 76 a 100. La tasa de inmigración no fue tenida en cuenta, puesto que una gran proporción de población inmigrante en un territorio no constituye en sí misma una grave privación.

La identificación de los patrones de segregación se realizó mediante los índices de Moran. Según Garrocho y Campos-Alanís (2013), los índices de Moran satisfacen o minimizan los problemas de los índices clásicos propuestos por Massey y Denton (1988). Los índices de Moran se dividen en dos: global y local. Para identificar un patrón de segregación se utilizó exclusivamente el índice de Moran local, ya que permite visualizar el fenómeno de la segregación dentro de la ciudad. Un patrón de segregación puede hacer referencia a dos dimensiones: socioeconómica, por el rezago educativo o el desempleo; sociodemográfica, por la tasa de inmigración. El software empleado para identificar los patrones de segregación fue *Geoda*. En el contexto español, el índice local de Moran fue empleado por Cidoncha *et al.* (2023) para identificar los municipios vulnerables de Cantabria. Asimismo, no se tiene constancia de una metodología para identificar territorios vulnerables que emplee el índice local de Moran en secciones censales.

En definitiva, se distinguen tres categorías de ZSV: en primer lugar, las ZSV empobrecidas son aquellas que registran un rango social inferior a 51; en segundo lugar, las ZSV segregadas presentan un patrón de segregación por inmigración; por último, las ZSV duales son la combinación de zonas empobrecidas y patrones de segregación, ya sean socioeconómicos o sociodemográficos.

3.4. Muestra

En total, la muestra se conformó por 464 hogares. Esto significó un error muestral del 4.5% a un nivel de confianza del 95%. En la tabla 1, se encuentra la distribución de la muestra entre las distintas tipologías de ZSV.

Tipología de ZSV	Muestra	Error muestral (%)	Nivel de confianza (%)
Duales	253	6.1	95
Empobrecidas	97	9	95
Segregadas	114	9.8	95

Tabla 1. Datos básicos sobre la muestra. **Fuente:** Elaboración propia, 2023.

3.5. Análisis estadístico

Para validar la hipótesis propuesta, en los indicadores de riesgo de pobreza y de pobreza monetaria subjetiva, se realizó un contraste de hipótesis mediante el test de igualdad de proporciones. En el caso de la brecha de pobreza, se seleccionó un contraste de hipótesis basado en el análisis de la varianza (ANOVA). El test de Shapiro-Wilk determinó que los datos no seguían una distribución normal, puesto que su p-valor era próximo a 0. Sin embargo, este hecho no es realmente preocupante, ya que un ANOVA es robusto ante la falta de normalidad (González y Hernández, 2022). Además, el test de Fligner-Killeen mostró que la variable presentaba igualdad en las varianzas, con un p-valor de 0.289. Por tanto, las condiciones fueron idóneas para llevar a cabo un ANOVA. El análisis entre pares de categorías se realizó mediante el método de Tukey. La realización de todos los procedimientos estadísticos y matemáticos se ejecutaron en lenguaje *R*.

4. RESULTADOS

4.1. ZSV en la ciudad de Murcia

La figura 1 muestra las ZSV de la ciudad de Murcia. En concreto, se distinguen seis ZSV, que se localizan en los márgenes de la ciudad. Al norte, se sitúa la ZSV del Espíritu Santo, en el barrio de Espinardo. Al oeste, la ZSV de San Antolín. En el sur, se encuentra la ZSV de La Estación, en los barrios de El Carmen y de Buenos Aires. Al suroeste se ubica la ZSV de Barriomar. En el este, se halla la ZSV Oriental, que comprende la totalidad del barrio de La Paz y algunas secciones censales de La Fama y de Vistabella. Por último, al sur de la ZSV Oriental se localiza la ZSV de El Infante.

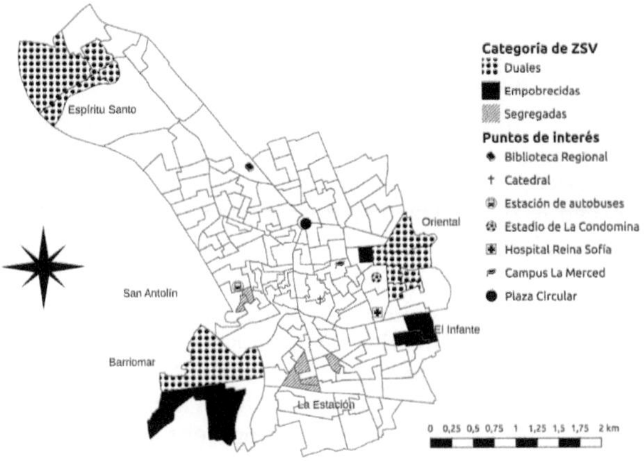

Figura 1. ZSV en la ciudad de Murcia. **Fuente:** Elaboración propia.

Cada una de las secciones censales que conforman las ZSV fueron agrupadas en las categorías propuestas. Para ponerlas en perspectiva, la tabla 2 sintetiza la información sociodemográfica y socioeconómica de cada una de ellas.

Tipología de ZSV	Secciones censales	Población	Inmigración (%)	Rezago educativo (%)	Desempleo (%)
Duales	14	13775	7.57	50.48	28.06
Empobrecidas	4	5085	7.12	33.08	20.11
Segregadas	6	6370	19.92	15.43	20.70

Tabla 2. Caracterización de las tipologías de ZSV. **Fuente:** Elaboración propia a partir del Instituto Nacional de Estadística (2011) y del Centro Regional de Estadística de Murcia (2014).

4.2. Pobreza monetaria y vulnerabilidad territorial

En la tabla 3, se exponen los resultados de la medición de la pobreza monetaria objetiva para las distintas categorías de ZSV.

Tipología de ZSV	Riesgo de pobreza (%)	Brecha de pobreza (%)
Duales	62.85	47.23
Empobrecidas	49.48	43.75
Segregadas	33.33	36.94
p-valor	0.000	0.062
Dual – Empobrecida	0.050	0.661
Dual – Segregada	0.000	0.052
Empobrecida – Segregada	0.050	0.403

Tabla 3. Pobreza monetaria objetiva según la tipología de ZSV. **Fuente:** Elaboración propia, 2023.

Las ZSV duales obtuvieron una mayor tasa de riesgo de pobreza que el resto de categorías. Esto significó un 27.02% más de riesgo de pobreza que la dada en las ZSV empobrecidas. Las ZSV segregadas obtuvieron una tasa aún más baja, en concreto, hubo un descenso de la tasa de pobreza del 32.64% respecto de las ZSV empobrecidas.

El test de igualdad de proporciones presentó un p-valor próximo a 0, por lo tanto, la hipótesis propuesta quedó aceptada. Esto es, las distintas categorías de ZSV registraron diferencias significativas en la distribución del riesgo de pobreza. El contraste entre pares arrojó un p-valor cercano a 0 entre las ZSV duales y las ZSV segregadas, mientras que en el resto se mantuvo en el 0.050. En fin, todos los pares de categorías registraron diferencias significativas en la distribución del riesgo de pobreza.

Ahora bien, además de que las ZSV duales concentren una mayor proporción de pobres, ¿sus pobres son más pobres que los del resto de categorías de ZSV? Tal como se ve en tabla 2, la brecha de la pobreza siguió el mismo patrón dado anteriormente. No obstante, las diferencias no fueron tan abismales como antes. A saber, la brecha de la pobreza en las ZSV duales fue superior en un 7.95% que la representada por las ZSV empobrecidas.

El test de ANOVA arrojó un p-valor de 0.062. En consecuencia, se rechazó la hipótesis propuesta. Así pues, no se constataron diferencias significativas en la brecha de pobreza según las categorías de ZSV. Un análisis más detallado entre los distintos pares también dio resultados no significativos. En cualquier caso, el contraste entre las ZSV duales y las ZSV segregadas obtuvo un p-valor muy cercano a 0.050.

En la tabla 4, se exponen los porcentajes para cada nivel de dificultad del indicador de pobreza monetaria subjetiva.

Tipología de ZSV	Mucha dificultad (%)	Dificultad (%)	Cierta dificultad (%)
Duales	34.78	22.53	22.92
Empobrecidas	28.87	17.53	25.77
Segregadas	12.28	19.30	21.93
p-valor	0.000	0.536	0.790
Dual – Empobrecida	0.355	1.000	1.000
Dual – Segregada	0.000	1.000	1.000
Empobrecida – Segregada	0.009	1.000	1.000

Tabla 3. Pobreza monetaria subjetiva según la tipología de ZSV. **Fuente:** Elaboración propia, 2023.

Los resultados mostraron que la pobreza monetaria subjetiva tuvo un comportamiento equivalente a la pobreza monetaria objetiva. Igualmente, al sumar los distintos niveles de dificultad, el 80.24% de los residentes en las ZSV duales afirmaron llegar con dificultades a final de mes, frente al 72.16% y al 53.51%, de los residentes de las ZSV empobrecidas y de las ZSV segregadas, respectivamente.

En los distintos niveles de dificultad, solamente se pudo aceptar la hipótesis propuesta para el caso de llegar a final de mes con mucha dificultad, con un p-valor cercano a 0. Dentro de este nivel de dificultad, el único par que no resultó significativo fue entre las ZSV duales y las ZSV empobrecidas. Así pues, las diferencias estructurales en materia de pobreza subjetiva de estos dos tipos de ZSV con las ZSV segregadas se hicieron patentes.

5. DISCUSIÓN

Todas las ZSV identificadas fueron reflejadas por la bibliografía revisada para la ciudad de Murcia. Siendo así, queda confirmada la validez de la metodología presentada. Además, recoge los cambios introducidos por el Ministerio de Fomento (2011) respecto al informe presentado en el año 2001. Esto es, la identificación de parte del barrio de Vistabella y de El Infante. De este último también daba cuenta Serrano y Martínez (2013).

Una alta tasa de inmigración no fue considerada una privación *per se*, en tal caso, se tuvo en cuenta exclusivamente mediante la componente de segregación. De este modo, solamente aquellas ZSV que presentaron una alta inmigración y a la misma vez contrastaban con barrios de menor tasa de inmigración fueron identificadas. Como resultado, se obtiene una identificación más restrictiva de los territorios vulnerables por inmigración que la dada por el informe del Ministerio de Fomento (2011).

Si se analiza la evolución de los territorios vulnerables en la ciudad de Murcia desde la década de 1980 hasta la actualidad, la ciudad sigue presentando un modelo de sectores concéntricos, donde las ZSV se localizan en la periferia, tal como exponían en su trabajo Gómez y Bel (1987). Ahora bien, cabe argumentar que las zonas de bajo rango social o ZSV empobrecidas han descendido considerable, puesto que en la actualidad representan al 9% de las secciones censales de la ciudad, frente al 38% del año 1981.

Por último, la pobreza monetaria subjetiva demostró seguir el mismo patrón que el riesgo de pobreza y la brecha de pobreza, especialmente, en llegar a final de mes con mucha dificultad. Así pues, las ZSV pueden clasificarse según su grado de pobreza monetaria, en orden ascendente: segregadas, empobrecidas y duales. En definitiva, las categorías de ZSV pueden servir como una aproximación a la pobreza monetaria de los distintos territorios vulnerables que conforman una ciudad.

6. CONCLUSIONES

Una novedad de este estudio es la articulación del fenómeno de la segregación en una metodología para la identificación de territorios vulnerables a nivel de secciones censales. Además, presenta un análisis original de la pobreza monetaria entre categorías de territorios vulnerables, puesto que no se ha encontrado ninguna evidencia en España.

Los resultados reflejan una mayor pobreza monetaria en las ZSV duales, tanto en su medición objetiva como subjetiva. Asimismo, la hipótesis de partida es aceptada para el riesgo de pobreza y de forma parcial para la pobreza monetaria subjetiva, puesto que solamente se obtiene un p-valor estadísticamente significativo para el nivel de mucha dificultad. En el caso de la brecha de pobreza, la hipótesis de partida no es aceptada y su distribución no presenta diferencias significativas entre las categorías de ZSV.

Por consiguiente, cuando concurre la exclusión social y la segregación a la vez en un mismo territorio, existe una tendencia al empobrecimiento de la población en general. Sin embargo, no queda tan claro que esta combinación de fenómenos sociales entrañe un mayor empobrecimiento de la población que está en riesgo de pobreza.

La metodología diseñada sirve para orientar las políticas públicas sobre el territorio. En primer lugar, seleccionando las zonas prioritarias de cada ciudad donde focalizar la lucha contra la pobreza y la exclusión social. En segundo lugar, identificando las ZSV duales, las cuales deberían canalizar una parte sustancial de los esfuerzos realizados. Por último, localizar los patrones de segregación, con la intención de reducir la presencia de este fenómeno y lograr una sociedad cohesionada.

Una limitación de la investigación fue recolectar la información de los ingresos en los territorios vulnerables, debido a la alta presencia de trabajo informal y actividades sin regularizar. Para minimizar la pérdida de información, se formularon hasta tres preguntas sobre los ingresos, las cuales se fueron preguntando dependiendo de la exactitud de la respuesta.

Una futura línea de investigación consistiría en replicar esta metodología en otra ciudad fuera del contexto europeo, con la intención de formular una metodología universal para la identificación de territorios vulnerables. Los objetivos serían los mismos: contrastar los resultados con métodos oficiales del país objeto de estudio y analizar la pobreza monetaria en cada categoría de ZSV.

7. REFERENCIAS

Alguacil Gómez, J., Camacho Gutiérrez, J. y Hernández Aja, A. (2014). La vulnerabilidad urbana en España: identificación y evolución de los barrios vulnerables. *EMPIRIA. Revista de Metodología de Ciencias Sociales, 1* (27), 73-94. https://doi.org/10.5944/empiria.27.2014.10863

Centro Regional de Estadística de Murcia. (2014). *Estadísticas con información por secciones censales.* [Data set]. https://econet.carm.es/web/crem/informacion-por-secciones-censales

Cidoncha Goicochea, E., Cárdenas Alonso, G. y Nieto Masot, A. (2023). Análisis espacial de la vulnerabilidad territorial (2000-2020) de los municipios cántabros a partir del índice de Moran. *Cuadernos Geográficos, 62*(1), 5-31. https://doi.org/10.30827/cuadgeo.v62i1.25101

García-Araque, J. y García Cuesta, J. L. (2021). Vulnerabilidad urbana desapercibida e incertidumbre de los métodos estadísticos de identificación. *Papeles de población, 26*(106), 221-260. http://doi.org/10.22185/24487147.2020.106.37

Garrocho, C. y Campos-Alanís, J. (2013). Réquiem por los indicadores no espaciales de segregación residencial. *Papeles de Población, 19*(77), 269-300.

Gómez Fayren, J. y Bel Adell, C. (1987). Aproximación a la diferenciación social del espacio interior urbano en la ciudad de Murcia. *Anales de Geografía de la Universidad complutense,* 7, 421-428.

González Vidal, A. y Hernández Vicente, A. (2022). Comparación paramétrica de medias. En A. González Vidal y A. Maurandi López (Eds.), *Análisis de datos y métodos estadísticos con R* (pp. 133-184). edit.um. https://doi.org/10.6018/editum.2967

Hernández Aja, A. (1997). *Análisis urbanístico de barrios desfavorecidos: catálogo de áreas vulnerables españolas* (2ª ed.). Escuela Técnica Superior de Arquitectura de Madrid.

Instituto Nacional de Estadística. (2011). *Censos de Población y Vivienda.* [Data set]. https://www.ine.es/censos2011/tablas/Inicio.do

Massey, D. S. y Denton, N. A. (1988). The dimensions of residential segregation. *Social Forces, 67*(2), 281-315.

Ministerio de Fomento. (2001). *Análisis urbanístico de barrios vulnerables en España, informe general 2001.* Ministerio de Fomento e Instituto Juan Herrera.

Ministerio de Fomento. (2011). *Análisis urbanístico de barrios vulnerables en España, informe general 2011.* Ministerio de Fomento e Instituto Juan Herrera.

Morales Yago, F. J. (2020). Geografía de la desigualdad y la exclusión social: los barrios desfavorecidos de la ciudad de Murcia. *Vegueta, 20,* 433-468.

Serrano Rodríguez, I. y Martínez Valero, N. (2013). Zonas desfavorecidas residencialmente en el municipio de Murcia. En M. Hernández Pedreño (Ed.), *Vivienda y exclusión residencial* (pp. 191-219). Editum.

Shevky, E. y Bell, W. (1972). *Social area analysis.* Greenwood Press.

Rodríguez-Suárez, I., Hernández-Aja, A., Gómez-Giménez, J. M., Matesanz-Parellada, Á. y Diéz-Bermejo, A. (2021). Los catálogos de barrios vulnerables de España: análisis de la vulnerabilidad en las ciudades españolas entre 1991 y 2011. *Ciudad y territorio: estudios territoriales, 53,* 179-200. https://doi.org/10.37230/CyTET.2021.M21.10

TRANSFORMACIÓN DIGITAL PARA LAS ORGANIZACIONES EDUCATIVAS DEL SIGLO XXI

Omar Téllez Barrientos[1]*, Moramay Ramírez Hernández*[2]

Esta investigación tiene como finalidad dar continuidad a los trabajos que realiza el Cuerpo Académico de Servicios Tecnológicos, bajo su línea de investigación de tecnología educativa. El objetivo general de este trabajo es identificar los ejes principales para la transformación digital en el sector educativo, con enfoque en las Universidades Tecnológicas (UT) en México.

1. INTRODUCCIÓN

En pleno siglo XXI en la era del internet, las comunicaciones y la digitalización las Tecnologías de la Información y Comunicación (TIC) se convierten en el común denominador de las empresas de hoy en día, el sector educativo no es la excepción ya que la transformación digital en la educación se convirtió en una necesidad para el cumplimiento de los objetivos académicos y para la reducción de la brecha digital.

Con este trabajo de investigación se pretende mostrar como las TIC se convirtieron en una herramienta de suma importancia para poder trabajar en el ámbito educativo, teniendo en consideración que estamos saliendo de la pandemia de la covid-19, y en este caso muchas organizaciones del sector educativo en México antes del problema no contaban con la infraestructura tecnológica necesaria para poder llevar a cabo el proceso de transformación digital.

La resistencia a los cambios tecnológicos en el sector educativo era muy alta antes de la pandemia, las personas que operaban en este sector en su mayoría no contaban con las habilidades tecnologías suficientes para poder impartir sus clases y tampoco tenían plataformas informáticas para llevar a cabo el proceso de enseñanza–aprendizaje en las instituciones educativas, pero ante la emergencia tuvieron que adaptase a la nueva transformación digital.

Para impulsar la transformación digital en el sector educativo se requiere de una estrategia que viene desde la alta gerencia en donde se debe de concientizar a todo el personal que forma parte del ecosistema educativo en México, en la importancia de este cambio tecnológico, ya que esto implica como se debe pensar y actuar haciendo uso de las plataformas informáticas para cumplir con el proceso de enseñanza–aprendizaje.

1. Universidad Tecnológica de México (México)
2. Universidad Tecnológica de Tecámac (México)

Particularmente las Universidades y el sector educativo en México deben de considerar la importancia de la planeación estratégica de las TIC para formalizar este proceso de transformación digital, además es necesario identificar la metodología más adecuada y realizar redes de colaboración para mejorar constantemente en este cambio tecnológico, sin olvidar que la transformación digital no solo es identificar el proceso académico, sino que también es un cambio cultural, de formas de pensar y trabajar.

2. OBJETIVOS

El objetivo principal de este trabajo es identificar los ejes principales para la transformación digital del sector educativo, centrado en las Universidades Tecnológicas.

Los objetivos específicos son:

- Identificar los retos y oportunidades de la utilización de la transformación digital en el sector educativo.
- Conocer la importancia de la innovación de las TIC en los procesos de enseñanza-aprendizaje
- Establecer la infraestructura tecnológica más adecuada para alcanzar los objetivos académicos.

3. MARCO TEÓRICO

En el contexto actual, la transformación digital ha adquirido una gran relevancia en las organizaciones educativas del siglo XXI. Autores como Ramírez *et al.* (2020) han mencionado como las TIC impactan positivamente en el proceso de enseñanza-aprendizaje. Esta transformación implica la integración estratégica de tecnologías digitales en todos los aspectos de la educación, desde la enseñanza y el aprendizaje hasta la gestión administrativa. El presente marco teórico describe algunas definiciones sobresalientes sobre transformación digital y analiza las principales dimensiones de la transformación digital en las organizaciones educativas y su impacto en la educación.

3.1. Definiciones de transformación digital

La transformación digital en el ámbito educativo se refiere al proceso de adopción y uso efectivo de tecnologías digitales en todos los niveles y áreas de la educación. Según lo refiere la Organización de las Naciones Unidas para la Educación, la Ciencia y la Cultura implica cambios profundos en los modelos pedagógicos, en las prácticas de enseñanza y en la infraestructura tecnológica de las instituciones educativas (UNESCO, 2011).

Otra definición indica que "La transformación digital es el proceso de utilizar tecnologías digitales para crear nuevos modelos de negocio, cambiar la cultura organizativa y brindar experiencias de cliente mejoradas." (Amazon, 2023).

Según otros autores, definen a la transformación digital como "un proceso continuo de renovación estratégica que utiliza los avances de las tecnologías digitales para desarrollar capacidades que actualizan o reemplazan el modelo comercial, el enfoque colaborativo y la cultura de una organización" (Warner y Wager, 2019).

3.2. Dimensiones de la transformación digital educativa

Infraestructura Tecnológica: La infraestructura tecnológica es fundamental para habilitar la transformación digital en las organizaciones educativas. Esto incluye la disponibilidad de hardware, software y conectividad de calidad para docentes y estudiantes (UNESCO, 2020).

Competencias Digitales: La transformación digital requiere que los docentes y líderes educativos desarrollen competencias digitales sólidas. Estas competencias implican la capacidad para utilizar eficazmente las tecnologías digitales en el diseño de estrategias pedagógicas y en la evaluación de los procesos de enseñanza-aprendizaje (UNESCO, 2019).

Diseño de Entornos de Aprendizaje Digitales: La transformación digital también implica la creación de entornos de aprendizaje digitales efectivos, que fomenten la participación activa, la colaboración y el acceso a recursos educativos digitales de calidad (Vargas-Murillo, 2021).

Impacto de la Transformación Digital en la Educación: La transformación digital tiene un impacto significativo en la educación. Entre sus principales beneficios se encuentran la personalización del aprendizaje, el acceso a recursos educativos en línea, la mejora de la comunicación entre docentes y estudiantes, y la ampliación de las oportunidades de educación inclusiva (Barón y Caicedo, 2021).

La figura 1 muestra la línea del tiempo de la transformación digital en México.

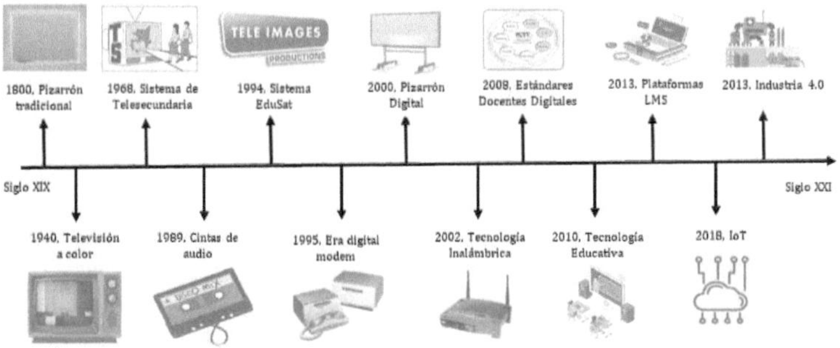

Figura 1. Línea del tiempo de la transformación digital educativa en México. **Fuente:** Elaboración propia.

Sin duda el avance de las TIC permitió acelerar el proceso de transformación digital como lo mencionan Castro *et al.* (2020) quienes realizaron una revisión sistemática de literatura donde indican que varios autores han definido la transformación digital desde el campo de los negocios, donde expresan los cambios que las tecnologías digitales pueden provocar en los modelos de negocios, que resultan en el cambio de productos o estructuras organizativas o en la automatización de los procesos, de tal forma que la definen como la transformación profunda de los negocios, actividades y organizaciones, procesos, competencias y modelos.

Cuando se habla de la transformación digital en las Universidades se habla de una conversión de modelo 3.0 a 4.0. Pérez y Neira (2018) alertan que el paso de la universidad hacia esta transformación ha sido lento. Safiullin y Akhmetshin (2019) enuncian que, en las modernas realidades del desarrollo de la economía digital, las universidades se enfrentan a la necesidad de la transformación digital, cuya esencia se basa no sólo en la introducción de las tecnologías digitales en las actividades de las universidades, sino también en los cambios culturales y organizativos.

3.3. Tecnologías base en la transformación digital en el sector educativo

La cuarta Revolución Industrial a la que le separan de su precedente 50 años, se define como la transición hacia nuevos sistemas ciber físicos que operan en forma de redes más complejas y que se construyen sobre la infraestructura de la revolución digital anterior,

Con respecto a las plataformas digitales educativas que se convirtieron en el eje central de la transformación digital en el sector educativo podemos mencionar a Google Classroom, Microsoft Teams, Moodle, Chamilo LMS, Schoology entre otras herramientas que sirven para la gestión del aprendizaje en línea, que integran actualizaciones y sobre todo soporte técnico para los usuarios de estas herramientas tecnológicas. Algunas de las características de este tipo de plataformas informáticas en línea permiten facilitar el manejo de grupos y la asignación de tareas; igualmente permiten gestionar fácilmente la información, organizar las actividades académicas y tener una interacción del alumno–profesor de forma más precisa para ayudar al proceso de enseñanza-aprendizaje.

Otra tecnología importante en la transformación digital en el sector educativo es el internet de las cosas (IoT), la incorporación de inteligencia a los objetos supone lo importante que es la transformación digital en el sector educativo. Además, permite enriquecer las actividades y obtener datos en tiempo real sobre el desempeño de los estudiantes. Los elementos clave del internet de las cosas son el control integral de los centros educativos, mejora de la experiencia del alumno, educación robótica, cultura de las instituciones educativas mediante el uso de herramientas digitales y el centro de formación a centros de innovación (García y Vera-Cruz, 2023).

Los dispositivos móviles también forman parte de la transformación digital en el sector educativo; hoy en día permiten a los integrantes del proceso de enseñanza-aprendizaje acceder a todos los contenidos educativos desde cualquier parte a través del acceso remoto, esto significa que los estudiantes, los docentes así también y los administradores de las plataformas informáticas pueden tener acceso a estos recursos académicos.

Desde los dispositivos móviles se puede tener acceso a internet, servicios en la nube, a todo tipo de redes de computadoras y a las plataformas informáticas donde se puede darse el aprendizaje significativo favoreciendo a los estudiantes para la adquisición de sus competencias profesionales, interactuando en la clase y creando grupos de trabajo.

Sin duda la integración de las páginas web, las plataformas de contenidos educativos y las redes sociales han proporcionado una serie de recursos digitales apropiados para llevar a cabo los procesos académicos de forma más precisa.

Es importante mencionar que a través de las TIC todos los interesados en el proceso enseñanza–aprendizaje tienen una mayor accesibilidad y disponibilidad de recursos en la red, se rompen las barreras geográficas antes limitaban mucho este proceso académico, hoy en día se pueden personalizar la forma de impartir clases a los estudiantes de las Universidades y centros escolares del país. La figura 2 muestra las tecnologías base en la transformación digital del sector educativo.

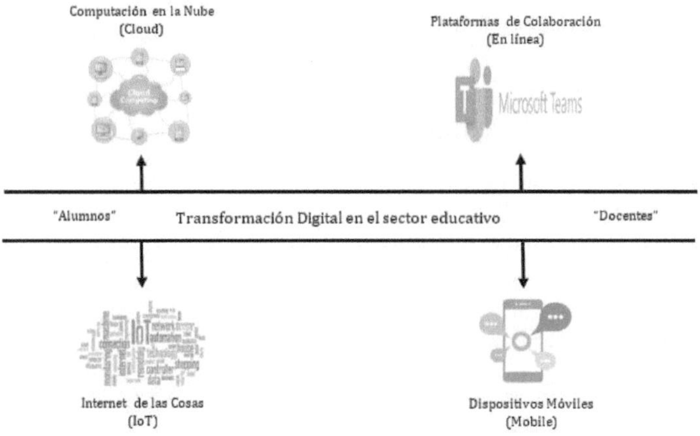

Figura 2. Tecnologías base en la transformación digital en el sector educativo. **Fuente:** Elaboración propia.

3.4. El modelo de las Universidades Tecnológicas

El modelo de UT en México es una modalidad educativa que se enfoca en ofrecer programas académicos orientados a la formación de profesionales altamente capacitados en áreas tecnológicas y científicas. Estas instituciones tienen como objetivo principal vincular la educación superior con las necesidades de desarrollo tecnológico y productivo del país.

Las UT se caracterizan por brindar una formación integral que combina conocimientos teóricos con aplicaciones prácticas y habilidades técnicas relevantes para el mundo laboral. Sus programas académicos están diseñados para satisfacer las demandas del sector productivo y contribuir al desarrollo socioeconómico de la región.

Estas instituciones suelen contar con laboratorios y talleres especializados, equipos tecnológicos avanzados y docentes con experiencia en el campo tecnológico. Además, fomentan la investigación aplicada y la vinculación con el sector empresarial a través de proyectos conjuntos, prácticas profesionales y programas de emprendimiento.

4. METODOLOGÍA

Para esta investigación se utilizó una metodología cualitativa, considerando la combinación de elementos de investigación documental y entrevistas. Lo primero que se realizó fue una revisión exhaustiva de la literatura académica, informes y estudios relacionados con la transformación digital en el ámbito educativo, con un enfoque en las UT mexicanas. Se seleccionaron fuentes confiables, como revistas científicas, libros especializados y documentos gubernamentales.

En cuanto a las entrevistas, se eligieron a los responsables del área de Tecnología y/o sistemas, docentes y estudiantes de 3 UT en el Estado de México que se distinguen por haber implementado procesos de transformación digital exitosos.

Sabino (2000) sostiene que el objeto de un diseño de investigación es proporcionar un modelo de verificación que permita contrastar los hechos con las teorías, y su forma es la de una estrategia metodológica o plan general que determina las operaciones necesarias para hacerlo.

5. RESULTADOS DE LA INVESTIGACIÓN

5.1. Investigación documental

La adopción de tecnologías digitales en las UT de México ha aumentado considerablemente en los últimos años. Según el informe de la Secretaría de Educación Pública el 80% de las instituciones han implementado sistemas de gestión educativa en línea y el 60% ofrece cursos en formato virtual (SEP, 2022).

Los principales impulsores de la transformación digital en estas universidades son la necesidad de mejorar la calidad educativa, fortalecer la vinculación con la industria y brindar una experiencia de aprendizaje más flexible y personalizada (Ariño, 2018).

Las tecnologías más utilizadas en el proceso de transformación digital incluyen el aprendizaje en línea, el uso de plataformas de gestión del aprendizaje y la incorporación de herramientas de colaboración digital en el aula (Del Prete y Cabero, 2019).

Sin embargo, uno de los desafíos identificados es la brecha digital existente en algunas regiones de México, lo que dificulta el acceso equitativo a las oportunidades de aprendizaje digital sobre todo en zonas rurales de difícil acceso (Arellano, 2020).

Aunque se han observado resultados positivos en términos de mejora en los indicadores de retención estudiantil, aumento de la satisfacción de los estudiantes y mayor empleabilidad de los graduados (Arellano, 2020), es necesario seguir implementando estrategias que impacten positivamente en el sector educativo.

5.2. Ejes identficados

La transformación digital en el sector educativo, particularmente en las UT de México, implica varios ejes principales que buscan aprovechar las TIC para mejorar el proceso de enseñanza-aprendizaje, así como el proceso de gestión educativa por lo que fueron considerados para este trabajo.

Como resultado de la investigación documental y el contexto de las UT se identifican los siguientes ejes fundamentales para la transformación digital de este tipo de instituciones como se muestra en la Tabla 1:

EJE	DESCRIPCIÓN
Infraestructura Tecnológica	La implementación de una infraestructura sólida y confiable es fundamental para facilitar la adopción de tecnologías educativas. Esto incluye redes de alta velocidad, dispositivos móviles, acceso a internet, cloud, aulas digitales, entre otras.
Acceso a recursos educativos digitales	Este eje se centra en garantizar que los estudiantes y docentes tengan la capacidad de acceder a una amplia gama de materiales y herramientas educativas a través de dispositivos tecnológicos y conectividad a internet. El objetivo es enriquecer y complementar las prácticas educativas tradicionales con tecnologías actuales como el M-learning o la realidad aumentada (Ramírez y Téllez, 2022).
Formación docente	La capacitación y actualización de los docentes en competencias digitales es esencial para que puedan aprovechar al máximo las tecnologías en el aula. Esto implica programas de formación continua y espacios de intercambio de buenas prácticas.
Aprendizaje en línea	Se refiere al uso de plataformas y entornos virtuales para llevar a cabo actividades del proceso de enseñanza-aprendizaje de manera remota. Esto implica la impartición de clases en línea, la realización de tareas y actividades. Este aprendizaje proporciona flexibilidad en cuanto a ubicación y tiempo.
Evaluación y seguimiento	Las herramientas digitales facilitan la recopilación y análisis de datos, lo que permite realizar un seguimiento mas preciso del progreso de los estudiantes. Esto incluye la implementación de sistemas de evaluación en línea, retroalimentación automatizada y análisis de datos educativos.
Gestión educativa digital	El eje se enfoca en el uso de las TIC para mejorar los procesos administrativos y de gestión de instituciones educativas. Esto implica la implementación de Sistemas de Gestión de Aprendizaje (LMS) que permiten administrar cursos, inscripciones, calificaciones, y seguimiento de procesos de los estudiantes (Cabero *et al.*, 2019).
Contenidos digitales	La creación y utilización de contenidos digitales enriquece los procesos de enseñanza-aprendizaje. Esto puede abarcar desde libros electrónicos y recursos multimedia hasta plataformas educativas interactivas y herramientas de autor (Luo y Crompton 2017).
Aprendizaje personalizado	La tecnología permite adaptar los procesos de enseñanza a las necesidades individuales de los estudiantes. Mediante el uso de plataformas y herramientas educativas, se pueden ofrecer experiencias de aprendizaje personalizado y diferenciado.
Colaboración y comunicación	Las TIC fomentan la colaboración entre los estudiantes docentes y familias. Entre las herramientas que apoyan la interacción y trabajo en equipo están; plataformas educativas, foros en línea, videoconferencias y redes sociales educativas

Tabla 1. Ejes de la transformación digital en las UT. **Fuente:** Elaboración propia.

5.3. Retos y oportunidades de la transformación digital en el ámbito educativo

Aprovechar la transformación digital en el sector educativo presenta tanto retos como oportunidades significativas para las instituciones y en el caso de las UT no es la excepción. A continuación, se presentan los identificados:

Retos:

- Acceso y brecha digital: La implementación de la transformación digital requiere de acceso a la tecnología y conectividad confiable. La falta de acceso equitativo puede ampliar la brecha digital y excluir a aquellos estudiantes que no tienen acceso a dispositivos o conexión a internet, lo que genera una desigualdad en el acceso a la educación digital.
- Formación de docentes: Los educadores necesitan estar capacitados en el uso efectivo de las herramientas digitales y en la integración de la tecnología en el aula. La falta de habilidades digitales entre los docentes puede dificultar la implementación exitosa de la transformación digital y limitar su potencial.
- Privacidad y seguridad: La recopilación y gestión de datos personales de estudiantes y docentes plantea preocupaciones sobre la privacidad y seguridad. Es fundamental establecer políticas y prácticas sólidas para proteger la información confidencial y garantizar la seguridad en el entorno digital.

Oportunidades:

- Acceso a recursos educativos: La transformación digital permite acceder a una amplia gama de recursos educativos en línea, como materiales interactivos, videos educativos, simulaciones y cursos en línea. Esto brinda a los estudiantes y docentes la oportunidad de acceder a información actualizada y diversa, enriqueciendo el proceso de enseñanza-aprendizaje.
- Aprendizaje personalizado: Las tecnologías digitales ofrecen la posibilidad de adaptar el aprendizaje a las necesidades individuales de cada estudiante. Los sistemas de aprendizaje adaptativo y las plataformas de educación en línea pueden proporcionar retroalimentación instantánea y personalizada, lo que facilita un enfoque educativo más centrado en el estudiante.
- Colaboración y aprendizaje en red: La transformación digital fomenta la colaboración y el aprendizaje en red a través de herramientas de comunicación y colaboración en línea. Los estudiantes pueden conectarse con compañeros de todo el mundo, compartir ideas, colaborar en proyectos y desarrollar habilidades sociales y hacer trabajo en equipo.
- Innovación y creatividad: La tecnología digital brinda a los docentes y estudiantes la oportunidad de experimentar con enfoques pedagógicos innovadores. Las herramientas digitales, como la realidad virtual, la realidad aumentada y la inteligencia artificial, pueden inspirar la creatividad y brindar nuevas formas de explorar conceptos y resolver problemas.

5.4. Importancia de la innovación tecnológica

La innovación tecnológica desempeña un papel fundamental en las UT de México, debido a su importancia en varios aspectos clave. A continuación, se destacan algunas de las razones por las que la innovación tecnológica es crucial para estas instituciones:

Formación de profesionales altamente capacitados: Las UT tienen la responsabilidad de preparar a los estudiantes para enfrentar los desafíos del mundo laboral. La innovación tecnológica les permite ofrecer programas académicos actualizados y relevantes, en línea que se adapten a las demandas cambiantes del mercado. Esto garantiza que los graduados adquieran las habilidades y conocimientos necesarios para ser competitivos en la industria.

Investigación y desarrollo: La innovación tecnológica impulsa la investigación y el desarrollo en las UT. Estas instituciones tienen la capacidad de realizar investigaciones aplicadas y proyectos de desarrollo tecnológico que se alinean con las necesidades del sector productivo y contribuyen al avance de la ciencia y la tecnología en el país. La investigación también puede conducir a la generación de nuevos conocimientos, patentes y soluciones innovadoras para problemas específicos.

Vinculación con el sector empresarial: La innovación tecnológica facilita la vinculación y colaboración entre las UT y el sector empresarial. A través de alianzas estratégicas, proyectos conjuntos y transferencia de tecnología, se promueve la aplicación práctica de los avances tecnológicos y se fomenta la innovación en las empresas. Esto fortalece la relación entre la academia y la industria, generando oportunidades de empleo y contribuyendo al desarrollo económico y social de la región.

Mejora de la calidad educativa: La implementación de tecnologías innovadoras en los procesos educativos puede mejorar la calidad de la enseñanza y el aprendizaje en las UT. El uso de plataformas de aprendizaje en línea, herramientas digitales, simuladores y laboratorios virtuales brinda a los estudiantes experiencias prácticas y enriquecedoras, promoviendo un aprendizaje más interactivo y participativo.

Adaptación al entorno digital: Vivimos en una era digital en constante evolución, y las UT deben adaptarse a este entorno para seguir siendo relevantes. La innovación tecnológica les permite estar a la vanguardia de los avances digitales, incorporando nuevas metodologías de enseñanza, herramientas de colaboración en línea y tecnologías emergentes en sus programas académicos. Esto prepara a los estudiantes para enfrentar los retos y aprovechar las oportunidades que ofrece el mundo digital.

5.5. Infraestructura tecnológica

Como resultado de las entrevistas realizadas a los expertos en el área de Tecnología, docentes y estudiantes pertenecientes a las UT, analizando los datos se pudo constatar la importancia de contar con una infraestructura tecnológica adecuada para las instituciones. También se pudieron identificar los elementos de infraestructura tecnológica clave para alcanzar los objetivos académicos. A continuación, en la Tabla 2 se listan dichos elementos:

ELEMENTOS CLAVE	DESCRIPCIÓN
Conectividad de calidad	Es fundamental contar con una conexión a Internet rápida y confiable en todos los espacios académicos, incluyendo aulas, laboratorios, bibliotecas y áreas comunes. Una buena conectividad permite el acceso fluido a recursos en línea, plataformas educativas, bases de datos y herramientas colaborativas.
Laboratorios y talleres equipados	Las UT suelen ofrecer programas que requieren experiencia práctica. Por lo tanto, es esencial contar con laboratorios y talleres bien equipados con tecnología actualizada y herramientas específicas para cada área de estudio. Esto permite a los estudiantes adquirir habilidades prácticas y experimentar con tecnologías relevantes para su campo.
Infraestructura de red y servidores	Una infraestructura de red robusta y servidores confiables son necesarios para respaldar el flujo de información y datos en la universidad. Esto incluye sistemas de gestión de aprendizaje, bases de datos estudiantiles, almacenamiento de archivos y servicios en la nube. Además, es importante contar con medidas de seguridad cibernética adecuadas para proteger la información confidencial.

Dispositivos y equipamiento	Proporcionar a los estudiantes y docentes acceso a dispositivos tecnológicos es esencial para facilitar el aprendizaje y la enseñanza digital. Esto puede incluir computadoras, tabletas, dispositivos móviles y otros equipos específicos para cada programa académico. Además, es importante garantizar el mantenimiento y actualización regular de estos dispositivos.
Aulas inteligentes	Las aulas inteligentes están equipadas con tecnología audiovisual avanzada, como proyectores, pizarras interactivas y sistemas de audio. Estas herramientas facilitan la presentación de materiales educativos, la colaboración en tiempo real y la participación activa de los estudiantes. También permiten la grabación de clases y la creación de contenido multimedia.
Plataformas de aprendizaje en línea	Las plataformas de aprendizaje en línea, como sistemas de gestión de aprendizaje (LMS), ofrecen una infraestructura digital para la administración de cursos, la distribución de materiales, la entrega de exámenes y la comunicación entre estudiantes y docentes. Estas plataformas son fundamentales para facilitar el aprendizaje a distancia, el acceso a recursos educativos y el seguimiento del progreso académico.
Servicios de cloud (nube)	Este tipo de servicios desempeñan un papel fundamental en el logro de los objetivos académicos de las UT al proporcionar una serie de beneficios y recursos escalables. Algunas características y consideraciones importantes para que los servicios de cloud sean efectivos en el contexto académico son las siguientes; escalabilidad, flexibilidad, acceso remoto, ubicuidad, almacenamiento, gestión de datos, colaboración y compartición de recursos.

Tabla 2. Elementos clave der infraestructura tecnológica en las UT. **Fuente:** Elaboración propia.

6. DISCUSIÓN

La transformación digital es un proceso clave para las organizaciones educativas del siglo XXI. La integración efectiva de tecnologías digitales en la educación requiere una infraestructura tecnológica sólida, el desarrollo de competencias digitales por parte de los educadores y el diseño de entornos de aprendizaje digitales.

Pedreño (2017) hace énfasis en que "la digitalización o transformación digital no solo está ligada a la tecnología sino a la inversión en talento y un cambio cultural empresarial y social de gran entidad". Sin embargo, es necesario contar con una infraestructura digital adecuada que incluya; redes de comunicaciones, inversión en investigación y desarrollo de las TIC, inversión en el capital humano, además de instituciones que regulen la digitalización y al mismo tiempo incentiven la innovación (Vidal, 2015).

Por otro lado, la transformación digital en el sector educativo plantea retos relacionados con el acceso, la capacitación y la seguridad, pero también ofrece oportunidades para mejorar el acceso a recursos educativos, personalizar el aprendizaje, fomentar la colaboración y promover la innovación en el proceso de enseñanza-aprendizaje (UNESCO, 2015).

Es importante mencionar que la transformación digital en México está alineada al marco del los Programas Nacionales Estratégicos (PRONACES) en donde se tiene como objetivo alinear los esfuerzos de los investigadores sobre problemáticas nacionales concretas.

La transformación digital para esta estrategia de educación es fundamental ya que facilita el acceso a través de las TIC y servicios digitales a quienes de otro modo no tendrían acceso, además la inclusión digital implica no solo el acceso a las herramientas digitales, sino también el desarrollo de las habilidades necesarias para utilizarlas.

7. CONCLUSIONES

La evolución de las TIC, el surgimiento de la Industria 4.0 y el desarrollo de herramientas informáticas orientadas a los procesos educativos han cambiado la forma llevar el proceso de enseñanza-aprendizaje. El rol del docente como facilitador de conocimiento y habilidades tecnológicas es fundamental para poder entender la transformación digital en el sector educativo, los recursos tecnológicos que hoy en día facilitan este proceso y que se encuentran muchos de ellos en la nube ayudan a que los estudiantes, adquieran competencias profesionales para que en el futuro puedan desempeñar un rol en el sector productivo del país.

La innovación tecnológica es esencial en las UT de México para garantizar la formación de profesionales altamente capacitados, impulsar la investigación y el desarrollo, fortalecer la vinculación con el sector empresarial, mejorar la calidad educativa y adaptarse al entorno digital. Al adoptar y promover la innovación tecnológica, estas instituciones pueden contribuir significativamente al progreso tecnológico, económico y social del país.

En cuanto a la infraestructura tecnológica, es importante destacar que debe ser flexible y escalable para adaptarse a las necesidades cambiantes de las UT y las demandas de la educación tecnológica. Además, se requiere un presupuesto adecuado para invertir en la adquisición, mantenimiento y actualización de los componentes de la infraestructura tecnológica.

Para que tengan éxito este tipo de proyectos es necesario la participación de la sociedad, las autoridades, los directivos, docentes y estudiantes, que forman parte del ecosistema de la educación. En México debemos reforzar esfuerzos, asignar recursos financieros y recursos tecnológicos para que a través del proceso de transformación digital en el sector educativo se reduzca la brecha digital.

Finalmente, la transformación digital en las UT se considera una prioridad ya que a través de esta se podrá fomentar la generación de soluciones innovadoras, además de fortalecer las capacidades de investigación y promover la colaboración interinstitucional.

8. REFERENCIAS

Amazon. (23 de junio de 2023). aws. https://acortar.link/asVEFF

Arellano Morales, M. (2020). *Las brechas digitales en México: un balance pertinente.* El trimestre económico, 367-402. http://dx.doi.org/10.20430/ete.v87i346.974

Ariño Martín, L. A. (2018). Transformación digital: Puntos de interés y consideraciones para la reflexión en la transformación digital en la universidad. *Revista de Unidades de Información*, 13, 1-22.

Barón Hernández, C. y Caicedo Rojas, E. (2021). Transformación digital, un desafío en la educación superior. *Inventum, 6*(30), 3-13. https://acortar.link/mCwT4W

Castro Benavides, L. M., Tamayo Arias, J. A., Arango Serna, M. D., Branch Bedoya, J. W. y Burgos, D. (2020). Digital Transformation in Higher Education Institutions: A Systematic Literature Review. *Sensors, 20*(11), 1-22. https://acortar.link/sxO7ZA

Cabero, J., Arancibia, M. y Del Prete, A. (2019). Dominio técnico y didáctico del LMS Moodle en Educación Superior. *Journal of new approaches in educational research*, 141-157. http://dx.doi.org/10.19173/irrodl.v18i7.3037

De Prete, A. y Cabero Almenara, J. (2019). Las plataformas de formación virtual: algunas variables que determinan su utilización. *Apertura, 11*(2) 138-153. http://dx.doi.org/10.32870/Ap.v11n2.1521

Gabino, V.-M. (2021). Diseño y gestión de entornos virtuales de aprendizaje. *Cuad. Hosp. Clín. 62*(1), 80-87.

García Barrientos, M. y Vera-Cruz, A. (2023). Industria 4.0: ¿una nueva revolución tecnológica?. *Ciencia, 74*(2), 8-14. https://acortar.link/yGwtzh

Luo, T. y Crompton, H. (2017). Designing authentic learning activities to train pre-service teachers about teaching Online. *International Review of Research in Open and Distributed Learning, 18*(7), 141-157. http://dx.doi.org/10.19173/irrodl.v18i7.3037

Pedreño Muñóz, A. (2017). La digitalización y la economía global. *Visión general. Revista de conomía*, 897, 9-22. https://doi.org/10.32796/ice.2017.897.1943

Peréz Gama, J. y Neira Aponte, M. (2018). University Digital Transformation Intelligent Architecture: A Dual Model, Methods and Applications. Innovation in Education and Inclusion: [Proceedings] 16th LACCEI International Multi-Conference for Engineering, Education and Technology (pág. 274). Lima, Perú.

Ramírez Hernández, M. y Téllez Barrientos, O. (2022). Realidad aumentada en ambientes de aprendizaje M-Learning: Un estudio en Nivel Superior. En N. Martínez León, I. Mosquera Gende y Moreno Guerrero Antonio José, *TIC Docentes* (págs. 345-356). Thompson Reuters Aranzadi.

Ramírez Hernández, M., Cortés Palma, E. y Díaz Alva, A. (2020). Estrategias de mediación tecnopedagógicas en los ambientes virtuales de aprendizaje. *Apertura, 12*(2), 132-149. http://dx.doi.org/10.32870/Ap.v12n2.1875

Sabino. (2000). *Dirección de Marketing: fundamentos y aplicaciones.* ESIC.

Safiullin, M. y Akhmetshin, E. (2019). Digital Transformation of a University as a Factor of Ensuring Its Competitiveness. *International Journal of Engineering and Advanced Technology, 9*(1), 7387-7390. http://dx.doi.org/10.35940/ijeat.A3097.109119

SEP. (2022). *Cuarto Informe de Labores.* SEP.

UNESCO. (2011). *Transforming Education: The Power of ICT Policies.* UNESCO. https://unesdoc.unesco.org/ark:/48223/pf0000211842

UNESCO. (2015). *La UNESCO y los objetivos de desarrollo Sostenible.* UNESCO. https://es.unesco.org/sdgs

UNESCO. (2019). *Marco de competencias de los docentes en materia de TIC elaborado por la UNESCO.* UNESCO. https://unesdoc.unesco.org/ark:/48223/pf0000371024

UNESCO. (2020). *Education in a post-covid world: Nine ideas for public action.* UNESCO.

Vidal, A. (2015). Evolución y análisis de una experiencia de utilización de videoconferencia de sala y de escritorio. *Píxel-Bit,* 47, 59-71. http://dx.doi.org/10.12795/pixelbit.2015.i47.04

Warner, K. y Wager, M. (2019). Building dynamic capabilities for digital transformation: An ongoing process pf strategic renewal. *Long Range Planning, 52*(3), 326-349.

LOS FUTUROS DE LA EDUCACIÓN SUPERIOR EN MÉXICO: ESCENARIOS ALTERNATIVOS

María del Carmen Trejo Cázares[1], *Juan Manuel Ramos Quiroz*[1], *Claudia Hernández González* [1]

1. INTRODUCCIÓN

El proceso educativo en México se inserta en un fenómeno donde la incertidumbre funciona como eje articulador. En este marco, han surgido distintos posicionamientos sociales para demandar la equidad de oportunidades y soluciones a los efectos del recorte presupuestal, resultado de la política de austeridad en el gasto, comprometiendo también la autonomía de las organizaciones. Ante este panorama de propuestas y contrapropuestas, la calidad educativa tiene un futuro incierto. Aunado a esto, la contingencia global de salud sorprendió al sistema educativo y ante las heterogéneas respuestas de instituciones y docentes, fue necesario revisar las estrategias y resultados e identificar los retos de gestión directiva que garantizaran la continuidad académica con calidad para, con visión prospectiva, anticipar los escenarios a los que se enfrentará el sistema.

Para las instituciones de educación superior, se vuelve necesario indagar sobre las tendencias y capacidades de innovación para reforzar aquellas que fortalezcan la misión y la visión de corto y mediano plazos en un ambiente de transición política. Los escenarios alternativos para las instituciones consisten en transformar prácticas tradicionales y sustituirlas por las que consideren el cambio de paradigmas en una constante de innovación como eje de actuación. Esto requiere un gran compromiso con la renovación de la gestión y la transformación del liderazgo tradicional en uno más participativo que se refleje en la toma de decisiones acordes con el contexto por el que atraviesa el país.

Este trabajo consigna los resultados de dos años de investigación (2021-2022) sobre las tendencias educativas y las necesidades sociales derivadas de la crisis global por la contingencia sanitaria COVID-19 orientados a identificar los elementos críticos en el diseño de escenarios alternativos para la continuidad académica con calidad en las instituciones de educación superior en la nueva realidad de México.

2. OBJETIVOS

El objetivo general de la investigación consistió en realizar un estudio prospectivo sobre el cambio de paradigmas para identificar las tendencias y escenarios que plantea

1. Instituto Politécnico Nacional. México.

el panorama educativo en México ante la nueva realidad para coadyuvar a la toma de decisiones que garanticen la continuidad académica con calidad.

De aquí se derivaron tres objetivos específicos: diseñar escenarios que permitan anticipar las alternativas educativas ante la nueva realidad social; proponer las estrategias de gestión que promuevan la calidad educativa en un contexto de transición; e identificar los retos que puede enfrentar el sistema educativo para garantizar la continuidad académica con calidad.

3. MARCO TEÓRICO

3.1. Prospectiva

La necesidad de conocer el futuro ha estado presente desde tiempos remotos pero la revisión de la bibliografía especializada muestra su aparición formal en los años 80 del siglo XX a partir de las ideas de Sachs (1980) quien discute diversos términos relacionados con la prospectiva: *forecasting* (Jantsch), *prognostics* (Polak) y aún el término francés *prospective*, además de los términos *futurable* (futuro deseable) y *futurible* (futuro posible)

La prospectiva involucra investigaciones del futuro y conlleva la definición y análisis de alternativas del futuro (planteamientos hipotéticos) de tal manera que las acciones del presente ayuden a construir el futuro deseable sin perder de vista las posibles repercusiones e impacto de la modificación de alguna variable del fenómeno estudiado y, entonces, tomar previsiones utilizando la información relevante recabada en un horizonte de largo plazo.

Dentro de los estudios del futuro existen por lo menos cinco grandes enfoques: las proyecciones (tendencias de carácter continuo), las predicciones (afirmaciones determinísticas), las previsiones (anticipar soluciones) y los pronósticos (juicios con datos verificables). Estos enfoques parten del presente y del pasado; sin embargo, la prospectiva se diferencia porque parte del futuro; no pretende adivinar sino construir, con base en estrategias, requerimientos, recursos y acciones para lograrlo, un estado de cosas que conjunta aspiraciones y valores (Miklos, 2007).

La prospectiva aporta elementos para la toma de decisiones y genera imágenes alternativas de futuros deseados, hace explícitos escenarios factibles y establece los valores y reglas para alcanzar futuros deseables.

En ese sentido, la prospectiva es un enfoque altamente participativo puesto que parte de encontrar una visión compartida del futuro donde funcionan vínculos dinámicos entre las variables del análisis. La realización de uno u otro entre los futuros dependerá de la acción en el presente. En palabras de Massé:

> *El presente introduce una discontinuidad esencial en la marcha del tiempo. El pasado es único, el futuro es múltiple. El pasado pertenece a la memoria, el futuro a la imaginación y a la voluntad. El futuro contiene algo de lo desconocible, que lo hace fundamentalmente diferente (Massé, 1991, p. 28).*

En relación con la planeación, Miklos (2007) considera a la prospectiva como un insumo básico para el logro de los objetivos como: construir escenarios con visión del futuro y proporcionar el impulso requerido para transformar la potencialidad en capacidad.

Tendencias

El análisis de tendencias es una técnica que permite estudiar una o más variables en un período de tiempo, desde el enfoque cualitativo y cuantitativo, que aporta información para la toma de decisiones. Decouflé define la tendencia como

> *[...] una modalidad de la evolución de un fenómeno considerado de naturaleza suficiente para desarrollar un papel determinante en la configuración futura del fenómeno y que difícilmente cambiaría (Baena, 2016, p. 94).*

La misma autora distingue cuatro etapas para analizar las tendencias: identificación, descubrimiento de causas y evolución, cálculo de la velocidad de desarrollo y previsión de consecuencias e impactos.

3.2. Paradigmas

Un paradigma es una propuesta epistemológica que organiza los componentes de un proceso social desde el entorno que lo caracteriza, identificando las principales tendencias que se determinan a partir de las principales fuerzas motoras para visualizar estos elementos y sus correlaciones e impacto en un orden que orienta el rumbo y la toma de decisiones a niveles estratégicos y provee de información para diseñar escenarios en un mediano y largo plazos, con lo que se formulan los futuros tendencial, deseable e indeseable y proporcionar elementos para construir la visión, identificando las áreas de oportunidad, los riesgos y los retos para cumplir la misión de la institución (Trejo, 2023).

A partir de las tendencias internacionales, se identificaron las principales categorías, criterios e indicadores para establecer el paradigma emergente para orientar el plan de continuidad académica y el diseño de escenarios.

3.3. Escenarios

Los enfoques de la prospectiva pueden ser cuantitativos o cualitativos. Entre los primeros están la matriz de impactos cruzados, el binomio insumo-producto, los modelos de simulación y la proyección, mientras que en los enfoques de corte cualitativo se encuentran el análisis de fuerzas, el análisis morfológico, el ariole, el método Delphi, la evaluación tecnológica, el TKJ y, por supuestos, los escenarios.

En este contexto, se entenderá por escenario la descripción de la imagen de un futuro posible, en el marco de una problemática concreta, que es explorada por un conjunto de hipótesis sobre el comportamiento del contexto y de los actores que intervienen.

Las principales ventajas del método de escenarios consisten en que permite formular las alternativas de largo plazo así como los riesgos o problemas de cada una de las opciones posibles, mostrando consecuencias previsibles.

4. METODOLOGÍA

La ruta de la investigación prospectiva, en un estudio exploratorio, indagó sobre los elementos que conforman la nueva realidad educativa y su impacto en la continuidad académica. Para lograrlo, se revisaron diversas fuentes documentales, reportes, recursos y estrategias empleadas por los actores del proceso educativo en su adaptación a la nueva realidad. El estudio se enriqueció con la consulta a expertos quienes aportaron los puntos críticos a considerar para el diseño de escenarios hacia donde se dirigirá la gestión con cada una de las decisiones tomadas en el presente. La aplicación de instrumentos para la recopilación de la información (encuestas de opinión, cuestionarios, conclusiones y sugerencias del *focus group*) complementó la investigación.

5. RESULTADOS

Componentes para la continuidad académica. Se exploraron las variables emergentes derivadas de la contingencia sanitaria que han impactado en la nueva realidad educativa.

5.1. Elementos para un paradigma emergente

A partir de los resultados, se proponen elementos para un paradigma emergente que oriente la nueva realidad educativa. La UNESCO (2020) recomienda considerar un proceso con distintas fases y prioridades tomando en cuenta la perspectiva institucional; en el centro de las decisiones debe considerarse como fundamental la gestión de los procesos. En primer lugar, garantizar la continuidad en las modalidades alternativas en especial las híbridas; en la reapertura de las escuelas debe considerarse las condiciones sanitarias además de la necesaria reestructuración de los procesos de enseñanza aprendizaje. Las estrategias institucionales deben partir de la evaluación para proponer un plan estratégico y el marco de actuación ante las nuevas formas de organización institucional.

Entre los resultados obtenidos, se identificaron los nuevos criterios de calidad que permiten la credibilidad y la confianza social de estudiantes y profesores en la educación considerando las nuevas modalidades con enfoques en modelos híbridos y a distancia, y los puntos críticos sobre los que hay que trabajar para fortalecer estas opciones ante la nueva normalidad que tiene un periodo incierto de duración.

Para el grupo de expertos, el centro son las estrategias a distancia o híbridas como nueva forma de organizar y estructurar el sistema de educación superior y emiten recomendaciones como: garantizar formas de comunicación eficiente porque de esto va a depender en gran medida la continuidad académica; priorizar los contenidos de aprendizaje y seleccionar aquellos que puedan ser atendidos en modalidades no convencionales, principalmente a distancia.

5.2. Tendencias

Otro resultado relevante fue la identificación de las tendencias internacionales puesto que, como se sabe, las instituciones de educación superior; entre ellas el Instituto Politécnico Nacional, son influidas por los cambios que ocurren en ecosistemas mayores -contextos internacionales- de los cuales forman parte. De acuerdo con la opinión de expertos, estos cambios impactan la educación de maneras diversas y profundas (Educause, 2022); por tanto, consideran necesario perfilar las tendencias de cambio en los ámbitos social, tecnológico, económico, ambiental y político.

Así, a partir de los estudios realizados por los organismos internacionales; entre ellos la UNESCO, la OCDE, el SITEAL y el *Reporte Horizon 2022*, basados en las consultas a expertos, se definieron las tendencias más influyentes en los cambios globales, agrupadas en los ámbitos mencionadas arriba. Para esta investigación, se seleccionaron las que resultan más relevante para el diseño de los escenarios, objetivo de esta investigación.

El Reporte *Horizon 2022* fue una fuente valiosa para formular un inventario de las principales tendencias internacionales en los ámbitos social, tecnológico, económico, ambiental y político. Este inventario de tendencias se interpreta en el diseño y construcción de los escenarios propuestos en este trabajo de investigación para su aplicabilidad en las instituciones de educación superior de México.

En el ámbito social se escogieron las tendencias del aprendizaje híbrido y en línea y la tendencia del trabajo remoto. Se esperaba que, a partir de la experiencia de trabajo durante la pandemia, se conservaría en alguna proporción el trabajo remoto y los modelos híbridos más sustentables. En el campo de la tecnología, se eligió la tendencia redefinición de modalidades instruccionales. Las modalidades evolucionaron para enfrentar las necesidades de un mundo cambiante y las instituciones de educación superior están diseñando nuevos modelos para sus cursos. En la esfera económica, se seleccionó la tendencia de los déficits financieros. Las instituciones de educación superior enfrentan retos que amenazan su estabilidad financiera; entre ellos, fluctuaciones en la matrícula, la inflación y los crecientes costos de la vida y la preparación académica. En materia ambiental, se señalan las estructuras de los campus físicos. Una vez superado el periodo de "enseñanza remota de emergencia" las instituciones regresaron al campus en condiciones delicadas de salud y seguridad. En área política se escogió la inestabilidad política que produce incertidumbre en la educación superior. El advenimiento del nacionalismo en ciertas regiones del mundo y el surgimiento de líderes populistas que sostienen puntos de vista opuestos a los valores de la democracia, la ciencia y la educación han contribuido al clima político global caracterizado por la división y el conflicto.

En el caso de México, en cuanto se presentó la posibilidad de asistir presencialmente a los campus, se retomó el modelo tradicional de actividades cara a cara sin que percibiera esfuerzo alguno por incorporar nuevos ambientes de aprendizaje. Tampoco se observaron mejoras en los recursos o la infraestructura para sustentar nuevos programas y cursos híbridos. De manera complementaria, la tendencia internacional destaca la incorporación del trabajo remoto en la cultura y el funcionamiento de las instituciones, fomentando la comunicación entre el personal, el uso de las instalaciones físicas y el apoyo para resolver necesidades de equipo y conectividad. Salvo en una pequeña proporción, en las instituciones mexicanas no se aplicó esta política para conservar el talento, en comparación con las instituciones que insistieron en el regreso completo a la actividad presencial.

5.3. Diseño de escenarios para México

Durante 2021, la UNESCO y el IESALC realizaron una consulta pública sobre el futuro de la educación superior; a continuación se exponen algunos de los principales hallazgos que permitieron identificar y caracterizar los principales componentes derivados del periodo de transición provocado por la pandemia COVID-19 que permitieron diseñar estrategias para la continuidad académica de la educación superior.

El reporte de la UNESCO precisa cuatro caminos para el diseño del futuro: calidad de vida, cambio social, cuidado del medio ambiente y desarrollo de la tecnología y su relación con la educación superior en un horizonte al año 2050. En este sentido, los temas clave a considerar para los futuros de la educación son: educación superior para todos (30%), inclusión con calidad; educación centrada en el estudiante (28%) habilidades para la vida y una ciudadanía responsable; organización del conocimiento (22%) sustentada en la investigación innovadora; educación conectada a múltiples niveles (20%) un contexto global con esencia local.

La OCDE se ha ocupado de estudiar las repercusiones de la crisis sanitaria en el ámbito social y, por supuesto económico y educativo. Específicamente para nuestro país, considera que

> *México se está recobrando de una pandemia que ha tenido un profundo impacto económico y social. Factores como la informalidad, la exclusión financiera o la corrupción han obstaculizado el crecimiento de la productividad. Las bajas tasas de participación femenina y una inversión débil desde 2015 también han afectado a las perspectivas de crecimiento a medio plazo" (OCDE, 2022).*

El paradigma, como organizador avanzado, incorpora los elementos que proponen un nuevo orden a partir de las tendencias y las necesidades emergentes de una sociedad. El propósito del paradigma es identificar las demandas críticas y anticipar las propuestas y demandas, construir un esquema que organice con rumbo el futuro, un orden incluyente, flexible y con alternativas viables; el paradigma es una propuesta socialmente viable; una posibilidad social de operación del cambio que permita atender las necesidades más urgentes de la sociedad.

Se elaboró el esquema explicativo para el diseño de escenarios. La gestión institucional se enfrenta a las necesidades de cambio de paradigma sin perder la misión y la visión pero acorde con la nueva realidad emergente del presente y llena de incertidumbre para el futuro con nuevas demandas sociales, posicionando en el centro la salud, la seguridad y la confianza.

A partir de las estrategias internacionales y de las instituciones educativas de este país, se identificaron las principales categorías, criterios e indicadores para establecer el paradigma emergente necesario para orientar el plan de continuidad académica con calidad. Estos elementos resultaron relevantes para organizar un nuevo paradigma para la sociedad que sobrevivió a la pandemia en México, adecuándola a la alternancia política. (Figura 1),

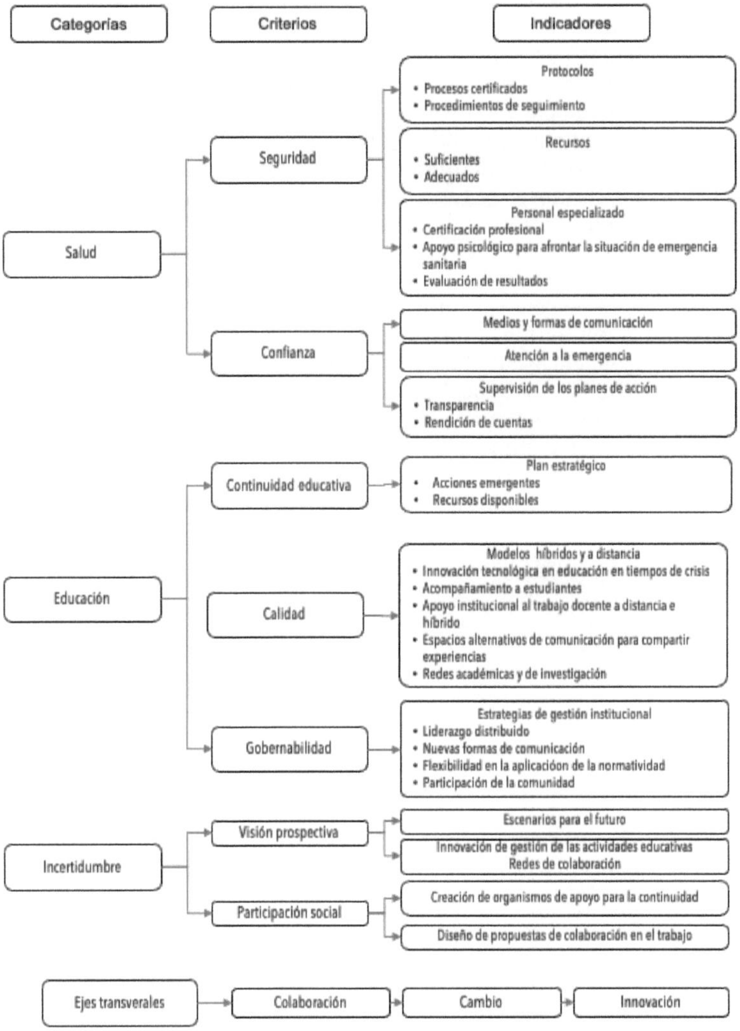

Figura 1. Paradigma emergente para el diseño de escenarios **Fuente:** Elaboración propia.

5.4. Escenarios alternativos para los futuros de la educación en México

El camino hacia la construcción de los escenarios, con horizonte 2022 – 2030 +, desde la perspectiva de la planeación estratégica, inicia con la ubicación del fenómeno estudiado (en este caso, la continuidad académica con calidad) en el contexto global que lo rodea. Las opciones de futuro se generan a partir de la síntesis de la información aportada por los estudios realizados y corresponde a una intersección lógica entre la racionalidad ética y la racionalidad técnica, entendida la primera como el reconocimiento de los hombres como personas y la institucionalización de acciones responsables que responden a los intereses superiores de la sociedad; y, la segunda, conceptualizada en términos de una actividad instrumental, un análisis de los medios apropiados para determinados fines y la solución de problemas con la aplicación rigurosa de teorías y técnicas científicas que, en el ámbito educativo, se convierten en un conjunto de objetivos socialmente viables. Los elementos están listos para la formulación de los escenarios. El primer escenario se denomina "Fortalecimiento de modalidades híbridas" y es una narración de probabilística. El segundo escenario, "Creación de nuevos modelos educativos flexibles e innovadores" es un escenario que vislumbra un futuro optimista; es la imagen de un futuro deseable que requiere de la dinamización de los componentes y sus relaciones así como la toma de decisiones y la inversión en los recursos necesarios para su construcción. El tercer escenario, "Modelos educativos tradicionales sin cambio de fondo en sus enfoques y en sus prácticas " es un escenario futurible de riesgo, cuya intención es caracterizar la situación catastrófica del fenómeno estudiado. Con esos antecedentes, se identifican los ejes estratégicos que, en el caso de la continuidad académica con calidad, se definieron la inclusión con equidad, el regreso escalonado con enfoque humanista y la sostenibilidad. El futuro posible y deseable es generar alternativas que tengan como sustento la innovación educativa que fortalezca el compromiso social ante las nuevas necesidades que demanda un cambio de paradigma congruente con las nuevas circunstancias para enfrentar los retos que el cambio y la incertidumbre plantean en los ámbitos global y local. (Figura 2).

Figura 2. Escenarios alternativos **Fuente:** Elaboración propia.

6. DISCUSIÓN

6.1 Retos de la continuidad académica

Se formularon estrategias para enfrentar los principales retos de la gestión directiva para garantizar la continuidad; se asocian las estrategias de gestión para instrumentar los cambios necesarios para la transformación de los modelos educativos y poder analizar los rumbos alternativos que plantean los escenarios propuestos; esto representa un área de oportunidad para la innovación de la educación. Los principales ejes son:

- Transformar del modelo educativo para garantizar su pertinencia, flexibilidad e inclusión en la nueva realidad.
- Considerar estrategias para incorporar y fortalecer modalidades híbridas con apoyo de TIC.
- Actualizar la normatividad vigente para adecuarla a las nuevas modalidades.
- Diseñar nuevas alternativas para la formación y actualización del personal docente, administrativo y de apoyo.
- Administrar las instalaciones combinando actividades presenciales y a distancia en todas las áreas.
- Establecer el acompañamiento pedagógico y emocional de la comunidad educativa.
- Crear una mesa de inteligencia de datos (*big data*) para dar seguimiento a los resultados de la gestión directiva y fortalecer la toma de decisiones a nivel institucional.

6.2. El paradigma emergente

El paradigma recupera las demandas y necesidades sociales para enfrentar la nueva realidad en el corto y mediano plazos para construir escenarios con visión prospectiva que permitan diseñar formas alternativas de gestión educativa y social.

6.3. La renovación de la gestión institucional

La renovación de la gestión, basada en el análisis de los paradigmas emergentes, impactará en la sustentabilidad social de la institución. La innovación de la gestión en un contexto de incertidumbre deberá tomar en cuenta estas áreas estratégicas: la salud en la emergencia sanitaria donde la percepción de seguridad y de confianza serán la base del proceso educativo, la calidad de la educación y la gobernabilidad en la institución; el manejo de la incertidumbre tendrá que enfrentarse con una visión prospectiva que incluya la participación social.

6.4. Las prioridades sociales

Las prioridades cambiaron y se ajustaron a la nueva realidad considerando, en primer lugar, la salud en el contexto de la emergencia sanitaria y, dentro de esta categoría, la seguridad fue una demanda generalizada y se evaluaron las decisiones que generaban confianza.

6.5. El contexto de incertidumbre

La incertidumbre es una oportunidad para transformar de fondo el sistema educativo y proponer cambios e innovaciones para el presente y para el futuro de las instituciones educativas.

7. CONCLUSIONES

El enfoque prospectivo se convierte en una herramienta para la toma de decisiones en los ámbitos de la planeación y la gestión de las instituciones educativas ya que es posible, a partir de los elementos portadores de futuro del presente, anticipar y decidir los cambios e innovaciones que una institución educativa debe instrumentar para garantizar su pertinencia y permanencia social con calidad y compromiso con su misión y su visión.

Esta investigación aporta la caracterización de los elementos emergentes para el cambio de paradigmas ante la transición educativa; el esquema explicativo se propone como una herramienta para el diseño de escenarios deseables y posibles y marca los focos rojos que deben atenderse para evitar un escenario catastrófico.

Entender el presente permite diseñar los futuros a través de escenarios posibles y deseables para la educación superior en este tránsito político y social y así garantizar la continuidad académica con calidad. Se proponen los resultados de este estudio como una aportación de elementos para la reflexión, discusión y toma de decisiones para atender con pertinencia las demandas urgentes de la sociedad.

Es indiscutible que los estilos de gestión deben adecuarse a los momentos de ruptura cambiando formas centralizadas y verticales para la toma de decisiones por estrategias de negociación, participación, colaboración para construir, en colectivo, los compromisos a partir de las propias capacidades de la institución. La autonomía de gestión y el liderazgo distribuido serán una condición y eje de desarrollo para los nuevos directivos ante la crisis, la transición y el cambio.

Entre los retos que tendrá que enfrentar y atender la transformación educativa en el corto plazo para garantizar la continuidad académica y mejorar las prácticas educativas, se encuentran: adecuar y proponer nuevos modelos educativos para garantizar su pertinencia, identificando el cambio de paradigmas obligado por la contingencia global, incluyendo las nuevas prioridades sociales entre las cuales se encuentra la inclusión de los grupos vulnerables existentes y los que surgieron a partir de la pandemia. La incertidumbre se convierte en un área de oportunidad para el diseño de nuevos futuros donde se fomenten decisiones más democráticas que recuperen la confianza en las autoridades y que integren cada vez más la corresponsabilidad activa de la sociedad.

El escenario emergente plantea un futuro incierto en el que los liderazgos sociales y educativos tendrán que asumir un papel definitorio para el rumbo de la educación en México a partir de la construcción de consensos y nuevas formas de organización y relación social.

8. REFERENCIAS

Agencia Nacional de Evaluación de la Calidad y Acreditación (2020). Estrategia de ANECA para el aseguramiento de la calidad. https://bit.ly/3L9K2AD

Baena, Paz, G. (2016). *Prospectiva: sus métodos y técnicas.* Instituto de Administración Pública del Estado de México, A.C.

Consejo Nacional de Ciencia y Tecnología (2022). 4º Foro Nacional de Posgrados: El rigor científico y la pertinencia social en el Sistema Nacional de Posgrados. 29 junio, 2022 – 1 julio, 2022. https://conacyt.mx/evento/4o-foro-nacional-de-posgrados/
EDUCAUSE (2022). *Horizon Report. Teaching and Learning Edition.* https://bit.ly/3EO1esd
Gobierno de México (2020). Programa sectorial de educación. https://bit.ly/3L9KfDV
IESALC (2020) Informe del IESALC analiza los impactos del covid19 y ofrece recomendaciones a gobiernos e instituciones de educación superior. https://tinyurl.com/y69mr3ar
IPN (2020). Plan virtual de continuidad académica de nivel posgrado para docentes. https://tinyurl.com/y5bojgsy
IPN (2022). Informe de labores de gestión. Enero-marzo, 2022. https://bit.ly/3Z9SxBD
Instituto de Investigaciones sobre la Universidad y la Educación (2023) Del marco curricular al plan de estudios 2022. Voces, controversias y debates. *Perfiles educativos.* Tercera época, Vol. XLV, Núm. 180 Suplemento 2023. https://doi.org/10.22201/iisue.24486167e.2023.180.61292
ITESM (2022). Instituto para el futuro de la educación. https://observatorio.tec.mx/
MADRI+D (2020) ¿Qué pasa con las universidades? Así están preparando la vuelta en plena pandemia. https://bit.ly/3EvD85m
Marmolejo Cervantes, F. "La mejor inversión para una sociedad es la educación superior" (entrevista). *Campus Milenio.* campusmilenio.mx/828/828franciscomarmolejo.html.
Massé, P. (1991) *Le plan ou l'anti-hasard.* Savoir cultures. Hermann Editeurs des Sciences et des Arts.
Miklos, T. y Tello, M. E. (2007) *Planeación prospectiva: una estrategia para el diseño del futuro.* Centro de Estudios Prospectivos Fundación Javier Barros Sierra, A. C. Limusa.
OCDE (2022). Panorama de la educación. Indicadores de la OCDE 2022. https://bit.ly/3RcULhz
Oficina de Cooperación Universitaria (2010). 2020 *Tendencias Universidad.* Estudio de Prospectiva. Oficina de Cooperación Universitaria.
REDLATE (2022). Jornadas Nacionales. https://redlate.net/tag/jornadas-nacionales/
Sach, W. (1980) *Diseño de un futuro para el futuro.* Fundación Javier Barros Sierra.
SITEAL (2020). Sistematización de respuestas de los sistemas educativos de América Latina a la crisis de la COVID-19. https://www.siteal.iiep.unesco.org/respuestas_educativas_covid_19
Trejo, Cázares, C. (2014) *Paradigmas para la innovación del posgrado a distancia y mixto: tendencias y escenarios.* Taller Abierto.
Trejo, Cázares, C. (2022) Los posgrados a distancia en México: de las tendencias a los escenarios 2040 en *Profundizando en temas de investigación de vanguardia* (pp. 375-388). Pirámide.
Trejo, Cázares, C. (2022) Marco de referencia emergente para evaluar la calidad de las estrategias a distancia del posgrado en México en *Prospectiva, sistémica y nuevos marcos referenciales de conocimiento* (pp. 395-410). Tirant.
Trejo, Cázares, (2023) Anexo técnico del proyecto "Marco de referencia para la transformación del posgrado en el contexto de la innovación y la pertinencia social: bases para enfrentar los retos y desafíos institucionales." IPN-SIP 20231367.
UNESCO (2020). Los futuros de la educación. https://es.unesco.org/futuresofeducation/
Virtual Educa (2019). Construir una educación exponencial para afrontar los retos de la Agenda 2030. https://www.virtualeduca.org/exponencial/

POLÍTICAS DE GESTIÓN ORGANIZACIONAL COMO GARANTÍA DEL DESARROLLO SOSTENIBLE Y EL BIENESTAR HUMANO PARA UNA EMPRESA VENEZOLANA

Liliana Vaudo Godina[1]

El presente texto nace en el marco del proyecto de investigación La autorregulación normativa empresarial. Responsabilidad social, manejo de riesgos y prevención de sanciones

1. INTRODUCCIÓN

Hablar de desarrollo económico sostenible en relación con el ordenamiento jurídico venezolano está destinado a recorrer verticalmente desde la Constitución hasta normas de rango sub legal, que pretenden regular y atender los diversos aspectos vinculados con el derecho a disfrutar de un ambiente sano en aras de asegurar el bienestar de la generación presente sin comprometer el derecho al desarrollo económico sostenible de las generaciones futuras y la realización de las actividades dentro de las empresas de manera segura como parte del proceso de crecimiento y autodeterminación del ser humano.

En este proceso se plantea como propósito determinar el alcance del marco contextual regulatorio, debiendo recordar que dentro de la consagración constitucional venezolana se establece la aplicación inmediata de los acuerdos internacionales que reconozcan mejores derechos, especialmente los que involucran a toda la humanidad, por lo cual, es fundamental que todos los sectores que realizan actividades económicas dentro del territorio venezolano, ya sea en el ámbito público o en el privado, asuman los compromisos derivados de dichas normas.

Con relación al marco regulatorio internacional es de especial importancia hacer una breve referencia a los Objetivos de las Naciones Unidas, elaborados con miras a lograr para la década 2030 el cumplimiento de metas que lleven al planeta hacia un desarrollo económico sostenible vinculado al bienestar humano. Estos aspectos deben ser regulados por las normas internas de las sociedades mercantiles, debiendo incluir el respeto de los derechos humanos a la dignidad e igualdad de oportunidades, el derecho a la información, el acceso a la tecnología, el derecho a disfrutar de un ambiente laboral sano, así como la protección del entorno.

Cabe destacar que esos objetivos de desarrollo sostenible no son meras declaraciones de principios, por lo cual se deben evaluar los criterios ambientales, sociales y de buen gobierno corporativo como políticas de responsabilidad social que debe implementar

---

1. Universidad Metropolitana (Venezuela).

toda empresa en sus políticas, que impactarán en el modo en que se toman las decisiones y cómo se gestionan los riesgos mediante la debida diligencia, generando que todo aquel que ejecute actividades económicas, cuente con códigos de ética, normas de *compliance* y gestión de riesgos que persigan garantizar la efectiva protección de los grupos de interés y del entorno debiendo los encargados de implementarlos tomar las decisiones correctas y hacer seguimiento de sus impactos de manera permanente.

Como campo referencial se utilizará indagaciones propias y derivadas de Informes de Sostenibilidad presentados por algunas empresas consultoras venezolanas que permitan acercarse a una percepción referente al modo en que sido adoptados estos criterios y los obstáculos presentados en su implementación. Se debe contar con equipos y personal capacitado para ejercer cargos tales como oficiales de cumplimiento o miembros de los consejos de administración y auditoría, para garantizar la creación, implementación y seguimiento efectivo de las políticas de *compliance* para poder contar con una buena gobernanza que lleve a la empresa hacia la sostenibilidad económica, debiendo prestar atención a las observaciones de los entes reguladores y a las opiniones de los *stakeholders* internos y externos.

En este sentido, surgen como preguntas de investigación, las siguientes: Pregunta 1 ¿Cómo debe estructurar una empresa sus políticas de cumplimiento normativo para lograr una efectiva gestión de riesgos? Pregunta 2 ¿Cuáles son los criterios de responsabilidad social que le permitirán a la empresa avanzar hacia el desarrollo económico sostenible?

2. OBJETIVOS

Como objetivo general se persigue establecer el modo en el cual deben integrarse las políticas de gestión de riesgos para lograr el desarrollo sostenible de las empresas venezolanas.

Por otra parte, serían objetivos específicos:

1. Establecer la importancia que tiene el *compliance* corporativo para la gestión de riesgos empresariales
2. Analizar la normativa del ordenamiento jurídico venezolano y las normas de estandarización internacional destinadas a la prevención de riesgos empresariales
3. Evaluar el modo de integrar los criterios de responsabilidad social empresarial a través de la autorregulación para encaminar a la empresa al cumplimiento de las metas del milenio.

3. METODOLOGÍA

El texto se desarrolla con una metodología documental, respecto a lo cual indica Baena se trata de seleccionar y compilar información a través de la lectura y crítica de documentos y materiales bibliográficos, bibliotecas, bibliotecas de periódicos, televisión, videos, centros de documentación e información en un nivel descriptivo-analítico y exploratorio (1985, p.12) en tanto que señala Tancara, se trata de un análisis predominantemente cualitativo, sobre fuentes bibliográficas teóricas (1988, pp. 6-9), que van a facilitar obtener criterios que apoyan los objetivos planteados e identificar las características del evento en estudio para llegar a un conocimiento más profundo del mismo (Hurtado, 2007, p. 6).

Evaluando, en consecuencia, textos nacionales e internacionales, normas emanadas de organizaciones internacionales y de algunos órganos del poder público venezolano, textos y artículos científicos sobre los requerimientos actuales en el ámbito del desarrollo sostenible informes emitidos por empresas consultoras venezolanas y resultados de investigación.

4. DESARROLLO

4.1. C*ompliance* corporativo y gestión de riesgos empresariales

Se inicia este inciso realizando un acercamiento a una definición de *compliance.* Indica Villegas, en Venezuela, que el *compliance* es: "un sistema corporativo de controles internos cuyo objetivo es la mitigación del riesgo legal y regulatorio en las operaciones de una empresa" (2022, p. 7), en tanto que, para Kuhlen, el cumplimiento normativo, está conformado por " medidas de prevención a través de las cuales las empresas pretenden asegurar tanto el cumplimiento de las normas aplicables a la misma y a sus trabajadores, como la denuncia y eventual sanción de estas" (2013, p. 52).

La norma ISO 31000 (2018) sobre Gestión de Riesgos, dictada por la Organización Internacional Normalización, permitió determinar cuáles son los pasos a cumplir para una correcta gestión de riesgos, destinada a implementar, identificar y evaluar los posibles riesgos y crear un plan para mitigarlos y reducir las pérdidas potenciales. En este sentido se plantea una serie de parámetros, tales como:

- Seleccionar acciones apropiadas y resilientes para adaptarse a riesgos emergentes
- Identificar los riesgos potenciales,
- Implementar procesos de gestión ajustados a cada organización que garanticen tanto la efectividad como la fiabilidad de los resultados
- Considerar las diferentes actividades que lleva a cabo el negocio
- Prestar atención a las observaciones que realicen los entes fiscalizadores
- Integrar factores sociales, ambientales y de buen gobierno corporativo consistentes en:

  A) El impacto ambiental tanto de manera directa como indirecta, producido por la actividad económica

  B) El impacto social respecto de trabajadores y usuarios

  C) El ejercicio de la gobernanza organizacional a cargo de los administradores, auditores, oficiales de cumplimiento, delegados de prevención y otros órganos que se encargan de implementar las políticas de gestión de riesgos.

Involucrar a los grupos de interés en la gestión de riesgos

- Sistemas de Gestión anticorrupción y establecimiento de canales de denuncia conforme a las Normas ISO 37001 (2016) relacionada con las políticas antisoborno e ISO 37002 (2021), vinculados a la implementación de un sistema de gestión sólido y efectivo para la denuncia de las irregularidades, permitiendo desarrollar una cultura ética, responsable y transparente dentro de la empresa.

Con relación a estas normas de estandarización, destacan las Normas ISO 37301 (2021), contentivas de los requisitos a cumplir en los programas de *compliance* y la ISO 19600

(2014), que establece las directrices. La ISO 37301 constituye un nivel mayor de estandarización al ser específica respecto a los requisitos exigidos que aparecen explicados en su Anexo A, tales como: el liderazgo, el contexto empresarial, la implementación planificada, la debida diligencia y planes de acciones disciplinarias por incumplimiento, operación frente a los procesos de investigación, mejora continua y adiestramiento.

No debe dejarse de lado el sistema de gestión de calidad contenido en la serie de Normas ISO 9000 (2015), que va a facilitar a los usuarios comprender la calidad y eficiencia de los productos a partir de unos estándares, principios, recursos y procesos que puede contribuir con el logro de los objetivos empresariales, haciéndolos conscientes de sus compromisos en la satisfacción de las necesidades de los clientes.

Todos estos aspectos van a impactar en la preferencia de los interesados, en la obtención de productos y servicios, lo que representa la revalorización de la razón social y marcas involucradas

4.2. Los sistemas de auditoría

Para considerar este punto, debe tenerse en cuenta el desempeño eficaz de los sistemas de gestión de riesgos, que en este aspecto en particular presentan indicadores en la Norma ISO 19011 (2018), debiendo hacer referencia a las exigencias y los cambios incorporados a esta reforma que abarcan entre otros aspectos:

Utilización del enfoque basado en riesgos con fundamento en los principios aceptados en materia de auditoria

- Se produce la ampliación sobre el riesgo que incluye al propio programa de auditoría
- Se amplía la orientación sobre el modo en el cual se planifica y se lleva a cabo un proceso de auditoría
- Amplía los requisitos que deben cumplir los auditores
- Se habla de la auditoría como un proceso
- Se incluye el compromiso, el liderazgo, la virtualidad en las auditorías, las cadenas de suministro y el cumplimiento.
- Establece directrices a los auditores de los sistemas de gestión
- Promueve la Realización de las correspondientes auditorías internas garantizando la independencia y transparencia
- Establece el deber de contar con un comisario independiente que reevalúe los procesos auditables
- La identificación de los auditores con la ética organizacional que permitan proteger la confidencialidad
- La obligación de rendir cuentas

El ámbito de aplicación de la norma abarca a las personas responsables de la gestión del programa de auditoría, los auditores y los equipos auditores. Por otra parte, es aplicable a todas las organizaciones que necesitan planificar y realizar auditorías internas o externas de sistemas de gestión, o gestionar un programa de auditoría prestando atención al necesario desarrollo y demostración de poseer la competencia específica necesaria, tal y como se desprende del objeto de la norma.

4.3. La cultura preventiva

Debe comprenderse, en todo momento, que el cumplimiento normativo organizacional no se limita al ámbito legal, sino que está conformado por autorregulaciones que van más allá de ser simples normas declarativas, debiendo cumplirse los protocolos en ellas contenidos. Estas políticas incluyen el modo en el cual debe comportarse toda persona de interés dentro de la organización o vinculada a ella, asumiendo los valores que la identifican, estableciendo la necesidad de normas éticas que garanticen el respeto de los derechos humanos sin ningún tipo de sesgo. Estas normas deben ser adoptadas y seguidas por todas las personas naturales o jurídicas que se vinculan con la empresa, marcando los estándares de la sana convivencia.

Por otra parte, debe ser requisito que las personas que ejerzan funciones de gestión de riesgos estén dotadas de los conocimientos técnicos necesarios para su efectiva y eficaz implementación, debiendo la empresa comprender la importancia de la autorregulación y la adecuada formación para la mejora de las políticas, solución de situaciones y la comprensión de la importancia que tiene desde el punto de vista preventivo y como política de inversión para un mejor posicionamiento en el mercado.

Existe una serie de líneas directrices dictadas por la Organización para la Cooperación y el Desarrollo Económico aplicable a las empresas multinacionales, que por tratarse de recomendaciones deben ser tenidas en consideración por todas las empresas, entre las que destaca:

- Un nuevo capítulo sobre derechos humanos, coherente con los Principios rectores de las Naciones Unidas sobre las empresas y los derechos humanos.
- Un nuevo enfoque global de la debida diligencia y de la gestión responsable de la cadena de suministro.
- Cambios importantes en numerosos capítulos especializados, como los dedicados al empleo y las relaciones laborales, a la lucha contra la corrupción, la petición de sobornos y otras formas de extorsión, al medio ambiente, a los intereses de los consumidores, a la divulgación de información y a las cuestiones tributarias.
- La aclaración y consolidación de los procedimientos que pretenden dar un papel más importante a los PNC, mejorar su rendimiento y fomentar la equivalencia.
- La inclusión de una agenda proactiva destinada a ayudar a las empresas a seguir asumiendo sus responsabilidades con los nuevos desafíos a los que se enfrentan Nuevas disposiciones sobre la libertad en internet y la participación de las partes interesadas. (OCDE, 2015, p. 6)

La mala gerencia o falta de implementación de las políticas de un programa pueden generar consecuencias adversas e incluso diferentes niveles de responsabilidad, además de la sanción moral que representa para una empresa la pérdida de confianza y de posicionamiento como se ha visto a lo largo de las últimas décadas con empresas como Enron, Du Pont, ZTE, cuyos fraudes, corrupción, espionaje, violaciones a la privacidad, entre otros, conllevaron a ser sancionados incluso internacionalmente.

4.4. La responsabilidad social empresarial en el logro de los objetivos del milenio

Los objetivos del milenio también llamados Objetivos de Desarrollo Sostenible (Naciones Unidas, 2015) constituyen propuestas de inversión hacia la transformación de las políticas empresariales en beneficio de la colectividad y su entorno, a través de la sustitución de energías, la prohibición de gases de efecto invernadero, el uso de la economía circular y los cambios operativos con integración de criterios sociales, ambientales y de gobernanza que pueden ser definidos como:

...mecanismos de prevención de conductas que puedan causar daño o poner en peligro bienes jurídicos, que a la larga impidan ese desarrollo sostenible de las generaciones futuras, haciendo énfasis en aquellos hechos que puedan configurar la perpetración de conductas sancionadas como ilícitos e incluso delitos, especialmente en el ordenamiento jurídico venezolano (Vaudo, 2022 dic, p. 66).

Estos criterios abarcan:

-Aspectos de carácter Ambiental, los cuales están vinculados con el impacto que produce la actividad que desarrolla la organización sobre el entorno, debiendo tener la capacidad no sólo para prevenir, sino además para restaurar las condiciones al producir algún evento que afecte el medio ambiente, tales como: la escasez de los recursos, la contaminación, la producción de emisiones de gas doméstico, la deforestación, la sobre explotación, el cambio climático, la producción de residuos.

Respecto a estos criterios, Venezuela cuenta con las disposiciones constitucionales (1999, artículos 127-129) en las cuales se establece el derecho a vivir en un ambiente sano, la obligación de realizar los correspondientes estudios de impacto ambiental e implementar todas las medidas necesarias para evitar el deterioro del medio ambiente por las actividades económicas, debiendo seguirse para ello criterios de sustentabilidad y sostenibilidad en el desarrollo para evitar la escasez de recursos y garantizar las condiciones de salud y bienestar de las generaciones futuras.

Similares exigencias contempla toda la normativa de la Ley del Ambiente (2006), en la cual se contemplan los principios del derecho ambiental y el marco regulatorio de las actividades, así como el deber, por parte del estado de otorgar incentivos para el logro de actividades económicas sostenibles; Por otra parte, la Ley Penal del Ambiente (2012), contempla las modalidades de responsabilidad penal individual y empresarial; sin embargo, las multas ahí contempladas para las personas jurídicas, calculadas en unidades tributarias no resultan efectivas para garantizar la restauración de las condiciones ambientales ni el resarcimiento de los daños eventuales.

-Criterios sociales vinculados con los requerimientos de los trabajadores, sus familias y de las comunidades, tales como: las relaciones laborales, la inclusión de género, condiciones, religión, raza; condiciones de seguridad laboral; prohibición del trabajo infantil; resolución de conflictos.

-Criterios de Buen Gobierno Corporativo que abarcan la ética, la solidaridad y las normas de autorregulación; pago de tributos; prevención de corrupción; democracia en la toma de decisiones y remuneraciones justas.

Los consejos de administración y los demás órganos dentro de las sociedades mercantiles cumplen un rol indispensable en la supervisión de esta estrategia a fin de prevenir daños ambientales como el cambio climático, la utilización sostenible de los recursos y la protección social, la salud, el bienestar y el desarrollo. Incorporando la responsabilidad social empresarial a la autorregulación y políticas de cumplimiento, los involucrados van desarrollando la experticia que le va a permitir mejorar su ámbito regulatorio, previniendo la producción de riesgos y las consecuentes sanciones.

Las metas del Objetivo 8, plantean el impulso hacia la elevación de la productividad económica por medio de la diversificación, la modernización tecnológica y la innovación; la promoción de políticas para la creación de puestos de trabajo decentes, el emprendimiento y la innovación; en tanto que las metas del Objetivo 16, en cuanto al ámbito empresarial buscan fomentar la paz y la justicia, promoviendo proyectos normativos desde el ámbito privado que fomenten el respeto y la tutela de los derechos humanos fomentando políticas inclusivas. Estos aspectos, junto a los objetivos del milenio relacionados con la protección ambiental, constituyen las garantías para la transformación del sector productivo y su compromiso por la preservación de los recursos en aras del bienestar intergeneracional.

De la misma manera, debe promoverse el logro de aquellas metas vinculadas con la protección del planeta, sus recursos y el aprovechamiento consciente que de ellos se realice para prevenir la escasez, tales como los relacionados con el empleo de energías renovables, aire limpio, uso de las aguas y preservación de las especies, que permitan igual acceso y aprovechamiento por las generaciones futuras (Objetivos 7, 13, 14 y 15); a fin de garantizar la supervivencia de la propia especie humana, logrando así dar respuesta a la pregunta de investigación: Cuáles son los criterios de responsabilidad social que le permitirán a la empresa avanzar hacia el desarrollo económico sostenible?

5. RESULTADOS

A partir de la investigación realizada se obtiene como resultado, que con el fin de lograr empresas alineadas a los Objetivos de Desarrollo Sostenible para las próximas décadas del milenio, se deberá tener en consideración la manera como el sector empresarial enfoca sus políticas de prevención y gestión de riesgos, que conllevan a implementar tanto nuevas medidas de prevención como la sustitución por nuevas formas de realizar los negocios, el uso de la tecnología, la economía circular y el reconocimiento del rol fundamental que todos los grupos de interés desempeñan en ese proceso de transformación hacia formas sustentables de aprovechamiento de los recursos.

De este modo la fuerza activa adquiere un papel protagónico en ese buen desempeño organizacional ya que, aporta a los procesos de creación, implementación y vigilancia en el cumplimiento de las políticas de *compliance.* Igualmente, se debe comprender los requerimientos de los usuarios destinatarios de los productos y servicios, quienes aspiran al confort y bienestar.

Es fundamental motivar el ingreso y participación en la toma de decisiones de personas de distintos grupos sociales, étnicos, de género o creencias, así como personas con alguna condición, quienes igualmente aportan al crecimiento de la organización con ideas que pueden resultar innovadoras para el crecimiento financiero de una empresa, que sumado a contar con los manuales de cumplimiento permitirán unir esfuerzos hacia un futuro organizacional sostenible.

Como se verá de la discusión, en muchos casos las empresas cuentan con los programas, pero no hacen seguimiento a su implementación ni a las recomendaciones de la administración, lo que se equipara a la inexistencia de éstos. Como ejemplo se puede citar los casos de empresas que trabajan con tecnología financiera (FINTECH) ya sea, que pertenezcan o no al sector bancario, las cuales por el hecho de emplear la tecnología en sus operaciones, no significa que deban obviar estos requerimientos, toda vez que resulta indispensable la transparencia, la ética, la protección de datos y la debida diligencia en la gestión de riesgos tecnológicos, de legitimación de capitales o por el impacto ambiental que significa su gasto de energía e internet.

De manera que la pericia de los órganos a quienes compete gestionar las políticas de cumplimiento y la identificación con la visión corporativa, serán garantes de los cambios que requiera la organización hacia el logro de los fines comunes que plantea la Agenda 2030 de las Naciones Unidas para un desarrollo económico sostenible, modo de dar respuesta a la pregunta ¿Cómo debe estructurar una empresa sus políticas de cumplimiento normativo para lograr una efectiva gestión de riesgos?

6. DISCUSIÓN

El *compliance* está conformado no solamente por disposiciones regulatorias del ordenamiento jurídico positivo ni por meras declaraciones de principios sino por un conjunto de procedimientos y prácticas adoptados conforme a la debida diligencia y la gestión de riesgos asumidos por las empresas, permitiendo su identificación y clasificación según se trate de la parte operativa, la parte ética o la prevención de ilícitos administrativos o penales, que afectan la reputación organizacional, contenidos en la Norma ISO 37301 (Organización Internacional de Normalización, 2021).

Al respecto, Rodríguez, resume el comportamiento empresarial y la asunción de responsabilidad por parte de las empresas vinculadas a la adopción e implementación del *compliance,* con la siguiente reflexión:

(...) la empresa como persona jurídica y con base al ordenamiento jurídico, cuenta con libertad de acción que obliga a comportarte conforme a la norma positiva y a la autorregulación, teniendo responsabilidad por su incumplimiento, ya que dicho marco regulatorio busca prevenir la perpetración de ilícitos de distinta índole, además de preservar su capital reputacional (2021, p. 17).

Similar afirmación coincide con lo expuesto por Villegas, quien indica que, para el caso venezolano, el problema no reside en el aspecto regulatorio sino en la interpretación que se le da a las disposiciones legales, la inexistencia de soportes tecnológicos o actualizados. Indica que muchos problemas vienen por la falta de entrenamiento especializado para identificar alarmas que revelen actividades sospechosas o no contar con una gerencia legal que asesore en casos de duda, como por ejemplo en casos de venta irregulares o falta de conocimiento del cliente que deriven en una situación irregular y que la empresa, aun teniendo políticas de cumplimiento, no tenga la pericia para implementarlas (2022, pp. 290-294).

Luego de realizar la revisión doctrinaria destacan algunos resultados obtenidos de encuestas de sostenibilidad realizadas entre otros por la Cámara Venezolana de Consultores (CAVECON), sobre la percepción y aplicación por las empresas privadas de criterios de sostenibilidad. En su último Informe, señala que de la muestra analizada deriva la adquisición por parte de las empresas de conciencia respecto a la incorporación de aspectos vinculados con la responsabilidad social y los objetivos del milenio, como una fuente de oportunidades y nuevos desafíos. (2022, p.27).

Sin embargo, indica la Cámara de empresarios, que esos logros se han obtenido aun cuando el estado venezolano no ha cumplido con los programas de incentivos fiscales y económicos que promuevan la sostenibilidad de forma directa en el sector privado, debiendo recurrir a factores externos como la firma de acuerdos internacionales (2022, p. 28). Este último aspecto destaca como parte del proceso de resiliencia, al permitir visualizar la importancia de la corresponsabilidad y el establecimiento de alianzas con otros sectores empresariales para contribuir en los procesos de gestión de calidad y cumplimiento.

Del mismo modo se puede apreciar que la empresa KPMG International Ltd., reseña en su página web y en la revista digital Banca y Negocios (04/06/2022), que de un estudio y encuesta abierta, obtuvo que un sesenta y nueve por ciento (69%) de los ejecutivos encuestados de empresas ubicadas en Venezuela, han incorporado a sus políticas operativas los criterios de sostenibilidad, representando un aumento significativo respecto a la encuesta bienal anterior del año 2020, en la cual solamente reflejaron la implementación en un treinta y nueve por ciento (39%) de las empresas encuestadas. Entre los aspectos que se evaluaron se incluyeron la transformación digital, el desarrollo del talento humano, la mejora de procesos en alrededor del cincuenta por ciento (50%) de los casos.

En ese mismo Informe de KPMG International Ltd., se realiza un desarrollo de contenido en el cual se establece que la gestión de *compliance* por parte de los socios y consultores es un tema transversal que influye en toda la cadena de valor, que les va a permitir cumplir con los compromisos con los proveedores, sus trabajadores y la comunidad y les va a permitir continuar creciendo en el mercado debido a la importancia que se le está brindando a la sostenibilidad, trabajando con enfoque de eficiencia y responsabilidad y generando cambios para brindar nuevos servicios (KPMG, 2021)

Los anteriores resultados, sin embargo, difieren de los obtenidos por la encuesta llevada a cabo como parte del proyecto de investigación *PI-A-22-21-22,* año 2022, adelantado por la autora y debidamente aprobado por el Decanato de Investigación de la Universidad Metropolitana, Caracas, con el apoyo del Observatorio de Derecho Corporativo y Buenas Prácticas Empresariales (2023), en su mayoría a pequeñas y medianas empresas, la cual fue contestada por ejecutivos, asesores jurídicos, oficiales de cumplimiento, gerentes de seguridad laboral y supervisores, revelando que solamente el 46,7% de las sociedades mercantiles a las cuales pertenecen, cuenta con normas de autorregulación y cumplimiento, en tanto que no necesariamente están alineadas estas políticas con los objetivos de desarrollo sostenible, como lo expresó el 66,7% de los encuestados

En todo caso, siempre deberá entenderse que los logros se obtienen comenzando por pequeñas cosas que van mejorando con el tiempo, siempre y cuando se tenga conciencia de que debe realizarse su constante seguimiento, generando un impacto positivo que crecerá con constancia a mediano y/o a largo plazo. Se trata de un trabajo que resiliencia a los cambios como mecanismo de retorno de los beneficios y de los esfuerzos invertidos. Como lo ha señalado el Consejo Económico Mundial, debe existir "un compromiso continuo de actuar éticamente y de contribuir al crecimiento económico, al mismo tiempo que mejora la calidad de vida de la fuerza laboral y de sus familias, como de la comunidad local y de la sociedad general" (Méndez, 2004, p. 175).

7.- CONCLUSIONES

La gestión organizacional con base a los criterios de sostenibilidad y el cumplimiento normativo, es una tarea a cumplir por todos los que integran la empresa, convirtiéndose en un compromiso de crecimiento y mejora constante en los procesos de gestión de riesgos, en políticas antisoborno, en control de calidad, en saneamiento del entorno y todas aquellas prácticas alineadas a la responsabilidad social empresarial que persigan el bienestar de la colectividad y de los trabajadores que prestan servicios dentro de la organización.

Para el cumplimiento de estas metas debe invertirse en *compliance*, en adiestramiento del personal, en desarrollo de competencias y capacitación, en políticas de saneamiento como la economía circular para la reutilización de residuos, en ahorro de recursos naturales no renovables y utilización de energías que no dañan el ambiente, en sistemas de protección de datos, en cultura ética y respeto de los derechos humanos; solamente así se podrá encausar a las empresas al cumplimiento de los objetivos de desarrollo sostenible.

Sumado a todo lo anterior, cabe agregar la corresponsabilidad de todos en el logro de los objetivos sin esperar acciones por parte del sector público; recurriendo a la autorregulación y el establecimiento de alianzas para la cooperación en los procesos productivos y educativos que deban implementarse dentro de cada empresa.

8.- REFERENCIAS

Cámara Venezolana de Empresas Consultoras CAVECON (2022). Sostenibilidad en la Gestión Empresarial. Informe Diagnóstico, Parte I, Empresas Consultoras. Encuesta CAVECON - CAVECON https://cavecon.org.ve/index.php/encuesta-cavecon/

Constitución de la República Bolivariana de Venezuela Gaceta Oficial N° 36.860 del 30/12/1999.

Decreto con Rango, Valor y Fuerza de Ley contra la Corrupción del 19 de noviembre de 2014, Gaceta Oficial Extraordinaria N° 6.155.

Fernández, Gerardo (2021). *Derecho del Complimiento Normativo y Análisis Regulatorio de la Empresa.* .Academia de Ciencias Políticas y Sociales, Serie Estudios, Nro 142.

Grupo de Acción Financiera Internacional (2012) *40 Recomendaciones del GAFI.*. Recuperado de: http://www. Cfatf-gafic.org}

Guédez, Víctor (2006) *Ética y práctica de la Responsabilidad Social empresarial. Un aporte de la empresa al capital social.* Editorial Planeta Venezolana. Venezuela.

Heine, Günter (1996). *La responsabilidad penal de las empresas: evolución internacional y consecuencias nacionales Anuario de la Universidad de Fribourg.* https://perso.unifr.ch/derechopenal/assets/files/anuario/an_1996_04.pdf

Hurtado, J. (2007). *El proyecto de Investigación.* Caracas: SYPAL -Quirós http://es.calameo.com/read/006205653257b9f45c09d

KPMG International Ltd. (2021). Informe de sostenibilidad 2020-2021. Informe digital KPMG International - KPMG Venezuela. https://home.kpmg/ve/es/home.html

Kunhlen, Lothar (2013) *Compliance y teoría del derecho penal.* Marcial Pons, Madrid.

Ley *Penal del Ambiente* 02/05/2012. Gaceta Oficial de la República Bolivariana de Venezuela 39.913.

Méndez, Charo. (2004) *Responsabilidad Social de Empresarios y Empresas en Venezuela durante el Siglo XX.´*. Caracas: Strategos Consultores.

Observatorio de Derecho Corporativo y Buenas Prácticas Empresariales (2023) *Encuesta de sostenibilidad* Universidad Metropolitana. https://n9.cl/dokut8

Organización para la Cooperación y el Desarrollo Económico (2015) *Líneas directrices de la OCDE para empresas multinacionales. La importancia de una conducta responsable por parte de las empresas.* OECD Publishing. https:// mneguidelines.oecd.org/mneguidelines_rbcmatters_es.pdf

Olaya Lavigne, Cristina y Sánchez Rodríguez, Ana Luisa (2017): *Compliance. Guía Práctica de identificación, análisis y evaluación de riesgos,* Thomson Aranzadi, Cizur Menor.

Organización de Naciones Unidas. (2015). *Objetivos de Desarrollo Sostenible.* https://www.un.org/sustainabledevelopment/es/development-agenda/

Organización Internacional de Normalización. (2018) ISO 19011. *Directrices para la auditoría de los sistemas de gestión.* http://cmdcertification.com

Organización Internacional de Normalización. (2016) Norma ISO 37001 *Sistemas de gestión antisoborno* https://cdn.standards.iteh.ai/.../ISO-37001-2016.pdf

Organización Internacional de Normalización. (2018) Norma ISO 31000 *Gestión de riesgos* https://www.iso.org/obp/ui#!iso:std:iso:31000:ed-2:v1:es

Organización Internacional de Normalización. (2015) Norma ISO 9000 *Gestión de calidad* https://cdn.standards.iteh.ai/.../ISO-9000-2015.pdf

Organización Internacional de Normalización. (2021) Norma ISO 37301 *Sistemas de gestión de compliance. Requisitos para su uso.* https://www.une.org/encuentra-tu-norma/busca-tu-norma/norma?c=N0065822

Organización Internacional de Normalización (2021) Norma ISO 37002 Sistemas de Gestión de canales de denuncia. https://www.iso.org/home.htm

Organización Internacional de Normalización Norma ISO 27001 sobre la Seguridad de la Información. https://www.iso.org/standard/82875.htm

Rodríguez, Alejandro (2021). *Criminal Compliance. Cumplimiento normativo penal y derecho penal económico.* Ediciones Paredes, Caracas, Venezuela.

Sanclemente-Arciniegas, Javier (2020). *Compliance, empresas y corrupción, una mirada internacional* Universidad de Colombia. Derecho PUCP. Nro 85. https://doi.org/10.18800/derechopucp.202002.001

Superintendencia de Instituciones del Sector Bancario (2018). *Normas relativas a la administración y fiscalización de los riesgos relacionados con la legitimación de capitales, financiamiento al terrorismo y financiamiento de la proliferación de armas de destrucción masiva aplicables a las instituciones del sector bancario.* Resolución N° 083.18

Superintendencia de Instituciones del Sector Bancario (2021). *Normas que Regulan los Servicios de Tecnología Financiera (FINTECH),* Resolución N° 001.21, Gaceta Oficial N° 42.151, de fecha 17 de junio de 2021

Tancara, C. (1988). *La investigación documental en la investigación científica.* Centro Nacional de Documentación científica y Tecnológica.La Paz, pp. 6-9.

Vaudo, Liliana (2022). *Good Corporate Governance Standards Prevention through compliance and self-regulation ´Normas de Buen gobierno corporativo. Prevenir con Compliance y Autorregulación".* Revista International Visual Culture Review. Nro 9. https://doi.org/10.37467/revvisual.v9.3770

Vaudo, Liliana (2022). *Empresas y gestión de riesgos. Agregando valor al negocio.* Revista N° 9 de la Sociedad Venezolana de Derecho Mercantil, Sovedem, pp: 62-79. http://www.sovedem.com/_files/ugd/de1016_016e21d2864346e8bf566af07ce6533f.pdf

Villegas, Jesús (2022). *Derechos del cumplimiento normativo y análisis regulatorio de la empresa.* Academia de Ciencias Políticas y Sociales.

ABORDANDO LAS LIMITACIONES DEL CONCEPTO DE VULNERABILIDAD URBANA DESDE UN ENFOQUE PSICOSOCIAL

María Belén Vázquez Brage

1. INTRODUCCIÓN

El estudio de las características socioespaciales de las ciudades es especialmente significativo si se considera a las ciudades como los principales actores sociales, culturales y económicos del ámbito internacional. Son personalidades e identidades que trascienden el nivel nacional relegando al Estado a un segundo plano en la escena global. Actúan como espacios potenciadores y facilitadores de relaciones humanas, concentrando una importante densidad de interacciones cara a cara, en frecuencia y volumen. Las grandes oportunidades que ofrecen las convierten en centros de acogida y reclamo demográfico, focos que atraen capital humano, creatividad y talento, nodos de información y conocimiento y estandartes de progreso.

La ciudad establece una relación de reciprocidad con el capital humano que la conforma, le provee de un espacio de vida y de una identidad y, mediante el tejido de experiencias comunes, elabora la base de la memoria social. De esta manera, la urbe regula la integración y aporta orden a la convivencia. Sin embargo, la diversidad -gais, ancianos, mujeres, minorías, grupos étnicos, etc.- que gestionan las ciudades actuales, respaldada por el pensamiento postmoderno que acentúa la universalización de la diferencia, complica la tarea de reunión social, hace más frágil el sentido de pertenencia a la comunidad, y exige una respuesta más flexible y específica, adaptada a la multiplicidad de identidades que debe satisfacer.

La presencia de aglomeraciones humanas incorpora una importante huella ecológica y un fuerte marco de competencia en la configuración urbana, originado por la limitada capacidad de abastecimiento de unos recursos que son finitos, y que se encuentran desigualmente repartidos entre la población. La variable distribución que provoca la diferencia en el acceso a los recursos se traduce en la construcción de categorías sociales que se concentran en el espacio urbano. Los colectivos sociales que sufren mayor privación de recursos se superponen a los espacios más degradados y peor equipados. El resultado es la construcción de entornos de malestar social que actúan como principios organizadores de la conducta, dotando al sujeto de una estructura psicosocial de pensamiento y actuación. Las diferentes formas de mirar construyen realidades diversas que condicionan la adaptación y el comportamiento.

La Comisión de las Comunidades Europeas (1997) denuncia que la segregación física y social que sufre este tipo de colectivos supone un doble problema para la ciudad; por un lado, impacta en el interés y atractivo económico de la urbe y, por otro, debilita la cohesión y el orden social. "La presencia de barrios desfavorecidos debilita las ciudades, genera costes económicos y sociales y aumenta la injusticia social" (Conway & Konvitz, 2000, p. 750). Por este motivo, la desigualdad intraurbana e interurbana se ha convertido en un reto comunitario e internacional y, en consecuencia, todos los procesos asociados a ella: la pobreza, la vulnerabilidad y la exclusión social.

La vulnerabilidad surge como un concepto que hace referencia a una condición social asociada al plano material y circunscrita a sujetos que se encuentran fuera del mercado de trabajo. Este enfoque, inicial y limitado, va a ir incorporando, a lo largo de los años, nuevos planos complementarios que han ayudado a mejorar su comprensión. Actualmente, se advierte la necesidad de incluir un plano subjetivo, es decir, abordar la vulnerabilidad como una cualidad psicosocial, poseedora de un componente psicológico, que abarca las dimensiones emocional, cognitiva y conductual; y un componente social, el individuo es miembro de un grupo, de una sociedad y de una unidad cultural. La pertinencia de abarcar la dimensión subjetiva es clave, por su importante implicación a la hora de completar y adecuar la información necesaria para identificar las áreas urbanas vulnerables, para evaluar cambios longitudinales, para comprender el impacto de los posibles enfoques políticos e, incluso, para revelar tendencias sobre la trayectoria de las ciudades.

El presente texto tratará de destacar la parte intangible de la vulnerabilidad como elemento básico del proceso; e intentará mostrar las limitaciones observadas a la hora de identificarla y medirla.

2. DISCUSIÓN DEL MARCO TEÓRICO

2.1. La ciudad orgánica

En la actualidad las ciudades tienen que dar respuesta a nuevos desafíos derivados de las megatendencias: la migración, el envejecimiento poblacional, la globalización y la digitalización. Estas fuerzas de cambio traen consigo un resultado de doble signo, presentan oportunidades de crecimiento importantes, pero perjudican a los colectivos más vulnerables empujándolos hacia la exclusión social y agrandando la brecha de la desigualdad. De modo integral, amenazan el funcionamiento efectivo de las sociedades y ponen en evidencia la cohesión social. La importancia de la cohesión social se hace más sobresaliente a medida que las sociedades se vuelven más complejas y globales porque la diagnosis de los problemas es más difícil de comprender y abordar

En la década de los noventa la preocupación por el desarrollo de las ciudades se materializa en una serie de reuniones y acuerdos bajo el paraguas de la Unión Europea. En este periodo surgen una serie de documentos e instrumentos que recogen el abanico de problemáticas e intervenciones propuestas en el nivel comunitario para resolver el desarrollo urbano. Por poner algunos ejemplos recientes, destaca la Agenda Territorial 2020, la Declaración de Riga (2015), o la Agenda territorial 2030 (2021).

El primer paso para abordar las cuestiones que atañen a los espacios urbanos es establecer el significado de ciudad que se perfila en el marco europeo. En 1994, se inicia la campaña de ciudades europeas sostenibles y surge el concepto de ciudad sostenible, término que comprende el desarrollo entendido desde tres dimensiones: económica, social y medioambiental. En 1997, la Comisión de las Comunidades Europeas emite un comunicado "Hacia una política urbana para la Unión Europea", donde recoge los principales problemas de las ciudades europeas y apunta las medidas para afrontar estos nuevos retos.

Este enfoque comunitario contempla la ciudad como un organismo constituido por un conjunto de partes -la unidad mínima, en el nivel de la organización espacial, es el barrio y, de la organización social, es la familia- que se encuentran interconectadas y que son interdependientes entre sí. Cada parte u órgano tiene una función específica que satisface las necesidades de la ciudad contribuyendo a su buen funcionamiento. El bienestar de la ciudad solo es posible cuando existe un equilibrio en el sistema. La importancia del equilibrio radica en el intercambio social, acto en el que subyacen mecanismos de comparación social, justicia y reciprocidad. La analogía comparativa entre la ciudad y el organismo condiciona el enfoque de actuación que se va a aplicar en las políticas urbanas, demandando una intervención holística de abajo a arriba. La Nueva Carta de Leipzig (2020) establece que los barrios, como órganos funcionales del sistema, deben ser seguros, estar socialmente equilibrados y tener un carácter mixto.

Desde esta perspectiva, de carácter durkheimiano, la sociedad-comunidad, representada en la ciudad, se entiende como una entidad independiente que desarrolla una relación transaccional con sus miembros, bajo una ideología construida. Durkheim, siguiendo a Schäffle, señala que hay una diferencia entre la vida del organismo y de la sociedad: "la vida del organismo animal se rige mecánicamente mientras que la sociedad está unida en su conjunto no por una relación material, sino por los vínculos de las ideas" (Durkheim, 1885, como se citó en Giddens, 1998, p. 130). La sociedad funcional, bien organizada y ordenada, se apoya en la idea de equidad, de justicia social redistributiva, como principio fundamental regulador de la integración, de la cohesión social. La ciudad representa el modelo social solidario, que debe garantizar la accesibilidad universal a los servicios públicos de interés general, expresión del Estado de Bienestar. Para alcanzar una completa integración, la función de la comunidad es construir un tejido motivacional interdependiente, que satisfaga las necesidades básicas de las personas que la completan: relacionales, psíquicas, materiales, culturales, etc. La ciudad tiene la obligación de poner al alcance de sus miembros los recursos de los que dispone, a la vez que, debe responsabilizarse de conferir los fines para conseguirlos.

La inadecuada satisfacción de las necesidades impide la consecución del bienestar social, entendido como una especie de eudaimonía colectiva. Cuando la sociedad es incapaz de satisfacer las necesidades de la totalidad de sus integrantes, se difumina la raíz o idea de justicia social que legitima la cohesión social. La interacción social se vuelve asimétrica y el concepto de reciprocidad se rompe. Los colectivos perjudicados perciben una situación de desigualdad e injusticia, y aparecen respuestas de antagonismo o de indefensión. Asimismo, los colectivos satisfechos necesitan repensar la situación social para poder recomponer la disposición de equidad violada, y en la que descansa el contrato social, aplicando patrones cognitivos y de actuación capaces de resolver la disonancia cognitiva.

2.2. La vulnerabilidad urbana en el marco europeo

Simultáneamente al surgimiento de respuestas comunitarias diseñadas para abordar el desarrollo urbano sostenible, emerge con fuerza el concepto de vulnerabilidad social. Es un fenómeno que adquiere cada vez mayor visibilidad en el escenario urbano por la creciente observación del aumento de población vulnerable en el contexto europeo. La importancia del concepto radica en que es un proceso dinámico y temporal, sobre el que se pueden aplicar modificaciones mediante intervenciones políticas. Su carácter transitorio es propicio para poner el foco de atención ante la posibilidad de una actuación preventiva. Se aborda como un concepto teórico, pero desde un punto de vista operativo, el objetivo es especificar las características definitorias del fenómeno. Las señales o síntomas de vulnerabilidad, descritas en el marco teórico, son fundamentales para identificar correctamente las poblaciones vulnerables, y poder actuar de manera temprana y ahorrando recursos, motivo que exige un análisis completo del término.

La definición del concepto de vulnerabilidad en el marco europeo gira en torno a la descripción elaborada por el sociólogo francés Robert Castel. Para este autor (Castel, 1991), la integración social se organiza en un continuo limitado por dos polos -inclusión y exclusión-. La disposición en el espacio de integración se ve afectada por dos variables: el apoyo social y el acceso al mercado laboral. Estas variables funcionan como un canal que permite cubrir el abanico de necesidades básicas del ser humano. Para Castel, la red social forma parte de un sentimiento social solidario que actúa como un recurso paliativo. Por su capacidad de amortiguar la exclusión, es un apoyo psicológico, pero también una puerta de acceso a la sociedad y a sus recursos. Los colectivos vulnerables se encuentran en una fase intermedia entre la inclusión y la exclusión, se ubican por tanto en la antesala de la desafiliación. Esta zona se caracteriza por la pérdida de recursos -trabajo precario y fragilidad de los soportes relacionales-, es un lugar inestable en donde existe un riesgo potencial de desplazamiento hacia la zona marginal provocado por la posibilidad del impacto de factores poco controlables.

Alguacil *et al.* (2014) extraen de la definición de vulnerabilidad de Castel un eje horizontal de segmentación al que denominan dentro-fuera y que, corresponde a lo que el sociólogo García Roca (2006) describe como centro-periferia. Dicho eje representa una dimensión simbólica de distancia que no hace referencia a un intervalo de espacio medible cuantitativamente, sino al mundo de las interacciones sociales, un nivel que implica subjetividad y posee características cualitativas que colocan a los sujetos en una línea de proximidad -cohesión- y lejanía-desafiliación-. Siguiendo a Bauman (2009), en el mundo de las representaciones, la idea de proximidad equivale a cercanía, familiaridad, mientras que el concepto de lejanía significa desconocimiento, anonimato, e incluso, deshumanización. El nivel de conocimiento del otro señala su ubicación en el espacio social y construye una escala de tipificación que determina la categoría de asignación a partir de reglas de conducta distribuidas diferencialmente. Este rango mide el grado de identificación grupal, el sentido de pertenencia al grupo.

Los límites sociales, desde su punto de partida, son un mecanismo antropológico usado por el hombre para organizar el espacio en el que vive. Aportan orden y permiten anticipar lo que está por venir, manteniendo a la sociedad estructurada, dotando a los grupos sociales de guiones y esquemas cognitivos, reglas de orientación que aportan predecibilidad y garantía de seguridad en el entorno.

Bauman (2009) indica que, en las sociedades premodernas, el espacio físico tenía un correlato en el espacio social, ambos espacios interaccionaban, y el ser humano construía el hábitat guiado por sus relaciones sociales. El tamaño de la organización social permitía la interdependencia del grupo basada en la reciprocidad, todos los miembros conocían y anticipaban las conductas y respuestas del grupo. Fuera del espacio social se encontraba lo desconocido, el forastero, el otro, la reciprocidad incierta, un espacio sin reglas de interacción, un lugar poco seguro. Choza (2009) expone como los límites espaciales del poblado se correspondían con los límites del concepto de humanismo. El extranjero no estaba dotado de cualidades humanas, más allá de las fronteras espaciales de vivienda se dejaba de ser humano. Esta dicotomía espacial descansa en la idea de identidad social, la percepción de los miembros como unidad y el desarrollo de una conciencia colectiva común.

Con el incremento demográfico y el aumento de la complejidad social los mecanismos de organización espacial se han reajustado. La globalización borra las fronteras, el espacio físico ya no se divide en dos secciones -lo conocido y lo desconocido-, sino que se estratifica de manera isomórfica en las categorías sociales que existen en el imaginario social -barrios ricos, barrios gais, barrios jóvenes, barrios obreros, barrios de inmigrantes-; simultáneamente, los individuos pueden traspasar los límites simbólicos que envuelven las categorías sociales en función del contexto de interacción. La confusa situación de vivir entre desconocidos, entre múltiples identidades, bajo el sedimento del extremo individualismo, que niega la responsabilidad en el desarrollo de los demás y evita el compromiso social, hace necesaria la construcción de una ideología que empuje la cooperación, y genere nuevos mecanismos de seguridad frente a la falta de reglas de interacción entre desconocidos y entre las múltiples respuestas que produce la diversidad.

La ideología de la ciudad proyecta ideales, creencias y sentimientos que se concretan en la construcción de la identidad comunitaria, expresión de una interdependencia de carácter instrumental; a la vez que, alberga diversas identidades, auténticas erupciones de significado para sus miembros, encajadas en determinados espacios físicos o barrios. En consecuencia, arroja como resultado diferentes tipos de cohesión intraurbana. El grado de identidad urbana -proximidad o lejanía en función del grado de aceptación de la estructura ideológica dominante- condiciona la cohesión mediante la integración o el aislamiento social. Es necesario un vínculo mínimo entre las diversas identidades específicas y la identidad comunitaria para que exista orden social e integración.

Para Bauman (2009) es la desocialización del espacio, el borrar el rostro del otro, el principal dispositivo para desactivar el compromiso social y encerrar en el espacio físico el espacio social inseguro e incierto. Pero no solo lo desconocido se aísla, también lo diferente, lo que se desvía de la normativa grupal, lo que desafía la costumbre o no cumple con los valores sociales dominantes, es decir, lo que se considera peligroso para el orden social y la identidad grupal. La cultura predominante con sus presunciones sobre las personas y cómo estas deben interactuar tiene un gran impacto en la configuración del espacio social. La deshumanización que caracterizaba la frontera de la sociedad premoderna, se encuentra salpicada por los diferentes espacios que conforman la ciudad actual, configurando una nueva cartografía social en la urbe.

La dicotomía propia de la sociedad premoderna se completa y, en algunos escenarios sociales, se superpone a una nueva disociación representada en el concepto que, el sociólogo Manuel Castells (1991), define como ciudad dual, una estructura urbana configurada por dos extremos, uno que concentra el crecimiento económico y otro que recoge la mano de obra degradada en espacios sin oportunidades de movilidad social ascendente, en donde se reúnen conductas de supervivencia y abandono.

De acuerdo con la definición de Castells, Alguacil *et al.* (2014) destacan otro eje de polarización social que denominan arriba-abajo, y que indica una cuestión de índole económica: riqueza-pobreza. Este eje traza un mapa de jerarquías urbanas que muestra relaciones de dominio y subordinación. Los colectivos vulnerables se encuentran en un escalón inferior, cercano a la pobreza, subordinados socialmente al grupo con mayor poder económico, mediante una relación de dependencia de carácter asistencial, que se hace explícita bajo la prestación de servicios sociales. Siguiendo a Alguacil, la vulnerabilidad urbana es:

> *Aquel proceso de malestar en las ciudades producido por la combinación de múltiples dimensiones de desventaja, en el que toda esperanza de movilidad social ascendente, de superación de su condición social de exclusión o próxima a ella, es contemplada como extremadamente difícil de alcanzar. Por el contrario, conlleva una percepción de inseguridad y miedo a la posibilidad de una movilidad social descendente, de empeoramiento de sus actuales condiciones de vida. (Alguacil, 2006, p. 161).*

Esta definición se completa con la que aporta el Departamento de Asuntos Económicos y Sociales de las Naciones Unidas "la vulnerabilidad puede definirse como un estado de elevada exposición a determinados riesgos e incertidumbres, combinado con una capacidad disminuida para protegerse o defenderse de ellos" (Naciones Unidas, 2003, p.8). Se pueden extraer tres elementos característicos de la vulnerabilidad, a partir de ambas definiciones:

1. Es una condición que debe reunir más de un factor negativo, una variedad de facetas que se van agregando, hasta alcanzar, como resultado de estos procesos acumulativos, una circunstancia de debilidad. De ahí que la exposición a un riesgo constituya una amenaza. "El concepto alude no tanto a la existencia de una situación crítica constatada en la actualidad como a la de unas determinadas condiciones de riesgo, fragilidad y desventaja que harían posible la entrada en esa situación crítica de desfavorecimiento" (Alguacil y Camacho, 2014, p.77)
2. Es un proceso ligado a una emoción -miedo ante la probabilidad de ocurrencia de un peligro- y a una valoración negativa -una interpretación subjetiva y un procesamiento cognitivo de evaluación– que culmina en una percepción de falta de capacidad de afrontamiento y de control de la situación, desencadenando sensaciones de indefensión y desesperanza, de falta de expectativas, de imposibilidad de realizar cambios en la situación psicológica y real.
3. Es una percepción de perjuicio -desventaja- que se construye mediante un proceso de evaluación social de tipo comparativo, generando respuestas de injusticia o de resignación. Tanto el juicio social como la experiencia emocional y valorativa se encuentran dentro del espacio de la experiencia subjetiva. La vulnerabilidad urbana tiene un importante componente subjetivo de valencia negativa.

En resumen, la vulnerabilidad es pérdida de cohesión, de identidad y de recursos materiales colocando al vulnerable en una posición de lejanía y de inferioridad respecto a la comunidad, dos condiciones que acercan al vulnerable a la zona de exclusión.

En este sentido, es conveniente abordar más profundamente el significado de zona de exclusión. El término de exclusión social comienza a utilizarse en la década de los 70, en Francia. René Lenoir (1974), desde un enfoque microscópico y reduccionista, lo definía como un estado de marginación adscrito a las condiciones de los sujetos. En los años 80-90 se incorpora al ámbito político, donde se empieza a utilizar para identificar a aquellas personas que se ven afectadas por nuevos problemas que el Estado de Bienestar no puede resolver. La exclusión afecta negativamente a tres aspectos del desarrollo humano: la privación económica, la social y la política. A estas tres facetas, García Roca añade un cuarto aspecto subjetivo:

> *Alude a la dimensión personal de la marginación; propongo llamar a esta dimensión "precariedad cultural", caracterizada por la ruptura de la comunicación, la debilidad de la significación y la erosión de los dinamismos vitales (confianza, identidad, reciprocidad). Los indicadores por antonomasia son las conmociones acaecidas en la subjetividad, la fragilidad cultural para ofrecer sentido a la vida, el desánimo y*

> *el debilitamiento de la confianza, la identidad y la autoestima. (García Roca, 1995, p.14).*

La literatura europea vincula la exclusión social con la privación de dos recursos básicos e interdependientes, la formación y el empleo. El acceso a estos recursos es la llave para traspasar el umbral de exclusión. El trabajo responde a las tres necesidades fundamentales del hombre, la de existencia -función económica-, la de creación -función psicológica- y la de colaboración -función social-. Tres funciones asociadas a las tres privaciones que comprende el concepto de exclusión. A través del trabajo el ser humano entra en la sociedad, aporta utilidad y se siente autorrealizado. La actividad laboral configura la identidad personal y la social. La situación sociolaboral sitúa a las personas en categorías que influyen en el estrato social, en su propio concepto y en su autopercepción, condicionando sus posibilidades de existencia y su trayectoria vital.

Para García Roca el trabajo, el consumo, la seguridad y la autonomía son las fronteras que determinan estar dentro o fuera de la sociedad:

> *Quedarse sin empleo, en una sociedad de productores, significa quedarse sin identidad personal; quedarse sin salario en una sociedad de asalariados es perder el estatus social además de los recursos para sobrevivir. No poder consumir es el grado máximo de exclusión en una sociedad de consumidores. (García Roca, 2006, p. 10).*

Los sujetos sin empleo, están fuera del espacio de intercambio y fuera del espacio social normativo; además, de constituir un peligro para el buen funcionamiento social.

En este sentido, la zona de exclusión social corresponde con esa zona deshumanizada, lugar en el que se interrumpe la cohesión urbana, despojada del espacio social comunitario, encerrada en un espacio físico que permite aislar la irregularidad. Es la comunidad quien prescribe las reglas intangibles de la ciudad, la que coloca los cajones estancos de significado del espacio social, y la que prolonga o recorta la cohesión. Esta ubicación social se vincula a una categoría con unos rasgos centrales que la definen y que conforma la identidad de sus miembros, con una implicación emocional sobre sí mismos y una construcción, acordada socialmente, que determina su autoevaluación como grupo y la del resto de colectivos con los que se compara.

La consecuencia que acarrea la exclusión es la ausencia de un espacio social, lo que Víctor Giorgi (2006) denomina 'afánisis' que significa invisibilidad, desaparición, concepto asociado a la percepción de no existir, de no ser nadie para los otros, de falta de identidad y de falta de voz.

Puesto que el ser humano organiza el espacio social ligado al espacio físico, la consecuencia inevitable es que la exclusión social se solapa en espacios físicos concretos que presentan como característica común el deterioro, espacios que no pueden satisfacer los aspectos motivacionales del ser humano, zonas sin oportunidades laborales, sin prosperidad, sin desarrollo de proyectos vitales. Se trata de zonas degradadas por un conjunto de estresores y limitaciones ambientales: problemas de contaminación acústica, polución y carencia de espacios verdes, de zonas de ocio y de viviendas en condiciones de habitabilidad. La combinación de problemas físicos y ambientales obedece al impacto de fuerzas extrínsecas que empujan y moldean la construcción de estos patrones espaciales: la estigmatización del grupo construida por las actitudes negativas de los que están fuera, el freno a la inversión por una imagen de declive que desalienta las transformaciones económicas en la zona, la falta de iniciativas para la creación de empleo; un conjunto de factores exógenos que unidos a elementos internos imposibilitan la actuación activa de estos colectivos. "Nosotras, ciudades, somos conscientes de que son los pobres los más afectados por los problemas ambientales (ruido, contaminación del tráfico, ausencia de instalaciones de esparcimiento, viviendas insalubres, inexistencia de espacios verdes) y los menos capacitados para resolverlos" (Carta de las Ciudades Europeas hacia Sostenibilidad-La Carta de Aalborg-, 1994, p.4).

Esta incapacidad atribuida al vulnerable, manifiesta en la carta de Aalborg, se ve superada en la Carta de Leipzig (2007) que determina que una política integrada de desarrollo urbano implica la participación activa de los ciudadanos afectados, dado el papel clave que desempeñan en la conformación de su entorno más próximo. El documento demanda la necesidad de conocer lo que piensan y cómo se perciben estos colectivos desfavorecidos. Conway y Konvitz (2000) describen las 'áreas urbanas en peligro' como zonas que sufren múltiples privaciones, más allá del aspecto económico o del deterioro físico. Destacando el aislamiento y las barreras sociales como dificultades cruciales que debilitan la cohesión. La estigmatización, los sentimientos de inseguridad, la sensación de aislamiento y la inhibición de desarrollo de redes informales de información –puntos que conducen a oportunidades de empleo e integración-, son las mayores dificultades que deben afrontar los colectivos vulnerables para alcanzar la integración.

El doble deterioro espacial -físico y social- que se fusiona en las zonas de exclusión genera respuestas de adaptación, como contrapartida a la disfunción cohesiva de la ciudad que, en muchas ocasiones, derivan en comportamientos delictivos, criminales y asociales. En este punto, hay que diferenciar la cohesión que se proyecta sobre el tejido social urbano y la cohesión dentro del espacio excluido. La ciudad borra el rostro de estos colectivos, los aísla, los deshumaniza, les resta apoyo social, les elimina de la red social de la que habla Castel (1991), destruye la solidaridad comunitaria. Como respuesta, la cohesión general se fractura. Sin embargo, la cohesión grupal de los colectivos excluidos, que habitan determinados espacios físicos, se comporta de manera diferente. Los espacios excluidos construyen una realidad concreta que da sentido a su microcosmos perceptivo, fortaleciendo o debilitando la identidad espacial propia.

En función de la composición social existente se desarrollan diferentes respuestas de integración, que derivan en una mayor o menor cohesión, un mejor o peor acoplamiento del espacio habitado; por ejemplo, la delincuencia puede considerarse como un estresor ambiental grave, o un mecanismo de afrontamiento catártico. La experiencia construida en la interacción cotidiana con el grupo de convivencia condiciona la manera de pensarse, la imagen del grupo y del entorno físico, y las respuestas de adaptación al entorno social. Incluso, estructura la manera de hacer frente a las limitaciones impuestas por las etiquetas de la cultura dominante. Vecina Merchante (2011) considera las narraciones o discursos como elementos latentes en el desarrollo de conflictos en los barrios vulnerables; los relatos ejercen de barreras para la interacción, posicionan al otro como el enemigo y lo responsabilizan de todas las problemáticas sociales.

El problema de las zonas vulnerables es la miscelánea social que compone el área y que complica la identificación del colectivo, a la vez que dificulta predecir cómo va a evolucionar o superar su condición, y qué políticas se deben desplegar en cada caso. El grado de heterogeneidad y fragmentación del espacio social condiciona la integración y, por lo tanto, sus patrones de afrontamiento. Un barrio conflictivo, que produce experiencias de tensión, de desconfianza, de desarraigo y desafección, complejiza la participación y la efectividad de los planes de desarrollo.

2.3. La vulnerabilidad urbana en el marco nacional

Respecto al marco nacional, en el año 1996 el Gobierno de España, en colaboración con el Ministerio de Fomento y el Instituto Juan de Herrera, entra a formar parte de un proyecto longitudinal, integrado en la OCDE, que plantea como objetivo el análisis urbanístico y estadístico de los barrios vulnerables circunscritos al territorio español. El proyecto, vigente en la actualidad, ha ido actualizando datos e incorporando nuevas medidas para optimizar su propósito.

En la actualidad comprende un Observatorio de Vulnerabilidad Urbana capaz de diagnosticar patrones espaciales de convergencia entre determinadas zonas urbanas y colectivos en riesgo de exclusión social, cuyo resultado es el producto de espacios residenciales vulnerables. Además, contiene varias herramientas para abordar la vulnerabilidad urbana como el *Atlas de Vulnerabilidad Urbana en España* (Hernández Aja, A. *et al*, 2015).

El propósito es identificar y conocer la evolución de la vulnerabilidad urbana en el territorio español -fase de diagnóstico-, para que, a través de la puesta en común de los diferentes resultados presentados por los informes gubernamentales de los países miembros, se pueda diseñar un plan de acción que favorezca la inclusión social de las áreas vulnerables -fase de actuación-. Para identificar y hacer visibles estos entornos hay que acumular información, recoger datos observables de manera sistematizada, definidos previamente como síntomas de vulnerabilidad social -tasa de paro, nivel de estudios, viviendas sin servicios básicos, población inmigrante- y mapear esos datos en el espacio.

En este sentido, el proyecto repara en la necesidad de incorporar el espacio perceptivo o subjetivo como parte específica de la vulnerabilidad. El Censo de Población y Vivienda de 2001 incorpora, respecto de censos anteriores, una innovación a este respecto: el desarrollo de un bloque referente a la percepción que las personas de referencia de cada hogar tienen sobre el entorno residencial: el medio social y ambiental de la vivienda (Instituto Juan de Herrera, 2010).

El concepto de vulnerabilidad urbana planteado por el Ministerio de Fomento integra cuatro tipos de vulnerabilidad: sociodemográfica -modificación estructural de los hogares: envejecimiento, familias monoparentales e inmigración-; socioeconómica -desempleo, precariedad laboral y bajos niveles formativos-; residencial -viviendas y entorno-, y de percepción subjetiva -percepciones que tienen los residentes respecto del medio urbano y social donde habitan y se vincula a la percepción del entorno residencial y del espacio vivido-. La vulnerabilidad subjetiva se mide "a través de preguntas dirigidas a conocer el grado de satisfacción de los hogares con las viviendas que habitan y las zonas en que se encuentra". Bajo la pregunta "¿tiene su vivienda alguno de los problemas siguientes?", mide: ruidos exteriores, contaminación, malos olores asociados a industria, tráfico, malas comunicaciones, pocas zonas verdes y delincuencia.

Por otro lado, en la última década están surgiendo ideas de mejora para depurar la identificación de los barrios vulnerables al observar que los datos del Ministerio no corresponden con las realidades percibidas por los distintos agentes preocupados por la regeneración urbana. La principal fuente de propuestas proviene de las instituciones universitarias. Los nuevos planeamientos persiguen la reconceptualización teórica del concepto de vulnerabilidad urbana y el diseño de herramientas de intervención complementarias. Un ejemplo es el proyecto mapa de riesgo social de Zaragoza (2014-2017) que ha intentado identificar cómo se comporta la cohesión en los barrios vulnerables mediante la medición cualitativa y cuantitativa de las redes de apoyo -identificación con el barrio, valoración de la intensidad de uso del espacio público, intensidad de las relaciones intrabarrio-. El estudio ha encontrado que no existe una disminución de relaciones de cotidianeidad o ausencia de redes de apoyo en los barrios vulnerables, frente a los que no lo son; además, de que el nivel de asociacionismo es inversamente proporcional a la red de amistades y vida en el barrio. Esta información indica que el escenario es mucho más complejo que el propuesto por el marco teórico en el que descansa el concepto, lo contradice –los vulnerables presentaban fragilidad relacional- y apela a su revisión.

A la luz de los datos expuestos, en la bibliografía comunitaria se observan múltiples menciones al aspecto más personal y subjetivo de la vulnerabilidad, quedando patente que es un concepto que contiene una importante implicación perceptiva. Sin embargo, a nivel operativo, Europa solo recoge los signos visibles de la vulnerabilidad, sin reparar en las variables intermedias que pueden estar actuando como elementos moduladores. España ha sido capaz de ver la importancia de esta dimensión y la incorpora a sus proyectos gubernamentales, sin embargo, presenta una pobre definición de la dimensión que dificulta una eficiente recogida de información. A continuación, se exponen dichas limitaciones.

3. CONCLUSIONES: LA DIMENSIÓN SUBJETIVA DE LA VULNERABILIDAD URBANA

La vulnerabilidad urbana subjetiva es un concepto de reciente creación y de creciente interés en el ámbito de las ciencias sociales. Hace alusión al campo social de fuerzas inmateriales que organiza y da significado a los pensamientos, sentimientos y comportamientos de los individuos que interactúan en nichos sociales específicos y delimitados territorialmente. El término surge de la necesidad de completar la comprensión de la noción previa de vulnerabilidad urbana. Las valoraciones, actitudes y percepciones que usan los grupos influyen en su adaptación al medio y en sus expectativas de movilidad social. Actúan de freno, conformismo o empuje dentro de la estructura del tejido social urbano.

El ser humano es un ser dotado de pensamiento que valora el mundo y se valora a él mismo. Recoge información del entorno mediante las diversas interacciones que realiza y construye una percepción sobre su nicho ecológico -contexto social- que le sirve de referencia para elaborar esquemas cognitivos sobre su mundo social y sobre su situación dentro de ese espacio. Esa construcción cognitiva, resultado de una serie de procesos mentales, no es fría, no ocurre en el vacío, está vinculada a una experiencia emocional y asociada a una respuesta conductual. Es capaz de autopensarse, de valorar sus capacidades y sus debilidades, de autocalificarse como individuo y como miembro de un grupo social y de la sociedad en general. Estos mecanismos cognitivos apriorísticos están sujetos a contenidos culturales que sesgan, influyen, acotan el contenido del pensamiento, el sentimiento y la acción. La cultura hace a la sociedad y la sociedad se proyecta en el sujeto individual, condicionando su manera de pensar, sentir y hacer.

Cabe decir que la inclusión de una medida subjetiva aporta información cualitativa al estudio de la vulnerabilidad y es más significativa para el desarrollo de una actuación posterior. La dimensión subjetiva recaba información sobre las causas o procesos invisibles del fenómeno de la vulnerabilidad urbana. La percepción o subjetividad es un proceso no observable, son creencias, valores, ideas, conceptos abstractos que posee el sujeto o la comunidad. Son variables intermedias que se presentan entre la conducta y el entorno y que influyen en la configuración de la interacción. Para elaborar una explicación sobre la vulnerabilidad urbana y poder realizar intervenciones, es necesario buscar las causas subyacentes, que se esconden detrás de esas observaciones cuantitativas -síntomas- que hablan de privaciones. Ser capaz de capturar la manera de pensar de esos colectivos es esencial para trabajar sobre los mecanismos de afrontamiento cognitivo -dispositivos subjetivos, inobservables- de la vulnerabilidad. Las creencias condicionan los actos.

Los resultados arrojados por el estudio Análisis Urbanístico de Barrios Vulnerables en España -a la espera de la actualización de datos del INE 2021- han puesto de manifiesto un aumento en el número de barrios vulnerables y, simultáneamente, el debilitamiento de los mecanismos con los que cuentan estos colectivos para superar las amenazas del entorno. La lectura de estos datos significa que, a pesar de los esfuerzos por identificar y analizar la vulnerabilidad urbana, el fenómeno sigue creciendo. Este hecho manifiesta una debilidad ligada a la estrategia política preventiva del estudio. Es útil como retrato del producto, pero mejorable para comprender el proceso. Para conseguir desplegar o aplicar políticas correctoras es necesario pulir la información recogida sobre las variables que están frenando la inclusión social -objetivas y subjetivas-, y en este sentido, es donde la literatura actual parece presentar debilidades.

El primer probable error en el que se incurre al abordar el espacio subjetivo de la vulnerabilidad es la construcción de una medida subjetiva -nivel de satisfacción con determinados temas-, incluyendo cuestiones observables y medibles objetivamente a través de diferentes dispositivos: un sonómetro, analizadores de combustión, de emisiones industriales, contabilidad de zonas verdes. El espacio subjetivo debe cuantificar cuestiones subjetivas, no objetivas. La satisfacción con estos elementos es independiente del grupo social al que se pregunte; cualquier persona estará insatisfecha en un medioambiente muy ruidoso, contaminado, o con escasas zonas verdes. En este sentido, la medida poco puede aportar sobre el mundo perceptivo del grupo vulnerable que está siendo analizado. Seguramente la insatisfacción descrita por el colectivo vulnerable sea irrelevante para la identificación de la vulnerabilidad y el diseño de actuaciones políticas, en comparación con otro tipo de cuestiones subjetivas, asociadas a su condición social. A pesar de la relatividad personal o colectiva con que se perciban estas molestias espaciales, extraer este tipo de datos no parece aportar información útil respecto al objeto de estudio.

Teniendo en cuenta esta consideración, la segunda deficiencia de los indicadores recogidos en la literatura es la correlación unívoca que establecen entre los elementos seleccionados para el estudio perceptivo de la vulnerabilidad -el ruido, la contaminación, los malos olores, la mala accesibilidad, la escasez de espacios verdes- y la vulnerabilidad urbana. Estos elementos no están necesariamente ligados a zonas urbanas habitadas por colectivos desfavorecidos. Niveles altos en ruido, contaminación, malos olores, e incluso accesibilidad deficiente -no por falta de infraestructuras, sino por densidad de tráfico- se encuentran asociados a zonas céntricas de las urbes, zonas con una alta valoración del suelo urbano y vinculadas a espacios residenciales de clase media-alta, alta.

En tercer lugar, se desatienden las cuestiones perceptivas referentes al medio social, a cuestiones que incluyen las interacciones sociales, el espacio simbólico y cultural. Excepto para el tema de la delincuencia, la medición se limita a recabar datos referentes al medio ambiental presentados como problemas ambientales, a pesar de que en su definición se incluyen ambos espacios. En este sentido, el concepto debe ser tratado y estudiado como un elemento psicosocial.

Ahondando en la subjetividad del concepto, se reclama la construcción de un índice capaz de capturar de un modo más adecuado la información que alberga este espacio. Una herramienta capaz de recoger las heterogéneas aproximaciones metodológicas sobre las percepciones del espacio urbano, puede ser una propuesta de gran valor para refinar la identificación de los colectivos urbanos vulnerables o excluidos y profundizar en los modelos mentales que usan en su interacción con el espacio urbano; así como, para recoger la influencia que ejercen dichos patrones cognitivos sobre los mecanismos que usan los ciudadanos para afrontar las situaciones de vulnerabilidad.

4. REFERENCIAS

Alguacil Gómez, J. (2006). Barrios desfavorecidos. Diagnóstico de la situación española. En Vidal Fernández, Fernando (dir.). *V Informe FUHEM de políticas sociales: La exclusión social y el estado del bienestar en España* (pp. 155-168). FUHEM.

Alguacil Gómez, J., Camacho Gutiérrez, J., & Hernández Aja, A. (2014). La vulnerabilidad urbana en España. Identificación y evolución de los barrios vulnerables. *Empiria, Revista de Metodología de Ciencias Sociales*, 27, 73-94.

Arias Goytre, F. (2005). El estudio de la desigualdad urbana. *Urbano*, *8*(11), 77-83.

Cámara-Menoyo, C. Sorando, D. (2017). Valoración de las percepciones subjetivas de los barrios como complemento al cálculo cuantitativo de riesgo de exclusión social: El caso del MRSZ en Zaragoza. *Clivatge. Estudis i testimonis del conflicte i el canvi social*, 5, 240-289.

Castel, R. (1991). La dinámica de los procesos de marginalización: de la vulnerabilidad a la exclusión. En M. J. Acevedo y J. C. Volnovich (coord.). *El Espacio Institucional* (pp. 37-54). Editorial Lugar.

Castells, M. (1991). El auge de la Ciudad Dual: teoría social y tendencias sociales. *Alfoz*, 80, 89-103.

Conway, M. y Konvitz, J. (2000). Meeting the Challenge of Distressed Urban Areas. *Urban Studies*, *37*(4), 749–774.

Durkheim, E. (1885) Recensión de la obra de Schäffle: Bau und Leben des sozialen Körpers. *Revue philosophique*, 19, 81-101.

Fernández- Abascal, Enrique G., Jiménez Sánchez, M. P. y Martín Díaz, M. D. (2007). *Emoción y Motivación. La adaptación humana I.* Centro de Estudios Ramón Areces.

García Roca, J. (1995). *Contra la exclusión. Responsabilidad pública e iniciativa social.* Sal Terrae.

García Roca, J. (2006). Relatos, metáforas y dilemas. En Vidal Fernández, Fernando (dir.). *V Informe FUHEM de políticas sociales: La exclusión social y el estado del bienestar en España* (pp. 9-27). FUHEM.

Giddens, A. (1998). *El capitalismo y la moderna teoría social. Un análisis de los escritos de Marx, Durkheim y Max Weber.* Idea Books.

Giorgi, V. (2006). Construcción de la subjetividad en la exclusión. En *Encare* (comp.) *Drogas y Exclusión Social* (pp. 1-8). Atlántica.

Hernández Aja, A. *et al.* (Dirs.). (2015). *Atlas de Barrios Vulnerables de España. 12 Ciudades 1991/2001/2006.* Instituto Juan de Herrera (IJH).

Instituto Juan de Herrera (2010). *Análisis urbanístico de Barrios Vulnerables en España. Sobre la Vulnerabilidad Urbana.* Ministerio de Fomento.

Choza, J. (2009). *Historia Cultural del Humanismo.* Thémata.

Lenoir, R. (1974). *Les exclus: un Français sur dix.* Editions du Seuil.

León-Casero, J. (2018). Mapa de Riesgo Social de Zaragoza: herramientas complementarias para medir el potencial regenerativo de zonas vulnerables. *Ciudad y territorio. Estudios territoriales*, *L* (197), 503-516.

Organización de las Naciones Unidas (ONU), Departamento de Asuntos Económicos y Sociales (DESA). (2003). *Informe sobre la situación social del mundo 2003. Vulnerabilidad social: Fuentes y desafíos.* United Nations Publications.

Ruiz, A. (2019). El potencial de la percepción social aplicada al análisis de la vulnerabilidad en planificación urbana. *EURE, 45*(136), 31-50.

Vecina Merchante, C. (2011). Barrios vulnerables, inmigración y conflicto social. *Aposta. Revista de Ciencias Sociales*, 49, pp. 1-22.

Bauman, Z. (2009). *Ética posmoderna.* Siglo XXI de España Editores.

Documentos

«Carta de las Ciudades Europeas Hacia la Sostenibilidad (Carta de Aalborg)». Conferencia Europea sobre Ciudades Sostenibles. Dinamarca, 27 de mayo de 1994.

«Carta de Leipzig sobre Ciudades Europeas Sostenibles». Leipzig, 24-25 de mayo de 2007.

«Hacia una política urbana para la Unión Europea». COM (97)197 final. Bruselas: 1997.

«Nueva Carta de Leipzig el poder transformador de las ciudades por el bien común». Leipzig, 30 de noviembre de 2020.

MODELO DE HEXÁGONO DE LA INNOVACIÓN PÚBLICA COMO MEJORA Y EFICIENCIA DE LAS INSTITUCIONES EDUCATIVAS

Rocío Vila Soriano[1], *Laura Monsalve Lorente*[1]

1. INTRODUCCIÓN

Los desafíos a los cuales se tiene que enfrentar la sociedad actual piden promover agendas de transformación institucional y un modelo para acelerar cambios sistémicos en las organizaciones que perciben la innovación como redes de conversaciones: visiones, deseos y afectos compartidos. En este punto aparece el modelo HIP o Hexágono de la innovación pública que permite simplificar una cosa tan abstracta y compleja como la creación de un ecosistema de innovación adecuado a un contexto específico y que proporciona pistas, en definitiva, para mejorar y hacer más eficiente la institución.

El HIP (Hexágono de la Innovación Pública) es un modelo que tiene como objetivo acelerar el cambio sistémico de las organizaciones, ya que concibe la innovación como un conjunto de conversaciones: deseos, visiones y afectos compartidos. Esta es la propuesta final incluida en el informe Instituciones que aprenden, elaborado por Raúl Oliván Cortés por encargo de la SEGIB (Secretaría General Iberoamericana) para la XXVII Cumbre de jefes del Estado, con el objetivo de proponer agendas de transformación institucional y cambio sistémico en la región, funciones en gobierno abierto e innovación pública.

El propósito fundamental de este trabajo es analizar la realidad del proyecto educativo de un Colegio Rural Agrupado con el modelo HIP y planificar un plan de acción teniendo en cuenta las necesidades de los actores del ecosistema.

Se presenta una concreción de este modelo a una institución educativa donde se pretende mejorar mediante una intervención concreta la calificación en el vector PROTO. Para analizar las carencias del proyecto educativo se realizó un cuestionario autodiagnóstico a una docente representativa del claustro del Centro Rural Agrupado. Una vez interpretados los resultados se plantea una propuesta de intervención educativa para mejorar la calificación en el vector PROTO en un Colegio Rural Agrupado donde se pretende que esta institución educativa pase de ser una escuela convencional en una escuela bosque mediante un plan de acción a cuatro años.

La metodología HIP nos ha permitido conocer el ecosistema de la escuela realizando un mapa de actores en el que se visibilizan las carencias de su ecosistema y pensar en qué acciones realizar o prever en el futuro, de esta manera estas acciones, internas y externas, se visibilizan, se analizan y se convierten en retos, pasando, por tanto, de la abstracción a

1. Universidad de Valencia (España)

la acción. Finalmente, se indica que toda la Comunidad Educativa comparte estos informes y participa continuamente en la ejecución y en la evaluación de este plan de acción.

Los datos y la información proporcionada en la presente investigación permiten establecer una opinión positiva sobre la implantación del modelo HIP en las escuelas, así como sobre el cambio pedagógico de una escuela tradicional al modelo de Escuela Bosque corroborando que sus implementaciones, si se ejecutan correctamente, pueden llegar a suponer mejoras en el ecosistema del centro educativo donde se establecen.

2. OBJETIVOS

El propósito fundamental de la presente investigación es analizar la realidad del proyecto educativo del Colegio Rural Agrupado analizado con el modelo HIP y planificar un plan de acción teniendo en cuenta las necesitades de los actores del ecosistema. Para lograr este objetivo, es necesario concretar un análisis orientado a la concreción de los objetivos específicos que se presentan a continuación. En primer lugar, investigar la importancia educativa que presenta la enseñanza en contacto con la naturaleza en el desarrollo integral del alumno. En segundo lugar, conocer el modelo HIP y la relación con la mejora de la institución educativa, analizando los diferentes elementos que la conforman. Y, en tercer lugar, dotar al centro educativo de las herramientas didácticas necearías para pasar de la abstracción al pragmatismo y mejorar las cualificaciones en el vector PROTO.

3. METODOLOGÍA

La presente investigación se enmarca en una metodología de carácter cualitativo fundamentada en la investigación-acción a partir de un primer estudio de caso.

El estudio de caso es una metodología de investigación que según Merriam (1988) y Yin (1994) se puede definir como un análisis, una indagación o una descripción empírica, intensiva y holística de un fenómeno, una unidad social o una entidad, en su auténtico contexto. Además, es clave cuando los límites entre el contexto y el fenómeno no son evidentes de manera clara. Los pilares de este trabajo surgen de analizar y participar de manera sistemática en la puesta en marcha del modelo HIP al ámbito educativo, más concretamente al CEIP "Ramón y Cajal" de Alpartir (Zaragoza). Este estudio de caso permitió replicar el modelo HIP en otro centro educativo de la red de escuelas públicas. En este último centro educativo, en primer lugar, se realizó el cuestionario autodiagnóstico marcado por el modelo HIP que posibilitó la creación del ecosistema HIP hasta llegar a la concreción de un plan de mejora a cuatro años para hacer evolucionar el ecosistema y los vectores que necesitaban intensificación en el proyecto educativo del CRA analizado de Teruel.

El modelo HIP (hexágono de la innovación pública) es la propuesta final incluida en el informe Instituciones que Aprenden, redactado por encargo de la SEGIB (Secretaría General Iberoamericana) para la XXVII Cumbre de jefes de Estado, con el objetivo de promover agendas de transformación institucional y cambio sistémico en las organizaciones. El cuestionario fue impulsado y validado por el Gobierno Abierto de Aragón. Éste cuenta con seis vectores (Open_abierto, Trans_transversal, Fast_ágil, Proto_modelos, Co_colaborativo y Tec_digital) que resumen las dinámicas calve para transformar una organización, clásica y cerrada en una institución abierta, en red, democrática y dinámica. En suma, el modelo HIP simplifica algo tan abstracto y complejo como es la creación de un ecosistema de innovación, invitándonos a pensar de manera divergente nuestro entorno y dándonos pistas para pasar a la acción. De acuerdo con este primer punto se contempló una indagación empírica en el CRA analizado de Teruel, que consistió en el cuestionario de valoración sobre los seis bloques correspondientes a cada vector del modelo HIP emitido a una docente representando al centro educativo. La finalidad de esta encuesta era extraer el hexágono y el informe que daba pistas para identificar los puntos fuertes y débiles del proyecto educativo del CRA analizado de Teruel para estudiar el centro y poder diseñar una propuesta de implementación del modelo HIP.

Por consiguiente, esta investigación sigue una metodología cualitativa justificada dentro del método fenomenológico, que tal como dice Fuster (2019) admite explorar la conciencia de las personas para entender la esencia de estas. En definitiva, la fenomenología permite percibir la vida mediante las experiencias y los significados que rodean a nivel psíquico a los individuos.

Se entiende por metodología cualitativa según Denzin y Lincoln (2005) y Fernández y Díaz (2003) a aquella que examina la realidad en el contexto natural guiando la interpretación de los fenómenos, según los significados que les atribuyen los agentes implicados. Además, admite explorar la conciencia de las personas, dado que entender la esencia de estas, es la manera óptima de percibir su vida. Los investigadores cualitativos utilizan una gran variedad de materiales que de manera directa describen la rutina, las situaciones problemáticas y los significados de la vida de las personas.

Martínez (2004) afirma que cualquier investigación de carácter cualitativa presenta dos centros básicos de actividad que consisten en:

1. Recoger de manera sistemática toda la información necesaria para llegar a los objetivos. propuestos o para dar solución a una problemática.
2. Estructurar coherente y lógicamente toda la información encontrada, así como, las conclusiones establecidas, con el fin de estructurar una teoría que integre todo el conocimiento.

Es importante saber la naturaleza de las estructuras a estudiar para reconocer qué o qué métodos cualitativos se emplearán. En este trabajo en concreto, una vez ejecutado el estudio de caso pertinente, se podría establecer que fundamentalmente han sido utilizados dos de ellos (el método descriptivo y la investigación sistemática de información):

- El método descriptivo consiste en evaluar algunas características de una situación, fenómeno, proceso o hecho social para formular, según esto una hipótesis precisa. En suma, la investigación descriptiva el que busca es detallar las características, propiedades y los perfiles importantes de grupos, personas, comunidades o cualquier tipo de fenómeno que se somete a un análisis (Danhkle, 1989).
- El método de investigación sistemática de información implica la revisión ordenada y metódica de la literatura científica con el objetivo de obtener informaciones relevantes alrededor de un tema específico (Aguilera-Eguía, 2014). Esta metodología de investigación secundaria no es del tipo experimental; sin embargo, es una herramienta clave para asentar las bases conceptuales de futuros estudios (Guirao-Goris, Olmedo y Ferrer, 2008).

En este trabajo se pretende analizar cualitativamente las mejoras que produce la aplicación del modelo HIP intermediando el diseño de un plan de creación de escuela bosque a cuatro cursos para mejorar el proyecto educativo partiendo de un punto débil del vector PROTO. En primer lugar, se expusieron los criterios de investigación teniendo en cuenta los resultados del cuestionario y los objetivos de la investigación. Seguidamente, se procedió a la selección de bases de datos más relevantes como Dialnet,

Google Académico, Roderic, SciElo y Web of Science para encontrar información sobre la temática propuesta (Escuela Bosque, modelo HIP y legislación educativa). A continuación, se procedió mediante los operadores booleanos a hacer una recopilación de los diferentes artículos sobre la temática sugerida y utilizando ciertas palabras clave como: modelo HIP, innovación, ecosistema, escuela bosque, escuelas a cielo abierto y red. Finalmente, la información de casi una veintena de artículos es expuesta de manera descriptiva, dado que nos encontramos bajo una investigación objetiva, pero como investigadores pretendemos llevar a cabo esta pequeña aportación didáctica para acelerar el cambio hacia una escuela más abierta e innovadora.

Cómo indica Suárez-Pazos (2002) se utiliza la investigación-acción como metodología de indagación entendida como una manera de conocer, investigar y estudiar una situación social de carácter educativo con el objeto de mejorarla. Mediante las diferentes fuentes de información y el análisis de estas explicadas anteriormente, se redactan las conclusiones que nos permiten pasar en este trabajo de una proyección teórica a una aproximación pragmática, a través del diseño de una propuesta de intervención educativa para el CRA analizado de Teruel, la evaluación de la cual presentará instrumentos de recogida de información como es el caso de las rúbricas que serán realizadas por toda la Comunidad Educativa (padres, madres y tutores legales, equipo docente y alumnado) la última jornada lectiva de cada curso de la propuesta de acción para conocer sus valoraciones y optimizar la temporalización para hacer avanzar el modelo HIP.

La intervención educativa se dirigió al Colegio Rural Agrupado "Alifara". Este colegio rural agrupado (CRA), se localiza en la provincia de Teruel, más concretamente en los pueblos de Ráfales, la Fresneda, Valjunquera y la Portellada. Aun así, las localidades de Fórnoles y Torre de la Cuenta pertenecen al territorio del CRA, sin embargo, estas no tienen escuela, por lo tanto, los niños residentes se desplazan a alguna de las localidades con colegio. El CRA cuenta con nueve maestros/as turores, seis maestros/as especialistas itinerantes cinco a jornada completa; y uno con 2/3 de jornada. Además, se cuenta con dos maestras que imparten el área de Religión, y son compartidas con el CRA Matarranya y el CEIP Vicente Ferrer de Valderrobres. Por lo que respecta al número de alumnas/os del CRA asciende a 87. Distribuidos de la siguiente manera:

- La Fresneda: 31 alumnos/as. (3 procedentes de Torre del Compte).
- La Portellada: 21 alumnos/as.
- Ráfales: 13 alumnos/as.
- Valjunquera: 22 alumnos/as.

El CRA Alifara imparte enseñanzas en educación infantil y educación primaria y, a causa de la idiosincrasia del centro educativo, los grupos-aula son multigrado, es decir, comparten la misma clase alumnado de diferentes cursos. A rasgos generales, las familias presentan un nivel socioeconómico medio-bajo, puesto que las actividades más frecuentes en la zona son las relacionadas con la agricultura y la ganadería (estabulada): porcina, avícola, canícula y ovina. Aun así, existen actividades relacionadas con el sector servicio y pequeñas empresas familiares (comercios de alimentación, bares, turismo rural, gremios de la construcción...).

El punto de partida de nuestro trabajo se fundamenta en la ejecución de una modesta indagación empírica mediante la cual se evaluaba el estado de los seis vectores del método HIP en el proyecto educativo del CRA analizado de Teruel. Por eso, se pasó la encuesta-autodiagnóstica que propone el modelo HIP a una docente a principios del tercer trimestre del curso 2021-2022 para que la contestara considerando en qué grado está más o menos según cada afirmación, pensando en las características del centro educativo. La presente encuesta es realizada por una única docente, puesto que tal como indica la evaluación de este modelo, tiene que responder al cuestionario una persona representativa pensando en su institución o en su equipo. Esta docente fue seleccionada porque era la maestra con más años de experiencia en el CRA y, además es la que más experiencia tiente en gestión, órganos unipersonales y procesos de innovación. La ejecución correcta de este cuestionario permite hacer una propuesta de acuerdo con las necesidades del CRA analizado de Teruel, teniendo presente el estudio primario de caso único en el cual se estudió el modelo HIP al CEIP "Ramón y Cajal" de Alpartir.

El cuestionario de valoración está estructurado en seis secciones diferentes con quince preguntas en cada una de ellas. La primera se refiere al vector OPEN donde se hacen preguntas sobre si la institución es abierta, si tiene una red amplia de colaboradores, así como si las conversaciones son de carácter bidireccional. La segunda parte del cuestionario hace referencia al vector TRANS, es decir, indaga si el centro educativo trabaja de manera transversal, si potencia los equipos interdisciplinarios y la hibridación de ideas y huye de la jerarquización tradicional. La tercera sección analiza el vector FAST y visualiza si el CRA ha introducido dinámicas ágiles para hacer un uso intensivo del tiempo disponible y tener conversaciones productivas que reduzcan la distancia entre los actores implicados (docentes, padres y madres, comunidad educativa...). La cuarta parte examina el vector PROTO para ver si la organización es capaz de reducir el nivel de abstracción mediante la creación de prototipos, pilotos o productos mínimos, para inspirar al cambio con ejemplos verídicos. La quinta sección valora el vector CO para ver si verdaderamente el centro educativo fomenta la cooperación, la colaboración, la cocreación y la inteligencia colectiva a través del potenciamiento del sentimiento de pertinencia y la creación de comunidades. Finalmente, la última parte hace referencia al vector TEC donde se identifica si se impulsa la digitalización y otras herramientas tecnológicas que multiplican la conectividad a la organización.

Seguidamente, se pasa a catalogar el presente cuestionario autodiagnóstico según los objetivos, la forma de aplicación, la frecuencia de aplicación y el tipo de pregunta y respuesta. En primer lugar, según los propósitos es del tipo analítica, puesto que además de documentar una problemática lo explica y la describe para poder encontrar la mejor solución. En segundo lugar, según la forma de aplicación es en línea, dado que consiste en realizar un cuestionario empleando internet como medio de distribución. Estas se caracterizan para favorecer la recogida y el análisis de datos. En tercer lugar, segundo la frecuencia de aplicación es transversal, puesto que la encuesta se proporciona a una única persona representativa de la institución educativa, en un marco temporal relativamente reducido y limitado. Y, por último, según el tipo de pregunta y respuesta es del tipo respuesta cerrada, porque la docente representando solo tiene que escoger alguna de las opciones que se muestran (Nada de acuerdo, poco de acuerdo, un poco de acuerdo, bastante de acuerdo y totalmente de acuerdo).

Una vez completado el cuestionario la misma página web del modelo HIP nos proporciona nuestro propio hexágono (fuente 1), que mesura el ejercicio de la organización en cada uno de los seis vectores y un informe que aporta pistas orientativas para poder mejorar o hacer oscilar la institución.

Figura 1. Hexágono del cuestionario autodiagnóstico del CRA de Teruel analizado. **Fuente:** Elaboración propia, 2023.

A rasgos generales se puede ver como el proyecto educativo del el CRA de Teruel analizado presentan una calificación superior a cuatro puntos en una escala del uno al cinco en los vectores CO, OPEN, TRANS y FAST, es decir, es una institución que sabe aprender según estos vectores y podría ser modelo para otros centros educativos. Por lo que respecta al vector TEC la puntuación está entre tres y cuatro puntos en una escala del uno al cinco, esto quiere decir que, a todos los efectos, el CRA de Teruel analizado es una organización que está completando una transición adecuada a la sociedad del conocimiento digital, no obstante, podría ir un paso más allá en el ámbito tecnológico para favorecer la innovación y a la transformación digital en abierto. Finalmente, el aprendizaje en el vector PROTO es el que necesita ser intensificado, dado que la puntuación es inferior a dos puntos en una escala de uno a cinco. Esto se debe al hecho que, en primer lugar, la institución educativa tendría que trabajar más en prototipos y maquetas para identificar fortalezas y carencias sobre las ideas antes de poder lanzar versiones definitivas, en suma, tendrían que hacer un esfuerzo al arraigar la cultura del proyecto piloto, para poder experimentar sin miedo. En segundo lugar, el claustro tiene que formarse en metodologías como PMV (Producto Mínimo Viable) para ser capaces de sacar un proyecto sin que esté pulido del todo para ganar agilidad y visualización. En tercer lugar, sería conveniente que se creara una comisión educativa en pro de la creatividad donde las diversas conversaciones ayuden a plasmar ideas mediante webs, gráficos y dibujos. Finalmente, la comunidad educativa tendría que trabajar la alineación de las visiones para inspirar el cambio mediante ejemplos verídicos y concretos que reduzcan el nivel de abstracción.

4. RESULTADOS

La intervención educativa pretende que el CRA Alifara valore la posibilidad de tangibilizar la idea abstracta de que su institución educativa pase a ser una Escuela Bosque. Para lograr este propósito, en primer lugar, se realiza la contextualización del centro educativo, seguidamente, se analiza la realidad del proyecto educativo con el modelo HIP para finalizar con la propuesta de un plan de acción.

Para extraer los resultados se han analizado los documentos del centro, se ha hecho un análisis del centro y pasado el cuestionario a la docente tal como indica el modelo HIP. Los resultados extraídos son que el CRA Alifara necesita intensificar sus esfuerzos del proyecto educativo de centro en el vector PROTO. Además, vemos como la institución educativa reconoce sus carencias en su ecosistema y está dispuesta a aprender en este vector a partir de las metodologías que propone el modelo HIP, con el fin de consolidar un plan de mejora para revertir esta situación. Finalmente, se propone una evaluación constante de este plan de mejora con el objeto último de lograr una correcta adecuación a las necesitades del vector PROTO en el proyecto educativo del CRA Alifara. A continuación, mostramos estos resultados con más detalle.

4.1. Análisis de la realidad del proyecto educativo con el modelo HIP y planificación del plan de acción

Una vez ejecutado el cuestionario autodiagnóstico del modelo HIP y su correspondiente reflexión sobre los resultados extraídos. Es el momento de establecer un plan de acción que permita avanzar en el modelo HIP. Cómo se ha visto en apartados anteriores lo CRA Alifara necesitaba intensificar el trabajo en el vector PROTO, puesto que la comunidad educativa sabe hacer, pero no se atreve a hacer. Por eso, para mejorar la calificación en este vector se plantea trabajar una problemática en concreto que surge de la concepción *vox populi* de los docentes del centro educativo respeto la voluntad de aprovechar pedagógicamente la naturaleza.

Para el siguiente plan de mejora a cuatro cursos se han implementado cinco metodologías PROTO que son: *Sandboxes*, *Prototyping*, *Proof of Concept*, Pilotos i Mínimo Producto Viable (MVP).

En primer lugar, la metodología *Sandboxes* parte de la metáfora de los cajones de arena de los parques infantiles donde los niños pueden experimentar sin riesgo y sin reglas, un *sandbox* en innovación es un espacio acotado de pruebas donde las regulaciones son más laxas con el objetivo de permitir la experimentación de proyectos piloto.

n segundo lugar, la metodología del *Prototyping* se ve en este plan de intervención, puesto que consiste en la producción de un modelo tangible, visible y funcional de una idea, mediante una recreación verídica.

En tercer lugar, se aplica la metodología *Proof of Concept*, dado que este plan a cuatro cursos es un ejercicio para testar si la idea es factible y, además, esta metodología está especialmente recomendada para ideas incipientes e hipótesis, que necesitan ser contrastadas sin la necesidad de completar un modelo definitivo robusto. En definitiva, ayuda a verificar si la propuesta es susceptible de ser explotada de manera útil.

En cuarto lugar, también está presente la metodología de Pilotos porque nuestro plan de intervención es un proyecto en una fase temprana que se implementa en una escala pequeña, acotada y controlada, para verificar su viabilidad con el propósito de poder escalarlo.

Para acabar, se implementa la metodología Mínimo Producto Viable (MVP) en nuestro plan, dado que es un proyecto en un estado de desarrollo inicial, pero que presenta una funcionalidad básica garantizada, irá siendo mejorado o pulido de manera iterativa, recibiendo el *feedback* de la comunidad educativa, dentro de una lógica beta

Curso 1	En este primer año los docentes del CRA Alifara para pasar de la abstracción a la puesta en marcha de su ideario colectivo de manera pragmática acordarán al claustro que la última semana de curso académico vivirán un cambio en el modelo educativo hacia la pedagogía alternativa de Escuela Bosque, donde las jornadas escolares se impartirán en contacto con la natura. Por lo que respecta a la localización de esta Escuela Bosque a Ráfales estará en la zona natural del Jardín Botánico, dado que presenta las condiciones necesarias como es el caso de tener manantiales y fuentes de agua y diferentes cuevas que sirven como refugio si las condiciones climáticas fueran adversas. El último día de la puesta en marcha del prototipo de Escuela Bosque toda la Comunidad Educativa (pares/madres y tutores legales, docentes y alumnado) evaluará esta pedagogía alternativa y si los resultados y las retroalimentaciones que se reciben son beneficiosos, serán recogidos a la Memoria del curso y prescriptivos porque este modelo educativo se incorpore en el segundo curso al Proyecto Educativo de Centro (PEC) y en la Programación General Anual (PGA) del curso próximo.
Curso 2	A principios del siguiente curso escolar se efectuarán los cambios y las concreciones oportunas al PEC y a la PGA por lo que respecta al funcionamiento y organización del centro en la pedagogía alternativa de Escuela Bosque. Por lo que respecta al PEC, el claustro establecerá que en el proyecto piloto de Escuela Bosque tiene cierta vocación de continuidad, estabilidad y permanencia en el tiempo y que todo el profesorado tendrá que implicarse, puesto que todo el que está recogido en este documento es de obligado cumplimiento. En cuanto a la PGA, tendrá en cuenta las conclusiones de la Memoria del curso anterior y recogerá como se avanzará en el plan de mejora en este curso académico, para lograr el reto de convertir al CRA Alifara en una Escuela Bosque. En este sentido, se incluirá que el mes de junio (que es cuando se establece la jornada reducida), se desarrollará el acto de enseñanza-aprendizaje mediante el modelo de Escuela Bosque. El último día de la puesta en marcha del segundo curso del prototipo de Escuela Bosque, toda la Comunidad Educativa (pares/madres y tutores legales, docentes y alumnado) evaluarán de nuevo esta pedagogía alternativa y si los resultados y las retroalimentaciones que se reciben son beneficiosos serán recogidos a la Memoria del curso y prescriptivos porque este modelo educativo continúo al Proyecto Educativo de Centro (PEC) y se amplíe en la Programación General Anual (PGA) del curso siguiente.
Curso 3	En septiembre del siguiente curso escolar se avalará el funcionamiento y la organización del centro en la pedagogía alternativa de Escuela Bosque en el PEC y en la PGA. Por lo que respecta al PEC no sufrirá ninguna modificación, puesto que las prioridades de actuación del CRA Alifara sobre este método pedagógico no se han visto modificadas respecto al año anterior. Sin embargo, la PGA tendrá en cuenta las conclusiones de la Memoria del curso anterior y recogerá como se avanzará en el plan de mejora en el tercer curso académico, para lograr el reto de convertir al CRA Alifara en una Escuela Bosque. En este sentido, se indicará que los meses de diciembre, abril y junio (últimos meses de cada trimestre) se desarrollará el acto de enseñanza-aprendizaje de las asignaturas curriculares mediante el modelo de Escuela Bosque. Como ya es costumbre el último día de la puesta en marcha del tercer curso del prototipo de Escuela Bosque, toda la Comunidad Educativa (pares/madres y tutores legales, docentes y alumnado) evaluarán de nuevo esta pedagogía alternativa y si los resultados y las retroalimentaciones que se reciben son beneficiosos, serán recogidos a la Memoria del curso y prescriptivos porque este modelo educativo continúo al Proyecto Educativo de Centro (PEC) y se amplíe en la Programación General Anual (PGA) del curso siguiente

Curso 4	En el último año del plan de mejora de la calificación del vector PROTO en el colegio rural agrupado "Alifara" en el modelo HIP, se logra el hito que lo CRA paso a ser una institución educativa que fundamento su propuesta didáctica en el modelo educativo de Escuela Bosque. En este curso se establece tanto en el Proyecto Educativo de Centro como la Programación General Anual que de manera íntegra todas las áreas de la enseñanza curricular se ejecutarán a cielo abierto.

Tabla 1. Plan de acción HIP "Escuela Bosque - CRA Alifara". **Fuente:** Elaboración propia, 2023.

5. CONCLUSIONES

En el presente apartado se tratará de relacionar los objetivos de la investigación planteados al inicio del presente monográfico, la propuesta de intervención educativa en correlación con la información obtenida de investigaciones que lo corroboran y los ponen de manifiesto.

En primer lugar, nos propusimos analizar la realidad el proyecto educativo del CRA Alifara con el modelo HIP y planificar un plan de acción teniendo presente las necesidades de los actores del ecosistema. Así como, conocer el modelo HIP y la relación con la mejora de la institución educativa analizando los diferentes elementos que la forman y finalmente, dotar en el centro educativo de las herramientas didácticas necesarias para pasar de la abstracción al pragmatismo. Teniendo en cuenta esto según Juan Antonio Rodríguez Bueno director del CEIP Ramón y Cajal de Alpartir (Zaragoza), primer centro a implantar el modelo HIP a la institución escolar, en una reunión en línea, nos describe que el modelo HIP aplicado al entorno educativo rural los ha permitido visualizar, sensibilizarse con los resultados de la maceta autodiagnóstico, sugerir una serie de herramientas didácticas para diseñar el plan de acción en equipo secuenciado a cuatro años llamado Plan de Comunicación.

Aun así, durante el curso pasado y este la metodología HIP los ha posibilitado conocer el ecosistema de su escuela realizado un mapa de actores en el cual se visibilizan las carencias de su ecosistema y pensar en qué acciones realizar o mejorar al futuro, de este modo estas acciones, internas y externas, se visibilizan, se analizan y se convierten en retos, pasando, por lo tanto, de la abstracción a la acción. Finalmente, nos indica que toda la Comunidad Educativa comparte estos retos y participa continuamente en la ejecución y en la evaluación de este plan de acción.

Además, esta intervención educativa del paso de una escuela tradicional a una Escuela Bosque tiene en cuenta los dos objetivos del Programa Mundial de Educación para el Desarrollo Sostenible (GAP) aprobado en la Conferencia General de la UNESCO, en 2014. Primeramente, la propuesta didáctica reorienta el aprendizaje y la educación porque todo el grupo-clase tenga la posibilidad de adquirir las competencias, los valores, las actitudes y los conocimientos necesarios para participar activamente al desarrollo sostenible. En segundo lugar, refuerza el papel de la educación como propulsor de actividades y programas para desarrollo sostenible que fomentan el pensamiento sistémico y crítico, la resolución analítica de problemas, el trabajo colaborativo, la creatividad, la comprensión de los desafíos y las responsabilidades individuales ante la problemática (UNESCO, 2014, citado en Murga, 2015).

Además, esta propuesta didáctica tiene en cuenta las características locales, nacionales, regionales y mundiales, así como la contribución de la cultura al desarrollo sostenible y la obligatoriedad de respetar la no-violencia, la paz, el conocimiento local, la diversidad cultural y los principios universales como la igualdad entre hombres y mujeres, los derechos humanos, la justicia social y el estado de derecho (UNESCO, 2014, citado en Murga, 2015).

Finalmente, De la Rosa, Giménez y De la Calle (2019) indican que el alumnado, una vez implementada la educación para el desarrollo sostenible, aumenta su compromiso con el entorno y con los otros, dado que desarrolla un mayor grado de Responsabilidad Social, por eso afirman que esta educación tiene un impacto de carácter positivo y permite el logro de la meta 4.7 de la Agenda 2030.

También, nos planteamos investigar la importancia educativa que presenta la enseñanza en contacto con la natura en el desarrollo integral del alumno. Pues según un estudio de la Universidad de Heidelberg se demuestra que la educación en verde tiene beneficios a escala cognitiva en el alumnado de Educación Primaria. En este estudio se pedía a los docentes que evaluaron a los alumnos según la adquisición de algunas competencias (Figura 2) y se comparó los resultados de los alumnos que iban a una escuela ordinaria y aquellos que estaban en una escuela al aire libre (Pérez de Ontiveros Molina, 2021).

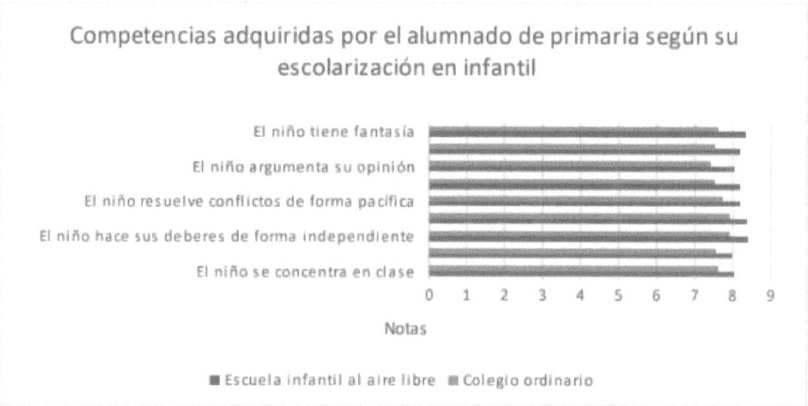

Figura 2. Representación gráfica de los resultados del estudio de la Universidad de Heidelberg. **Fuente:** Brunchner (2012) citado en Pérez de Ontiveros Molina (2021).

Cómo se ve en la Figura 2 los resultados son claros, los alumnos que van a una Escuela Bosque muestran mejor atención, son más independientes y resuelven los conflictos con mejor argumentación, más tranquilidad y más fantasía (Bruchner, 2012, citado en Pérez de Ontiveros Molina, 2021).

Así mismo, según la teoría de Louv (2005), las enfermedades más comunes actualmente como la depresión, el trastorno por déficit de atención e hiperactividad (TDAH) y el estrés, podrían ser causadas, por esta falta de contacto con la natura. Por eso, este autor utiliza el término de invención propia "trastorno por déficit de natura" al referirse a esta problemática. Además, sus investigaciones corroboran que los efectos restauradores y relajantes de la natura resultan muy útiles como terapia para alumnos diagnosticados con trastornos como el espectro autista, problemas conductuales, problemas socioemocionales y de aprendizaje (Kahn, 1999; Forestry Commision Scotland, 2005; O'Brien, 2005; O'Brien y Murray, 2006; Borradaile, 2006 en O'Brien, 2009, citado en Pérez de Ontiveros Molina, 2021).

Para acabar, Turtle, Convery y Convery (2015, citados en Pérez de Ontiveros Molina, 2021), constataron que había una diferencia significativamente estadística en la actitud proambiental entre los niños que habían asistido en una Escuela Bosque y aquellos que no, puesto que presentaban mayor conciencia ecológica y preocupación por el medio ambiente.

6. REFERENCIAS

Aguilera-Eguía, R. (2014). ¿Revisión sistemática, revisión narrativa o metaanálisis?, *Revista de la Sociedad Española del Dolor*, 21(6), 359-360. https://n9.cl/owo20

Danhke, G. (1989). Investigación y comunicación. En Fernández Collado. *Ciencia social.*

Denzin, N. K y Linconln, Y. S. (2005). *The Sage Handbook of Qualitative Research* (3ª ed.). Sage.

Fernández, P., y Díaz P. (2003). Ventajas e inconvenientes de métodos cuantitativos y no cuantitativos. En *Cuadernos Monográficos Candidus* 1 septiembre-diciembre.

Fuster, D. (2019). Investigación cualitativa: Método fenomenológico hermenéutico. *Propósitos y Representaciones*, 7(1), 201-229. https://n9.cl/n7l8

Guirao-Goris, J.A., Olmedo, A. y Ferrer, E. (2008). El artículo de revisión. *Revista Iberoamericana de Enfermería Comunitaria, 1*(1), 1-25. https://n9.cl/b9crw

Martínez, M. (2004). *Comportamiento humano. Nuevos métodos de investigación.* Editorial Trillas.

Merriam, S. B. (1988). *Case Study Research in Education: A Qualitative Approach.* Jossey-Bass.

Murga-Menoyo, M. Á. (2015). Competencias para el desarrollo sostenible: las capacidades, actitudes y valores meta de la educación en el marco de la Agenda global post-2015. *Foro de Educación. https://n9.cl/in6ed*

Pérez de Ontiveros Molina, A. (2021). La Escuela Bosque como modelo de escuela alternativa: antecedentes, características y repercusión. *Revista de educación ambiental y sostenibilidad, 3* (1), 130.

Suárez-Pazos, M. (2002). Algunas reflexiones sobre la investigación-acción colaboradora en la educación. *Revista de educación*, 1(1), 40-56. https://n9.cl/9b18r

Yin, R. K. (1994). *Case Study Research: Design and Methods.* Sage.

COOPERACIÓN INTERNACIONAL Y VÍNCULOS PARA FOMENTAR LA EQUIDAD DE GÉNERO EN ECUADOR

María del Carmen Zenck Huerta[1], María Isabel Flores Montiel[1]

Este trabajo nace en el marco del proyecto semillero de investigación 2022 ¨Capital Social y Ayuda Oficial para el Desarrollo: Análisis descriptivo sobre relaciones, confianza y cooperación como elementos claves de los ODS y Agenda 2030¨ Universidad Casa Grande Guayaquil, Ecuador.

1. INTRODUCCIÓN

La equidad de género es un principio fundamental para el desarrollo sostenible y la promoción de los derechos humanos en cualquier sociedad, ya que su ausencia produce estancamiento social especialmente en países donde se mantienen conductas patriarcales o gobiernan regímenes autocráticos-religiosos. En otros casos, se relaciona con la desigualdad económica, por el no acceso a educación, nutrición y asistencia sanitaria que inhabilita laboralmente a la mujer; de ahí que los grandes esfuerzos de cooperación internacional para alcanzar logros en la Agenda 2030 enfatiza en Latinoamérica la provisión de recursos, conocimientos y apoyo técnico para promover la igualdad de oportunidades entre hombres y mujeres. América Latina y el Caribe es la única región en el mundo que viene promoviendo, desde hace más de cuatro décadas, el diálogo y la cooperación multiactor por medio de la Conferencia Regional sobre la Mujer - órgano subsidiario de la Comisión Económica para América Latina y el Caribe CEPAL - convocando a gobiernos, organismos internacionales, organizaciones sociales, la academia y el sector privado (CEPAL, 2023). Esta cruzada no ha sido particularmente fácil para Ecuador, pero hay que destacar a lo que a participación política de la mujer se refiere, Ecuador fue el primero en ejercitar el derecho al voto femenino en 1929, seguido por Uruguay y Chile (Arámbula, 2008). Ecuador como miembro activo de las Naciones Unidas (ONU) ha incluido en su accionar las metas descritas en los Objetivos de Desarrollo Sostenible (ODS), a partir del Decreto Ejecutivo 371 que lo convierte en política pública (UNESCO, 2018), de modo que su planteamiento se encuentra en concordancia a lo que establecen las normas constitucionales, adhiriendo el territorio a esta hoja de ruta global para abordar uno de los desafíos más urgentes que enfrenta la sostenibilidad, y que constituye un problema persistente en Ecuador: la inequidad de género que se traduce en violencia contra la mujer. En el ODS 5 ¨lograr la igualdad entre los géneros y empoderar a todas las mujeres y las niñas¨ se conjugan ámbitos de organización comunes a los planteados

1./4 Universidad Casa Grande (Ecuador)

en la Plataforma de Acción de Beijing de 1995, referentes a la pobreza, salud, economía, participación, educación, paz, medio ambiente en el ámbito de la mujer, destacando su articulación con el ODS 11 *Ciudades y comunidades sostenibles* y ODS 16 *Paz y justicia e instituciones sólidas* (Sistema de Naciones Unidas Ecuador, 2022), pues sin igualdad de género - erradicación de la violencia contra la mujer - se fomenta la exclusión social, incrementa las desigualdades, multiplica la injusticia y dificulta un entorno pacífico para el desarrollo de las comunidades. De acuerdo con Ocampo (2020), la crisis económica habría ralentizado la cooperación financiera multilateral acordada para Latinoamérica en el período 2015-2020, en particular para los países considerados de renta media, calificando a esta etapa de la Agenda 2030 como una ¨media década pérdida¨ en crecimiento económico regional. La pandemia del COVID-19 declarada a inicios del 2020 vino a agravar la crisis económica, con importantes efectos sociales y sanitarios, acrecentando las brechas existentes, profundizando la situación de vulnerabilidad de mujeres y niñas en la región. La evidencia documental generada desde 2015 pone de relieve el deterioro de los indicadores de género como resultado de los altos niveles de informalidad, la caída del empleo y obstáculos para la reinserción que enfrentan las mujeres y la acumulación de tareas de cuidado, poniendo en riesgo el contexto normativo e institucional en materia de género y la fragilidad de los avances alcanzados (CEPAL, 2021).

Según la UNICEF (2020), respecto a la pandemia y ligándose al ámbito económico en el contexto local de Ecuador, se ha generado una caída en el Índice de Desarrollo Humano (IDH) del país, ya que la extrema pobreza se incrementó significativamente de un 25% a diciembre 2019 a un 32,4% para diciembre del 2020, ubicando el IDH, según el estudio *Perfil de país según Igualdad de género Ecuador*, nuevamente por debajo del promedio regional (Sistema de Naciones Unidas Ecuador, 2022, p. 17). El índice de desigualdad de género del PNUD, que mide las desventajas que sufren las mujeres, se redujo de 0,425 en 2010 a 0,383 en 2016, para después estancarse en este nivel hasta el 2019. En consecuencia y de acuerdo con la Organización para la Cooperación y el Desarrollo Económicos (OCDE), las mujeres en Ecuador sufren mayor nivel de discriminación si se compara con los vecinos en Colombia y Perú (p. 18). Estos retrocesos económicos y sociales a nivel general ponen en riesgo el presupuesto de la Ayuda Oficial al Desarrollo (AOD) y debilitan la cooperación internacional como parte de una agenda multilateral y, ahora - a raíz del COVID 19 - multisectorial, es decir sin alejarse de su función frente a los ODS (Lafuente, 2020). La AOD es definida por la Organización para la Cooperación y Desarrollo Económico (OCDE) como la ayuda gubernamental que está destinada a promover el desarrollo económico y dirigido al bienestar de los países en desarrollo (OCDE, 2022). La atención a esta crisis ha dejado debates sobre la idoneidad del modelo institucional para la cooperación internacional en Ecuador, a fin de que recupere el rango de Agencia o viceministerio en un proceso gradual que integre los ODS reconociendo el contexto socioeconómico del país y el plan de desarrollo gubernamental (Oviedo, 2023). Actualmente la gobernanza de la negociación, el seguimiento, evaluación y el registro de la cooperación internacional es competencia del Ministerio de Relaciones Exteriores y Movilidad Humana (Cancillería de Ecuador).

No obstante, a pesar de que el suministro de AOD disminuyó en comparación a otros años, este nunca se detuvo en tiempo de pandemia, ya que los países, organizaciones y organismos cooperantes establecieron diferentes medidas para seguir ayudando a las sociedades menos desarrolladas, destinando recursos para la adquisición de equipos especializados para laboratorio, talento humano para tratar a los enfermos, campamentos de ayuda inmediata, donaciones de vacunas y asistencia para los niveles sociales más vulnerados por el virus (Hernández, 2020). Con la aceleración de los conflictos, la comunidad internacional no tuvo más remedio que dar una respuesta colectiva y recuperar valores básicos de solidaridad y colaboración, olvidados por los cálculos económicos del desarrollo (Staiano y Marcelli, 2020).

La AOD tiene un papel muy importante para el cumplimiento de las metas de la Agenda 2030 porque puede hacer la diferencia en el desarrollo local y la sostenibilidad de los países de la región (Benito del Pozo y Corcoba, 2019, p. 101). Según Durston (2000) en el capital social se persigue un beneficio colectivo mediante la cooperación e integración de diferentes instituciones. Para Woolcock y Narayan, investigadores del Banco Mundial, las relaciones sociales constituyen una oportunidad de movilizar recursos a favor del crecimiento, que existe un marco político/legal que norma estos **vínculos** y que la naturaleza y alcance de las interacciones entre comunidades e instituciones son esenciales para entender el potencial de desarrollo en una sociedad en particular (2000, p. 18). La conformación de **redes** entre los distintos actores y alianzas temáticas - en este caso superar la crisis sanitaria como un gran acuerdo global - posibilitan una mayor cooperación dentro y entre los grupos, en formato de **normas, valores y opiniones compartidas** que forman parte del capital social (Portela y Neira, 2012, p. 190).

El eslabón que permite afianzar estos vínculos para trabajar arduamente por la meta identificada y que genera más colaboradores desde diferentes aristas en el desarrollo es el capital social, el cual juega un papel fundamental en la Ayuda Oficial al Desarrollo (AOD), especialmente cuando se trata de abordar la reducción de la violencia contra las mujeres en Ecuador, pues se considera un eje transversal en la mayoría de los 17ODS. Para Kliksberg (1999) la cultura es transversal a todas las dimensiones del capital social de una sociedad, subyacente a los elementos básicos como son la confianza, el comportamiento cívico y la asociatividad. Defiende que el capital social y la cultura pueden ser altamente importantes para el desarrollo en contextos adecuados, por lo que ignorar estos dos elementos puede complicar más la ruta hacia un desarrollo sostenible. Esto es especialmente importante para el enfoque social de la equidad de género, pues algunas de sus distorsiones se basan en factores culturales.

Reconociendo que las múltiples interacciones, actitudes colaborativas y valores como la confianza y reciprocidad son aspectos del capital social que favorecen significativamente al desarrollo económico y social, y que en el contexto de la Agenda 2030 y la cooperación internacional pueden marcar la diferencia en la lucha contra la violencia hacia las mujeres, fortaleciendo las redes, normas y relaciones existentes en favor de cambios positivos en la sociedad. Según Arras et al. (2012) con respecto a las dimensiones del capital social éstas se basan en las relaciones sociales, lo que permite la creación de redes y aporta al accionar comunitario y hace posible la distribución de bienes tangibles o intangibles. Sin equidad de género, no puede haber un desarrollo pleno y sostenible en ningún país, y ¨sin más cooperación e integración regional o sea más multilateralismo¨ (CEPAL, 2021) no se logrará cumplir con los ODS. Estudios de la CEPAL sobre cohesión social en la región, utilizando la confianza como herramienta para medir el capital social en los países latinoamericanos receptores de fondos de cooperación, indican la importancia de consolidar los vínculos a través de normas de reciprocidad y entornos democráticos que den seguridad a los cooperantes internacionales, de manera que los aportes se incrementen. Se entendería que la existencia de capital social favorece la cooperación en la AOD, logrando mayor eficacia, toda vez que los niveles de confianza que se alcanzan con la frecuencia de los vínculos y facilitan las alianzas entre los individuos al reducir los costos de transacción (Neira et al., 2016, p.40). Las estructuras sociales pueden actuar como catalizadores para generar cambios positivos en la reducción de la violencia contra las mujeres, y con el aporte desde la cooperación internacional y la AOD se puede potenciar y fortalecer dicho capital social existente, brindando recursos, capacitación y apoyo técnico a las organizaciones y grupos comunitarios que trabajan en la prevención y respuesta a la violencia de género. Un estudio realizado por la Red Ecuatoriana de Cooperación Internacional y Desarrollo (RECID, 2020) en medio de la pandemia, reportó que a pesar de todo el 52% de las organizaciones establecieron sus capacidades productivas como altas (50 al 100 %) y que sus preocupaciones mayores se centran, un 73% de las encuestadas, en el contexto económico general del país, manteniendo la confianza en la cooperación internacional para financiar programas y proyectos integrales, en fortalecer las capacidades institucionales, promover cambios culturales y sensibilizar a la sociedad acerca de los ODS que se deben tratar con urgencia. Es evidente que la cooperación internacional es un elemento clave para acelerar los avances en materia de los ODS, sin embargo, su eficacia depende de cómo gestionan las organizaciones que reciben los fondos y los vínculos que se establecen a partir de los proyectos ejecutados. Importa caracterizar la AOD e identificar los actores cooperantes que están apoyando al Ecuador en su lucha por lograr la equidad de género, los montos entregados, frecuencia y la relevancia de la información que se recoge, tomando como referencia el primer período 2015-2020 de la Agenda 2030 (pre pandemia). Si la crisis tuvo fuertes repercusiones en los avances del ODS 5, hay que indagar las sinergias en los contextos previos y las alianzas establecidas a partir de la virtualidad, que de alguna manera permitieron mantener programas y proyectos de cooperación. ¿Cómo aportan las redes de colaboración, relaciones de confianza y normas de cooperación en el fortalecimiento de los vínculos entre actores participantes de la AOD?

2. OBJETIVOS

El problema de investigación gira en torno a que faltan pocos años para evaluar el alcance de la Agenda 2030, y, por lo tanto, resulta esencial hacer una revisión de la consecución de metas transversales, como las relacionadas a la equidad de género, ODS 5 muy afectado por la crisis sanitaria. Interesa indagar los aspectos claves de la AOD como una agenda multilateral que pone al ser humano y en especial a la mujer como centro del desarrollo de las comunidades. El estudio centra el análisis en el periodo 2015-2020, como contexto previo a la pandemia que marca un punto de inflexión para conocer cuáles son las **relaciones de confianza y redes colaborativas** que han fortalecido los vínculos entre los cooperantes del ODS 5 a partir de la información pública disponible, y describir las características de estas interacciones desde la perspectiva de los agentes participantes, identificando elementos (**normas de cooperación y procedimientos compartidos**) comunes al capital social presentes en la gestión de programas sociales referidos al ODS 5 Equidad de género, bajo el supuesto de que a mayor cooperación mejoran los niveles de eficacia y se fortalece el capital social de las organizaciones participantes.

3. METODOLOGÍA

La metodología se describe desde el enfoque de los estudios de las ciencias humanas y sociales en un tema de relevancia, como la cooperación internacional para el desarrollo sostenible y la Agenda 2030. El **alcance de la investigación** es **exploratorio** tiene su aplicación en el estudio de fenómenos que no se han investigado previamente o existe poca investigación; y es **descriptivo** porque puede "especificar las propiedades, las características y los perfiles de personas, grupos, comunidades, procesos, objetos o cualquier otro fenómeno que se someta a un análisis" (Hernández et al., 2014, p. 92). El **enfoque de la investigación** es **mixto,** caracterizado por combinar técnicas de recolección y análisis de datos tanto cuantitativos como cualitativos para su integración y discusión conjunta, de forma que se pueda comprender al fenómeno de estudio desde una perspectiva más cercana (Creswell, 2008). A partir de los supuestos que emergen de la teoría consultada, se contemplan unas dimensiones previas relativas a los vínculos observables por país cooperante y entidad ejecutora, como objeto de estudio: redes, relaciones y normas de confianza en la interacción existente a favor del ODS 5. En base a la información proporcionada a través de los proyectos más relevantes relacionados a la AOD del sector de intervención social en equidad de género en Ecuador, se selecciona a conveniencia a las organizaciones *Care Ecuador* - subsidiaria de Care International (Confederación Mundial, fundada en USA) - y, a *Acción Ciudadana por la Democracia y Desarrollo (Ac Democracia)* ONG ecuatoriana, como las dos ejecutoras participantes en esta investigación, ya que basan sus actividades tanto en el empoderamiento femenino como en la prevención y asistencia a mujeres y niñas que hayan sufrido algún tipo de violencia sea ésta psicológica, patrimonial, sexual y/o física. En las **técnicas de recolección de datos** se consideraron diferentes tipos de instrumentos para la medición, recolección y análisis, en dos fases de indagación a) **fase cuantitativa** que comprende "la revisión de documentos, registros públicos y archivos físicos o electrónicos (Hernández Sampieri et al., 2014, p. 252), para extraer datos del Mapa Interactivo de Cooperación Internacional de Ecuador MREMH, que describen la AOD para una temporalidad retrospectiva sobre los años 2015-2020 (Julio, 2022); b) **fase cualitativa** se usa la técnica de observación y entrevista semiestructurada a través de un cuestionario, donde se escucha y transcriben las opiniones y pensamientos directos de los participantes (Escudero y Cortez, 2018) sobre la calidad de relaciones y el apoyo mutuo para cumplir el ODS 5 en el contexto local.

4. RESULTADOS

Se describen los resultados generales encontrados de la fase cuantitativa de los datos del Mapa Interactivo de Cooperación Internacional de Ecuador MREMH – 2022, de la cual se hace referencia de dos variables: desembolso en valor dólar estadounidense (USD) y número de proyectos en el intervalo de tiempo, desde el 2015 al 2020. Durante 2015-2020, en Ecuador se han desembolsado más de USD $1600 millones relacionados a más de cuatro mil programas de desarrollo sostenible. En el periodo de referencia, los proyectos han disminuido en un 9% aunque lo correspondiente a los desembolsos aumentaron en un 50%, con una tendencia creciente, a pesar de que en 2020 se receptaron un 26% menos de capital que en 2016. El valor de referencia en desembolsó USD, es de suma relevancia identificar a los mayores cooperantes de las AOD. En el periodo de referencia de la cooperación se concentra en más de un 60% entre cinco países cooperantes que se presentan en la figura 1. Estados Unidos en este período aportó más de $350 millones de dólares junto con 460 proyectos, lo que representó cerca del 25% del desembolso global. A su vez, se ha identificado que las ONG extranjeras tienen 2086 proyectos y cerca de $300 millones desembolsados, siendo el sector social uno de los más apoyados con 979 programas, destacando a Estados Unidos como el mayor cooperante por desembolso con $202 millones y 747 proyectos (Mapa Interactivo de Cooperación Internacional de Ecuador MREMH, 2022).

Ayuda Oficial al Desarrollo destinada al subsector de Equidad de género

En relación con la AOD vinculada al ODS 5 correspondiente a equidad de género en Ecuador, la tendencia en los desembolsos ha ido aumentando los últimos años, especialmente desde 2019 donde los flujos se duplican (Figura 1).

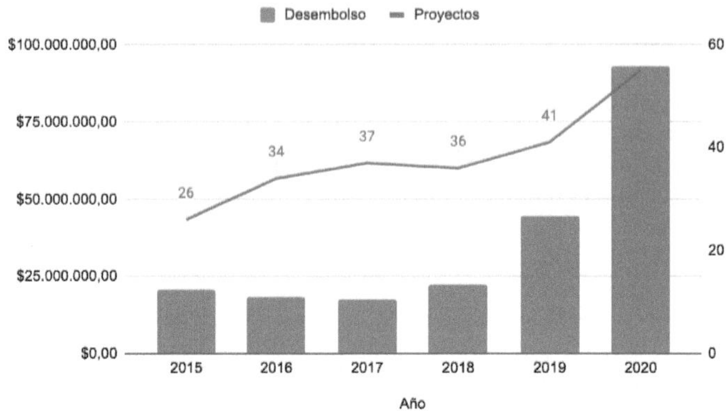

Figura 1. AOD y número de proyectos destinados a equidad de género en USD, periodo 2015-2020. **Fuente:** Mapa Interactivo de Cooperación Internacional de Ecuador MREMH – 2022

Durante los cinco años de la investigación (2015 al 2020), el sector ha captado más de $215 millones de dólares y 229 programas que impulsan el desarrollo de este ODS. Las ayudas han incrementado en un 360% entre 2015 y 2020, lo que significa un crecimiento mayor en este sector comparado con el 50% de la AOD total destinada en estos años. Específicamente en el 2020 el desembolso de $92 millones de dólares destinados a equidad de género, frente los $303 millones de dólares de AOD general receptada en Ecuador, indica que el ODS representó un 30% de los flujos totales. Así se confirma la tendencia y relevancia del ODS 5 – se adscribe a programas de equidad de género- dentro del panorama global para la cooperación. En relación con los desembolsos, el 94% se concentran en ocho organismos cooperantes, destacando la Agencia para el desarrollo internacional de los Estados Unidos que desembolsó $79 millones de dólares en un solo proyecto relacionado con la equidad de género durante 2015-2020, representando el 37% del monto total por ODS 5. Por otro lado, los siguientes tres cooperantes de la ONU tienen una representación del 38% del monto general por este ODS, ACNUR el 14.77% con $31 millones e involucra ocho proyectos, la ONUSIDA representó el 13,45% con $28 millones y un solo proyecto, y la Agencia de Refugiados con nueve proyectos y 20 millones de dólares representó el 0,57% de los montos desembolsados. Los cooperantes descritos, representan el 75% sobre los montos totales vinculados a equidad de género y son cinco provincias las mayormente beneficiadas en el periodo 2015-2020 en el subsector de equidad de género son: 5,95% Pichincha, 5,30%, Guayas,4,81% Sucumbíos, 4,74% Azuay y 4,43% Carchi (Mapa Interactivo de Cooperación Internacional de Ecuador MREMH, 2022).

Elementos claves presentes en los vínculos de cooperación internacional de los programas relacionados al ODS 5

Entre los hallazgos más relevantes en la fase cualitativa, se identifica la *Participación Política*, donde persiste la dificultad de un Estado indiferente, debido a que no escucha o recepta acciones de organizaciones locales, acorde a lo descrito y que manifiesta la organización entrevistada. A su vez, gran parte de la concreción de proyectos depende de ganarse la voluntad política de las autoridades, que es transmitido de manera textual "En la provincia de Tungurahua tuvimos un trabajo sostenido por más de una década, lo que nos permitió ir colaborando con unos programas territoriales de articulación con sistemas sociales de protección, pero eso nace del compromiso de una autoridad (E1). Pichincha es la provincia más beneficiada con un 5,95% por el subsector de equidad de género en el periodo 2015-2020, lo cual responde a que la zona de la sierra central tiene también los mayores índices de inequidad sobre todo en lo rural. Por ello, menciona Celi (2020) en los últimos años el sector con mayor intervención con respecto a la AOD está en lo social con un 44% del cual se desglosa el subsector de equidad de género; consecuente a lo que reporta la CEPAL (2021) en las estrategias para frenar la violencia contra la mujer, fenómeno que se incrementó considerablemente a partir de la pandemia, evidenciando un aumento de la cantidad de proyectos financiados que están relacionados a la violencia de género y femicidio. En lo que a *Vínculos* refiere, destaca la tendencia de ONG como el actor más importante en cooperación, específicamente extranjeras serían las que financian y ejecutan proyectos y es el caso de *Care Internacional* y "*Care* auspicia a organizaciones locales que tengan una especialidad con la población" (E2). Esta situación se identifica como conveniente para que las ONG enmarquen sus proyectos con los ODS al recibir financiamiento, pues corrobora la transversalidad del ODS 5: "El proyecto educación libre de violencia de *Care* se articula con el eje de educación y ODS 5 de género, en los cuales tiene principal impacto" (E2). Es importante la presencia institucional en la cooperación, y esto se refleja en la necesidad de crear un vínculo entre los participantes, y como refiere la organización local, no siempre sucede con la contraparte externa "Los equipos son móviles y con quien uno mantiene la relación, no es la cooperación como tal ya que ellos facilitan a un técnico y cuando ese técnico se va esta relación queda más bien con un membrete que un ejercicio sostenido" (E1). Otra característica es la amplitud territorial de estos vínculos, con alto grado de interacción y presencia física de las organizaciones, lo que facilita el control y ejecución, de la cual se hace referencia "Care está en 11 provincias y cantones, entre estos Pichincha y con respecto a los Gobiernos Autónomos Descentralizados (GAD) tenemos articulación en todas las sedes que tenemos presencia física" (E2).

Un elemento clave de las vinculaciones son las *Normativas*, formales e informales cuyos requerimientos, a veces básicos, transmiten confianza y transparencia en cooperantes con amplio recorrido internacional "Existen normativas mínimas que cumplir en la cooperación internacional en función del desarrollo social: como políticas de conflicto de interés, fraude y corrupción, mismas que aplican para todos los colaboradores que están relacionados de manera directa o indirectamente por la organización o entidad" (E2). Las normas formales surgen imperativas cuando se concibe desde la importancia de una capacidad administrativa y financiera eficiente, bajo el comentario de la organización local: "Así mismo se debe tener un control interno cuando se recibe recursos y saber cuándo esos recursos deben ser ejecutados de manera directa o cuando se requiere el proceso de más de una proforma y en qué medida usted necesitará convocar un comité para hacer una derogación financiera y los sustentos que van a tener que revisar para aceptar el gasto de esta inversión en un proyecto financiero, luego también se debe tener una estructura organizacional definida y levantada. Tenemos una política de transparencia y anticorrupción para prevenir todo tipo de transacción que se realice sin el sustento o explicación de dónde vienen los recursos, todo se maneja con contratos y factura" (E1). Hay una responsabilidad asumida frente al cooperante que financia los proyectos, de modo que se busca crear confianza y credibilidad para futuras aportaciones o proyectos. Otros hallazgos refieren el carácter de ¨incrustado¨ en el contexto internacional y la *Transversalidad* que dificulta la concreción del ODS 5 y su posicionamiento como un problema que compete a los gobiernos y países - es el trabajo de ONG más que de los gobiernos - se percibe, de acuerdo al entrevistado "Desde que se aceptó la creación del

ODS 5 y la agenda 2030 hemos observado un monitoreo muy pobre hacia los países, entonces eso hace que se disminuya el compromiso...así mismo nos hemos dado cuenta de que la respuesta que tienen los países hacia el ODS 5 es muy débil" (E1). Para la ONG extranjera las entidades cooperantes trabajan con grupos específicos donde su gestión incluye dimensión de género, con lo descrito "Existe una plataforma la cual usamos para monitorear datos estadísticos y cualitativos respeto a los indicadores y ahí nominados a los ODS con los indicadores, el ODS 5 está de manera transversal con todos los programas y proyectos, todos *Care Ecuador* implementa alguna estrategia vinculada con el ODS 5, el más significativo los que tienen que ver con sociedades inclusivas, pero como menciona todos los proyectos tienen un componente del ODS 5" (E2). En los elementos negativos surge la *Ausencia de información*, como característica de la ejecución de programas internacionales en este ODS: escasa información pública y necesidad de las ONG de producir y generar información sobre el tema, desde la cual se obtuvo una reflexión a modo de recomendación del entrevistado "Yo sugiero...hacer una revisión profunda de los presupuestos destinados a los sectores y programas de desarrollo con enfoque de género, pienso que no es suficiente una desagregación entre hombre y mujeres cosa que no todas las instituciones públicas lo hacen, pero creo que es vital tener información desagregada proveniente de toda las instituciones y programas y luego tener una revisión presupuestaria sobre los programas con enfoque de género que impulsan y trabajan en las localidades" (E2).

Se detalla la triangulación de datos con la información más relevante del ODS 5 obtenido del Mapa Interactivo de cooperación internacional de Ecuador y de las entrevistas de los representantes de la entidad cooperante y ejecutora en el país (Tabla 1).

Dimensión	Hallazgos Fase Cuantitativa	Hallazgos cualitativos: Perspectiva de los representantes de la entidad cooperante y ejecutora.
Calidad de Redes	Desde el 2019 los flujos se duplican pasando de USD 41 millones a USD 92 millones en 2020.	"Entre 2008 y 2017 tuvimos en Ecuador un Gobierno indiferente a los derechos de las mujeres, entonces no pudimos entrar por agenda ciudadana y el trabajo fue de incidencia local desde las organizaciones de mujeres, nosotras como Acdemocracia" (E1)
Tamaño de las Redes	$215 millones de dólares derivadas de la equidad de género representan un 7% de la AOD general dirigida para Ecuador.	"El ODS 5 es el más rezagado, ya que no hay un compromiso de los países para hacer una respuesta estratégica para el alcance del mismo" (E1).
	Pichincha con un 5,95% es la provincia más beneficiada por el subsector de equidad de género	"Care está en 11 provincias y cantones, entre estos Pichincha y con respecto a los GADS tenemos articulación en todas las sedes que tenemos presencia física" (E2).
Densidad de Relaciones	La ONG extranjera registrada es la entidad ejecutora que más financia proyectos con un total de USD 107 millones	"Care Ecuador es parte de una institución mucho más grande que es Care International, la cual está presente en los cinco continentes" (E2).
	La entidad cooperante con mayor desembolso es internacional multilateral liderando con un 71,90%	"Care auspicia a organizaciones locales que tengan una especialidad con la población"(E2).
	La Agencia para el Desarrollo Internacional de los Estados Unidos es la entidad cooperante con más desembolsó $79 millones lo que representa 36,79% en este periodo 2015-2020.	"Es vital tener información desagregada proveniente de todas las instituciones y programas y luego tener una revisión presupuestaria sobre los programas con enfoque de género que impulsan y trabajan en las localidades" (E2).

Tabla 1. Adaptación del Mapa Interactivo de Cooperación Internacional en Ecuador MREMH (2022) y Transcripción de entrevistas a entidad cooperante y ejecutora. **Fuente:** Equipo investigación

En cifras, sólo $215 millones de dólares están derivados al subsector de equidad de género, el cual representa un 7% de la AOD general dirigida para Ecuador, por lo que retomando con los antecedentes según RECID (2020) una de las consecuencias más alarmantes a raíz de la pandemia sobre la cooperación internacional y los ODS es la falta de unidad del sector de cooperación y desarrollo (34%). Siendo el ODS 5 uno de los más afectados por la pandemia (RECID, 2020). Lo cual también está relacionado con la fase cualitativa "El ODS 5 es el más rezagado, ya que no hay un compromiso de los países para hacer una respuesta estratégica para el alcance de este"(E1). Así mismo se encontró que ONG extranjera registrada es la entidad ejecutora que más financia proyectos con un total de USD 107 millones retomando la teoría de Arras et al. (2012) las relaciones sociales facilitan la creación de redes, lo cual fomenta el accionar de los individuos con el fin de beneficiar a una cierta comunidad mediante la distribución de bienes tangibles o intangibles. Según Portela y Neira (2012) el capital social se acumula y transfiere a través de las ONG mismas que trabajan activamente por el desarrollo y bienestar social. Lo que se puede vincular con "*Care Ecuador* es parte de una institución mucho más grande que es *Care International*, la cual está presente en los cinco continentes". Además se evidenció que la entidad cooperante con mayor desembolso es internacional multilateral liderando con un 71,90%, lo que guarda relación con el estudio realizado por Benito del Pozo y Corcoba (2019) donde se menciona que cuando un país está en una situación crítica recibe más ayuda financiera, lo que explica la magnitud del aporte económico de las organizaciones internacionales hacia las entidades ejecutoras, así mismo está vinculado con el hallazgo cualitativo "Care auspicia a organizaciones locales que tengan una especialidad con la población"(E2), lo que quiere decir que cuando los ONG se enfocan en un ODS en particular hay más probabilidad que reciben un financiamiento más fluido. Por último, se debe decir que la Agencia para el Desarrollo Internacional de los Estados Unidos es la entidad cooperante con más desembolsos $79 millones lo que representa 36,79% en este periodo 2015-2020, retomando la teoría según Durston (2000) el capital social persigue un bien colectivo, sin embargo para este caso se necesita información segregada del tema, lo cual concuerda con lo mencionado por el entrevistado "Es vital tener información desagregada proveniente de todas las instituciones y programas y luego tener una revisión presupuestaria sobre los programas con enfoque de género que impulsan y trabajan en las localidades" (E2).

5. CONCLUSIONES

De acuerdo con lo descrito en la investigación, las organizaciones ejecutoras de la cooperación requieren del trabajo en conjunto con el Estado ecuatoriano, para así se amplíe de manera importante en lo referente al número de redes existentes que procuren desarrollar más programas para el fomento de la equidad de género en todos sus niveles, y en consecuencia con esta data, también es clave que esta conexión evolucione para atraer más cooperación. También, se debe de dar soluciones consistentes a las problemáticas y posibilidades que influyen en fortalecer las dimensiones del capital social, como son: falta de compromiso e interés por parte de las distintas autoridades actuales para el financiamiento de proyectos que estén relacionados con la equidad de género. En referencia de lo señalado, de los actores con protagonismo prevalece las ONG Internacionales, debido a que son las entidades cooperantes y ejecutoras que más recursos otorgan a proyectos relacionados al subsector de equidad de género. Se logra evidenciar que no hay una responsabilidad mutua y alineación consolidada tanto para países donantes y receptores, la responsabilidad recae en las ONG. Así mismo se evidencia miembros de la red conectados, vínculo fuerte cuando con las organizaciones internacionales donantes y ejecutoras, ya que, a mayor credibilidad, hay más posibilidad de captación de fondos cuando se adscribe a los ODS. En cuanto a uno de los ejes transversales de suma relevancia está lo correspondiente a las normativas, que son consideradas como mínimas vinculadas al cumplimiento en función del desarrollo social, mismas que pueden beneficiar o no la cooperación internacional, debido a que en sí es un espacio donde los agentes participantes se pueden sentir seguros de que todo el accionar será por un bien común, lo cual es decisivo para los países cooperantes y los diversos actores participantes tengan a bien común: una integración armoniosa desde el principio de reciprocidad de ambas partes tantos del Estado como de las organizaciones tanto locales como internacionales, ya que al contar con un buen clima de gestión será la mejor apertura y recursos recibidos en pro de la consecución del ODS 5 – Equidad de Género en Ecuador. Urge priorizar los vínculos para el desarrollo – cooperación, programas, proyectos, etc. - y que este mantenga un constante monitoreo y estudios de seguimiento en todos los países comprometidos con la Agenda 2030, para identificar la información segregada de las diferentes problemáticas que abarca el ODS 5, sus metas y la AOD que se les destina, para de esta manera identificar el progreso o la necesidades pendientes de abarcar en la atención a estos problemas y conforme pasa el tiempo pueden resultar más lejano de erradicar, como es el caso de la violencia contra la mujer. No falta demasiado tiempo para la evaluación de los ODS, pero existe un contra reloj que debe atenderse y que es transversal: los vínculos de confianza para fortalecer las alianzas mundiales sólidas y la igualdad de género para un desarrollo sostenible y pacífico.

6. REFERENCIAS

Arámbula Reyes, A. (2008). Participación política de la mujer en América Latina. Centro de documentación, información y análisis. Cámara de diputados de México LX Legislatura. https://www.diputados.gob.mx/sedia/sia/spe/SPE-ISS-07-08.pdf

Arras, A., López, J. y Hernández, O. (2012). Redes y confianza: dimensiones del capital social en las microempresas rurales en Chihuahua, México. *Nueva Antropología, XXV*(77), 31–57. https://www.redalyc.org/articulo.oa?id=15929703003

Benito del Pozo, P. y Corcoba, C. (2019). La ayuda oficial al desarrollo y el contexto institucional como factores de crecimiento y progreso: casos comparados de Honduras y Costa Rica. Geopolítica(s). *Revista de estudios sobre espacio y poder, 10*(1), 87–105. https://doi.org/10.5209/geop.60942

Bonilla Granda, M. J. (2022) *Capital Social en la Ayuda Oficial al Desarrollo: Claves para la Reducción de Violencia contra la mujer en Ecuador*. Colección Tesis de Administración http://dspace.casagrande.edu.ec:8080/handle/ucasagrande/3764

Celi, C. (2020). ¿Cómo funciona la Ayuda Oficial al Desarrollo (AOD) en la actualidad? Universidad Andina Simón Bolívar. https://n9.cl/o2b8x

Comisión Económica para América Latina y el Caribe (2023). *CEPAL presenta oportunidades para colocar a la autonomía de las mujeres y la igualdad de género en el centro de la cooperación multiactor*. CEPAL.org. https://acortar.link/ea2afC

Comisión Económica para América Latina y el Caribe. (2021). *Medidas y acciones impulsadas por los Gobiernos de América Latina y el Caribe frente al COVID-19 en áreas clave para la autonomía de las mujeres y la igualdad de género*. CEPAL.org. https://acortar.link/dumoXz

Creswell, J. W. (2008). *Research Design: Qualitative, Quantitative, and Mixed Methods Approaches* [Diseño de investigación: enfoques de métodos cualitativos, cuantitativos y mixtos (3º ed.). Sage Pubns.

Durston, J. (2000). ¿Qué es el capital social comunitario?. CEPAL. https://n9.cl/w3wbc

Escudero, C. y Cortés, L. (2018). *Técnicas y métodos cualitativos para la investigación científica*. (1ª ed.). UTMACH. https://cutt.ly/6wj1gMjq

Hernández, B. (25 marzo de 2020). La humanidad entera está amenazada por el coronavirus, la ONU lanza un plan global. *El País*. https://cutt.ly/Owj1hwXG

Hernández, R., Fernández, C. y Baptista, P. (2014). *Metodología de la investigación* (6ª ed.). McGraw-Hill Education. https://cutt.ly/jwj1hlFm

Instituto Nacional de Estadística y Censos. (2019). *Encuesta Nacional sobre Relaciones Familiares y Violencia de Género contra las Mujeres - ENVIGMU*. Ecuador en cifras. https://acortar.link/pit

Kliksberg, B. (1999). Capital social y cultura, claves esenciales del desarrollo. *Revista de la CEPAL*. https://acortar.link/TibAQX

Lafuente, M. (2020). *COVID-19: ¿Y qué pasa con la cooperación al desarrollo?*. UNICEF España. https://acortar.link/APGFtB

Mazzotti, G. (2006). Capital social y desarrollo: propuesta crítica de capital social para evaluar programas y proyectos de desarrollo social en México. *Polis: Investigación y Análisis Sociopolítico y Psicosocial*, 2, 75-104. https://doi.org/10.2307/j.ctvtxw3mj.5

MREMH (2022). *Mapa Interactivo de Cooperación Internacional en Ecuador*. Cancillería de Ecuador.

Neira, I., Lacalle-Calderón, M. y Portela, M. (2016). Asistencia oficial para el desarrollo, capital social y crecimiento en América Latina. *Revista de la CEPAL*, 119, 31–45. https://doi.org/10.18356/b5c8ba36-es

Ocampo, J. (2020) La cooperación financiera internacional frente a la crisis económica latinoamericana. *Revista de la CEPAL*, 131. https://n9.cl/ui41k

ONU MUJERES. (1995). Declaración y Plataforma de Acción de Beijing. Obtenido de https://acortar.link/AYR2h7

Organización para la Cooperación y Desarrollo Económico (2022). *Capítulo 5. La cooperación internacional en tiempos de COVID-19: facilitando un nuevo contrato social en América Latina y el Caribe (ALC)*. OECD. https://acortar.link/SfFYIT

Oviedo, E. (2023). *Reingeniería de la gestión de la cooperación internacional en Ecuador (LC/TS.2023/65)*, Comisión Económica para América Latina y el Caribe (CEPAL)

Portela, M., y Neira, I. (2012). El papel del capital social en la ayuda al desarrollo: Un primer análisis para la OCDE. *Revista de Economía Mundial*, 30, 185–208. https://www.redalyc.org/articulo.oa?id=86623418008

Red Ecuatoriana de Cooperación Internacional y Desarrollo. (2020). Evaluación Rápida de Impacto COVID-19 a los Socios de Desarrollo en Ecuador. *RECID.org*. https://acortar.link/Uz9NWG

Staiano, M. F. y Marcelli, F. (2020). La respuesta italiana frente al COVID-19 y la necesidad de la cooperación internacional. *Relaciones Internacionales, 29*(58), 091. https://doi.org/10.24215/23142766e091

Sistema de Naciones Unidas Ecuador (2022). *Perfil de País según Igualdad de Género*. https://acortar.link/iQyqhC

Portela, M., y Neira, I. (2012). El papel del capital social en la ayuda al desarrollo: Un primer análisis para la OCDE. *Revista de Economía Mundial*, 30, 185–208. https://www.redalyc.org/articulo.oa?id=86623418008

UNESCO. (2018). *Decreto N.º 371/2018. Adopción de la Agenda 2030 para el Desarrollo Sostenible.* https://acortar.link/mA4FA0

UNICEF Fondo de las Naciones Unidas para la Infancia. (2020). *El choque COVID-19 en la pobreza, desigualdad y clases sociales en Ecuador.* UNICEF.org. https://acortar.link/pUS7BG

Woolcock, M. y Narayan, D. (2000). *Capital social: Implicaciones para la teoría, la investigación y las políticas sobre desarrollo.* The World Bank Research Observer.

CIENCIAS SOCIALES EN ABIERTO

Editada por
David Caldevilla Domínguez y Almudena Barrientos-Báez

Vol. 1 Almudena Barrientos-Báez / David Caldevilla Domínguez / Javier Sierra Sánchez (eds.): Inteligencia Artificial ¿amiga o enemiga?. 2024.

Vol. 2 Ana Tomás López / Sara Navarro Lalanda / Paola Eunice Rivera Salas (eds.): Las artes como expresión vital. 2024.

Vol. 3 Carmen Paradinas Márquez / Juan Andrés Rodríguez Lora / Daniel Becerra Fernández (eds.): Empresa, empresariedad y comunicación mercantil. 2024.

Vol. 4 Tania Brandariz Portela / Xabier Martínez Rolán / Virginia Sánchez Rodríguez (eds.): Desde la óptica del género, el género como perspectiva. 2024.

Vol. 5 Sara Mariscal Vega / Carmen Cristófol Rodríguez / Fernando García Chamizo (eds.): Comunicar a través del idioma: Pensar y traducir. 2024.

Vol. 6 Arantza Lorenzo De Reizábal / Marta Talavera Ortega / Guillermina Jiménez López (eds.): Recursos, competencias y enfoques para la enseñanza de lenguas. 2024.

Vol. 7 José Luis Corona Lisboa / Encarnación Ruiz Callejón / Alba María Martínez Sala (eds.): Límites y potencialidades de la gobernanza. 2024.

www.peterlang.com

www.ingramcontent.com/pod-product-compliance
Ingram Content Group UK Ltd.
Pitfield, Milton Keynes, MK11 3LW, UK
UKHW041829290926
8980IPUK00002B/151

9 783631 915936